国家卫生健康委员会“十四五”规划教材
全国高等学校制药工程专业第二轮规划教材
供制药工程专业用

工程制图

主　编　韩　静
副主编　李瑞海

编　者（以姓氏笔画为序）

王　娜（天津中医药大学）
王传虎（安徽中医药大学）
苏　慧（黑龙江中医药大学）
苏　燕（山东第一医科大学）
李方娟（牡丹江医学院）
李瑞海（辽宁中医药大学）
张功臣（上海谊康科技有限公司）
张红刚（湖南中医药大学）
郑金旺（东富龙科技集团股份有限公司）
赵宇明（沈阳药科大学）
韩　静（沈阳药科大学）

人民卫生出版社
·北　京·

图书在版编目(CIP)数据

工程制图 / 韩静主编. —北京：人民卫生出版社，2023.10

ISBN 978-7-117-35183-6

Ⅰ. ①工… Ⅱ. ①韩… Ⅲ. ①工程制图 Ⅳ. ①TB23

中国国家版本馆 CIP 数据核字(2023)第 187162 号

人卫智网	www.ipmph.com	医学教育、学术、考试、健康，购书智慧智能综合服务平台
人卫官网	www.pmph.com	人卫官方资讯发布平台

工 程 制 图

Gongcheng Zhitu

主　　编：韩　静
出版发行：人民卫生出版社（中继线 010-59780011）
地　　址：北京市朝阳区潘家园南里 19 号
邮　　编：100021
E - mail：pmph @ pmph.com
购书热线：010-59787592　010-59787584　010-65264830
印　　刷：三河市国英印务有限公司
经　　销：新华书店
开　　本：850 × 1168　1/16　印张：23
字　　数：545 千字
版　　次：2023 年 10 月第 1 版
印　　次：2023 年 11 月第 1 次印刷
标准书号：ISBN 978-7-117-35183-6
定　　价：86.00 元
打击盗版举报电话：010-59787491　E-mail：WQ @ pmph.com
质量问题联系电话：010-59787234　E-mail：zhiliang @ pmph.com
数字融合服务电话：4001118166　E-mail：zengzhi @ pmph.com

出版说明

随着社会经济水平的增长和我国医药产业结构的升级，制药工程专业发展迅速，融合了生物、化学、医学等多学科的知识与技术，更呈现出了相互交叉、综合发展的趋势，这对新时期制药工程人才的知识结构、能力、素养方面提出了新的要求。党的二十大报告指出，要"加强基础学科、新兴学科、交叉学科建设，加快建设中国特色、世界一流的大学和优势学科。"教育部印发的《高等学校课程思政建设指导纲要》指出，"落实立德树人根本任务，必须将价值塑造、知识传授和能力培养三者融为一体、不可割裂。"通过课程思政实现"培养有灵魂的卓越工程师"，引导学生坚定政治信仰，具有强烈的社会责任感与敬业精神，具备发现和分析问题的能力、技术创新和工程创造的能力、解决复杂工程问题的能力，最终使学生真正成长为有思想、有灵魂的卓越工程师。这同时对教材建设也提出了更高的要求。

全国高等学校制药工程专业规划教材首版于 2014 年，共计 17 种，涵盖了制药工程专业的基础课程和专业课程，特别是与药学专业教学要求差别较大的核心课程，为制药工程专业人才培养发挥了积极作用。为适应新形势下制药工程专业教育教学、学科建设和人才培养的需要，助力高等学校制药工程专业教育高质量发展，推动"新医科"和"新工科"深度融合，人民卫生出版社经广泛、深入的调研和论证，全面启动了全国高等学校制药工程专业第二轮规划教材的修订编写工作。

此次修订出版的全国高等学校制药工程专业第二轮规划教材共 21 种，在上一轮教材的基础上，充分征求院校意见，修订 8 种，更名 1 种，为方便教学将原《制药工艺学》拆分为《化学制药工艺学》《生物制药工艺学》《中药制药工艺学》，并新编教材 9 种，其中包含一本综合实训，更贴近制药工程专业的教学需求。全套教材均为国家卫生健康委员会"十四五"规划教材。

本轮教材具有如下特点：

1. 专业特色鲜明，教材体系合理 本套教材定位于普通高等学校制药工程专业教学使用，注重体现具有药物特色的工程技术性要求，秉承"精化基础理论、优化专业知识、强化实践能力、深化素质教育、突出专业特色"的原则来合理构建教材体系，具有鲜明的专业特色，以实现服务新工科建设，融合体现新医科的目标。

2. 立足培养目标，满足教学需求 本套教材编写紧紧围绕制药工程专业培养目标，内容构建既有别于药学和化工相关专业的教材，又充分考虑到社会对本专业人才知识、能力和素质的要求，确保学生掌握基本理论、基本知识和基本技能，能够满足本科教学的基本要求，进而培养出能适应规范化、规模化、现代化的制药工业所需的高级专业人才。

3. 深化思政教育，坚定理想信念 以习近平新时代中国特色社会主义思想为指导，将“立德树人”放在突出地位，使教材体现的教育思想和理念、人才培养的目标和内容，服务于中国特色社会主义事业。各门教材根据自身特点，融入思想政治教育，激发学生的爱国主义情怀以及敢于创新、勇攀高峰的科学精神。

4. 理论联系实际，注重理工结合 本套教材遵循“三基、五性、三特定”的教材建设总体要求，理论知识深入浅出，难度适宜，强调理论与实践的结合，使学生在获取知识的过程中能与未来的职业实践相结合。注重理工结合，引导学生的思维方式从以科学、严谨、抽象、演绎为主的“理”与以综合、归纳、合理简化为主的“工”结合，树立用理论指导工程技术的思维观念。

5. 优化编写形式，强化案例引入 本套教材以“实用”作为编写教材的出发点和落脚点，强化“案例教学”的编写方式，将理论知识与岗位实践有机结合，帮助学生了解所学知识与行业、产业之间的关系，达到学以致用的目的。并多配图表，让知识更加形象直观，便于教师讲授与学生理解。

6. 顺应“互联网+教育”，推进纸数融合 在修订编写纸质教材内容的同时，同步建设以纸质教材内容为核心的多样化的数字化教学资源，通过在纸质教材中添加二维码的方式，“无缝隙”地链接视频、动画、图片、PPT、音频、文档等富媒体资源，将“线上”“线下”教学有机融合，以满足学生个性化、自主性的学习要求。

本套教材在编写过程中，众多学术水平一流和教学经验丰富的专家教授以高度负责、严谨认真的态度为教材的编写付出了诸多心血，各参编院校对编写工作的顺利开展给予了大力支持，在此对相关单位和各位专家表示诚挚的感谢！教材出版后，各位教师、学生在使用过程中，如发现问题请反馈给我们（发消息给“人卫药学”公众号），以便及时更正和修订完善。

人民卫生出版社

2023年3月

前 言

制图课是工程类专业学生入门的必修基础课程，根据不同的工科专业方向，制图应用的侧重点也有所不同。我国开设医药化工专业的高校有近千所，制图课有着众多的学生受众群体，而医药化工行业的工程制图需求与通用机械、建筑机械等行业有不同的应用场景，因此在教材内容的编排上，也需要有相应的倾向性改变与特色体现。本教材充分考虑到这些需求，在适应新时代科技发展的前提下，汇集了一批国内医药化工行业的主要高校中多年从事相关专业制图课教学的一线骨干教师，同时还聘请了企业具有丰富实践经验的专家。

本教材翔实地阐述了工程制图的基本理论，有机地采纳了国家最新相关标准、行业标准，将最新科技发展成果融合进教材，适应制药工程专业的特色需求。考虑到学生对工程制图需要掌握的深度和广度，在保证知识体系完整性的基础上，重点突出、特色明显、逻辑有序、难易有度地编排了内容。为重点体现制图课程理论与实践结合紧密的特点，本教材增加了思考题、习题册，同时，在编写形式上做到了纸质教材与数字资源的相辅相成，提供 PPT、微课及动画演示视频、目标测试、习题册答案等数字资源。为辅助学生高效地完成习题，部分习题册答案还提供了三维立体模型图以便参考。

本教材的内容主要有以下三部分：①制图基础部分，包括制图的基本知识，几何投影、组合体的三视图、轴测图；②机械制图部分，包括机件常用的表达方法、标准件与常用件、零件图和装配图；③工程实践部分，包括化工设备图、工艺流程图、设备及管道布置图、计算机绘图软件简介等。基本按照实践催生理论、理论注重应用、应用重在实践的逻辑顺序编排课程内容，在注重理论阐述的同时，加强应用实践的拓展内容，使本教材更具有适用广泛、基础实用、特色突出、注重实践的特点。本教材内容比较丰富全面，不同学校和专业在选用时，可以根据课程标准与授课学时的要求，酌情选择教学内容。

本书绪论和第二、三章由韩静编写，第一章由韩静、苏慧编写，第四、八章由苏燕、李方娟编写，第五、十二章由赵宇明编写，第六章由苏慧、张红刚编写，第七章由王传虎、王娜编写，第九章由郑金旺、韩静、赵宇明编写，第十章由李瑞海编写，第十一章由张功臣、韩静、赵宇明编写。本书各章的视频由苏燕和李方娟共同完成。配套习题册第一、二、三、五、十一、十二章由韩静、赵宇明编写，第四、八章由苏燕、李方娟编写，第六章由苏慧、张红刚编写，第七章由王传虎、王娜编写，第九、十章由李瑞海编写。本书各章的 PPT、目标测试、习题册答案、三维模型图等由韩静和赵宇明编写。

本教材引用的大量例题、习题，大多是全国同仁经多年教学实践证明的经典范例，也有参编人员在课堂教学、生产实践中的经验总结，特此，对医药化工行业从事教学、科研、生产、经营的前辈们和同行们，致以诚挚的敬意和衷心的感谢。

鉴于编者水平有限，不妥与错误之处在所难免，恳请广大师生与读者热心指正。

编者

2023 年 7 月

目 录

绪论

绪论（课件）

制图是工程技术人员必须掌握的一门通用工程语言，是进行工程资料存储、技术交流和设备结构表达的通用方式。作为工科学生，了解和掌握制图知识是学习后续工科课程的必经之路。制图知识一般可以分成“画法几何”和“工程制图”两部分，前者是理论基础，后者涉及专业应用。“工程制图”按专业应用分类，主要包括机械制图、建筑制图和化工制图。本教材内容主要考虑医药化工行业的工程特点，以医药化工机械设备为主、以工艺流程为辅，兼顾制药生产车间厂房建筑，具有鲜明的行业特色。

一、工程图样发展史简介

在工程技术中，准确地表达物体的形状、尺寸、技术要求或工程技术思想的图形称为工程图样。工程图样是工程、工艺设计与施工，设备制造、使用和维修时的重要技术文件，是工程界的“共同语言”。在语言、文字出现之前，远古洞穴中的石刻图形就是一种有效的思想交流工具。早在殷商时代的陶器、骨板和铜器上就出现了简单花纹，说明当时已掌握了画几何图形的技能；在春秋时期的《周礼·考工记》中，已谈到了如何使用规矩、墨绳、悬锤等绘图和施工工具；在《周髀算经》中，记载了直角三角形和圆形的绘图方法。《三十二引》、《说苑》、《汉书》卷二十五·郊祀志，以及《晋书》卷三十六·列传等著作中，也有很多工程图样。元代王祯的《王祯农书》、明代宋应星的《天工开物》和徐光启的《农政全书》、清代程大位的《算法统宗》等，也收载了不少器械图样。

公元前2600年出现了可以称为工程图样的图，那是一幅刻在古尔迪亚泥板上的神庙地图。直到公元1500年文艺复兴时期，才出现将平面图和其他多面图画在同一幅画面上的设计图。世界上现存最早的建筑工程图样，是1977年冬在河北省平山县出土的公元前323—前309年战国时期中山王墓建筑平面图“兆域图”，其用金银线条和文字绘制在青铜板上，以1∶500的正投影绘制并标注有尺寸。我国现存最早的机械图保存在北宋天文学家苏颂的《新仪象法要》中，该书保存有多种机械图样。

明代末年之前，我国工程图样主要使用平行投影，仅有正视图和侧视图，而西方则使用平行投影和中心投影。公元1500年欧洲文艺复兴时期，国外出现了将平面图和多面图画在同一幅画面上的设计图；公元1525年，德国的迪勒开始应用互相垂直的三画面绘制正投影图和断面图。

1729年，清初宫廷画师年希尧编写了《视学》一书，成为中国第一部系统研究透视学的著作。1798年，法国数学家加斯帕·蒙日（Gaspard Monge）撰写了《画法几何学》（*Descriptive*

Geometry）一书，提出用多面正投影图表达空间形体，为画法几何奠定了理论基础，创立了画法几何学，自此工程图样开始严格按照画法几何的投影理论绘制。以后各国学者又在投影变换、轴测图及其他方面不断提出新的理论和方法，使其日趋完善。1963 年，美国麻省理工学院 Ivan Edward Sutherland 首次发表了关于人机对话图形系统的论文“SKETCHPAD”，为计算机在画法几何学中的应用打下了基础。

1956 年，我国发布了中华人民共和国成立之后的第一个部颁标准《机械制图》（21 项），1959 年发布了第一个国家标准《机械制图》（19 项），在其他工程领域里也都分别制定了有关制图的国家标准或部颁标准，同时还制定国家标准《技术制图》。此后，我国的相关标准随着技术进步逐步更新，步入了良性循环。

目前，计算机图形学（computer graphics，CG）与计算机辅助设计（computer aided design，CAD）在工程领域已得到广泛应用。初学者需要首先学习并掌握工程图样绘制和阅读的原理与方法，再掌握相应的计算机绘图与设计软件，才能够实现指挥和操纵计算机，完成所需工程图样的计算机辅助绘图或设计。

在高等理工科院校中，研究工程图样绘制和阅读的课程一般称为“画法几何”（descriptive geometry）或者“工程制图”（engineering drawing）。

二、本课程的研究对象

本课程研究医药化工领域常用的工程图样（包括单体设备图、工艺流程图、车间设备布置图等）的绘制和阅读的基本理论，医药化工工程技术人员必须掌握绘制工程图样的基本理论、具有较强的读图能力，才能适应医药化工生产发展的需要。

本课程包含画法几何、机械制图、化工制图和计算机绘图等四部分。画法几何重在说明投影法的原理和方法，机械制图和化工制图主要讲述工程图样的绘制与阅读，计算机绘图主要介绍常用绘图软件。其中画法几何和机械制图两部分内容是绘制医药化工领域工程图样的理论基础，计算机绘图是其现代绘图工具，化工制图部分的内容体现了医药化工行业的特点和需要。本课程以国家相关标准为依托，在讲解基本理论的同时，兼顾医药化工行业的特点，特别引入了与医药化工设备相关的设备、零部件、车间厂房及药品生产质量管理规范（Good Manufacturing Practice，GMP）等内容，加深学生对化工厂、药厂工程实际情况的了解，具有很强的针对性和鲜明的专业特色。

三、本课程的性质和任务

本课程是关于绘制和阅读医药化工工程图样的理论与方法的一门专业基础课程，既包含系统理论，又有很强的实践性。

本课程的主要任务是：

1. 学习和掌握正投影法的基本理论及其应用。

2. 培养绘制和阅读工程图样的能力。

3. 培养图示图解空间几何问题的能力。

4. 培养空间想象能力和形象思维能力。

5. 培养徒手、使用仪器和计算机等3种方法绘制工程图样的能力。

6. 培养严谨细致的工程态度和认真负责的工作作风。

四、本课程的基本要求

1. 掌握画法几何的基本理论和方法；能正确使用绘图工具和仪器设备，初步掌握徒手、使用仪器和计算机绘图的技能。

2. 能阅读和绘制常见医药化工设备的零件图和装配图，了解相关国家标准的规定和要求。初步了解典型常用设备、零件的结构和厂房车间的构造。

3. 初步了解计算机辅助绘图的基本知识，认识计算机辅助绘图在医药化工行业上的应用优势。

4. 通过学习工程制图，学生能够在了解医药化工工艺的基础上，进行设备选型、车间设备及管道布置设计等，能够与相关工程技术人员交流工程技术思想。

五、本课程的学习方法

鉴于本课程的理论与实践紧密结合的特点，应该从理论和实践两方面来着重培养空间想象能力与空间思维能力。具体的方法如下。

1. 严格遵守相关国家标准和行业标准 在阅读和绘制图样的实践过程中，要注意逐步熟悉相关标准，并严格执行。

2. 理论与实践相结合 以全面、准确地掌握基本概念为基础，结合大量的绘图和读图实践，逐步提高空间逻辑能力和形象思维能力。

3. 拓宽视野、涉猎其他 在学习教材的基础上，还要关注工程力学、金属材料学、化工设备制造工艺、制药设备结构设计、电子与电工等方面的知识，为将来的工作实践打下坚实的基础。

4. 注意现代方法的应用 在计算机辅助绘图方面，需弄清命令的功能、格式及其菜单的点取，通过绘制工程图样练习，逐步掌握计算机辅助绘图技巧。

（韩　静）

第一章　制图的基本知识

第一章　制图的基本知识（课件）

工程图样是表达设计意图、交流技术思想和指导生产管理的重要文件与主要依据。作为工程技术界的共同语言，工程图样及其表达的信息必须准确、完整、清晰和规范。因此，工程技术人员必须严格遵守、认真贯彻执行国家标准《技术制图》与《机械制图》中的各项规定。本章主要介绍国家标准《技术制图》与《机械制图》中的一般规定，学习使用绘图工具、常用的几何作图方法、平面图形的线段分析和尺寸标注等。

第一节　制图的基本规定

本节主要介绍制图的基本规定，国家标准《技术制图》与《机械制图》对图纸的幅面（drawing format）、比例（scale）、字体（font）、图线（line）和尺寸标注（size label）等都作了统一规定。对于国家标准的表示，以 GB/T 14689—2008 为例，GB 为国家标准的英文缩写，中文为“国标”，T 表示推荐性，14689 为标准编号，2008 为标准批准的年份。

一、图纸幅面和标题栏

（一）图纸幅面（GB/T 14689—2008）

1. 图纸幅面的尺寸　由长边和短边所组成的矩形图面称为**图纸幅面**，包括基本幅面和加长幅面两种。绘制工程图样时，应优先采用基本幅面。基本幅面有 5 种：A0、A1、A2、A3、A4，其幅面的尺寸如表 1-1 所示，表中 L 和 B 分别表示图纸长边和短边的长度，单位为毫米（mm）。国家标准规定，机械图样中的尺寸以毫米为单位时，不需标注单位符号（名称），如采用其他单位，则必须注明相应的单位符号。本书中的尺寸单位为毫米时，不标注。

图纸幅面和标题栏

表 1-1　图纸基本幅面尺寸　　单位：mm

幅面代号	A0	A1	A2	A3	A4
$B \times L$	841×1 189	594×841	420×594	297×420	210×297

幅面必要时可以加长，加长幅面的尺寸是由基本幅面的短边成整数倍增加后得出的。如图 1-1 所示，其中细实线和虚线均表示加长幅面，粗实线则表示基本幅面。如需选择加长幅面时，细实线所表示的加长幅面作为首选；虚线所表示的加长幅面作为次选。加长幅面的代

号为基本幅面代号 × 短边的倍数。例如：A4×3，表示把 A4 纸的长边不变，短边加长为原来的 3 倍，即幅面大小 297×630，其中 297 为 A4 纸的长边，630 为 A4 纸的短边长度 210 的 3 倍。本书中所提及的图纸幅面，均为基本幅面。

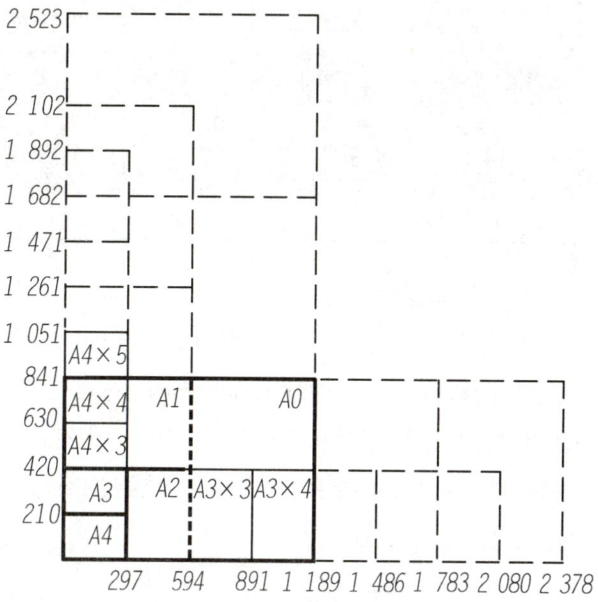

图 1-1 图纸幅面

2. 图纸的图框格式 每张图纸在绘图前都必须先画图框线。图框线用粗实线绘制，其格式分为不留装订边和留装订边两种，同一产品的所有图样只能采用一种格式。

不留装订边的图纸，其图框格式如图 1-2 所示；留装订边的图纸，其图框格式如图 1-3 所示。均有横版或竖版两种画法，如图 1-2 和图 1-3 中，(a)为横版，(b)为竖版。图中边框线即为图纸幅面大小用细实线绘制，图框线是依托边框线的四条边，分别向里缩进 e 或 a、c，并用粗实线绘制出来，图框的尺寸如表 1-2 所示。

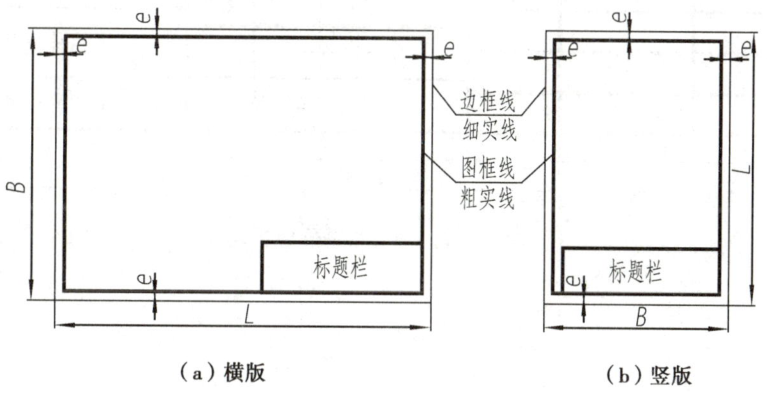

图 1-2 不留装订边的图框格式

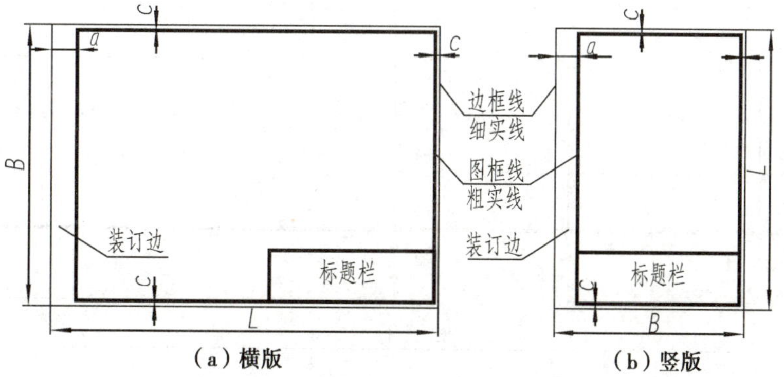

图 1-3 留装订边的图框格式

表 1-2 图框尺寸 单位：mm

幅面代号	A0	A1	A2	A3	A4
e	20		10		
c	10			5	
a	25				

（二）标题栏

每张图样都必须画出**标题栏**（title block），标题栏的位置应位于图纸的右下角，其底边和右边与图框线重合。绘制工程图样时，标题栏格式和尺寸应按 GB/T 10609.1—2008《技术制图 标题栏》的规定绘制，如图 1-4 所示。但在制图作业中，建议采用图 1-5 的简化格式，标题栏的外框线用粗实线绘制，内部的分格线用细实线绘制。看图的方向必须与标题栏中的文字方向一致。

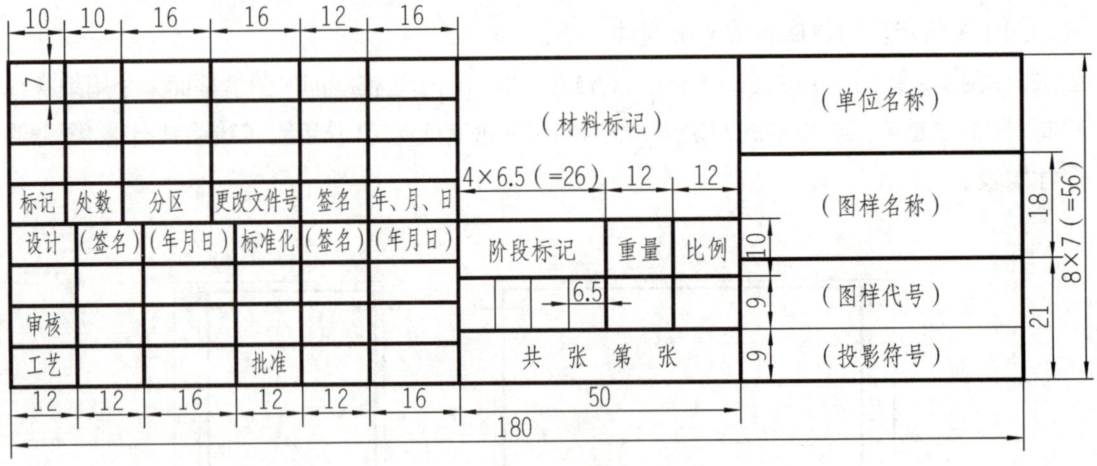

图 1-4 标题栏

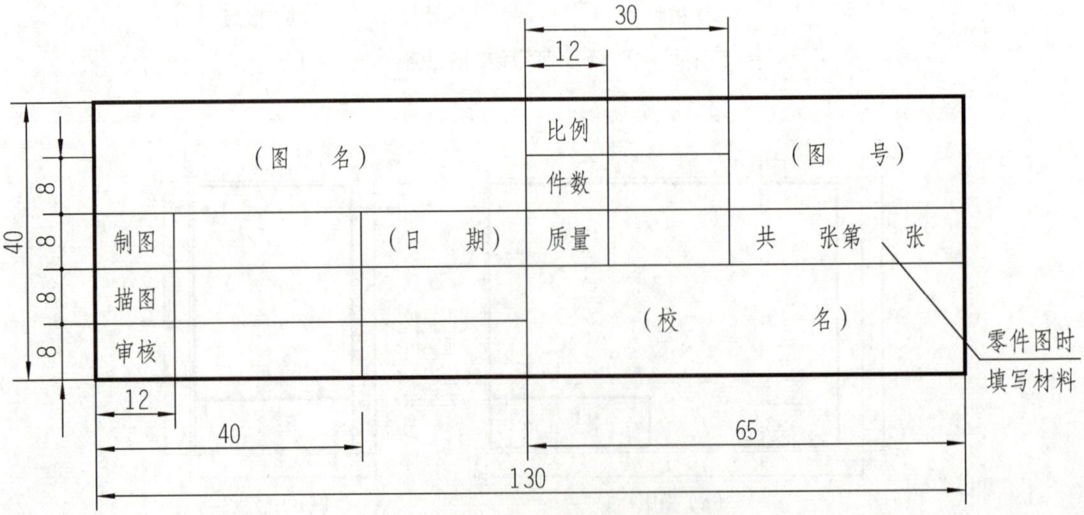

图 1-5 制图作业中建议采用的标题栏

二、比例

图中图形与其实物相应要素的线性尺寸之比称为**比例**。在 GB/T 14690—1993《技术制图 比例》中，比例分为原值比例、缩小比例和放大比例三种。比值为 1 的比例称为原值比例，即 1∶1。比值小于 1 的比例称为缩小比例，如 1∶5 等。比值大于 1 的比例称为放大比例，如 5∶1 等。按比例绘制图样时，应由表 1-3 规定的系列中选择适当的比例，“优先选取”的比例作为首选，必要时选取“允许选取”的比例。同一张图样上的各视图应采用相同的比例，并标注在标题栏内，当某个视图需采用不同的比例时，可在视图名称的下方或右侧另行标注比例。无论采用何种比例，图中所标注的尺寸数值必须是实物的实际大小，与图形的大小无关。

表 1-3　比例

种类	比例	
原值比例	优先选取	允许选取
放大比例	5∶1　2∶1　5×10^n∶1　1×10^n∶1	4∶1　2.5∶1　4×10^n∶1　2.5×10^n∶1
缩小比例	1∶2　1∶5　1∶10　1∶2×10^n 1∶5×10^n　1∶1×10^n	1∶1.5　1∶2.5　1∶3　1∶4　1∶6 1∶1.5×10^n　1∶2.5×10^n　1∶3×10^n 1∶4×10^n　1∶6×10^n

注：n 为正整数。

三、字体

图样中常用汉字、字母、数字等来标注尺寸，填写标题栏和注明技术要求（engineering requirement）。在 GB/T 14691—1993《技术制图 字体》中规定，字体高度即字体的**字号**，其公称尺寸（nominal size）系列为 1.8，2.5，3.5，5，7，10，14，20。书写字体时必须做到字体工整、笔画清楚、间隔均匀、排列整齐。

（一）汉字

图样中的汉字应写成长仿宋体，并采用中华人民共和国国务院正式公布推行的简化字。汉字的高度 h 不应小于 3.5mm，其字宽一般为 $h/\sqrt{2}$。

如表 1-4 所示，书写汉字要横平竖直、注意起落、结构均匀、填满方格。

（二）字母和数字

字母和数字分为 A 型和 B 型：A 型字体的笔画宽度为字高的 1/14，B 型字体的笔画宽度为字高的 1/10。在同一图样上，只允许选用一种形式的字体。字母和数字可写成斜体和直体两种。图样中通常采用斜体 A 型字体，其字头向右倾斜，与水平基准线成 75°。如表 1-4 所示。注意：用作指数、分数、注脚、极限偏差等的数字和字母，一般应采用小一号的字体。

表 1-4　字体

字体	示例
汉字 10 号字	字体工整笔画清楚排列整齐间隔均匀

续表

字体	示例
汉字 7 号字	字体工整笔画清楚排列整齐间隔均匀
汉字 5 号字	字体工整笔画清楚排列整齐间隔均匀
汉字 3.5 号字	字体工整笔画清楚排列整齐间隔均匀
A 型斜体阿拉伯数字	*123456789*
A 型斜体大写拉丁字母	*ABCDEFGHIJKLMNOPQRSTUVWXYZ*
A 型斜体小写拉丁字母	*abcdefghijklmnopqrstuvwxyz*
A 型斜体罗马数字	*I II III IV V VI VII VIII IX X*

四、图线

（一）图线的宽度

按照 GB/T 17450—1998《技术制图 图线》和 GB/T 4457.4—2002《机械制图 图样画法 图线》的规定，图样当中的线宽只有粗、细两种，粗线（thick line）线宽 d，细线（thin line）线宽为 $d/2$。粗线线宽在以下系列中选择：0.13，0.18，0.25，0.35，0.5，0.7，1，1.4，2，通常选用 0.5 或 0.7。

（二）线型及应用

工程图样是由各种图线绘制而成的，常用的线型及用途如表 1-5 所示。线型中不连续的独立部分，称为**线素**，即长画、短画、间隔和点。线素的尺寸应按规定画出，制图作业中常采用的画法是：虚线（hidden line）中的短画和间隔分别为 4，1；点画线（dash and dot line）中的长画为 15，点和空隙为 3；双点画线中的长画为 15，点和空隙为 5。点画线和双点画线中的点，在作图时为了更加清晰，要画成小短画（长约 1），而不能画成点；细虚线和细点画线较为常用，习惯上省略细字，本书中提及的虚线和点画线即为细虚线和细点画线。线型的实际应用示例见图 1-6。

表 1-5　常用线型及用途

名称	线型	线宽	用途
粗实线		d	可见棱边线、可见轮廓线、可见相贯线等
细实线		$d/2$	尺寸线、尺寸界线、剖面线、重合断面的轮廓线、过渡线、指引线、基准线等
细虚线		$d/2$	不可见棱边线、不可见轮廓线等
细点画线		$d/2$	对称中心线、轴线等
细双点画线		$d/2$	相邻辅助零件的轮廓线、可动零件极限位置的轮廓线、轨迹线、终端线等
波浪线		$d/2$	断裂处的边界线、视图与剖视图的分界线（一张图样中，二者任选其一使用）
双折线		$d/2$	

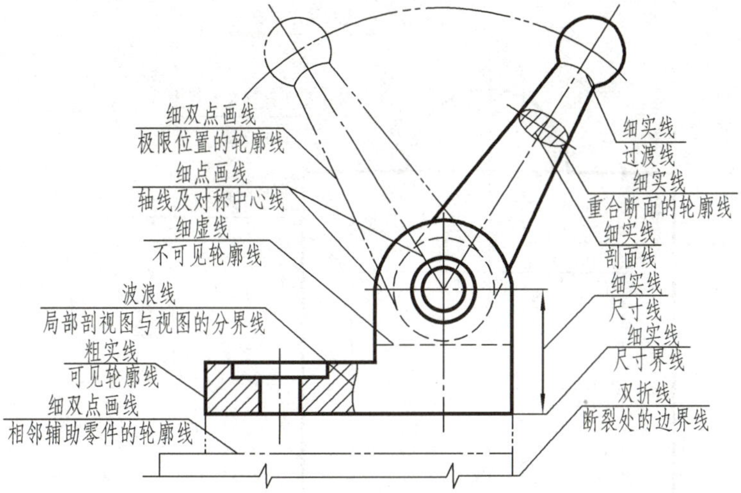

图 1-6　线型的应用

（三）图线的画法

图线主要依据以下画法，如图 1-7 和图 1-8 所示。

1. 同一图样中，同类图线的宽度应一致。虚线、点画线及双点画线的线素相等。

2. 用点画线绘制圆的对称中心线时，圆心应为长画的交点；点画线的首末两端应是长画而不是点；点画线应超出图形轮廓 2 ~ 5mm，如图 1-7（a）所示。图形较小难以绘制点画线时，可用细实线代替点画线，如图 1-7（b）所示。

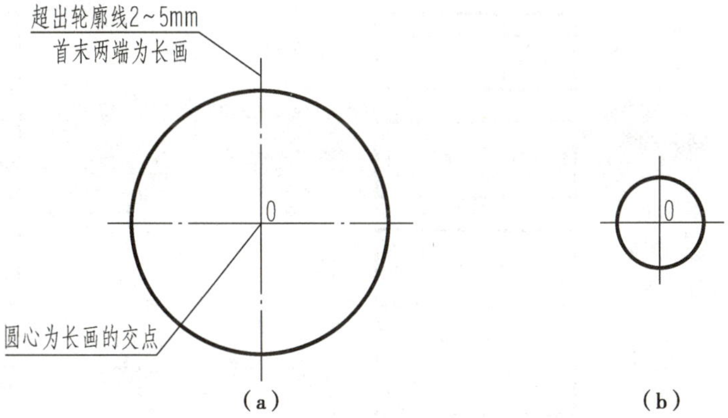

图 1-7　圆的对称中心线画法

3. 虚线、点画线与其他图线相交应交到短画处和长画处，不应交于间隔和点上；当虚线位于粗实线的延长线时，粗实线与虚线的分界处应留出空隙。如图 1-8 所示。

4. 如无其他规定，则两条平行线之间的最小距离不得小于 0.7。

（四）剖面符号

按照 GB/T 17453—2005《技术制图　图样画法　剖面区域的表示法》的规定，剖面符号（symbols for section-lining）是绘制剖视图和剖面图时，在剖切区域画出的符号。不同的材料有不同的剖面符号，如表 1-6 所示，其中金属材料的剖面符号在机械图样中使用最多。

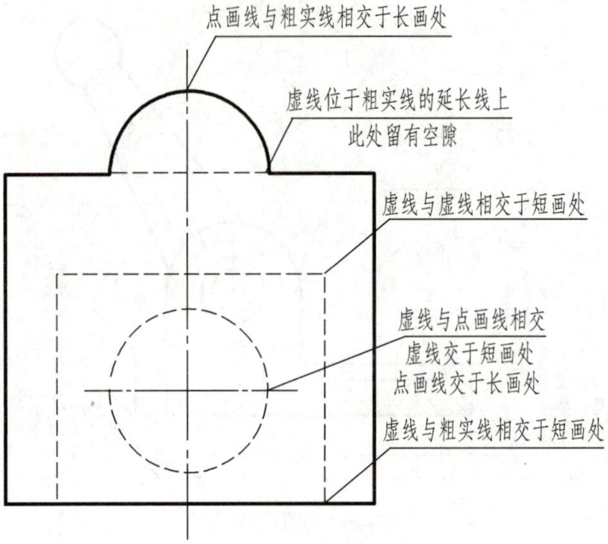

图 1-8　虚线、点画线与图线相交的画法

表 1-6　剖面符号

材料类型		剖面符号	材料类型	剖面符号
金属材料(已有规定剖面符号者除外)		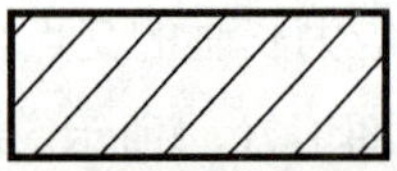	木质胶合板(不分层数)	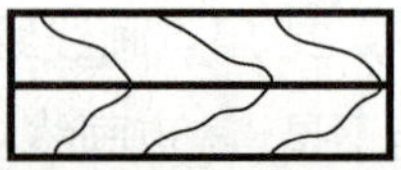
非金属材料(已有规定剖面符号者除外)		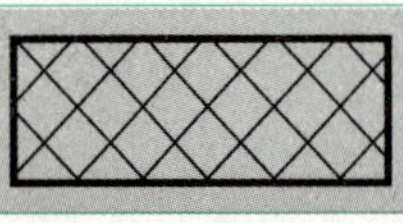	基础周围的泥土	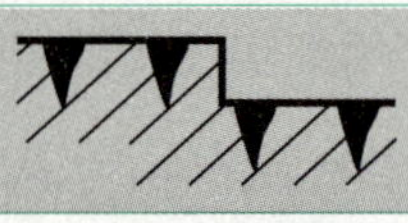
线圈绕组原件		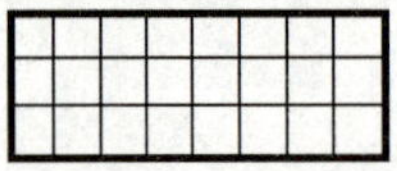	混凝土	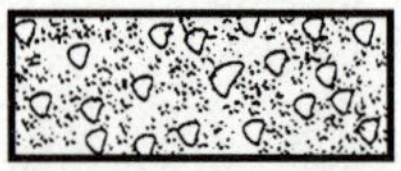
转子、变压器和电感器等的叠钢片		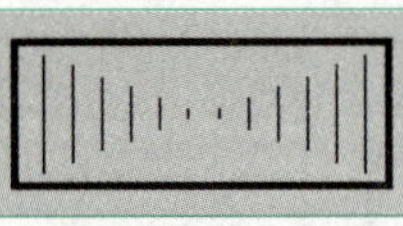	钢筋混凝土	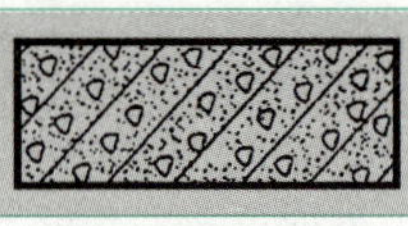
型砂、填砂、粉末冶金、砂轮、陶瓷刀片、球墨合金刀片等			砖	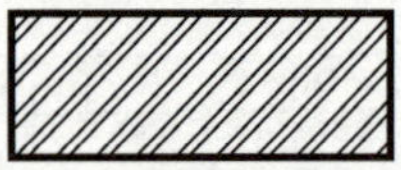
玻璃及供观察用的其他透明材料		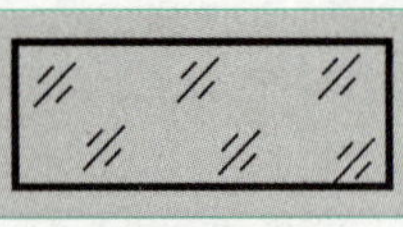	格网(筛网、过滤网等)	
木材	横剖面		液体	
	纵剖面			

五、尺寸标注

图形只能表达机件的形状,其大小需要通过尺寸标注来表示。一张完整的图样,其尺寸注写应做到正确、完整和清晰。如果尺寸出现错误和疏漏,就会给生产带来严重的后果和损

失。因此，需要严格按照国家标准的规定，认真严谨地进行尺寸标注，下面介绍国家标准 GB/T 4458.4—2003《机械制图 尺寸注法》, GB/T 19096—2003《技术制图 图样画法 未定义形状边的术语和注法》中的一些规定。

（一）**基本规定**

标注尺寸应遵守以下 4 项基本规定。

1. 机件的真实大小应以图样上所注的尺寸数值为依据，与绘图的大小及绘图的准确度无关。

2. 图样中的尺寸（包括技术要求等）以毫米为单位时，不需标注其计量单位的代号或名称，如采用其他单位，则必须注明其计量单位的代号或名称。

3. 图样中所标注的尺寸为该图样所示机件最后完工尺寸，否则应另加说明。

4. 机件每一尺寸一般只标注一次，并应标注在反映该结构最清晰的图形上。

（二）**尺寸的组成**

一个完整的尺寸由尺寸数字（dimension figure）、尺寸界线（extension line）和尺寸线（dimension line）三要素组成。

1. 尺寸数字 尺寸数字应按图 1-9（a）所示的方向注写，要尽可能避免 30°范围内标注尺寸；当无法避免时，可按图 1-9（b）的形式标注。线性尺寸的尺寸数字一般应注写在尺寸线的上方，必要时也允许注写在尺寸线中断处，如图 1-9（c）；尺寸数字不可被任何图线所通过，当不可避免时，必须将图线断开。如图 1-10 所示，点画线在尺寸 4×ϕ8 处要断开。

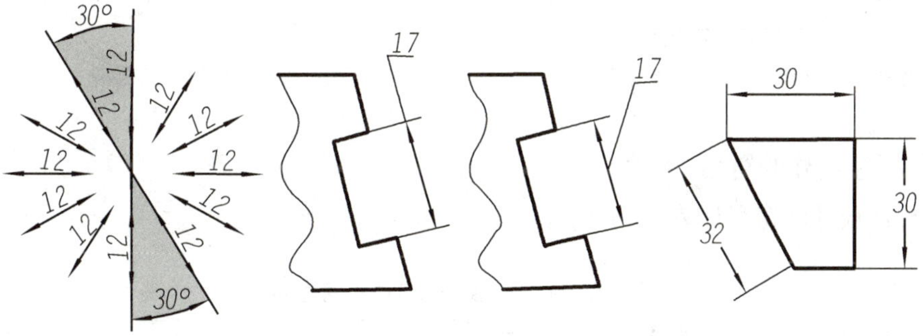

（a） （b） （c）

图 1-9 尺寸数字的注写方向

2. 尺寸界线 界线用细实线绘制，应由图形的轮廓线、轴线或对称中心线引出，如图 1-10 中 45 和 24 是由圆的对称中心线引出的，27、65 和 48 是由轮廓线引出的；图形中的轮廓线、轴线或对称中心线也可作为尺寸界线，如图 1-10 中尺寸 16 的尺寸界线为轮廓线；尺寸界线一般应垂直于尺寸线，其末端应超出尺寸线约 2mm。

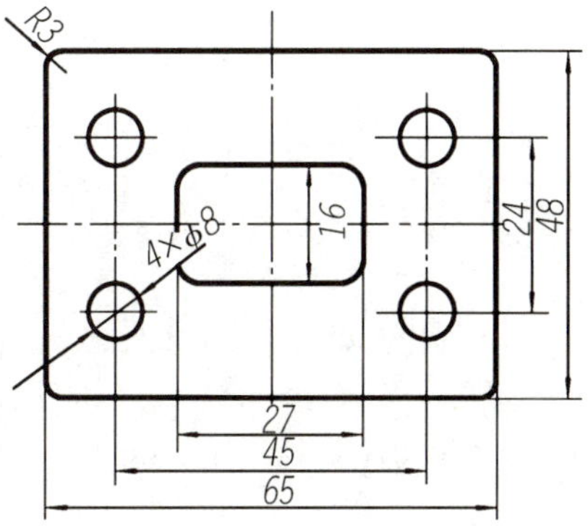

图 1-10 尺寸标注示例

3. 尺寸线

（1）用细实线画出，不得用其他图线代替，也不能与其他图线重合或画在其延长线上。

（2）标注尺寸时，尺寸线必须与所标注的线段平行，尺寸线与轮廓线、两平行尺寸线之间相距 5～7mm。当有几条互相平行的尺寸线时，大尺寸要标注在小尺寸之外，以免尺寸线与尺寸界线相交。如图 1-10 中水平尺寸 27、45、65 和竖直尺寸 24、48 两处所示。

（3）未完整表示的要素，可仅在尺寸线的一端画出箭头，但尺寸线应超过该要素的中心线或断裂处。如图 1-11 所示。

（4）在圆或圆弧上标注直径或半径尺寸时，尺寸线一般应通过圆心或延长线通过圆心。如图 1-11 中 ϕ10、ϕ20、*R*3 的尺寸线画法。注意：整圆和大于半圆的圆弧标注直径，半圆和小于半圆的圆弧标注半径。

（5）尺寸线终端有箭头和斜线两种形式，如图 1-12 所示。一个图样只能采用一种尺寸线终端形式。

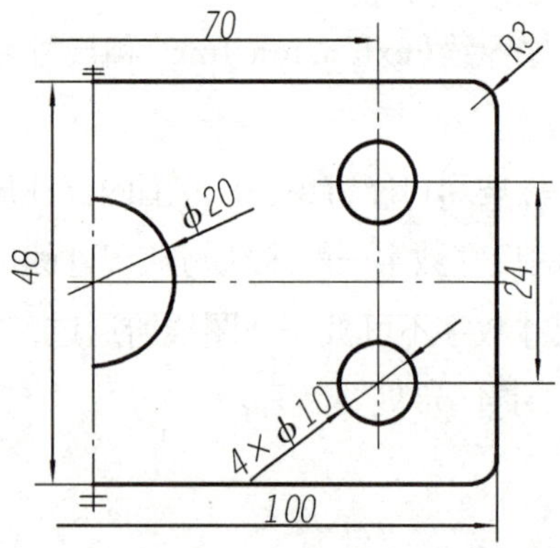

图 1-11　未完整表示的要素尺寸线画法

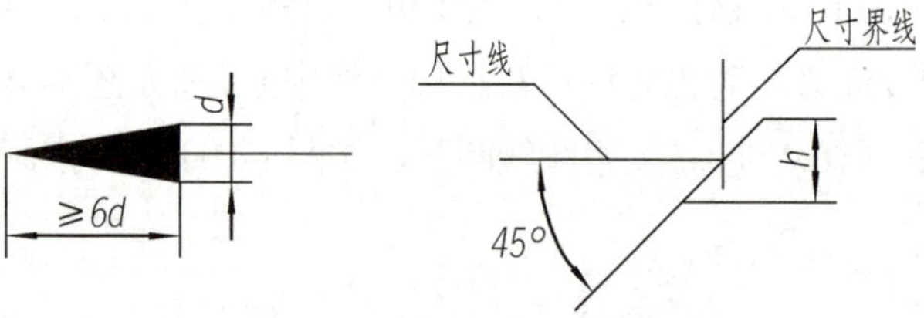

图 1-12　尺寸线的终端

（三）标注尺寸的符号

常用标注尺寸的符号如表 1-7 所示。

表 1-7　标注中常用的符号和缩写词

名称	符号和缩写词	名称	符号和缩写词	符号的画法
直径	ϕ	深度	↧	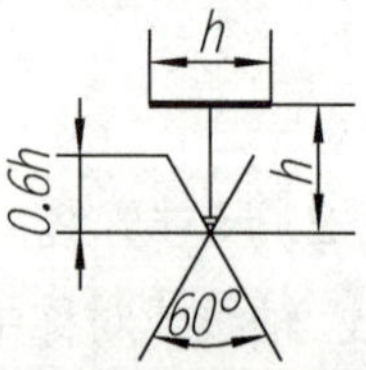
半径	*R*	沉孔或锪平	⌴	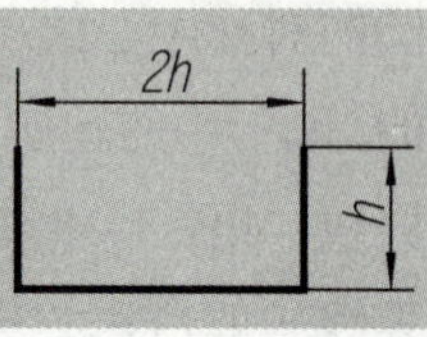
球直径	*S*ϕ	埋头孔	⌵	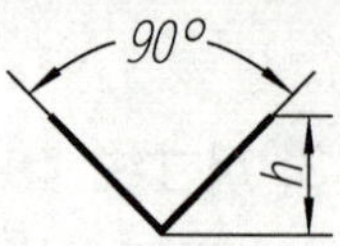

续表

名称	符号和缩写词	名称	符号和缩写词	符号的画法
球半径	*SR*	正方形	□	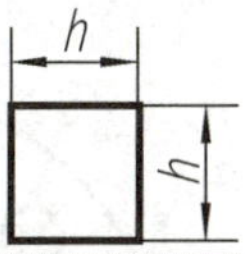
厚度	*t*	弧长	⌒	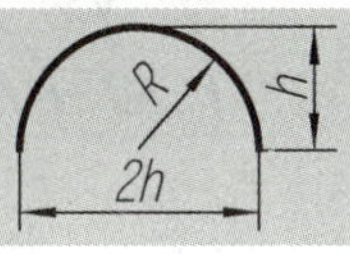
45° 倒角	*C*	均布	EQS	

（四）其他标注形式和简化注法

其他标注形式和简化注法如表 1-8 所示。

表 1-8　其他标注形式和简化注法

图例	说明
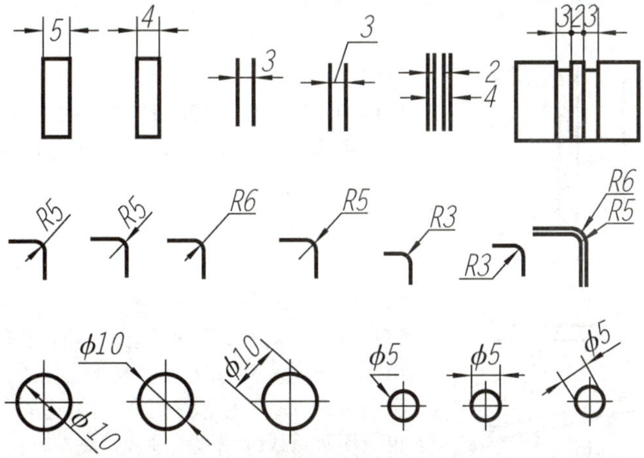	对于小尺寸的标注，在没有足够的位置画箭头时，箭头可画在外面，几个连续小尺寸标注时，中间的箭头可用斜线或圆点代替；圆和圆弧的小尺寸可按左图后两排标注
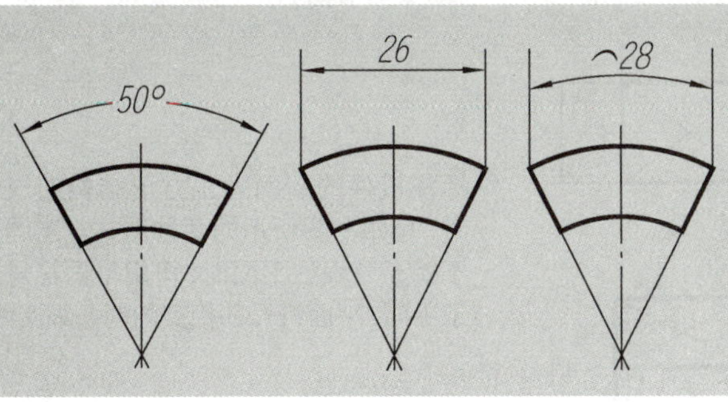	标注角度时，尺寸界线应沿径向引出，尺寸线画成圆弧，圆心是该角的顶点，尺寸数字水平书写在尺寸线中断处，必要时数字可水平标注在尺寸线上方或外侧 标注弦长和弧长时，尺寸界线应平行于弦的垂直平分线，标注弦长尺寸线为直线；标注弧长尺寸线为圆弧，并在尺寸数字前加以字高为半径的细实线半圆
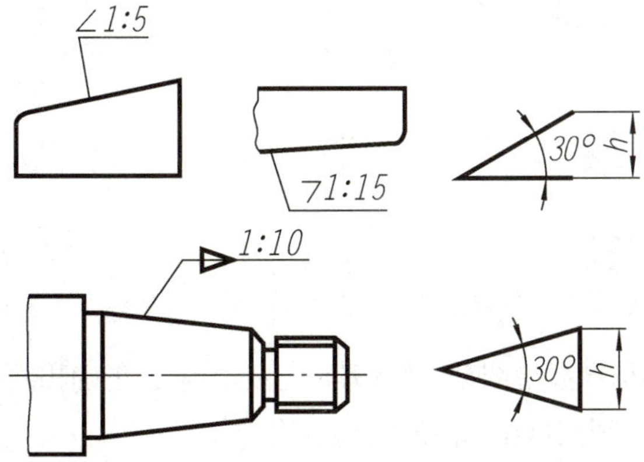	斜度和锥度的标注方法可见左图，当中把斜度或锥度的比值标注成 1∶*n* 的形式，并在其前面加斜度或锥度符号，其斜线方向应与斜度方向一致。斜度和锥度符号可按左图所示标注，图中 *h* 为字体的高度

续表

图例	说明
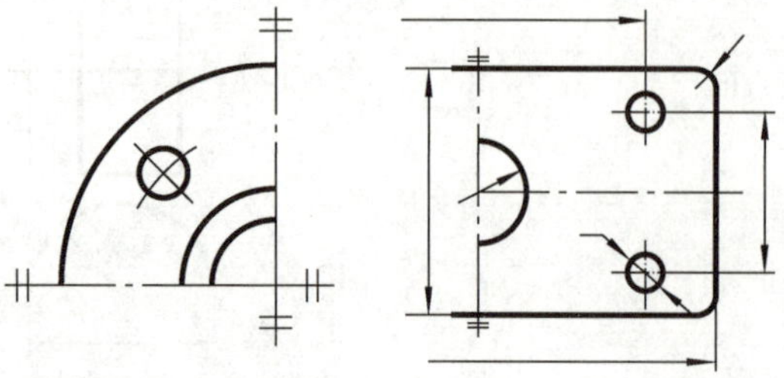	在不会引起误解时，对于对称机件的视图可只画出一半或四分之一，并在对称中心线的两端画出两条与其垂直的平行线
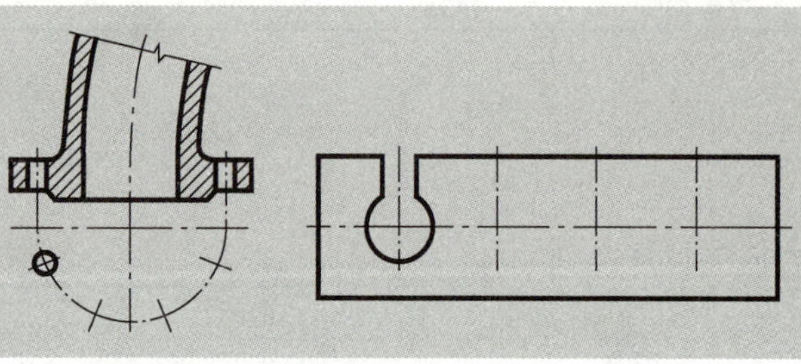	零件中规律分布的重复结构，允许只画出一个或几个完整结构，并表达出分布情况
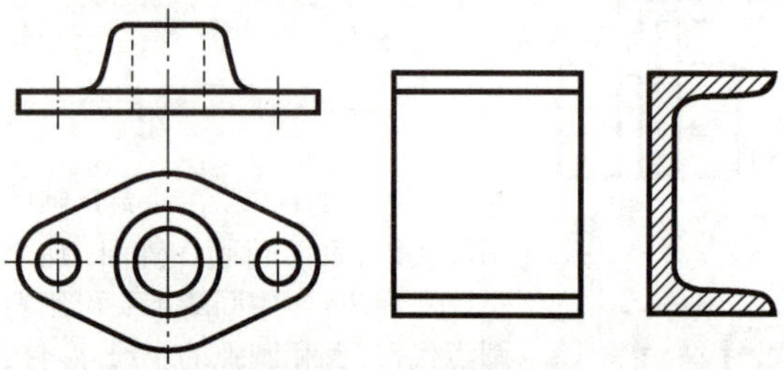	机件中斜度或锥度较小时，如果在一个图形中表达清楚了，其他图形可按小端画出
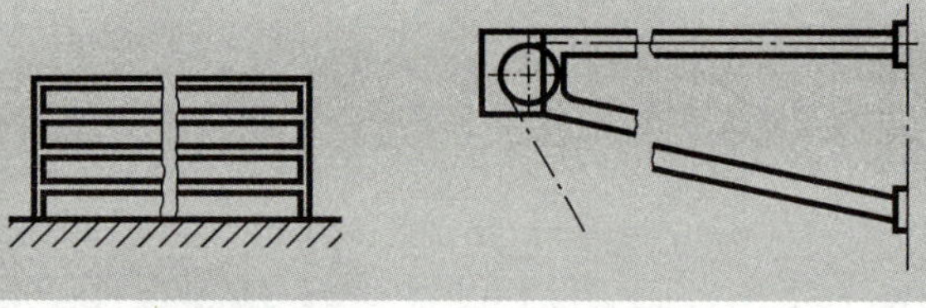	较长机件（轴、杆、型材、连杆等）沿长度方向的形状一致或按一定规律变化时，可断开绘制，用波浪线绘制断裂边界，也可用双折线或细双点画线绘制
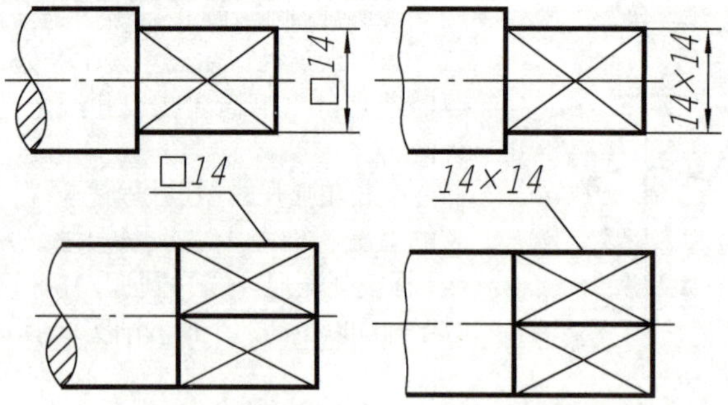	标注机件的断面为正方形结构的尺寸时，有如左图所示的两种形式。当图形不能充分表达平面时，可用平面符号表示平面，平面符号即相交的两条细实线

第二节　绘图工具和绘图用品

为了保证绘图的质量和速度，除了熟练掌握绘图基本知识外，还必须学会正确和熟练使用绘图工具，本节介绍绘图过程中常用的绘图工具和用品的使用方法。

一、绘图工具

绘图中常用的绘图工具有：图板（drawing board）、丁字尺（t-square）、三角板（triangles）、圆规（compass）和分规（dividers）。

（一）图板

图板是用来放置和固定图纸的矩形木板，我们通常用透明胶带把图纸的四角固定在图板上，如图 1-13 所示。为了保证绘图的质量，要求图板的上下工作面要平整光滑；左侧边框必须平直，以配合丁字尺的尺头共同工作。

（二）丁字尺

丁字尺由尺头和尺身两部分组成，主要用于绘制水平线。使用时，尺头内侧应紧靠图板的左侧导边，用左手压紧尺头后，可将丁字尺上下移动到目标位置，然后左手移到尺身，压紧尺身后，沿尺身的工作边自左向右画出水平线，如图 1-13 所示。用此方法上下移动丁字尺到所需位置，即可画出一系列的水平线。

（三）三角板

三角板在制图过程中常和丁字尺配合使用，利用一条直角边与丁字尺的工作边靠紧，沿另一条直角边自下而上绘制水平线的垂直线，如图 1-13 所示。除此之外，三角板的斜边靠紧丁字尺的工作边，还可绘制 45°、30°、60° 的斜线，如果两个三角板共同配合，还可画出 15° 倍数的斜线。

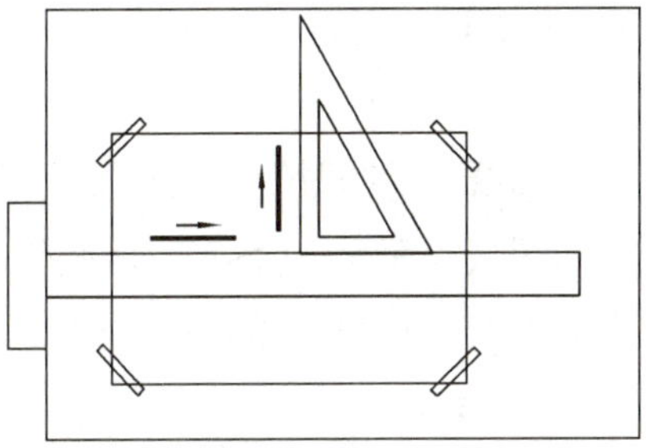

图 1-13 图板、丁字尺、三角板

（四）圆规

圆规是用来画圆和圆弧的绘图工具，使用前应调节针尖，使针尖略长于铅芯，如图 1-14（a）所示；铅芯可磨成铲形，圆规用的铅芯要比画相同线型直线的铅芯软一级。使用圆规时，圆规的针尖要垂直纸面，圆规向前进方向倾斜 15° ~ 20°；画较大圆的时候，应使圆规的两脚都垂直于纸面，如图 1-14（b）所示；画更大的圆时，可以安装加长杆，如图 1-14（c）所示。

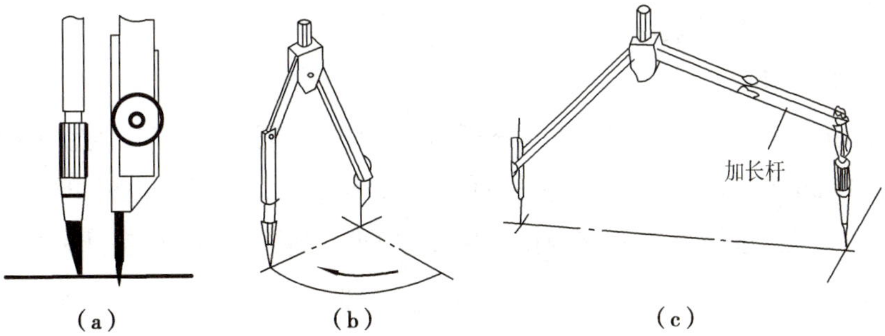

图 1-14 圆规

（五）分规

分规是用来等分线段和量取尺寸的工具，分规的两脚都是针尖，两脚并拢后，针尖应对齐，如图 1-15（a）所示，使用方法如图 1-15（b）所示。

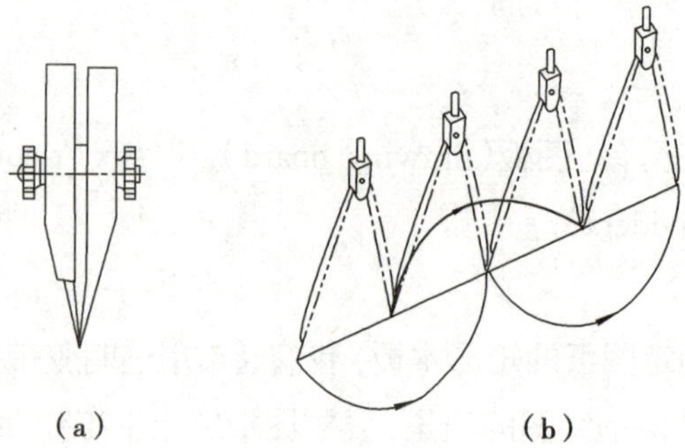

图 1-15 分规

二、绘图用品

常用的绘图用品还包括图纸(drafting paper)、铅笔(pencil)、绘图专用橡皮(rubber)、削笔刀(penknife)等。

(一) 图纸

图纸是绘图时使用的专用纸张，可在市场上购买到 A0 号图纸，根据需要裁成国家标准规定的图纸幅面大小后，用透明胶带(drafting tape)固定在图板上，进行绘图。图纸分正反两面，表面光滑、不易起毛的一侧为正面。

(二) 铅笔

铅笔有软(B)、硬(H)、中性(HB)之分，B 的号数越大，铅芯越软，颜色越深，一般用于加深粗实线；H 的号数越大，铅芯越硬，颜色越浅，一般用于打底稿和加深细线；HB 用来写字和画箭头。具体用法将在本章第五节的尺规绘图中详细说明。圆规的铅芯要比其对应的画直线时的铅芯软一级。铅笔一般磨成圆锥形。铅笔画线时，铅笔要靠近尺边，铅笔的轴线要垂直于图纸所在平面；不要向尺内、外倾斜，以免造成绘图误差。打底稿和描深细线时，铅芯要磨尖，打底稿要画得细而淡，方便加深前进行校核修改，加深细线时要适度用力，使细线细而明显；加深粗线时，铅芯要磨得较钝，加深的同时也要加粗，使粗线粗而黑，铅芯也可磨成长方形，使其宽度等于粗线线宽。

(三) 其他绘图用品

其他绘图用品还有绘图专用橡皮，用来擦图、改图；削笔刀，用来切削铅笔和圆规上的铅芯；砂纸(sand paper)，用来磨铅芯；擦图片(erasing shield)，通过上面各种形状的小孔，配合橡皮用来擦图、改图；透明胶带，用来固定图纸；软毛刷，清洁图面上的铅屑和橡皮屑。

第三节　几何作图

机件的轮廓虽各有不同，但其图样都是由各种图线和基本图形所组成的，为了能够更快速、准确地绘制图样，就要熟练掌握几种常见平面图形的画法。

一、等分线段

将线段分成任意等份，其方法如图 1-16 所示，要将直线 *AB* 五等分，可过其中一个端点 *A* 作任意一条直线 *AC*，用分规取任意距离等分直线 *AC*，并标注等分点 1、2、3、4、5，连接线段 *CB*，过 *AC* 上的其他等分点作线段 *CB* 的平行线，与 *AB* 的交点为 1′、2′、3′、4′，即 *AB* 的五等分点。

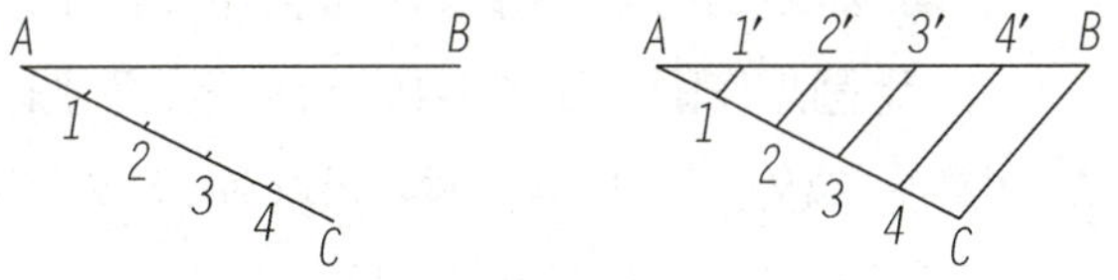

图 1-16　等分线段

二、斜度与锥度

（一）斜度

斜度（incline）是指一直线（或平面）相对于另一直线（或平面）的倾斜程度。其大小用两者夹角的正切值来表示，如图 1-17（a）所示，即，斜度 $=H/L=\tan\alpha$。斜度的做法如图 1-17（b）所示。图样当中把斜度的比值标注成 1∶*n* 的形式，并在其前面加斜度符号，斜度的标注方法详见前文表 1-8。

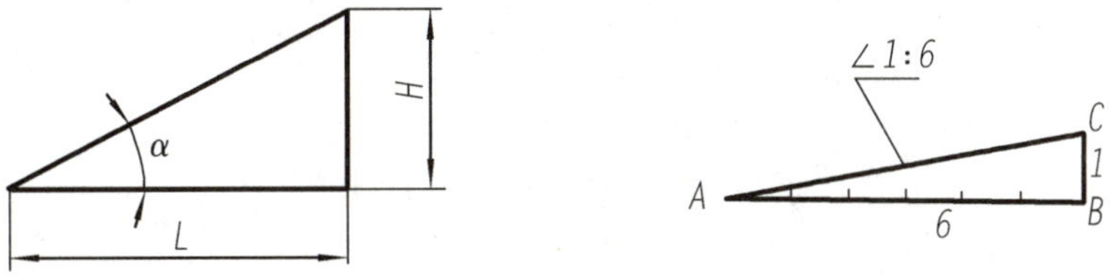

（a）　（b）

图 1-17　斜度及其画法

（二）锥度

锥度（taper）是指正圆锥的底圆直径与高度之比，或正圆锥台两底圆直径之差与台高之比，如图 1-18（a）所示，即，锥度 $=H/L=D/L=(D-d)/L_1=2\tan(\alpha/2)$。锥度的做法如图 1-18（b）所示。和斜度相同，图样当中把锥度的比值也标注成 1∶*n* 的形式，并在其前面加锥度符号，锥度的标注方法详见表 1-8。

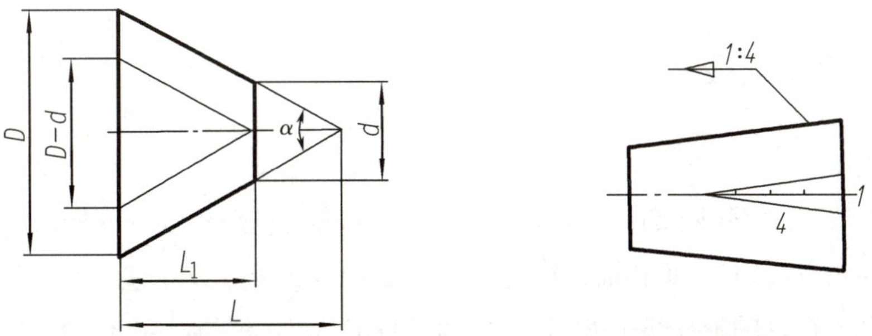

（a）　（b）

图 1-18　锥度及其画法

三、正多边形

（一）正六边形

已知圆内接正六边形的外接圆半径，作正六边形的方法有两种。

1. 用圆规作图　如图 1-19（a）所示，分别以已知外接圆水平对称中心线与圆周的交点 B、E 为圆心，以外接圆的半径为半径画弧，与外接圆圆周交于 A、C、D、F 点，连接 AB、BC、CD、DE、EF、FA，即得圆内接正六边形。

2. 用三角板和丁字尺配合作图　如图 1-19（b）所示，用 60° 的三角板配合丁字尺，如图的方式放置，可作出 AB、BC、DE、EF，最后向上推行丁字尺，连接水平线 AF、CD，即得圆内接正六边形。

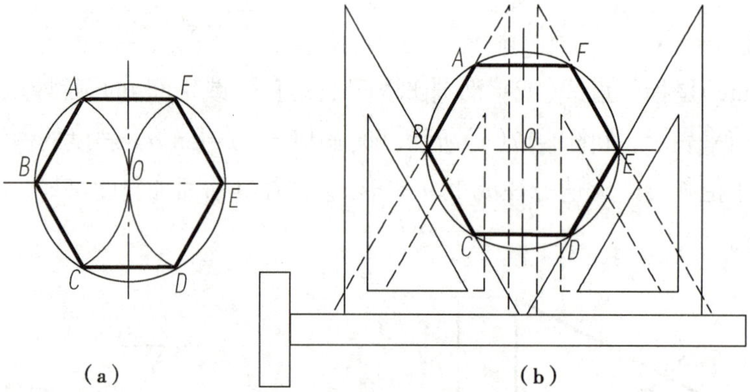

图 1-19　圆内接正六边形的画法

（二）正 *n* 边形

以圆内接正八边形为例，介绍圆内接正 n 边形的画法。如图 1-20 所示，将外接圆沿垂直径 n 等分，n=8，即将 AN 分成 8 等份，等分点为 1、2、3、4、5、6、7；以 A 为圆心，AN 为半径画弧，交圆的水平对称中心线于 M；连接 $M2$、$M4$、$M6$，并延长交圆周于 B、C、D 三点，分别作其对称点 G、F、E；连接 AB、BC、CD、DN、NE、EF、FG、GA，即得圆内接正八边形。

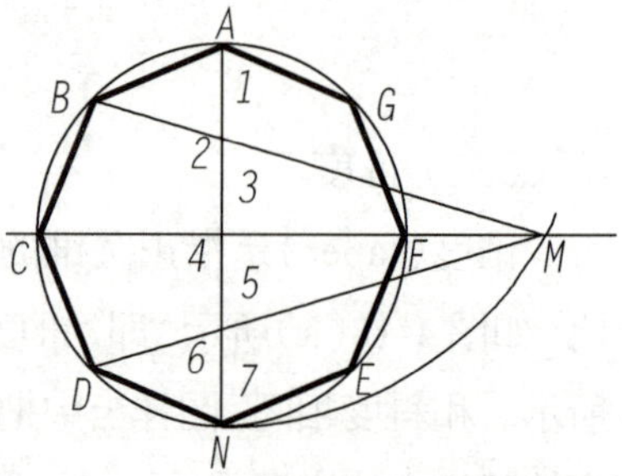

图 1-20　圆内接正 *n* 边形的画法

四、椭圆和圆弧连接

（一）椭圆

如图 1-21 所示，已知椭圆（ellipse）的长轴（major axis）和短轴（minor axis），用四心圆法绘制椭圆。其绘图方法如下：画长轴 AB，短轴 CD，两轴线交于点 O，连接 AC，以 O 为圆心，AO 为半径画圆弧交短轴的延长线于 E；以 C 为圆心，CE 为半径画弧，交 AC 于 F，作 AF 的中垂线分别交长轴于 O_1，短轴的延长线于 O_2，再取对称点 O_3，O_4，以 O_1、O_2、O_3、O_4 为圆心，O_1A、O_2C、O_3B、O_4D 为半径画弧，近似得到椭圆，M、N、M_1、N_1 为切点。

（二）圆弧连接

圆弧连接是指用已知直径的圆弧光滑连接两已知直线或圆弧，光滑连接是相切连接，起到连接作用的弧称为连接弧，连接弧的两端即为两切点。因此，圆弧连接作图的关键是确定连接弧的圆心和圆弧两端的切点，才能准确绘制出连接弧。

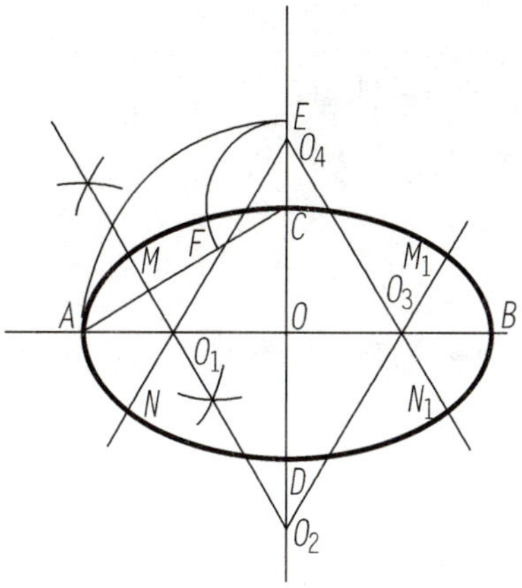

图 1-21　椭圆的画法

1. 圆弧连接的作图原理　连接弧的圆心是由连接弧的两个相切关系确定的，即与两端线段相切时形成的两条圆心轨迹的交点，就是连接弧的圆心。用已知半径的圆弧与已知直线或圆弧相切，圆心轨迹及切点的做法如图 1-22 所示。

（1）已知半径为 R 的圆弧与一直线相切时的圆心 O 的轨迹为与直线距离为 R 的直线，过圆心 O 做直线的垂线，垂足 K 即为切点。如图 1-22（a）。

（2）已知半径为 R 的圆弧与圆心为 O_1，半径为 R_1 的圆弧相外切，圆心轨迹为以 O_1 为圆心，R_1+R 为半径的圆弧，圆心连线 OO_1 与圆弧的交点 K 即为切点。如图 1-22（b）。

（3）已知半径为 R 的圆弧与圆心为 O_1，半径为 R_1 的圆弧相内切，圆心轨迹为以 O_1 为圆心，$|R-R_1|$ 为半径的圆弧，圆心连线 OO_1 的延长线与圆弧的交点 K 即为切点。如图 1-22（c）。

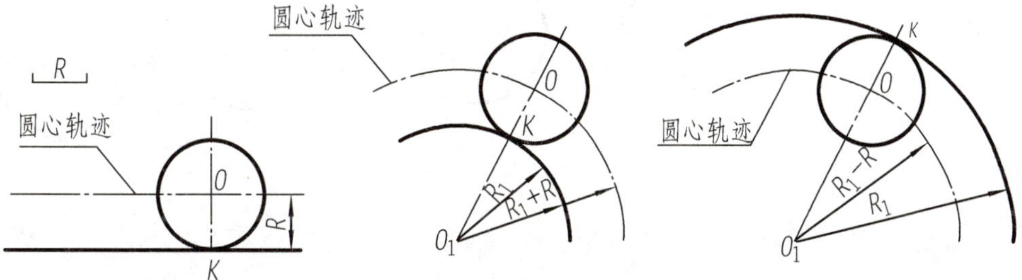

（a）　（b）　（c）

图 1-22　圆弧连接作图原理

2. 圆弧连接的作图过程　先做圆心，再做切点，最后画出连接弧。如表 1-9 所示，介绍常见的圆弧连接的作图过程。

表 1-9　圆弧连接几何作图

圆弧连接	作连接弧的圆心和切点	画连接弧
连接两直线	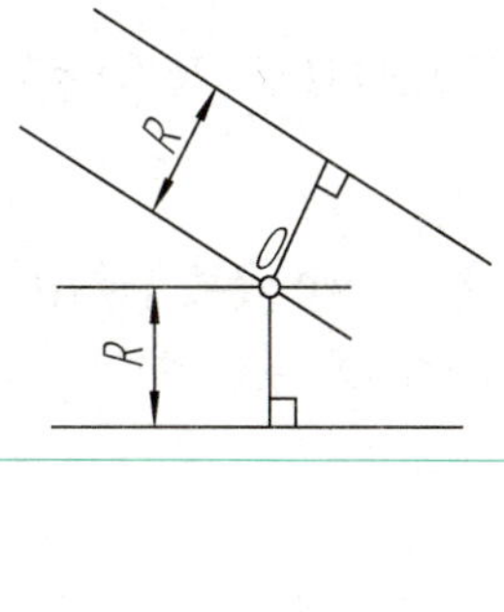	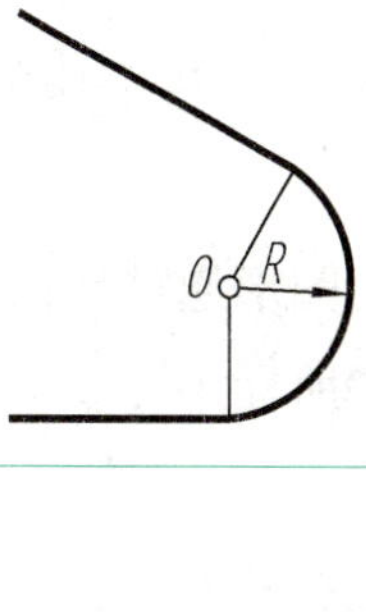

续表

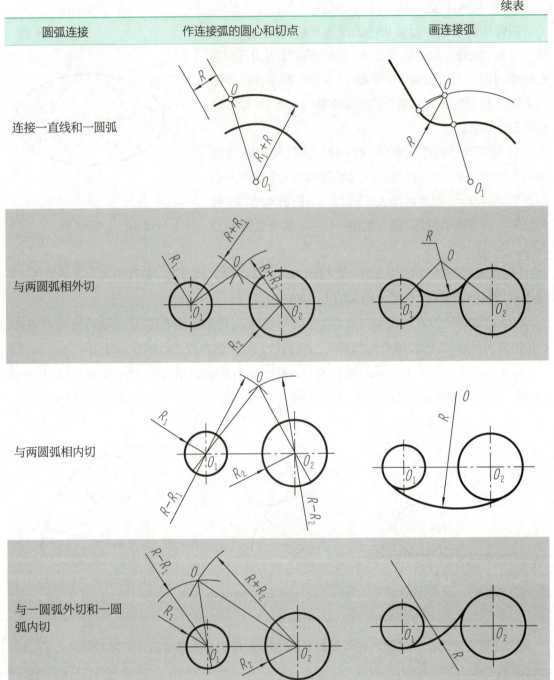

圆弧连接	作连接弧的圆心和切点	画连接弧
连接一直线和一圆弧	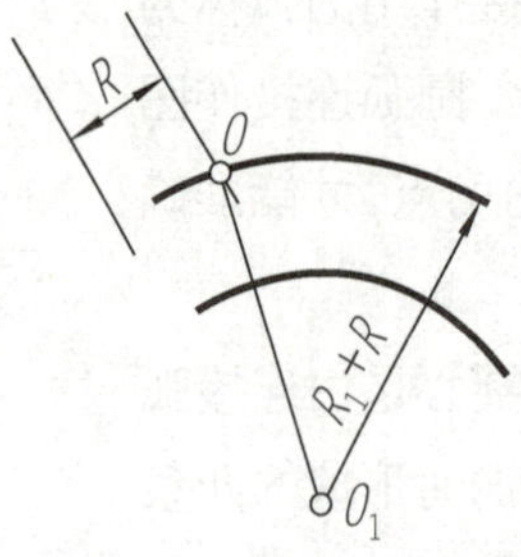	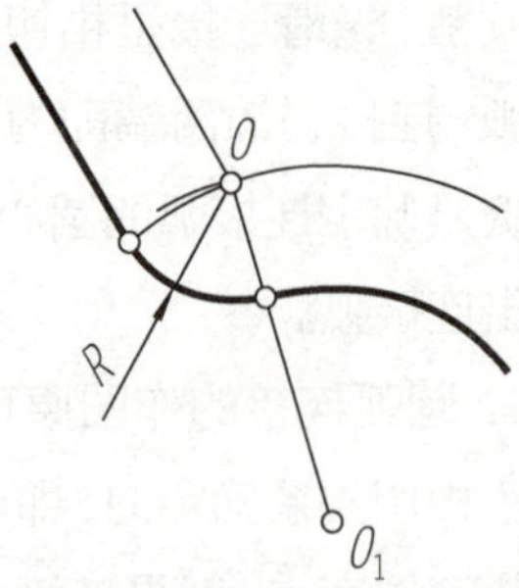
与两圆弧相外切	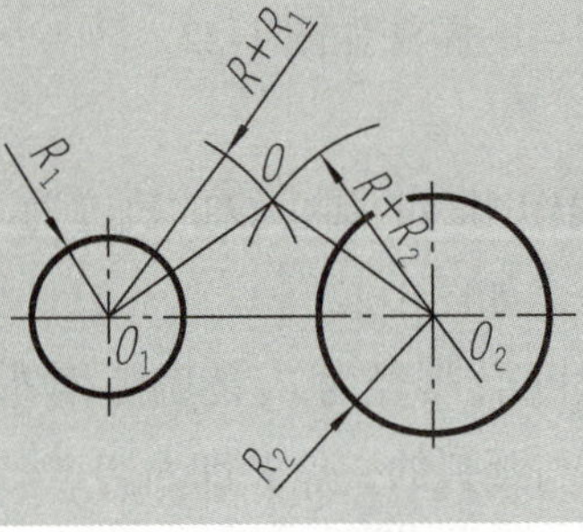	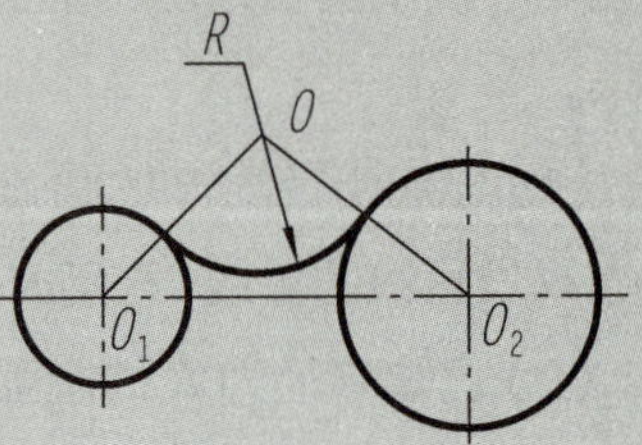
与两圆弧相内切	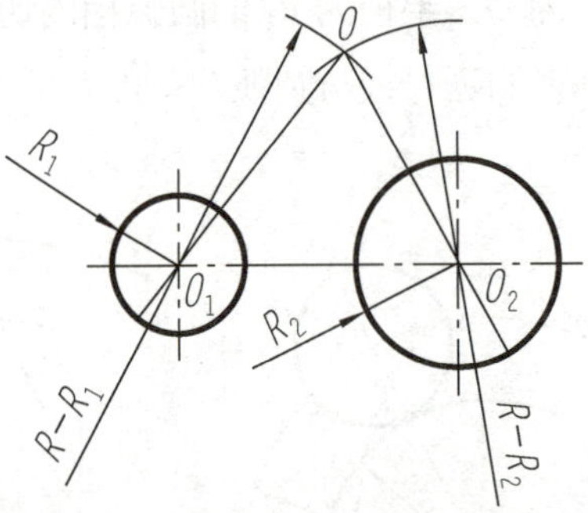	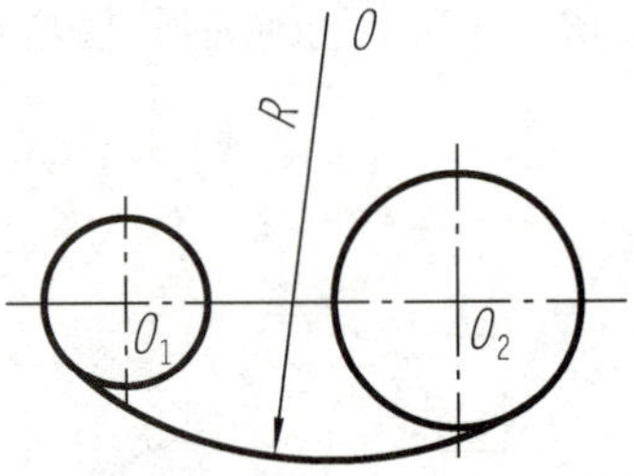
与一圆弧外切和一圆弧内切	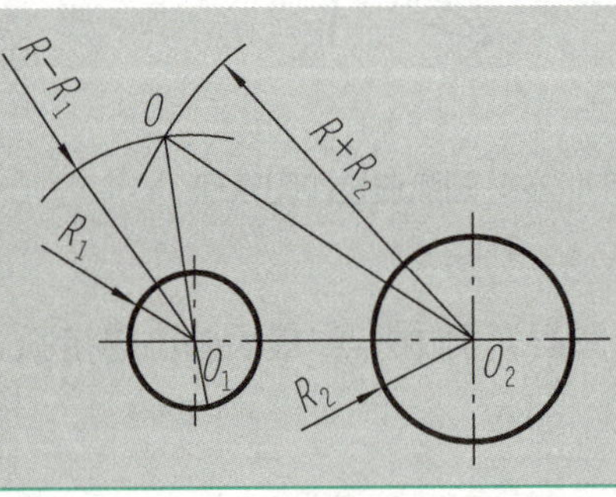	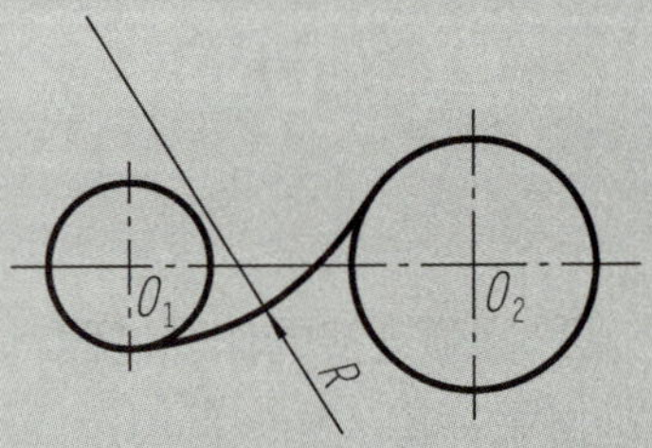

第四节　平面图形的尺寸标注和线段分析

平面图形通常是由一些线段连接而成的一个或数个封闭线框构成。画图时要根据平面图形中所标注的尺寸，分析各组成部分的形状、大小和其相对位置，从而确定正确的画图步骤。

一、平面图形的尺寸标注

由一些线段连接而成的一个或多个封闭线框所组成的图形，称为平面图形，平面图形各组成部分的大小和相对位置是由其所标注的尺寸来确定的。

标注尺寸时，首先要确定尺寸基准，我们把确定尺寸位置的几何元素，称为尺寸基准。对于平面图形而言，常用的尺寸基准是对称图形的对称线，较大的圆的中心线或较长的直线。标注平面图形的尺寸时，先要确定长度和高度方向的尺寸基准。

平面图形的尺寸按其作用可分为以下两类。

（一）定形尺寸

用于确定平面图形各组成部分的形状和大小的尺寸，称为定形尺寸，如线段长度、圆的直径、圆弧的半径等。如图 1-23 中，线段长度 100、80 和圆直径 ϕ25 及圆弧半径 *R*20 是定形尺寸。

（二）定位尺寸

用于确定平面图形中各组成部分之间相对位置的尺寸，称为定位尺寸，如图 1-23 中的 30 和 45。

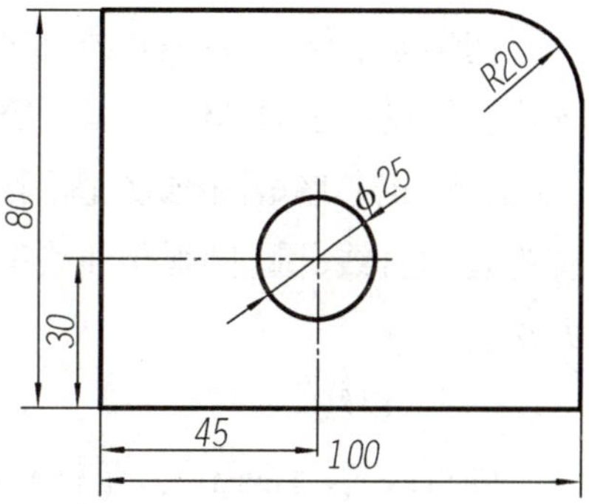

图 1-23　定形尺寸和定位尺寸

二、平面图形的线段分析

平面图形的线段可以分为 3 类。

（一）已知线段

凡是定形尺寸和定位尺寸齐全，可以直接独立画出的圆弧或线段，称为**已知线段**。若给出圆的直径和圆心位置的两个方向定位尺寸，则该圆为已知圆，如图 1-24 中的 L_1、L_2、*R*15、*R*8 和 ϕ10。

（二）中间线段

缺少一个定位尺寸，还需根据一个连接关系才能画出的曲线段，称为**中间线段**，如图 1-24 中的 *R*6。

（三）连接线段

缺少两个定位尺寸，需要根据两个连接（相切）关系才能画出的圆弧或直线，称为**连接线段**，如图 1-24 中的 *R*4、L_3。

因此，画圆弧连接时，要先进行线段分析，然后先画已知线段，再画中间线段，最后画连接线段。根据以上分析，图 1-24 中，应先画 L_1、L_2、*R*15、*R*8 和 ϕ10，再画 *R*6，最后画 L_3 和 *R*4。

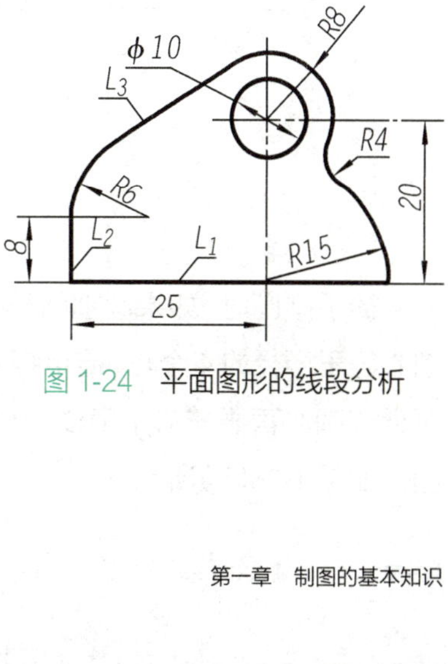

图 1-24　平面图形的线段分析

第五节　绘图方法简介

一、徒手绘图

当现场测绘以及画设计草图时，都采用徒手绘图。这种不用绘图仪器和工具，以目测估计图形与实物的比例，徒手画出的图样称为草图或徒手图。草图的适用场合非常广泛，因此要求工程技术人员必须具备徒手绘图的能力，即绘制草图应基本上做到：图形正确，线型分明，比例匀称，字体工整，图面整洁。

初学徒手绘图，最好在方格纸上进行，借助方格纸的方格控制图线的平直和确定图形的大小。经过一定的训练后，可达到在空白纸上画草图的水平。徒手绘图一般使用 HB、B 或 2B 铅笔，铅芯磨成圆锥形，画细线时，铅芯要磨得较尖；画粗线时，铅芯可以磨得钝些。图样都是由直线、圆、圆弧和曲线等组成的，因此，画好草图就必须掌握基本线条的徒手绘图方法。

（一）直线

画直线时，手握铅笔，笔杆略向画线方向倾斜，笔杆要握得松些，手腕和手指对纸的压力不用过大，手腕提起，小手指靠着纸面帮助控制运笔方向，运笔力求自然。画短线常用手腕运笔，画长线常以手臂带动运笔，常定出两点，眼睛随铅笔前进方向注意直线的终点，以保持运笔的方向正确，用力均匀，一次画成。画水平线时自左向右运笔；画垂直线时自上而下运笔；画倾斜线时，可将图纸旋转到该线段处于水平或铅垂位置，再徒手画出。

（二）特殊角度的斜线

对于 30°、45°、60° 等常用的特殊角度，可根据角度和两直角边的比例关系，定出两个端点，然后再连接做出草图，如图 1-25（a）所示；对于 10°、15° 等角度，可先做出 30° 角后，再等分作图，如图 1-25（b）所示。

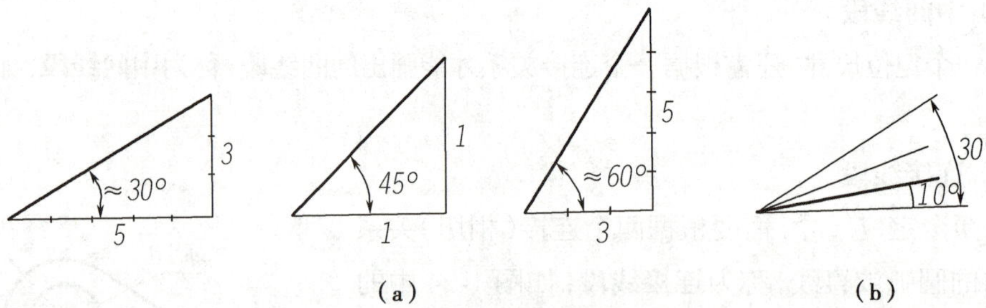

图 1-25　徒手画斜线

（三）圆

徒手画圆时，如果画小圆，可先画出圆的对称中心线，定出圆心位置，在中心线上找出距圆心等于半径的 4 个点，徒手将 4 个点连成圆。如图 1-26（a）所示。如果画直径较大的圆，则可通过圆心再画一对十字线，在这两条线上定出圆周上的另外 4 个点，再将 8 个点徒手连成圆。如图 1-26（b）所示。

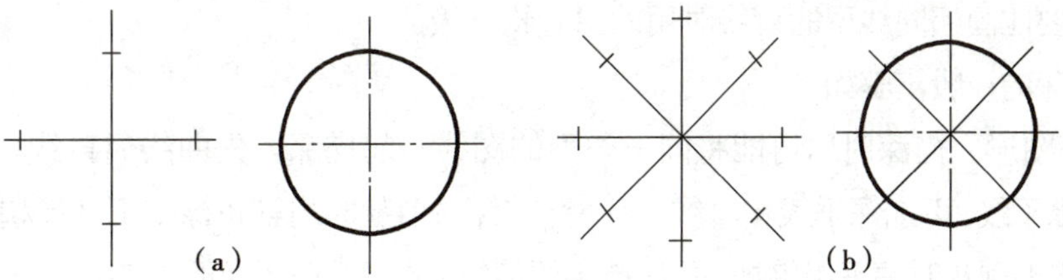

图 1-26　徒手画圆

（四）椭圆

画椭圆时，先画出椭圆的长短轴，过长短轴的 4 个端点做矩形，然后徒手做椭圆与矩形相切。如图 1-27 所示。

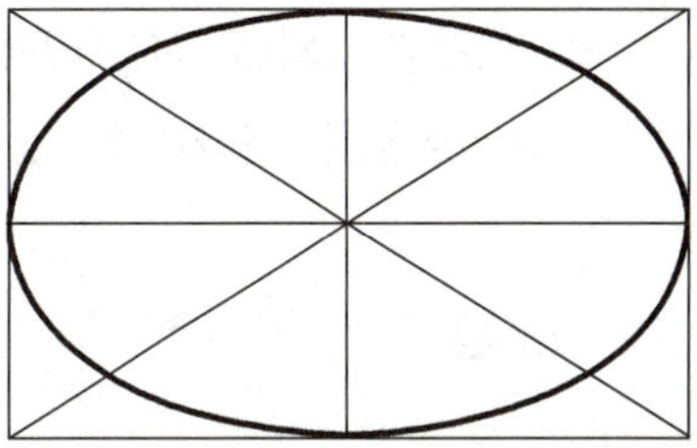

图 1-27　徒手画椭圆

二、尺规绘图

尺规绘图是一种比较常用的绘图方法，也是我们需要掌握的一种技能。

（一）绘图前的准备工作

准备好图板、丁字尺、三角板及其他绘图工具和仪器，将要用的仪器和绘图工具擦拭干净，并且注意手的清洁（在绘图过程中，也要注意保持工具和手的清洁，以保证图面的整洁）。磨削好铅笔和圆规上的铅芯。

（二）整理工作地点

合理安置工作地点，使光线从图板的左前方射入，并将需用的工具、书本等放在随手取用方便的地方。

（三）固定图线

根据图样的大小选定画图比例和图纸幅面的大小。将图纸正面冲上，用透明胶固定在图板上。用丁字尺帮助把图纸放正，并在图纸的下方留出足够放置一个丁字尺的距离。

（四）画底稿

用削尖的 H 或 2H 铅笔画铅笔底稿，图线要细而淡，以便加深前的校核修改。

画底稿的一般步骤如下。

1. 先画边框线、画图框、标题栏，再画图形。

2. 在画图形之前，根据图形的大小合理布置各图形的位置，注意在图形与图框线和图形与图形之间留出足够的地方来标注尺寸。

3. 画图形时，先画图形的轴线、对称线、中心线，再画主要轮廓线，然后画图形的细部。

4. 图形完成后，画出尺寸界线、尺寸线，有剖面符号时应只画一部分，其余的在描深时画全。

5. 最后仔细检查底稿，避免错误和疏漏，擦去多余的图线。

（五）加深底稿

用铅笔画底稿时，用力要均匀，使描深的粗线宽度对称地分布在底稿线的两侧，应该做到各种图线的线型正确、粗细分明、连接光滑、图面整洁。加深直线用磨尖的 H 铅笔，用力加深；加深粗直线用 B 或 2B 铅笔，加深同时也要加粗；写字和画箭头用 HB 铅笔；加深圆或圆弧时的铅芯要比画相同线型的直线时用的铅芯软一级。

铅笔描深的一般步骤如下。

1. 加深图形。描深时尽可能将同一类型的图线一起描深。先曲线后直线；先细线后粗线；先加深水平线，再加深垂线和斜线。注意：加深时要随时用软布擦拭丁字尺和三角板等绘图工具，用软毛刷及时清理铅笔屑，并保持手的清洁，才能保证图面的整洁。

2. 描深图框线和标题栏。

3. 画箭头或斜线，注写尺寸、标题栏和技术说明等。

4. 检查全图，完成绘图。

三、计算机绘图

计算机绘图是利用计算机绘图软件完成绘图的方法，使用广泛，本书将在第十二章作介绍。

（韩 静 苏 慧）

0103

第一章　目标测试

第二章　几何投影

第二章　几何投影
（课件）

制图实际上就是把空间立体以一定的方式表达到图面上的过程，为了使图纸便于在工程技术人员之间进行交流，就需要首先制定一个统一的规则，即以怎样的方法把立体表达到图纸上，于是就产生了对于投影法的研究，这也是制图首先由数学家来完成基本理论铺垫和构建的根本原因。一旦方法得到共识，作为初学者应该以怎样的方式方法来学习，才能够将几何理论与实际立体应用相结合，就需要经历一个由理论到实践、由抽象到具体的过程，才可以循序渐进地逐步掌握制图的知识。所以，本章从制图使用的投影方法入手，以抽象的点、线、面为切入点，并渐次过渡到简单几何立体的表达。

第一节　投影法

一、分类

当日光或灯光照射物体时，在地面或墙上会出现物体的影子，这就是所说的投影。将这种自然现象加以总结和抽象，人们就得出了投影的方法。

如图 2-1 所示，投射线通过物体向选定的平面进行投射，并在该面上得到图形的方法称为**投影法**（projection method），所得到的图形称为**投影**（projection），选定的平面称为**投影面**（projecting plane）。

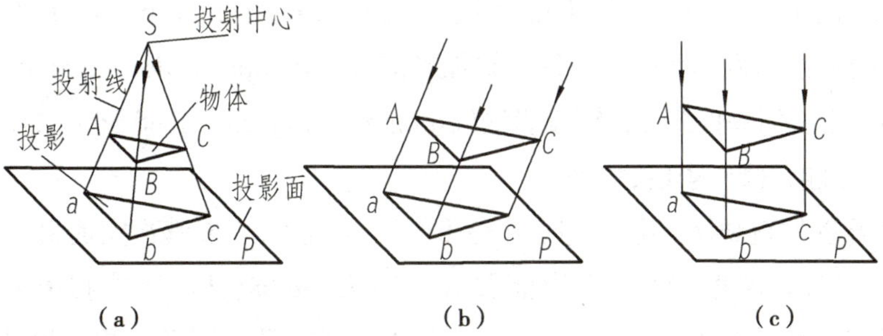

图 2-1　投影法的由来

在 GB/T 14692—2008《技术制图　投影法》中，将投影法分为中心投影法和平行投影法两类，其具体的分类如图 2-2 所示。

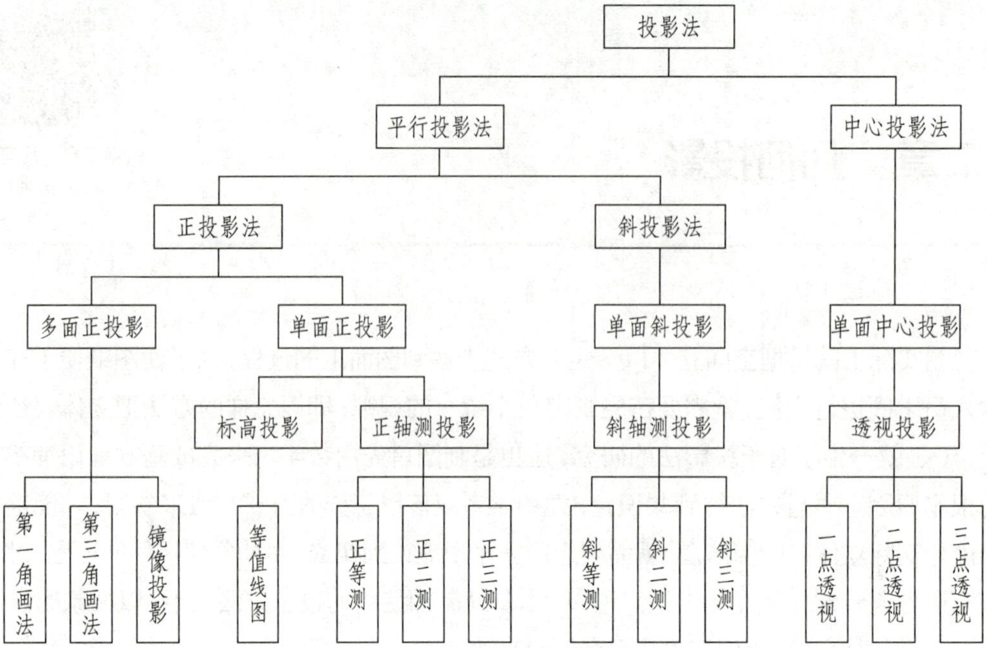

图 2-2　投影法分类表

二、中心投影法和平行投影法

(一) 中心投影法

投射线汇交于一点的投影法称为**中心投影法**(central projection method),如图 2-1(a)所示。其中,投射线的交点 S 称为**投射中心**(center of projection),用中心投影法得到的图形称为**中心投影图**。

中心投影法常用于绘制建筑的直观图或透视图。因为中心投影图符合近大远小的直观视觉规律、立体感较好,但中心投影图一般不反映物体各部分的真实形状和大小,且投影的大小随投射中心、物体和投影面之间相对位置的改变而改变,所以度量性较差。

(二) 平行投影法

投射线互相平行的投影法称为**平行投影法**(parallel projection method),如图 2-1(b)(c)所示。其中,投射线与投影面倾斜的称为**斜投影法**(oblique projection method),如图 2-1(b)所示;投射线与投影面垂直的称为**正投影法**(orthogonal projection method),如图 2-1(c)所示。用正投影法得到的图形称为**正投影图**。

虽然正投影图的直观性比中心投影图差,但一般情况下,它能够真实地表达空间物体的形状和大小,作图也比较简便,因此,国家标准 GB/T 14692—2008《技术制图 投影法》中明确规定,机件的图样采用正投影法绘制。在后续章节中,如无特别说明,所谈到的投影都是指正投影。

三、第三角画法

三个互相垂直的投影面将三维空间分为八部分,即八个分角,如图 2-3 所示。我国和德国、法国、俄罗斯、乌克兰、罗马尼亚、捷克、斯洛伐克以及东欧均采用第一角画法，即将机件放在观察者和投影面之间的第一分角内，保持“人-物-面”的相对位置关系，用正投影法获得投影后，再展开投影面得到三视图。美国、日本、英国、加拿大、瑞士、澳大利亚、荷兰和墨西哥等国采用第三角画法，即将机件放在第三分角内，保持“人-面-物”的相对位置关系，进行正投影。

ISO 国际标准中规定，第三角画法（third angle projection）与第一角画法等效。我国在中华人民共和国成立之前采用第三角画法，中华人民共和国成立之后改用第一角画法。

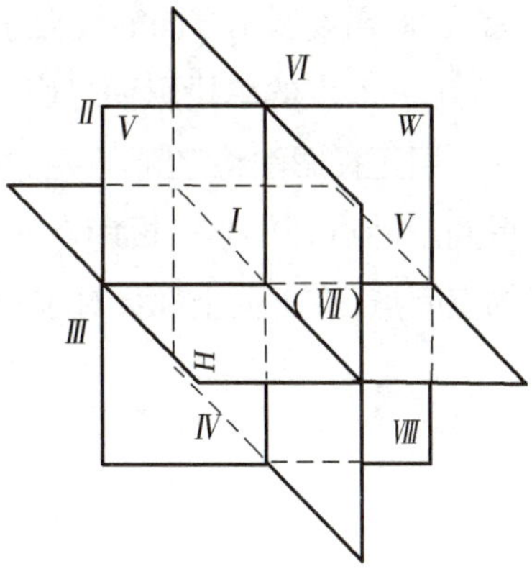

图 2-3　八个分角

这里仅对第三角画法做简单介绍。如图 2-4（a）所示，物体置于第三分角内，假设投影面透明，投射时保持“人-面-物”的相互位置，然后按正投影法得到各视图。由前方垂直向后观察，在 V 面上得到的视图称为**前视图**（front view）；由上方垂直向下观察，在 H 面上得到的视图称为**俯视图**（top view）；从右方垂直向左观察，在 W 面上得到的视图称为**右视图**（right view）。各投影面按图 2-4（b）所示的方法展开，得到图 2-4（c）所示的 3 个视图的配置关系。由图可见，右视图和俯视图靠近前视图的一侧表示物体的前方，远离前视图的一侧表示物体的后方。

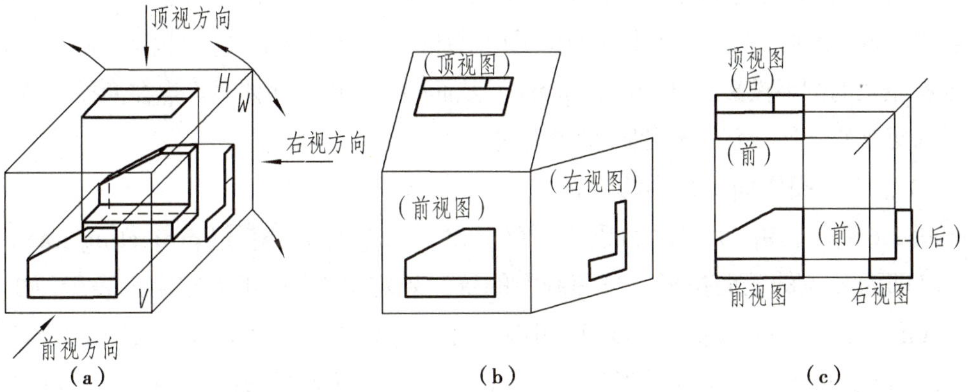

图 2-4　第三角画法

第二节　点、直线、面的投影

投影法确定以后，我们就从最基础最简单又抽象的点、线、面入手，逐一研究它们的投影规律。

一、点的投影

点是构成立体的最基本几何元素。点的投影仍然是点，点的一个投影只能表达其二维坐标，因此需要多个方向的投影才能确定点的三维空间位置。

点的投影规律

（一）点的单投影面投影

用正投影法将空间点 A 投射到正平投影面（frontal plane of projection）V 上，得到空间点 A 的唯一投影点 a'，如图 2-5（a）所示。容易看出，不在直线 Aa' 上的空间点，在 V 面上都会对应一个非 a' 的投影点。

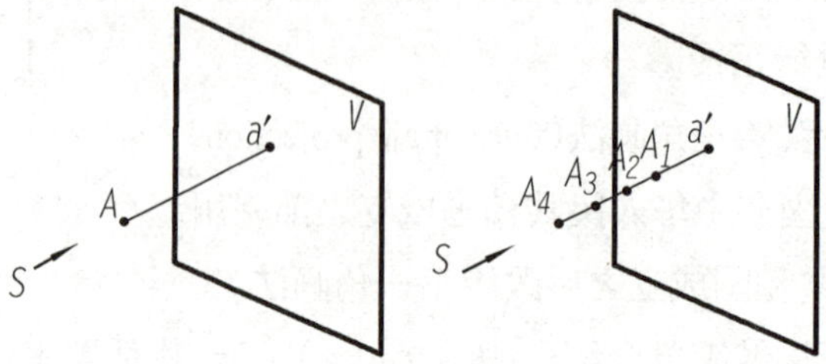

（a）　　　　（b）

图 2-5　空间点的单面投影

但是，如图 2-5（b）所示，直线 Aa' 上的空间点，如 A_1、A_2、A_3…A_i，其投影点却都是 a'，可见，点的一个投影不能唯一确定空间点的位置。因此，需要通过增加投影面的方式，再得到 A 点在其他投影面上的投影，才可能确定空间点的确切位置。如果增加一个与 V 面垂直的水平投影面 H（horizontal plane），并将两面交线 OX 设为投影轴，则可以解决这一问题。

但是依照我们的视觉习惯以及对于立体几何的学习，通常是在三维坐标系中来表达一个空间点的位置。因此，在投影图中我们也采用增加一个投影面的方式，即再增加一个与 V 面和 H 面都垂直的侧平投影面 W（profile plane），从而构成三投影面体系。点在两投影面体系中的投影就变成了一个理论上的过渡，此处略过。

（二）点在三投影面体系中的投影

如图 2-6 所示，由空间点 A 分别作垂直于 H、V、W 面的投射线（projecting line），交点 a、a'、a'' 即为 A 点的三面投影。按照制图的统一规定，空间点用大写字母表示（如 A、B、C…），其正面投影（frontal projection）用相应的小写字母加一撇表示（a'、b'、c'…），水平投影（horizontal projection）用相应的小写字母表示（a、b、c…），侧面投影（profile projection）用相应的小写字母加两撇表示（a''、b''、c''…）。

点的投影与坐标的关系

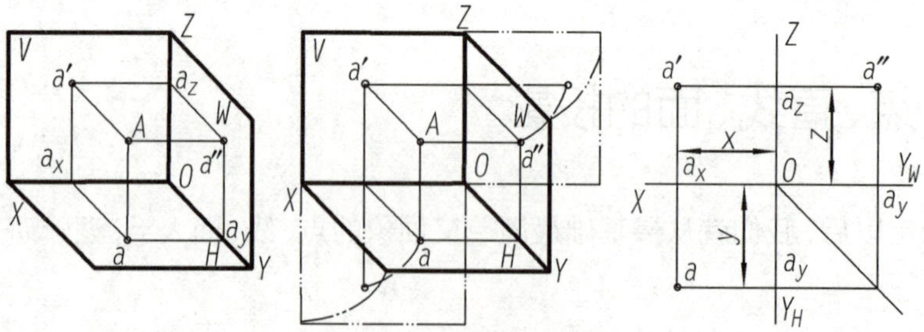

图 2-6　点的三面投影

过 A 点的三条投射线 Aa、Aa'、Aa'' 与三条投影轴（axis of projection）组成一个长方体，各面均为矩形。由此可以得出点的投影与坐标的关系为：

x 坐标 $x_A(Oa_x)=a_za'=a_ya=$ 点 A 到 W 面的距离 Aa''。

y 坐标 $y_A(Oa_y)=a_xa=a_za''=$ 点 A 到 V 面的距离 Aa'。

z 坐标 $z_A(Oa_z)=a_xa'=a_ya''=$ 点 A 到 H 面的距离 Aa。

由此也可以概括出点在三投影面体系中的投影规律：

1. 点的正面投影和水平投影的连线垂直于 OX 轴，即 $a'a \perp OX$。

2. 点的正面投影和侧面投影的连线垂直于 OZ 轴，即 $a'a'' \perp OZ$。

3. 点的水平投影到 OX 轴的距离等于点的侧面投影到 OZ 轴的距离 $aa_x=a''a_z$。

由此可见，如果已知点的坐标或任意两个投影，就能画出其投影图或第三面投影。

（三）两点的相对位置

按照规定，以坐标轴正方向为上、左、前，负方向为下、右、后。两点的上下、左右、前后等位置关系，可用两点同面投影的相对位置和坐标的大小来判别。

如图 2-7 所示，以 B 点为准，b' 在 a' 的右边，$x_A>x_B$，表示 A 点在 B 点的左边。b' 在 a' 的上方，$z_B>z_A$，表示 A 点在 B 点的下方。a 在 b 的前边，$y_A>y_B$，表示 A 点在 B 点的前边，即 A 点在 B 点的左、下、前方。

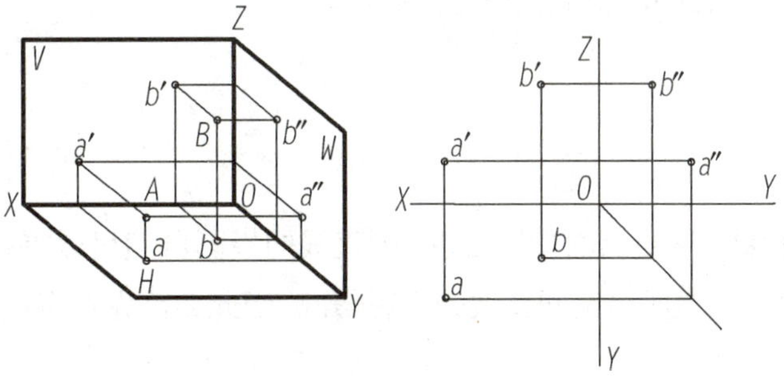

图 2-7　点的投影与坐标的关系

（四）重影点

若空间两点在某个投影面上的投影重合，称为对该投影面的**重影点**。

如图 2-8 所示，A 点和 B 点位于垂直于 H 面的同一条投射线上，A 点和 C 点位于垂直于 V 面的同一条投射线上，因此 A 和 B 的水平投影重合，A 和 C 的正面投影重合。

A 和 B 是对 H 面的重影点，两点的 X 和 Y 坐标值相同，即重影点的两对同名坐标相等。A 在 B 之上，沿投射线方向看，A 把 B 遮挡住了，所以 B 点的水平投影加括号写成(b)以表示遮挡关系。A 和 C 是对 V 面的重影点，两点的 Z 和 X 坐标值相同，且 A 在 C 之前，所以 a' 可见、c' 不可见，写成 $a'(c')$。

例 2-1　已知 A 点的坐标值为(15，10，12)，B 点的坐标值为(22，10，0)，求作它们的三面投影并判断两点的相对位置。

分析：点 A、B 的坐标值给定，其到各投影面的距离为已知，由此可以直接得出点的投影位置。再根据所得投影图判断其位置关系。作图过程见图 2-9。

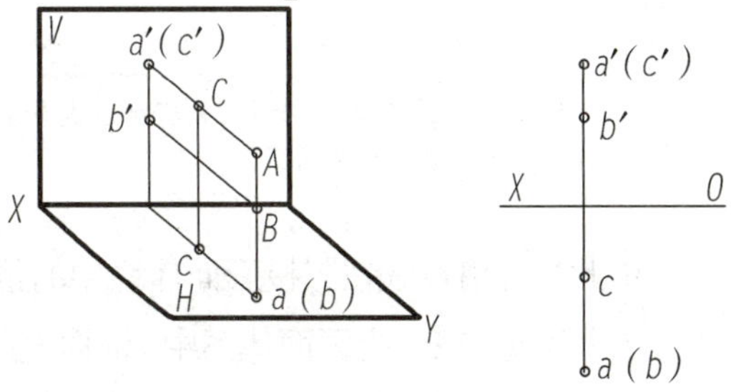

图 2-8　重影点的投影

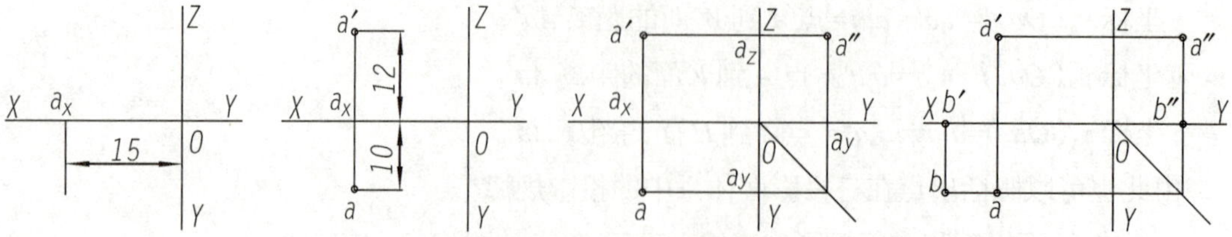

（a）　（b）　（c）　（d）

图 2-9　根据点的坐标作投影并判断两点相对位置

1）画出投影轴；在 OX 轴上由 O 点向左量取 15，得 a_x，如图 2-9（a）所示。

2）过 a_x 作 OX 轴垂线并向下量 10 得 a 点，向上量 12 得 a' 点，如图 2-9（b）所示。

3）根据 a、a' 求出 a''，如图 2-9（c）所示。

4）同理，在 OX 轴上向左量取 22，得 b' 点；由 b' 向下作垂线并量取 10 得 b 点；根据 b、b'，求得 b''，如图 2-9（d）所示。注意，b'' 一定写在 W 面的范围内。

5）判断 A、B 两点的相对位置。$z_A-z_B=12$，故 A 点在 B 点上方 12mm；$y_A-y_B=0$，故 A 点与 B 点前后相等；$x_B-x_A=7$，故 A 点在 B 点右方 7mm。

即 A 点在 B 点之上 12mm、之右 7mm、前后相等。

二、直线的投影

两点确定一条直线，只要点的投影会求，则直线的投影自然可以得到。但从系统学习的角度出发，我们要研究的是所有空间直线的投影情况，因此要首先对直线加以分类，而后再逐一进行研究。

（一）直线的分类

由初中几何可知，一条直线相对于一个投影面的位置关系有 3 种：垂直、平行、倾斜。以此为依据，可以推导出直线在三投影面体系中的分类，具体步骤见表 2-1。

表 2-1　直线相对于投影面的位置关系

投影面	直线																			
V	⊥				//									∠						
H	⊥ ×	// √			⊥ √			// √			∠ √			⊥ ×	// √			∠ √		
W		⊥ ×	// √	∠ ×	⊥ ×	// √	∠ ×	⊥ √	// ×	∠ ×	⊥ ×	// ×	∠ √		⊥ ×	// ×	∠ √	⊥ ×	// √	∠ √

注：符号⊥表示直线垂直于投影面，//表示直线平行于投影面，∠表示直线倾斜于投影面。在线面位置关系符号的下面，是对此位置关系是否存在的判断。

由此推导出直线在三投影面体系中的位置有如表 2-2 所示几种。

由此可见，在三投影面体系中，根据直线相对于投影面的不同位置将直线分为 3 类：投影面的垂直线（perpendicular line）、投影面的平行线（parallel line）、一般位置直线（oblique line）。

表 2-2　直线分类的命名

投影面	直线						
V	⊥	//	//	//	∠	∠	∠
H	//	⊥	//	∠	//	∠	∠
W	//	//	⊥	∠	∠	//	∠
	正垂线	铅垂线	侧垂线	正平线	水平线	侧平线	一般位置直线
	投影面的垂直线			投影面的平行线			

直线与它的水平投影、正面投影、侧面投影的夹角称为该直线对投影面 *H*、*V*、*W* 的倾角，分别用字母 α、β、γ 表示。当直线平行于投影面时，倾角为 0°，投影线反映实长；当直线垂直于投影面时，倾角为 90°，投影积聚为一点。

（二）直线的投影特点

1. 投影面垂直线　是指垂直于一个投影面，且平行于其他两个投影面的直线。其中，与 *H* 面垂直的直线称为**铅垂线**（frontal-profile line）；与 *V* 面垂直的直线称为**正垂线**（horizontal-profile line），与 *W* 面垂直的直线称为**侧垂线**（frontal-horizontal line）。它们的投影特点见表 2-3。

表 2-3　投影面垂直线的投影特点

名称	正垂线	铅垂线	侧垂线
立体图	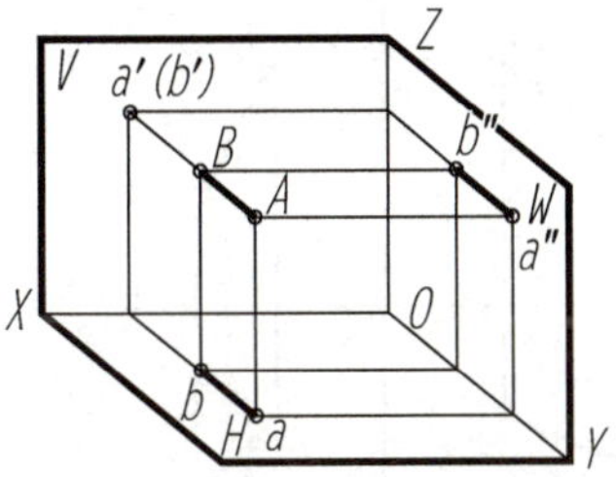	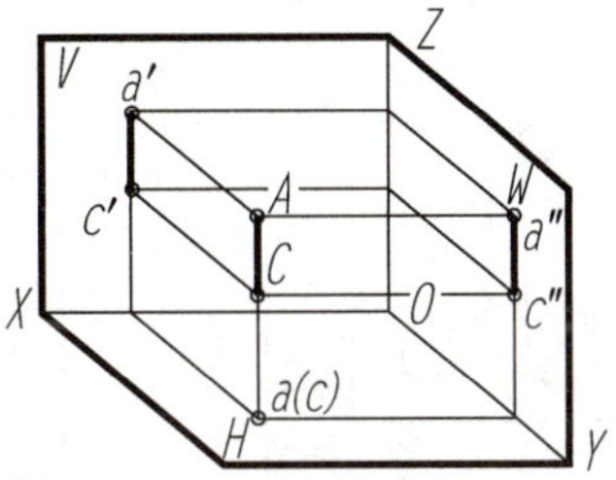	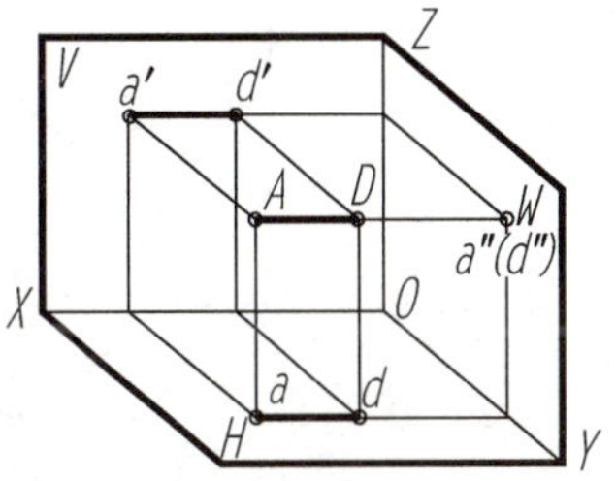
投影图	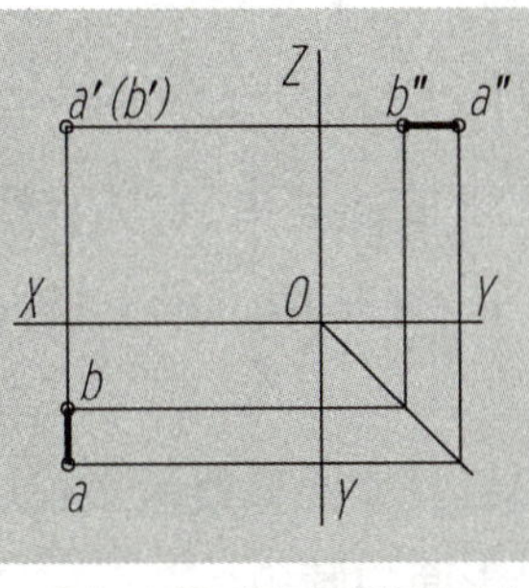	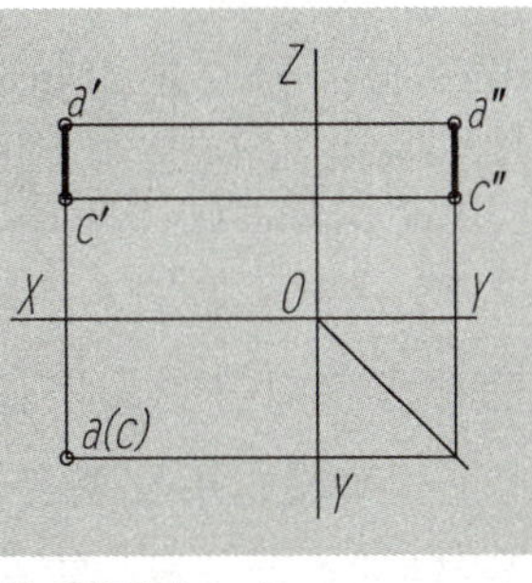	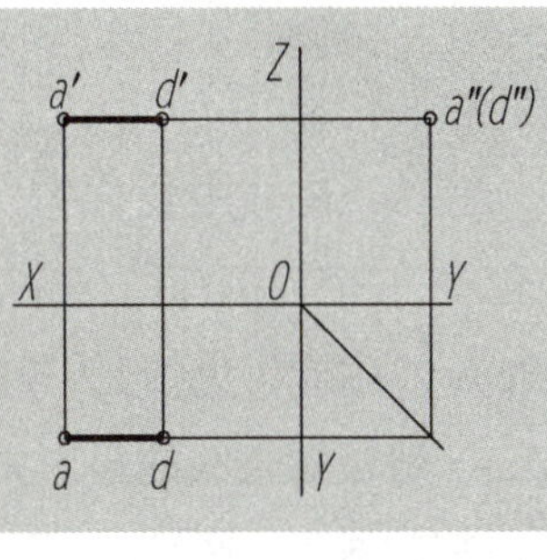
投影特性	1. 在与直线垂直的投影面上的投影，积聚成一点。 2. 在另外两个投影面上的投影，平行于相应的投影轴，且反映实长。		

2. 投影面平行线　平行于一个投影面，且倾斜于其他两个投影面的直线称为投影面的平行线。其中，与 *H* 面平行的直线称为**水平线**（horizontal line）；与 *V* 面平行的直线称为**正平线**（frontal line）；与 *W* 面平行的直线称为**侧平线**（profile line）。它们的投影特点见表 2-4。

表 2-4　投影面平行线的投影特点

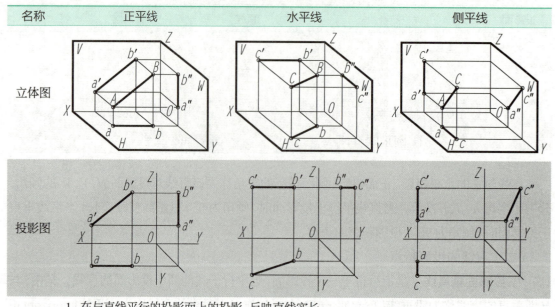

名称	正平线	水平线	侧平线
立体图	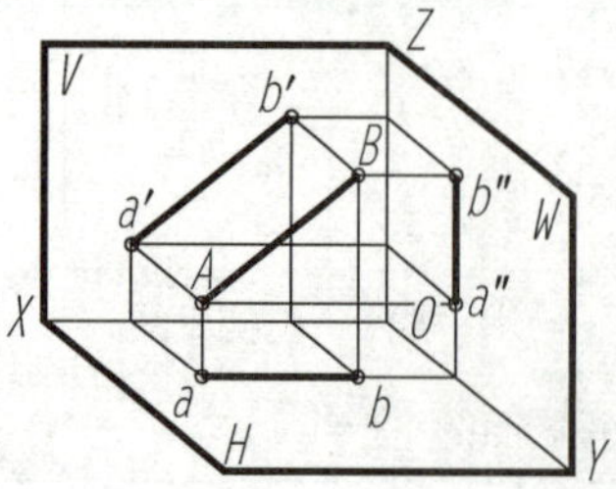	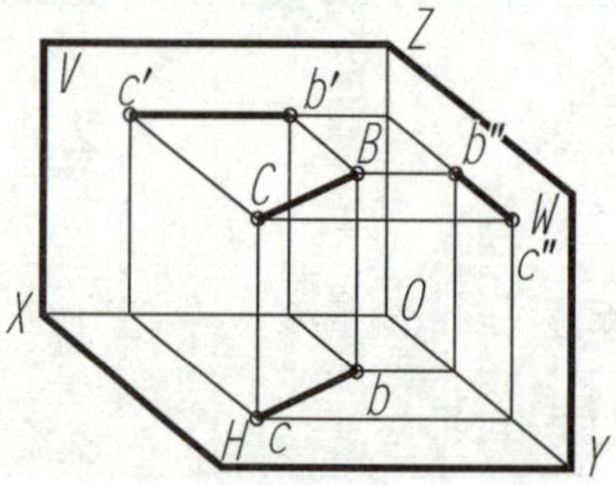	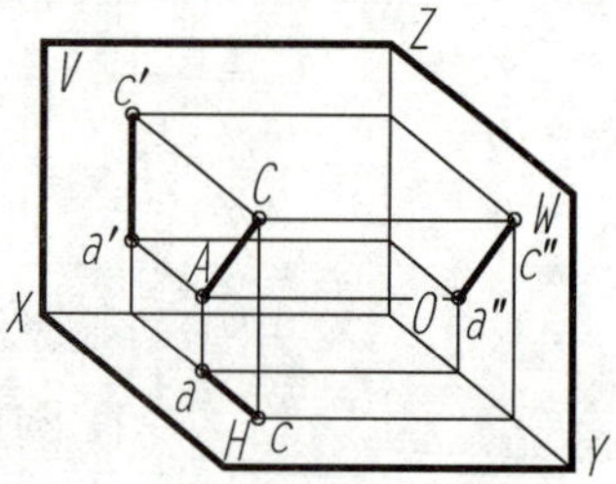
投影图	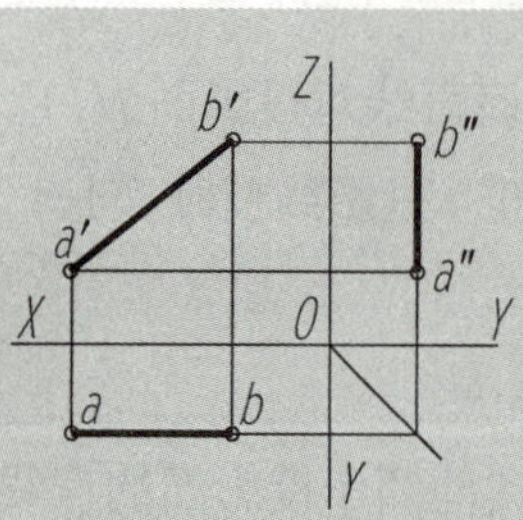	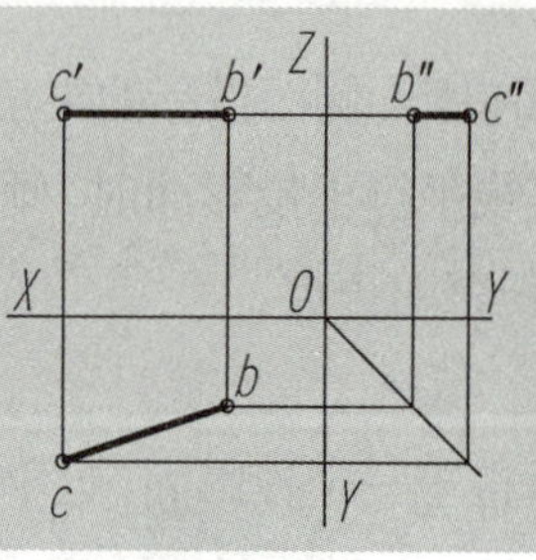	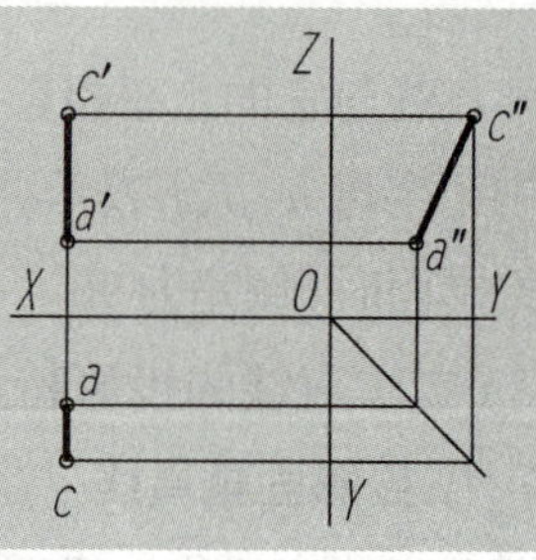
投影特性	1. 在与直线平行的投影面上的投影，反映直线实长。 2. 在另外两个投影面上的投影，平行于相应的投影轴，且长度变短。 3. 直线反映实长的投影与投影轴的夹角，分别反映直线对另外两个投影面的夹角。		

3. **一般位置直线**　对于三个投影面都倾斜的直线，称为**一般位置直线**，如图 2-10 中的直线 AB。

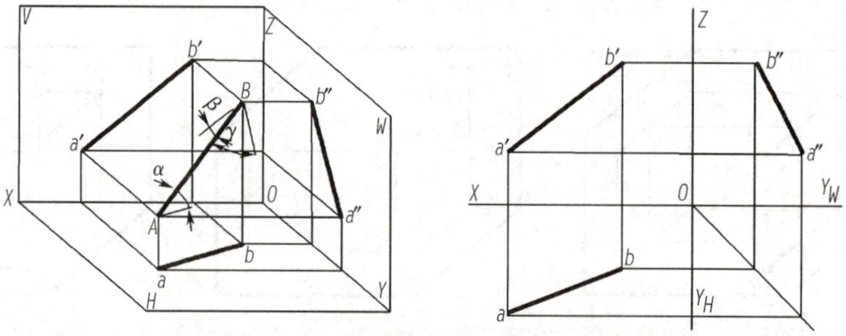

图 2-10　一般位置直线的投影特点

直线 AB 与其水平投影 ab、正面投影 $a'b'$、侧面投影 $a''b''$ 间的夹角，称为直线 AB 对 H、V 和 W 三个投影面的倾角，分别用 α、β、γ 表示。于是有，$ab=AB\cos\alpha$，$a'b'=AB\cos\beta$，$a''b''=AB\cos\gamma$。由此可见，直线段的三面投影都小于线段实长。

一般位置直线的投影特点：①三个投影不反映实长，投影长度比直线段实长短。②三个投影都倾斜于投影轴，它们与投影轴的夹角不反映直线对投影面的倾角。

（三）直线上点的投影

点在直线上，则点的各个投影一定在直线的同面投影上；反之，点的各个投影在直线的同面投影上，则该点一定在直线上。

如图 2-11 所示，根据从属性，若 $C \in AB$，则 $c \in ab$，$c' \in a'b'$，$c'' \in a''b''$。

点分割线段之比等于线段各个同面投影之比。C 分割 AB 成 AC、CB 两段，根据定比性，$AC : CB=ac : cb= a'c' : c'b'=a''c'' : c''b''$。

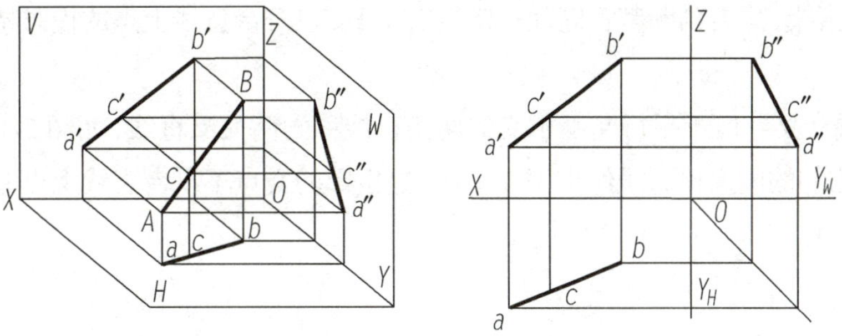

图 2-11 直线上点的投影

（四）两直线的相对位置

同样由初中几何知识可知，两直线的相对位置有平行（parallel）、相交（intersect）和交叉（overlap）3 种情况。

1. 两直线平行 两平行直线的同面投影必然相互平行或重合；反之，若两直线各同面投影互相平行或重合，则此两直线必然相互平行。

如图 2-12 所示，若 $AB \parallel CD$，则 $ab \parallel cd$，$a'b' \parallel c'd'$，$a''b'' \parallel c''d''$；若 $ab \parallel cd$，$a'b' \parallel c'd'$，$a''b'' \parallel c''d''$，则 $AB \parallel CD$。可利用此投影特性来判断两直线是否平行。

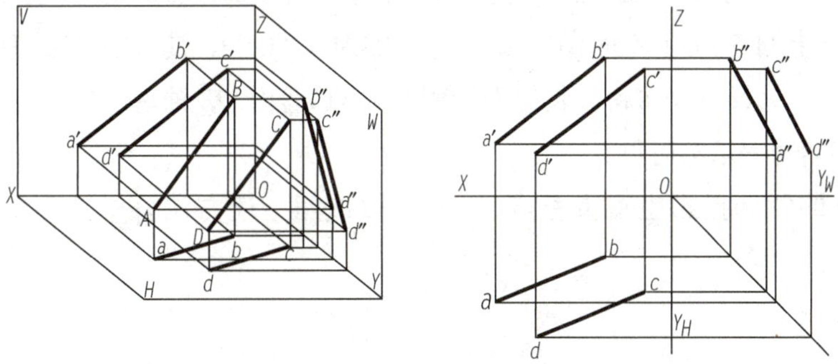

图 2-12 两平行直线的投影

2. 两直线相交 两相交直线的各同面投影也必定相交，并且各同面投影的交点是两相交直线交点的各个面投影，符合直线上点的投影特性。

如图 2-13 所示，若 $AB \cap CD=K$，则 $ab \cap cd=k$、$a'b' \cap c'd'=k'$、$a''b'' \cap c''d''=k''$；若 $ab \cap cd=k$、$a'b' \cap c'd'=k'$、$a''b'' \cap c''d''=k''$，且交点 K 符合直线上点的投影特性，则 $AB \cap CD=K$。

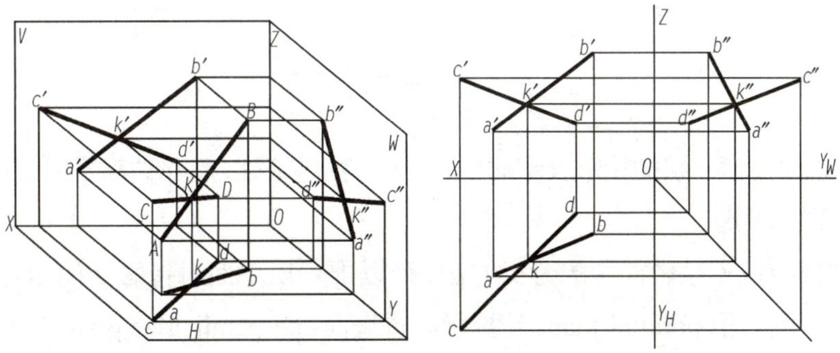

图 2-13 两相交直线的投影

对于两条直线，只要判断其各同面投影相交，且交点符合直线上点的投影特性，就可以确认两直线相交。

3. 两直线交叉 既不平行又不相交的两条直线称为两**交叉直线**，如图 2-14 所示。从投影图上可知，它们的同面投影虽然也相交了，但是投影的交点不符合直线上点的投影特性，因此为交叉直线。

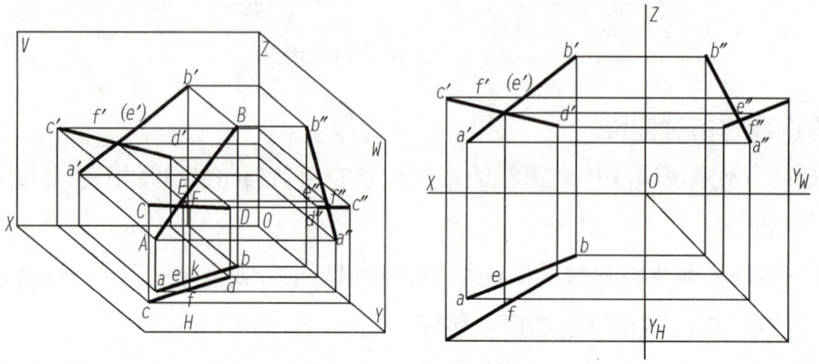

图 2-14 两交叉直线的投影

直线两同面投影的交点，是直线上两重影点的投影。AB 和 CD 正面投影的交点，是 AB 上的 E 点与 CD 上的 F 点对 V 面重影点的投影，即为点 $f'(e')$。其水平投影可由 $f'(e')$ 引 OX 轴垂线交 ab 于 e，交 cd 于 f 求得。其侧面投影可由 $f'(e')$ 引 OZ 轴垂线交 $a''b''$ 于 e''，交 $c''d''$ 于 f'' 求得，e' 加括号表示不可见。

AB 和 CD 的侧面投影也有重影点，一样可以按照上述方法分析。因图面关系，这里略去。

三、平面的投影

在投影图上表示空间平面时，通常运用确定该平面的点、直线或平面图形等几何元素的投影表示。如图 2-15 所示，平面可由下列任意一组几何元素确定：(a)不在同一直线上的 3 个点；(b)直线和直线外一点；(c)两相交直线；(d)两平行直线；(e)平面图形。

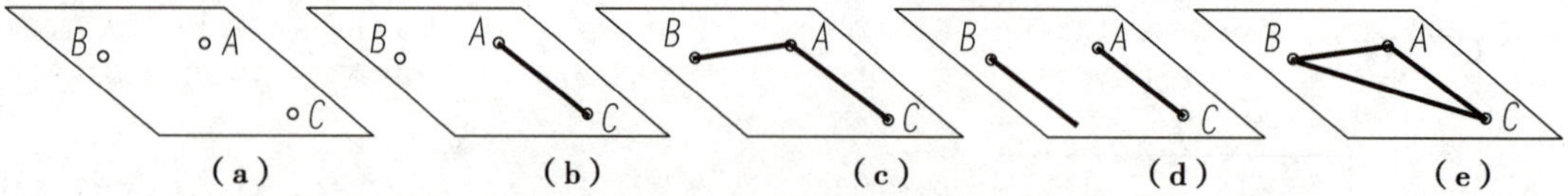

图 2-15 平面的投影表达

用上述 5 组中任意一组的投影表示的平面，第一种是基础，后几种都是由它拓展而来。

（一）平面的分类

同样按照直线在三投影面中的分类方法，可以推导出平面对投影面的相对位置有 3 种情况：投影面的平行面(parallel plane)、投影面垂直面(perpendicular plane)、一般位置平面(oblique plane)。

（二）投影特点

1. 投影面的平行面　平行于一个投影面的平面，称为投影面的**平行面**。平行于 H 面的平面，称为**水平面**（horizontal plane）；平行 V 面的平面，称为**正平面**（frontal plane）；平行于 W 面的平面，称为**侧平面**（profile plane）。投影特点见表 2-5。

表 2-5　投影面平行面的投影特点

名称	正平面	水平面	侧平面
立体图	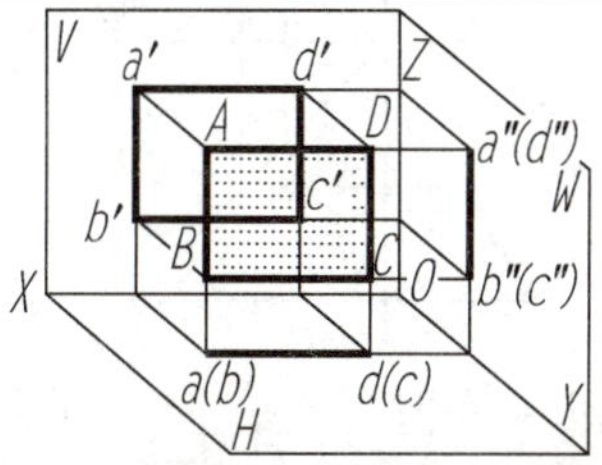	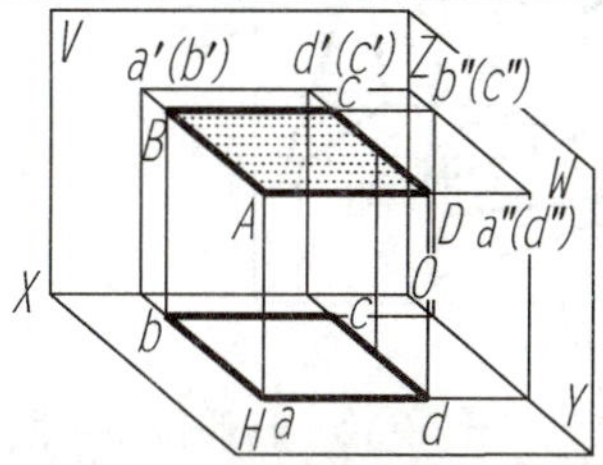	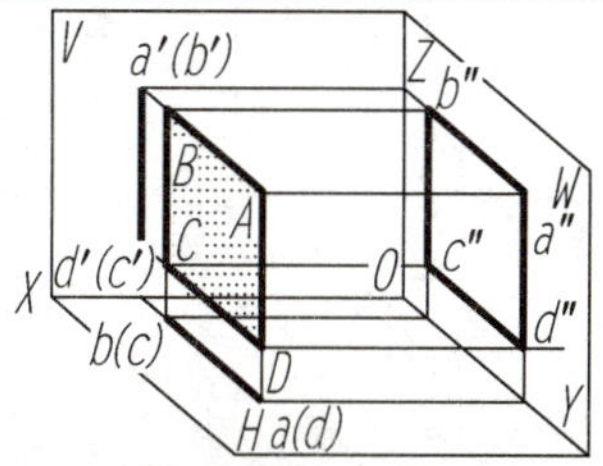
投影图	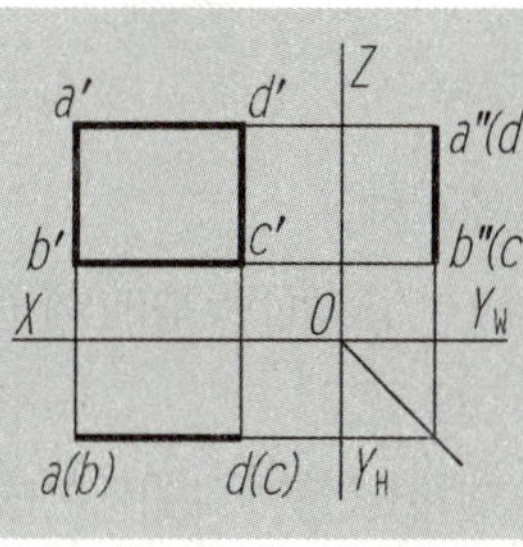	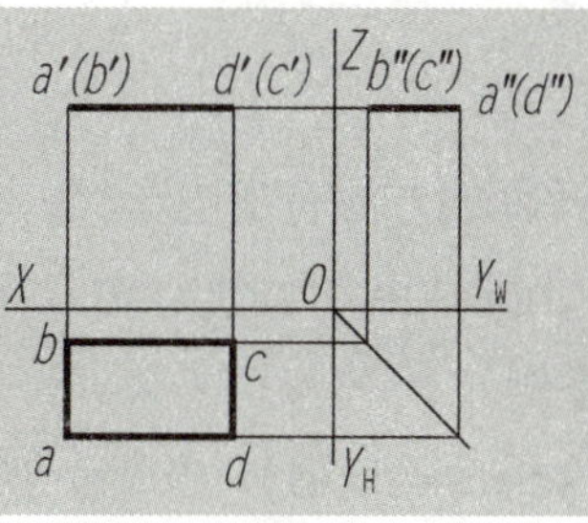	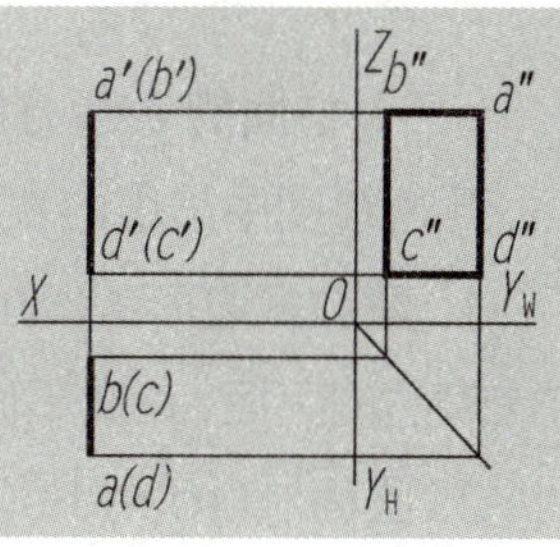
投影特性	1. 在与平面平行的投影面上的投影，反映平面实形。 2. 在另外两个投影面上的投影，都积聚成直线，且平行于相应的投影轴。		

2. 投影面的垂直面　只与一个投影面垂直的平面称为投影面的**垂直面**。垂直于 H 面的平面，称为**铅垂面**（frontal-profile plane）；垂直于 V 面的平面，称为**正垂面**（horizontal-profile plane）；垂直于 W 面的平面，称为**侧垂面**（frontal-horizontal plane）。投影特点见表 2-6。

表 2-6　投影面垂直面的投影特点

名称	正垂面	铅垂面	侧垂面
立体图	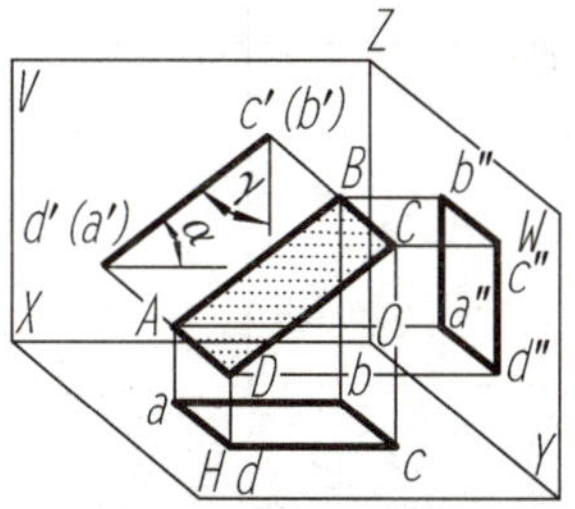	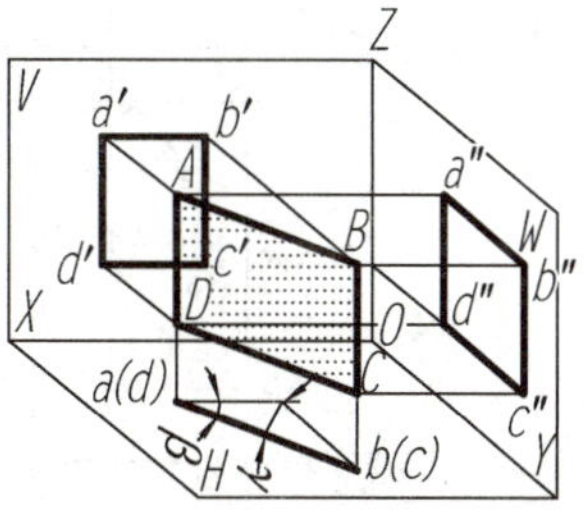	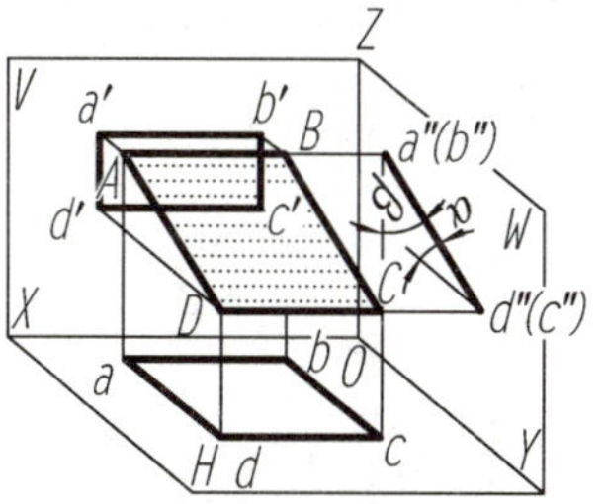
投影图	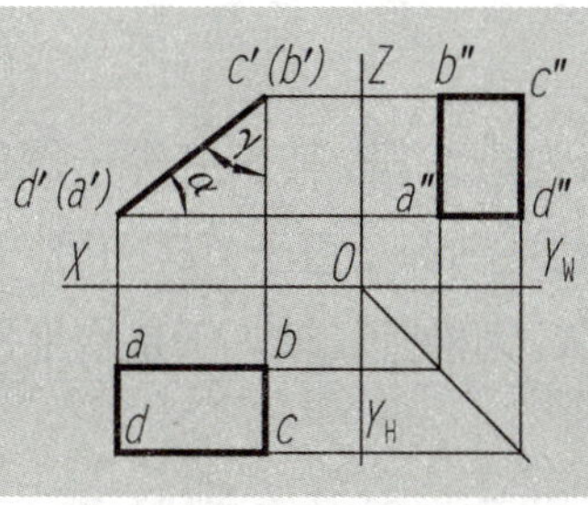	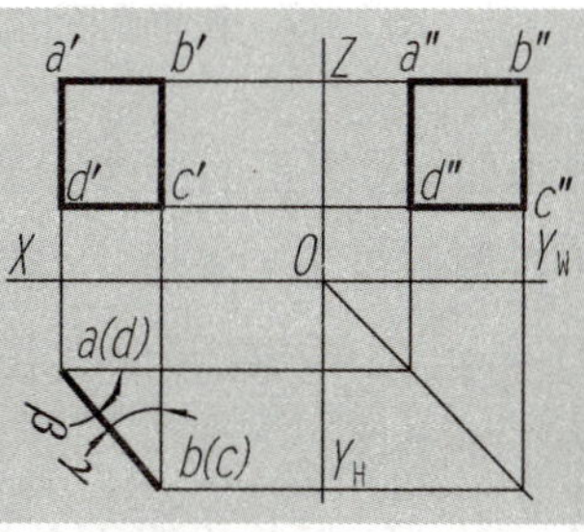	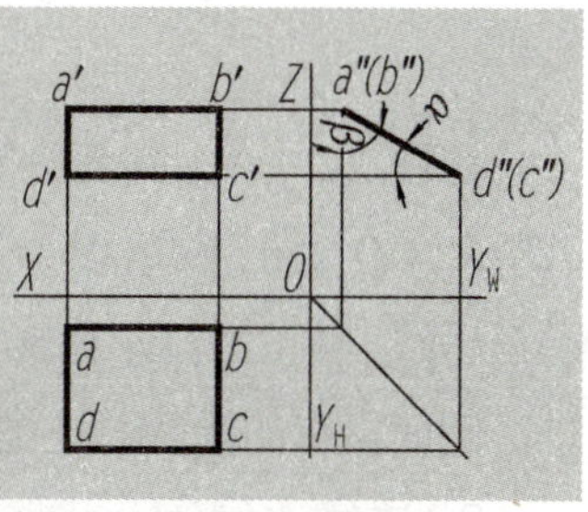
投影特性	1. 在与该平面垂直的投影面上的投影积聚成直线，反映该平面对另外两个投影面的倾角。 2. 在另外两个投影面上的投影为类似形，但面积要小。		

3. 一般位置平面 与三个投影面都倾斜的平面称为**一般位置平面**，即投影面的倾斜面，其投影特性是由于平面倾斜于投影面，所以各投影面积变小，为原图形的类似形，各投影不能反映平面对投影面的倾角，如图 2-16 所示。

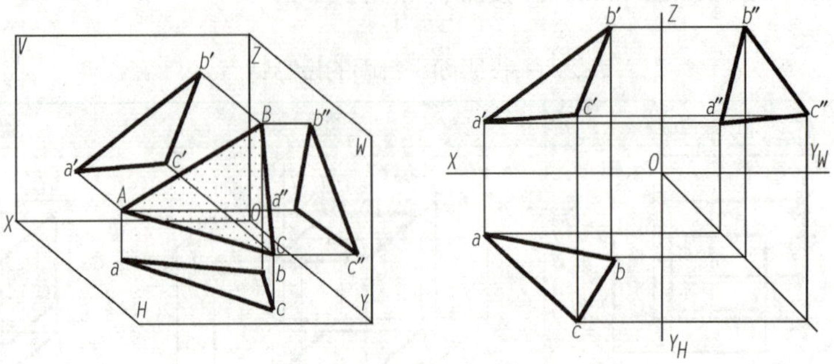

图 2-16 一般位置平面的投影

（三）平面的表示方法

几何绘图中常用的表达平面的方法有多边形、圆、迹线等 3 种。

1. 直边多边形法（straight edge of polygon method） 在前面所举的例子都是用此种方法表达的平面，在此不再举例。

2. 圆面法（round surface method） 当圆面平行于某投影面时，则圆在该投影面内的投影反映圆的实形，其余两个投影积聚成长度等于圆直径的直线段；当圆面垂直于某投影面时，则圆在该投影面内的投影积聚为长度等于圆直径的直线段，其余投影为椭圆；当圆面倾斜于三个投影面时，三面投影都是椭圆。下面以正垂圆面为例加以说明（图 2-17）。

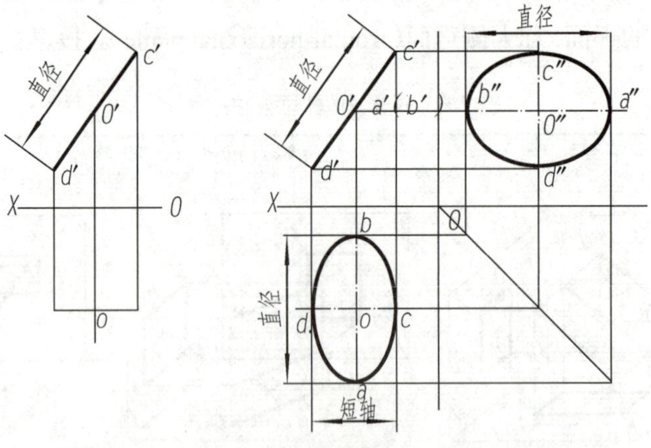

图 2-17 正垂圆面的投影

在图 2-17 中，圆面为正垂面，圆的正面投影积聚为直线段，其长度等于圆的直径，即 $c'd'=R$，CD 为正平线，其水平投影平行于 OX 轴，为椭圆短轴。垂直于 CD 的另一直径为 AB 是正垂线，其正面投影积聚为一点，水平投影反映实长 R，为椭圆长轴。于是水平投影椭圆可求。侧面投影的椭圆与此类似，同法可求。

3. 迹线法（trace method） 平面与投影面的交线称为**平面的迹线**（plane line）。如图 2-18 所示，一般位置平面 P 与 H 面的交线 P_H 称为水平迹线；与 V 面的交线 P_V 称为正面迹线；与 W 面的交线 P_W 称为侧面迹线。

平面的迹线是投影面上的线，它的一个投影与它重合，其余投影在相应的投影轴上，投影轴上的投影省略不画。在投影图中以迹线表示平面的方法就称为**迹线法**。

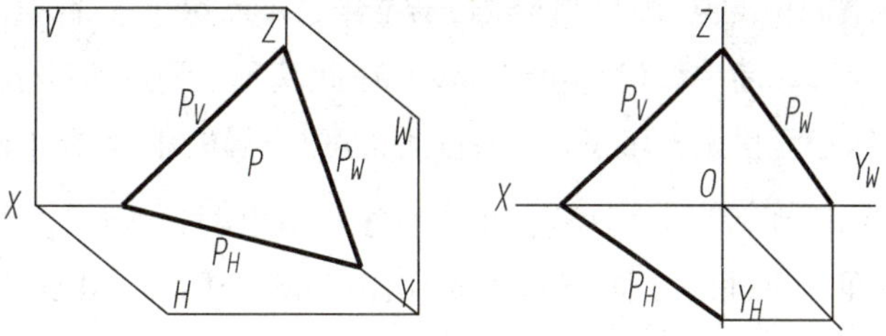

图 2-18　平面的迹线表示法

（四）平面内的点和直线

如果点在平面内的一条直线上，则点在平面内；如果直线过平面上的两个点，或者过平面上的一个点且与平面内的一条直线平行，则直线在平面内。

例 2-2　根据已知图形条件，判断 D 点是否在△ ABC 所确定的平面内。

分析：通过判断直线 AD 是否在平面内来寻求答案。作图过程如图 2-19 所示。

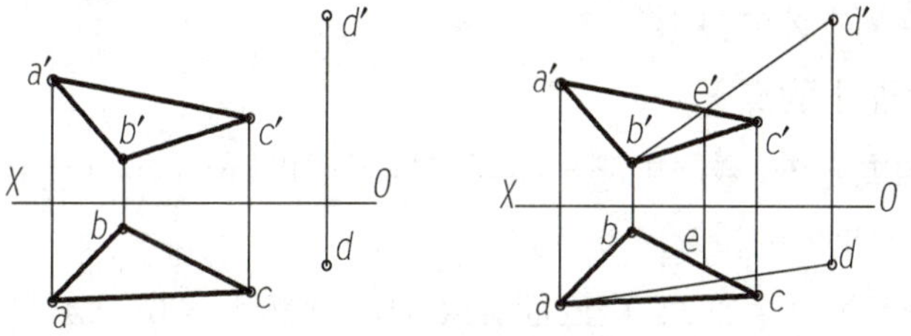

图 2-19　判断点是否在平面内

1）连接 $b'd'$，$b'd'$ 交 $a'c'$ 于 e'。

2）由 e' 求出 e，连接 ad，因为 ad 不过 e 点，所以 D 点不在△ ABC 确定的平面内。

例 2-3　根据已知图形条件，判断 3 条平行线是否共面。

分析：AB // CD，则 AB 和 CD 确定一个平面，判断 EF 是否在平面 $ABCD$ 内即可。EF // CD，因此判断 EF 上的一点是否在平面 $ABCD$ 内即可。作图过程如图 2-20 所示。

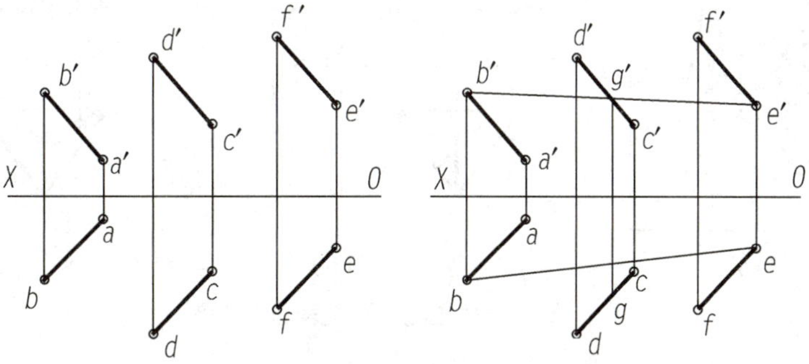

图 2-20　判断 3 条平行线是否共面

1）连接 $b'e'$，交 $c'd'$ 于 g'。

2）由 g' 求得 g，连接 be。因 g 不在 be 上，则 E 不在面 $ABCD$ 内，所以 3 条平行线不共面。

第三节　立体的投影

立体按照其结构的复杂程度分成简单的和复杂的，学习制图要先从简单的结构入手。一般把柱、锥、球、环等最简单的封闭几何体称为**基本体**（basic body），基本体被平面切割或者两个基本体合二为一，就形成**简单体**（simple body），在此基础上再深入研究复杂的立体和零件。在几何上，我们把立体看成是由面围成的，根据表面的形状不同，分为平面立体和曲面立体两类；表面均为平面的立体称为**平面立体**（plane body），常见的有棱柱（prism）、棱锥（pyramid）等；表面为曲面或曲面与平面的立体称为**曲面立体**（body of curved surface），常见的有圆柱（cylinder）、圆锥（conic）、球（sphere）和圆环（torus）等。

一、平面立体的投影

平面立体的表面都是直边多边形，每条直边都由两个端点确定，所以画平面立体的投影图就是画直边多边形平面的投影，进而也是画平面立体各顶点的投影。所以，画平面立体的投影，就是先寻找顶点的投影，由其勾勒出棱线（edge），进而得到各个直边多边形，最后经可见性判断就得到了平面立体的投影。

（一）棱锥及表面上的点

从平面构成的角度来讲，最简单的平面立体是三棱锥（triangular pyramid），所以这里先从三棱锥入手，学习平面立体的投影。

如图 2-21（a）所示为三棱锥，它由底面 *ABC* 和三个侧面 *SAB*、*SAC* 和 *SBC* 组成。底面为水平面，*H* 面投影反映实形，*V* 面和 *W* 面投影分别积聚成一直线。*SAC* 为侧垂面，*W* 面投影积聚成一直线。*SAB* 和 *SBC* 为一般位置平面，其三面投影均为三角形。*SB* 为侧平线，*SA*、*SC* 为一般位置直线，*AC* 为侧垂线，*AB*、*BC* 为水平线。

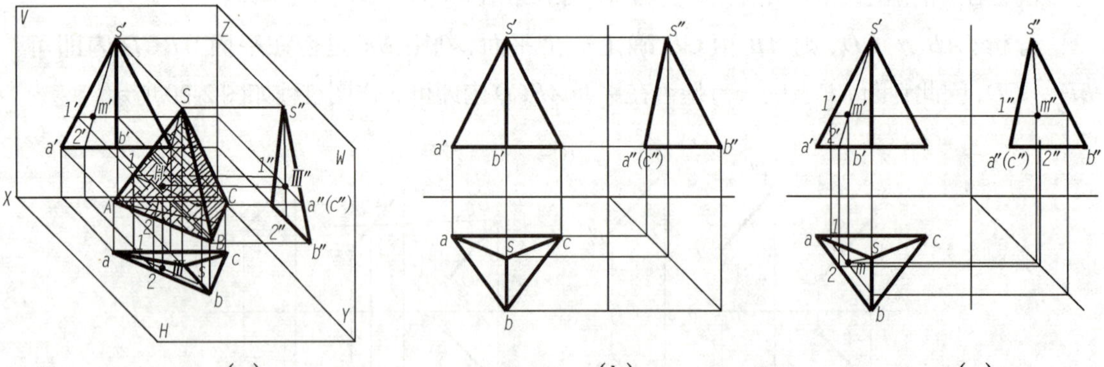

图 2-21　三棱锥的投影及表面上的点

作图过程：找到 4 个顶点，分别将其投影到 3 个投影面，按照空间关系连出棱线，判别 4 个三角形平面的可见性，即得出三棱锥的三面投影图，如图 2-21（b）所示。

例 2-4　在图 2-21（a）中，平面△*SAB* 上 *M* 点的正面投影 *m'*，试求 *M* 点的另两面投影。

分析：△*SAB* 是一般位置平面，连接 *S* 点和 *M* 点作一辅助线 *S2*，即过 *m′* 作 *s′2′*，其水平投影为 *s2*，然后根据直线上点的投影特点，求出 *M* 点的水平投影 *m*，再由 *m′*、*m* 求出侧面投影 *m″*。作图步骤如图 2-21(c)所示。

1）过 *m′* 作辅助线 *S2* 的正面投影 *s′2′*，即连接 *s′m′* 并延长交 *a′b′* 于 *2′*。

2）由 *2′* 作铅垂线 *2′2* 交 *ab* 于 *2*。

3）作铅垂线 *m′m*，与 *s2* 的交点就是 *m*。再由 *m′*、*m* 求侧面投影 *m″*。

4）判别可见性。由于△ *SAB* 的水平及侧面投影都可见，所以 *m*、*m″* 可见。

如果将 *M* 点与△ *SAB* 其他两个顶点相连，同样可以得出结果。如果过 *M* 点作△ *SAB* 三条边的平行线，也是可行的。所以，作图方法并不是唯一的。

（二）棱柱及表面上的点

如图 2-22(a)所示，正六棱柱(regular hexagonal prism)由上、下两个正六边形面和六个长方形侧面组成，上、下两面的 *H* 面投影重合且反映实形，*V* 面和 *W* 面投影分别积聚为两条平行于投影轴的直线，两直线间的距离为棱柱的高。棱柱的六个侧面 *H* 面投影都积聚为直线，与上、下两面的 *H* 面投影的六条边重合；左、右两侧面的 *W* 面投影反映实形，*V* 面投影积聚成直线。另外四个侧面的 *V* 面和 *W* 面投影都是类似形；棱柱的六条铅垂棱线的 *H* 面投影积聚在六边形的角点上，其 *V* 面和 *W* 面投影反映实长。

画图过程：定义六棱柱 12 个顶点，而后依次找出其三面投影，按照空间顺序连接出 18 条棱线，判明可见性，得出正六棱柱的三面投影，如图 2-22(b)所示。

求立体表面的点时，需要首先确定该点是属于平面立体的哪一个表面，然后再按照平面上取点的方法进行作图，该点的可见性与该平面一致。如果该点所在表面为特殊位置平面，可利用平面的积聚性直接投影；如为一般位置平面，则应根据点在面内的特点，作辅助线求得该点的投影。

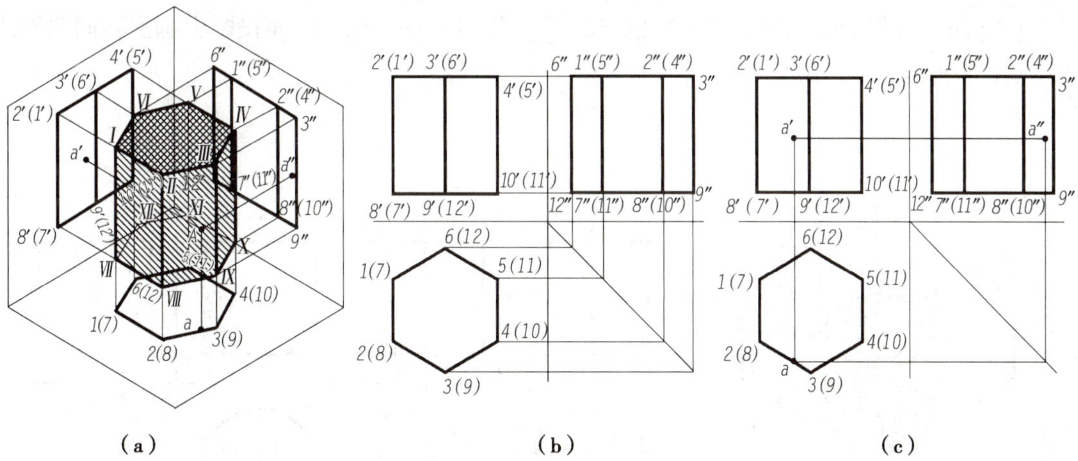

图 2-22　正六棱柱的投影及表面上的点

例 2-5　如图 2-22(c)所示，正六棱柱表面Ⅱ Ⅷ Ⅸ Ⅲ上 *A* 点的 *V* 面投影 *a′* 已知，求它的 *H* 面投影 *a* 和 *W* 面投影 *a″*。

分析：由于棱柱面Ⅱ Ⅷ Ⅸ Ⅲ为铅垂面，可利用其 *H* 面投影 2(8)3(9)具有积聚性求得 *a*，

再根据 a' 和 a 求得 a''，如图 2-22（c）所示。作图步骤如下：

1）由 a' 作铅垂线 aa'，aa' 与 H 面投影 2（8）3（9）相交的点是 a。

2）由 a'、a 求得 a''。

3）判别可见性。因 A 点在左前侧面上，所以其 V 面及 W 面投影都可见。

二、曲面立体的投影

表面有曲面的立体称为**曲面立体**。切于曲面的所有投射线与投影面的交点集合称为曲面立体投影的**转向轮廓线**（steering contour），转向轮廓线有两个特点：它是相对于某投射方向而言的；它是曲面立体投影中可见表面与不可见表面的分界线。画曲面立体的投影图就是画曲面立体表面上的轮廓线、尖点和转向轮廓线的投影。

一条直线或曲线绕一条回转轴线旋转一周而得到的立体称为**回转体**（solid of revolution），回转体是曲面立体中较简单的，直线平行于回转轴线则形成圆柱，直线倾斜于回转轴线则形成圆锥。曲线的种类很多，也很复杂，这里仅研究曲线是圆线的情况。圆线绕自己的一条直径旋转形成的回转体是圆球，圆线绕圆线外的一条直线旋转形成的回转体是圆环。

（一）圆柱及表面上的点

一条直线段绕着与它平行的轴线旋转一周形成圆柱面。圆柱面与垂直于轴线的上下底面围成圆柱体，简称**圆柱**。这条直线称为圆柱面的**母线**（generator line），圆柱面上任意位置的一条母线称为**素线**（contour element），转向轮廓线是两条处于特殊位置的素线。

如图 2-23（a）所示，圆柱轴线为铅垂线，圆柱面垂直于水平面，圆柱的每条素线都是铅垂线，上、下面为水平面，作图结果见图 2-23（b），步骤如下。

（1）用细点画线画出轴线的投影，画出 H 面投影的中心线。

（2）先画上、下圆面反映实形的 H 面投影，后画有积聚性的 V 面投影及 W 面投影。

（3）在 V 面投影上画出转向轮廓线 AE、CG 的投影 $a'e'$、$c'g'$，W 面投影上画出转向轮廓线 DH、BF 的投影 $d''h''$、$b''f''$。

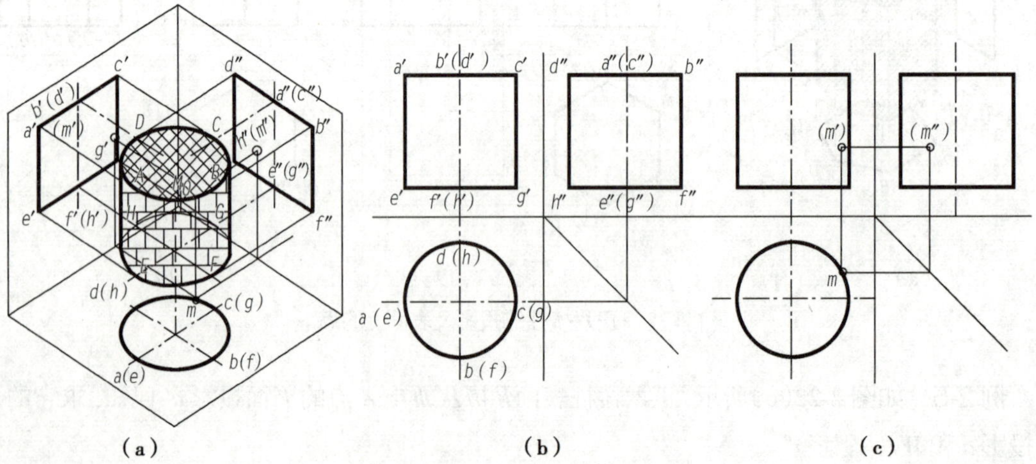

图 2-23　圆柱的投影及表面上的点

在 *V* 面投影上，以 *AE*、*CG* 为界，前半圆柱面可见，后半圆柱面不可见。*AE*、*CG* 的 *W* 面投影在轴线位置，所以不画。在 *W* 面投影上，以 *DH*、*BF* 为界，左半圆柱面可见，右半圆柱面不可见。*DH*、*BF* 的 *V* 面投影在轴线位置，所以也不画。

例 2-6 如图 2-23（c）所示，已知圆柱表面上 *M* 点的 *V* 面投影（m'），求 *M* 点的其余两投影。

分析：由点的位置及不可见性，判断 *M* 点在后半圆柱面右侧，首先利用积聚性求 m，然后根据 m'、m 求 m''。作图步骤如下：

1）利用圆柱面在 *H* 面上投影的积聚性（characteristic of concentration），由 m' 做铅垂的投影连线，交于圆柱面的水平投影，求出 m。

2）由 m'、m 求出 m''。

3）判别可见性（visible test），m'' 不可见；*H* 面投影有积聚性，不需判明可见性。

（二）圆锥及表面上的点

一条直线段绕着与它倾斜的轴线旋转一周形成圆锥面。圆锥面与垂直于轴线的下底面围成圆锥体，简称**圆锥**。这条直线称为圆锥的**母线**，圆锥面上任意位置的一条母线称为**素线**，转向轮廓线是两条处于特殊位置的素线。

如图 2-24（a）所示，圆锥轴线是铅垂线，轴线与底面垂直，底面为水平面。圆锥的投影作图过程见图 2-24（b）。

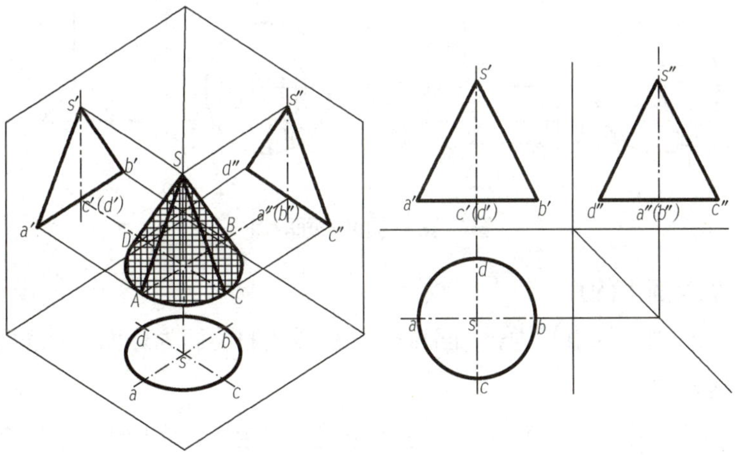

（a） （b）

图 2-24 圆锥的投影

（1）用细点画线画出轴线的 *V* 面及 *W* 面投影，再画出 *H* 面投影的对称中心线。

（2）画出底圆面反映实形的 *H* 面投影，然后画出积聚为一直线的 *V* 面投影和 *W* 面投影，再画出顶点 *S* 的三面投影。

（3）画圆锥面的三面投影。圆锥面的 *H* 面投影与圆底面的 *H* 面投影重叠。在 *V* 面投影上，画出转向轮廓线 *SA* 和 *SB* 的投影 $s'a'$、$s'b'$；*W* 面投影上画出转向轮廓线 *SC* 和 *SD* 的投影 $s''c''$、$s''d''$。

转向轮廓线 *SA*、*SB* 的 *H* 面及 *W* 面投影不画，均在中心线位置。轮廓线 *SC*、*SD* 的 *V* 面及 *H* 面投影不画，均在中心线位置。

圆锥底面上的点实际就是水平面上的点，可利用积聚性求得。圆锥面上的点，可利用作**辅助线**的方法求得。一种是借助圆锥的素线，即表面素线法（surface element method）；另一种是借助锥面上的平行于底面的圆线，即表面圆线法或辅助圆线法（auxiliary circle method）。

例 2-7　如图 2-25（a）所示，已知圆锥面上 *M* 点的 *V* 面投影 *m'*，求其余两面投影。

分析：根据 *M* 点的 *V* 面投影 *m'* 的位置及可见性，可判断出 *M* 点在前半圆锥面的左侧，由 *M* 点过锥顶 *S* 作**辅助素线**即可。做法如下，见图 2-25（a）。①作辅助素线 *SM1*：先作 *s'm'1'*，然后由 *s'm'1'* 求得 *s1* 和 *s"1"*。②在辅助素线上取点：由 *m'* 在 *s'1'* 上求得 *m*，在 *s"1"* 上求得 *m"*。

也可过 *M* 点做一水平辅助平面，此面交圆锥面成一个圆，即**表面圆线法**或**辅助圆线法**，作图过程如下，见图 2-25（b）。①过 *M* 点作平行于 *H* 面的辅助圆线。过 *m'* 作水平线 *2'3'*，*2'3'* 是辅助圆线的 *V* 面投影，由 *2'* 求得 *2*，以 *s* 为圆心、*s2* 为半径画圆，得辅助圆线的 *H* 面投影；辅助圆线的 *W* 面投影是一直线。②借助辅助圆线求 *M* 点的投影。由 *m'* 在辅助圆线的 *H* 面投影的前半圆上求得 *m*，由 *m*、*m'* 求得 *m"*。③判别可见性。*M* 点在前半锥面的左侧，所以 *m*、*m"* 都可见。

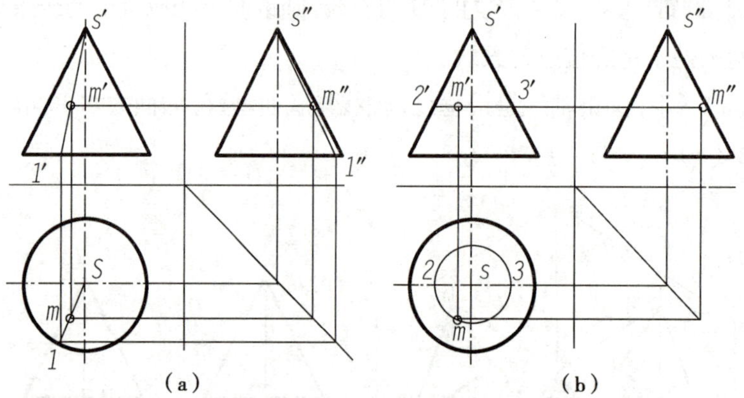

图 2-25　圆锥表面取点

（三）圆球及表面上的点

以半圆为母线，以它的直径为轴，回转一周所形成的曲面为**球面**。球面围成球体，简称球，其转向轮廓线是圆。

球的三面投影均为圆，其直径等于球的直径，且分别为球面上平行于三个投影面的最大圆的投影。如图 2-26 所示，球的 *V* 面投影是转向轮廓线 *A* 的投影，前半球面的 *V* 面投影可见，后半球面的 *V* 面投影不可见。圆 *A* 的水平投影 *a* 和侧面投影 *a'* 在相应的对称中心线上，不画出。球平行于 *H* 面和侧面的转向轮廓线 *B* 和 *C* 的三面投影，与圆 *A* 同理，投影如图 2-26（b）所示。

球面的三个投影均无积聚性，且表面无直线，所以要借助辅助线法求点，因为过球面上任一点，可以做出三个平行于投影面的辅助圆。

例 2-8　如图 2-27 所示，已知球面上 *M* 点的正面投影 *m'*，求其余两面投影。

分析：由 *M* 点 *V* 面投影 *m'* 的位置及可见性，判断出 *M* 点在左、上、前八分之一球面上，故应在这部分球面的水平投影及侧面投影范围内求 *m*、*m"*。图 2-27（a）为过 *M* 点作水平辅助圆线求解的方法。作图步骤如下：

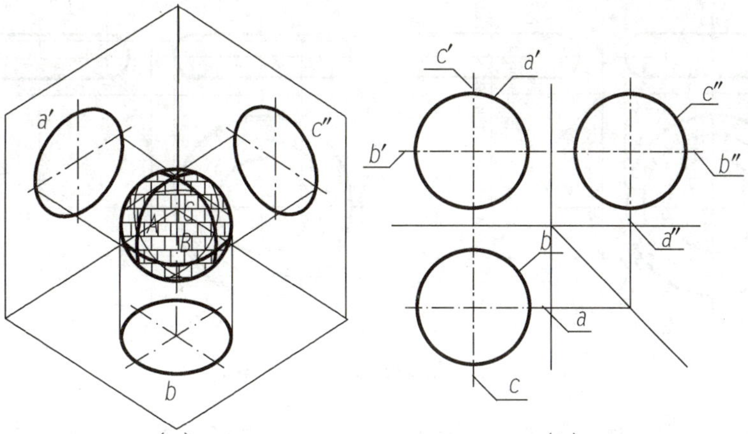

（a）　　（b）

图 2-26　球的投影

1）过 m' 作水平线，处于球 V 面投影圆内的水平线为水平辅助圆线的正面投影，长度等于辅助圆直径。

2）在 H 面投影上，以球 H 面投影圆的圆心为圆心，上述线段长的一半为半径画圆，得出辅助圆的 H 面投影。

3）由 m' 在辅助圆 H 面投影的前半圆周上求得 m；再由 m'、m 求得 m''。

4）判别可见性。M 点在左、上、前球面上，这部分球面的水平投影及侧面投影都可见，因此，m、m'' 都可见。

过 M 点也可以做正平、侧平辅助圆求 m、m''，作图过程见图 2-27（b）（c）。

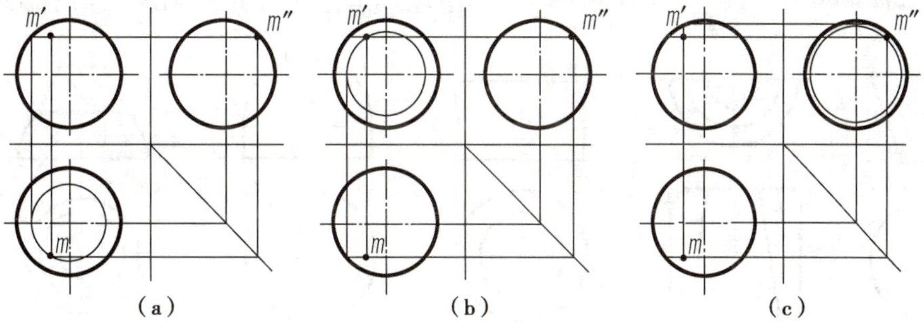

（a）　　（b）　　（c）

图 2-27　球表面取点

（四）圆环及表面上的点

一个圆绕着与它共面但不过圆心的轴线旋转而成圆环面。圆环的三面投影图如图 2-28（a）所示，圆环的 V 面投影图表示出最左、最右两素线圆的投影，上下两条水平线是圆环面的轮廓线，左右素线圆的投影各有半圆处于内环面，在 V 面投影中不可见，为虚线。H 面投影图表示了圆环面的最大圆和最小圆的投影，这两个圆是圆环面在 H 面投影图上的轮廓线，图中的点画线圆表示素线圆圆心轨迹的投影。

例 2-9　如图 2-28（b）所示，已知圆环面上 K 点的 V 面投影 k'，求 k 和 k''。

分析：圆环面的母线不是直线，故选用辅助圆线法。由 k' 可见，可判定 K 点在圆环面的上、前、左半部，于是 k 和 k'' 都应为可见的。

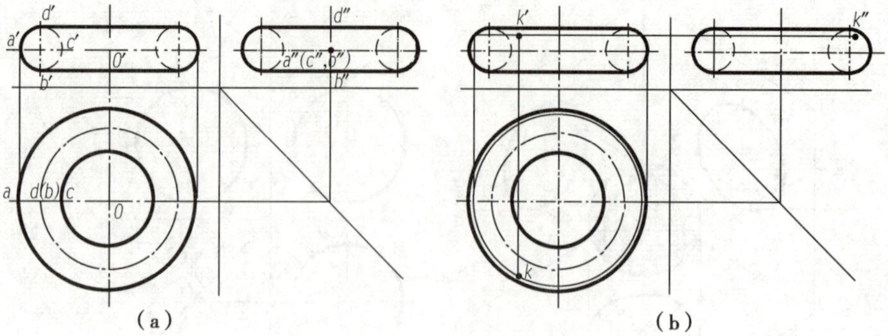

图 2-28　圆环的投影及表面取点

作图过程：过点 k' 在圆环面上作一水平圆。其 H 面投影为圆，V 面和 W 面投影都积聚成直线。再用线上找点的方法求出 k 和 k''。

（五）其他回转体

在图 2-29 中还列出了一些其他回转体的两面投影图，在分析这些立体的结构特点和投影特点时，注意投影的可见性。

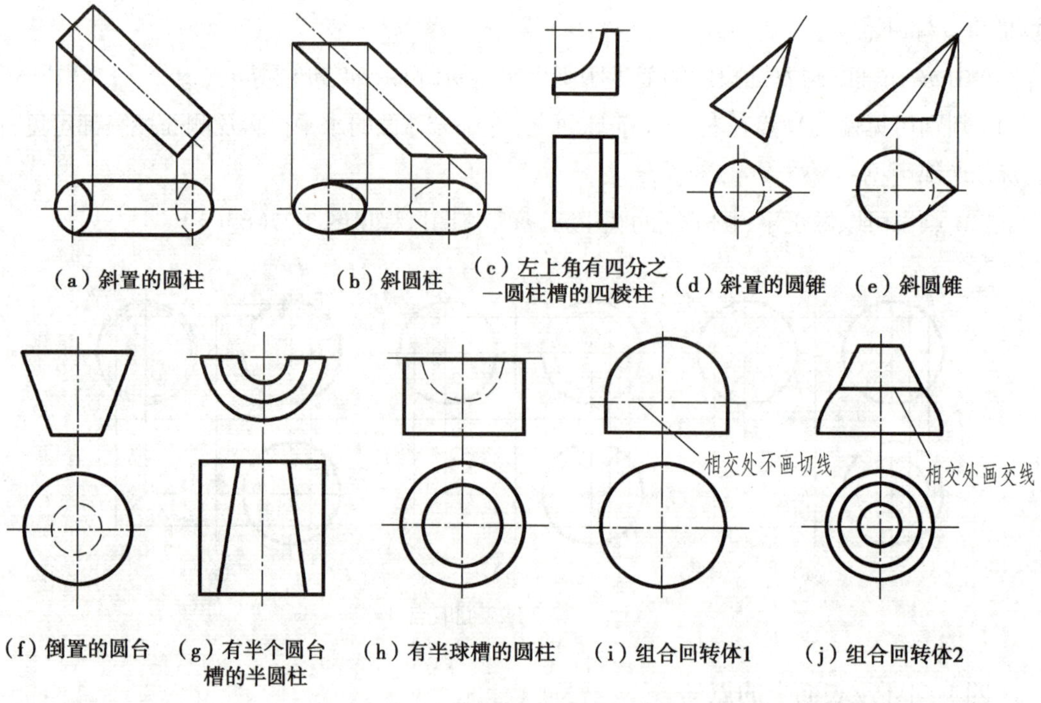

图 2-29　其他回转体的两面投影

三、截交线与相贯线

（一）截交线

平面与曲面立体的交线被称为**截交线**（line of section），一般为封闭的平面曲线（plane curve），特殊情况下是直线段或圆。截交线是截平面（cutting plane）与曲面立体表面的共有线，线上的点是双方的共有点，形状取决于被截曲面立体的形体特点及立体和截平面的相对位置。当截平面为特殊位置平面时，截交线的投影重合在截平面有积聚性的同面投影上，此时可用在曲面立体表面上取点的方法，求截交线的其他投影。

一般来说，求曲面立体的截交线，首先应确定其范围内的特殊点，如最高、最低、最左、最右、最前、最后及特殊素线上的点等，然后再求一般点、判明截交线的可见性，最后用曲线光滑连接各点即得截交线。

1. 平面切平面立体 平面立体的截交线是多边形，其顶点多是立体的棱线与截平面的交点，立体被多个截平面切割时，两截平面交线的端点也是此多边形的顶点，因此，求截交线就是求立体棱线与截平面的交点以及截平面与立体棱面、截平面之间的交线。

（1）平面切棱锥

例 2-10 如图 2-30（a）所示，三棱锥 *SABC* 被水平面 *Q* 和正垂面 *P* 截去一个缺口，求截交线的投影。

分析：因为是两个截平面和一个平面立体截交，所以要注意有可能出现截平面间的交线。如图，水平面 *Q*、正垂面 *P* 分别和棱线 *SA* 相交于 *1* 点和 *4* 点，两个截平面间的交线形成截平面的另两个顶点 *2* 和 *3*，这四个顶点构成两个截平面。作图步骤如图 2-30（b）所示。

1）定出水平面 *Q* 和正垂面 *P* 与棱线 *SA* 的交点为 *1*、*4*，两个截平面的交线顶点为 *2* 和 *3*，并在 *V* 面投影上确定 *1′*、*2′*、*3′*、*4′*。

2）由 *1′*、*2′*、*3′*、*4′* 求得 *1*、*2*、*3*、*4* 及 *1″*、*2″*、*3″*、*4″*。依可见性连接截交线。

3）补充画出棱锥剩余部分轮廓线的投影。

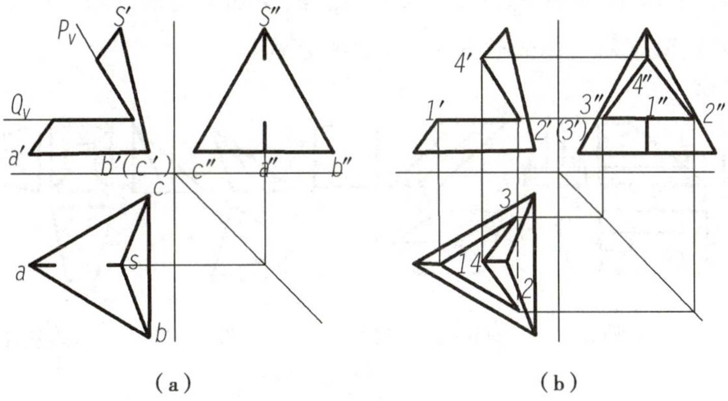

图 2-30 棱锥被截切的投影

（2）平面切棱柱

例 2-11 如图 2-31（a）所示，已知正五棱柱（regular pentagonal prism）的左上角被正垂面 *P* 切去一块（双点画线所示），由 *V* 面投影、*H* 面投影画出其 *W* 面投影并补全 *H* 面投影。

分析：因为只有一个截平面，所以截交线就是截平面 *P* 与棱面的交线，截交线形成的多边形顶点是截平面与立体棱线的交点。由图 2-31（a）可知，*P* 面与左侧两条侧棱、中间一条侧棱、顶面两条棱相交，共五个交点围成五边形 *ABCDE*，其 *V* 面投影重影在 *P* 平面的 *V* 面投影上，需先找出交线的 *V* 面投影、*H* 面投影，然后求出 *W* 面投影。作图步骤如图 2-31（b）所示。

1）首先将五棱柱的 10 个顶点命名，并以此求出其 *W* 面投影。

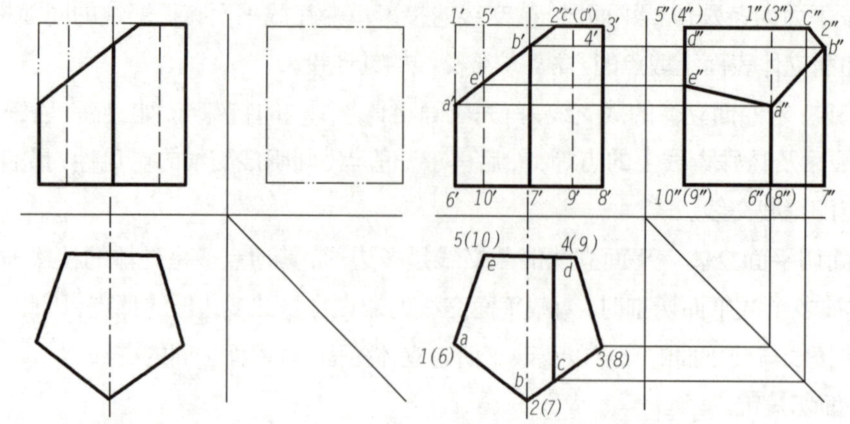

（a）　　　　（b）

图 2-31　棱柱被截切的投影

2）按一定顺序，确定截交线各顶点的 *V* 面投影 *a′*、*b′*、*c′*、(*d′*)、*e′*。

3）按直线上取点的方法依次求出各顶点的 *H* 面投影和 *W* 面投影，并判别可见性。

4）按可见性连接截交线各顶点，即五边形 *ABCDE* 的 *H* 面和 *W* 面投影。

5）按可见性整理棱柱体 *W* 面投影的轮廓线，可见部分画粗实线，不可见部分画虚线。

（3）其他平面立体被切示例：在图 2-32 中给出了其他一些截切平面立体的投影图，通过阅读并分析它们的形状，读懂这些立体上各表面的投影及其可见性。从图 2-32 中可以看出：平面立体投影的外围轮廓总是可见的，应画粗实线；而在投影的外围轮廓线内部的图线，则应根据线、面的投影分析，按前遮后、上遮下、左遮右的原则来判断投影的可见性，决定画粗实线或虚线；还可利用交叉两直线重影点的可见性来判别。

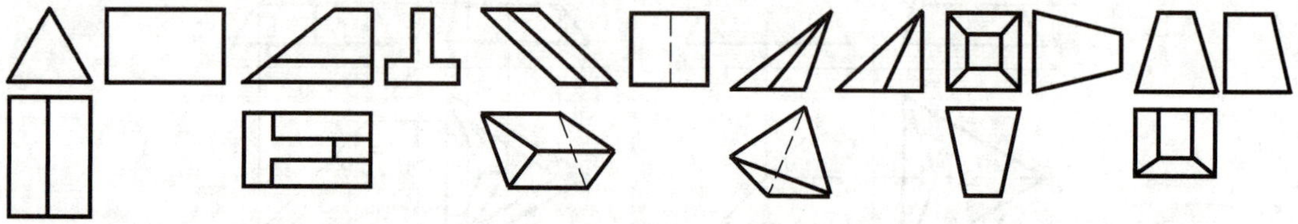

（a）正三棱柱　（b）丁字形柱　（c）斜三棱柱　（d）斜三棱锥　（e）正四棱台　（f）楔形块

图 2-32　其他平面立体被切

2. 平面切回转体　平面与回转体相交的立体投影，除要考虑原有回转体投影之外，重点要考虑截交线的情况。

（1）平面与圆柱截切：平面与圆柱相交的截交线有 3 种情况，见表 2-7。

表 2-7　平面与圆柱截切

截平面位置	平行于轴线	垂直于轴线	倾斜于轴线
轴测图	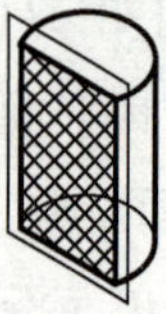	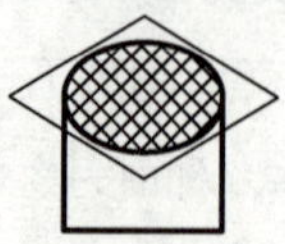	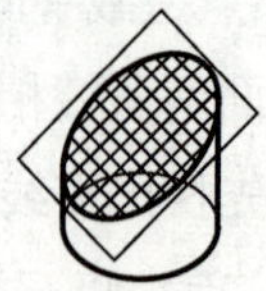

续表

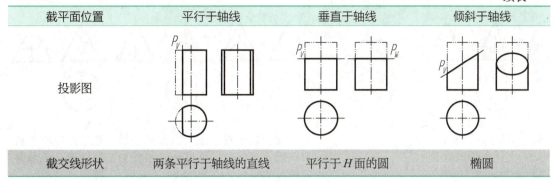

截平面位置	平行于轴线	垂直于轴线	倾斜于轴线
投影图	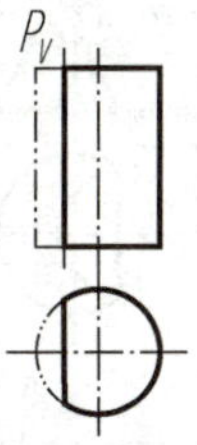	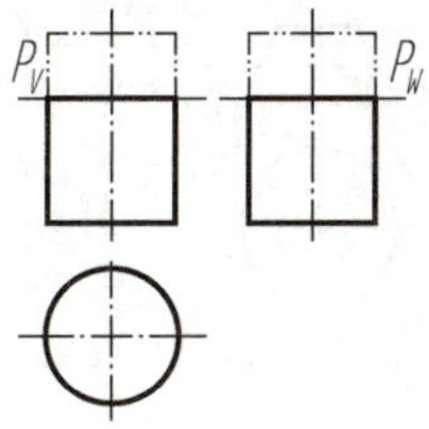	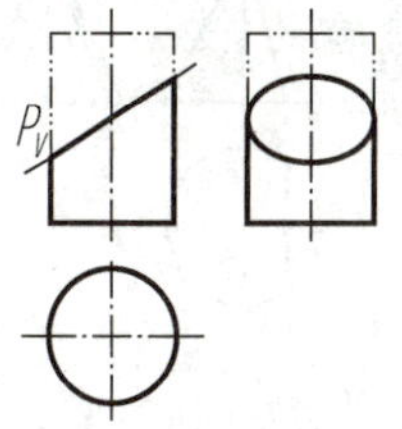
截交线形状	两条平行于轴线的直线	平行于 *H* 面的圆	椭圆

例 2-12 如图 2-33(a)(b)所示，圆柱上部被两个侧平面和一个水平面截切成一个缺口，求作 *H* 面投影和 *W* 面投影。

分析：圆柱被两个侧平面截切，交线为平行于圆柱轴线的 *ⅠⅤ*、*ⅡⅥ*、*ⅢⅦ*、*ⅣⅧ*，圆柱被水平面截切，交线为水平圆弧。截平面之间、截平面与圆柱顶面之间也有交线，分别为正垂线 *ⅠⅡ*、*ⅢⅣ*、*ⅤⅥ*、*ⅦⅧ*。作图步骤见图 2-33(c)。

1）画出圆柱的 *H* 面投影和 *W* 面投影。

2）定出截交线的 *V* 面投影 *1′5′*、(*2′*)(*6′*)、*3′7′*、(*4′*)(*8′*)，求出截交线(*1*)*5*、(*2*)*6*、(*3*)*7*、(*4*)*8*，*12*、*56*、*34* 和 *78* 的 *H* 面投影。

3）根据交线的 *V* 面及 *H* 面投影求出它们的 *W* 面投影 *7″3″*、(*5″*)(*1″*)、*8″4″*、(*6″*)(*2″*)、(*1″*)(*2″*)、*3″4″*，*7″8″* 和(*5″*)(*6″*)。

4）判别可见性。*ⅤⅥ*、*ⅦⅧ* 水平投影可见，画粗实线。*ⅠⅡ* 和 *ⅢⅣ* 的侧面投影重合，不可见，画虚线。擦去被切掉元素的投影，连接其他直线段。

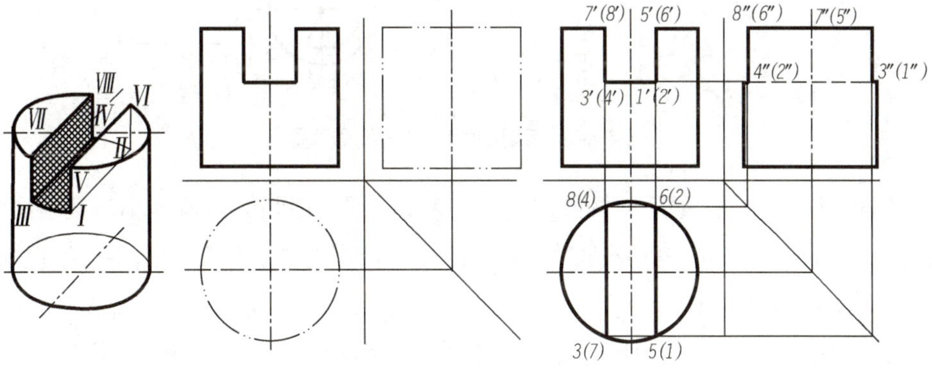

(a) (b) (c)

图 2-33 平面截切圆柱

(2) 平面与圆锥截切：平面与圆锥相交有 5 种情况，如表 2-8 所示。

表 2-8 平面与圆锥截切

轴测图	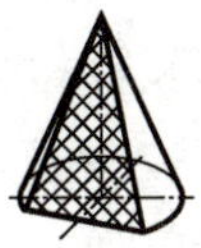	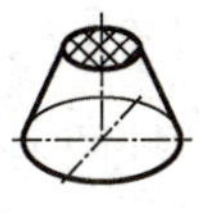	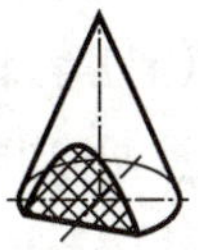	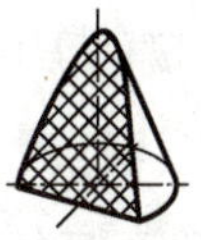	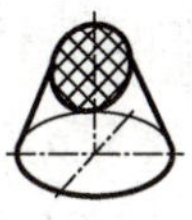

续表

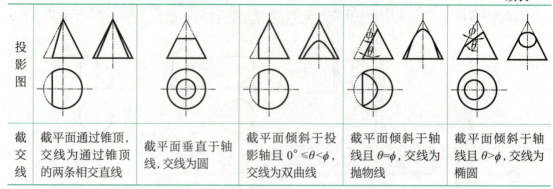

投影图	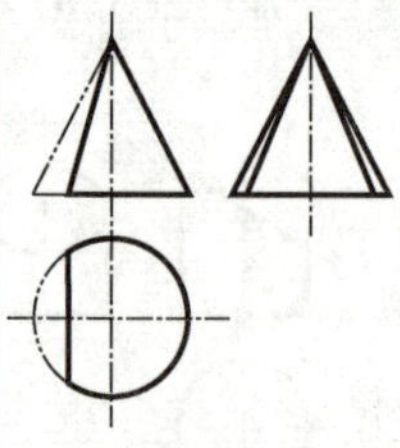	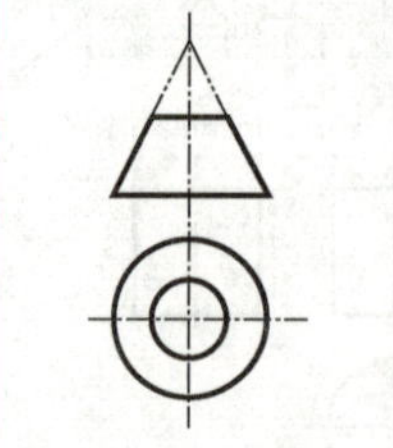	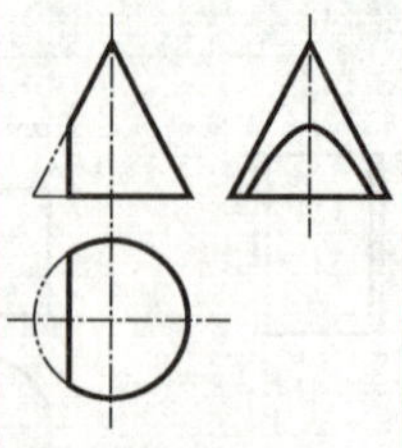	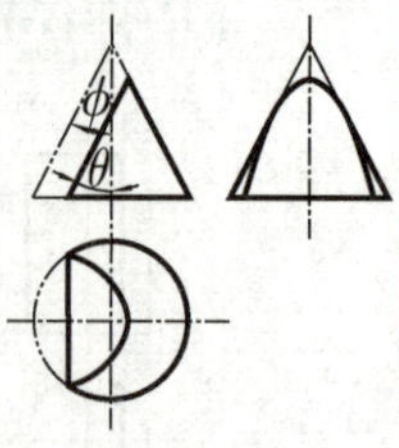	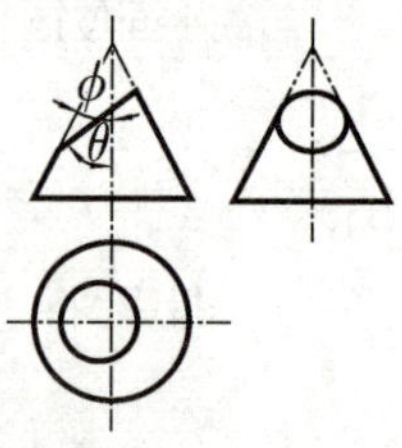
截交线	截平面通过锥顶，交线为通过锥顶的两条相交直线	截平面垂直于轴线，交线为圆	截平面倾斜于投影轴且 $0° \leqslant \theta < \phi$，交线为双曲线	截平面倾斜于轴线且 $\theta = \phi$，交线为抛物线	截平面倾斜于轴线且 $\theta > \phi$，交线为椭圆

例 2-13 如图 2-34(a)(b)所示，已知有切口圆锥的 V 面投影，求其余两面投影。

分析：切口由两个平面组成，即水平面和过锥顶的正垂面。作图步骤如图 2-34(c)所示。

1）画出完整圆锥的 H 面投影与 W 面投影。

2）选择转向轮廓线与水平截面交点 $3'$、$4'$，以及两截切面交线端点 $1'$、$2'$ 为特殊点，并求出它们对应的另两面投影，进而求出两个截交平面的投影。

3）判别可见性，在两个投影中，只有 H 面投影的 1、2 不可见，其余投影均可见。在 W 面投影中，圆锥面的轮廓线画到 $3''$、$4''$ 为止。

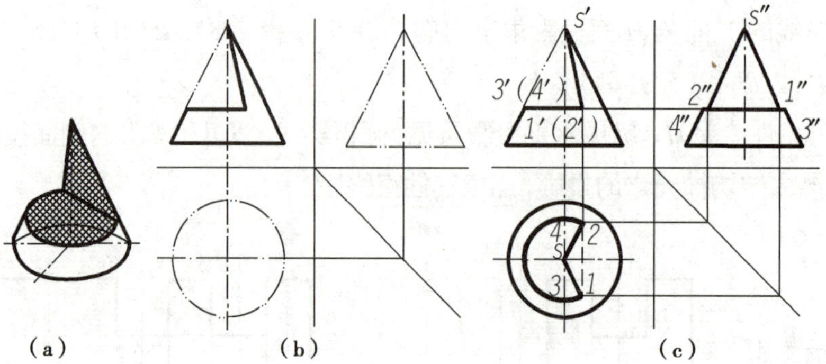

图 2-34 带切口圆锥的三面投影图

（3）平面与圆球截切：平面截切圆球时，截交线是圆。该圆的直径大小与截平面到球心的距离有关，圆的投影形状与截平面对投影面的相对位置有关。当截平面平行于投影面时，截交圆可由辅助圆线法求出。

例 2-14 如图 2-35(a)(b)所示，已知截切球的 V 面投影，求其余两面投影。

分析：截平面是正垂面，截交线是正垂圆，圆的正面投影积聚成一段直线，线段长等于圆的直径。圆的 H 面投影和 W 面投影均为椭圆。作图步骤如图 2-35(c)所示。

1）画出完整圆球的 H 面投影和 W 面投影。

2）求特殊点。利用积聚性确定球面 V 面投影轮廓线上Ⅰ、Ⅱ点的 V 面投影 $1'$、$2'$，球面 H 面投影及 W 面投影轮廓线上点Ⅲ、Ⅳ及Ⅴ、Ⅵ的 V 面投影 $3'$、$(4')$ 及 $5'$、$(6')$，H 面投影和 W 面投影椭圆长轴端点Ⅶ、Ⅷ的 V 面投影 $7'$、$(8')$ 等都是特殊点。由 $1'$、$2'$、$3'$、$(4')$、$5'$、$(6')$ 求得 1、2、3、4、5、6 和 $1''$、$2''$、$3''$、$4''$、$5''$、$6''$。由 $7'$、$(8')$ 利用辅助圆在球面上取点，求得 7、8 及 $7''$、$8''$。

3）用光滑曲线依次连接各点的同面投影，得到截交线 H 面投影和 W 面的椭圆。

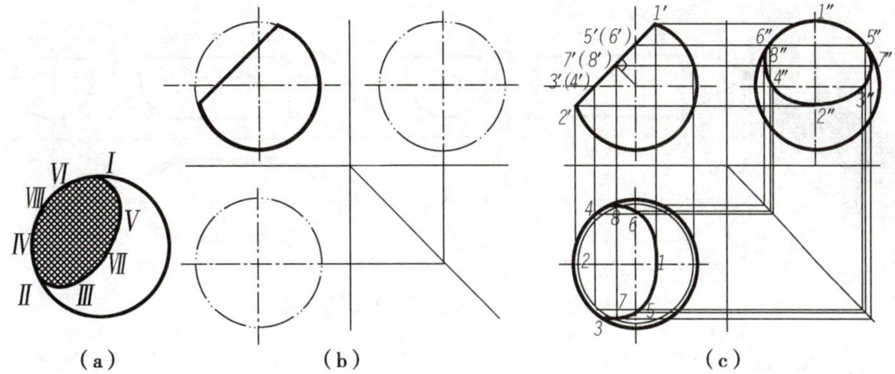

图 2-35　圆球被截切的投影

4）整理、加深。在 *H* 面投影上，球的转向轮廓线大圆的左边画到 *3*、*4* 为止。*W* 面投影上，球的转向轮廓线大圆的上边画到 *5″*、*6″* 为止。*H* 面投影和 *W* 面投影中所有图线均可见。

例 2-15　如图 2-36(a)(b)所示，已知开槽半球的正面投影，求其余两面投影。

分析：球体被两个对称的侧平面和一个水平面所切。各截切面与球表面的截交线都是圆弧，而截切面间的交线是直线，由此，种类问题就比较容易解决了。作图步骤如图 2-36(c)所示。

1）先画由两个侧平截面形成的截交线的 *H* 面和 *W* 面投影，其 *W* 面投影重合。

2）再画水平截面形成的截交线的 *H* 面投影和 *W* 面投影。

3）判别可见性，并补画轮廓线。*W* 面投影上 *1″2″*、*3″4″* 线不可见，球的转向轮廓线大圆只画到 *1″*、*2″* 为止。

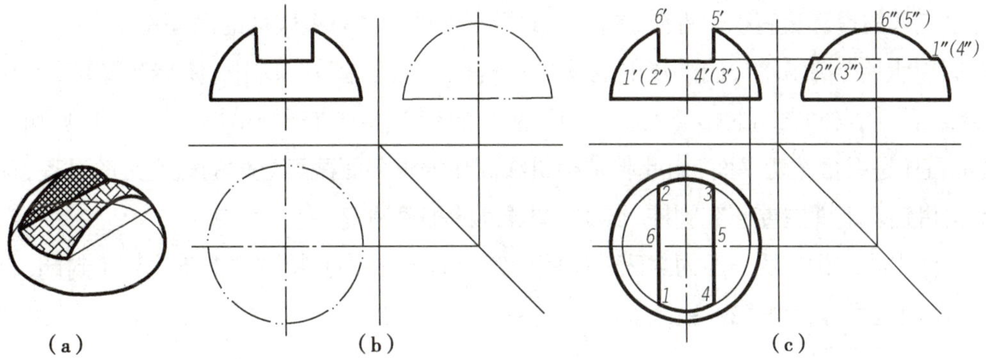

图 2-36　圆球切槽

（4）平面与组合回转体截切：组合回转体是由多个基本回转体组合而成的，应分别求出截平面与各个基本体的截交线，组合起来就是组合回转体的截交线。

例 2-16　如图 2-37(a)(b)所示，一个由圆锥、圆柱、圆球组合而成的回转体，被一个水平面截切，*V* 面和 *W* 面投影已经给出，试做出其 *H* 面投影。

分析：此例可以看成是圆锥、圆柱和圆球被截切的三道题的集合，可以分别分析各回转体被截切的情况，而后再综合起来得到结果。例如，水平截切面交圆锥应该得到一条双曲线，圆柱被截切得到的是矩形，圆球被截切得到的依然是圆，由此再进行下一步的绘制投影图。作图过程如图 2-37(c)所示。

1）求水平面与圆锥截交线的 *H* 面投影。先求最左点 *1*，根据 *1′* 直接投影求出 *1* 及 *1″*；再

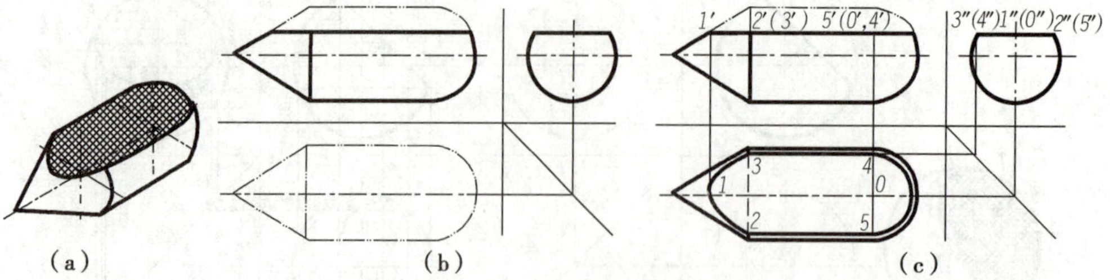

图2-37 组合回转体截切

根据最前点 2'、最后点 3'，投影得到 2 及 2"、3 及 3"。截交线 V 面投影是双曲线而且可见，用光滑曲线顺次连接 2、1、3 各点。

2）求水平面与圆球截交线的 H 面投影。定义圆柱与圆球相切的点为 5'、4'，向下做垂线交 H 面投影的水平中心线于 O 点；在 W 面找出投影 5"、4"，以 5"4" 长为直径，以 H 面投影中的 O 点为圆心作圆，从 5'、4' 点做铅垂线得 5、4 点。

3）连接直线 25、34，得圆柱与截面交线的 H 面投影。

4）整理。注意除截切平面的 H 面投影之外，在 2、3 点的中间及两端沿垂直方向，还有对应的虚线和粗实线（即圆锥面与圆柱面的交线）。

（二）相贯线

相交两立体的表面交线称为**相贯线**（line of intersection），它包括实体表面的交线、实体表面穿孔的孔口、孔与孔的交线。相贯线是两个相交立体表面的共有线，相贯线上的点是两立体表面的共有点，相贯线的形状取决于相交立体的形体特征及相对位置。当两个相贯的立体中有一个立体的投影具有积聚性时，相贯线的投影就重影在有积聚性的同面投影上。

根据以上所学知识，我们涉及的立体包括棱柱、棱锥、圆柱、圆锥、圆球和圆环，所以研究相贯线首先从它们之间的相交入手。如果两个相交立体中有一个是棱柱或棱锥，则可将棱柱、棱锥看作是组合截切平面，由此将求相贯线简化为求平面截切立体的截交线的过程，所以在此不再讲述。下面主要研究圆柱、圆锥、圆球间的相贯情况。

回转体之间的相贯线一般为封闭的空间曲线（space curve），特殊情况下也可不封闭，甚至是椭圆、圆或直线等，如表 2-9 所示。

表 2-9 回转体相贯线举例

立体图	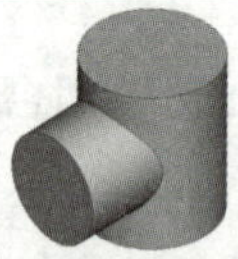	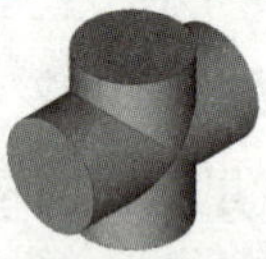	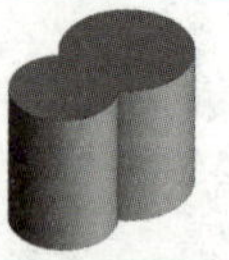	
投影图	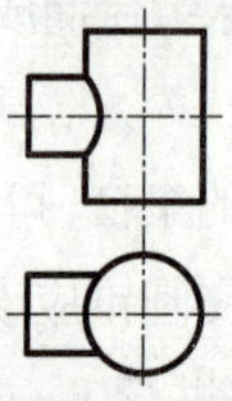	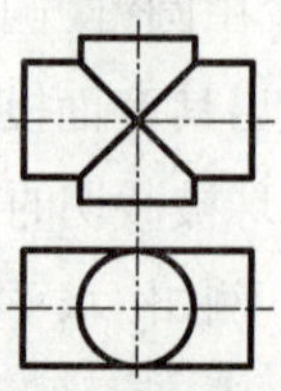	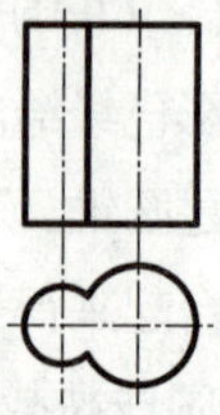	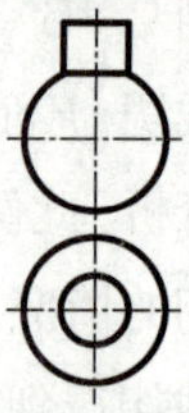
回转体的位置及相贯线特点	轴线垂直相交的两圆柱，交线为闭合空间曲线	轴线垂直相交且直径相等的两圆柱，交线为椭圆	轴线平行的两圆柱，交线为两直线	两回转体同轴，交线为垂直于轴线的圆

求相贯线需先求出确定其范围的特殊点，如：最高、最低、最左、最右、最前、最后等特殊位置上的各点。然后再求些一般点，判别可见性后，连接成光滑曲线。常用的求相贯线的方法有**表面取点法**（surface sampling method）、**辅助平面法**（auxiliary plane method）两种。

两回转体相贯的情况一共有 6 种：圆柱与圆柱、圆柱与圆锥、圆柱与圆球，圆锥与圆锥、圆锥与圆球，圆球与圆球。在这 6 种情况中，有圆柱参与的是 3 种，因为圆柱投影有积聚性，所以可归为一类；圆球与圆球相贯，其相贯线就是一个圆，所以不用另行讲述；剩下有圆锥参与的两种情况中，只选择圆锥与圆球相贯的情况进行了解。

1. 有圆柱参与的回转体相贯 当圆柱与其他立体相贯时，如果圆柱的轴线垂直于某投影面，则相贯线在该投影面上的投影就重影在圆柱有积聚性的同面投影上。因此，相贯线的此投影就是已知的，可利用表面取点法求其他投影。所以有圆柱参与的回转体相贯可以充分利用圆柱的积聚性特点，在有积聚性的投影面上把相贯线直接找到，从而简化作图过程。

（1）圆柱与圆柱相贯：两圆柱表面相交，其交线形式与圆柱间的位置有很大关系。为简单起见，这里只研究常见的圆柱轴线垂直相交或相互平行的情况，其相贯线的形式可参见表 2-9。

例 2-17 如图 2-38（a）（b）所示，已知正交两圆柱相贯的 H 面投影和 W 面投影，求 V 面投影。

分析：本题中相贯线的 H 面投影及 W 面投影都有积聚性，只求正面投影即可。作图步骤如图 2-38（c）所示。

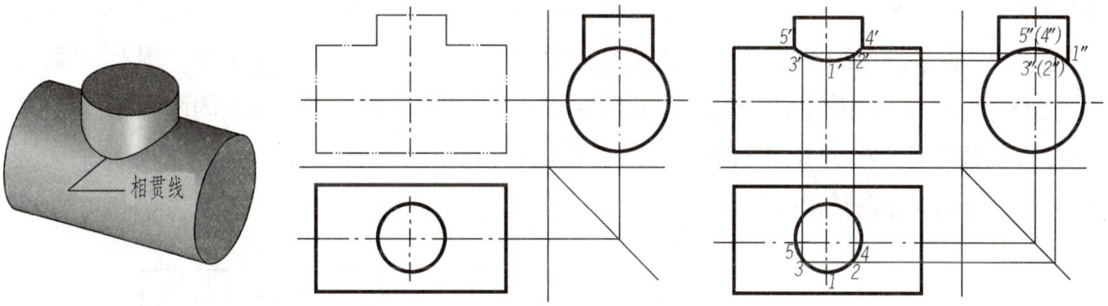

（a） （b） （c）

图 2-38 正交两圆柱相贯的投影

1）画出相贯立体的 V 面投影轮廓。

2）求特殊点。由 V 面投影轮廓线上共有点 $5'$、$4'$ 及 W 面投影轮廓线上共有点 $1''$ 的 H 面投影 5、4、1 和 W 面投影 $5''$、$(4'')$、$1''$，求得 V 面投影 $1'$。

3）求一般点。图中以 2、3 点为例。先在已知的 H 面投影上确定 2、3，再求得 W 面投影 $(2'')$、$3''$，最后得到 V 面投影 $2'$、$3'$。

4）用光滑曲线依次连接各点的同面投影，得到相贯线的 V 面投影。

5）判别可见性。前半条相贯线的 V 面投影可见，后半条相贯线的 V 面投影与前半条重影。

6）检查、补画 V 面投影的转向轮廓线，并判别可见性。转向轮廓线画到共有点的投影 $5'$、$4'$ 为止，$5'$、$4'$ 间没有轮廓，不连线。转向轮廓线的 V 面投影都可见。

了解了圆柱与圆柱相贯的情况后，圆柱上穿孔的情况则与此类似。圆柱孔是内圆柱面，孔口即为相贯线，常见的是圆柱孔的正交相贯。画相贯圆柱的圆柱孔三面投影时，相贯线的画法步骤与上述圆柱相贯相同，但孔的轮廓线不可见，并且只画到轮廓线上共有点为止。判别相贯线可见性的原则是：把相贯立体作为整体对待，只要在可见表面上，相贯线就可见，否则不可见。图 2-39、图 2-40 和图 2-41 显示了 3 种圆柱穿孔的情况。

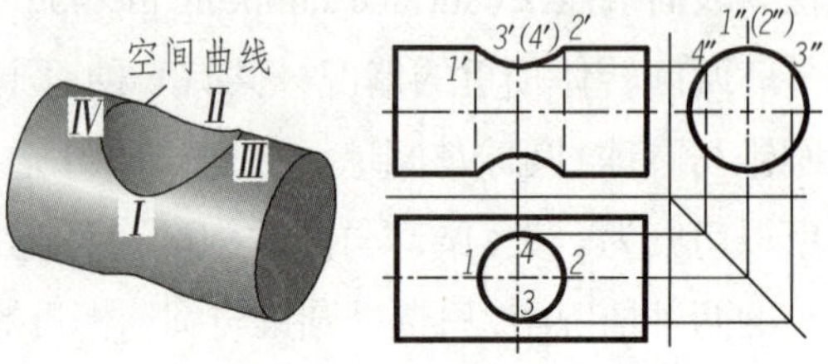

图 2-39　圆柱上钻孔

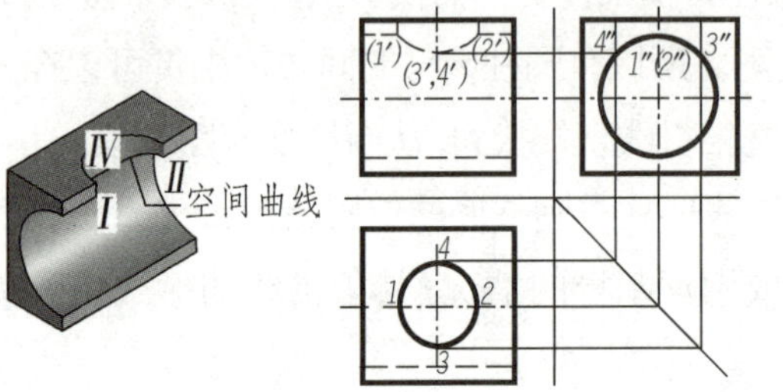

图 2-40　两个圆柱孔相贯

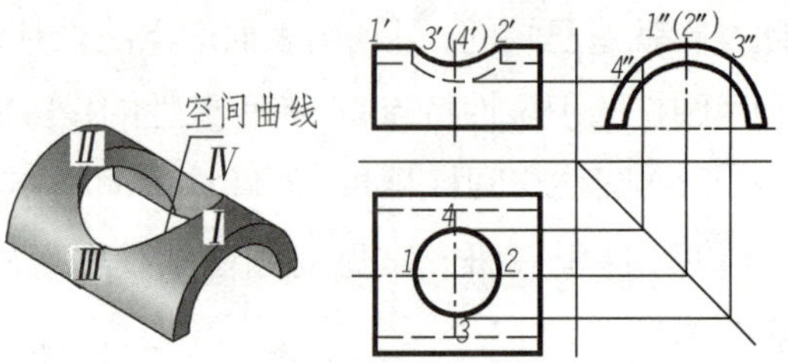

图 2-41　半圆筒上钻孔

例 2-18　如图 2-42(a)(b)所示，已知一个圆柱筒和一个半圆柱筒相贯的 *H* 面投影和 *W* 面投影，求作其 *V* 面投影。

分析：由立体图可知，该立体为内外表面分别相交，可以把内外表面的相贯分开考虑，看作是两道题来处理。外表面为两个直径相等的圆柱面相交，相贯线为两个椭圆，且都为半个椭圆，它们的 *H* 面投影积聚在圆柱 *H* 面投影的大圆上，*W* 面投影积聚在半个大圆上，*V* 面投影应为两段直线。内表面的相贯线为两段空间曲线，*H* 面投影积聚在小圆的两段圆弧上，*W* 面投影积聚在半个小圆上，*V* 面投影应为曲线（没有积聚性），而且应该弯向轴线铅锤的大圆筒的轴线方向。作图步骤如图 2-42(c)所示。

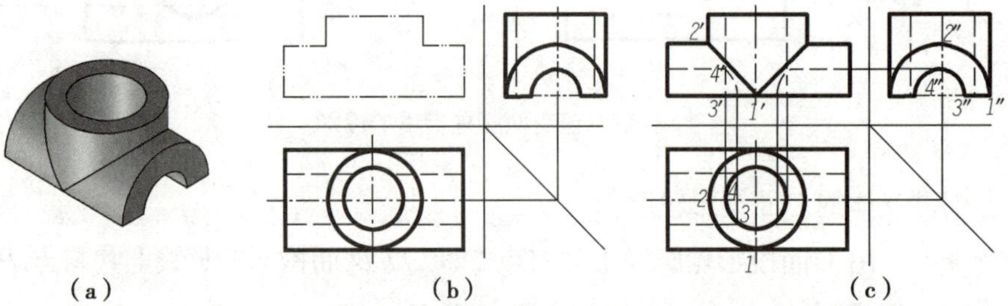

图 2-42　补画圆筒相贯的 *V* 面投影

1）作外圆相贯线。根据前述判断，在 *V* 面投影上直接将 *1′*、*2′* 连接成直线。

2）作内圆孔相贯线。根据对孔相贯线的判断，在 *H* 面和 *W* 面投影中找到对应的 *3*、*4* 点和 *3″*、*4″* 点，据此找到 *V* 面投影对应的 *3′*、*4′* 点，连接成曲线。

3）依据对称性，找到 *V* 面投影右侧对应的两条相贯线。

4）整理。按照可见性判断，将 *1′2′* 画成粗实线，*3′4′* 画成虚线，补全原圆柱筒和半圆柱筒的外轮廓线。

当两圆柱的直径差别较大，并且对相贯线形状的准确度要求不高时，允许采用近似画法。即用圆心位于小圆柱的轴线上，半径等于大圆柱半径的圆弧代替相贯线的投影。

（2）圆柱与圆锥相贯

例 2-19 如图 2-43（a）（b）所示，已知圆柱和圆锥正交相贯，试补全其 *V* 面投影和 *H* 面投影。

分析：由于圆柱的轴线是侧垂线，所以相贯线在 *W* 面的投影是圆。由于相贯线又在圆锥表面上，因此可利用圆锥表面的点的做法，即表面取点法和辅助平面法求出相贯线的 *H* 面投影和 *V* 面投影。

表面取点法的作图步骤如图 2-43（c）所示。

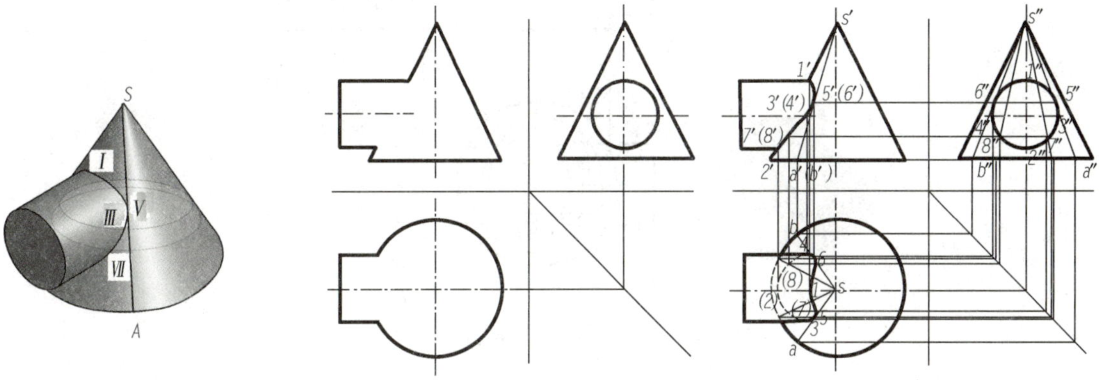

（a）　（b）　（c）

图 2-43　圆柱与圆锥相贯（一）

1）求特殊点。由 *W* 面投影确定相贯线的最高点Ⅰ、最低点Ⅱ、最前点Ⅲ、最后点Ⅳ。由 *1″*、*2″* 直接求得 *1′*、*2′*，进而求得 *1*、（*2*）。过Ⅲ、Ⅳ两点作水平辅助圆，其 *W* 面投影为过 *3″*、*4″* 的水平直线，其 *V* 面投影也为水平直线。辅助圆的 *H* 面投影反映实形，与圆柱 *H* 面投影轮廓线的交点为 *3*、*4*，再由 *3*、*4* 求得 *3′*、（*4′*）。过锥顶作圆柱 *W* 面投影圆的切线 *s″a″*、*s″b″*，得切点 *5″*、*6″*，即最外辅助素线上点Ⅴ、Ⅵ的 *W* 面投影。利用辅助素线法，在圆锥表面上求得Ⅴ、Ⅵ两点的 *H* 面投影和 *V* 面投影。

2）求一般点。在Ⅰ、Ⅱ两点间适当位置作水平辅助圆，求得两立体表面的若干共有点。见图中Ⅶ、Ⅷ两点，先在圆柱面有积聚性的 *W* 面投影上作水平辅助圆的 *W* 面投影，确定 *7″*、*8″*，根据“宽相等”原则在辅助圆的 *H* 面投影上求得（*7*）、（*8*），进而可求得 *V* 面投影 *7′*、（*8′*）。

3）连点成光滑曲线。按相贯线 *W* 面投影的顺序，分别连接同面投影各点成光滑曲线，得到相贯线的 *H* 面投影及 *V* 面投影。

4）判别可见性。在 *V* 面投影上，前半条相贯线投影可见，后半条相贯线投影与前半条重影。在 *H* 面投影上，上半圆柱面上相贯线的投影 *35164* 可见，*3*、*4* 是相贯线 *H* 面投影的虚实分界点，线 *3*（*7*）（*2*）（*8*）*4* 不可见。

5）按可见性补画立体 *V* 面投影、*H* 面投影的轮廓线。在 *H* 面投影上圆柱的轮廓线画到 *3*、*4*。圆锥的底圆被圆柱挡住的部分不可见，画成虚线。

圆锥表面取点的方法中，有一种是辅助圆线法。根据本题中圆柱与圆锥的相对位置，如果对圆锥使用辅助圆线法，则此圆线所在平面将圆柱截切出直线，而直线是我们做辅助线时常用的线种，因此考虑用这样的圆面来做辅助平面解题。**辅助平面法**就是在适当位置选择一个辅助平面，使它与两立体表面都截切，得到两条截交线，这两条截交线的交点就是辅助平面与两个立体表面的共有点，即相贯线上的点，从而画出相贯线投影的方法。一般取特殊位置平面为辅助平面，如投影面的平行面，并使辅助平面与相贯的立体表面的交线为圆或直线。

辅助平面法作图步骤如图 2-44（b）所示。

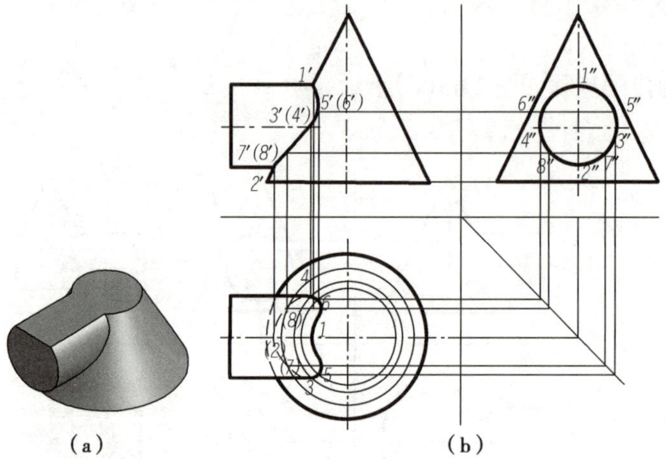

图 2-44　圆柱与圆锥相贯（二）

1）求特殊点。特殊点仍然可用表面取点法求出，如 *I*、*II*、*III*、*IV*。

2）求一般点。作辅助水平平面 *P* 和 *Q*，这两个辅助水平面分别截切圆锥为圆、圆柱为直线，定义截交出来的圆与直线的交点分别为 *V*、*VI*、*VII*、*VIII*。先定出 *5″*、*6″*、*7″*、*8″*，根据直线 *5″6″*、*7″8″* 的长度，分别在 *H* 面投影中求辅助平面与圆锥的截交线，即水平圆线。由辅助平面与圆柱的截交线，即平行圆柱轴线的 4 条直线，求截交线 *H* 面投影的交点 *5*、*6*、*7*、*8*，继而再求出 *5′*、*6′*、*7′*、*8′*。

3）判别可见性，连线并画出圆柱转向轮廓线的 *H* 面投影。圆柱和圆锥的前半部分可见，因此相贯线 *V* 面投影可见，顺次连接 *1′*、*5′*、*3′*、*7′*、*2′* 成曲线。圆柱、圆锥的后半部分不可见，它的相贯线的 *V* 面投影与前半部分重影。圆柱上半部与圆锥相贯线的 *H* 面投影可见，顺次连接 *4*、*6*、*1*、*5*、*3* 成曲线，圆柱下半部与圆锥相贯线的 *H* 面投影不可见，用虚线顺次连接 *4*、*8*、*2*、*7*、*3* 成曲线。

（3）圆柱与圆球相贯

例 2-20　如图 2-45（a）（b）所示，已知在半球上竖向穿通了一个圆柱孔，补全这个穿孔半球的 *V* 面投影和 *W* 面投影。

分析：很容易看出，圆柱孔口上部曲线就是相贯线。半球与圆柱孔有共同的前后对称面，相贯线有两条：一条是球面与圆柱面的交线，前半条相贯线与后半条相贯线的 *V* 面投影重合，是一条闭合的空间曲线，其 *H* 面投影与圆柱孔的 *H* 面投影重合；另一条是半球的底面与圆柱面的交线，是水平的圆线。所以，只要做出球面与孔壁圆柱面相贯线的 *V* 面和 *W* 面投影即可。作图步骤见图 2-46（a），结果整理后如图 2-46（b）所示。

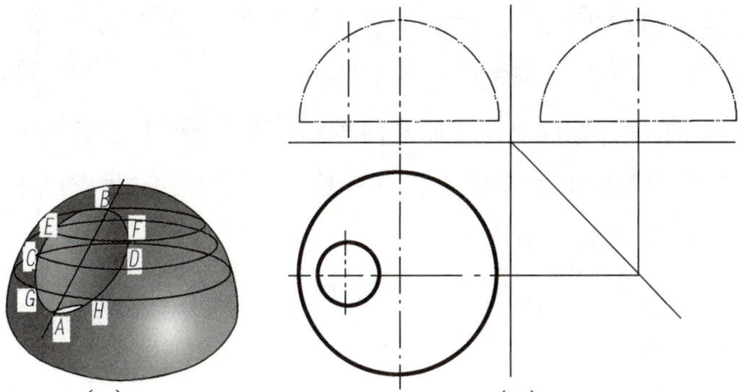

（a）　　　　　　　　（b）

图 2-45　圆柱与圆球相贯（一）

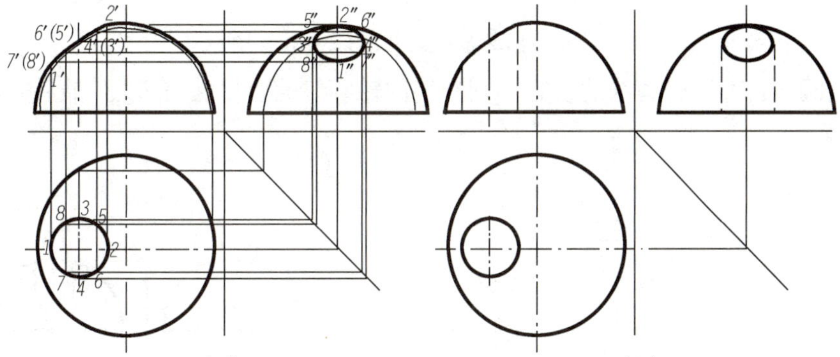

（a）　　　　　　　　（b）

图 2-46　圆柱与圆球相贯（二）

1）作特殊点。在 *H* 面投影上，定出最左、最右、最后、最前点Ⅰ、Ⅱ、Ⅲ、Ⅳ的投影 1、2、3、4。由于 1、2 在半球面 *V* 面投影的转向轮廓线上，可求出 1′、2′。在半球面上过点Ⅲ和Ⅳ分别作平行于 *V* 面的辅助圆，可求出 3′、4′。由于穿孔半球前后对称，可按圆柱表面取点的方法求出 1″、2″、3″、4″。

2）求一般点。在相贯线的 *H* 面投影上，定出与前后对称面距离相同的四个点Ⅴ、Ⅵ、Ⅶ、Ⅷ的水平投影 5、6、7、8，分别过这四个点作平行于 *V* 面的辅助圆，可求出 5′、6′、7′、8′。由这四个点的水平投影和正面投影可以求出 5″、6″、7″、8″。

3）用光滑曲线顺次连接各点的同面投影，并判断可见性。相贯线的 *V* 面、*W* 面投影均可见，画粗实线。

4）补全立体的轮廓线，并判断可见性。

本题除了用表面取点法解题外，同样可以用辅助平面法做出，请同学们试着练习。

2. 圆锥与圆球相贯　由于圆锥和圆球表面都不具有积聚性，所以圆锥与圆球相贯的情况，不能通过有积聚性投影的方法直接得到相贯线，因此要采用辅助圆面法。

例 2-21　如图 2-47（a）（b）所示，圆锥台（frustum of a cone）与半球相贯，圆锥台轴线在半球前后对称面上，补全立体的三面投影。

分析：圆锥台与半球的相贯线是封闭空间曲线，圆锥台的轴线在半球前后对称面内，所以圆锥台和半球前、后部分交线的 *V* 面投影重影。圆锥台和半球均无积聚性，所以相贯线的三面投影要借助辅助平面法求解。作图步骤见图 2-47 和图 2-48。

1）画特殊点。过圆锥台轴线作平行于 V 面的辅助平面 Q，与圆锥台和半球截切，找出相贯线上的最左、最右点Ⅰ、Ⅱ的 V 面投影 $1'$、$2'$，直接求出 1、2 及 $1''$、$2''$。相贯线上最前、最后点Ⅲ、Ⅳ位于圆锥台的左右对称面上，过圆锥台轴线作平行于 W 面的辅助平面 S 与圆锥台和半球的截交线，分别是圆锥台 W 面投影的转向轮廓线和半圆，由两交点定出 $3''$、$4''$，再由 $3''$、$4''$ 求出 $3'$、$4'$ 和 3、4。如图 2-47（c）所示。

2）求一般点。在Ⅰ和Ⅲ、Ⅳ点之间作水平面 P，用辅助圆面法求出 5、6，再根据 5、6 求出 $5'$、$6'$ 和 $5''$、$6''$。如图 2-48（a）所示。

3）判别可见性，并用光滑曲线顺次连接相贯线上各点的同面投影。相贯线的 H 面投影可见，顺次连接 153246。半球与圆锥台前半部分交线的 V 面投影可见，顺次连接 $1'5'3'2'$，前、后部分交线的 V 面投影重影。半球与圆锥台左半部分交线的 W 面投影可见，顺次连接 $3''5''1''6''4''$；右半部分不可见，$3''2''4''$ 连成虚线。如图 2-48（b）所示。

4）画出圆锥台转向轮廓线的投影。判断转向轮廓线的可见性，整理并最后完成全图，如图 2-48（c）所示。

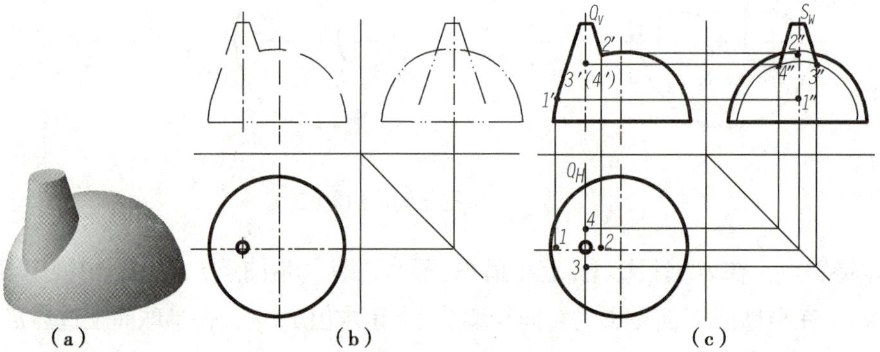

图 2-47　圆锥台与半球相贯（一）

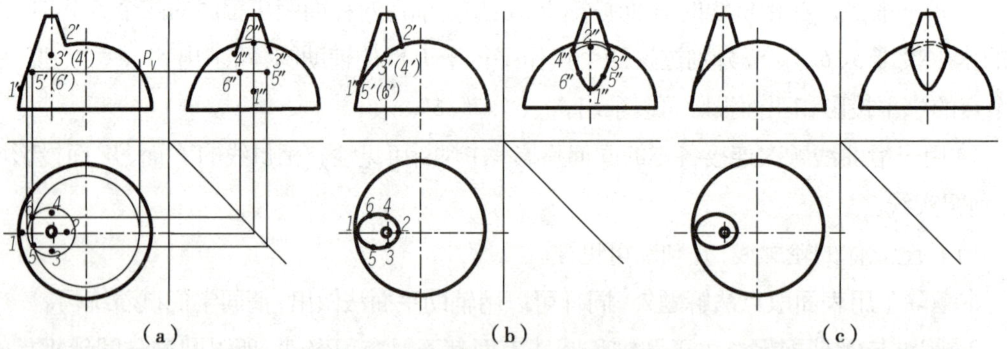

图 2-48　圆锥台与半球相贯（二）

3. 相贯线的特殊情况　在一些回转体相对位置比较特殊的情况下，相贯线也可能出现平面曲线或直线的特殊形式。下面就介绍一些相贯线为平面曲线的情况。

（1）轴线相交，且平行于同一投影面的圆柱与圆柱、圆柱与圆锥、圆锥与圆锥相交，若它们能公切于一个球，则它们的相贯线是垂直于这个投影面的椭圆。

如图 2-49 所示，圆柱与圆柱、圆柱与圆锥、圆锥与圆锥相交，轴线都分别相交且平行于同一投影面，且公切于一个球，因此它们的相贯线是垂直于 V 面的两个椭圆，连接它们 V 面投影转向轮廓线的交点，就可得到 2 条相交直线，即相贯线的 V 面投影。

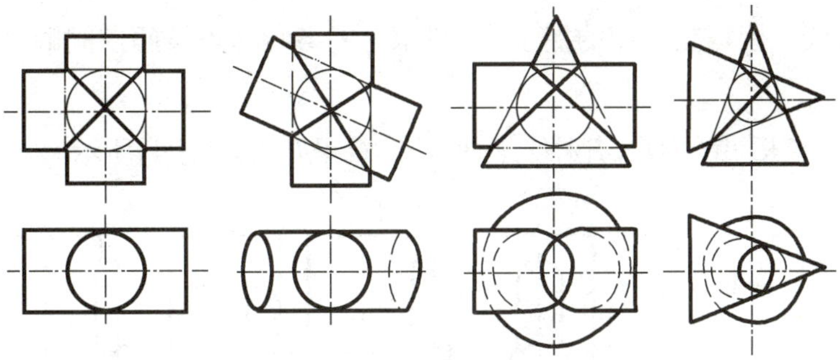

图 2-49　两回转体相贯线为椭圆

（2）轴线在同一直线上的两个回转体称为**同轴回转体**，其相贯线是垂直于轴线的圆。如图 2-50（a）（b）（c）所示的圆柱与半球、圆锥与半球、圆柱与圆锥相交，由于相贯体的轴线都是铅垂线，所以它们的相贯线都是平行于 H 面的圆。

（3）轴线平行的两圆柱面相贯，其相贯线是相互平行的两条直线，如图 2-50（d）所示。

（4）共锥顶两圆锥相贯，相贯线是过圆锥顶点的两条直线，如图 2-50（e）所示。

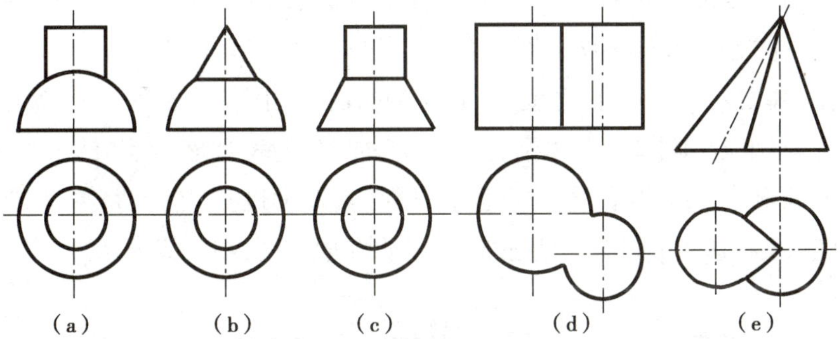

图 2-50　相贯线特例

4. 组合相贯线　3 个或 3 个以上的立体相贯称为**组合相贯**，其交线称为组合相贯线。与两个立体相贯相似，组合相贯的各段相贯线也是两个立体表面的共有交线，不同相贯线间的交点，则应该是两个以上立体的公共点，根据这一特点，组合相贯线也就可求了。

例 2-22　如图 2-51（a）（b）所示，有一个组合相贯体，其 W 面和 H 面投影已知，试做出其 V 面投影。

分析：首先看立体的组成，此立体由 *Ⅰ*、*Ⅱ*、*Ⅲ* 三部分组成，*Ⅱ*、*Ⅲ* 为圆柱体垂直相交，*Ⅰ* 为半圆柱体头长方体，3 个立体组成一个组合相贯体。每个基本立体的表面均有相贯线，其中 *Ⅰ*、*Ⅱ* 的带圆头表面垂直于 W 面，所以其 W 面投影有积聚性，相贯线的 W 面投影积聚在直线和圆线上；*Ⅲ* 的圆柱面垂直于 H 面，其 H 面投影有积聚性，*Ⅰ*、*Ⅲ* 和 *Ⅱ*、*Ⅲ* 相贯线的 H 面投影都应该积聚在一段圆弧上。作图步骤如图 2-51（c）所示。

1）根据相贯线特点求特殊点。根据 *Ⅰ* 与 *Ⅲ* 两立体表面相贯线的投影特点，在 W 面投影中找出相贯线上的特殊点 $1''$、$2''$、$3''$、$4''$、$5''$，做出各点的 V 面和 H 面投影；同理，根据 *Ⅱ* 与 *Ⅲ* 两圆柱表面相贯线的投影特点，在 *W* 面投影中找出相贯线上的特殊点 *5″*、*6″*、*7″*、*8″*、*1″*，也同样做出各点的 *V* 面和 *H* 面投影；*Ⅰ* 与 *Ⅱ* 两立体表面的相贯线是两条与圆柱 *Ⅱ* 的轴线平行的直线段，以及一段点 *1″*、*5″* 之间的圆弧，找出其对应的 *V* 面和 *H* 面投影。

2）连点成线。根据立体图的提示，将所求得的各特殊点按照空间顺序连接出各段相贯线。

3）整理。检查相贯线形式，并补全 *V* 面投影，结果如图 2-51（d）所示。

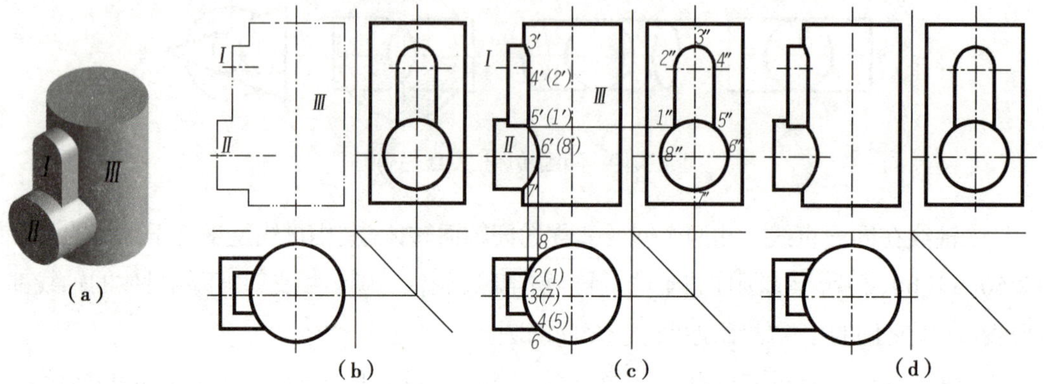

图 2-51　组合相贯的投影（一）

例 2-23　如图 2-52（a）（b）所示，一粗一细两个圆柱同轴上下叠加在一起，沿垂直于轴线方向穿一个孔，孔的正面投影形状为半圆头方形，试补画出其 *W* 面投影。

分析：相交体由 *Ⅰ*、*Ⅱ*、*Ⅲ* 三部分组成，*Ⅰ*、*Ⅱ* 为同轴线的圆柱叠加在一起，*Ⅲ* 为半圆柱头方形孔，所以应该是组合相贯体。三体相交后，各基本形体的表面均有相贯线。*Ⅲ* 垂直于 *V* 面，其 *V* 面投影有积聚性。*Ⅰ*、*Ⅱ* 两圆柱体垂直于 *H* 面，其 *H* 面投影具有积聚性，与 *Ⅲ* 的相贯线的 *H* 面投影分别积聚在这两个圆的一段圆弧上。作图步骤如图 2-52（c）所示。

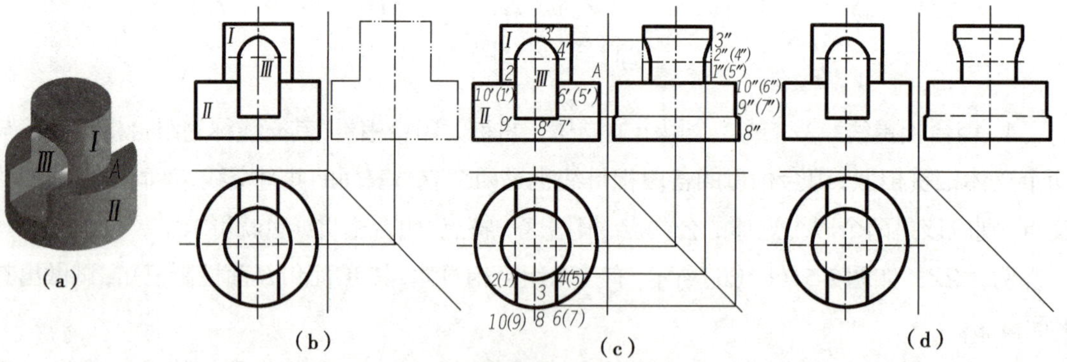

图 2-52　组合相贯的投影（二）

1）根据投影特点求特殊点。在 *V* 面投影中，定义出 *Ⅰ* 与 *Ⅲ* 两立体表面相贯线上的特殊点，依次为 *1′*、*2′*、*3′*、*4′*、*5′*；定义出 *Ⅱ* 与 *Ⅲ* 两立体表面相贯线上的特殊点，依次为 *6′*、*7′*、*8′*、*9′*、*10′*。依据圆柱表面求点的方法，分别找出这 10 个点在 *H* 面和 *W* 面投影上对应的投影点。同时，圆柱 *Ⅱ* 的端面 *A* 与孔 *Ⅲ* 表面也有截交线，为两条平行的直线，*W* 面投影为 *5″6″* 和 *1″10″*，另外两面投影分别为 *56* 和 *1 10*，*5′6′* 和 *1′10′*。

2）连点成线。将各相贯线特殊点按照空间顺序依次相连，勾勒出相贯线。依据对称性，可以得出 W 面投影左侧半面的相贯线。保证相贯线的连线光滑。

3）整理。由于横穿半圆柱形孔Ⅲ的存在，相贯体的 W 面投影中会出现虚线，在补全投影时应该引起注意。

（韩　静）

第二章　目标测试

第三章　组合体的三视图

第三章　组合体的三视图（课件）

以几何形体的观点来看，任何复杂的机械零件，都可以假想成由一些简单的平面立体或曲面立体组合而成，这样的简单立体称为**基本体**，由基本体经过相互叠加、切割等方式而形成的组合物体，称为**组合体**（complex）。本章主要介绍应用投影理论解决组合体的画图和看图的基本方法，以及组合体的尺寸标注等内容。

第一节　三视图的形成及其投影特性

一、三视图的形成

三视图（three-view drawing）不是一个崭新的概念，而是对投影图的继续和延伸。抽象的点、线、面、体以投影的方式画到纸面上，称为投影图，其实也就是视图（view）。以三投影面体系为基础，一个立体可以得到三个投影，就称为三视图的表达方式。只是，三视图中的"视"字，更贴切地加入了人的视角，巧妙地将人看立体的方式纳入立体表达的方法中来，在概念的称谓上融入了人看立体而得到视图的表达过程，是一种对投影理论实际应用的更深入阐述。所以，从本质上讲，三视图是投影图的另一种称谓表达。

如图 3-1 所示，图 3-1（b）是由图 3-1（a）的立体投影而得到的投影图。由于一个立体的投影得到以后，投影轴对三个投影图产生的影响只反映在图与图的位置间隔上，而对立体结构的表达不再有影响，所以可以将投影轴去掉，于是就形成了如图 3-1（c）所示的三视图。从直观上看，投影图与三视图只是在投影轴的表达上有所区别，其带给我们的方便之处有很多，比

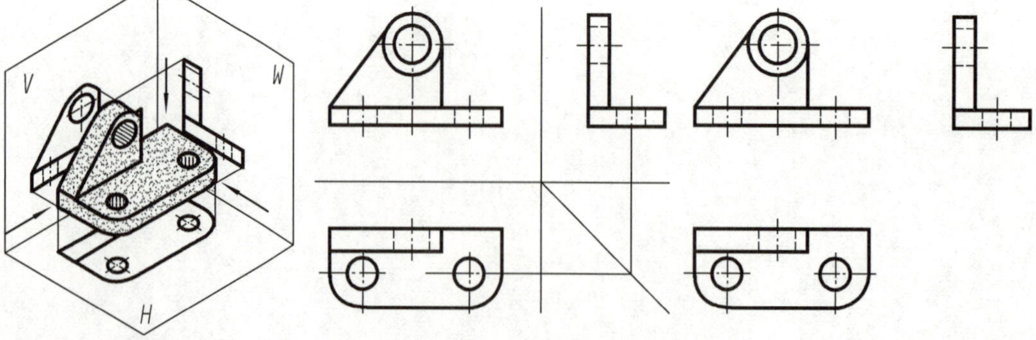

（a）　（b）　（c）

图 3-1　三视图的形成

如可以调整三个图之间的间隔以灵活安排三视图所占的图纸面积等，也简化了画图的过程，对于实际的零件表达起到了更加实用的意义。

按照 GB/T 4458.1—2002《机械制图 图样画法 视图》的规定，应用第一角画法将物体置于第一分角内，使其处于观察者与投影面之间，得到物体的各面投影。GB/T 14692—2008《技术制图 投影法》规定，用正投影法所绘制的投影图，称为**视图**。正面投影一般是反映物体的主要形状特征、表示物体信息最多的视图，故称从前向后投影所得的视图为**主视图**（front view），从上向下投影所得的视图为**俯视图**（top view），从左向右投影所得的视图为**左视图**（left view）。

二、三视图的投影特性

三视图是对投影图的延伸，所以，三视图的投影特性与投影图的投影特性是一致的。虽然没有坐标轴的表达，但三个视图之间依然保持横向、竖向、宽向对应相等的关系，依然保持了前后、左右、上下的空间关系，只是其间距没有了坐标轴的束缚，可以灵活调整。

如图 3-2 所示，由投影面展开后的三视图可以看出：主视图反映物体的长和高，俯视图反映物体的长和宽，左视图反映物体的高和宽。由此可以得出三视图“主、俯视图长对正，主、左视图高平齐，俯、左视图宽相等，且前后对应”的特性，这一点与投影图是一致的。此特性适用于物体的整体投影，也适用于物体局部结构的投影。应该注意：俯、左视图除了反映宽相等以外，前、后位置也应符合对应关系，即俯视图的下方和左视图的右方表示物体的前方，俯视图的上方和左视图的左方表示物体的后方。

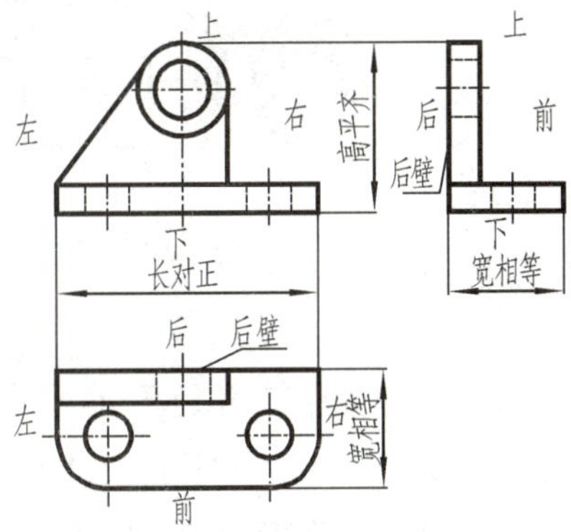

图 3-2　三视图的投影特性

第二节　组合体的组成方式、形体分析与线面分析

从前面章节的学习中，我们了解了基本立体如棱柱、棱锥、圆柱、圆锥、圆球、圆环的投影表达，也了解了简单立体如平面截切基本体、两个基本体相贯等形式的表达，而组合体则可以看成是所有空间立体的一种形成方式，其所涵盖的结构范围要更加全面。所以，在学习组合体的表达方式时，应该将组合体与基本体、简单体有机地结合起来，由简单体逐渐过渡到复杂立体的表达，这期间就不得不首先了解它们之间的结构关系，这里采用的就是形体分析（analytical method of shape）和线面分析（analytical method of line and plane）的方法。

一、组合体的组成方式

可以将组合体看成是由基本体和简单体过渡得到的，换言之，可以将组合体看成是由基本体和简单体组合而来的，这也是组合体概念的由来。其组合方式大致分为叠加、切割两种。

（一）**叠加**

两个或多个基本体或简单体，以某一个或几个表面为分界，相互累加、贴合到一起而构成一个新的立体的方式，称为**叠加**（superposition）。叠加的组合方式包括叠合（coincide）、相切（tangent）和相交（intersection）三种。

1. **叠合** 两个基本体的表面互相重合在一起的叠加方式称为**叠合**。两个基本体叠合以后，叠合表面周围的其他表面可能处在同一表面上，也可能不是同一表面，具体来讲，会产生如下两种表面过渡关系。

（1）相邻两个基本体，除了叠合表面外还具有相互连接的一个面（共平面或共曲面）时，结合处没有分界线，在视图上也不画两表面的分界线，如图 3-3（a）中的主视图所示。

（2）两个基本体没有公共的表面时，在视图中两个基本体之间要画分界线。如图 3-3（b）所示，两个基本体的表面相错，在主、左视图中画出了两表面间的分界线。

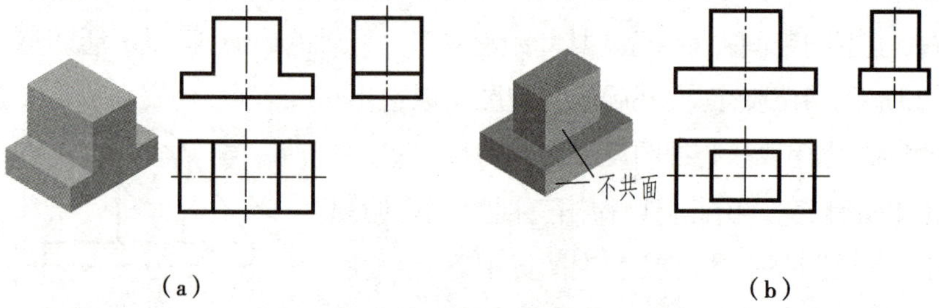

图 3-3 两个基本体的叠合

在稍微复杂的情况下，在一个组合体中也经常会同时出现这两种情形。如图 3-4 所示的零件支架（brace），由于底板（bottom board）和竖板（riser）的前后两表面处于同一平面上，所以主视图上两个形体叠加处不画线。而竖板上附加圆柱筒的宽度比竖板的宽度小，圆柱面与竖板侧面不在同一平面内，所以应该有分界线。

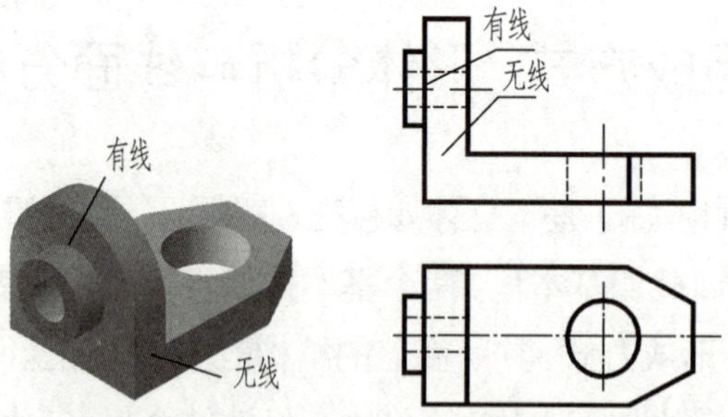

图 3-4 支架

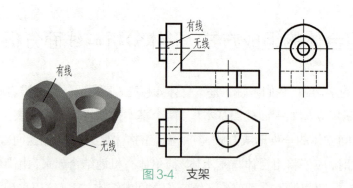

2. **相切** 相切是两个基本体的表面（平面与曲面或曲面与曲面）光滑过渡时的叠加方式。相切叠加时，两个基本体的表面在相切处不存在轮廓线，在视图上一般不画分界线。

如图 3-5（a）所示，由于底板前后表面与圆柱筒外圆柱面相切，因此，在图 3-5（b）中，主、左视图上不画底板前后表面与圆柱面的分界线，底板水平顶面在主、左视图上的投影应画到切点 a、b 处为止。图 3-5（c）是错误画法，在光滑连接处画出了分界线。

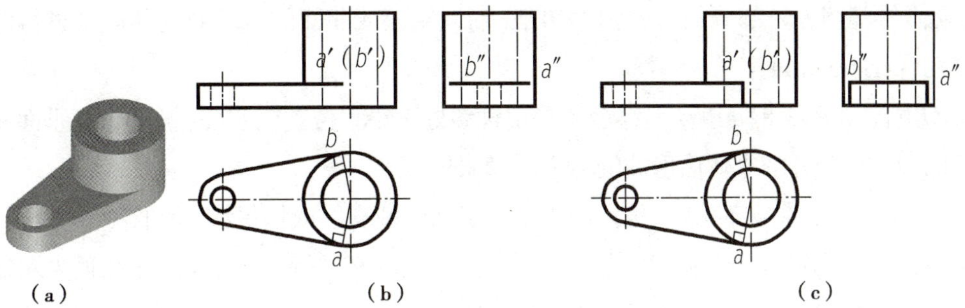

图 3-5　两立体表面相切

如图 3-6 所示，两曲面相切时，当两曲面的公切平面倾斜或平行于投影面时，在该投影面的视图上不画相切处的分界线，如图 3-6（a）所示。若两曲面的公切平面是投影面的垂直面，则在该投影面的视图上相切处要画分界线，如图 3-6（b）所示。

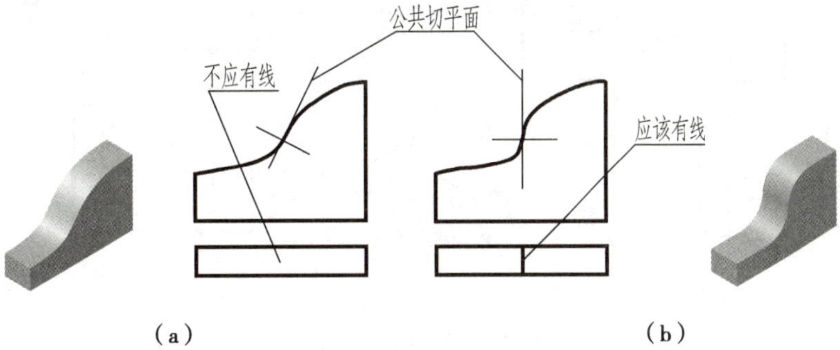

图 3-6　相切的特殊情况

3. 相交　组合体如果由多个表面相交的基本体或简单体组成，两个立体表面在相交处会产生交线，即截交线或相贯线，此时应画出交线的投影。如图 3-7（a）所示，组合体中左侧耳板（otic placode）前后表面与圆柱筒外圆柱表面相交有交线。

但在特殊情况下，如图 3-7（b）所示，组合体的立体表面有相切也有相交，则相切和相交的画法就会有所不同，请注意区分视图中表面相切和相交的不同画法。

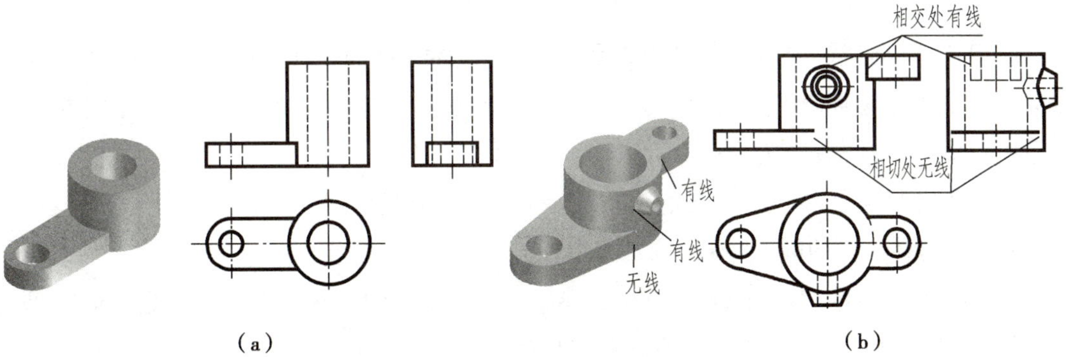

图 3-7　两立体表面相交

（二）切割

用一个或几个平面或曲面，从立体中切去一部分，从而形成新的立体的方法称为**切割**（cutting）。这时在立体的表面会产生不同形状的截交线或相贯线。一般把以平面或曲面的方式，从立体外部切去一部分的方式称为**切割**，而以平面或曲面的方式对立体内部进行的切割称为**穿孔**（perforation）。

1. 切割 如图 3-8（a）所示，组合体是由轴线处于铅垂位置的圆柱，被一个正垂面和一个侧平面切掉一部分外部立体后形成的，属于切割的情况。

2. 穿孔 当立体被穿孔后，也会产生不同形状的截交线或相贯线。如图 3-8（b）所示，立体顶尖是由一个圆锥和一个圆柱同轴叠加形成的，而后又进行了 3 次切割：在顶尖左端用一个水平面和一个侧平面从零件上部切去一块，属于切割；在顶尖右端用两个侧平面、两个正平面切割成一铅锤的矩形孔，属于穿孔；再从前向后穿通一个圆柱孔，这个圆柱孔贯穿了矩形孔的前、后壁面，也属于穿孔的情况。总体看，这个顶尖是以切割为主要形成方式的组合体。

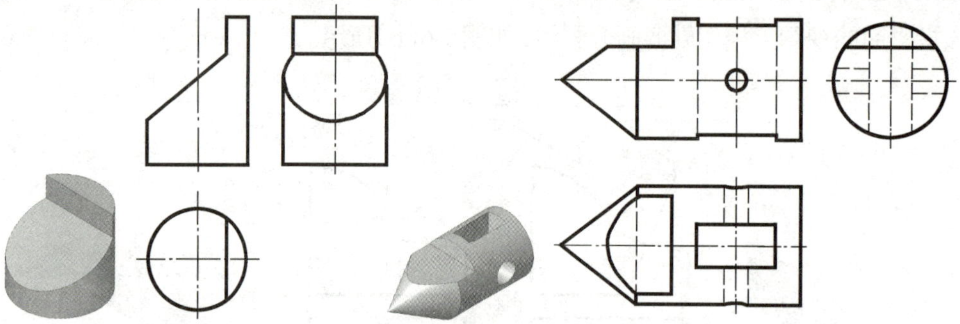

（a）（b）

图 3-8 立体表面切割

从实际应用情况看，组合体的组合方式并不一定非叠加即切割，而是还存在一些既有叠加又有切割的复合型组合方式，这在分析组合体时是应该注意的问题。所以，在有的组合方式分类方法中，将复合型组合也单列成一类，也是有一定道理的，如图 3-4、图 3-5、图 3-7、图 3-8（b）等，也都可以归为复合型组合体的范畴。

二、组合体的形体分析

将组合体分解为若干基本体或简单体，通过各基本体或简单体的形状，分析这些基本体或简单体的相对位置和组合关系，从而形成对整个立体结构形状的完整概念，这种化繁为简的分析立体结构的方法称为**形体分析法**。

前面所讲的组合体的组合方式，其实就是应用形体分析法对立体进行结构分析。这里不妨再举几个形体分析的例子（图 3-9）。

如图 3-9（a）所示，零件轴承座（bearing set）是一个组合体，由顶部带孔的圆柱筒、底部方形带圆角和圆孔的底板、后侧连接顶圆柱和底板的支撑板，以及前部梯形与矩形合成的肋板（rib）联合组成，属于以叠加为主要组合方式，以切割为辅助方式的立体。

如图 3-9（b）所示，零件导向块（guide block）也是一个组合体，以四棱柱（square prism）为母体坯料（semifinished product），依次用一个侧平面和一个正垂面进行组合切割，然后以一个侧平面和一对正平面做组合切割，再以一个侧平面和一个正平面进行组合切割，最后用一个圆柱进行穿孔，形成一个以切割为主要形成方式的组合立体。

图 3-9(c)所示零件轴孔支座(mount)也是一个组合体，其形体分析过程如图 3-9(d)所示。这个组合体是由四棱柱底板*I*、圆柱体*II*、三棱柱肋板*III*组成的。其组合形式和相对位置关系为：圆柱体*II*与带圆柱面的肋板*III*都是叠放在底板*I*的上面；肋板*III*分别相交且对称于圆柱体*II*的左右两侧；底板*I*的两侧中间各挖去一个形体*V*；底板*I*和圆柱体*II*的正中间同轴挖去一个圆柱体*IV*。所以这是一个以叠加为主、以切割为辅的组合体。

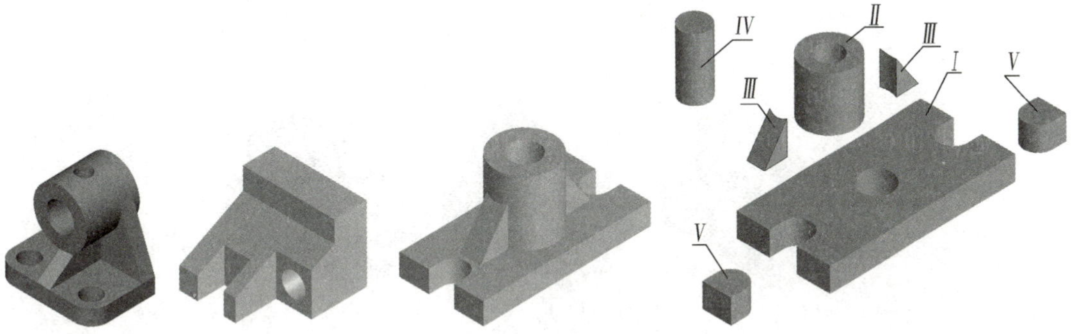

(a)　(b)　(c)　(d)

图 3-9　组合体的形体分析

组合体在画图、读图和标注尺寸时，经常要用到形体分析法。利用此方法可将复杂物体的结构形状简化为若干基本体或简单体，逐个绘制各基本体或简单体的视图，并根据基本体或简单体的组合方式对图形进行整合，形成组合体的视图。看图时，仍从简单的基本体或简单体入手，直至看懂整个组合体的结构。标注尺寸时，先标注基本体或简单体的尺寸，再标注组合体的总体尺寸，即画图、读图和标注尺寸都应该遵循从局部到整体、从简单到复杂的原则，在形体分析的基础上进行操作。

三、组合体的线面分析

绘制和阅读组合体三视图的过程中，对于比较复杂的组合体结构，在运用形体分析法的同时，对于不容易读懂的局部结构，还有可能需要结合线、面的投影特性进行更细致的分析，如分析物体的表面形状、物体面与面的相对位置、物体表面的交线等，以便帮助表达或读懂这些局部结构的形状，这种方法称为**线面分析法**。

线面分析法在切割型物体的画图、读图和标注过程中经常要用到。如图 3-10(a)所示，一个组合体的三视图已经部分给出，要求在读懂视图的基础上将三视图补画完整。由于三视图只是给出了轮廓，所以这里缺少的应该是轮廓内部的细节。如果用形体分析的方法来处理此题，可能会有一定的难度，因此这种情况下就比较适合应用线面分析法。分析过程如图 3-10(b)所示，在主视图中，首先找到切割立体的直线 $a'b'$，根据作图方法得到左视图和俯视图中对应的 P 区域平面；同理，根据左视图的截切直线 $c''d''$、$d''e''$，可以得到对应的 S 和 Q 区域平面；由这 3 个平面的分析，就可以得出组合体的细部结构，在此基础上可以完成视图的补全。具体的区域平面想象过程，可以参照图 3-11(b)(c)所示的剖面线区域。

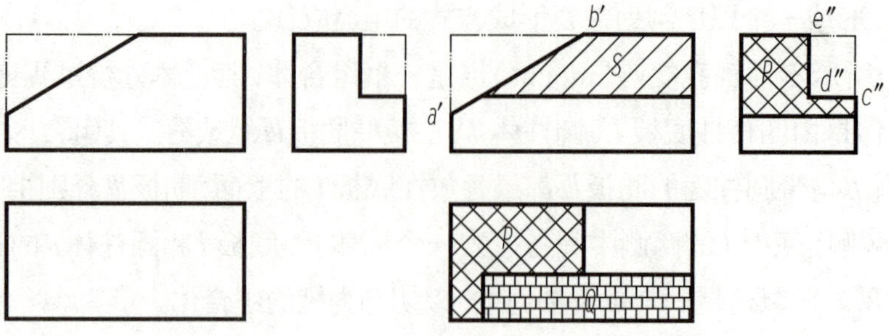

图 3-10　线面分析法

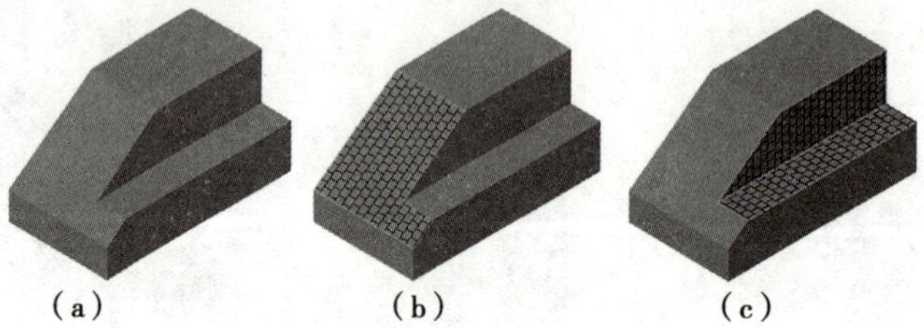

图 3-11　线面分析法立体

线面分析法应用于看图过程时，从未被切割的整体入手，直至看懂各个局部。标尺寸时，也是先标注物体的整体尺寸，再标注组合体被切掉部分的尺寸，即画图、读图和标注尺寸仍然都遵循从整体到局部的原则。由此可见，根据这个组合体表面的位置关系及表面的交线，也可以想象出此物体的形成过程。

第三节　组合体三视图的绘制

绘制组合体三视图，是在分析清楚组合体结构的基础上进行的。经过化繁为简的形体分析和线面分析之后，再按照化简为繁的过程，由简单到复杂、逐一将分析结果落实到图纸上，这就是绘制组合体三视图的一个基本思路。组合体的组合方式不同，其画法的思路也不同。叠加型组合体多由形体分析法完成对结构的理解，所以本着由局部到整体的思路来绘制完成；切割型组合体是按照形体分析法和线面分析法来完成结构分析的，所以一般是依照由整体到局部的方式来实施绘制。

一、叠加型组合体的画法

这里以比较典型的零件轴承座为例，详细说明叠加型组合体绘制三视图的方法和步骤。

（一）形体分析

如图 3-12（a）所示是轴承座的立体图，由图 3-12（b）的结构拆解分析可见，根据形体分析

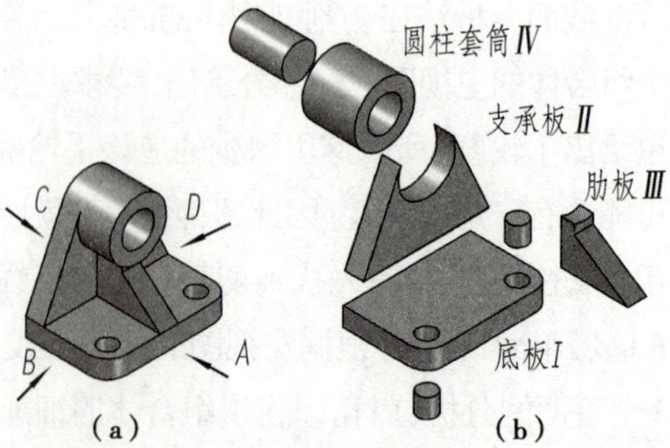

图 3-12　轴承座的形体分析

法可将轴承座分解为四部分：底板Ⅰ、支承板Ⅱ（bearing plate）、肋板Ⅲ、圆柱套筒Ⅳ（sleeve）。其中，底板、支承板和肋板三部分结构，左、右对称依次叠加在一起，支承板与底板的后表面共面，支承板与套筒的圆柱外表面光滑相切；肋板位于底板、圆柱套筒和支承板之间，与底板和支承板以平面相连接，肋板与套筒相贯，表面应有相贯线。

（二）视图的选择

视图的选择应该以主视图为切入点，首先确定主视图的方向，然后再依次确定另外两个视图。对于主视图的要求是，一般应能够较明显地表达出组合体的主要形状特征及各部分间的相对位置关系，并使所有视图中不可见形体为最少、各视图表达的清晰性最好。主视图主要由组合体的安放状态和投影方向两个因素确定，确定主视图的投影方向是绘图的一个关键。当然，主视图的确定在不同的阶段是有不同要求的，这里主要是考虑了零件的结构特点。如果是设计阶段由装配图分拆出来的零件图，或者是加工过程中使用的针对加工位置的零件图，可能会有其他的主视图要求，待以后深入学习零件或设备时再逐步丰富其内涵。这里主要是根据画图方便和放置稳定性来确定组合体的安放状态，选择自然安放位置。

根据图 3-12（a）所示，确定 *A*、*B*、*C*、*D* 四个投影方向为主视图的视图选择备选项。四个视图方向得到的视图依次如图 3-13 所示。通过四个方向视图的比较可以看出：*A* 向与 *C* 向比较，*A* 向实线多，视图清晰，*A* 优于 *C*；*B* 向与 *D* 向比较，线条结构的表达基本一致，难分伯仲，但是如果以 *B* 向为主视图，则其左视图会出现较多虚线，不如以 *D* 向为主视图时的左视图好，而且这两个方案的俯视图也是一致的，所以认为 *D* 优于 *B*。

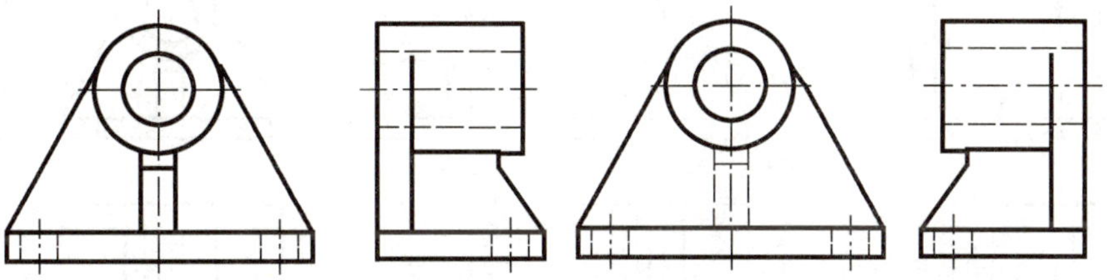

(a)　(b)　(c)　(d)

图 3-13　主视图方向的选择

再将 *A* 向与 *D* 向进行比较。*A* 向视图能反映圆柱套筒、支承板的形状特征，以及肋板和底板的厚度及各部分上下、左右的位置关系，*D* 向视图能反映圆柱套筒的长度、肋板的形状特征，以及底板和支承板的厚度，同时也能反映各部分上下、前后的位置关系。所以，可以选用 *A* 向或 *D* 向作为主视图的投影方向。这里我们还考虑了各部分在整个零件中地位的主次关系，圆柱套筒、底板、支承板是轴承座的主要结构，肋板是次要结构，主要结构的表达应该优于次要结构的表达，所以，最终选 *A* 向为主视方向。

（三）绘图步骤

1. 确定比例、图幅、布置视图　主视图确定以后，可以根据实物大小，按照国家标准的规定，选择适当的比例和图幅。在图纸上均匀布置 3 个视图，定出各视图的基线、对称线以及主要形体的轴线和中心线，以便据此确定 3 个视图之间、视图与图纸幅面边界之间的距离，如图 3-14（a）所示。

2. 画底稿 底稿就是图纸的初稿，在绘制时一般先不考虑线条的型式，而是都以细线条描绘，重点解决图形正确与否的问题，待逐步完善各部分结构表达之后，经过检查、整理等步骤，再将不同线条的具体表达型式绘制出来。具体绘图步骤如图 3-14（a）~（e）所示，绘图要从反映组合体主要形状特征的主视图开始，每一部分结构依次绘制出对应的 3 个视图。用细实线先画主要结构的三视图，且先画可见的图线，后画不可见的图线；再画次要结构部分。逐个画出各形体的三视图，再根据各部分结构的组合关系处理图形的细节形状。

画图时应注意以下几个问题：

（1）3 个视图要配合起来画，以便利用投影间的对应关系，使作图既快又准确。

（2）各形体之间的相对位置要正确，如图 3-14（c）所示。

（3）各形体间的表面过渡关系要正确，如图 3-14（d）（e）所示。

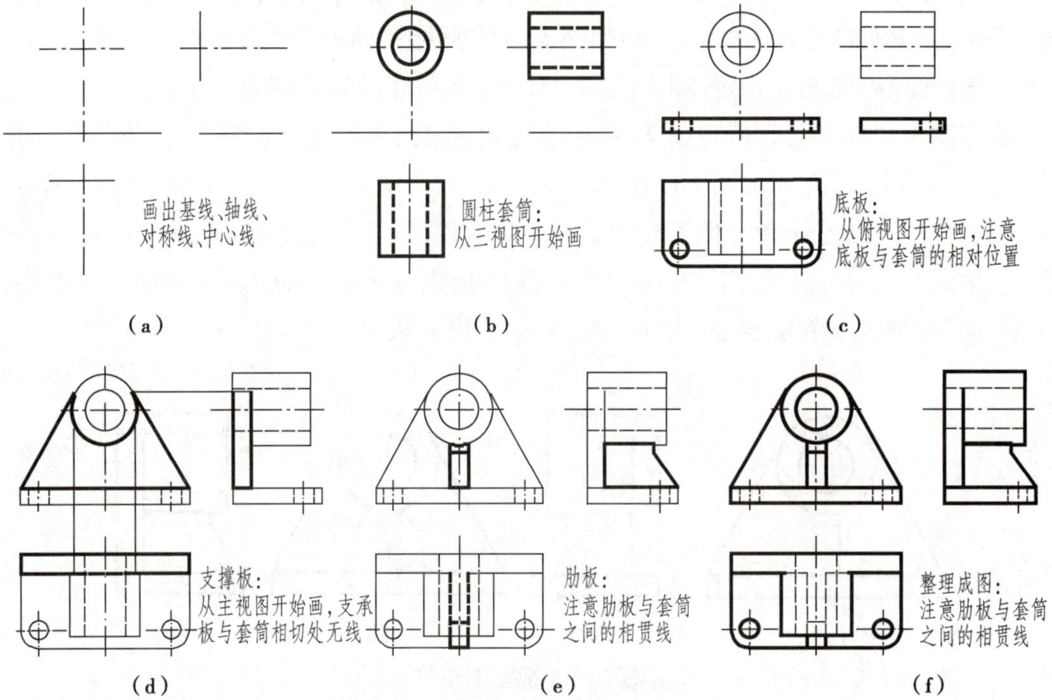

图 3-14 轴承座的绘图步骤

由于圆柱套筒、支承板、肋板组合成一个整体，所以原来分步骤画出的各结构的轮廓线也有可能发生变化。如图 3-14（d）中俯视图上圆柱套筒的轮廓线，图 3-14（e）中左视图上圆柱套筒的轮廓线和俯视图上肋板与支承板间的分界线，在分步骤画的结果与最后整理时的结果相比，都发生了变化。

3. 检查、加深 底稿画完后，要仔细检查有无错误，确认正确无误后，将绘制过程中多余的线条擦除，然后按照可见性的要求，用正确的线型进行加深。

二、切割型组合体的画法

切割型组合体的画法与叠加型组合体的画法相似，简单而言，只是由加法变成了减法。

下面也以常见的零件导向块为例进行说明。

（一）形体分析

如图 3-15(a)所示为导向块，图 3-15(b)是对其进行形体分析的过程。由分析可见，导向块可以看成是由四棱柱*I*依次切去了*II*、*III*、*IV*、*V*而形成的。这五部分就是导向块形体分析的结果，后续作图过程也是以此为依据进行。

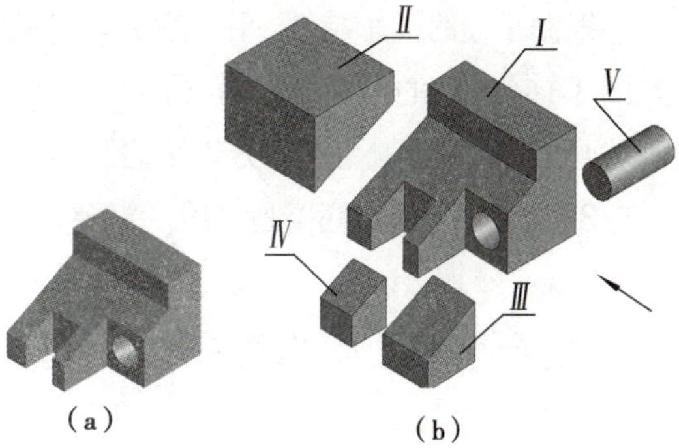

图 3-15　导向块的形体分析

（二）视图的选择

按自然位置放好导向块，选定主视图的投影方向，然后以此确定左视图和俯视图。确定主视图的原则与轴承座一样，这里略。

（三）绘图步骤

1. 确定比例、图幅、布置视图　处理方法与叠加型组合体相同，请同学们自行思考。

2. 画底稿　如图 3-16(a)所示，先画出这个四棱柱的三视图，然后，如图 3-16(b)所示，画切去形体*II*后的三视图。以此类推，逐一切去其他几部分，步骤见图 3-16(c)~(f)。这时要先画反映被切去部分实形的视图，再依次画出切去其他形体后的三视图，就完成了切割型组合体视图的绘制。

画图时应注意：

(1) 对于被切的形体，应先画出反映其形状特征的视图。例如，切去形体*II*，应先画主视图，切去形体*III*时应先画俯视图。

(2) 切割型组合体的特点是截面比较多。画图时，除了对物体进行形体分析外，还应对一些主要的截面图形进行线面分析，如图 3-16(d)中的 *Q* 平面。

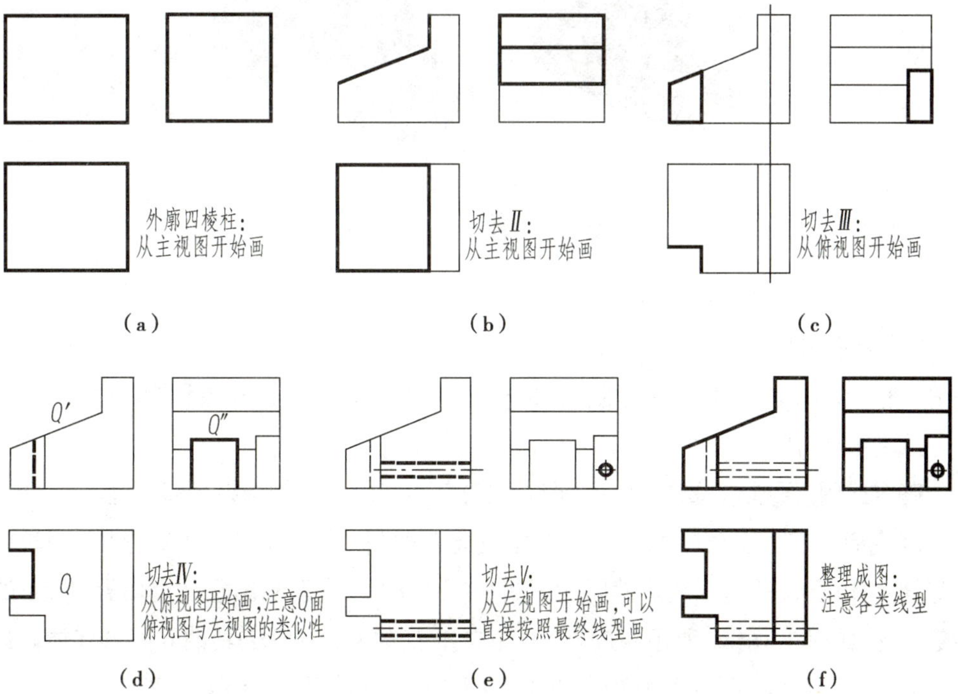

图 3-16　导向块的绘图步骤

根据平面的投影特性，平面除了有积聚性的投影外，其他投影都表现为一个封闭线框，例如图 3-16（d）中的 Q 平面。作图时利用这个规律，对面的投影进行分析、检查，可以快速、正确地画出图形，这就是线面分析法的具体应用。

3. 检查、加深 底稿画完后，要仔细检查，最后进行加深。

三、复合型组合体的画法

复合型组合体是指在立体的分析过程中，既包含叠加型组合体也包含切割型组合体的立体。在绘制三视图时，可以分别依照前面叠加型和切割型组合体的绘图步骤依次进行；在整理的过程中，对各部分立体之间的相贯线要多加注意。下面以常见的零件支座为例进行说明。

（一）形体分析

如图 3-17（a）所示为支座立体，图 3-17（b）是对其进行形体分析的过程。由分析可见，支座可以看成是由底板Ⅰ和Ⅱ，再加上圆柱Ⅲ共同组成的叠加型组合体。而后在这三部分立体中，分别用切割的方法减掉Ⅳ～Ⅸ等 6 部分而形成的。这 9 部分就是支座形体分析的结果，作图过程按照先叠加后切割的顺序来完成。

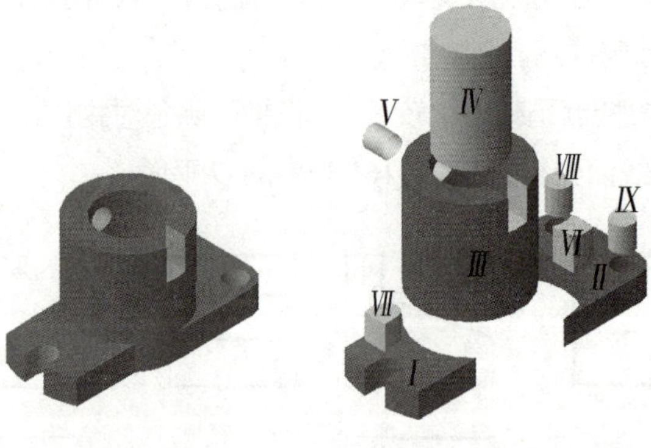

（a） （b）

图 3-17 支座的形体分析

（二）视图的选择

按照图示位置放好支座，选定主视图的投影方向，继而确定左视图和俯视图。

（三）绘图步骤

1. 确定比例、图幅、布置视图 处理方法与叠加型以及切割型组合体相同。

2. 画底稿 如图 3-18（a）所示，先画出支座三视图中的基准线，可以是表示对称中心的点画线，也可以是长的边界线。然后如图 3-18（b）所示，分别画出叠加立体Ⅰ、Ⅱ、Ⅲ的三视图。接下来，如图 3-18（c）所示，在三个叠加立体上逐一切割除去其他 6 部分立体。最后如图 3-18（d）所示，对各视图进行整理，完成复合型组合体三视图的绘制。

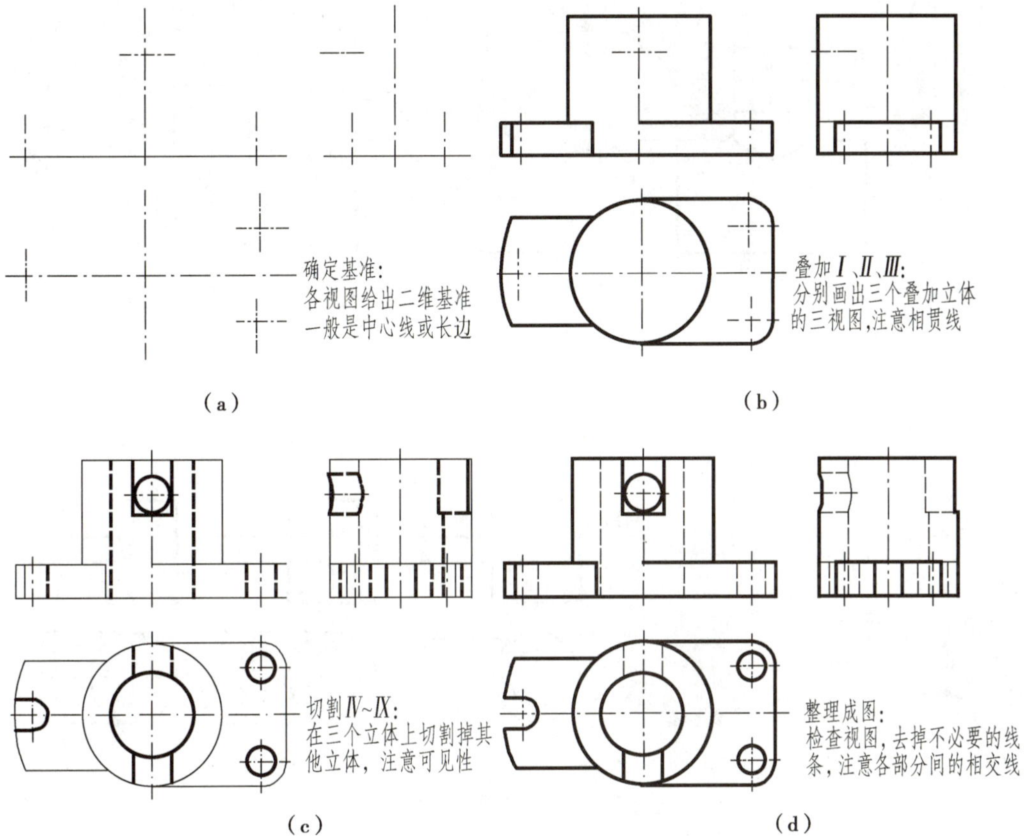
确定基准:
各视图给出二维基准
一般是中心线或长边
(a)
叠加Ⅰ、Ⅱ、Ⅲ:
分别画出三个叠加立体
的三视图,注意相贯线
(b)
切割Ⅳ~Ⅸ:
在三个立体上切割掉其
他立体,注意可见性
(c)
整理成图:
检查视图,去掉不必要的线
条,注意各部分间的相交线
(d)

图 3-18 支座的绘图步骤

四、过渡线的画法

前面学习立体相贯时会出现一些相贯线，这些线表现为明显的表面分界线。但是，在实际加工出来的零件中，出于工效学（ergonomics，又称人机工程学）、加工工艺性（manufacturability）及力学性能（mechanical property）等方面的考虑，往往把这些相贯线加工成圆角（filleted corner）。例如，设备中有很多零件是经过铸造等工艺加工而成的，在铸件的立体表面相交处通常都会加工出铸造圆角（cast round corner），以使表面光滑过渡。正是由于这些圆角的影响，使机件表面的交线变得不很明显，蜕变成了圆滑的过渡交线，这种交线就称为**过渡线**（run-out line）。

如图 3-19 所示，除了将圆角过渡处的曲面投影转向轮廓线相交位置画成圆角外，过渡线的画法与相贯线或截交线的画法相同，只是在过渡线的端部应该留有空隙。图 3-19（a）所示是铸件三通（three-way union），外表面未经切削加工，是由铸造直接得到，其交线应画成过渡线。图 3-19（b）（c）分别是实体铸件，前者是轴线垂直相交的两个直径相等的圆柱体，后者是同轴的圆柱体与球相贯，由于相交处都是圆角过渡，所以都画成过渡线。

图 3-20（a）~（c）所示是零件中常见的薄板（sheet）与圆柱相交或相切结构，其过渡线画法如图 3-20（d）所示。将立体图与视图对照可知：图中用细线画出的带有剖面线的封闭图框是薄板的断面实形，分别是长方形或长圆形；过渡线在主视图中的投影形状，主要取定于薄板的断面形状以及薄板与圆柱的组合形式。

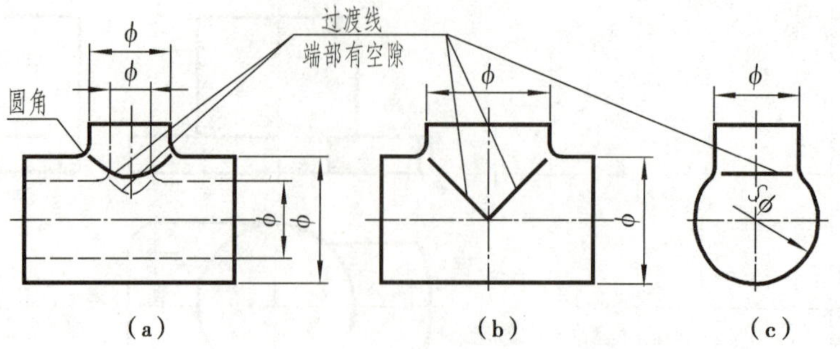

图 3-19　过渡线画法示例（一）

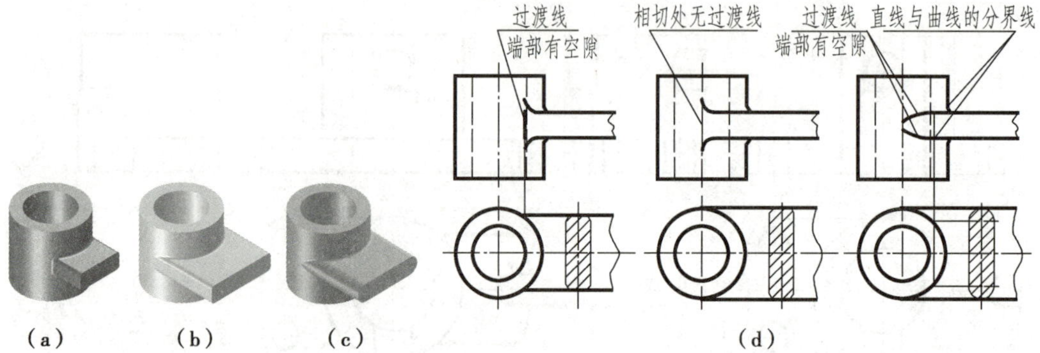

图 3-20　过渡线画法示例（二）

值得注意的是：应该画出长方形板的前、后表面与圆柱面相交处过渡线的正面投影；不能画出长方形板的前、后表面与圆柱面切线的正面投影，也就是在相交处没有过渡线；在长圆形板的前、后端圆柱面和圆柱的公切平面上的切线交点处，过渡线的正面投影应留空隙。

第四节　尺寸标注

组合体的尺寸标注

视图只能表达物体的形状，物体的真实大小及各部分间的相对位置关系，则要依靠标注尺寸来确定。组合体尺寸标注的基本要求如下。

（1）正确：所注尺寸应符合国家标准《技术制图》中有关尺寸注法的基本规定。

（2）完全：将确定组合体各部分形状大小及相对位置的尺寸标注完全，不能遗漏或重复。

（3）清晰：尺寸标注要布置匀称、清楚、整齐，便于阅读。

组合体的尺寸标注要正确、完全、清晰，需要包含各部分立体的定形尺寸、定位尺寸和组合体的总体尺寸三方面的内容。下面以图 3-21 的零件支架为例加以说明。

尺寸基准（dimensions datum）是指标注尺寸的起始位置（可以是线或面）。要标注定位尺寸，必须有尺寸基准。组合体有长、宽、高三个方向的尺寸，每个方向至少要有一个尺寸基准，如图 3-21（a）所示，确定了组合体支架三个方向的尺寸基准。标注每一个方向的尺寸，都应从基准出发，确定各部分形体的定位尺寸。通常选取物体的底面、端面、对称平面、回转体轴线以及圆的中心线等作为组合体的尺寸基准。

定形尺寸(shaping dimension)是指确定组合体中各组成部分立体的形状和大小的尺寸。在图 3-21(a)中，把支架分为底板、竖板以及肋板三个基本部分。在图 3-21(b)中，这三部分的定形尺寸：底板长 66，宽 44，高 12，圆角 $R10$，两圆孔直径 $\phi10$；竖板长 12，圆孔直径 $\phi18$，圆弧半径 $R18$；肋板长 26，宽 10，高 18。

定位尺寸(location dimension)是指确定组合体中各组成部分立体之间相对位置的尺寸。如图 3-21(c)所示，俯视图中的尺寸 56 是底板上两圆孔长度方向的定位尺寸，24 是两小孔间宽度方向的定位尺寸，左视图中的尺寸 42 是竖板孔 $\phi18$ 高度方向的定位尺寸。

总体尺寸(general dimension)是指组合体在长、宽、高三个方向的最大尺寸，即组合体总长、总宽、总高的尺寸。总体尺寸有时就是某组成部分立体的定形尺寸或定位尺寸。必须注意，如果组合体的定形尺寸和定位尺寸已标注完整，若再加注总体尺寸就会出现多余尺寸时，一般不再标注总体尺寸，或需对某些尺寸进行适当调整。在图 3-21(c)中，底板的长度尺寸 56，宽度尺寸 44 分别是组合体的总长和总宽尺寸，其总高尺寸是由尺寸 42 和 $R18$ 相加来决定的。

有时在一些特殊场合为了绘图和读图清晰明显，也可以标注少量重复尺寸。图 3-21(b)中，底板的两个小圆角的圆心和两个圆柱孔的圆心是重合的，因而底板的总长、总宽尺寸 66 和 44，实际上是重复尺寸。

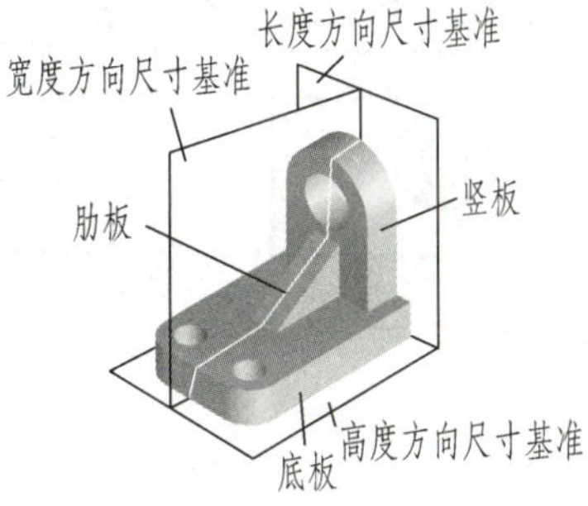

(a)

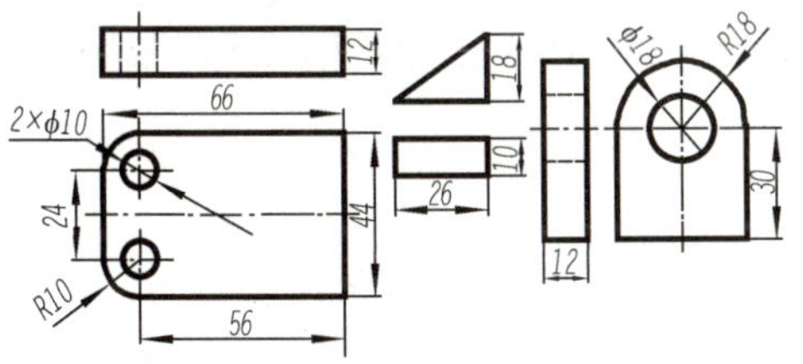

(b)

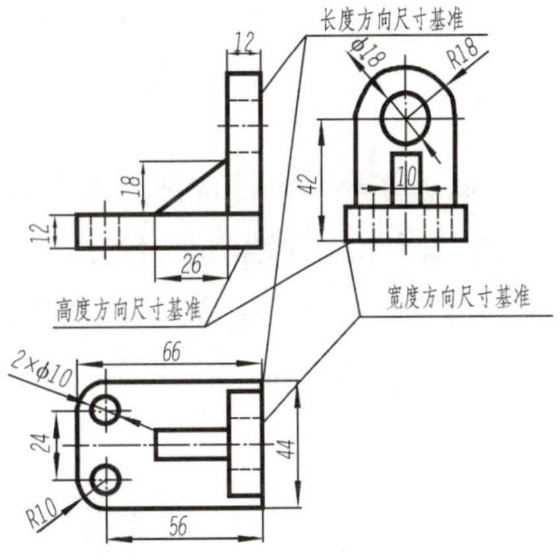

(c)

图 3-21　支架的尺寸分析

一、基本体的尺寸标注

基本体由于结构比较简单，种类也比较少，所以标注其尺寸也相对容易。如图 3-22 所示，是一些常用基本体尺寸标注的示例。值得注意的是，标注半径要在数字前加 R，标注直径要在数字前加 ϕ，标注球面半径或直径时，要加字母 SR 或 $S\phi$。

棱柱、棱锥、圆柱、圆锥要标注底面形状和高度，圆球需要标注半径或直径。

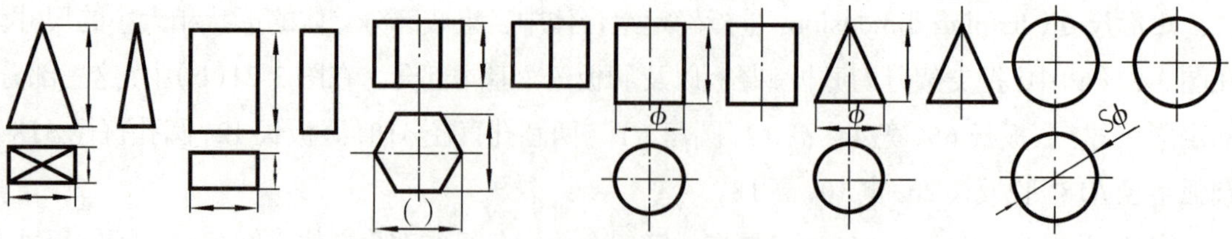

图 3-22　基本体的尺寸标注

二、简单体的尺寸标注

简单体是在基本体的基础上，经过平面截切或者体与体相贯而得到的，所以其各部分立体之间的定形尺寸与基本体一致。这里主要针对定位尺寸进行说明。

（一）简单体的定位尺寸

图 3-23 是一些常见简单体的定位尺寸注法。从图中可以看出，在标注回转体的定位尺寸时，一般都是标注其轴线的位置；对称物体以对称面为基准，标注整体尺寸；不对称结构以较大的加工面为基准面，标注定位尺寸。

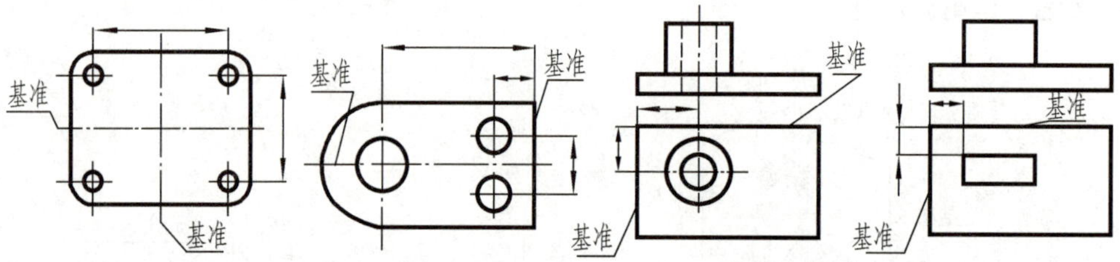

图 3-23　常见简单体的定位尺寸

（二）简单体尺寸标注应注意的问题

1. 当基本体被平面截切时，除了标注基本体的定形尺寸外，还需标注截切平面的定位尺寸，不要直接在截交线上标注尺寸。如图 3-24 所示，(a)中的左视图不应该在截切平面上标注尺寸，所以是错误的，而(b)才是正确的。

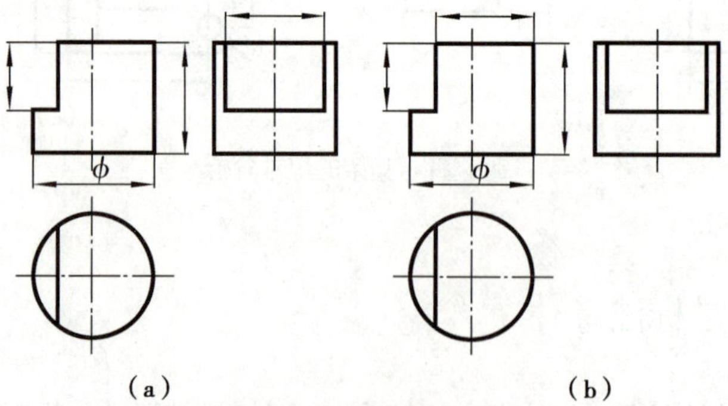

图 3-24　有截交线的简单体尺寸注法

2. 当组合体的表面具有相贯线时，应标注生成相贯线的两个基本体的定形、定位尺寸，而不应该直接在相贯线上标注尺寸。如图 3-25 所示，(a)中主视图里有三个尺寸值得商榷：标注竖向大圆柱与横向圆柱距离的尺寸 a、b，不是两个圆柱间的定位尺寸，不应该以这两个尺寸来定位；半径 R 更是直接标注在相贯线上，实际的相贯线并不是圆弧，只是在画图的时候，依照简略画法可以将这条相贯线近似画成圆弧，但是不可以标注尺寸。所以这三个尺寸都是错误的，而(b)才是正确的。

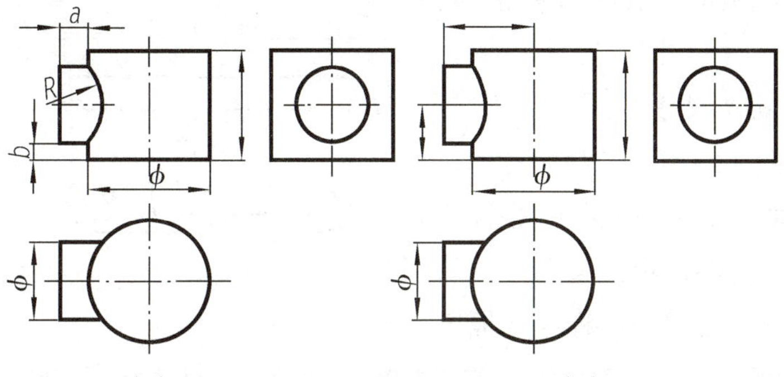

图 3-25　有相贯线的简单体尺寸注法

3．对称结构的尺寸，不论是定形尺寸还是定位尺寸，应标注两个对称结构间的尺寸，不能只标注尺寸的一半，因为这个结构间的尺寸可以间接地表达对称的关系，是通过视图和尺寸联合识读的结果。如果是不对称结构，则不能够这样标注，则需要增加一个尺寸或者分别标注。如图 3-26 所示，显然(a)是错误的，而(b)是正确的。

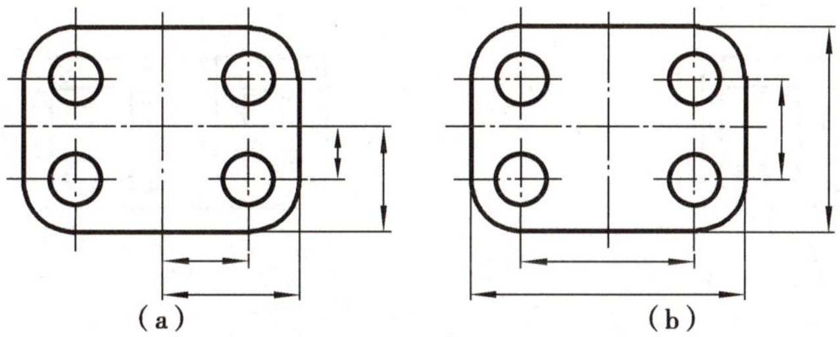

图 3-26　对称结构的尺寸注法

三、组合体的尺寸标注

标注组合体尺寸时，要以对组合体的结构分析为依据，按照结构特点进行标注，所以，形体分析法和线面分析法仍然是标注尺寸时的基础。依照组合体组合方式是叠加、切割或者复合的不同，或者组合体中线面的型式特点，而采用与绘图过程相统一的，由局部到整体或者由整体到局部的不同思路来完成。下面以前面讲述的零件轴承座为例，具体说明组合体的尺寸标注过程。

（一）形体分析

这是所说的形体分析，实际上是包括形体分析法和线面分析法在内的，对组合体结构进行分析的所有方式方法。如前所述，轴承座由底板、套筒、支承板和肋板四部分组成。

0303
组合体的尺寸标注实例

（二）尺寸基准

尺寸基准是标注尺寸时首先要明确的一点。对于轴承座，长度方向以左右对称面为基准；宽度方向以底板的后端面为基准；高度方向以底板的下底面为基准，如图3-27所示。

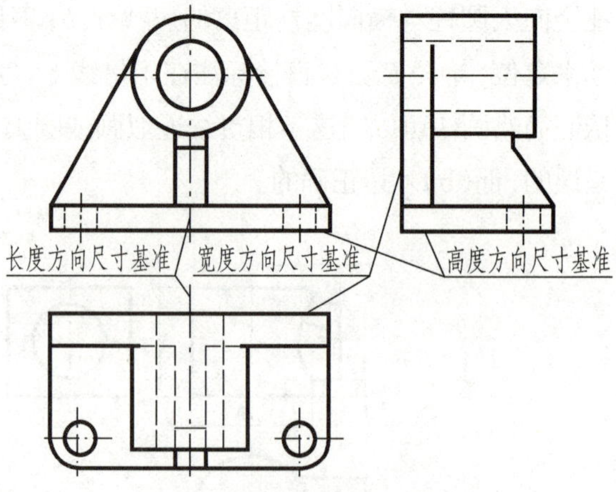

图3-27　轴承座的尺寸基准

（三）定形、定位尺寸

标注过程如图3-28所示。按照形体分析的结果，分别对四部分进行标注，先标注各部分的定形尺寸，然后标注各部分之间的定位尺寸。其具体过程为：标注底板尺寸，如图3-28（a）所示；标注套筒尺寸，如图3-28（b）所示；标注支承板和肋板尺寸，如图3-28（c）所示。然后再标注定位尺寸，如图3-28（d）中尺寸线上标有“*a*”的为定位尺寸。

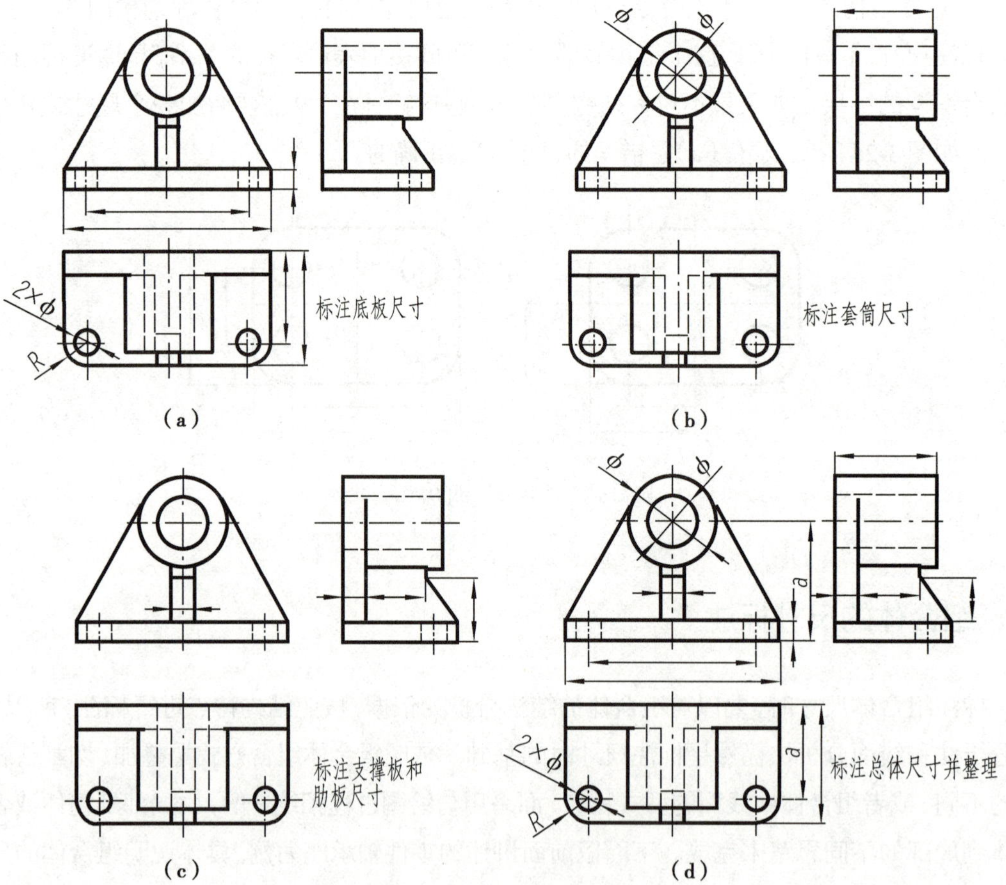

图3-28　轴承座的尺寸标注

（四）总体尺寸

标注总体尺寸时，要注意加入总体尺寸后，可能会出现总体尺寸与定形、定位尺寸出现冲突的现象，即所说的“封闭尺寸链”，也即尺寸出现重复标注的情况。这时，要在总体尺寸和定形、定位尺寸之间加以取舍，这个问题可能会涉及零件的加工、检验、装配等多个环节，所以不再多述。对于此处的轴承座，考虑到总体长、宽、高尺寸后，得到如图 3-28(d)所示的结果。

标注总体尺寸时应注意以下几点：

1. 标注了每个形体的定形、定位尺寸后，可能会出现与总体尺寸相重合的情况，如图 3-29(a)中的尺寸 a、b，物体的总长、总宽就是底板的定形尺寸，所以不再标注。有时标注了总体尺寸后，又会出现尺寸冲突的情况，如图 3-29(b)所示，标注了总高尺寸后出现了多余尺寸，这时需调整去掉一个次要尺寸 c。所以，图 3-29(b)才是正确的结果。

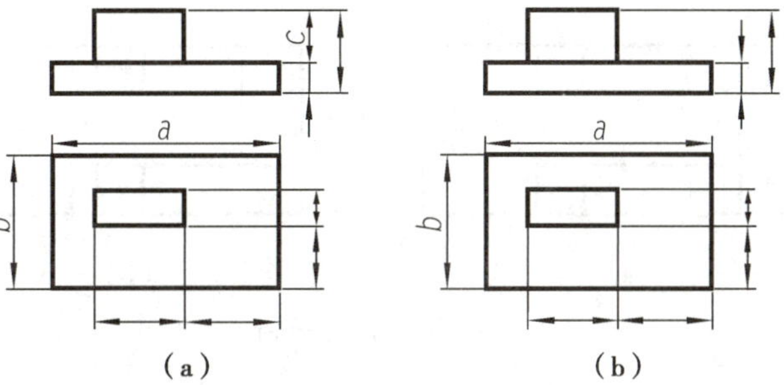

图 3-29　标注总体尺寸

2. 当组合体某一方向的端部具有回转面结构时，由于已经标注出了其定形、定位尺寸，所以该方向的总体尺寸一般不再标注，如图 3-30 所示。

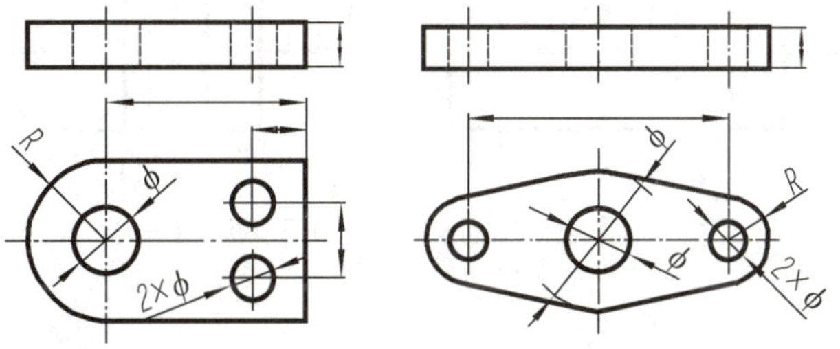

图 3-30　不标注总体尺寸的结构

(五) 尺寸布置的基本要求

1. 定形尺寸应尽量标注在反映形体特征的视图上，定位尺寸应尽量标注在反映形体之间位置关系明显的视图上，并力求与定形尺寸集中放置在一起。

2. 尺寸尽量标注在视图外面，标注在视图内时不能影响其清晰性。如图 3-31 所示，图(a)相对就比较就好一些，图(b)则显得过于局促和混乱。

3. 考虑到整圆和部分圆弧对于圆形结构表达程度的不同，它们的标注也有所区别。因为在表达整圆时，直线的形式加上符号 ϕ 的应用，可以清楚地表达出圆的形状，所以，同轴的圆柱、圆锥的径向尺寸，一般标注在非圆视图上；而圆弧除了要表示出其形状外，还有起止端的表达，所以圆弧半径一般标注在投影为圆弧的视图上。如图 3-32(a)所示的标注就比较理想，而(b)的标注则不是很好。

4. 为了给读图带来方便，同一形体的尺寸应该尽量集中标注在形状特征比较明显的视图上；同一方向的串联尺寸，箭头应互相对齐，排在同一直线上。如图 3-33 所示，图(a)的标注就相对比较分散，且标注位置与结构特点的表达不相吻合，所以不是很理想；图（b）则标注相对比较集中，且尺寸标注与结构特点相对融洽，是一种比较好的标注方式。

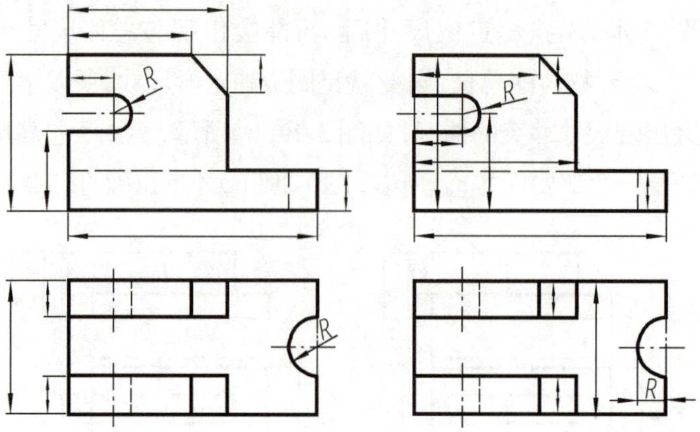

（a）　　　　　（b）

图 3-31　尺寸布局

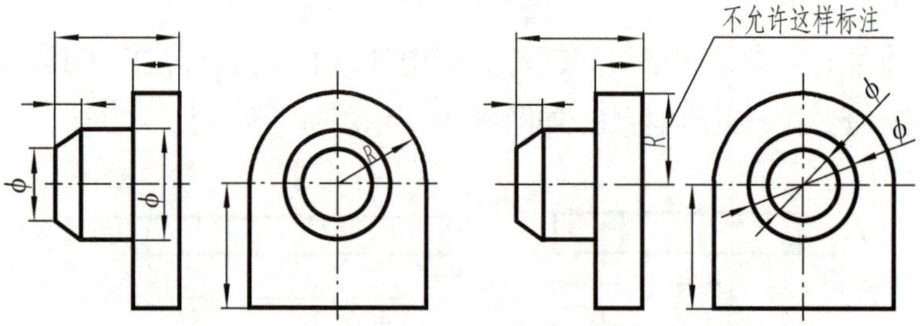

（a）　　　　　（b）

图 3-32　圆柱、圆锥、圆弧的尺寸标注（一）

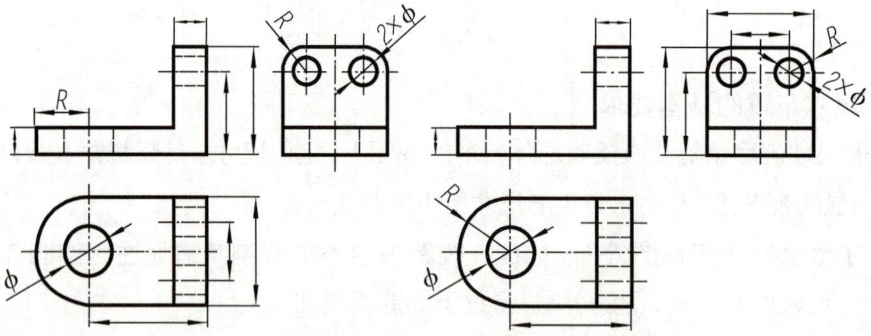

（a）　　　　　（b）

图 3-33　圆柱、圆锥、圆弧的尺寸标注（二）

5．虚线虽然是三视图中表达立体结构的必需手段，但是虚线毕竟缺少层次感，其表达程度不如粗实线更加明了、清晰，而且在后续章节的表达方法、零件图以及装配图中，虚线被列为尽量少用甚至不用的一类线条。所以，从学习的连续性考虑，应该尽量避免在虚线轮廓上标注尺寸。

第五节　组合体三视图的阅读

通过结构分析的方法和步骤看懂立体结构，继而画出三视图并标注出尺寸，是表达立体结构的一个正过程，在零件、设备的设计阶段应用比较广泛。而对于只想了解设备或零件的结构，或者在零件的加工、检验、装配、维修等过程中，如何读懂现有的三视图则变得更为重要，这是一个零件表达的逆过程。根据组合体的视图，经过投影及空间分析，想象出该物体正确形状的过程称为读图。读组合体视图的基本方法依然是形体分析法和线面分析法，且以形体分析法为主，线面分析法为辅。下面结合实例，介绍组合体的读图方法与步骤。

一、读图的原则

读图时首先要掌握一些基本原则，具体如下。

（一）明确视图中线框和图线的含义

视图中每个封闭线框，通常都是物体上的一个表面或孔的投影。视图中的每条图线，可能是面与面的交线或平面、曲面有积聚性的投影，还可能是曲面立体投影的转向轮廓线。因此，必须将几个视图联系起来分析，才能明确视图中线框和图线的含义。

（二）善于抓住特征视图

1．最能清晰地表达物体形状特征的视图，称为形状特征视图。在图 3-34 所示的两个组合体三视图中，俯视图清晰地表达了物体的形状特征，其对形状表达的贡献相对较大，就是**形状特征视图**。

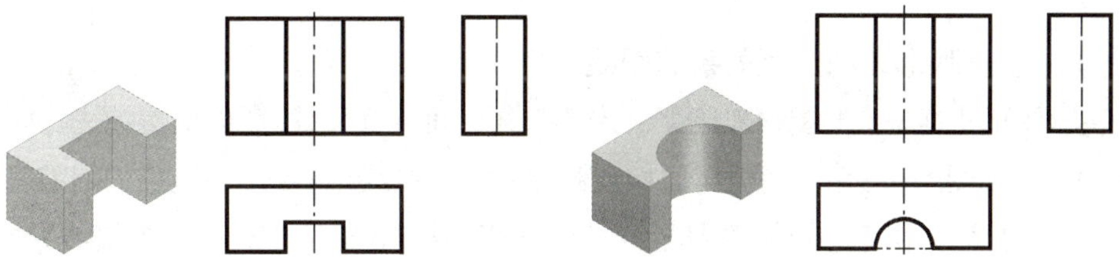

（a）　　（b）

图 3-34　形状特征视图

2．最能清晰地表达构成组合体的各形体之间相互位置关系的视图，称为**位置特征视图**。如图 3-35 所示，在主视图中，封闭线框 *1* 内有两个封闭线框 *2* 和 *3*，其形状特征比较明显；从俯视图看，图（a）和（b）是完全一样的，但从虚线实线的表达来看，可以初步判断 *2* 和 *3* 所表达的结构，一个是凸出的，一个凹陷的，但还不能确定其确切的对应关系。从图 3-35（a）的左视图看，很明显线框 *2* 是凸出的实体，线框 *3* 是孔。从图 3-35（b）的左视图看，线框是 *3* 凸出的实体，线框 *2* 是孔。所以，这两个三视图中，左视图对形体间的位置关系表达得更加清晰一些，属于位置特征视图。

由此可见，善于抓住形状和位置特征视图，再配合其他视图，就能比较快地想象出物体的形状，提高读图效率。

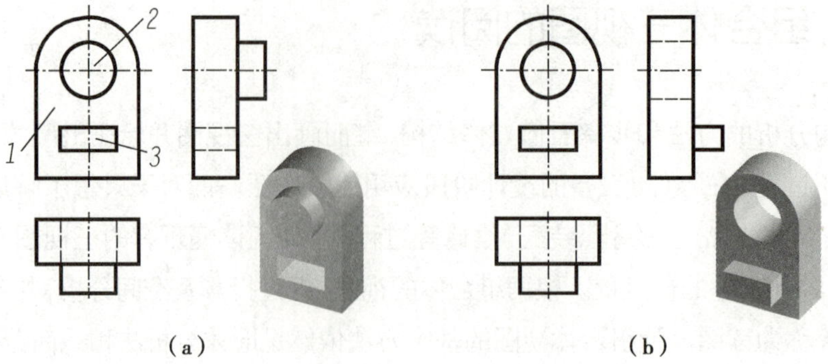

图 3-35　位置特征视图

值得一提的是，物体的形状特征和位置特征并不一定集中在一个视图中，也可能分散在几个视图内。如图 3-36 所示，零件支座由四部分组成，1、3、4 的形状特征视图是主视图，2 的形状特征视图是左视图，2 上孔的形状特征视图是俯视图。位置特征关系的表达则更加分散。所以，在找寻形状、位置特征视图的同时，最重要的还是综合三个视图的识读。

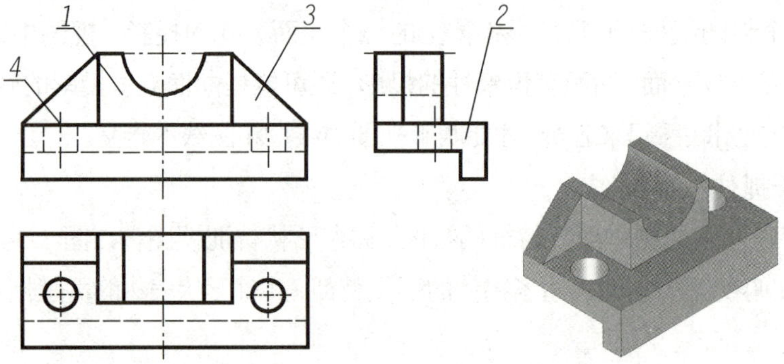

图 3-36　支座

（三）注意反映形体间过渡关系的图线

反映形体间过渡关系的图线表达组合体各部分之间位置关系，所以值得关注。如图 3-37 所示，(a)的主视图中，三角形肋板与底板及侧板间的连接线是实线，表明它们的前表面是不同的面，肋板在底板中间；(b)的主视图中，三角形肋板与底板及侧板间的连接线为虚线，表明它们的前表面共面，且是前后各有一块肋板。

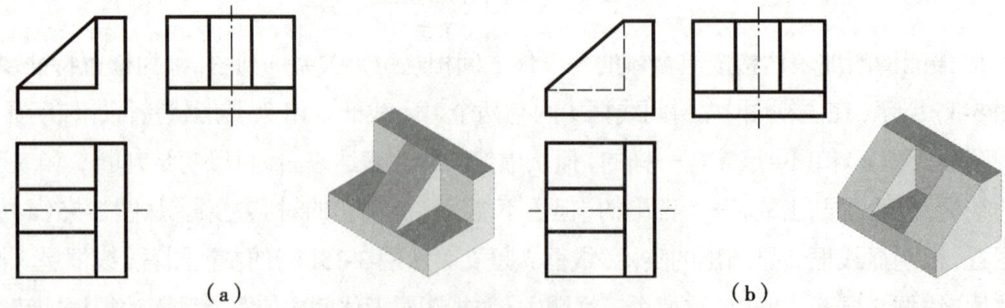

图 3-37　虚、实线变化对结构的影响

如图 3-38 所示，(a)的主视图中，两圆柱的交线是两条直线，可以确定这两个圆柱的直径相等。而图(b)的主视图中，两个立体在过渡处没有线，可以确定它是由一个横向四棱柱的前后两个侧面与圆柱体表面相切形成的。

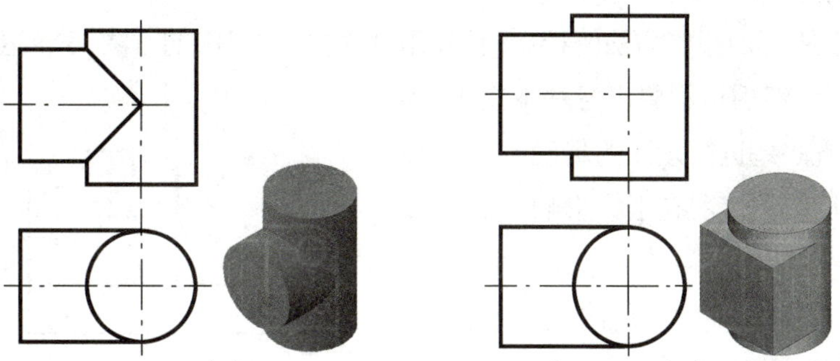
（a）　　（b）

图 3-38　过渡线对形状的影响

（四）几个视图联系起来分析

一般情况下，一个视图不能确定立体的结构形状，所以看图时要把几个视图联系起来分析，才能判断物体的形状。如图 3-39 所示四个组合体的三视图中，俯视图都相同，但主视图却各不相同，说明这表达的不是同一个组合体。至于每个组合体的具体结构，请同学们通过读图想象。

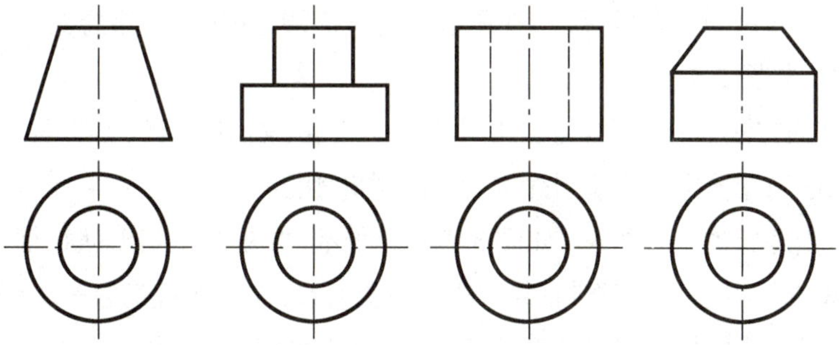
（a）　（b）　（c）　（d）

图 3-39　俯视图相同的立体

（五）善于构思空间形体

读图是实践性很强的一项工作，要迅速、准确地构思出立体的空间形状，就必须多看、多想。读图的过程是不断地把想象中的物体与给定的视图进行比照的过程，也是不断地修正想象中的物体形状的思维过程。要始终遵循把空间想象和投影分析相结合的原则，将根据所绘视图构思出的物体空间结构形状，与所给视图不断进行反馈、对照，逐步修正二者间的差异，直至完全一致，得出立体的结构构思。

二、读图的方法

读图的方法就是以形体分析法和线面分析法为基础，按照读图的原则，判断组合体的组合方式，是叠加、切割、复合型，还是某些线、面包围构架而成。以此为起点，把组合体的视图分解为几部分，找出各部分的投影，分析它们的结构形状，进而联合起来综合想象组合体的完整形状。下面将以零件轴承座为例，简要说明读图的方法。

（一）**分线框，对投影**

根据绘制三视图时投影方法的特点，首先用分线框、对投影的方法，分析出构成组合体的基本立体有几个，然后再想象出各基本立体的结构形状。这一方法是进行读图的基础，各部分划分是否合理对后续的读图有很大影响，所以应该仔细操作。

图 3-40 所示是零件轴承座的三视图。三个视图中线条较多，难以立刻判断出可以分成几部分，但是细看各视图，可以初步试着确定划分方案。比如从主视图上看，大致有 3 个封闭的粗实线区域，所以，可以先把整个轴承座分成 *I*、*II*、*III* 三部分，然后再逐一进行构思想象其结构形状。

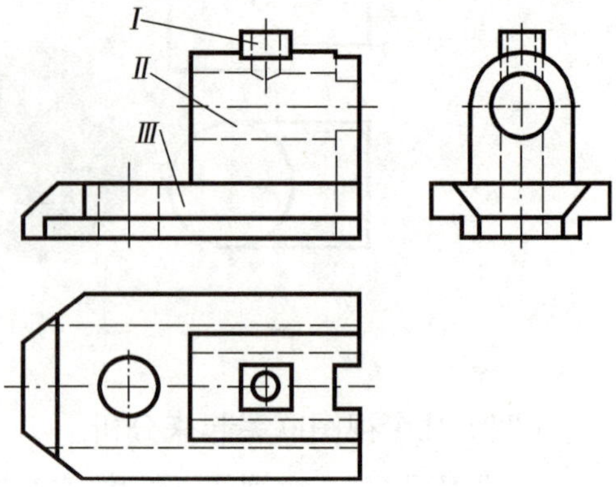

图 3-40　轴承座三视图

（二）**依投影，想形状**

利用投影规律，在视图上划分出各部分的三视图，判断其形状。读图的一般顺序是：先看主要部分，后看次要部分；先看整体，后看细节；先看简单的，后看复杂的。

首先，划分出凸台的三个投影，俯视图是它的形状特征视图，不难想象，它是中间穿了一个圆孔的四棱柱，如图 3-41（a）所示。

然后用同样的方法划分出轴承座主腔体的三个投影，如图 3-41（b）所示，左视图是它的形状特征视图。由三个视图可以想象出它的空间结构形状。

最后，划分出底板的三个投影，如图 3-41（c）所示，俯视图是其形状特征视图。经分析，底板是由一个长方体经过多次切割而成。从主视图上看，左上角被切去一块；从俯视图上看，左端前后各被切去一块；从左视图上看，下部前后部位均被切去一块。

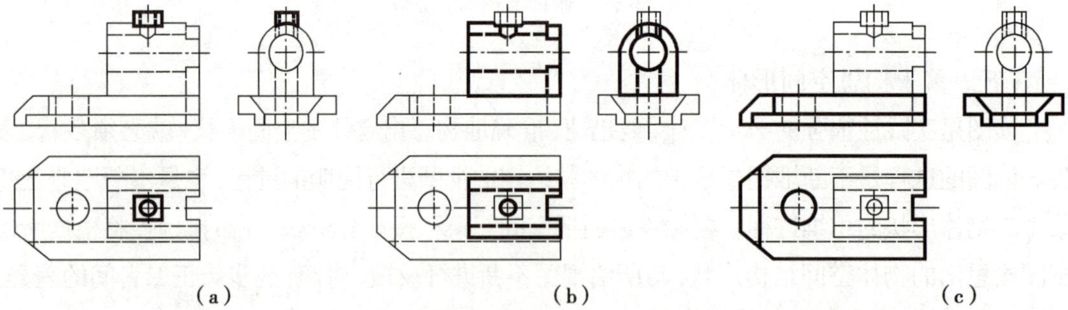

图 3-41　分解构思轴承座

应用形体分析方法只是对底板有了大概的了解，要得出其形状还须进行线面分析。

（三）**线面分析，抓特征**

底板的视图比较复杂，难以立刻想象出立体的结构形状，所以还需要借助线面分析法来进行细部的分析。为了便于分析，可以暂时将底板的三个投影从原三视图中分离出来。根据底板的三视图表达，可以想象原底板切割前的基本形状是一个四棱柱，而后再分析这个四棱柱被什么位置平面切割了。利用视图上各表面的投影规律，对底板的表面进行线面分析，划分出每个表面的三个投影，对应地逐一找出切割后断面的特征视图，从而分析出形体的表面特征，弄清它们的形状，分析各组成部分相对位置关系和连接关系。由这些线面分析的结果联系起来，最后综合想象出底板的完整结构形状。

具体的分析过程如下。

1. 封闭线框 p 在主视图上对应的投影是直线 p'，所以 P 为正垂面，其水平投影和侧面投影是一个梯形，P 面的空间形状为梯形，如图 3-42（a）所示。

2. 封闭线框 q' 在俯视图上对应的投影是直线 q，所以 Q 面为铅垂面，其正面投影和侧面投影为七边形，所以底板左端前后两个面的形状为七边形，如图 3-42（b）所示。

3. 用同样的方法可以得出平面 R 与 T 均为正平面，正面投影反映实形，底板上的这两个表面为矩形，如图 3-42（c）（d）所示。

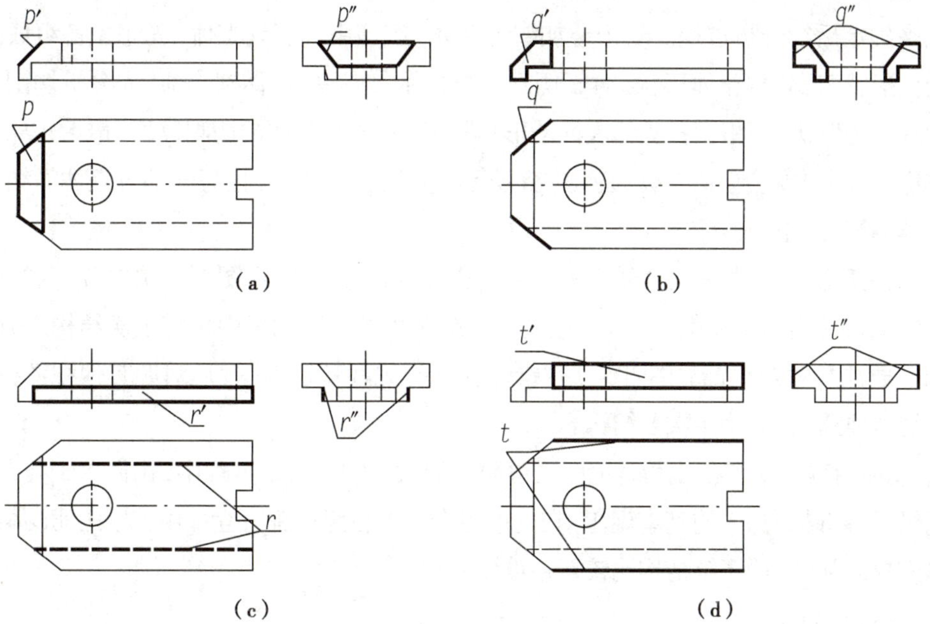

图 3-42　底板的线面分析

为了更清楚地构思想象底板的结构，图 3-43 给出了底板的剖切过程立体图，图中的剖切顺序，就是想象底板结构形状时在头脑中构思的形象。

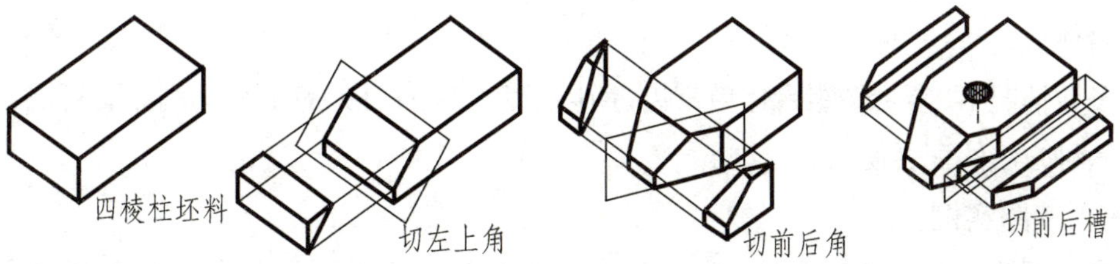

图 3-43　底板的剖切过程

（四）综合起来想整体

在读懂各组成部分立体结构形状的基础上，就可以进行最终的整体想象了。将三个组成部分，即凸台、轴承座主腔体、底板联系起来，依靠位置特征视图，分析各部分之间的相对位置关系及表面过渡关系，最后综合起来想象出物体的整体形状。从轴承座的俯视图看，轴承座主腔体与底板右端共面、前后对称叠加在一起后，在右端中间切了一个方槽。凸台与轴承座主腔体相交，中间钻了一个与轴承孔相通的圆孔。综合起来可以想象出轴承座的空间形状，如图3-44所示。

图3-44　轴承座整体结构立体图

三、读图的步骤

（一）基本步骤

一般来讲，读图的步骤是：分清组合形式，先主后次，先易后难。

1. 分清组合形式　是指读图时要首先了解组合体的组合方式，而后才可以根据不同组合方式来确定后续分析过程。对于叠加型组合体，应该由局部到整体，先想象各组成部分的立体结构形状，后想象整体形状；对于切割型组合体，应该由整体到局部，先分析切割型组合体在切割前的形状，再根据各立体表面的形状特征，想象组合体的切割过程，最后想象组合体的整体形状；对于复合型组合体，应该统筹兼顾、先切割后叠加，把每一部分立体的结构构思出之后，再叠加成组合体。

2. 先主后次　因为在组合体的视图中主视图、俯视图、左视图有主次之分，各视图对结构和位置的表达有特征视图与一般视图之分，组合体的形体构成中也有主次结构之分，所以在读图时要注意做到：先看主视图、后看其他视图，先找特征视图、后对照其他视图，先确定组合体的主要结构、后确定次要结构。

3. 先易后难　是指在读图时也应该遵循人们对事物的认识过程中，由简单到复杂、由低级到高级、由基础到深入的基本规律，在构成组合体的各组成部分立体中，先识别形体结构比较简单容易的部分，后了解结构比较复杂难懂的部分。

（二）注意事项

同时，在读图的过程中还应该注意以下几点。

虽然读图时所应用的形体分析法和线面分析法的步骤相似，但形体分析法侧重于从立体的角度出发，而线面分析法侧重于从线和面的角度出发，各有所长。

形体分析法更适合于由叠加方式而形成的组合体，而线面分析法更适合于由切割方式形成的组合体。

在多数情况下，复合型组合体更常见，所以组合方式往往是叠加和切割兼而有之，读图时要注意两种方法的配合使用。

（三）读图实例

补全视图或者补画第三视图经常用来检验读图能力，下面就以几个组合体的读图实例来加以说明。

补画第三视图是指已知立体的两个视图，求画第三视图，这是一种读图、画图相结合的综合训练方法。其步骤应该是，首先根据组合体的两个已知视图，想象出立体的形状，在看懂并勾勒出组合体结构型式的基础上，再画出第三视图。

如图 3-45 所示，已知零件轴架（shaft bracket）的主、俯视图，在指定位置补画其左视图。

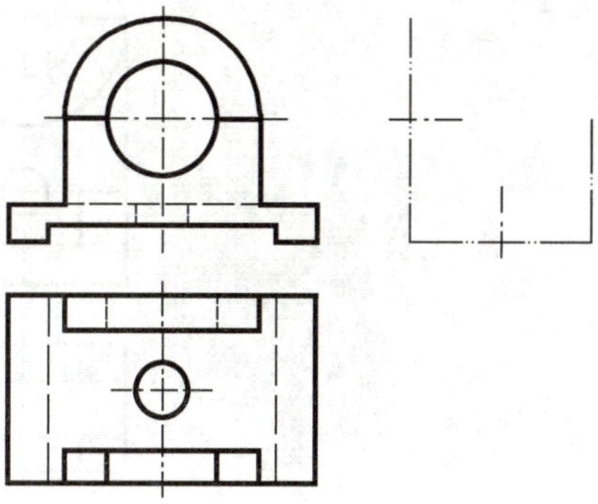

图 3-45　补画轴架左视图

通过读图可以首先确定这是一个复合型组合体。采用形体分析法，将主视图和俯视图联系起来分析，可以把轴架分成三部分，如图 3-46（b）中的主视图所示。按照投影对应的原则，找出每一部分的对应视图。应用切割的方法和线面分析法，想象各基本组成立体的形状；而后综合想象出整体零件的形状，得到如图 3-46（a）所示的立体。在此基础上，再逐一补全左视图中的各个组成立体，整理后就可以得到左视图。作图过程如图 3-46（b）所示，这里不再详细讲解。

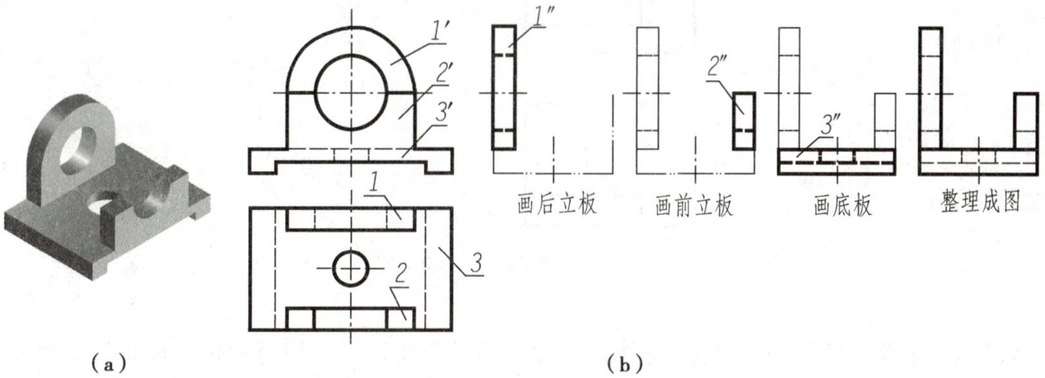

图 3-46　补画轴架左视图的步骤

如图 3-47 所示，已知零件支座的主、俯视图，在指定位置补画出左视图。

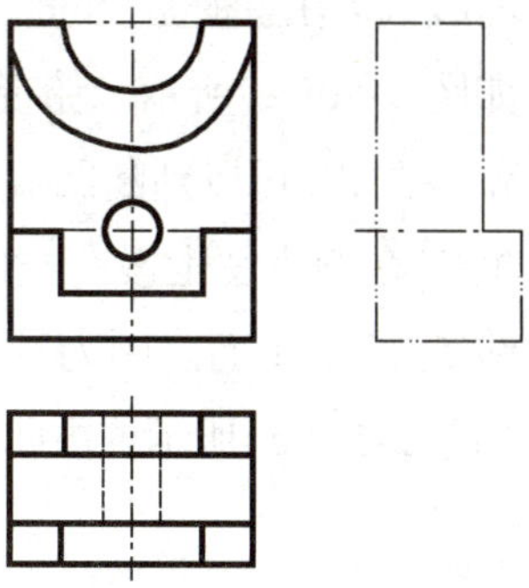

图 3-47　补画支座左视图

通过将主、俯视图联系起来读图，特别是根据俯视图的显著特点能够看出，可以初步将支座划分成三部分，即在主视图中三个长度相等的实线框 *1′*、*2′*、*3′*，如图 3-48（b）中的主视图所示。在俯视图上出现的多是矩形线框，所以三个组成部分立体很可能是板状结构。主视图上分别与俯视图的三条横向直线相对应的三个线框相邻，正面投影都是可见的，且俯视图上 *1*、*2*、*3* 均为实线，所以可以判定 *Ⅰ* 在后，*Ⅱ* 在中间，*Ⅲ* 在前。在线框 *2′* 上有一个小圆，根据俯视图的虚线对应关系，判断这是一个贯通立体 *Ⅰ* 和 *Ⅱ* 的圆柱孔。看懂三个线框的层次、并初步得出三个立体的位置关系之后，再用形体分析法和线面分析法对构成支座的各个立体进行分析，想象出支座的形状，如图 3-48（a）所示。然后，再逐一画出各部分立体，经整理后完成左视图。作图步骤如图 3-48（b）所示，具体实施细节略。

最后，再举一个组合剖切块的例子。如图 3-49 所示，已知剖切块的主、俯视图，在指定位置求画左视图。

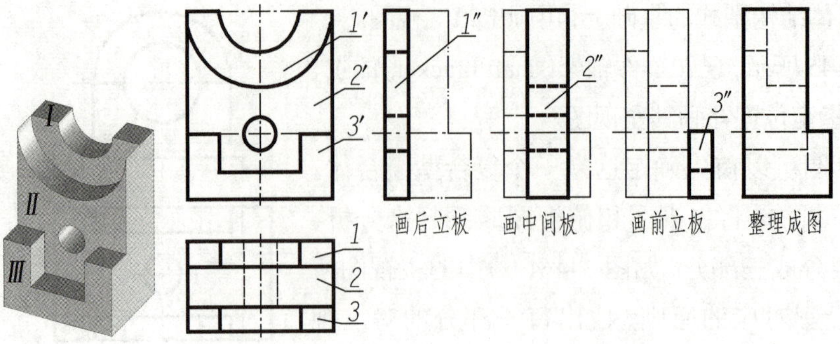

（a） （b）

图 3-48 补画支座左视图的步骤

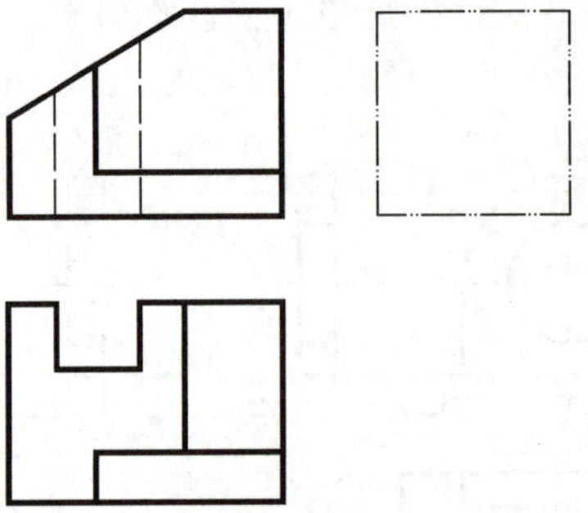

图 3-49 补画剖切块的左视图

这是一个典型切割型组合体，这里以线面分析法为主来试着进行分析立体结构。首先要读懂已知的主、俯视图，想象物体形状的切割过程。

从主视图和俯视图的外部轮廓可知，剖切块是由一个四棱柱坯料切割而成的。俯视图上的线框 *1* 在主视图上的对应投影是直线 *1′*，表明四棱柱的左上角被正垂面切去了一个三棱柱，如图 3-50（a）所示。俯视图后面有一个方形缺口 *2*、*3*、*4*，对应于主视图上的两条虚线 *2′*、*4′* 和线框 *3′*，可以判断四棱柱的后面被切掉一个方槽，如图 3-50（b）所示。主视图上的封闭线框 *5′* 在俯视图上没有类似形与其对应，表明其水平投影有积聚性，找到它的水平投影为直线 *5*，即正平面。因为其正面投影可见，所以判断是四棱柱的右前方被切去了一个棱柱体，如图 3-50（c）所示。由此分析，可以想象出剖切块的立体结构如图 3-50（d）所示。

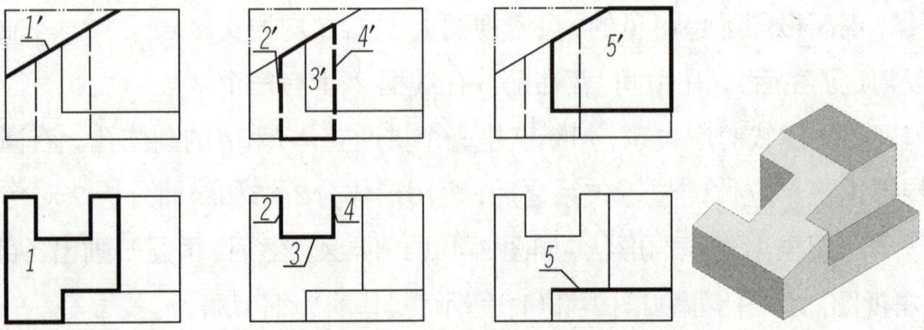

（a） （b） （c） （d）

图 3-50 剖切块读图过程

看懂剖切块主、俯视图并想象出立体形状后，就可以按顺序依次用五个剖切平面对四棱柱进行剖切，最终得到左视图，作图步骤如图 3-51 所示。

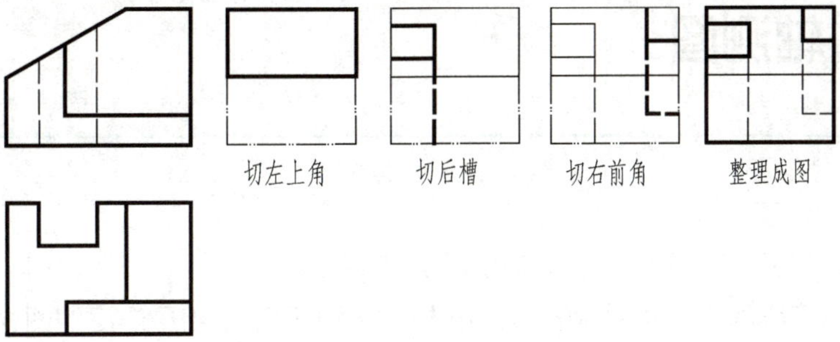

图 3-51　补画剖切块左视图的步骤

（韩　静）

第三章　目标测试

第四章　轴测图

第四章　轴测图
（课件）

本章主要介绍正等轴测图及斜二轴测图的绘制方法。

多面正投影图能准确反映物体的形状和大小，是工程上应用最广泛的图样。但多面正投影中，一个投影只反映物体长、宽、高三个方向中两个方向的尺度，需依据投影关系才能想象出物体的空间结构，多面正投影图缺乏立体感。本章将介绍在一个投影面上能同时反映物体长、宽、高三个方向尺度的轴测投影图，又称轴测图。轴测图中，物体的一些表面形状有所改变，但图形投影富有立体感，所以工程界将轴测图作为辅助图样，用于表达机器零部件或产品的立体形状、机械设备的空间结构和管道系统的空间布置等。

第一节　轴测图的基本概念

将物体和确定其空间位置的直角坐标系，沿不平行于任一坐标面的方向，用平行投影法向单一投影面进行投影所得的具有立体感的图形称为轴测图（axonometric drawing）。投影面 *P* 称为**轴测投影面**（axonometric projection plane），如图 4-1 所示。

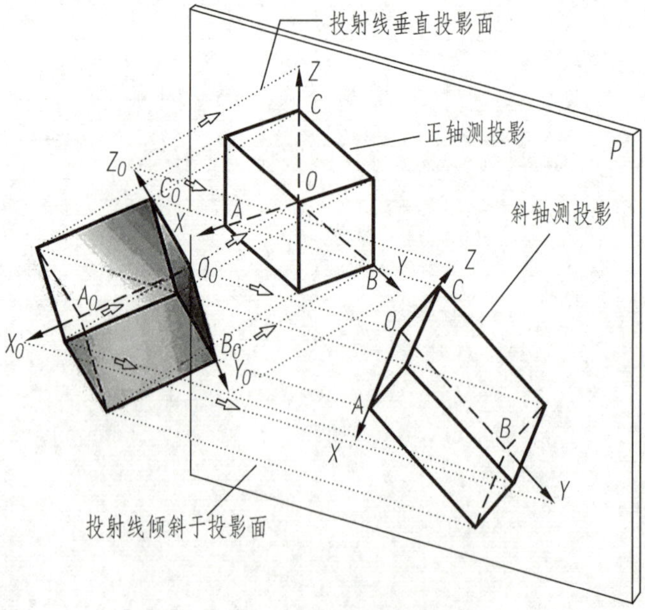

图 4-1　轴测图的概念

一、轴测图的基本参数

1. 轴测轴和轴间角 如图4-1所示，直角坐标轴 O_OX_O、O_OY_O、O_OZ_O 在轴测投影面上的投影为 OX、OY、OZ，称为**轴测轴**（axonometric axis），分别简称 X 轴、Y 轴、Z 轴。两轴测轴之间的夹角 $\angle XOY$，$\angle XOZ$，$\angle YOZ$ 称为**轴间角**（axis angle）。

2. 轴向伸缩系数 轴测轴的单位长度与相应直角坐标轴的单位长度之比称为轴向伸缩系数，轴向伸缩系数用 p_1、q_1、r_1 表示，其中 $p_1=OA/O_OA_O$，$q_1=OB/O_OB_O$，$r_1=OC/O_OC_O$。

二、轴测投影的特性

由于轴测投影是用平行投影法得到的，因此具有下列投影特性：

（1）物体上相互平行的线段，它们的轴测投影仍然相互平行。

（2）物体上两平行线段或同一直线上两线段长度之比，在轴测图上保持不变。

（3）物体上平行于轴测投影面的直线或平面在轴测图上反映实长和实形。

因此，当确定了空间几何形体在直角坐标系中的位置后，就可按选定的轴向伸缩系数和轴间角作出它的轴测图。

三、轴测图的分类

轴测图可分为正轴测图和斜轴测图。当投射方向垂直于轴测投影面时，所得到的轴测投影称为正轴测投影；当投射方向倾斜于轴测投影面时，所得到的投影称为斜轴测投影。

1. 正轴测图 根据轴向伸缩系数是否相等，正轴测图分为3种。

（1）正等轴测图（isometric projection drawing，简称正等测）：轴向伸缩系数 $p_1=q_1=r_1$。

（2）正二等轴测图（dimetric drawing，简称正二测）：其中有两个轴向伸缩系数相等。

（3）正三轴测图（trimetric drawing，简称正三测）：轴向伸缩系数各不相等。

2. 斜轴测图 根据轴向伸缩系数是否相等，斜轴测图分为3种。

（1）斜等轴测图（cavalier drawing，简称斜等测）：轴向伸缩系数 $p_1=q_1=r_1$。

（2）斜二轴测图（cabinet projection drawing，简称斜二测）：其中只有两个轴向伸缩系数相等。

（3）斜三轴测图（oblique triaxial drawing，简称斜三测）：轴向伸缩系数各不相等。

工程中用得较多的是正等测和斜二测。本章只介绍这两种轴测图的画法。

第二节　正等轴测图

一、轴间角和轴向伸缩系数

三个轴向伸缩系数均相等的正轴测投影，称为**正等轴测图**。正等轴测图的三个轴间角

$\angle XOY$, $\angle XOZ$, $\angle YOZ$ 均为 120°，由几何关系可知，轴向伸缩系数 $p_1=q_1=r_1\approx0.82$。

作正等轴测图时，为简化作图，常用简化轴向伸缩系数，即 $p=q=r=1$ 代替轴向伸缩系数 p_1、q_1、r_1。这样轴测图上的物体尺寸放大了 1.22 倍，但轴测图的形状没有发生变化。本节均按简化轴向伸缩系数绘制正等轴测图，如图 4-2 所示。

其中，轴向伸缩系数：$p_1=q_1=r_1\approx0.82$；简化轴向伸缩系数：$p=q=r=1$；轴间角：$\angle XOY=\angle XOZ=\angle YOZ=120°$

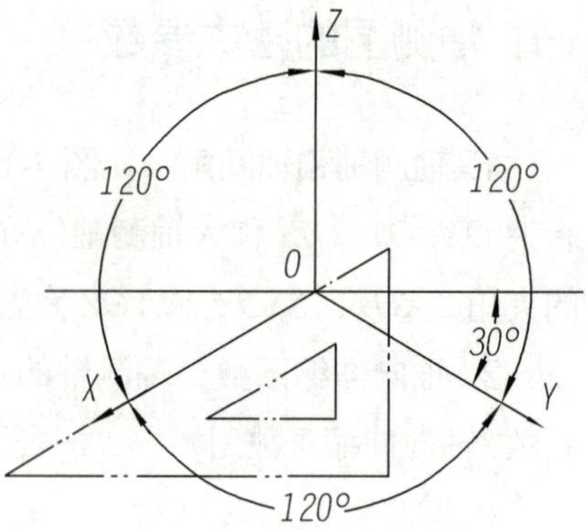

图 4-2　正等轴测图的轴间角

二、平行于坐标平面的圆的正等轴测图

在正等轴测图中，平行于坐标平面的圆，无论圆所在的平面平行于哪个坐标平面，其轴测投影都是椭圆，如图 4-3 所示。图中，椭圆 1 的长轴垂直于 OZ 轴，椭圆 2 的长轴垂直于 OX 轴，椭圆 3 的长轴垂直于 OY 轴。设与各坐标平面平行的圆的直径为 d，则各椭圆的长轴 AB 约为 $1.22d$，各椭圆的短轴 CD 约为 $0.7d$。

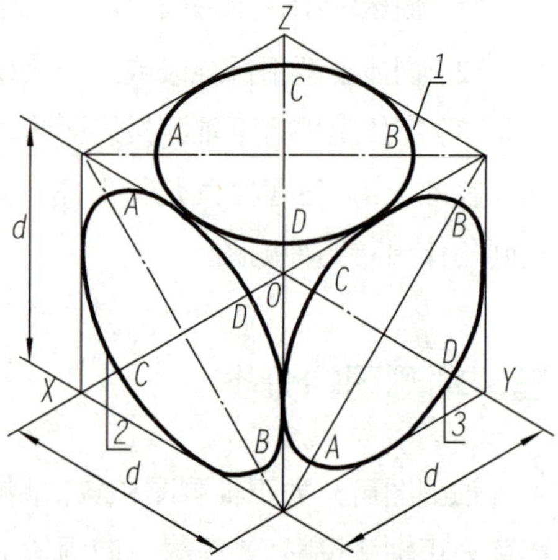

图 4-3　平行于坐标平面的圆的正等轴测图

在工程制图中，为了绘图简便，经常采用四心圆法绘制椭圆，即用四段圆弧相切近似代替椭圆，如图 4-4 所示。图 4-4(a)表示一水平面上的圆，其正等轴测图为椭圆，利用四心圆法绘制该椭圆的过程如下。

(1)通过圆心作直角坐标轴 $X_OO_OY_O$ 和圆的外切正方形，得切点 *1*、*2*、*3*、*4*。如图 4-4(a)所示。

(2)作相应的轴测轴 OX、OY。以点 O 为中心点，分别在 OX、OY 轴上向两边各量取 $ab/2$ 得 *Ⅰ*、*Ⅱ*、*Ⅲ*、*Ⅳ* 四个点。过 *Ⅰ*、*Ⅱ*、*Ⅲ*、*Ⅳ* 作正方形 *abcd* 的正等轴测投影菱形 *ABCD*。连接 *BⅢ* 和 *BⅣ* 与 *AC* 相交于 *F*、*E* 点(*DⅠ*、*DⅡ* 与 *AC* 也分别相交于 *E*、*F* 两点)，*B*、*D*、*E*、*F* 为四段圆弧的圆心。如图 4-4(b)所示。

(3)分别以 *B*、*D* 为圆心，以 *BⅢ* 为半径，画圆弧 *ⅣⅢ* 和 *ⅡⅠ*；分别以 *F*、*E* 为圆心，以 *EⅠ* 为半径画圆弧 *ⅠⅣ* 和 *ⅢⅡ*，用粗实线加深四段圆弧即得近似椭圆。如图 4-4(c)所示。

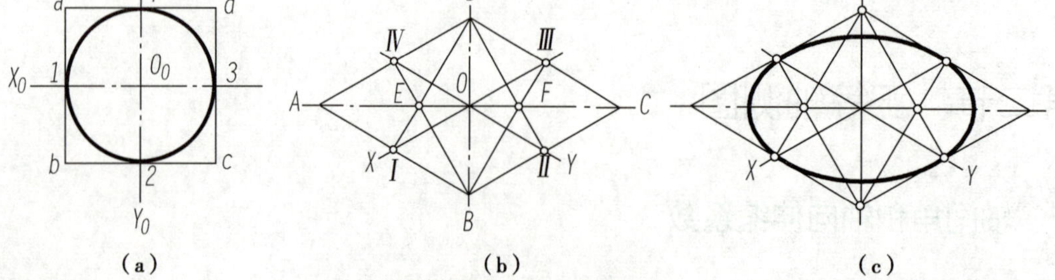

图 4-4　菱形法作近似椭圆

三、正等轴测图的绘制

一般情况下，依据物体的两视图或三视图可绘制正等轴测图。绘制正等轴测图的步骤如下。

（1）根据视图进行形体分析，确定坐标轴的位置；坐标轴的确定应便于轴测图的绘制及尺寸度量。

（2）画轴测轴，按坐标关系画出物体上的点、线的轴测投影，作出物体的轴测图。

例 4-1 如图 4-5（a）所示，已知正六棱柱的主视图和俯视图，求作其正等轴测图。

作图过程：

1）在投影图上选定坐标原点和直角坐标轴 O_OX_O、O_OY_O，见图 4-5（a）。

2）画出轴测轴 OX、OY。以 O 为中心点在 X 轴和 Y 轴上分别确定出Ⅰ、Ⅳ和Ⅶ、Ⅷ点的位置。过Ⅶ、Ⅷ两点分别作 X 轴的平行线，在平行线上确定出Ⅱ、Ⅲ和Ⅴ、Ⅵ点的位置，如图 4-5（b）。

3）连接上述各点即得正六边形顶面的轴测投影。由各顶点向下作 Z 轴的平行棱线，截取棱长度为 h，得底面正六边形平面的各顶点，将其依次连接，如图 4-5（c）。

4）将多余的线擦去，整理加深，完成作图，如图 4-5（d）。

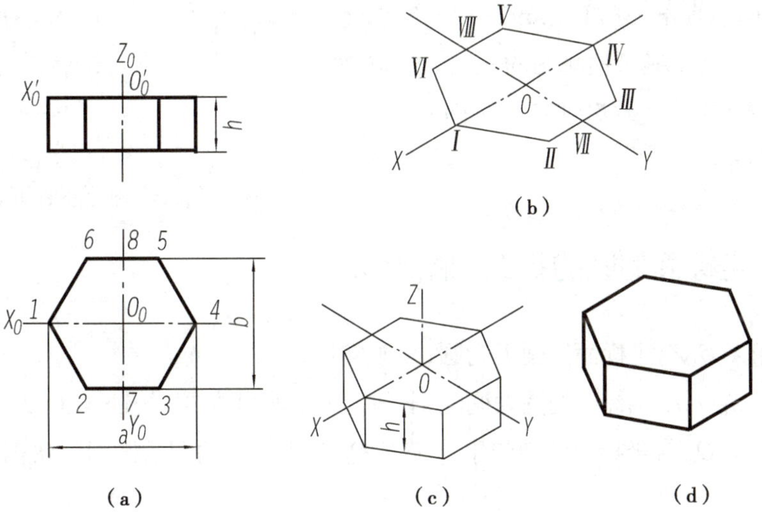

图 4-5 六棱柱的正等轴测图

例 4-2 作图 4-6（a）所示支架的正等轴测图。

作图过程如下：

1）对支架进行形体分析，在支架的三视图上确定直角坐标轴，如图 4-6（a）所示。

2）画出对应的轴测轴，按投影关系画出底板、竖立板（先画成长方板）和肋板。如图 4-6（b）所示。

3）用四心圆法画竖立板圆孔和上半圆柱部分的正等轴测投影（其圆的投影皆为椭圆），并使竖板与上半圆柱侧面相切，画底板圆孔和圆角的轴测投影（其投影是椭圆及椭圆弧），如图 4-6（c）所示。

4）将多余的线擦去，整理加深，即得支架的正等轴测图，如图 4-6（d）所示。

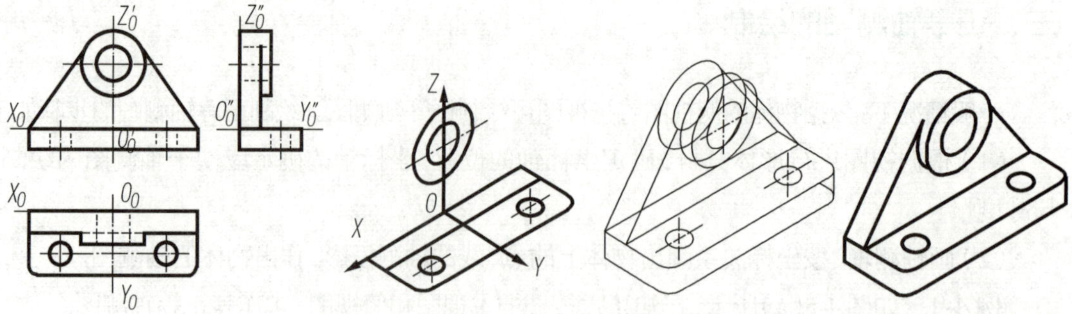

（a）　（b）　（c）　（d）

图 4-6　支架的正等轴测图

第三节　斜二轴测图

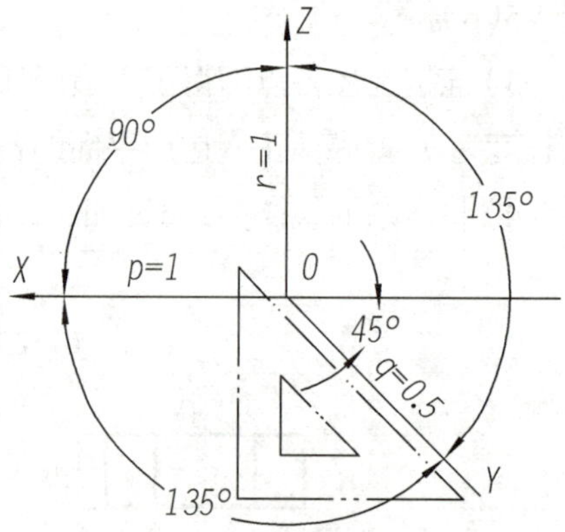

图 4-7　斜二轴测图的轴间角和轴向伸缩系数

将坐标轴 O_OZ_O 放置成铅垂位置，使 $X_OO_OZ_O$ 坐标面平行于轴测投影面，采用斜投影法向轴测投影面进行投影，得到的轴测图称为斜二轴测图（简称斜二测）。国家标准 GB/T 14692—2008《技术制图 投影法》规定，斜二轴测图的三个轴间角为 $\angle XOZ=90°$，$\angle XOY=\angle YOZ=135°$；轴向伸缩系数 $p=r=1$，$q=0.5$（图 4-7）。

一、平行于坐标面的圆的斜二测图画法

1. 平行于 $X_OO_OZ_O$ 坐标面的圆仍为圆，反映实形。

2. 平行于 $X_OO_OY_O$ 坐标面的圆为椭圆，长轴对 OX 轴偏转 7°，长轴 ≈1.06d，短轴 ≈0.33d。

3. 平行于 $Y_OO_OZ_O$ 坐标面的圆与平行于 $X_OO_OY_O$ 坐标面的圆的椭圆形状相同，长轴对 OZ 轴偏转 7°。

由于 $X_OO_OY_O$ 面及 $Y_OO_OZ_O$ 上的椭圆作图烦琐，所以当物体在这两个方向上有圆轮廓时，一般不采用斜二轴测图，而采用正等轴测图；斜二轴测图特别适合于绘制一个方向上有圆轮廓的物体的轴测图。作图时可合理选择坐标系，将图所在面处于平行于 $X_OO_OZ_O$ 坐标面的角度放置，则圆的轴测投影仍为圆，且反映实形。

平行于坐标面的圆的斜二轴测图，如图 4-8 所示。

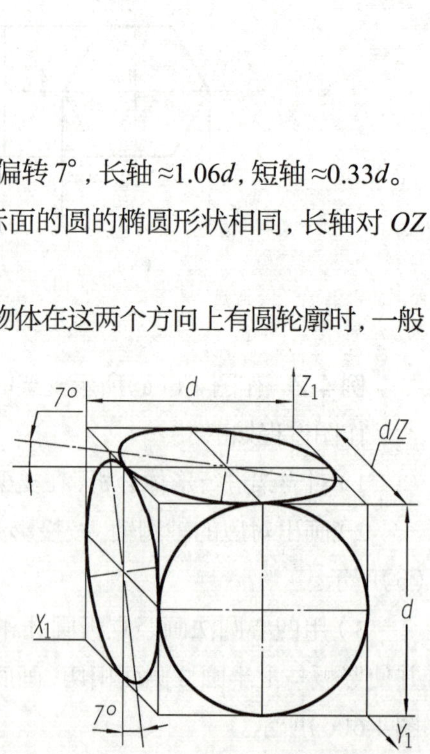

图 4-8　平行于坐标面的圆的斜二轴测图

二、斜二测图画法举例

例 4-3　作图 4-9（a）所示的轴形零件的斜二轴测图。

作图过程：

1）对物体进行形体分析，在零件的视图上确定直角坐标轴，如图 4-9（a）。

2）画轴测轴 OX、OY、OZ。在 OY 轴上量取 $OA=L_1/2$，$OB=L/2$，确定 A、B 两点的位置；以 O 为圆心，以 $d/2$ 为半径作一圆；以 A 为圆心，以 $d/2$ 和 $d_1/2$ 为半径作两个同心圆；以 B 为圆心，以 $d/2$ 为半径作一圆。用公切线连接半径相同的圆，如图 4-9（b）。

3）擦去多余的线，整理加深，得到轴形零件的斜二轴测图，如图 4-9（c）。

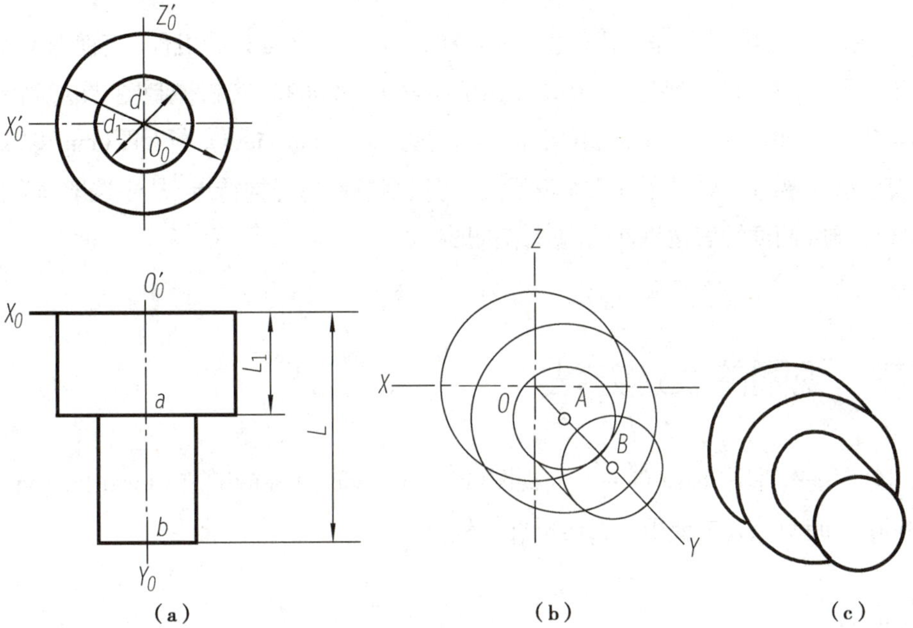

图 4-9　轴形零件的斜二轴测图

（苏　燕　李方娟）

0402

第四章　目标测试

第五章　机件常用的表达方法

第五章　机件常用的表达方法（课件）

在实际生产中，机件的结构型式是多种多样的，对于比较复杂的机件，三视图难以清楚表达。为此，国家标准《技术制图　投影法》（GB/T 14692—2008）和《机械制图　图样画法　视图》（GB/T 4458.1—2002）中规定了视图（view）、剖视图（sectional view）、断面图（cut）以及其他各种基本表示法。熟悉并掌握这些基本表示法，可根据机件的结构特点，从中选取适当的方法，以便完整、清晰、简便地表达机件的内外结构形状。

第一节　视图的表达方法

视图分为基本视图（base view）、向视图（direction view）、局部视图（local type view）和斜视图（oblique drawing），主要用于表达机件的外形。

一、基本视图

在原来三个投影面的基础上，再增加三个互相垂直的投影面，从而构成一个正六面体的六个侧面，这六个侧面称为**基本投影面**。将机件放在正六面体内，分别向各基本投影面投影，所得的视图称为**基本视图**，如图 5-1 所示。其中，除了前面学过的主视图、俯视图和左视图外，还包括从后向前投射所得的后视图；从下向上投射所得的仰视图和从右向左投射所得的右视图。各投影面的展开方法如图 5-1 所示。在同一张图纸内，六个基本视图按图 5-2 所示配置时，一律不标注视图名称。六个基本视图之间仍满足“长对正、高平齐、宽相等”的投影规律。

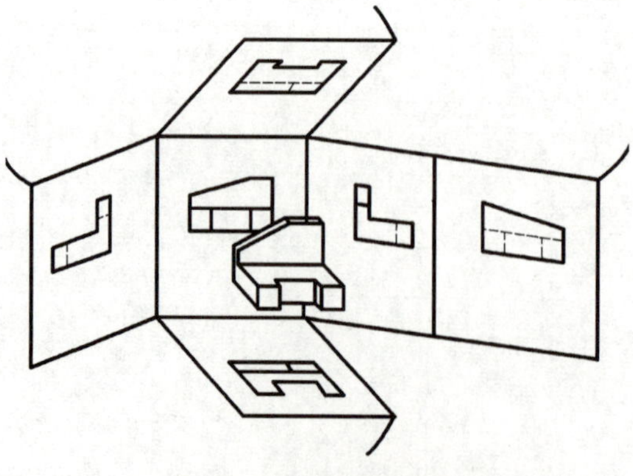

图 5-1　基本视图的形成

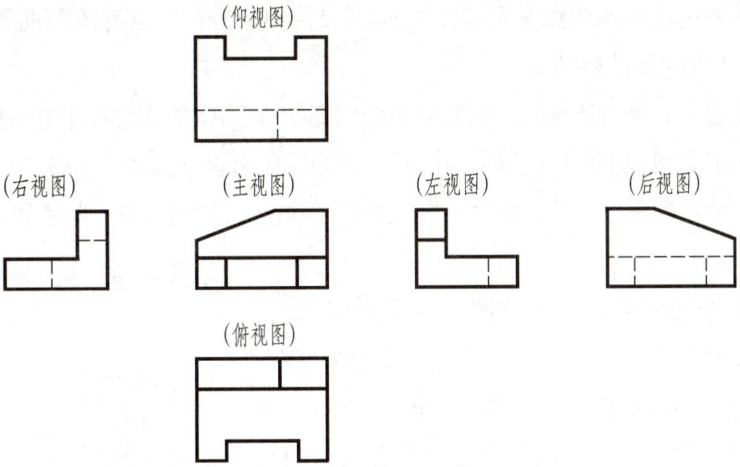

图 5-2　六个基本视图的配置

实际使用时，并非要将六个基本视图都画出来，而是根据机件形状的复杂程度和结构特点，选择若干个基本视图。视图中一般只画出机件的可见部分，必要时用虚线画出其不可见部分。

二、向视图

向视图是可以自由配置的视图。为了便于读图，应在向视图的上方用大写英文字母标出该向视图的名称（如 *A*、*B* 等），且在相应的视图附近用箭头指明投射方向，并注上同样的字母，如图 5-3 所示。

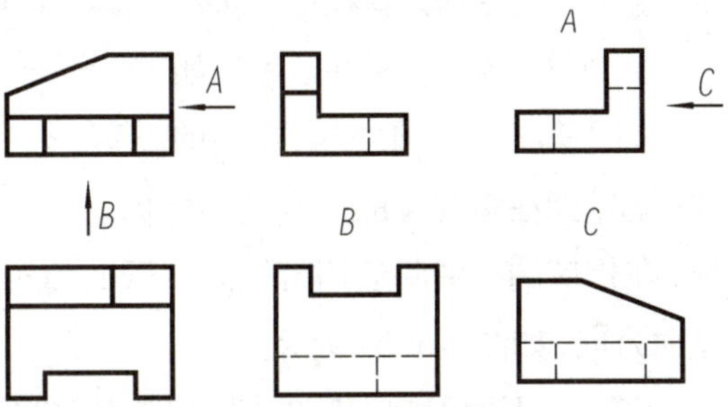

图 5-3　向视图

三、局部视图

局部视图适用于当机件的主体形状已由一组基本视图表达清楚，当采用一定数量的基本视图后，该机件上若有部分结构尚未表达清楚，而又没有必要再画出完整的基本视图时，可采用局部视图。如图 5-4 所示的机件，用主、俯两个基本视图已清楚地表达了主体形状，但为了表达左、右两个凸缘形状，再增加左视图和右视图，就显得烦琐和重复，此时可采用两个局部视图，只画出所需表达的左、右凸缘形状，则表达方案既简练又突出了重点。

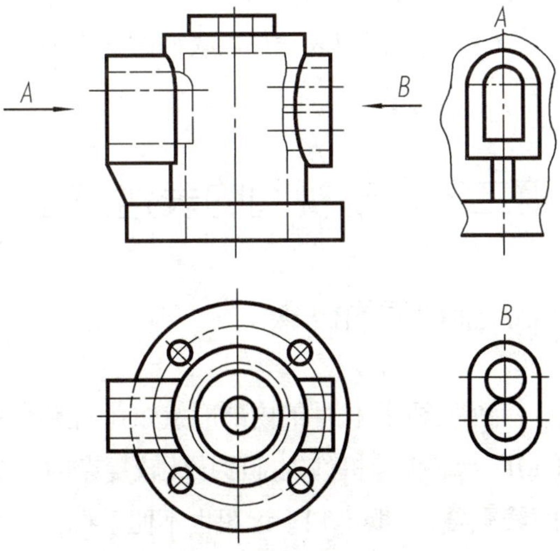

图 5-4　局部视图

局部视图的配置、标注及画法如下。

（1）局部视图可按基本视图配置，如图 5-4 中的局部视图 *A*；也可按向视图配置在其他适当位置，如图 5-4 中的局部视图 *B*。

（2）局部视图一般需进行标注，即用带字母的箭头标明所要表达的部位和投射方向，并在局部视图的上方标注相应的视图名称，如“*B*”。但当局部视图按投影关系配置，中间又没有其他视图隔开时，可省略标注，图 5-4 中 *A* 向图的箭头和字母均可省略，为了叙述方便，图中未省略。

（3）局部视图的断裂边界用波浪线或双折线表示，如图 5-4 中的局部视图 *A*。但当所表示的局部结构完整，且其投影的外轮廓线又成封闭时，波浪线可省略不画，如图 5-4 中的局部视图 *B*。波浪线不应超出机件实体的投影范围，如图 5-5 所示。

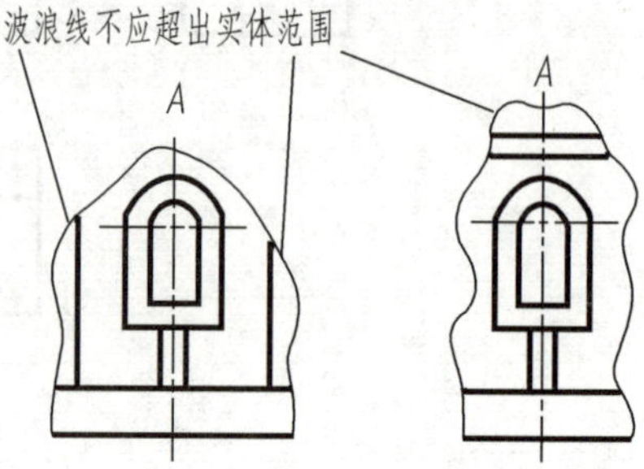

图 5-5　错误画法

四、斜视图

当机件上有倾斜于基本投影面的结构时，为了表达倾斜部分的实形，可设置一个与倾斜结构平行且垂直于一个基本投影面的辅助投影面，然后将该倾斜结构向辅助投影面投射并展平，所得的视图称为**斜视图**，如图 5-6（a）所示。

斜视图的配置、标注及画法如下。

（1）斜视图一般按向视图的配置形式配置并标注，即在斜视图的上方用字母标出视图的名称，在相应的视图附近用带相同字母的箭头指明投射方向，如图 5-6（b）所示。

（2）在不致引起误解的情况下，从作图方便考虑，允许将图形旋转，这时斜视图应加注旋转符号，如图 5-6（b）所示，旋转符号为半圆形，半径等于字体高度，线宽为字体高度的 1/14～1/10。必须注意，表示视图名称的大写拉丁字母应靠近旋转符号的箭头端。

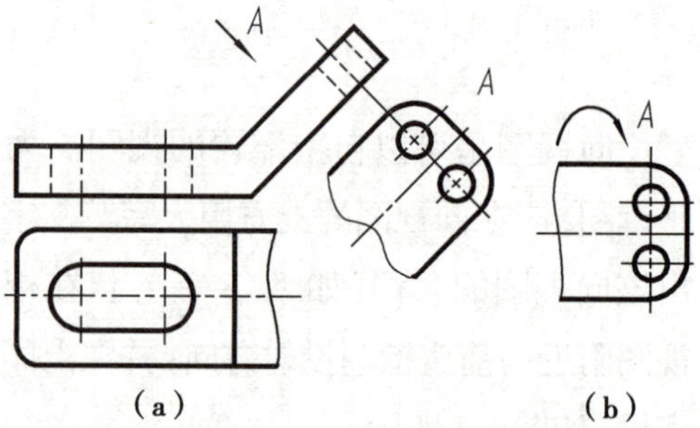

图 5-6　斜视图

（3）斜视图只表达倾斜表面的真实形状，其他部分用波浪线断开。

第二节　剖视图的表达方法

一、剖视图的概念

画视图时，机件的内部形状如孔、槽等，因其不可见而用虚线表示，如图 5-7（a）所示。但当机件内部形状比较复杂时，图上的虚线较多，有的甚至和外形轮廓线重叠，这既不利于读图也不便于标注尺寸。为此，国家标准 GB/T 17452—1998《技术制图 图样画法 剖视图和断面图》中规定，可用剖视图来表达机件的

0502
剖视图的概念

内部形状。

（一）剖视图的画法

如图5-7(b)(c)所示，假想用剖切面剖开机件，将处在观察者和剖切面之间的部分移开，而将剩余部分向投影面投射所得的图形，称为剖视图，简称剖视。图5-7(d)中的主视图即为支架的剖视图。

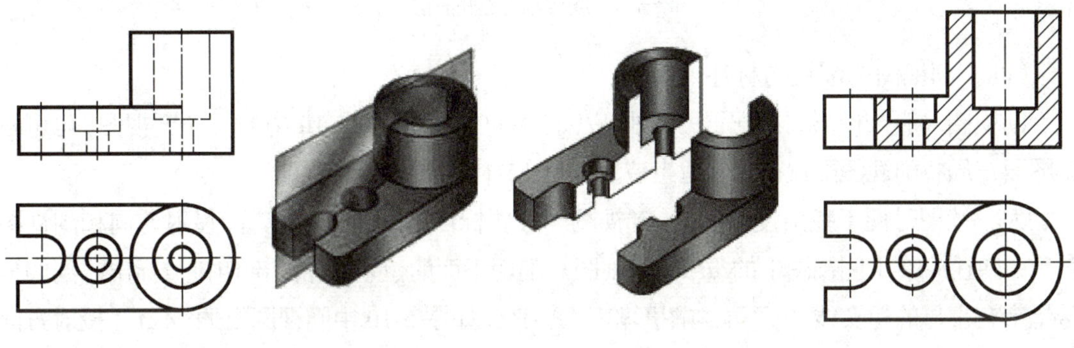

(a)　(b)　(c)　(d)

图5-7　支架剖视图画法

（二）画剖视图时应注意的问题

1. 剖开机件是假想的，并不是真正把机件切掉一部分，因此，除剖视图外，并不影响其他视图的完整性。

2. 剖切后，留在剖切平面之后的部分应全部向投影面投射，用粗实线画出其可见投影。图5-8(a)和(c)中箭头所指的图线是画剖视图时容易漏画的图线，画图时应特别注意。

3. 剖视图中，凡是已表达清楚的结构，虚线可以省略不画。

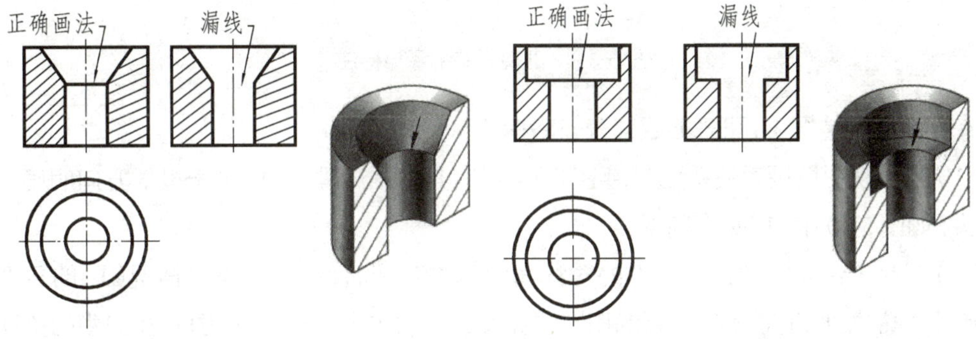

(a)　(b)　(c)　(d)

图5-8　画剖视图时易漏的图线

（三）剖面符号

剖视图中，剖面区域一般应画出剖面符号，随着机件材料的不同，剖面符号也不相同，具体的剖面符号表达形式，在第一章有关章节中已经有所介绍。

不需在剖面区域中表示材料的类别时，可采用通用剖面线表示。通用剖面线应以适当角度的细实线绘制，最好与主要轮廓线或剖面区域的对称线呈45°角，如图5-9所示。若需要在剖面区域中表示材料的类别时，则应采用国家标准规定的剖面符号。对同一机件来说，在它的各剖视图和断面图中，剖面线倾斜方向应一致，间隔要相同。

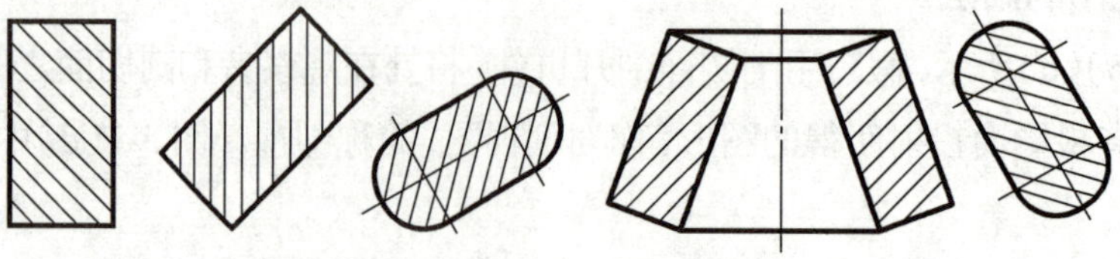

图5-9　通用剖面线的画法

（四）剖视图的配置与标注

剖视图一般按投影关系配置，如图5-7（a）中的主视图，图5-10中的*A-A*剖视图；也可根据图面布局将剖视图配置在其他适当位置，如图5-10中的*B-B*剖视图。

为了读图时便于找出投影关系，剖视图一般要标注剖切平面的位置、投射方向和剖视图名称，如图5-10中间视图上的"*B-B*"剖视图。剖切平面的位置通常用剖切符号标出。剖切符号是带有字母的粗实线，它不能与图形轮廓线相交，如图5-10中间视图上的"*A-A*"；投射方向是在剖切符号的外侧用箭头表示，如图5-10中间视图上的箭头；剖视图名称则是在所画剖视图的上方用相同的字母（如*B-B*）标注。

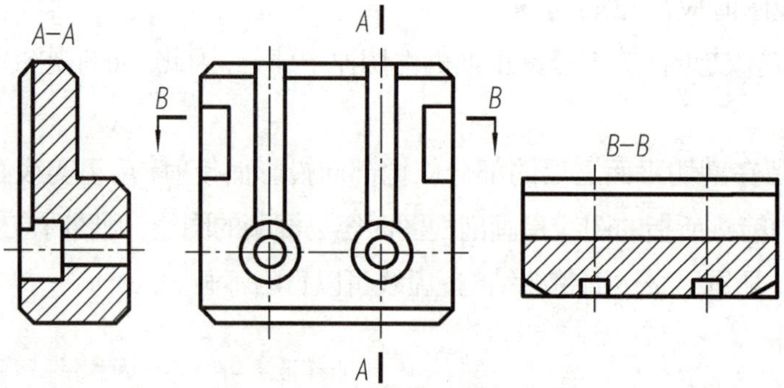

图5-10　剖视图的配置与标注

在下列两种情况下，可省略或部分省略标注：

（1）当剖视图按投影关系配置，且中间又没有其他图形隔开时，由于投射方向明确，可省略箭头，如图5-10中的"*A-A*"剖视。

（2）当单一剖切平面通过机件的对称面或基本对称面，同时又满足情况（1）的条件，此时，剖切位置、投射方向以及剖视图都非常明确，故可省去全部标注，如图5-7（a）中的主视图。

二、常用剖切面的形式

（一）单一剖切面

仅用一个剖切平面剖开机件。本节前述的图例均为单一剖切面，这种剖切方式应用较多。

当机件上倾斜部分的内部结构需要表达时，与斜视图一样，可以选择一个与该倾斜部分平行的辅助投影面，然后用一个平行于该投影面的单一剖切面剖切机件，在辅助投影面上获得剖视图，如图5-11所示。为了看图方便，用这种方法获得的剖视图应尽量使剖视图与剖切面投影关系相对应，如图 5-11（a）所示。在不引起误解的情况下，允许将图形作适当的旋转，此时必须加注旋转符号，如图 5-11（b）所示。

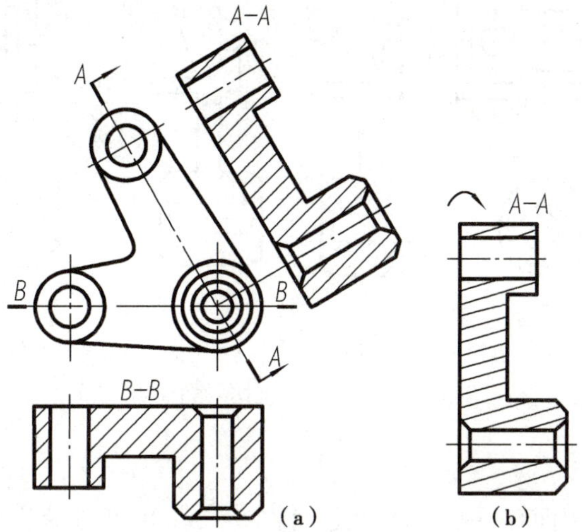

图 5-11　单一剖切面

（二）**几个平行的剖切平面**

当机件上具有几种不同的结构要素（如孔、槽等），而且它们的中心线排列在几个互相平行的平面上时，宜采用几个平行的剖切平面剖切，如图 5-12 所示。

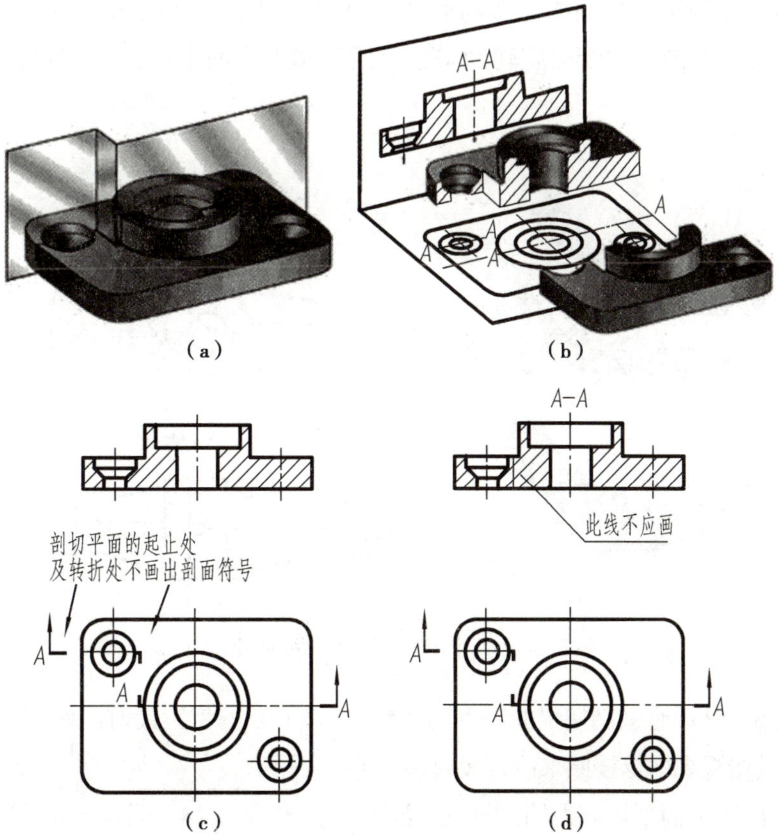

图 5-12　几个平行的剖切平面剖切（一）

用几个平行的剖切平面剖切获得的剖视图，必须标注，如图 5-13 所示。

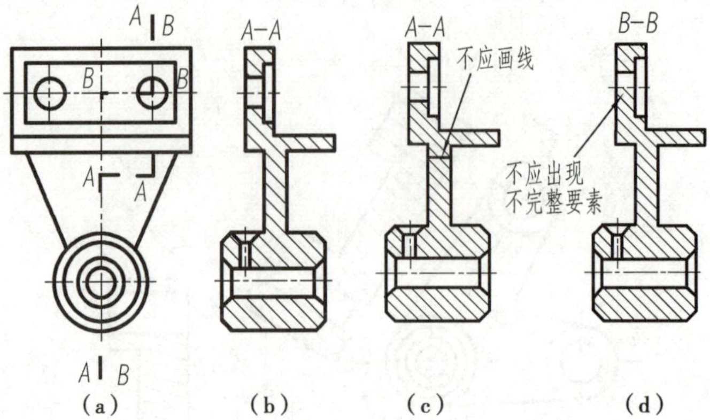

阶梯剖视图

图 5-13　几个平行的剖切平面剖切（二）

应注意的几个问题：

（1）不应画出剖切平面转折处的分界线，如图 5-12（c）中的主视图和图 5-13（c）。

（2）剖切平面的转折处不应与轮廓线重合；转折处如因位置有限，且不会引起误解时，可以不注写字母。

（3）剖视图中不应出现不完整结构要素，如图 5-13（d）所示。

（三）几个相交的剖切平面

用两个相交的剖切平面（交线垂直于某一基本投影面）剖开机件，以表达具有回转轴机件的内部形状，两剖切平面的交线与回转轴重合，如图 5-14 所示。用该方法画剖视图时，应将被剖切平面剖开的断面旋转到与选定的基本投影面平行，再进行投射，如图 5-14 所示。

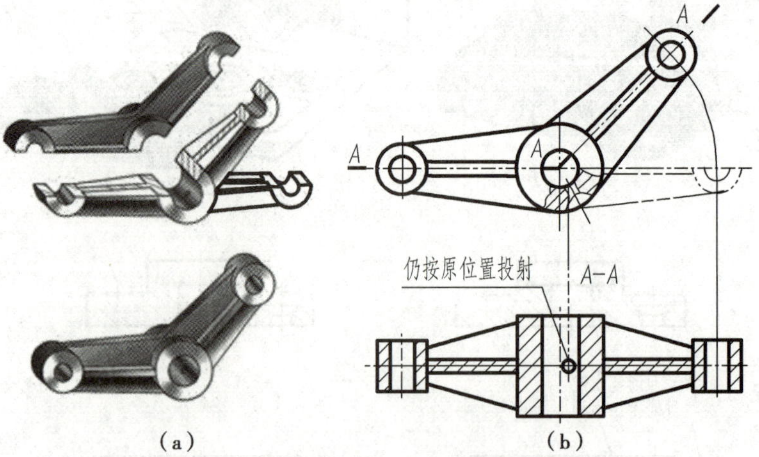

图 5-14　几个相交的剖切平面剖切（一）

应注意的是，凡没有被剖切平面剖到的结构，应按原来的位置投射。如图 5-14 所示机件上的小圆孔，其俯视图即是按原来位置投射画出的。

用相交的剖切平面剖切获得的剖视图，必须标注，如图 5-14 所示。剖切符号的起、止及转折处应用相同的字母标注，但当转折处地方有限又不致引起误解时，允许省略字母。

还可以用两个以上相交的剖切平面剖开机件，用来表达内部形状较为复杂且分布在不同位置上的机件，如图 5-15 所示。

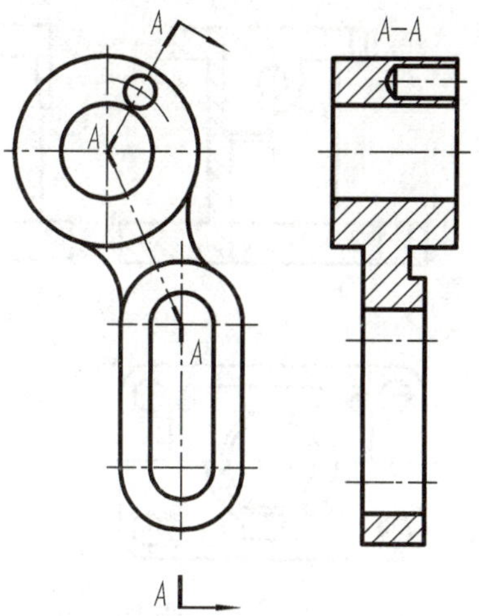

图 5-15　几个相交的剖切平面剖切（二）

三、剖视图的种类

按机件被剖开的范围来分，剖视图可分为全剖视图、半剖视图和局部剖视图三种。

（一）全剖视图

用剖切平面完全剖开机件所获得的剖视图，称为**全剖视图**（full sectional view）。前述的各剖视图例均为全剖视图。

由于全剖视图是将机件完全剖开，机件外形的投影受影响，因此全剖视图一般适用于外形简单、内部形状较复杂的机件，如图 5-16 所示。

对于一些具有空心回转体的机件，即使结构对称，但由于外形简单，亦常采用全剖视图，如图 5-17 所示。

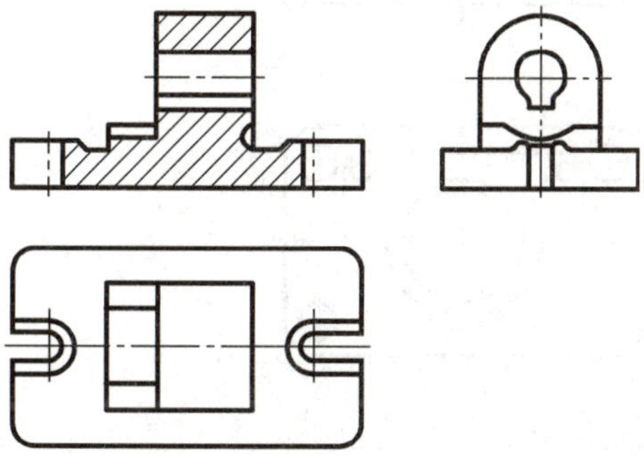

图 5-16　全剖视图（一）

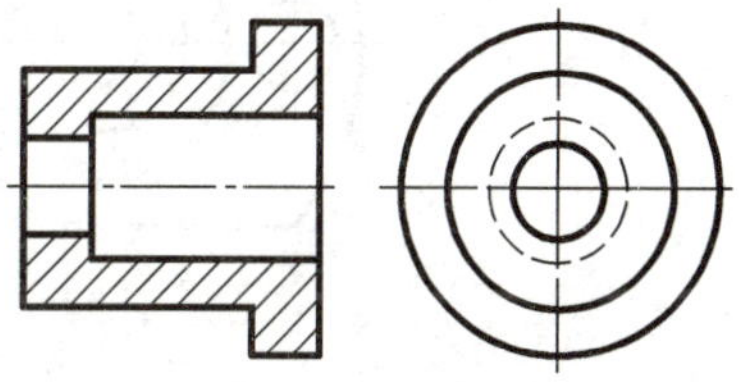

图 5-17　全剖视图（二）

（二）半剖视图

当机件具有对称平面时，向垂直于对称平面的投影面上投射所得的图形，允许以对称中心线为界，一半画成剖视图，另一半画成视图，这样获得的剖视图称为**半剖视图**（half-sectional view）。半剖视图主要用于内外形状都需要表达，且结构对称的机件，如图 5-18 所示。

0504

半剖视图

当机件的形状接近于对称，且不对称部分已另有图形表达清楚时，也可以画成半剖视图，如图 5-19 所示。

半剖视图中，因机件的内部形状已由半个剖视图表达清楚，所以在不剖的半个视图中，表达内部形状的虚线应省去不画，如图 5-20（a）中主视图所示。

画半剖视图时，不应影响其他视图的完整性，所以，如图 5-20（a）中主视图半剖，俯视图不应缺四分之一。

半剖视图中间应画点画线，不应画成粗实线，如图 5-20（b）所示。

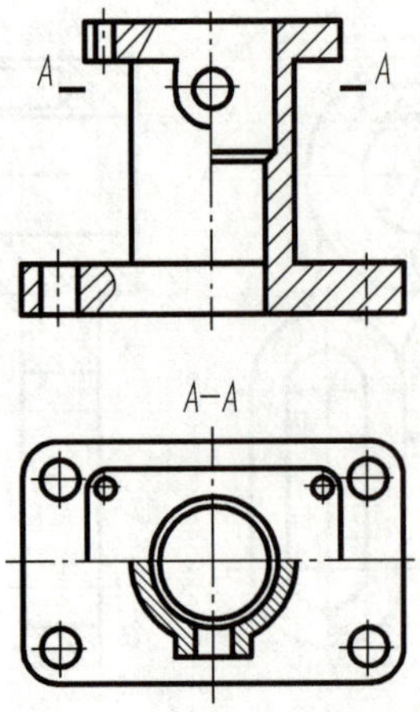

图 5-18 半剖视图(一)

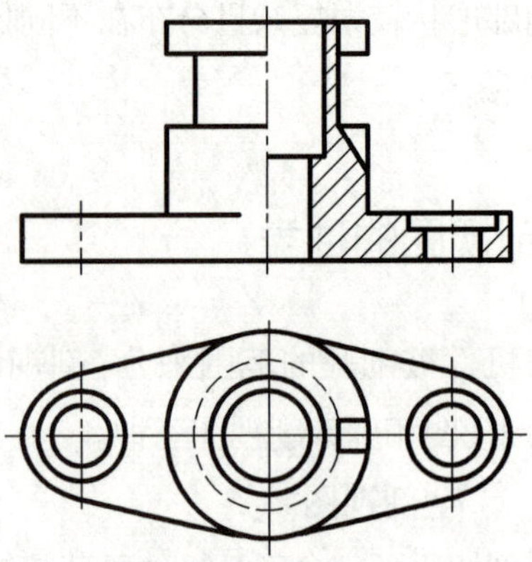

图 5-19 半剖视图(二)

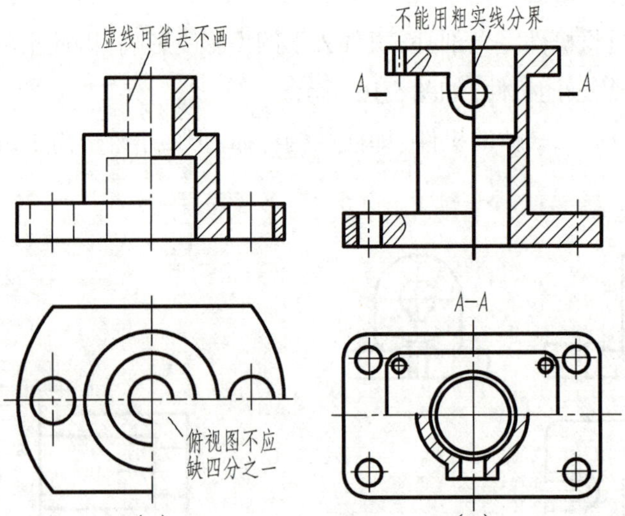

(a)　　(b)

图 5-20 半剖视图(三)

半剖视图的标注方法与全剖视图的标注方法相同，图 5-21(a)的标注是错误的，正确画法见图 5-21(b)。

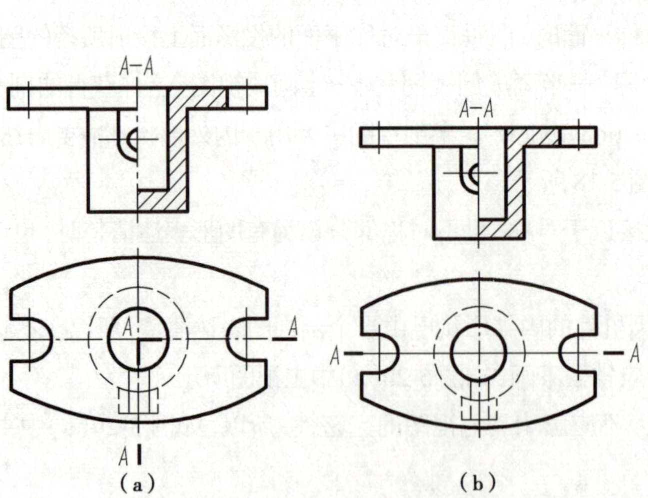

(a)　　(b)

图 5-21 半剖视图(四)

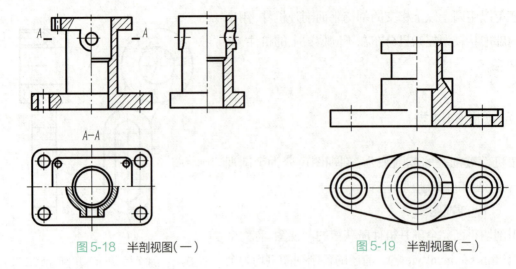

（三）局部剖视图

用剖切平面局部地剖开机件所获得的剖视图，称为**局部剖视图**（partial sectional view）。局部剖视图应用比较灵活，适用范围较广。常见情况如下。

（1）需要同时表达不对称机件的内、外形状时，可采用局部剖视图，如图 5-22 所示。

（2）虽有对称面，但轮廓线与对称中心线重合，不宜采用半剖视图时，可采用局部剖视图，如图 5-23 所示。

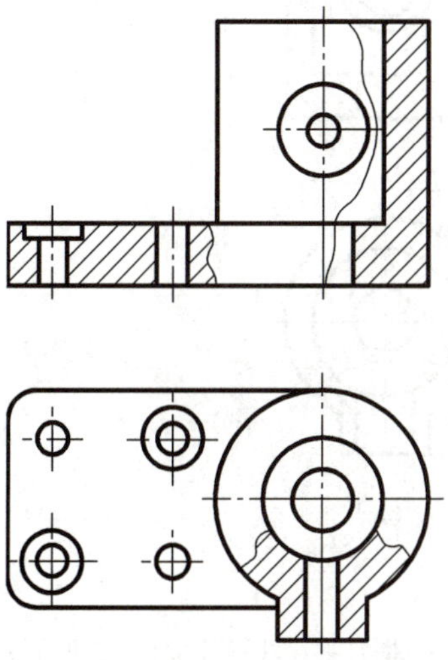

图 5-22　局部剖视图（一）

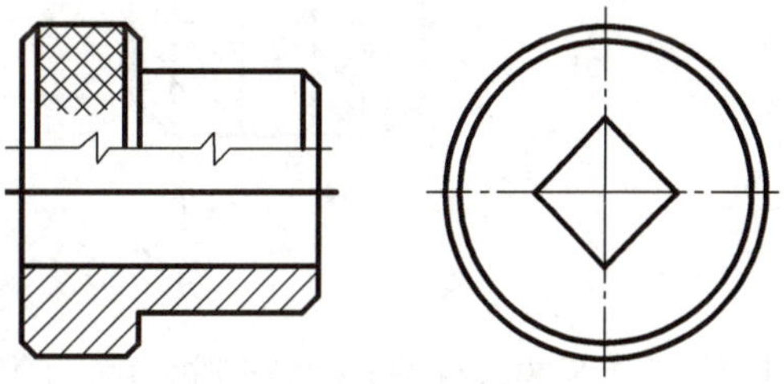

图 5-23　局部剖视图（二）

（3）实心轴中的孔槽结构，宜采用局部剖视图，以避免在不需要剖切的实心部分画剖面线（hatching）。

（4）表达机件底板、凸缘上的小孔等结构。如图 5-18 中为表达上凸缘及下底板上的小孔，分别采用了局部剖视图。

局部剖视图剖切范围的大小主要取决于需要表达的内部形状。

局部剖视图中，视图与剖视部分的分界线为波浪线或双折线，如图 5-23 和图 5-24 所示；当被剖切的局部结构为回转体时，允许将回转中心线作为局部剖视与视图的分界线，如图 5-24（a）所示。

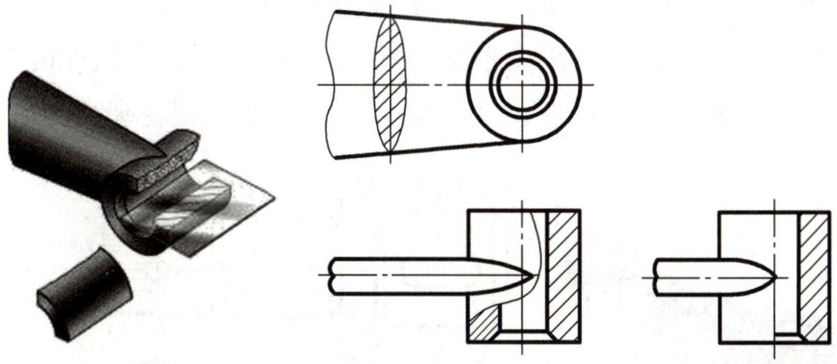

（a）　（b）　（c）

图 5-24　局部剖视图（三）

画波浪线时应注意：

（1）波浪线不应画在轮廓线的延长线上，也不能用轮廓线代替波浪线，如图 5-25（a）所示。

（2）波浪线不应超出视图上被剖切实体部分的轮廓线，如图 5-25（b）所示的主视图。

（3）遇到零件上的孔、槽时，波浪线必须断开，不能穿孔（槽）而过，如图 5-25（b）所示的俯视图。

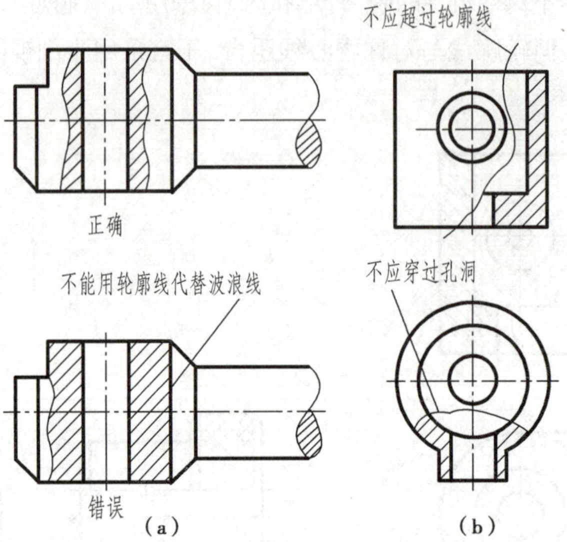

图 5-25　局部剖视图（四）

局部剖视图的标注方法与全剖视图基本相同；若为单一剖切平面且剖切位置明显时，可以省略标注，如图 5-24 所示的局部剖视图。

第三节　断面图的表达方法

一、断面图的形成

假想用剖切平面将机件的某处切断，仅画出断面的图形，称为**断面图**（简称断面）。如图 5-26（a）所示的轴，为了表示键槽的深度和宽度，假想在键槽处用垂直于轴线的剖切面将轴切断，只画出断面的形状，在断面上画出剖面线，如图 5-26（b）所示。

画断面图时，应特别注意断面图与剖视图的区别，断面图仅画出机件被切断处的断面形状；而剖视图除了画出断面形状外，还必须画出剖切面以后的可见轮廓线，如图 5-26（c）所示。

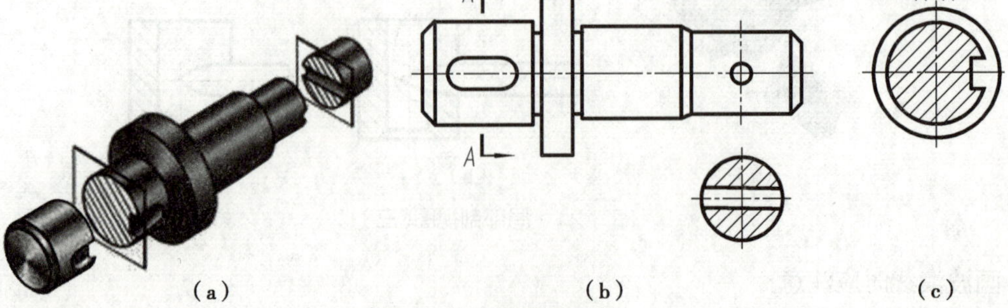

图 5-26　轴的断面图

二、断面图的分类

根据断面图配置的位置，断面可分为移出断面和重合断面，如图 5-27 所示。

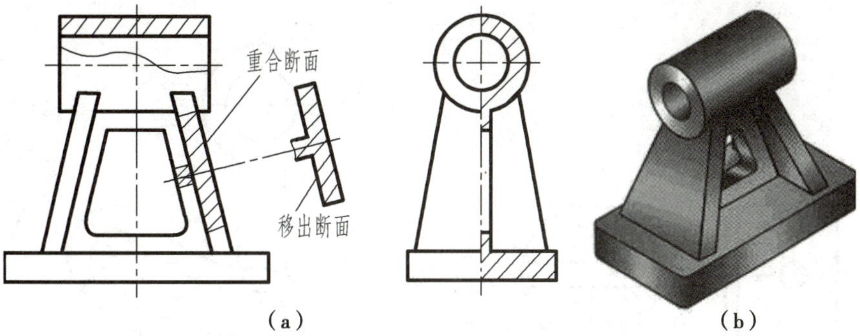

图 5-27　断面图的分类

（一）移出断面

画在视图之外的断面图，称为**移出断面**（removed section）。画移出断面时，应注意如下几点：

（1）移出断面的轮廓线用粗实线绘制。

（2）为了看图方便，移出断面应尽量画在剖切位置线的延长线上，如图 5-28（b）（c）所示。必要时，也可配置在其他适当位置，如图 5-28（a）（d）所示。当断面图形对称时，还可画在视图的中断处，如图 5-29（b）所示。也可按投影关系配置，如图 5-30 所示。

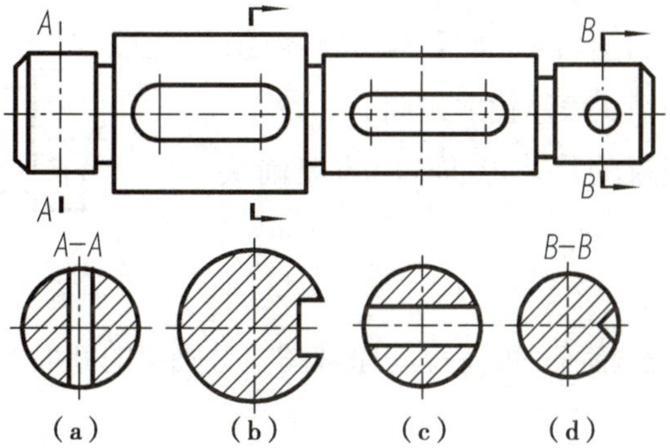

图 5-28　移出断面（一）

（3）剖切平面一般应垂直于被剖切部分的主要轮廓线。当遇到如图 5-29（c）所示的肋板结构时，可用两个相交的剖切平面，分别垂直于左、右板进行剖切，这样画出的断面图，中间应用波浪线断开。

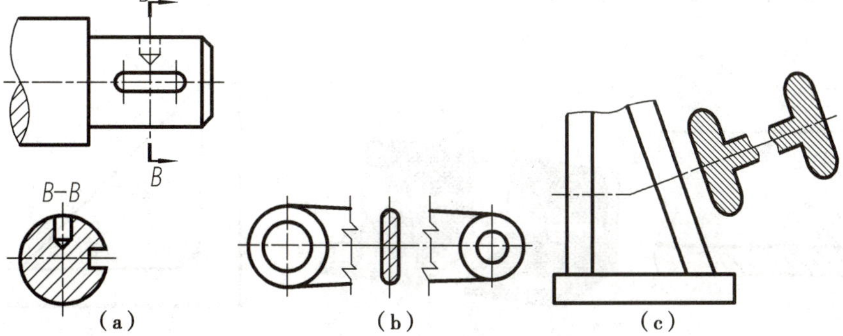

图 5-29　移出断面（二）

（4）当剖切平面通过回转面形成的孔（图 5-30）、凹坑图 5-28（d）中的 *B-B* 断面或当剖切平面通过非圆孔，会导致出现完全分离的几部分时，这些结构按剖视绘制，如图 5-31 中的 *A-A* 断面。

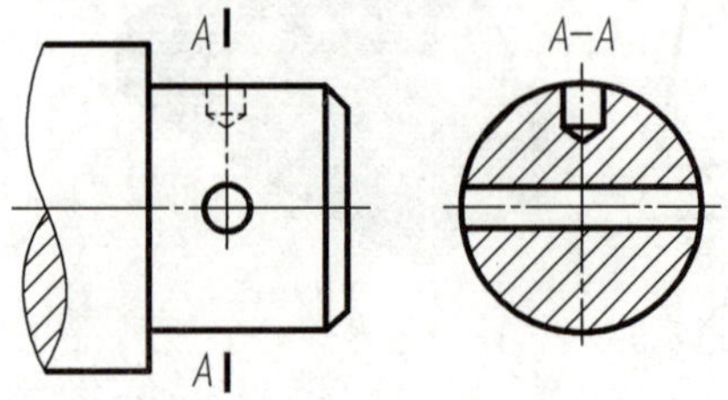

图 5-30　移出断面（三）

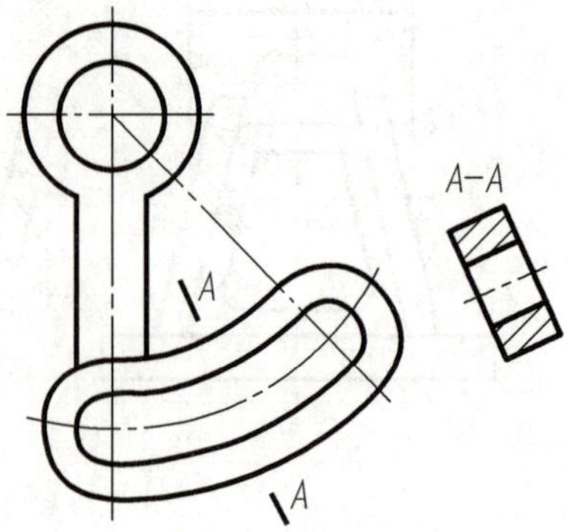

图 5-31　移出断面（四）

断面的标注，应注意以下几点：

（1）配置在剖切位置线的延长线上的不对称移出断面，须用剖切符号表示剖切位置，在剖切符号两端用箭头表示投射方向，省略字母，如图 5-28（b）所示；如果断面图是对称图形，可完全省略标注，如图 5-28（c）所示。

（2）没有配置在剖切位置线的延长线上的移出断面，无论断面图是否对称，都应画出剖切符号，用大写字母标出断面图名称，如图 5-28（a）所示。如果断面图不对称，还需用箭头表示投射方向。

（3）按投影关系配置的移出断面，可省略箭头，如图 5-32 所示。

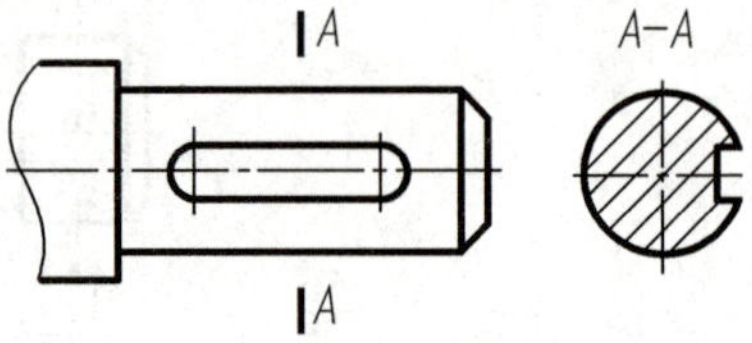

图 5-32　移出断面（五）

（二）重合断面

将断面图绕剖切位置线旋转 90° 后，与原视图重叠画出的断面图称为**重合断面**（revolved section）。

（1）重合断面的画法：重合断面的轮廓线用细实线绘制，如图 5-33、图 5-34 所示。

当视图中的轮廓线与重合断面的图形重叠时，视图中的轮廓线仍需完整地画出，不能间断，如图 5-33 所示。

（2）重合断面的标注：不对称重合断面，可省略字母，如图 5-33 所示。对称的重合断面，可省略全部标注，如图 5-34 所示。

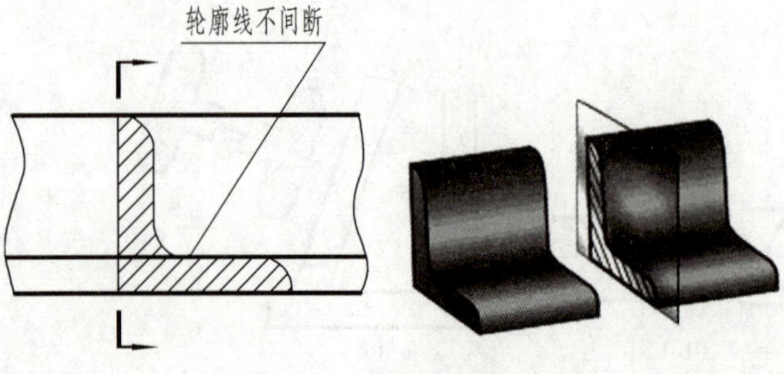

图 5-33　重合断面（一）

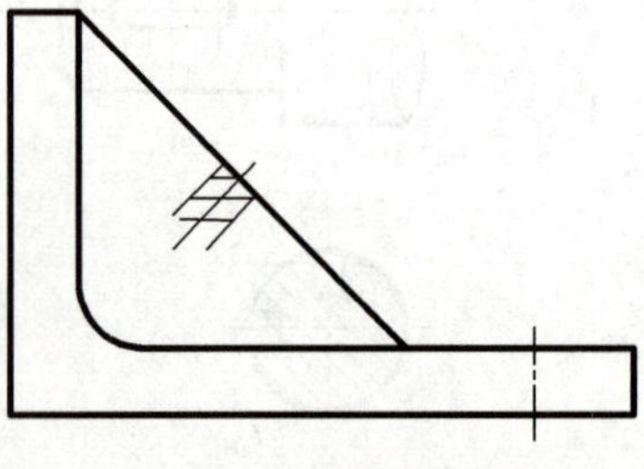

图 5-34　重合断面（二）

第四节　其他表达方法

一、局部放大

当机件上某些局部细小结构在视图上表达不够清楚或不便于标注尺寸时，可将该部分结构用大于原图的比例画出，这种图形称为局部放大图（drawing of partial enlargement），如图 5-35 所示。

画局部放大图时应注意的问题：

（1）局部放大图可以画成视图、剖视图或断面图，它与被放大部分所采用的表达方式无关。

（2）绘制局部放大图时，应在视图上用细实线圈出放大部位，并将局部放大图配置在被放大部位的附近。

（3）当同一机件上有几个放大部位时，需用罗马数字顺序注明，并在局部放大图上方标出相应的罗马数字及所采用的比例，如图 5-35 所示。

当机件上被放大的部位仅有一处时，在局部放大图的上方只需注明所采用的比例，如图 5-36 所示。

（4）局部放大图中标注的比例为放大图尺寸与实物尺寸之比，而与原图所采用的比例无关。

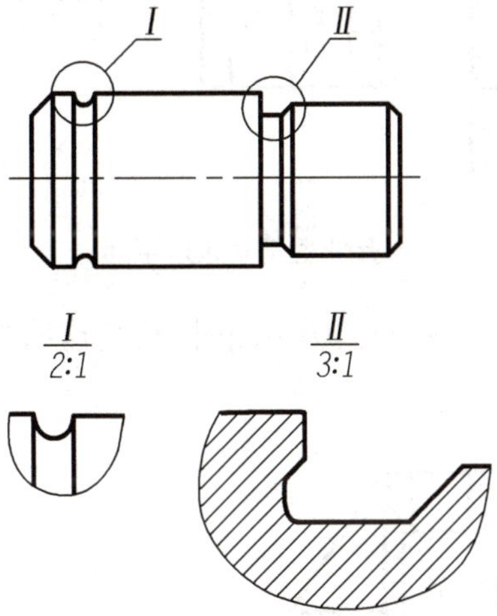

图 5-35　局部放大图（一）

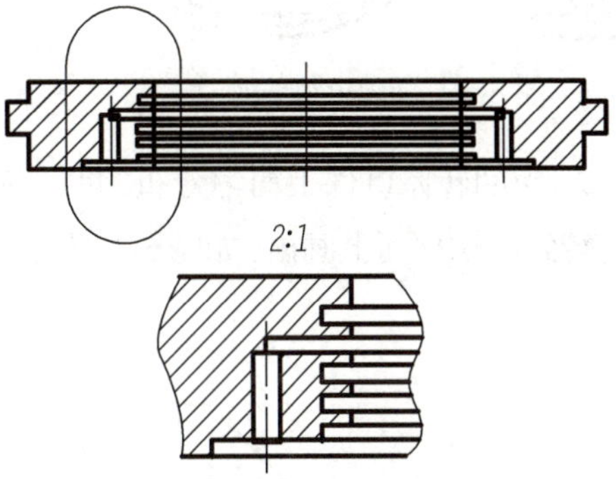

图 5-36　局部放大图（二）

二、规定画法

在规定画法中，大致有以下几种。

1. 对于机件上的肋板、轮辐（spoke of a wheel）和薄壁等结构，当剖切平面沿纵向（通过轮辐、肋板等的轴线或对称平面）剖切时，规定在这些结构的截断面上不画剖面符号，但必须用粗实线将它与邻接部分分开，如图 5-37 左视图中的肋板和图 5-38 主视图中的轮辐。但当剖切平面沿横向(垂直于结构轴线或对称面)剖切时,仍需画出剖面符号,如图 5-37 的俯视图。

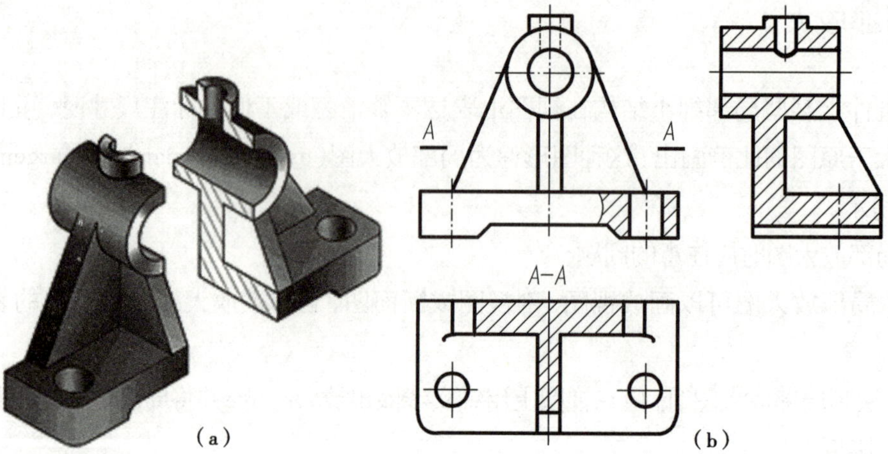

图 5-37　肋的规定画法

2. 当机件上的平面在视图中不能充分表达时,可采用平面符号(两条相交的细实线)表示,如图 5-39 所示。

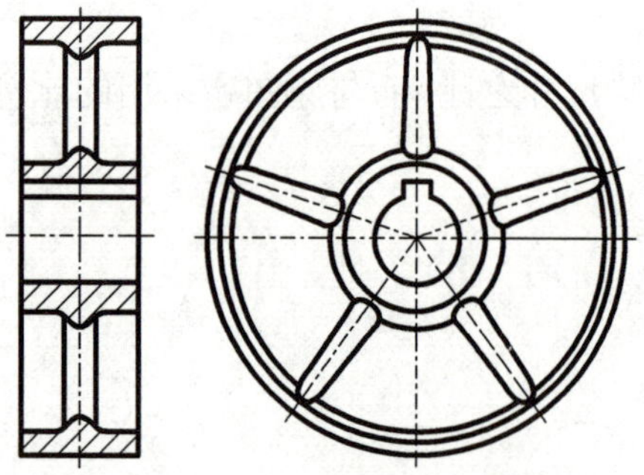
图 5-38　轮辐的规定画法

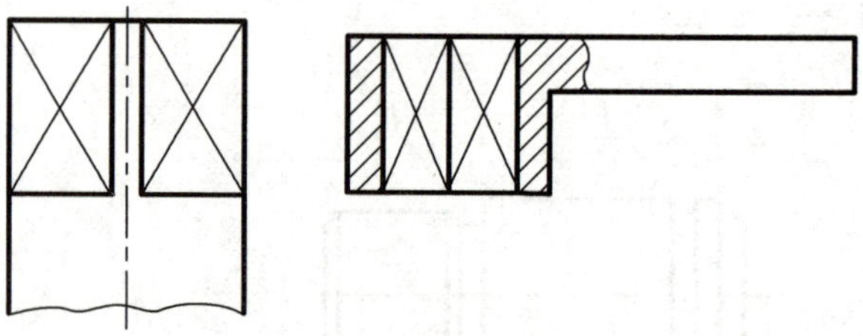
图 5-39　用平面符号表示平面

3. 当回转体机件上均匀分布的肋、轮辐、孔等结构不处于剖切平面时,可将这些结构假想旋转到剖切平面上画出,如图 5-38 和图 5-40 所示。

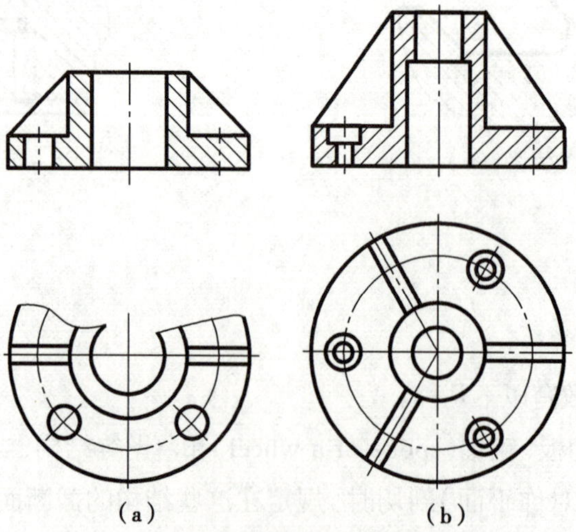

图 5-40　均布结构剖视的规定画法

4. 对于较长的机件（如轴、杆或型材等），当沿长度方向的形状一致或按一定规律变化时，可将其断开缩短绘出，但尺寸仍要按机件的实际长度标注，如图 5-41 所示。

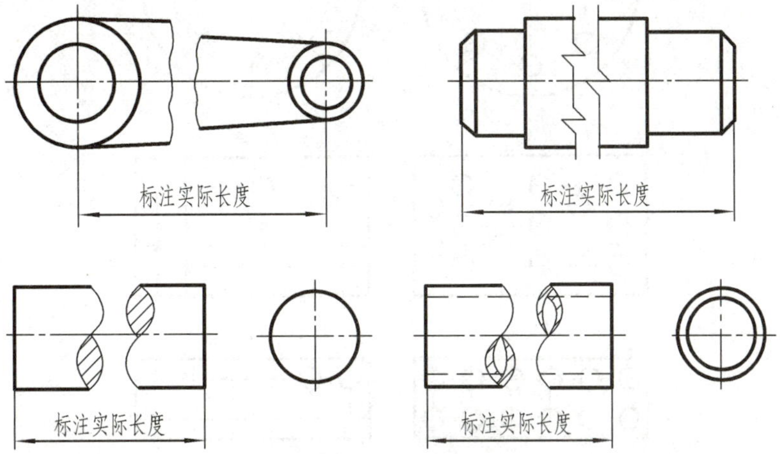

图 5-41　断开画法

三、简化画法

简化画法一般有以下几种。

1. 移出断面一般要画出剖面符号，但当不致引起误解时，允许省略剖面符号，如图 5-42 所示。

2. 在不致引起误解的前提下，对称机件的视图可只画 1/2 或 1/4，但需在对称中心线的两端分别画出两条与之垂直的平行短细实线，如图 5-43 所示。

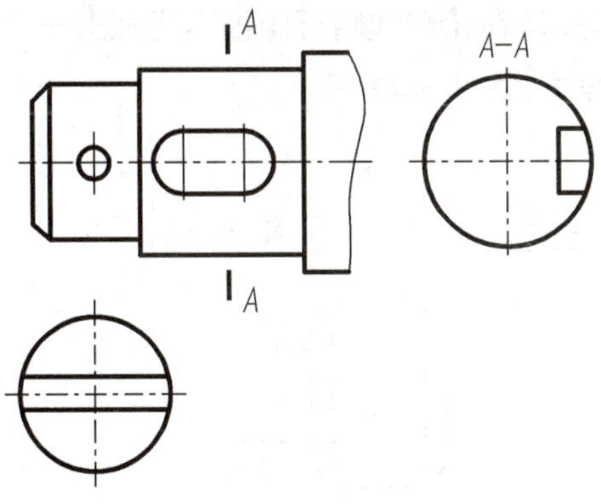

图 5-42　剖面符号的简化

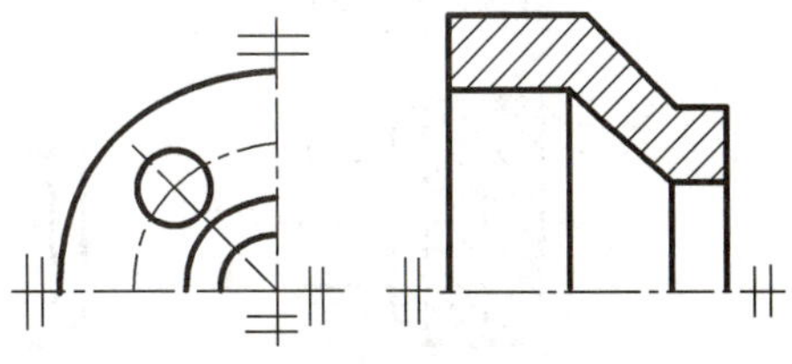

图 5-43　对称机件视图的简化画法

3. 若干形状相同且有规律分布的孔，可以仅画出一个或几个孔，其余只需用细点画线表示其中心位置，如图 5-44 所示。

4. 若干形状相同且有规律分布的齿、槽等结构，可仅画出一个或几个完整结构的图形，其余用细实线连接，但须在机件图中注明该结构的总数，如图 5-45 所示。

5. 圆柱上的孔、键槽等较小结构产生的表面交线允许简化成直线，如图 5-46 所示。

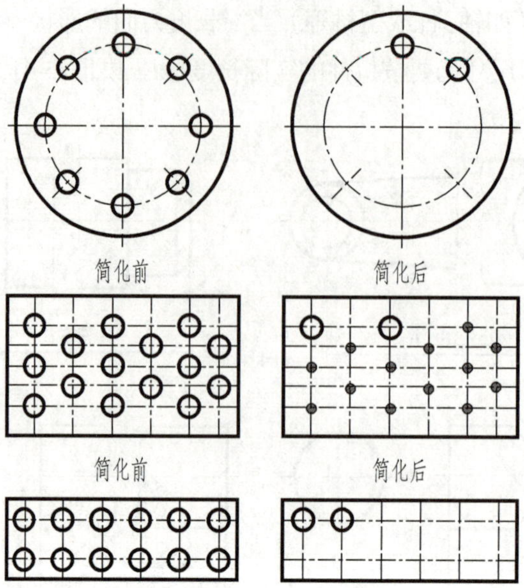

图 5-44　简化画法(一)

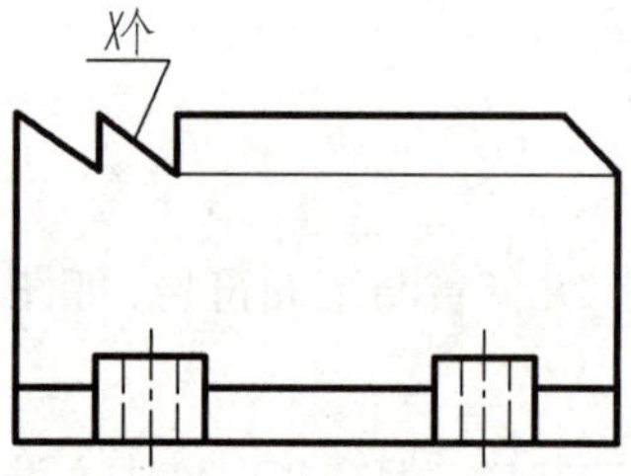

图 5-45　简化画法(二)

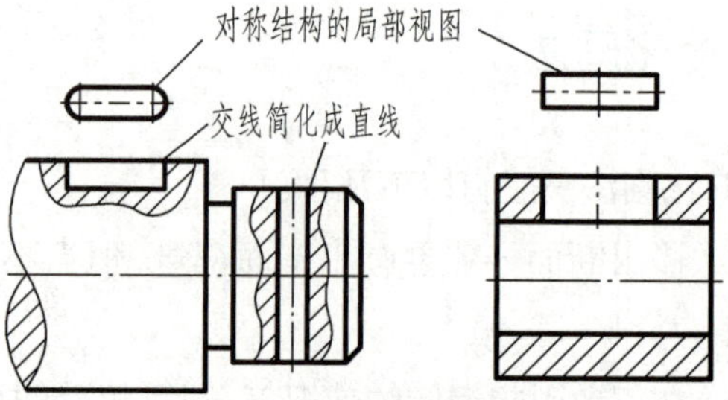

图 5-46　简化画法(三)

6．网状物、编织物或机件的滚花(knurling)部分，可在轮廓线附近用细实线画出一部分，也可省略不画，并在适当位置注明这些结构的具体要求，如图 5-47 所示。

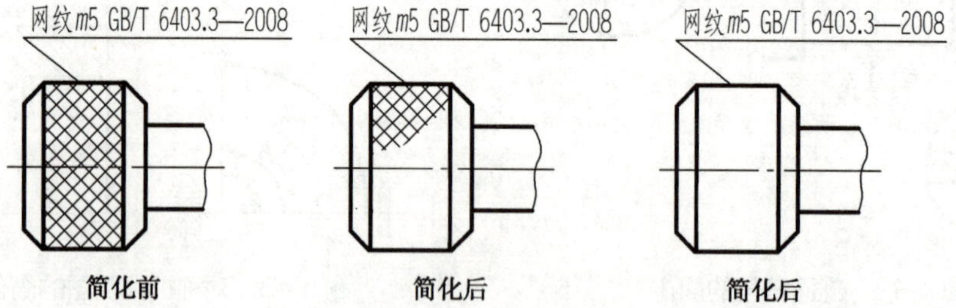

图 5-47　简化画法(四)

7．圆柱形法兰盘和类似机件上均匀分布的孔，可按图 5-48 所示方法绘制。

8．与投影面倾斜角度小于或等于 30° 的圆或圆弧，其投影可以用圆或圆弧代替，如图 5-49 所示。

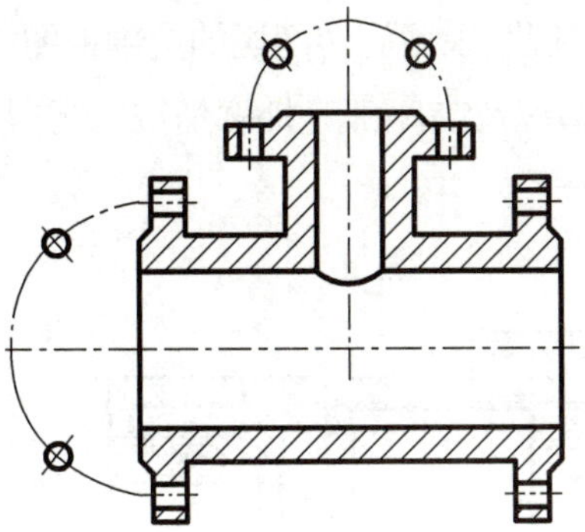

图 5-48　简化画法（五）

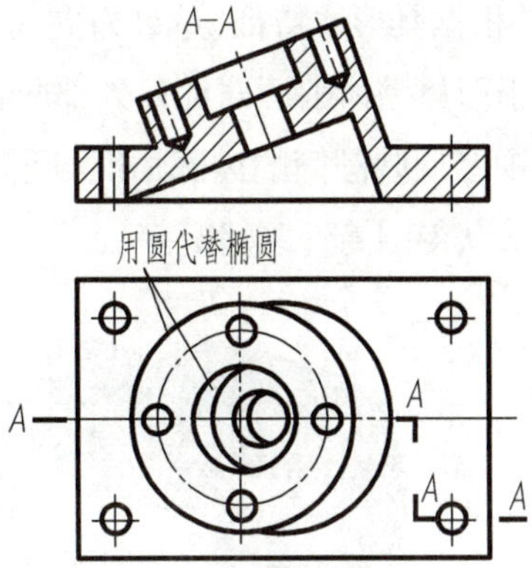

图 5-49　简化画法（六）

第五节　应用举例

一、表达方法选用原则

本章介绍了表达机件的各种方法，如视图、剖视图、断面图及各种规定画法和简化画法等。在绘制图样时，确定机件表达方案的原则是：在完整、清晰地表达机件各部分内外结构形状及相对位置的前提下，力求看图方便，绘图简单。因此在绘制图样时，应有效、合理地综合应用这些表达方法。

1. 视图数量应适当　在完整、清晰地表达机件且在看图方便的前提下，视图的数量要减少，但也不是越少越好，如果由于视图数量的减少而增加了看图的难度，则应适当补充视图。

2. 合理地综合运用各种表达方法　视图的数量与选用的表达方案有关，因此在确定表达方案时，既要注意使每个视图、剖视图和断面图等具有明确的表达内容，又要注意它们之间的相互联系及分工，以达到表达完整、清晰的目的。在选择表达方案时，应首先考虑主体结构和整体的表达，然后针对次要结构及细小部位进行修改和补充。

3. 比较表达方案，择优选用　同一机件，往往可以采用多种表达方案。不同的视图数量、表达方法和尺寸标注方法可以构成多种不同的表达方案。同一机件的几个表达方案相比较可能各有优缺点，但要认真分析，择优选用。

二、表达方法综合举例

下面以图 5-50 所示支座为例，来介绍如何应用视图表达方法来表达形体的形状和结构。

1. 形体分析　该支座由圆筒、底板和十字肋板 3 部分组成。其中圆筒内部有阶梯孔，左端大圆柱上有四个均布的不通孔；底板底面的中部前后方向开了一个通槽，四个角有四个通孔及凸台；十字肋板用于连接圆筒和底板。

2. 选择主视图　考虑支座平稳放置及机件加工等因素，确定如图 5-50 所示的支座工作位置，并根据其形体特征，选 A 方向为主视图的投影方向。

由于形体整体前后对称且外部形状简单，所以其主视图采用旋转剖切的全剖视图（A-A），通过主视图反映圆筒的内部情况、圆筒与底板的连接情况及支座部分外廓情况；通过肋板的规定画法获得圆筒外廓情况。

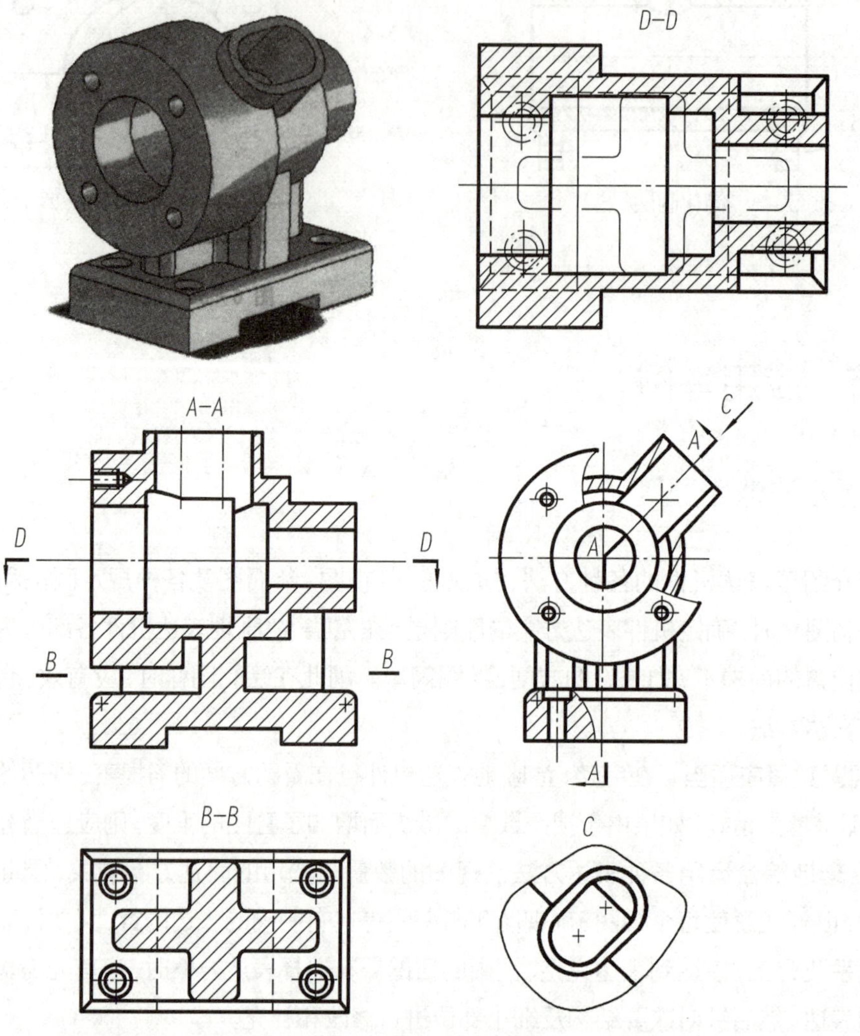

图 5-50　支座的表达方案

3. 确定其他视图　根据主视图的表达情况，进一步确定形体的其他视图表达，以确定表达方案。由于十字肋板和底板形状及结构不明确，对形体可采用单一剖的全剖视 B-B，则其俯视图可反映肋板的断面情况，同时底板的形状及上面四个孔的分布情况得到清晰表达，并且肋板和底板相对位置也得到清楚表达。为了明确底面中部槽的情况，尽管主视图中已作部分表达，但其前后分布情况不明，所以在俯视图上用虚线反映其为贯通前后方向的通槽。

支座的主体形状和结构已得到清楚表达，对于一些局部形状和结构尚未表达清楚的局部结构，加以补充表达。

在主视图（A-A）中，采用局部剖视来表达圆筒左端四个不通孔的内部结构。

通过左视图标注局部视图 C，表达顶部凸台的结构形状。

在左视图上作局部剖视，表达圆筒中部与顶部凸台贯通的结构情况；表达底板上四个凸台内部通孔情况。

B-B 剖视图与 *D-D* 剖视图都可以对肋板的形状进行表达。尽管 *D-D* 剖视图对圆筒的外廓表达直接，但由于其不可见轮廓虚线太多，不利于图样的阅读和表达。所以选择俯视图剖切位置时，以 *B-B* 位置剖切较为合适，其俯视图既表达肋板形状，又表达底板轮廓及底板与肋板的连接关系。因此，视图表达方案必须综合考虑，择优选用。

（赵宇明）

0505

第五章　目标测试

第六章　标准件与常用件

第六章　标准件与常用件（课件）

本章主要介绍螺纹（thread）、齿轮（gear），以及键（key）、销（pin）、滚动轴承（rolling bearing）、弹簧（spring）等标准件（standard parts）、常用件（common parts）的基本知识、画法和标记方法。

第一节　螺纹及螺纹连接件

一、螺纹的形成和加工方法

（一）螺纹的形成

螺纹是在回转面上沿螺旋线形成的，具有相同剖面的连续凸起和沟槽结构。在圆柱或圆锥外表面上形成的螺纹称为**外螺纹**（external thread），在圆柱或圆锥内表面上形成的螺纹称为**内螺纹**（internal thread），如图6-1所示。

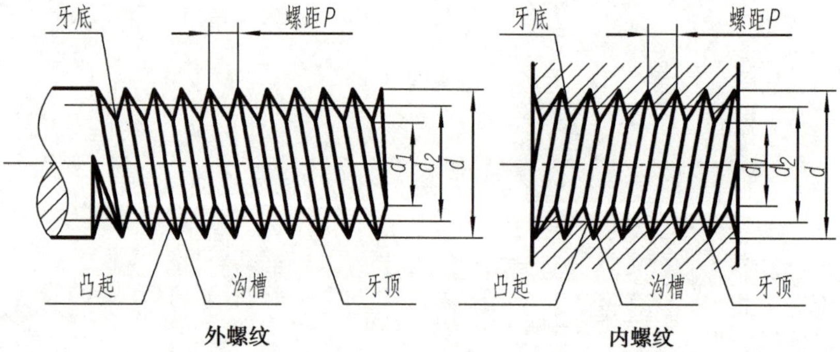

图6-1　螺纹

（二）螺纹的加工方法

在工件上加工出内、外螺纹的方法，主要有切削加工和滚压加工两类。

1. 螺纹切削　一般指用成形刀具或磨具在工件上加工螺纹的方法，主要有车削、铣削、磨削、研磨、攻丝、套丝和旋风切削等。

（1）螺纹铣削：螺纹铣床上用盘形铣刀或梳形铣刀进行铣削。盘形铣刀主要用于铣削丝杆、蜗杆等工件上的梯形外螺纹。梳形铣刀用于铣削内、外普通螺纹和锥螺纹。

（2）螺纹磨削：主要用于在螺纹磨床上加工淬硬工件的精密螺纹，按砂轮截面形状不同分单线砂轮和多线砂轮磨削两种。

（3）螺纹研磨：用铸铁等较软材料制成螺母型或螺杆型的螺纹研具，对工件上已加工的螺纹存在螺距误差的部位进行正反向旋转研磨，以提高螺距精度。

（4）攻丝和套丝：攻丝是用一定的扭矩将丝锥旋入工件上预钻的底孔中加工出内螺纹。套丝是用板牙在棒料（或管料）工件上切出外螺纹。

2. 螺纹滚压 用成形滚压模具使工件产生塑性变形以获得螺纹的加工方法。螺纹滚压一般在滚丝机、搓丝机或在附装自动开合螺纹滚压头的自动车床上进行，适用于大批量生产标准紧固件和其他螺纹连接件的外螺纹。

二、螺纹的基本要素

（一）牙型

在通过螺纹轴线的剖面上，螺纹的齿廓形状被称为**牙型**（form of thread）。相邻两牙侧面间的夹角被称为牙型角。图 6-1 所示的是三角形螺纹，常用的还有矩形、梯形、锯齿形等牙型。

（二）公称直径

公称直径（nominal diameter）代表螺纹尺寸的直径，通常指螺纹大径的基本尺寸。

（1）大径（major diameter）：与外螺纹牙顶或内螺纹牙底相重合的假想圆柱面或圆锥面直径，用 d 表示外螺纹大径，用 D 表示内螺纹的大径。

（2）小径（minor diameter）：与外螺纹牙底或内螺纹牙顶相重合的假想圆柱面或圆锥面直径，用 d_1 表示外螺纹小径，用 D_1 表示内螺纹的小径。

（3）中径（pitch diameter）：一个假想的圆柱面或圆锥面直径，在其轴线的剖面内素线上的牙宽和槽宽相等。用 d_2 表示外螺纹中径，用 D_2 表示内螺纹中径。

（三）线数

线数（number of thread）是指在同一表面上加工螺纹的螺旋线数目。有单线和多线之分。沿一条螺旋线所形成的螺纹称为单线螺纹；沿两条或两条以上、在轴向等距分布的螺旋线所形成的螺纹称为多线螺纹，线数用 n 表示。

（四）螺距

螺纹相邻两牙在中径线上对应两点间的轴向上距离称为**螺距**（pitch of thread），用 P 表示。

（五）导程

在同一条螺旋线上，相邻两牙在中径线上对应两点间的轴向距离称为**导程**（lead），用 S 表示。单线螺纹的导程等于螺距，即 $S=P$，如图 6-2（a）所示；多线螺纹导程等于线数乘以螺距，即 $S=n\times P$，如图 6-2（b）所示。

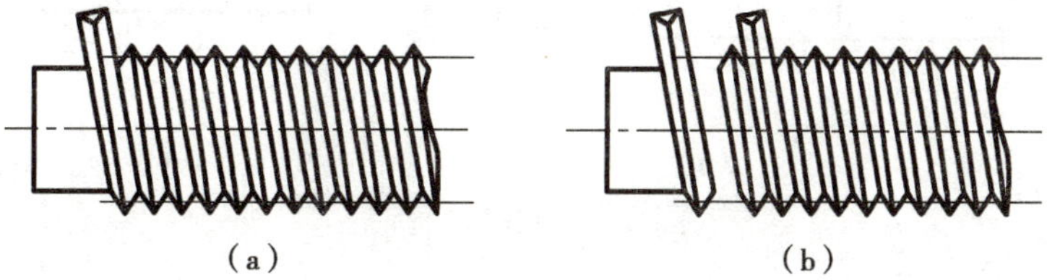

图 6-2 螺纹导程

（a）单线螺纹；（b）多线螺纹

（六）旋向

旋向（direction of turning）是指螺旋线在圆柱或圆锥等立体表面上的绕行方向，有右旋和左旋两种，工程上常采用右旋螺纹。旋向是根据螺纹旋进旋出的方向来判断，按顺时针方向旋入的螺纹称为右旋螺纹（right-hand thread），按逆时针方向旋入的螺纹称为左旋螺纹（left-hand thread）。

三、螺纹的种类

（一）按标准化程度分类

螺纹按其标准化程度可分为标准螺纹、特殊螺纹和非标准螺纹。标准螺纹是指牙型、公称直径和螺距等3个要素均符合国家标准的螺纹。其中只有牙型符合国家标准的螺纹称为特殊螺纹，凡牙型不符合国家标准的螺纹称为非标准螺纹。

（二）按螺纹用途分类

螺纹按其用途可分为连接螺纹和传动螺纹（transmission thread）。连接螺纹起连接零件的作用，常用的有普通螺纹、管螺纹等；传动螺纹起传递运动和动力的作用，常用的有梯形螺纹、锯齿形螺纹等。

四、螺纹的规定画法

为简化作图，国家标准《机械制图 螺纹及螺纹紧固件表示法》（GB/T 4459.1—1995）中规定了内、外螺纹及螺纹连接的画法。

（一）外螺纹

外螺纹的画法如图6-3（a）所示。在平行于螺纹轴线的视图中：螺纹的牙顶（大径）用粗实线绘制；牙底（小径）可取大径的0.85倍，用细实线绘制，螺杆的倒角或倒圆部分也应画出；螺纹终止线用粗实线绘制。在垂直于螺纹轴线的视图中：大径用粗实线绘制；小径用细实线绘制约3/4圆圈；螺杆端面的倒角圆不需画出。在绘制外螺纹时，一般不需绘制螺纹的收尾部分，必要时可以用与螺纹轴线成30°角的细实线绘制，如图6-3（b）所示。

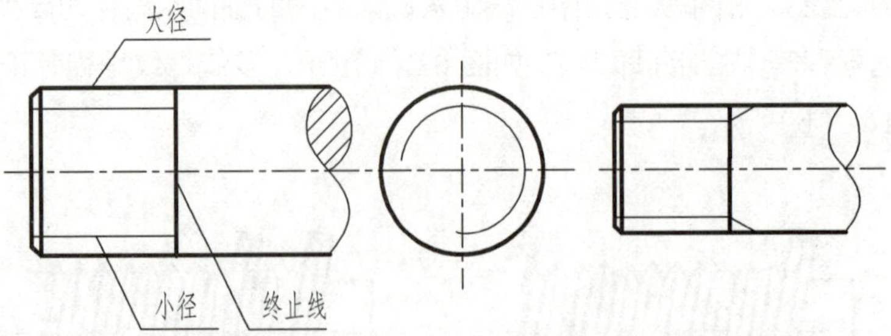

（a）　　　　　　（b）

图6-3　外螺纹的画法

（二）内螺纹

内螺纹的画法，如图6-4所示。剖视或断面，如图6-4（a）中：在平行于螺纹轴线的视图中，牙顶（小径）及螺纹终止线用粗实线绘制；牙底（大径）用细实线绘制。在垂直于螺纹轴线的视图中，小径用粗实线绘制；大径用细实线绘制约3/4圆圈，倒角圆省略。

当螺纹孔不作剖视时，如图6-4（b）所示：大径、小径及螺纹终止线均用虚线绘制。

对于盲孔螺纹的画法，可按图6-4（c）的形式绘制。

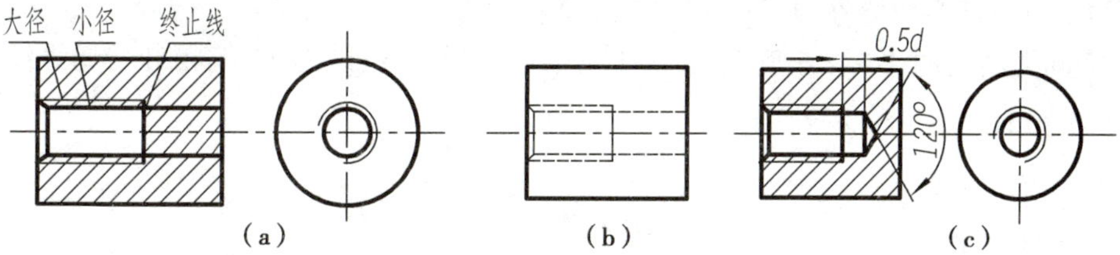

图6-4 内螺纹的画法

（三）**内、外螺纹连接的画法**

国家标准规定，在通过螺纹轴线的剖视图中，其旋合部分按外螺纹的画法，螺杆不剖；其他部分按各自的画法；在垂直于螺杆轴线的剖视图中，螺杆仍需剖视，如图6-5所示。

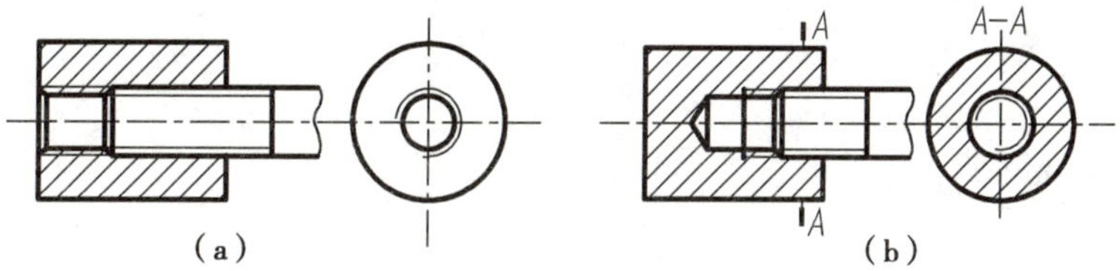

图6-5 内外螺纹连接的画法

五、螺纹的标注

螺纹采用规定画法后，为了表示各种螺纹及参数，应在图上按国家标准规定形式进行标记，表示该螺纹的牙型、公称直径、螺距、公差带（tolerance zone）等参数。

一个完整的螺纹标记由螺纹代号（包含特征代号、公称直径、螺距、旋向）、螺纹公差带代号和旋合长度（length of thread engagement）代号组成，各代号之间用“—”隔开，如：粗牙普通螺纹、公称直径24，螺距3，右旋，螺纹中径公差带代号5g，顶径公差带代号为6g，其标记为：M24—5g6g。

在标记普通螺纹时应注意如下问题：

1. 普通螺纹的特征代号为M。
2. 公称直径为螺纹大径的基本尺寸。
3. 普通粗牙螺纹不标注螺距，细牙螺纹应标注螺距。表6-1列出了常用普通粗牙螺纹及螺距。

表6-1 普通粗牙螺纹及螺距

公称直径	M6	M8	M10	M12	M16	M20	M24
螺距	1	1.25	1.5	1.75	2	2.5	3

4. 螺纹公差带代号由两项公差代号组成，前项表示螺纹中径公差，后项表示顶径公差。当中径与顶径公差代号完全相同时，则只需标注一个代号。代号字母大写表示内螺纹公差，小写表示外螺纹公差。如普通内螺纹 M12—6H。

5. 螺纹旋合长度代号用 S、N、L 分别表示较短、中等及较长 3 种，其中 N 应省略，必要时也可注明旋合长度的具体数值，如 M24×2—5g6g—40。

6. 旋向为右旋时不标，左旋时用“LH”注明。如公称直径为 16 的粗牙普通螺纹、左旋，标记为：M16LH。

六、螺纹紧固件

螺纹紧固件的类型和结构型式很多，包括螺钉（screw）、螺栓（bolt）、螺柱（stud）、垫圈（washer）、螺母（nut）等。它们都是标准件，螺纹紧固件标记方法可查《紧固件标记方法》（GB/T 1237—2000），其中规定紧固件有完整标记和简化标记两种标记方法，可在使用时参考。

第二节　齿轮

齿轮传动是一种常用件，在机器或部件中应用较广泛，主要用来传递动力、改变转速及旋转方向。

一、齿轮的形成、作用及种类

齿轮的种类很多，常用的有圆柱齿轮（cylindrical gear），用于两平行轴之间的传动，如图 6-6（a）所示；圆锥齿轮（bevel gear），用于两相交轴之间的传动，如图 6-6（b）所示；蜗轮蜗杆（worm wheel），用于两垂直交叉轴之间的传动，如图 6-6（c）所示。其中圆柱齿轮的轮齿有直齿（spur）、斜齿（spiral）和人字齿（herringbone）之分。齿型又有渐开线（involute）、摆线（cycloidal）、圆弧（arc）等形状。

（a）　（b）　（c）

图 6-6　齿轮的种类

（a）圆柱齿轮；（b）圆锥齿轮；（c）蜗轮蜗杆

二、标准直齿圆柱齿轮各部名称、代号及参数

（一）名称、代号

齿轮各部分的结构及名称如图 6-7 所示。

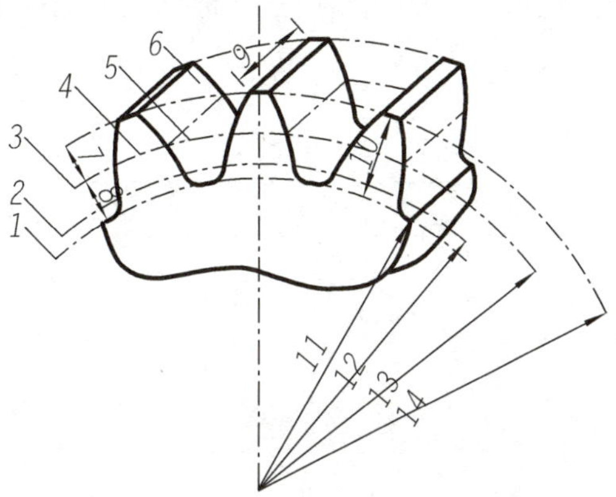

1. 齿根圆；2. 基圆；3. 分度圆；4. 分度圆齿厚；5. 分度圆齿槽宽；6. 齿廓曲面；7. 齿顶高；8. 齿根高；9. 齿宽；10. 全齿高；11. 齿根圆；12. 基圆；13. 分度圆；14. 齿顶圆。

图 6-7　齿轮各部分名称

齿顶圆 d_a：通过轮齿顶部的圆柱面直径。

齿根圆 d_f：通过轮齿根部的圆柱面直径。

分度圆 d：在标准齿轮上，使齿厚 s 与齿槽宽 e 相等处的圆。

齿高 h：齿顶圆和齿根圆之间的径向距离。

齿顶高 h_a：齿顶圆和分度圆之间的径向距离。

齿根高 h_f：齿根圆和分度圆之间的径向距离。

对于标准齿轮：$h=h_a+h_f$。

齿距 p（周节 p）：在分度圆上，两个相邻轮齿的同侧齿面间的弧长。

齿厚 s：一个轮齿齿廓在分度圆间的弧长。

齿槽宽 e：一个轮齿齿槽在分度圆间的弧长。

对于标准齿轮：$s=e$，$p=s+e$。

齿数 z：齿轮上轮齿的个数。

模数 m：在分度圆上 $pz=\pi d$，则 $d=zp/\pi$，令 $p/\pi=m$ 所以 $d=mz$，m 称为“模数”，它是齿轮设计和制造时的重要参数，其数值在《通用机械和重型机械用圆柱齿轮 模数》（GB/T 1357—2008）中有规定，如表 6-2 所示。

表 6-2　齿轮的标准模数

第一系列	1	1.25	1.5	2	2.5	3	4	5	6
	8	10	12	16	20	25	32	40	50
第二系列	1.75	2.25	2.75	（3.25）	3.5	（3.75）	4.5	5.5	（6.5）
	7	9	（11）	14	18	22	28	36	45

注：应优先选用第一系列，其次是第二系列，括号内的数值尽量不用。

压力角 α：是指齿廓上任意一点的法线方向与线速度方向所夹的锐角，通常所说的齿轮压力角是指分度圆上的压力角，国家标准规定标准压力角 $\alpha=20°$。

（二）参数计算

标准齿轮的齿廓形状有齿数、模数（module）、压力角（pressure angle）三个基本参数，由这三个基本参数就可以计算齿轮各部分的几何尺寸。标准直齿圆柱齿轮各部分的尺寸计算方法如表 6-3 所示。

表 6-3　标准直齿圆柱齿轮各部分的尺寸

名称	符号	计算公式
分度圆直径	d	$d=m\cdot z$
齿顶高	h_a	$h_a=m$
齿根高	h_f	$h_f=1.25m$
全齿高	h	$h=h_a+h_f=2.25m$
齿顶圆直径	d_a	$d_a=d+2h_a=m(z+2)$
齿根圆直径	d_f	$d_f=d-2h_f=m(z-2.5)$
中心距	a	$a=(d_1+d_2)/2=m(z_1+z_2)/2$
齿距	p	$p=\pi\cdot m$
齿厚	s	$s=p/2=\pi\cdot m/2$
齿槽宽	e	$e=p/2=\pi\cdot m/2$

三、直齿圆柱齿轮的画法

0602

直齿圆柱齿轮

（一）单个齿轮的规定画法

直齿圆柱齿轮的规定画法，在国家标准《机械制图　齿轮表示法》（GB/T 4459.2—2003）中有规定。单个齿轮的画法按如下规定：

1. 齿顶圆、齿顶线用粗实线绘制，分度圆、分度线用细点画线绘制。

2. 在视图中，齿根圆和齿根线用细实线绘制，也可省略不画；在剖视图中，齿根线用粗实线绘制。

3. 在剖视图中，若剖切平面通过齿轮的轴线时，轮齿一律按不剖绘制。

单个齿轮的画法如图 6-8 所示。

（二）齿轮啮合画法

啮合齿轮的画法规定如下：

1. 在与齿轮轴线平行的投影面上若为视图，啮合区的齿顶线不需画出，节线用粗实线绘制，其他处按单个齿轮画法绘制；若为剖视，啮合区内，一个齿轮的轮齿用粗实线绘制，另一个齿轮的齿根线用粗实线，齿顶线用虚线绘制，也可省略不画。

2. 在与轴线垂直的投影面上：啮合区域内节线相切，用细点画线绘制；齿顶圆均用粗实线绘制，也可将啮合区域内的齿顶圆省略不画。

啮合齿轮的详细画法如图 6-9 所示。

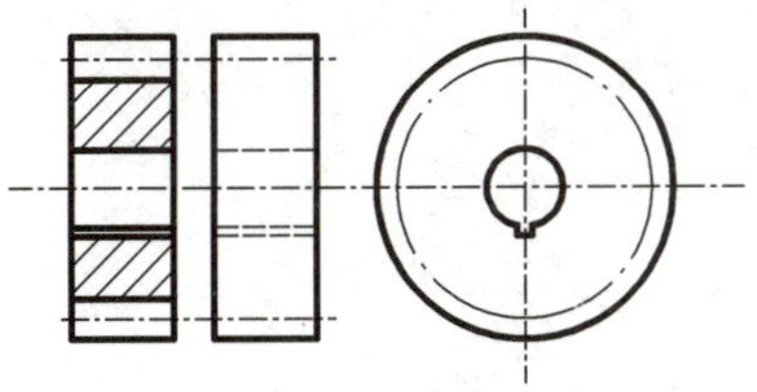

图 6-8　单个圆柱直齿轮的画法

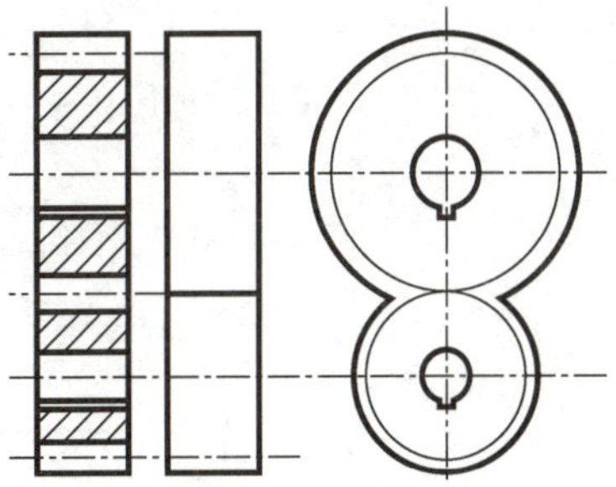

图 6-9　直齿圆柱齿轮的啮合画法

第三节　键、销、滚动轴承、弹簧

一、键及其连接

键是用来连接轴和轴上零件，起传递扭矩的作用。常用的键有：普通平键（common flat key）、半圆键（woodruff key）、楔键（taper key）和花键（spline），其形式及标记可查阅相关资料，如《普通型　半圆键》（GB/T 1099.1—2003），《矩形花键尺寸、公差和检验》（GB/T 1144—2001），《圆柱直齿渐开线花键（米制模数　齿侧配合）第 1 部分：总论》（GB/T 3478.1—2008），《楔键　键槽的剖面尺寸》（GB/T 1563—2017），《普通型　楔键》（GB/T 1564—2003），《钩头型　楔键》（GB/T 1565—2003）等。

根据键的标记，可从相关标准中查得键的所有尺寸。如确定键 18×100 的尺寸，从国家标准的表中可知，该键是宽 b=18mm、长 L=100mm、高 h=11mm 的圆头普通平键。

0603
键及其连接

（一）普通平键和半圆键的画法

键是标准件，键的长度 L、宽度 b 和键槽的尺寸，可根据轴的直径 d 从有关标准中选取。其画法如图 6-10 和图 6-11 所示。

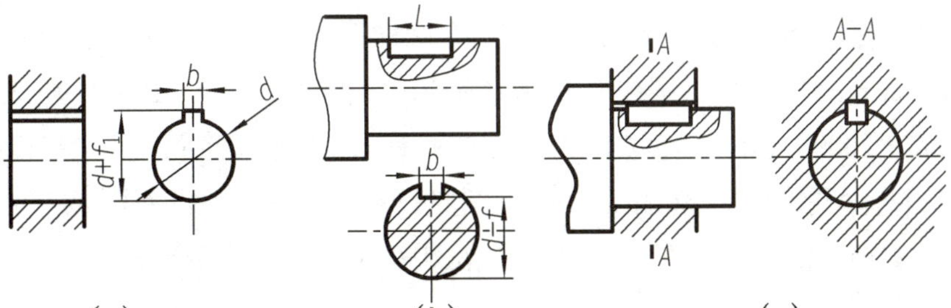

图 6-10　普通平键连接的画法

在绘制普通平键和半圆键连接时应注意以下问题：

1. 键的两侧面与轴和键槽的侧面接触，应画一条线。

2. 键的底面与轴槽底面接触，画一条线。

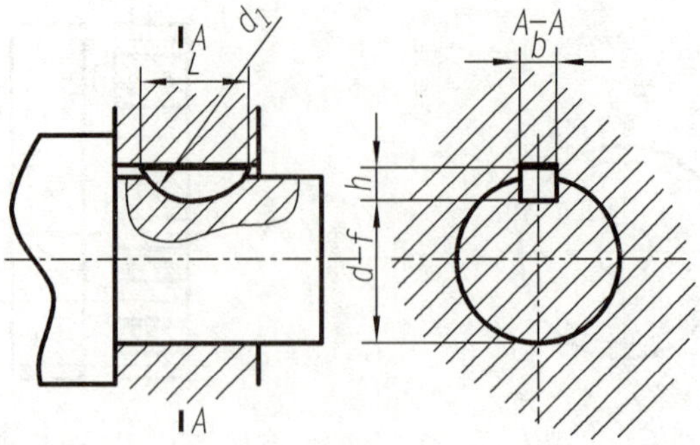

图 6-11　半圆键连接的画法

3. 键的顶面与轮毂槽顶面之间有间隙，画两条线。

4. 当剖切平面通过轴和键的轴线时，轴和键均按不剖画出。

（二）钩头楔键的画法

钩头楔键（gib head taper key）的顶面有 1∶100 的斜度，其工作面为键的顶面和底面，与键槽间没有间隙画一条线，而键的侧面与轴槽和轮毂槽为间隙配合，画两条线。钩头楔键的画法如图 6-12 所示。

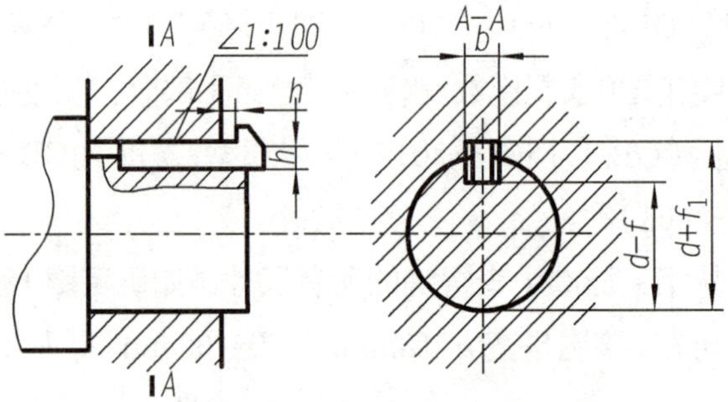

图 6-12　钩头楔键连接的画法

二、销及其连接

销通常用于零件间的连接和定位。常用的有圆柱销（cylindrical pin）、圆锥销（taper pin）和开口销（cotter pin）等，可在《圆柱销　不淬硬钢和奥氏体不锈钢》（GB/T 119—2000），《圆锥销》（GB/T 117—2000），《开口销》（GB/T 91—2000）等国家标准中查到。用销连接或定位的两个零件上的销孔，一般需要一起加工，并在销孔的图样上注写“装配时作”或“与 × 件配作”。圆锥销的公称直径是指小端直径。销连接的画法和标注如图 6-13 所示。

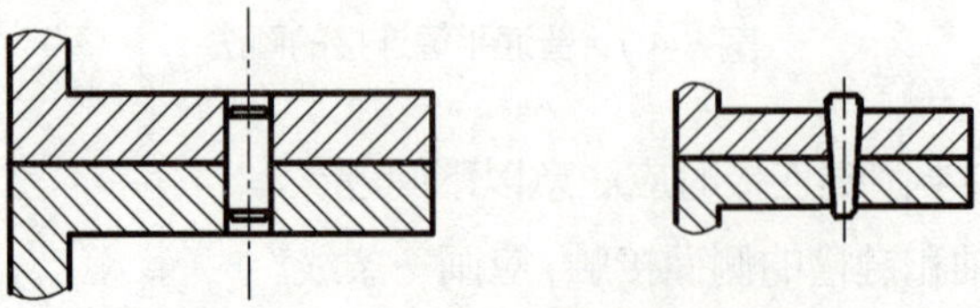
图 6-13　圆柱销与圆锥销连接的画法

销的规定标记示例：

公称直径 d=10mm，长度 l=30mm，材料 35 钢，硬度为 35HRC，表面氧化处理的 B 型圆柱销：销 GB/T 119.2—2000　B10×30。

公称直径 d=10mm，长度 l=50mm，材料 35 钢，硬度为 35HRC，表面氧化处理的 B 型圆锥销：销 GB/T 119.2—2000　B10×50。

三、滚动轴承

滚动轴承是一种标准件，用来支承轴的旋转运动，使用时根据要求，选用其标准型号。

（一）滚动轴承的类型和结构

滚动轴承的类型很多，按照其承受载荷的方向主要分为以下 3 类。

向心轴承（radial bearing）：要承受径向载荷。

推力轴承（thrust bearing）：只承受轴向载荷。

向心推力轴承（radial thrust bearing）：既可承受轴向载荷，又可承受径向载荷。

滚动轴承的结构基本相似，一般由内圈（inner ring）、外圈（outer ring）、滚动体（rolling element）和保持架（cage）组成，如图 6-14 所示。

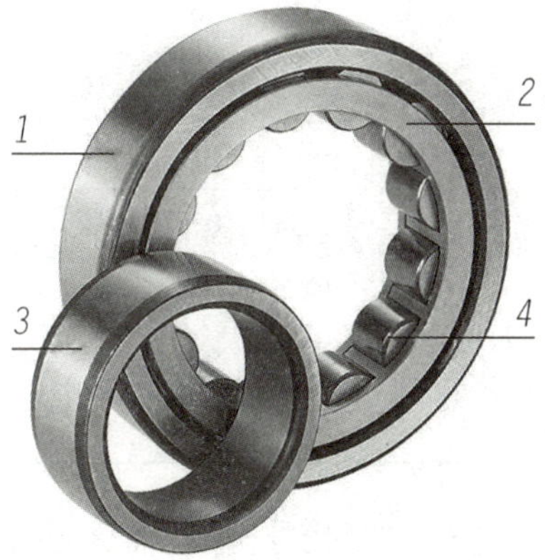

1. 外圈；2. 内圈；3. 保持架；4. 滚动体。

图 6-14　滚动轴承的基本结构

（二）滚动轴承的代号

滚动轴承的代号由前置代号、基本代号和后置代号组成。

1. 前置代号和后置代号　滚动轴承的前置代号和后置代号是轴承在结构形状、尺寸、公差等其他技术要求改变时，在其基本代号的前、后所添加的补充代号，使用时可根据国家标准《滚动轴承　分类》（GB/T 271—2017）的有关规定选取。

2. 基本代号　滚动轴承的基本代号由类型代号、尺寸系列代号和内径代号组成。不同类型的滚动轴承有相应的国家标准，可在需要时查阅有关资料。

（1）类型代号：类型代号表示滚动轴承的类型，位于基本代号的最左边，用数字或字母组成，其含义见表 6-4。

表 6-4　滚动轴承的类型代号

代号	轴承类型	代号	轴承类型
0	双列角接触球轴承	6	深沟球轴承
1	调心球轴承	7	角接触球轴承
2	调心滚子轴承和推力调心滚子轴承	8	推力圆柱滚子轴承
3	圆锥滚子轴承	N	圆柱滚子轴承（双列或多列用字母 NN 表示）
4	双列深沟球轴承	U	外球面球轴承
5	推力球轴承	QJ	四点接触球轴承

（2）尺寸系列代号：滚动轴承的尺寸系列代号由宽度（或高度）系列代号和直径系列代号组成，其含义见表 6-5。

表 6-5 滚动轴承的尺寸系列代号

直径系列代号	向心轴承								推力轴承			
	宽度系列代号								高度系列代号			
	8	0	1	2	3	4	5	6	7	9	1	2
	尺寸系列代号											
7	—	—	17	—	37	—	—	—	—	—	—	—
8	—	08	18	28	38	48	58	68	—	—	—	—
9	—	09	19	29	39	49	59	69	—	—	—	—
0	—	00	10	20	30	40	50	60	70	90	10	—
1	—	01	11	21	31	41	51	61	71	91	11	—
2	82	02	12	22	32	42	52	62	72	92	12	22
3	83	03	13	23	33	—	—	—	73	93	13	23
4	—	04	—	24	—	—	—	—	74	94	14	24
5	—	—	—	—	—	—	—	—	—	95	—	—

（3）内径代号：滚动轴承的内径代号表示轴承的内径大小。其表示方法见表 6-6。

表 6-6 滚动轴承的内径代号

内径尺寸 /mm		内径代号的表示方法
20 到 480（22、28、32 除外）		轴承内径除以 5 的商数，当商数为 1 位数时，需在商数左边加“0”
大于或等于 500 及 22、28、32		用内径的毫米数直接表示，但必须与尺寸系列代号之间用“/”隔开
0.6～10（内径为小数）		用内径的毫米数直接表示，但必须与尺寸系列代号之间用“/”隔开
1～9（内径为整数）		用内径的毫米数直接表示，对 7、8、9 直径系列的轴承，内径与尺寸系列代号之间用“/”隔开
10～17	10	00
	12	01
	15	02
	17	03

（三）滚动轴承的标记

滚动轴承的标记由三部分组成：轴承名称 + 轴承代号 + 标准编号，例如：滚动轴承 5103 GB/T 272—2017。

（四）滚动轴承的画法

根据《机械制图 滚动轴承表示法》（GB/T 4459.7—2017），滚动轴承的画法主要有：通用画法、特征画法和规定画法，其中前两种画法又称简化画法。

图 6-15 至图 6-18 是几种滚动轴承的画法示例。

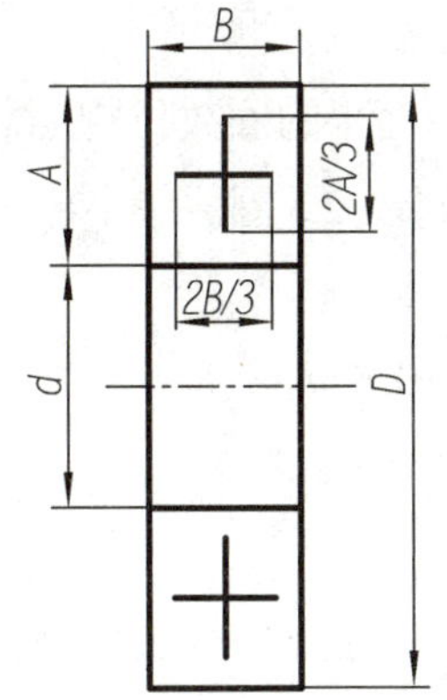

图 6-15　滚动轴承的通用画法

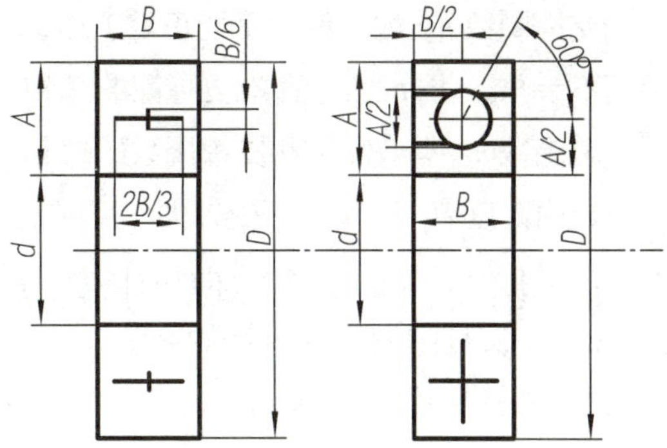

图 6-16　深沟球轴承的特征画法和规定画法

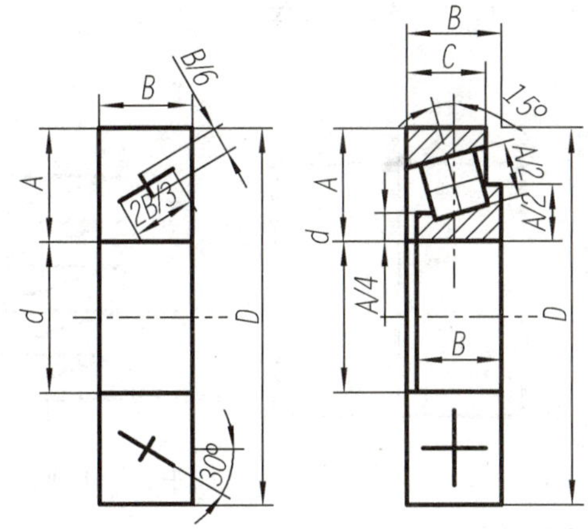

图 6-17　圆锥滚子轴承的特征画法和规定画法

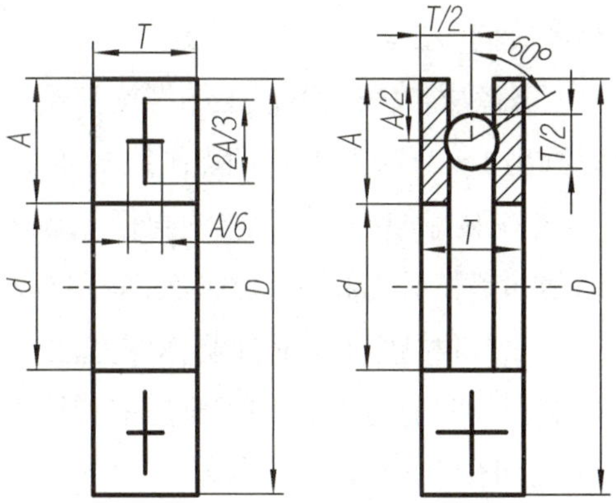

图 6-18　推力球轴承的特征画法和规定画法

四、弹簧

弹簧是常用件，它具有减震、夹紧、储能、测力等作用，其种类很多，常用的弹簧有压缩弹簧（compression spring）、拉伸弹簧（tension spring）、扭转弹簧（torsion spring）和平面涡卷弹簧（flat spiral spring）等。其中，圆柱螺旋压缩弹簧应用最为广泛。本节主要介绍圆柱螺旋压缩弹簧的尺寸计算和画法。

（一）圆柱螺旋压缩弹簧各部分的名称和尺寸计算

圆柱螺旋压缩弹簧各部分的名称如图 6-19 所示。

簧丝直径 d：制造弹簧的材料直径。

弹簧外径 D：弹簧的最大直径。

弹簧内径 D_1：弹簧的最小直径。

弹簧中径 D_2：弹簧丝中心所在的圆柱面直径。$D_2=(D+D_1)/2=D_1+d=D-d$。

节距 t：除支撑圈外，相邻两有效圈上对应点间的轴向距离。

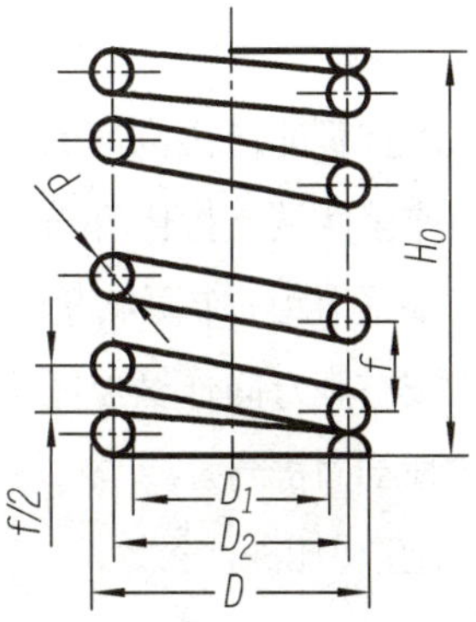

图 6-19　圆柱螺旋压缩弹簧各部分的名称

有效圈数 n：保持相等节距的圈数。

支撑圈数 n_2：为了使弹簧能正常工作，将弹簧两端压紧并磨平的圈数，这些圈只起支撑作用而不参与工作，n_2 表示两端支撑圈的总和，一般为 1.5 圈、2 圈、2.5 圈。

总圈数 n_1：有效圈数和支撑圈数的总和。

自由高度 H_0：弹簧在不受外力作用时的高度，$H_0=n_1+(n_2-0.5)d$。

展开长度 L：制造弹簧时坯料的长度。$L=n_1\sqrt{(\pi D_2)^2+t^2}$

（二）圆柱螺旋压缩弹簧的画法

在《机械制图 弹簧表示法》（GB/T 4459.4—2003）中，规定了圆柱螺旋压缩弹簧的画法。其中有以下几点需要注意。

1. 在平行于轴线的投影面视图中，各圈螺旋线的投影用直线绘制。

2. 螺旋弹簧不论左旋还是右旋均可按右旋绘制，但左旋弹簧无论画成左旋或右旋，一律要标注旋向"左"。

3. 有效圈数在 4 圈以上的螺旋弹簧，可以在两端只画出 1～2 圈，其余用细点画线相连。

4. 在装配图中，若簧丝的直径≤2mm，其剖面可以用涂黑表示或采用示意画法，如图 6-20 所示。

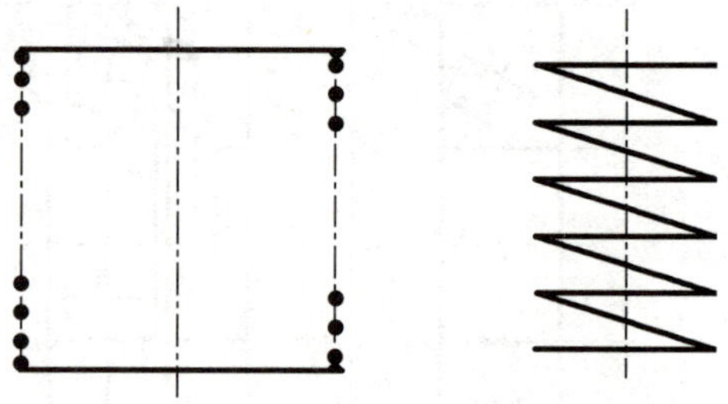

图 6-20 弹簧在装配图中的简化画法

（三）圆柱螺旋压缩弹簧作图方法

如图 6-21 所示是圆柱螺旋压缩弹簧的画法，其具体的画图步骤为以下几点。

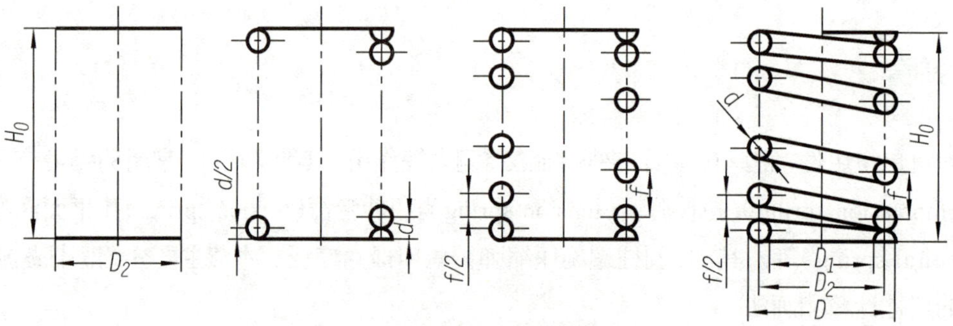

图 6-21 圆柱螺旋压缩弹簧的画法

1. 以弹簧的自由高度 H_0 和弹簧中径 D_2 作一矩形。

2. 作出两端支撑圈部分。

3. 根据节距 t 作簧丝断面。

4. 按右旋方向作簧丝断面的切线。

5. 画剖面符号。

6. 检查、加深。

第四节　法兰、人孔、手孔、液位计和视镜

一、法兰的种类、画法和标注

法兰是法兰连接中的主要零件，是可拆卸连接的一种，化工、制药设备中所用的法兰有管法兰和压力容器法兰两类。前者用于管道之间及设备上管口与管道的连接，后者用于设备筒体、封头的连接。法兰连接通常由一对法兰和密封垫片、紧固螺栓、螺母和垫片等零件组合在一起共同实现。连接时两只法兰分别焊接在筒体、封头（或管子）的一端，在法兰密封面间放有垫圈，插入螺栓并用螺母旋紧而成，它有较好的强度和密封效果，可拆卸，应用比较广泛。法兰连接的密封，主要靠法兰自身的密封面设计和采用的密封垫片来保证。

（一）管法兰

0604 管法兰连接

管法兰主要用于管道的连接，按其结构型式分为平焊法兰、对焊法兰、螺纹法兰、活动法兰和法兰盖（法兰盲板）等多种，如图 6-22 所示。常用的法兰材料有 Q235、Q295、20/09Mn2VDR、16MnR、15CrMoR 与不锈钢。

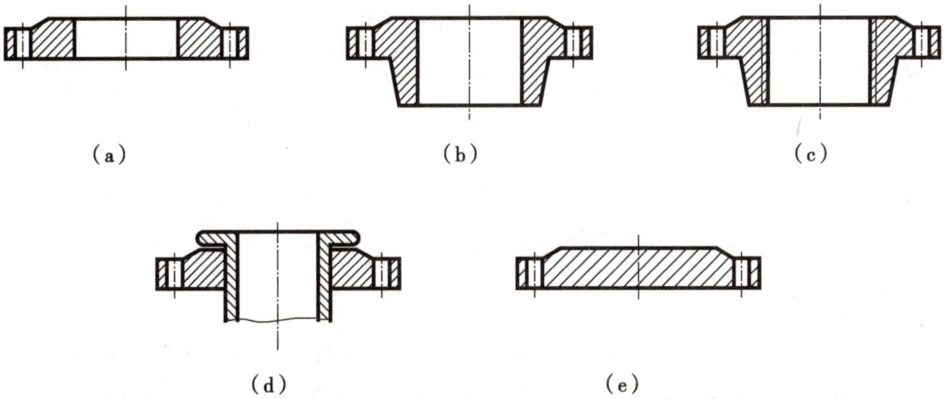

图 6-22　法兰的类型与画法

（a）平焊法兰；（b）对焊法兰；（c）螺纹法兰；（d）活动法兰；（e）法兰盖

常用的管法兰密封面型式有平面、凹凸面、榫槽面等几种，如图 6-23，其中平面法兰应用最为普遍。法兰的主要参数是公称直径（DN）和公称压力（PN），管法兰的公称直径是一个名义直径，其数值接近于管子内径。

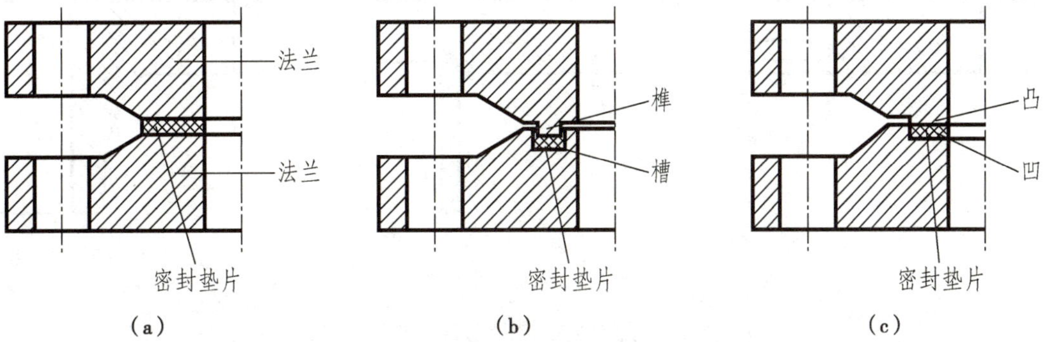

图 6-23　法兰密封面类型与画法

（a）平面密封；（b）榫槽面密封；（c）凹凸面密封

钢制管法兰按 GB/T 9124.1—2019《钢制管法兰 第1部分：PN系列》规定进行标记：

公称尺寸 — 公称压力 法兰型式代号 密封面型式代号 配管系列 管表号（可省略） 材料代号 标准号

标记示例：公称尺寸 DN400、公称压力 PN25、突面（RF）对焊钢制法兰（WN）、配用米制管（系列Ⅱ）、材料为 Q235A，其标记为：

DN400—PN25 WN RFⅡQ235A GB/T 9124.1。

在标注中采用的管法兰类型和密封面代号见表 6-7 和表 6-8。

表 6-7 管法兰的类型与代号 GB/T 9124.1—2019

管法兰类型	代号	管法兰类型	代号
板式平焊法兰	PL	平焊环板式松套法兰	PL/C
带颈平焊法兰	SO	对焊环板式松套法兰	PL/W
带颈对焊法兰	WN	整体法兰	IF
螺纹法兰	Th	法兰盖	BL

表 6-8 法兰密封面代号（GB/T 9124.1—2019）

密封面型式	代号	密封面型式	代号
突面	RF	榫槽面密封	榫：T 槽：G
凹凸面密封	凹：FM 凸：M	平面密封	FF

（二）压力容器法兰

压力容器法兰分为甲型平焊法兰、乙型平焊法兰和长颈对焊法兰 3 种型式（图 6-24）。压力容器法兰有平面、凹凸面、榫槽面 3 种密封面型式。压力容器法兰、垫片及紧固件采用 NB/T 47020～47027—2012 标准。

压力容器法兰的标注为：法兰类型代号—密封面型式代号 公称直径（mm）—公称压力（MPa）标准号，例如：公称压力为 1.0MPa，公称直径为 800mm 的凹凸面甲型平焊法兰中的凹面法兰，标记为：法兰—FM 800—1.0 NB/T 47021—2012。

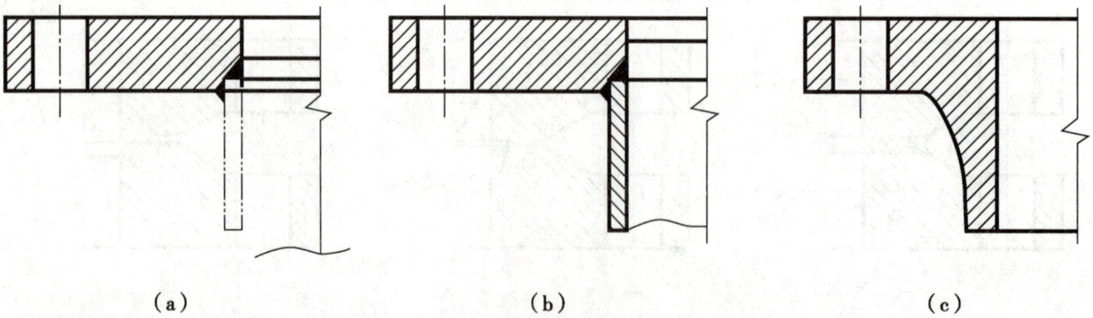

图 6-24 压力容器法兰的分类简图与标准

（a）甲型平焊法兰（NB/T 47021—2012）；（b）乙型平焊法兰（NB/T 47022—2012）；（c）长颈对焊法兰（NB/T 47023—2012）

二、人孔和手孔

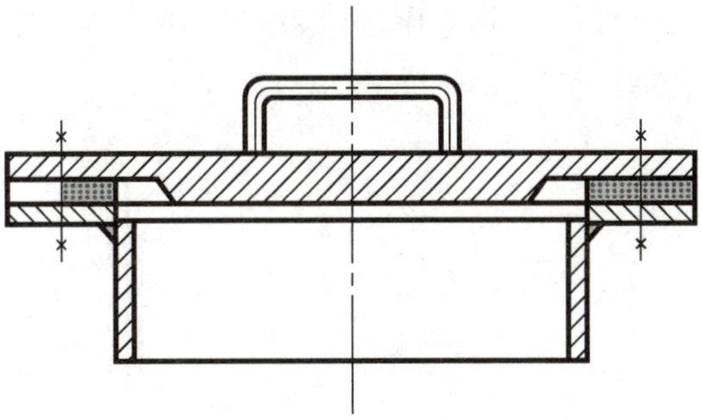

图 6-25　人孔、手孔的基本结构

生产过程中为了便于安装、清洗和检修设备内部，需要在设备上开设人孔或手孔。这两种基本结构相似，如图 6-25 所示。

（1）手孔直径大小应考虑操作人员手持工具的手能够顺利通过，标准中有 DN150 和 DN250 两种。

（2）当设备的直径超过 900 时，应开设人孔。人孔开设大小要考虑人员的安全进出，又要避免孔径过大导致器壁强度降低。圆形人孔直径一般为 400～600。

（3）人孔或手孔的结构有多种形式，主要区别为孔盖的开启方式和安装位置不同，以适应不同工艺和操作条件的需要。

（4）人孔、手孔标记示例：

HG/T 21514～21535—2014 人孔（R.A-2707）450

表示公称直径为 450mm，采用 2707 耐酸碱橡胶垫片的常压人孔。

HG/T 21514～21535—2014 手孔Ⅱ（A.G）250-0.6

表示公称压力为 0.6MPa、公称直径为 250mm，采用Ⅱ类材料和石棉橡胶板垫片的板式平焊法兰手孔。

三、液位计和视镜

视镜主要用来观察反应过程中设备内物料和反应情况，也可以作为料液面指示镜，结构上分为不带颈视镜和带颈视镜，如图 6-26 所示。

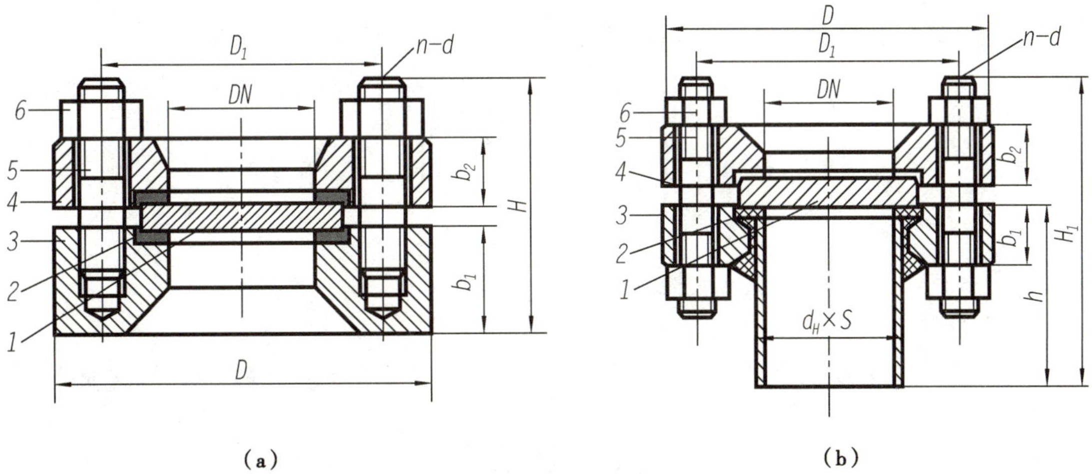

1．视镜玻璃；2．密封垫；3．视镜座；4．压紧环；5．双头螺柱；6．螺母。

图 6-26　视镜的结构

（a）不带颈视镜；（b）带颈视镜

液位计主要用来观察设备内部液面位置，其结构有多种形式，最常用的是玻璃管液位计和玻璃板液位计，如图 6-27 所示。

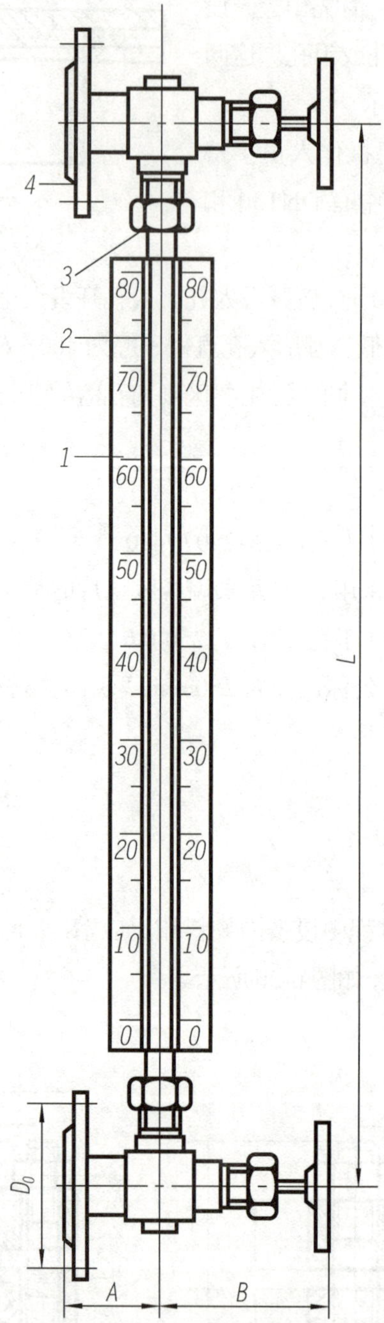

1. 标尺；2. 玻璃管；3. 紧固件；4. 针形阀。

图 6-27　玻璃管液位计结构

（苏　慧　张红刚）

第六章　目标测试

第七章　零件图

第七章　零件图
（课件）

本章主要介绍零件图的作用和内容，零件的类型及视图表达，以及表面质量要求、公差与配合等相关技术要求。

第一节　零件图的作用与内容

所有的机器和部件都是由若干零件按一定的关系装配而成的。表示零件结构、大小及技术要求的图样称为零件图（part drawing）。零件图是设计部门提供给生产部门的重要技术文件，反映了设计者的设计意图，表达零件的结构形状、尺寸大小和技术要求，是制造和检验零件的依据。如图 7-1 所示，零件图应具备 4 方面的内容。

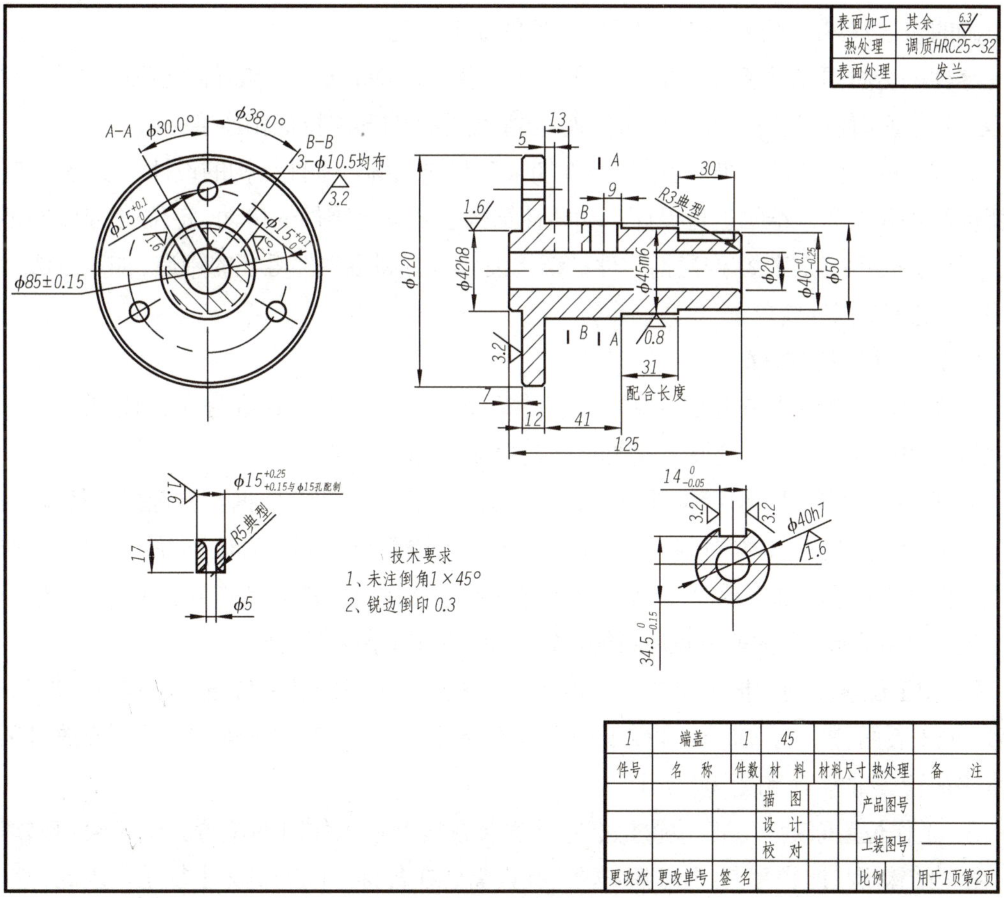

图 7-1　端盖零件图

1. 一组表达零件内、外结构形状的视图 用视图、剖视、断面及其他规定画法，正确、完整、清晰地表达出零件的结构形状。

2. 零件尺寸 零件图上要完整、清晰、合理地标出零件制造、检验所需要的全部尺寸。

3. 技术要求 用代号、符号、数字或文字注明零件在制造和检验时应达到的技术要求，如表面粗糙度、尺寸公差、形位公差、处理、表面处理及其他要求。

4. 标题栏 标题栏用来注明零件名称、数量、材料、图样比例、图号、设计及绘图人员的署名和单位等内容。

第二节 零件的类型及视图表达

一、零件图的视图选择

0702

零件图的视图选择

零件图的视图选择，应在分析零件结构形状特点的基础上，选用适当的表达方法，完整、清晰地表达出零件各部分的结构形状。视图选择的原则是，首先分析零件结构并选好主视图，然后再选配其他视图，以确定表达方案。

（一）分析零件并了解主要加工工艺

零件图的准确表达，最终目的是为制造环节提供技术依据，满足加工实际的需求，因此确定正确的表达方案需要分析零件并了解零件的加工工艺。

零件的分析是指分析零件的形状和结构。要准确地表达一个零件，必须先详细分析组成、零件的基本体结构形状及其相对位置，要清楚零件的形体特征和连接关系。

对零件的结构分析，同时也是对零件加工工艺的了解。零件结构的设计主要是对零件的功能性结构和工艺性结构进行设计。功能性结构主要满足零件的传动、定位、密封、连接、支撑、安装等作用；工艺性结构是指零件的结构设计考虑满足零件毛坯的制造、加工方法、测量手段、装配等工艺性要求。

（二）主视图的选择

主视图是零件图中最重要的视图，其选择是否合理直接影响到看图、画图是否方便，以及其他视图的选择。因此在选择主视图时，应注意以下 3 个原则。

1. 形状特征原则 形状特征原则是确定主视图投射方向的依据。要选择能将零件各组成部分的形状及其相对位置反映得最好的方向作为主视图的投射方向。如图 7-1 所示的端盖零件与图 7-2 所示的轴类零件，基本上都是选垂直于水平轴线的方向作为主视图的投射方向，而不选沿轴线方向，因为前者较后者能更好地反映零件的形状特征。

2. 加工位置原则 加工位置是指零件在机床上加工时的装夹位置。主视图与加工位置一致，便于看图、加工。轴、套、轮和圆盖等零件的主视图，一般按车削加工位置安放，即将轴线水平放置，如图 7-1 和图 7-2 所示。

3. 工作位置原则 工作位置是指零件安装在机器中工作时的位置。像叉架、箱体等零件，由于结构形状比较复杂，加工面较多，并且需要在各种不同的机床上加工。因此，这类零件的主视图应按该零件在机器中的工作位置画出，便于按图装配，如图 7-3 和图 7-4 所示。

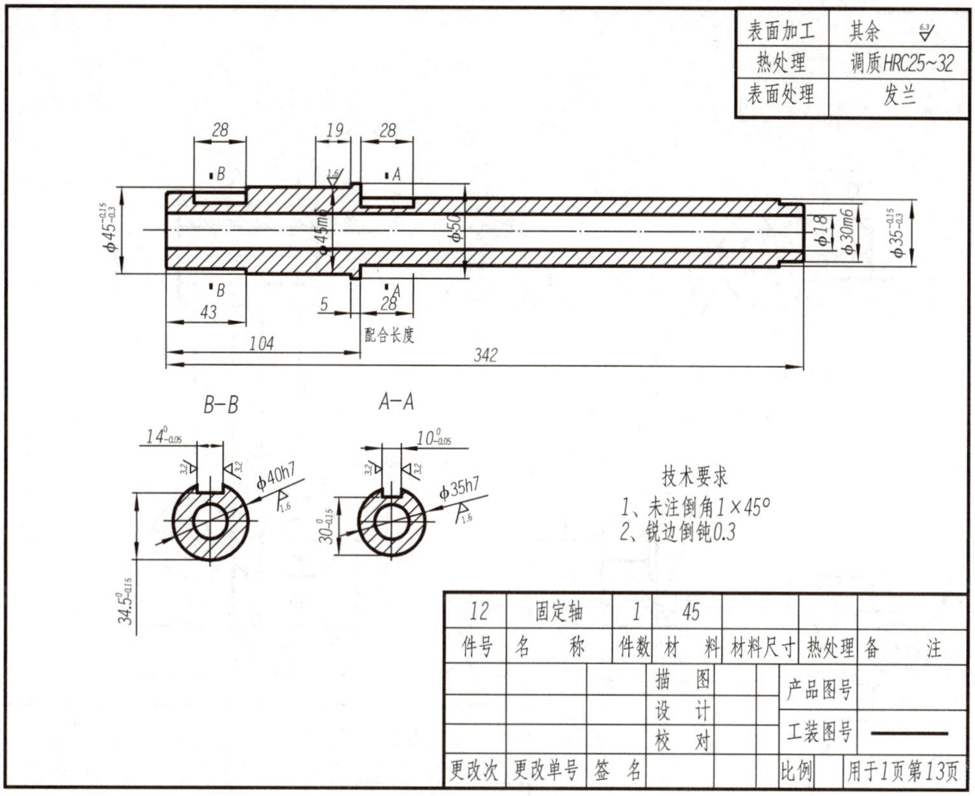

图 7-2 轴类零件图

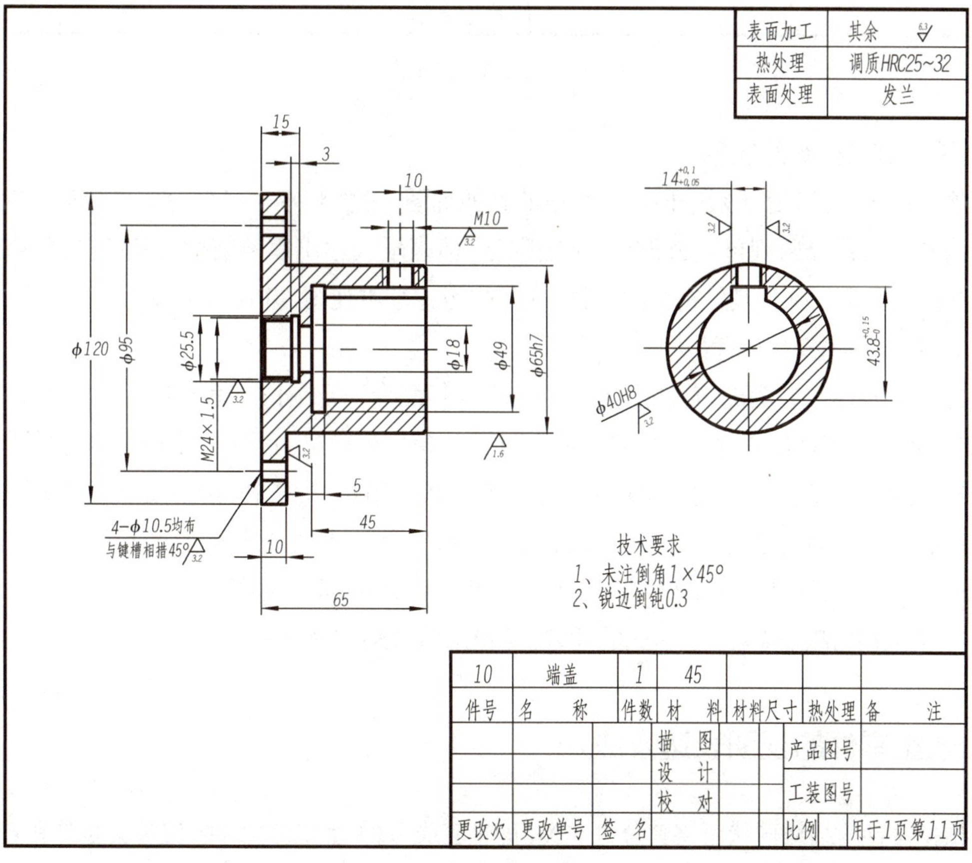

图 7-3 盘盖类零件

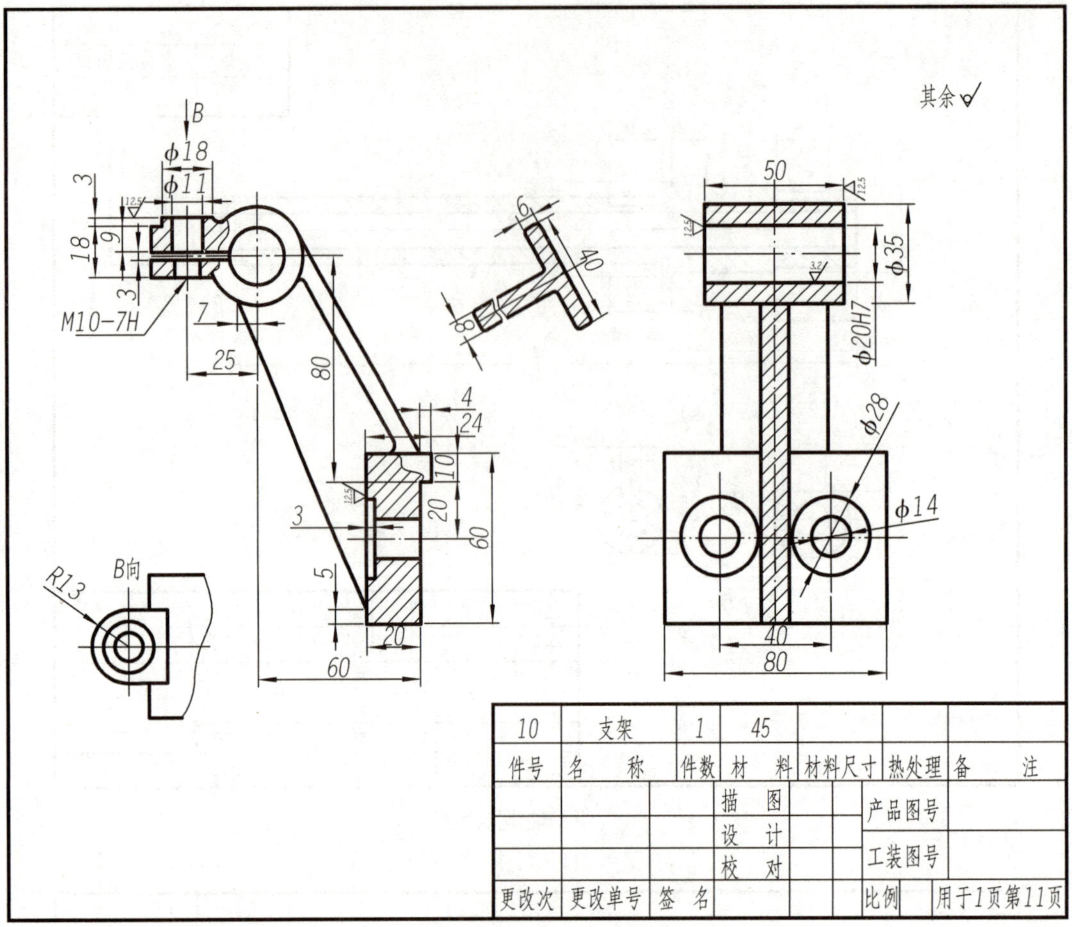

图 7-4　叉架类零件

（三）其他视图的选择

除主视图外，有时还须选择一定数量的其他视图，才能将零件各部分的形状和相对位置表达清楚。其选择原则是：在配合主视图完整、清晰地表达出零件结构形状的前提下，尽量减少视图的数量。并且其他视图的选择，应优先考虑基本视图，并在基本视图上作剖视、断面等。确定其他视图时应注意以下几方面。

1. 每个视图都有明确的表达重点。各视图互相配合、互相补充，表达的主要内容不重复。如图 7-5 所示某箱体的零件图，主视图主要表达了内部结构，左、右视图主要反映两侧的外形。

2. 根据零件的内部结构，选择恰当的剖视图和断面图，并对未表达清楚的局部形状和细小结构选用合理的局部视图、局部放大视图。选择合理的表达方法准确、简洁地表达出零件的内外形状结构是极其重要的环节，如图 7-5 中所示的局部放大视图。

3. 能采用省略、简化方法表达的地方，尽量采用省略和简化画法。

二、典型零件的视图表达方法

根据零件的结构形状可将其分为 4 类，即轴套类零件、盘盖类零件、叉架类零件和箱体类零件。每一类零件应根据自身结构特点来确定它的表达方法。

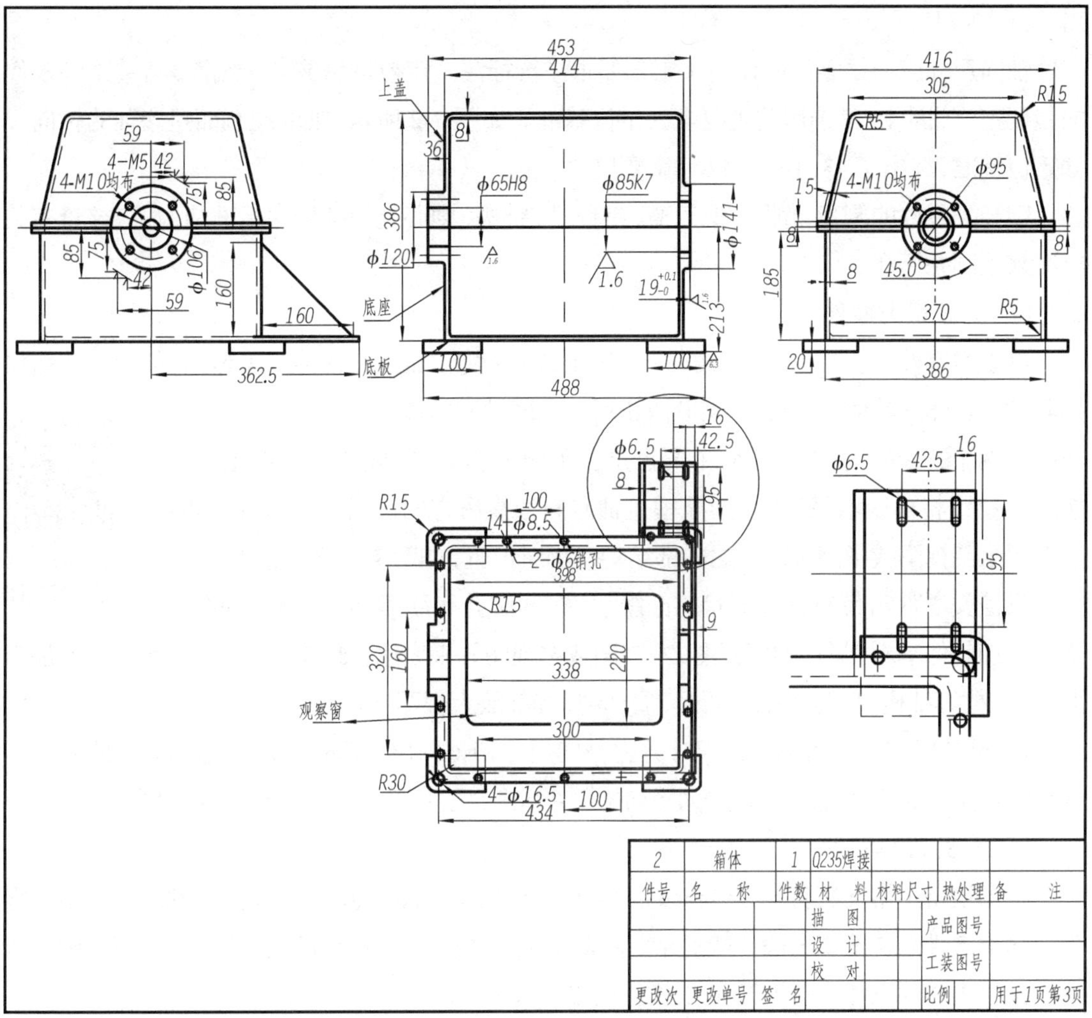

图 7-5 箱体类零件

（一）轴套类零件

轴套类零件结构的主体部分大多是同轴回转体，一般起支撑转动零件、传递动力的作用，因此，常带有键槽（key way）、轴肩（shoulder）、螺纹及退刀槽（escape）或砂轮越程槽（undercutting）、倒角（chamfer）、倒圆（fillet）等结构，还常有固定其他零件的销孔、凹孔、凹槽等。

1. 视图选择 这类零件主要在车床（lathe）上加工，所以主视图按加工位置选择。画图时，将零件的轴线水平放置，并选用垂直轴线的方向作为投影方向，便于加工时读图看尺寸，如图 7-2 所示。键槽、凹槽等结构朝前画出，可清晰表达出零件的此类结构，安排不便时置为朝上，并辅以局部视图或局部剖视图，表达槽的结构。

根据轴套类零件的结构特点，配合尺寸标注，一般只用一个基本视图表示。零件上的一些细部结构，通常采用断面、局部剖视、局部放大等方法表示，如图 7-2 所示。实心轴一般不剖，空心轴可根据情况采用全剖或半剖，零件结构简单又较长时，用折断方法表示。

2. 尺寸标注 此类零件各组成部分多数为同轴的圆柱或圆锥，因此这类零件以轴线为径向尺寸基准，既符合设计要求，又符合车、磨时装夹的工艺要求。零件各段直径应直接标出，如图 7-2 所示。

轴向尺寸应根据零件的作用和工艺要求进行标注。定位轴肩或某一端面，将关系到零件的装配精度，因此，常选用此类要素为定位基准。如图 7-2 所示，轴的左端面是该轴的轴向尺寸定位基准，标出了 43、104、342 等重要尺寸。

轴套类零件的倒角、倒圆、退刀槽、越程槽、键槽、中心孔等结构为标准结构，应核查有关标准来绘制并标注。

（二）盘盖类零件

盘盖类零件主要包括手轮、皮带轮、齿轮、法兰盘（flange）、各种端盖等，它们的主体结构是同轴回转体或其他平板形状，如图 7-1 所示为同轴回转体。

0703

盘盖类零件的视图选择

1. 视图选择 盘盖类零件主要也是在车床上加工，因此选择主视图时，应按加工位置将轴线水平放置，选择垂直轴方向为投影方向。盘盖类零件主视图一般用全剖视图或半剖视图表达内部结构及相对位置，如图 7-1、图 7-3 所示。

盘盖类零件常带有各种形状的凸缘、均布的圆孔和肋等结构，除主视图外，需要增加其他基本视图，如俯视图、左视图或右视图等来表达，如图 7-1、图 7-3 所示。有加强肋、越程槽等结构时，也可采用断面、局部剖、局部放大视图来表达。

2. 尺寸标注 盘盖类零件尺寸分为径向尺寸和轴向尺寸两种。由于这类零件的主体是同轴回转体，因此选择公共轴线作为径向的尺寸基准，应分别标出各段径向尺寸，如图 7-3 所示。

（三）叉架类零件

机器设备中常安装有支架（brace）、吊架、连杆（connecting rod）、摇臂等，都属于叉架类零件。这类零件结构形状一般比较复杂，又常具有肋、板、杆、凸台、凹坑等结构，很不规则。大部分叉架类零件主体可分为工作、固定、连接三大部分。

1. 视图选择 由于叉架类零件的加工位置多变，在选择主视图时应主要考虑形状特征或工作位置，如图 7-4 所示的主视图。除主视图外，采用左视图表达安装板、肋和工作轴孔的宽度以及它们的相对位置，用 *B* 向局部视图表达锁紧孔凸台的上端面的形状，用移出断面图表达肋的截面形状。

2. 尺寸标注 叉架类零件在长度、宽度、高度三个方向上的尺寸基准，通常选择孔的中心线、轴线、对称面或较大的加工面。如图 7-4 所示，长度方向上以尺寸基准为安装板的右边较大的安装接触面，宽度方向的尺寸基准选择前后对称面，高度方向的尺寸基准选择工作轴孔的轴线，分别标出了各项尺寸。叉架类零件的定位尺寸比较多，需要注意的是标出各孔间距、轴线到重要平面的距离，如图 7-4 所示，一个简单的零件图上就标出了 60、5、20、4、80、25、3、40 等定位尺寸。

（四）箱体类零件

箱体类零件主要用来支撑、包容运动零件或其他零件，其内部有空腔、孔等结构，形状比较复杂。一般要有基本视图，并配以剖视、断面图等，才能完整、清晰地表达它们的结构形状，如图 7-5 所示。

1. 视图选择 箱体类零件加工位置多变，选择主视图时，主要考虑形状特征或工作位置。如图 7-5 所示的某箱体，主视图采用全剖视表达泵体内部形状和各部分的相对位置，以齿轮腔和轴孔的形状与相对位置为表达重点；左、右视图作局部剖视，反映箱体两侧外形和孔的形状及位置；俯视图反映了观察窗的位置。

2. 尺寸标注 箱体类零件在长度、宽度、高度三个方向上的尺寸基准，类同于叉架类零件，也通常选孔的中心线、轴线、对称面或较大的加工面。如图 7-5 所示，箱体类零件结构复杂，尺寸多，要仔细分析，逐个标出定形尺寸和定位尺寸，并合理安排。

三、零件加工面的工艺结构

零件加工面的工艺结构是指在满足使用性能的前提下，制造的可行性和经济性。如毛坯制造方面要求铸件壁厚均匀、便于造型；锻件形状简单、便于出模。在加工方面要求合理标注技术要求，便于安装、加工，有利于提高加工质量和生产效率。在装配方面要求便于装配、减少修配量等。下面举几个简单的例子加以说明。

（一）倒角和倒圆

如图 7-6 所示，为了去除零件的毛刺、锐边和便于装配，在轴或孔的端部，一般都加工成倒角；为了避免因应力集中而产生裂纹，在轴肩处往往加工成圆角，称为倒圆。

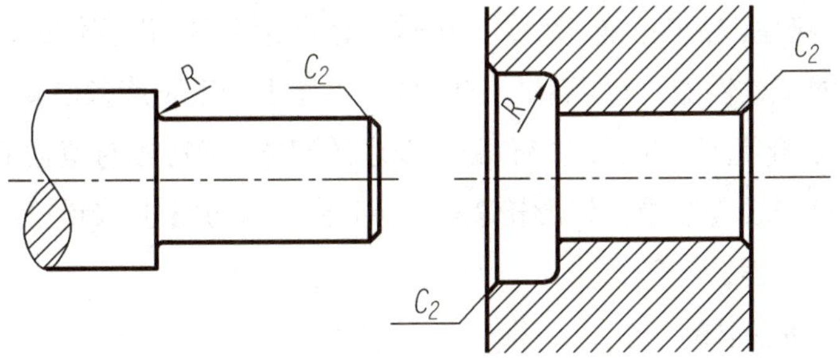

图 7-6 倒角和倒圆

（二）螺纹退刀槽和砂轮越程槽

在切削加工中，特别是在车螺纹和磨削时，为了便于退出刀具或使砂轮可以稍稍越过加工面，通常在零件待加工面的末端，先车出螺纹退刀槽或砂轮越程槽，如图 7-7 所示。

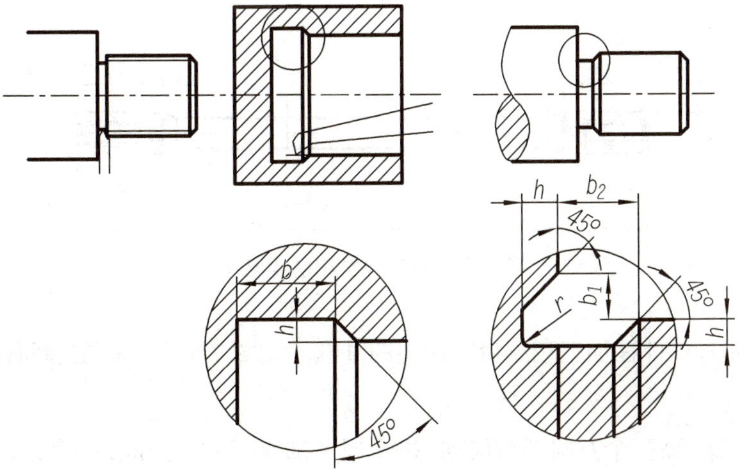

图 7-7 退刀槽和越程槽

退刀槽的尺寸标注形式，一般可按“槽宽 × 直径”，或“槽宽 × 槽深”。越程槽一般用局部放大视图画出，尺寸标注如图 7-7 所示。

（三）钻孔结构

用钻头钻出的盲孔，在底部有一个 120° 的锥角，钻孔深度指圆柱部分的深度，不包括锥坑，如图 7-8 所示。在阶梯钻孔的过渡处，有 120° 的锥角圆台，其画法及尺寸标注如图 7-8 所示。

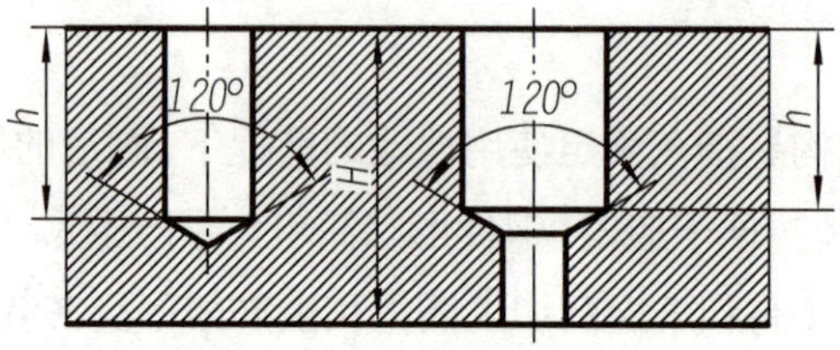

图 7-8　钻孔工艺结构

四、零件图的尺寸标注

零件图的尺寸标注，除了正确、完整、清晰外，还必须合理，即标注的尺寸既要满足设计要求，以保证机器的工作性能；又要满足工艺要求，以便于加工制造和检测。

零件尺寸中零件的规格性能尺寸、有配合要求的尺寸、确定相对位置的尺寸、连接尺寸、安装尺寸等，一般都有公差要求。外形轮廓尺寸、工艺要求的尺寸，如退刀槽、凸台、凹坑、倒角等，一般都不标注公差。

（一）尺寸基准的选择

零件在设计、制造和检验时，计量尺寸的起点为尺寸基准。尺寸基准通常可分为设计基准（design datum）和工艺基准（technological datum）两类。

设计基准是根据零件在机器中的作用和结构特点，为保证零件的设计要求而选定的一些基准。一般选择确定零件在机器中准确位置的接触面、对称面、回转面的轴线等作为设计基准。如图 7-9 所示的端面是输出轴轴向设计基准。

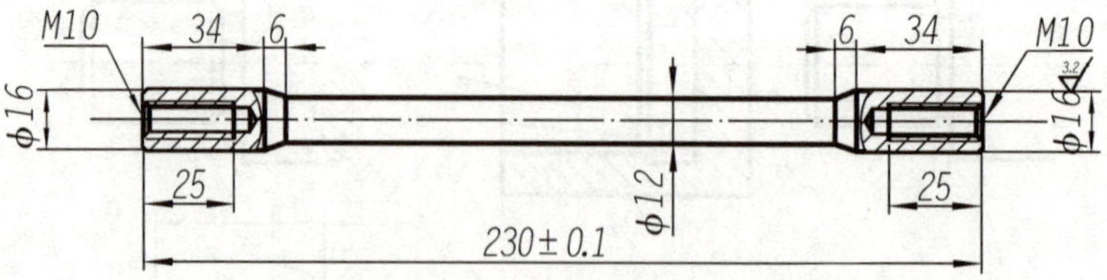

图 7-9　轴的基准和主要尺寸

工艺基准是指零件在加工和测量时使用的基准。如图 7-9 所示轴左端面作为加工时的测量基准。

零件的长、宽、高三个方向都有尺寸，每个尺寸都有基准。因此，每个方向上至少有一个尺寸基准。同一方向上可以有多个尺寸基准，但其中必有一个是主要的，称为**主要基准**，其余称为**辅助基准**。主要基准和辅助基准之间必须有直接的联系尺寸。

可作为设计基准、工艺基准的点、线、面主要有：对称面、主要加工面、安装底面，端面、孔轴的轴线等。

（二）尺寸配置形式

由于零件的不同，尺寸基准的选择也不尽相同，由此产生了3种尺寸配置形式。如图7-10所示。

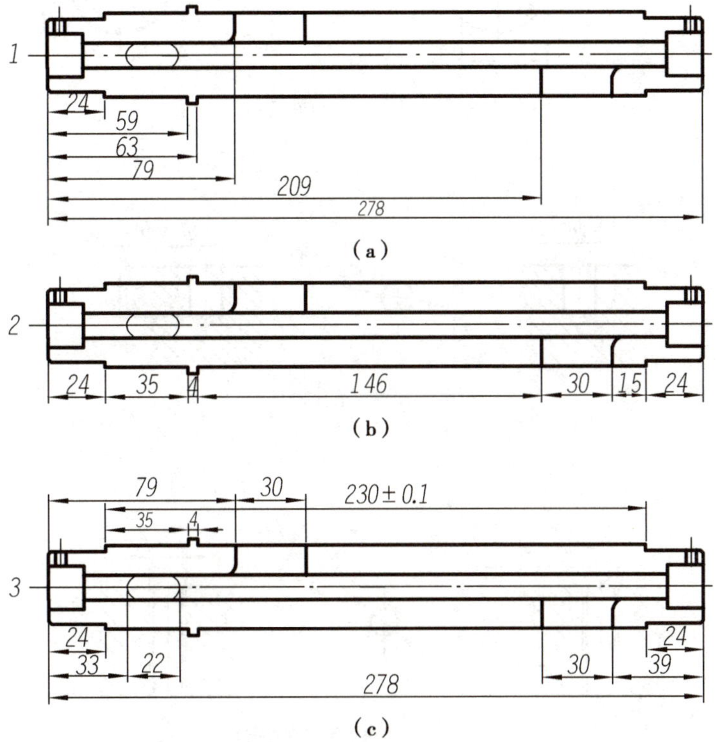

图7-10　尺寸配置形式

(a)基准型尺寸配置；(b)连续型尺寸配置；(c)综合型尺寸配置

1. 基准型尺寸配置　其优点是，任一尺寸的加工误差都不会影响其他尺寸的加工精度。

2. 连续型尺寸配置　特点是，虽然前一尺寸的加工误差并不影响后一尺寸的加工精度，但总尺寸的误差是各段尺寸误差之和。

3. 综合型尺寸配置　是前两种的综合，具有以上两种的优点，应用最广泛。

（三）合理标注尺寸应注意的问题

1. 主要尺寸直接标注　如图7-4所示，必须直接注出两轴孔的中心距40，才能保证安装后两齿轮的中心距。

2. 符合加工顺序　按加工顺序标注尺寸，便于看图、测量，且容易保证加工精度。

3. 便于测量　如图7-9所示，在加工时一般从右端量起方便，因此选择右端面作为测量基准。

（四）零件常见典型结构的尺寸注法

图7-11至图7-16是一些典型结构的标注方式示例。

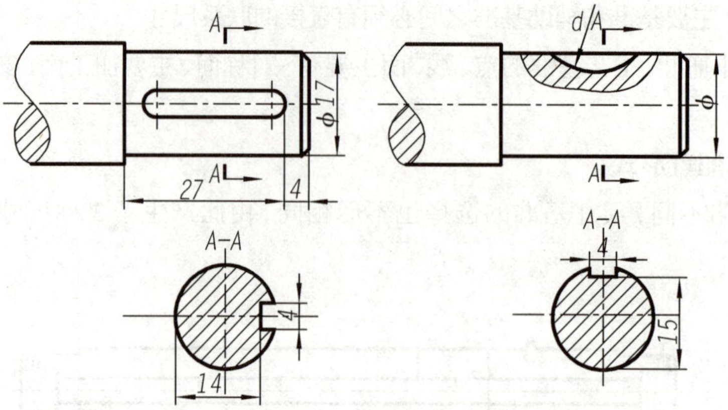

图 7-11　键槽标注

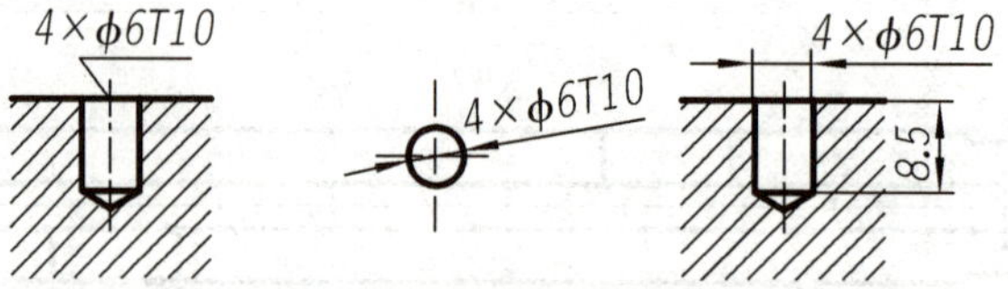

图 7-12　光孔标注

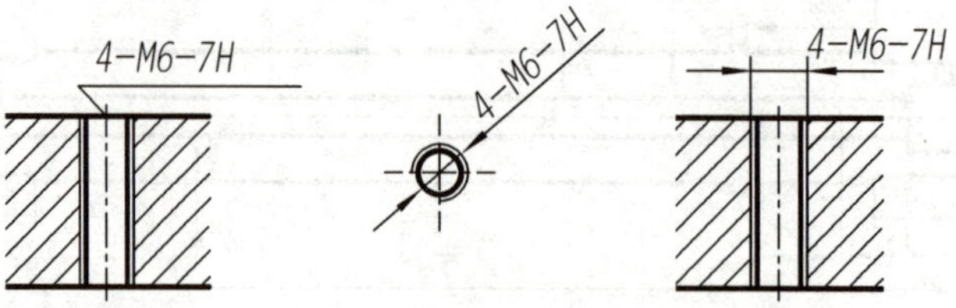

图 7-13　螺纹通孔的标注

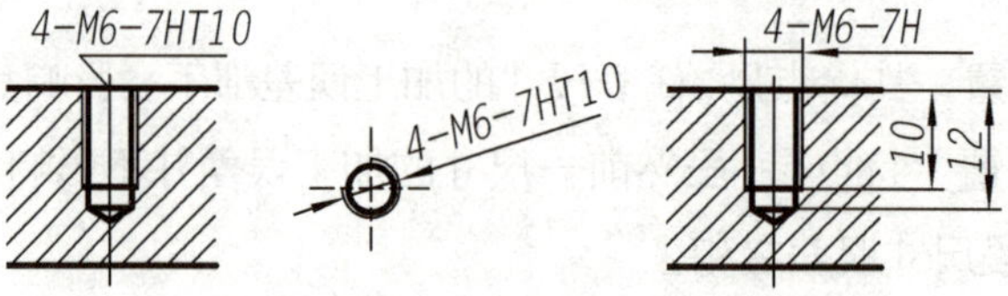

图 7-14　螺纹不通孔的标注

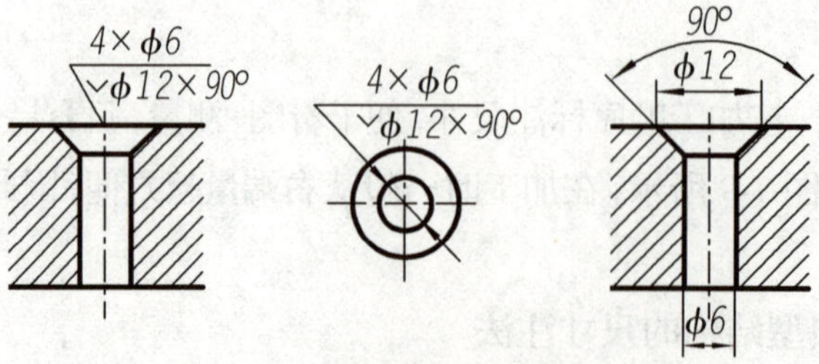

图 7-15　锥形沉孔的标注

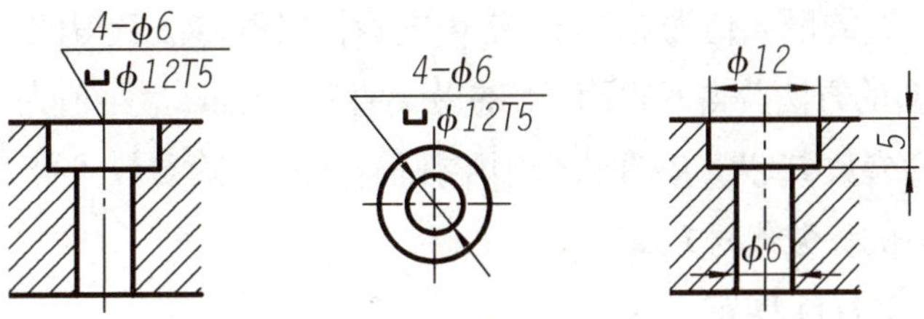

图 7-16　柱形沉孔的标注

第三节　技术要求

一、表面质量要求

零件加工时，由于刀具在零件表面上留下刀痕，以及切削分裂时表面金属的塑性变形等影响，使零件表面存在着间距较小的轮廓峰谷。这种表面上具有较小间距的峰谷所组成的微观几何形状特性，称为表面粗糙度（surface roughness）。

由于机器对零件各表面的要求不一样，如配合性质、耐磨性、抗腐蚀性、密封性、外观要求等，因此，对零件表面的粗糙度要求也各有不同。一般说来，凡零件上有配合要求或有相对运动的表面，表面粗糙度参数值小。

零件表面粗糙度是评定零件表面质量的一项技术指标，零件表面粗糙度要求越高（即表面粗糙度参数值越小），则其加工成本也越高。因此，应在满足零件表面功能的前提下，合理选用表面粗糙度参数值。

（一）表面粗糙度参数的概念及其数值

零件表面粗糙度的评定方法有：表面粗糙度高度参数轮廓算术平均偏差（R_a），表面粗糙度高度参数轮廓微观不平度十点高度（R_z）和轮廓最大高度（R_y）。使用时优先选用 R_a。

（二）表面粗糙度代号标注

在《产品几何技术规范（GPS）技术产品文件中表面结构的表示法》（GB/T 131—2006）中，规定了表面粗糙度的符号、代号及其注法。表面粗糙度符号上注写所要求的表面特征参数后，即构成表面粗糙度代号。特征参数 R_a 的标注见图 7-17。

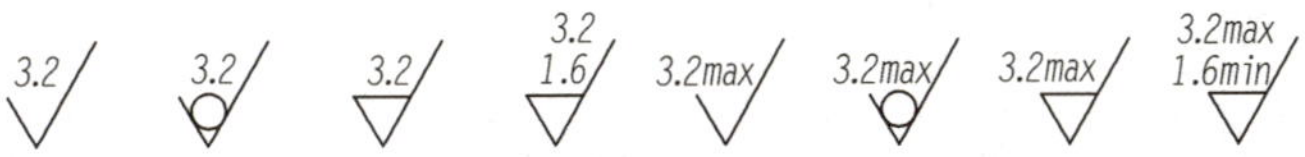

图 7-17　表面粗糙度代号

如图 7-17 所示，从左到右各符号的表达意义依次为：①用任何方法获得的表面，R_a 的上限值为 3.2μm；②用不去除材料的方法获得的表面，R_a 的上限值为 3.2μm；③用去除材料的方法获得的表面，R_a 的上限值为 3.2μm；④用去除材料的方法获得的表面，R_a 的上限值为 3.2μm，下限值为 1.6μm；⑤用任何方法获得的表面，R_a 的最大值为 3.2μm；⑥用不去除材料的方法获得的表面，R_a 的最大值为 3.2μm；⑦用去除材料的方法获得的表面，R_a 的最大值为 3.2μm；⑧用去除材料的方法获得的表面，R_a 的最大值为 3.2μm，最小值为 1.6μm。

表面粗糙度高度参数 R_a、R_z、R_y 在代号中用数值标注时，除参数代号 R_a 可省略外，其余在参数值前需注出相应的参数代号 R_z 或 R_y。

（三）表面粗糙度标注规定

表面粗糙度符号、代号一般标注在可见轮廓线、尺寸界线、引出线或它们的延长线上，符号的尖端必须从材料外指向表面。在同一图样上，每一表面一般只标注一次符号、代号，并尽可能靠近有关尺寸线。当空间狭小或不便标注时，符号、代号可以引出标注。

（四）表面粗糙度在图样上的标注方法

表面粗糙度在图样上的标注方法可根据《产品几何技术规范（GPS）技术产品文件中表面结构的表示法》（GB/T 131—2006）的规定来选择，见图 7-18。

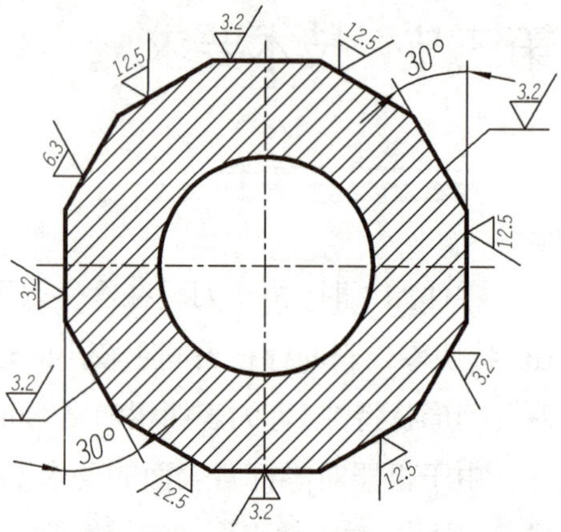

图 7-18　表面粗糙度代号

表面粗糙度代号中的数字及符号的方向必须按照图中的规定标注。代号中的数字方向必须与尺寸数字的方向一致。其中使用最多的一种代号可统一标注在图样的右上角，并加“其余”两字，且字高是图样中代号的 1.4 倍，如图 7-1 中右上角所示。当零件的所有表面具有相同的表面粗糙度时，其代号可在右上角统一标注，其高度是图中字符的 1.4 倍。同一表面有不同的表面粗糙度要求时，用细实线画出其分界线，注出尺寸和相应的表面粗糙度代号。对不连续的同一表面，可用细实线相连，其表面粗糙度代号可只注一次。图 7-19 是表面粗糙度的几种标注示例。

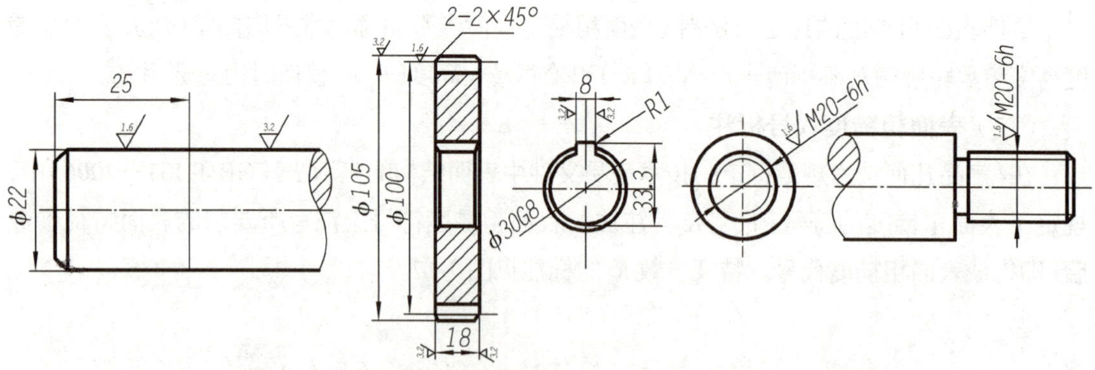

图 7-19　表面粗糙度的几种标注示例

（a）同一表面不同粗糙度的注法；（b）齿轮的标注；（c）螺纹表面粗糙度的注法

（五）表面粗糙度的选择

选择表面粗糙度时，要综合零件表面的功能要求、经济性、拥有的加工设备等多方面考虑。一般在选择时应遵守以下原则：

1. 同一零件上，工作表面比非工作表面的参数值要小。

2. 摩擦表面比非摩擦表面参数值小。相对运动工作表面，运动速度越高，参数值越小。

3. 配合精度越高，参数值越小。间隙配合比过盈配合的参数值小。

4. 配合性质相同时，零件尺寸越小，参数值越小。

5. 要求密封、耐腐蚀或具有装饰性的表面，参数值越小。

二、极限与配合

极限与配合，是零件图和装配图中的一项重要技术要求，也是检验产品质量的技术指标。国家颁布了《产品几何技术规范(GPS)线性尺寸公差 ISO 代号体系 第 1 部分：公差、偏差和配合的基础》(GB/T 1800.1—2020)，《产品几何技术规范(GPS)线性尺寸公差 ISO 代号体系 第 2 部分：标准公差带代号和孔、轴的极限偏差表》(GB/T 1800.2—2020)等标准，对机械工业具有重要的作用。

(一) 极限与配合的基本概念

从一批规格相同的零件中任取一件，不经修配就能装到机器上去，并能保证使用要求，零件具有的这种性质称为互换性。互换性既能满足各生产部门广泛的协作要求，又能保证高效率的专业化生产。

为了使零件具有互换性，要求零件的尺寸在一个合理范围内，由此就规定了极限尺寸。制成后的实际尺寸，应在规定的最大极限尺寸和最小极限尺寸范围内。允许尺寸的变动量称为尺寸公差，简称公差。有关公差的术语，说明如图 7-20 所示。

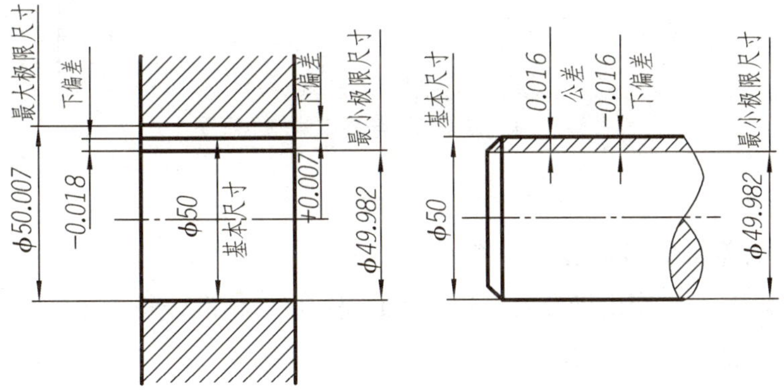

图 7-20 极限与配合的基本概念

(1) 基本尺寸：设计给定的尺寸，如 $\phi50$。它是根据计算和结构上的需要所决定的尺寸。

(2) 极限尺寸：允许尺寸变动的两个极限值，它是以基本尺寸为基数来确定的。如图 7-20 中孔的最大极限尺寸 $\phi50.007$，最小极限尺寸 $\phi49.982$。

(3) 尺寸偏差：某一尺寸减其基本尺寸所得的代数差。

(4) 极限偏差：指上偏差和下偏差。最大极限尺寸减其基本尺寸所得的代数差就是上偏差，最小极限尺寸减其基本尺寸所得的代数差即为下偏差。

国家标准规定偏差代号：孔的上、下偏差分别用 *ES* 和 *EI* 表示，轴的上、下偏差分别用 *es* 和 *ei* 表示。例如图 7-20 中孔：

上偏差 ES=50.007−50=+0.007

下偏差 EI=49.982−50=−0.018

（5）尺寸公差（简称公差）：允许尺寸的变动量。即最大极限尺寸与最小极限尺寸之差 50.007−49.982=0.025，也等于上偏差与下偏差之代数差的绝对值 |0.007−（−0.018）|=0.025。

（6）公差带图：用零线表示基本尺寸，上方为正，下方为负。公差带是由代表上、下偏差的矩形区域构成。矩形的上边代表上偏差，下边代表下偏差，矩形的高度代表公差，长度无实际意义。如图 7-21（a）所示。

（7）零线：在公差带图（极限与配合图解）中确定偏差的一条基准直线，即零偏差线。常以零线表示基本尺寸。如图 7-21（a）所示。

（8）公差带：在公差带图中，由代表上、下偏差的两条直线所限定的区域。

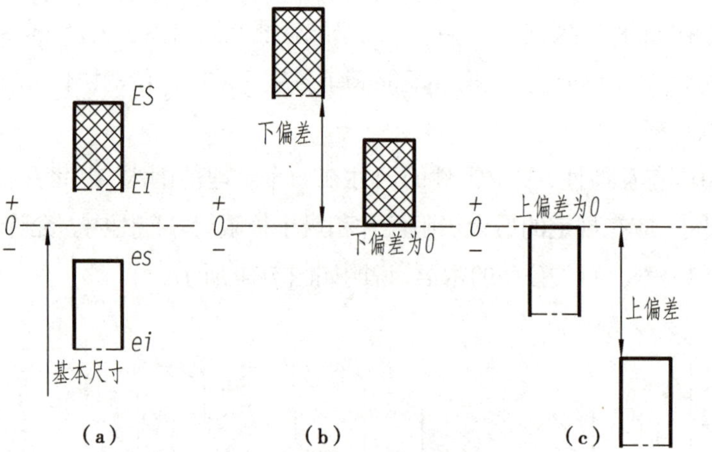

图 7-21　公差带图与基本偏差示意图

（二）标准公差与基本偏差

国家标准规定，公差带由标准公差和基本偏差组成。标准公差决定公差带的高度，基本偏差决定公差带相对于零线的位置。

标准公差是由国家标准规定的公差数值，其大小由两个因素决定，一是公差等级，二是基本尺寸。国家标准将公差划分为 20 个等级，分别为 IT01、IT0、IT1、IT2…IT18。从 IT01 至 IT18 精度依次降低。基本尺寸相同时，公差等级越高（数值越小），标准公差越小；公差等级相同时，基本尺寸越大，标准公差越大。

基本偏差是指确定公差带相对零线位置的极限偏差，一般为靠近零线的那个偏差。如图 7-21（b）（c）所示。公差带在零线上方时，基本偏差为下偏差；公差带在零线下方时，基本偏差为上偏差；零线穿过公差带时，基本偏差为靠近零线的偏差；公差带相对零线对称时，基本偏差为上偏差或下偏差，如 JS（js）。基本偏差有正、负之分。

基本偏差各有 28 个，它的代号用拉丁字母表示，大写为孔，小写为轴。基本偏差系列见图 7-22，其中 A-H（a-h）用于间隙配合，J-ZC（j-zc）用于过渡配合或过盈配合。由图 7-22 可见，孔的基本偏差 A-H 为下偏差，J-ZC 为上偏差；轴的基本偏差 a-h 为上偏差，j-zc 为下偏差；JS 和 js 的公差带对称分布于零线两边，孔和轴的上、下偏差分别是 +IT/2、−IT/2。基本偏差系列图只表示公差带的位置，不表示公差的大小，因此公差带一端是开口的，开口的另一端由标准公差限定。

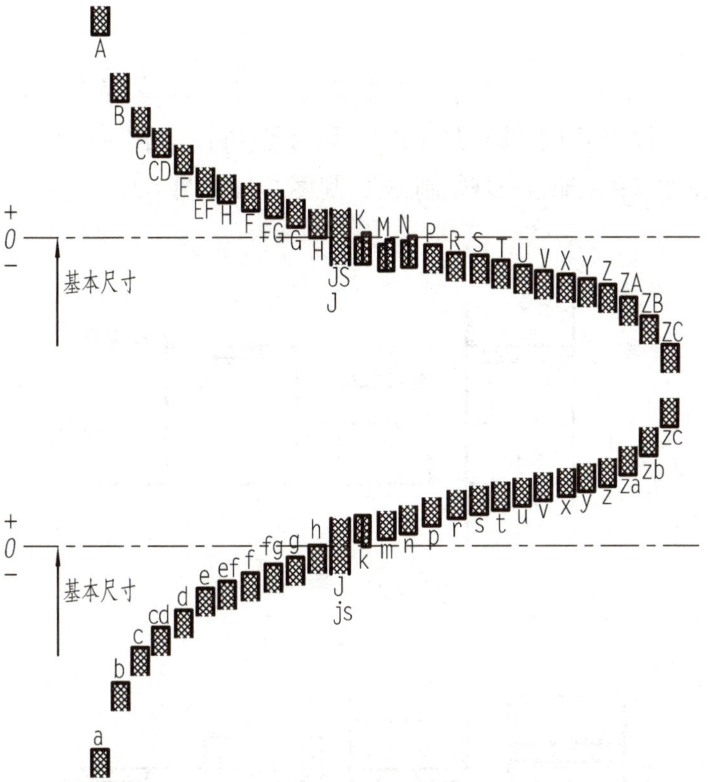

图 7-22　基本偏差系列

孔和轴的公差带代号由基本偏差代号与公差等级代号组成。例如：ϕ50H8，ϕ50 表示是基本尺寸，H 是孔的基本偏差代号，公差等级为 IT8，公差带代号为 H8。

（三）**配合**

基本尺寸相同的、相互结合的孔和轴公差带之间的关系，称为配合。根据使用的要求不同，孔和轴之间的配合有松有紧，因而配合分为 3 类，即间隙配合、过渡配合和过盈配合。

1. 间隙配合　孔与轴装配时，有间隙（包括最小间隙等于零）的配合。如图 7-23（a）所示，孔的公差带在轴的公差带之上。

2. 过渡配合　孔与轴装配时，可能有间隙或过盈的配合。如图 7-23（b）所示，孔的公差带与轴的公差带互相交叠。

3. 过盈配合　孔与轴装配时有过盈（包括最小过盈等于零）的配合。如图 7-23（c）所示，孔的公差带在轴的公差带之下。

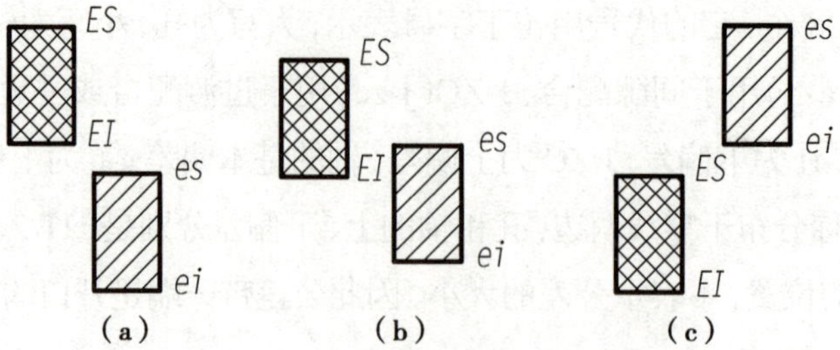

图 7-23　三种配合的公差带分布

（四）配合制

在制造相互配合的零件时，使其中一种零件作为基准件，它的基本偏差固定，通过改变另一种基本偏差来获得各种不同性质配合的制度称为配合制。根据生产实际需要，国家标准规定了两种配合制，即基孔制配合与基轴制配合，见图 7-24 和图 7-25。

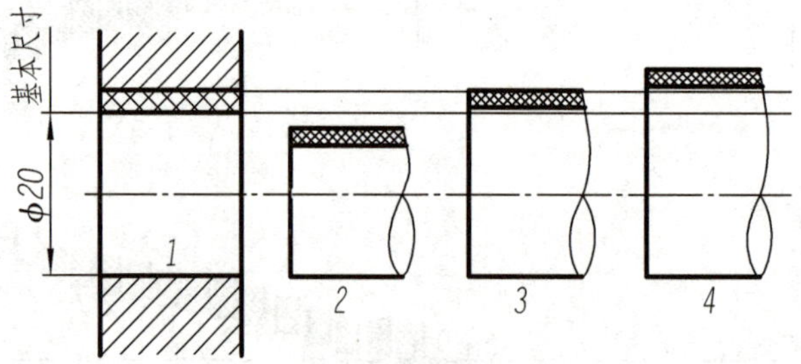

图 7-24　基孔制

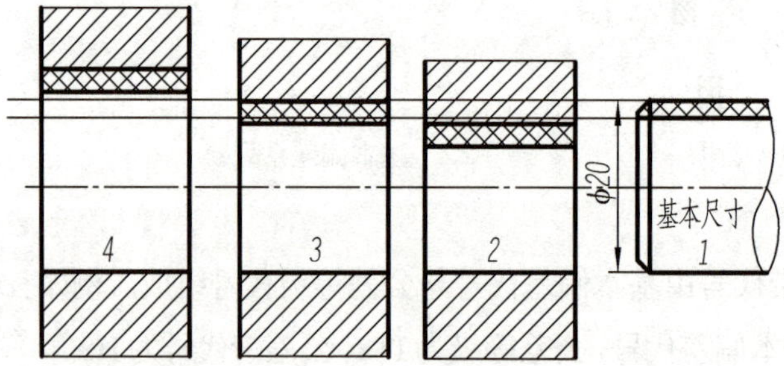

图 7-25　基轴制

1. 基孔制配合　基本偏差为一定的孔的公差带，与不同基本偏差的轴的公差带形成各种配合的一种制度。基准孔的下偏差为零，用代号 H 表示。

2. 基轴制配合　基本偏差为一定的轴的公差带，与不同基本偏差的孔的公差带形成各种配合的一种制度。基准轴的上偏差为零，用代号 h 表示。

（五）常用配合与优先配合

国家标准规定的基孔制的常用配合 59 种，其中优先配合 13 种，见表 7-1；基轴制常用配合 47 种，其中优先配合 13 种，见表 7-2。

表 7-1　基孔制优先、常用配合

基孔制	轴																				
	a	b	c	d	e	f	g	h	js	k	m	n	p	r	s	t	u	v	x	y	z
	间隙配合								过渡配合			过盈配合									
H6						H6f6	H6g5	H6h5	H6js5	H6k5	H6m5	H6n5	H6p5	H6r5	H6s5	H6t5					
H7						H7f6	H7g6▼	H7h6▼	H7js6	H7k6▼	H7m6	H7n6▼	H7p6▼	H7r6	H7s6▼	H7t6	H7u6▼	H7v6	H7x6	H7y6	H7z6
H8					H8e7	H8f7▼	H8g7	H8h7▼	H8js7	H8k7	H8m7	H8n7	H8p7	H8r7	H8s7	H8t7	H8u7				
				H8d8	H8e8	H8f8		H8h8													
H9			H9c9	H9d9▼	H9e9	H9f9		H9h9▼													
H10			H10c10	H10d10				H10h10													
H11	H11a11	H11b11	H11c11▼	H11d11				H11h11▼													
H12		H12b12						H12h12													

注：1. H6n5、H7p6 在基本尺寸≤3mm 和 H8r7 在≤100mm 时，为过渡配合。2. 注有 ▼ 的为优先配合。

表 7-2　基轴制优先、常用配合

基准轴	孔																				
	A	B	C	D	E	F	G	H	JS	K	M	N	P	R	S	T	U	V	X	Y	Z
	间隙配合								过渡配合			过盈配合									
h5						F6h5	G6h5	H6h5	JS6h5	K6h5	M6h5	N6h5	P6h5	R6h5	S6h5	T6h5					
h6						F7h6	G7h6▼	H7h6▼	JS7h6	K7h6▼	M7h6	N7h6▼	P7h6▼	R7h6	S7h6▼	T7h6	U7h6				

第四节　零件的测绘

一、零件测绘的概念、目的、要求和应用

（一）零件测绘的概念

零件测绘是指借助测量工具或仪器对机械零件进行测量和分析，确定表达方案、绘制零件草图并整理出零件工作图的过程。测绘时，要了解零件的设计思路，吸收、改进、创新，画出正确的工程图样。在工程上，零件测绘在设计、仿制和设备维修等方面都起着重要作用，是工程技术人员应该具备的基本技能。

（二）零件测绘的目的

1. 理论联系实际　综合运用工程制图课程所学的知识进行草图、示意图、零件图的绘制，使已学知识得到巩固和加强，为后续专业课程、课程设计、毕业设计等课程的学习打下一定基础。

2. 培养初步工程制图的能力　学会运用技术资料、标准、手册和技术规范进行工程制图的技能。

3. 掌握基本的测绘方法　通过测绘实训，使学生熟悉常用测量工具、掌握正确的测绘方法和步骤，为今后专业课的学习和工程实践打下坚实的基础。

4. 提高分析和解决问题的能力　零件测绘是处理实际工程问题的一种综合训练，包括查找资料的方法和途径、零件视图的选择和表达方案的制订、技术要求的提出和标注等。

（三）零件测绘的要求

1. 具有正确的工作态度　零件测绘是一种全面的绘图训练，对学生今后的专业设计和实际工作都有重要意义。因此，学生必须积极认真、刻苦钻研、一丝不苟地练习，才能在绘图方法和技能等方面得到锻炼与提高。

2. 培养独立工作的能力　零件测绘过程中遇到问题，应及时查阅相关资料，经主动思考或与他人讨论，获得解决问题的方法，从而培养独立工作的能力。

3. 树立严谨的工作作风　表达方案的确定要经过周密的思考，绘图过程应正确且符合国家标准的相关要求。

（四）零件测绘的应用

1. 修复零件　在维修机器或设备时，如果某一零件损坏，在无备件与图样的情况下，就需要对损坏的零件进行测绘，画出图样以满足该零件的再加工需要。

2. 设备改造　为了发挥已有设备的潜力而对其进行改造，也需要对部分零件进行测绘后，进行结构上的改进并配制新的零件，以改进机器设备的性能，提高机器设备的效率。

3. 设计新产品　在设计新零件产品时，可通过对已有实物零件进行测绘，通过对测绘对象的工作原理、结构特点、加工工艺、安装维护等方面进行分析，设计出比同类产品性能更优的新产品。

4. 仿制产品　对某些引进的新机器或设备（无专利保护），如其性能良好且具有一定的

推广应用价值，但缺乏技术资料和图纸，则可通过测绘零件获得生产这种新机器或设备的有关技术资料，进而组织生产。该过程的优点是速度快，经济成本低。

二、方法、步骤和注意事项

（一）零件测绘的方法

1. 正确选择零件视图的表达方法，应符合《机械制图》等有关标准和规定，力求表达方案简洁、清晰、完整，用最少的图形将零件的结构、形状表达清楚。零件草图应具有零件工作图的全部内容，包括一组图形、完整的尺寸标注、必要的技术要求和标题栏。草图应做到图形正确、比例适当、表达清晰、线型分明、工整美观。

2. 应在画出主要图形之后集中测量尺寸。切不可边画图、边测量、边标注。要注意测量顺序，先测量各部分的定形尺寸，再测量定位尺寸。测量时应考虑零件各部位的精度要求，将粗略的尺寸和精度要求高的尺寸分开测量。对于某些不便直接测量的尺寸（如锥度、斜度等），可在测量相关数据后，再利用几何知识进行计算。

（二）零件测绘的步骤

零件的测绘就是依据实际零件画图、测量尺寸和制定技术要求。测绘时，首先画出零件草图（徒手画图），然后根据零件草图画出零件图，为设计机器、修配零件等创造条件。其具体步骤如下。

1. 测绘前的准备工作 领取测量工具，准备好绘图工具，并做好测绘场地的清洁工作。注意测绘过程中的设备、人身安全等。

2. 了解测绘对象 在正式测绘前，应全面细致地了解被测零件的名称、用途、工作原理、性能指标、结构特点及在机械设备或部件中的装配关系和运转关系等。

3. 绘制零件草图 以目测估计图形与实物的比例，按一定画法要求徒手（或部分使用绘图仪器）绘制的图称为草图。草图没有比例，但应由目测使图形基本保持物体各部分的比例关系。绘制草图应该做到字体端正、线型分明、比例匀称、图面整洁。绘制草图的步骤如下。

（1）确定各视图位置，画出基准线、中心线。留出标注尺寸、右下角标题栏的位置。

（2）根据确定的表达方案，按照投影的对应关系画出各视图，表达零件的各部分结构形状。

（3）画尺寸界线、尺寸线，并加深粗实线。

（4）测量尺寸，填写尺寸数字、技术要求和标题栏。测量时，应对每一个零件的每一个尺寸进行测量，将所得到的尺寸和相关数据标注在草图上。

（5）尺寸圆整与技术要求的注写。对所测得的零件尺寸进行圆整，使尺寸标准化、规格化、系列化。同时，还要对零件采用的材料、尺寸公差和位置公差、配合关系等技术要求进行选择，并标注到草图上。

4. 绘制零件图 画零件图时，需要对零件草图再进行校核，包括技术要求的计算与选择、尺寸的标注、图形的表达方法等。

（三）零件测绘的注意事项

1. 测量时要根据尺寸精度采用相应的测量工具，以免影响测量的准确度，减少差错。

2. 测量零件尺寸时，要正确选择测量的基准面，并由基准面开始测量尺寸。零件的配合尺寸和相关的尺寸，测量要精确，同时标注到有关的零件草图上，有配合关系的基本尺寸必须一致，以免产生矛盾。

3. 零件上的孔口、倒角、退刀槽、凸台、凹坑等结构，应查阅相应的结构要素的标准，确定其结构和尺寸，在草图上画出并标注。

4. 应尽可能多地在草图上留下原始信息，如不怕重复标注尺寸，可在草图上写文字说明等，以便正式设计绘制工程图样时发现错误并修正。

三、尺寸测量

零件的测量过程是确定被测零件空间几何尺寸量值的过程。一个完整的测量过程包括测量工具的选择、测量的方法和测量技巧、对测量结果的圆整等内容。

（一）常用测量工具

测量工具简称量具，是专门用来测量零件尺寸、检验零件形状或安装位置的工具。各种不同的测量工具都有不同的适用范围、使用要求和保管要求。在测绘中应根据测绘的需要选择合适的量具，按操作规程使用，并要爱护和妥善保管。

1. 钢直尺和内外卡钳 钢直尺用来测量工件的长度、宽度、高度和深度等。内外卡钳是测量长度的工具。外卡钳用于测量圆柱外径或物体的长度，如图 7-26（a）所示；内卡钳用于测量圆柱孔的内径或槽宽等，如图 7-26（b）所示。

（a）

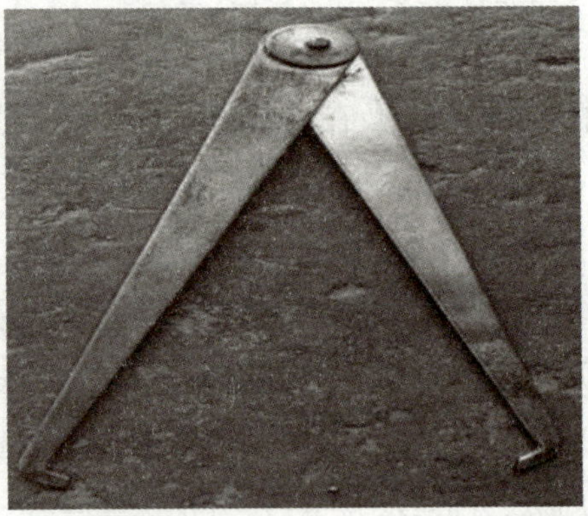

（b）

图 7-26 卡钳

（a）外卡钳；（b）内卡钳

2. 游标卡尺 游标卡尺是测量零件尺寸的通用工具，具有结构简单、使用方便、精度中等、测量范围大等特点，常用来测量零件的外径、内径、长度、宽度、厚度、高度、深度，以及齿轮的齿厚等。游标卡尺按所测位置的不同分为普通长度游标卡尺、游标深度尺和游标高度尺。

3. 圆角规 每套圆角规有很多片，一半测量外凸圆角，一半测量内凹圆角，每片刻有圆角半径的大小，如图 7-27 所示。测量时，只要在圆角规中找到与被测部分完全吻合的一片，该片上的数值就是圆角半径的大小。

图 7-27　圆角规

（二）常用测量方法

1. 线性尺寸的测量　测量长、宽、高等直线尺寸，一般用钢直尺或游标卡尺直接测量，必要时可借助直角尺或三角板配合测量。测量回转面直径尺寸，通常用内、外卡钳或游标卡尺直接测量，必要时也可使用内、外径千分尺。测量时应使两测量点的连线与回转面的轴线垂直相交，以保证测量精度。

2. 非线性尺寸的测量

（1）圆角一般使用圆角规测量。若要测量未知圆弧角的半径，需选用近似的样板与被测圆弧相靠，完全吻合时，该片样板的数值即为圆角半径的大小。

（2）低精度螺纹可采用螺纹样板测量。螺纹样板由多种标准螺纹牙型样板组成，在每一个样板上标注各自的螺距。

（3）测量曲线或曲面时，若测量精度要求较高，应使用专用的测量仪器；若测量精度要求不高，对一些不易测量的部位还可以用拓印法、铅丝法、坐标法等进行测量。也就是用拓印、铅丝贴合、坐标测量等方法，测出曲线形状后描绘到纸上，再进行测量，计算出曲率半径。

（王传虎　王　娜）

0704

第七章　目标测试

第八章　装配图

第八章　装配图
（课件）

任何设备或构件，都是由一些零件根据其工作原理，按照一定的装配关系组装起来的。我们把表达设备或部件的整体结构形状、工作原理和装配体间装配连接关系的图样，称为**装配图**（assembly drawing），前者称为总装配图，后者称为部件装配图（subassembly drawing）。本章将介绍装配图的作用和内容，以及如何画、读装配图。

第一节　装配图的作用和内容

装配图是生产中重要的技术文件之一，如图 8-1 所示是齿轮油泵（lubricant pump）的装配图。下面以此为例来说明装配图在生产当中的作用，以及装配图要表达的内容。

一、装配图的作用

装配图和零件图一样，在设计、检验、安装、操作、维修及技术交流中是必不可少的重要技术文件。在设计中，设计者首先要画出设备或部件的装配图，然后根据装配图中所反映的工作原理和装配连接关系绘制各部分的零件图；在生产中，根据装配图的要求把零件装配成部件或设备；在使用中，通过装配图来了解设备的工作原理、主要构造和装配关系等，以指导设备的操作和维修；在交流设计思想、讨论设计方案、交流生产经验中，也常用装配图作为重要的技术文件。

二、装配图的内容

装配图所反映的部件或设备虽然各不相同，但每张装配图所包含的内容都是一样的，一般包括：一组视图、几类主要尺寸、技术要求及序号、明细表和标题栏。

（一）一组视图

装配图可以采用各种表达方法绘制出一组视图，如视图、剖视图、断面图及局部放大图等。这组视图能够准确而清晰地反映出零件或部件的工作原理、整体结构形状、各零件之间的装配连接关系及主要零件的重要形状结构等。如图 8-1 中，用全剖的主视图和半剖的左视图来表达齿轮油泵的工作原理、装配关系和零件的大体结构。

装配图的表达方法 - 齿轮油泵

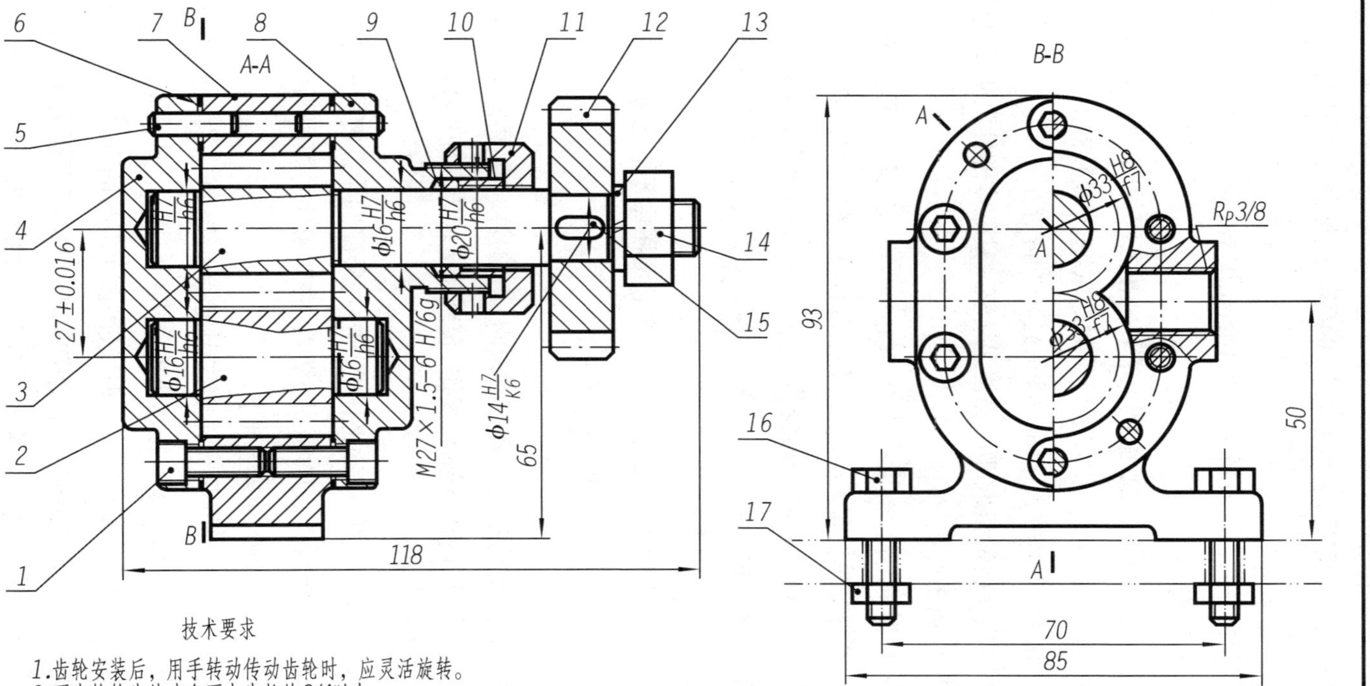

技术要求

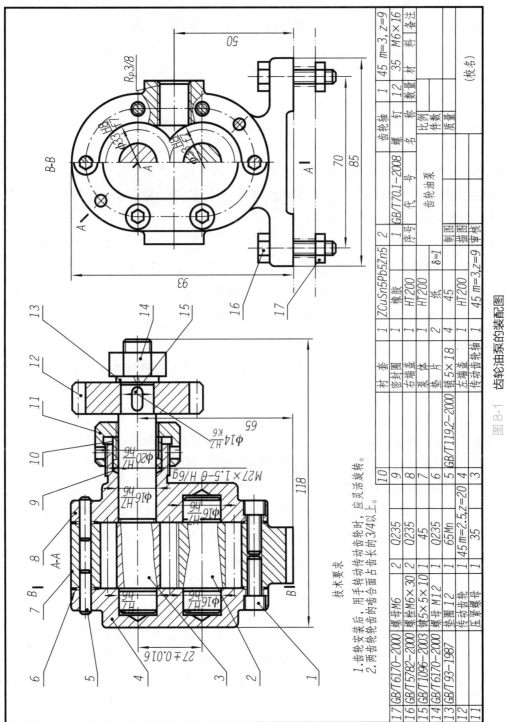

1. 齿轮安装后，用手转动传动齿轮时，应灵活旋转。
2. 两齿轮轮齿的啮合面占齿长的3/4以上。

序号	代号	名称	数量	材料	备注
17	GB/T 6170-2000	螺母M6	2	Q235	
16	GB/T 5782-2000	螺栓M6×30	2	Q235	
15	GB/T 1096-2003	键5×5×10	1	45	
14	GB/T 6170-2000	螺母 M12	1	Q235	
13	GB/T 93-1987	垫圈 12	1	65Mn	
12		传动齿轮	1	45 m=2.5, z=20	
11		压紧螺母	1	35	
10		衬 套	1	ZCuSn5Pb5Zn5	
9		密封圈	1	橡胶	
8		右端盖	1	HT200	
7		泵 体	1	HT200	
6		垫 片	2	纸	δ=1
5	GB/T 119.2-2000	销 5×18	4	45	
4		左端盖	1	HT200	
3		传动齿轮轴	1	45 m=3, z=9	
2		齿轮轴	1	45 m=3, z=9	
1	GB/T 70.1-2008	螺 钉	12	35	M6×16
序号	代 号	名 称	数量	材 料	备注

齿轮油泵		比例	
		件数	
制图		质量	
描图		(校名)	
审核			

图 8-1 齿轮油泵的装配图

（二）几类主要尺寸

装配图的主要尺寸-齿轮油泵

装配图中要有表示设备或部件的性能、规格以及装配、检验、安装等所需要的一些尺寸。装配图不像零件图那样需要根据尺寸来加工零件，因此无须完整地标注所有尺寸。根据装配图的作用，在装配图上只需标出部件或设备的性能规格、外形尺寸及反映零件间装配关系等的少量尺寸，装配图应标注以下几类尺寸。

1. 特征尺寸 也称规格尺寸，是表示设备或部件性能和规格的尺寸。这类尺寸是决定产品工作能力的尺寸，是设计和选型的一个重要数据。

2. 装配尺寸 为了保证设备的性能，在装配图上需要注出各零件间的配合尺寸、连接尺寸以及重要的相对位置尺寸，作为设计零件和装配设备时的依据。如图 8-1 中所示，传动齿轮轴的轴线距离泵体安装面的高度尺寸 65 及 ϕ16H7/h6、ϕ20H7/h6 等。

3. 安装尺寸 这类尺寸是表示将设备或部件安装到基座或其他零部件上所需要的尺寸。如图 8-1 中进出油孔的螺纹尺寸 Rp3/8。

4. 总体尺寸 是指设备或部件整体轮廓大小的尺寸，包括总的长、宽、高三个方向的尺寸。通过总体尺寸，使我们了解设备所占的空间大小，是设备或部件在包装、运输、安装以及厂房设计等所需的尺寸。如图 8-1 中尺寸 118、85、93 为齿轮油泵在长、宽、高三个方向的总体尺寸。

5. 其他重要尺寸 这类尺寸不包括在上述几类尺寸中，但在设计中经过计算确定或选定的一些重要尺寸，如零件运动的极限尺寸。

在装配图中，要根据实际情况合理选注上述尺寸，一个装配图中不一定所有的尺寸都具备，实际上，有的尺寸也往往同时具有几种不同的含义。

（三）技术要求

技术要求是用文字把图中表达不清楚的内容加以说明。一般注写在图纸下方的空白处，通常可以从设备或部件的制造、装配、调整、检验、操作、包装和运输等方面提出要求。

（四）序号、明细表和标题栏

为了更加便于读图和规范图样、方便生产和图样管理，在装配图中需要按一定的方式对所有的零部件编写序号，同时要在标题栏上方增添明细表，并对应序号填写明细表。对于序号的编排、注写和对应明细表的画法要遵循以下规定。

1. 序号的编排和注写方法 从零件的可见轮廓内引出指引线（细实线），轮廓内的一端画实心圆点，另一端画成水平线或圆（细实线），在线上或圆内标注序号，其号数要比本装配图中尺寸数字的字号大 1 到 2 号，如图 8-2（a）所示。同一装配图中编号的形式应该统一。如果指引线所指的轮廓内不方便画圆点，如涂黑的剖面、很薄的零件等，可用箭头代替原点，并指向该处，如图 8-2（b）所示。一组紧固件或装配关系清楚明确的零件组，可采用公共指引线，如图 8-2（c）所示。

2. 明细表和标题栏 明细表是装配图中全部零件的详细目录。一般画在标题栏上方，自下而上进行注写，与图中零件的序号一一对应，上方位置不够时，可在标题栏左边接着绘制明细表。标准件要在明细表的名称栏内填写规定标记。装配图中明细表的画法如图 8-3 所示，其中标题栏的细部画法见本书第一章图 1-5。

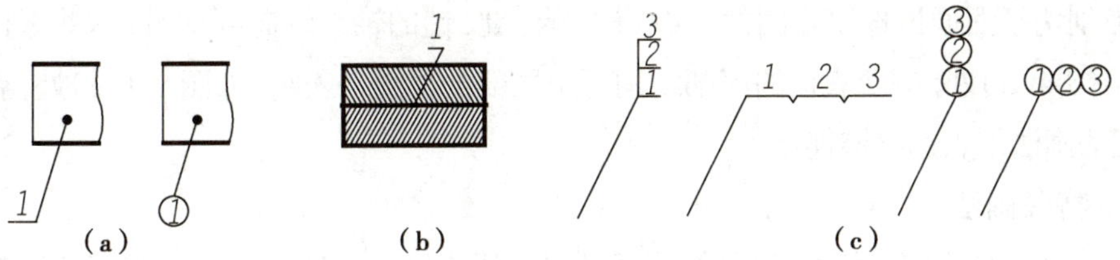

图 8-2　装配图中序号的编注方法

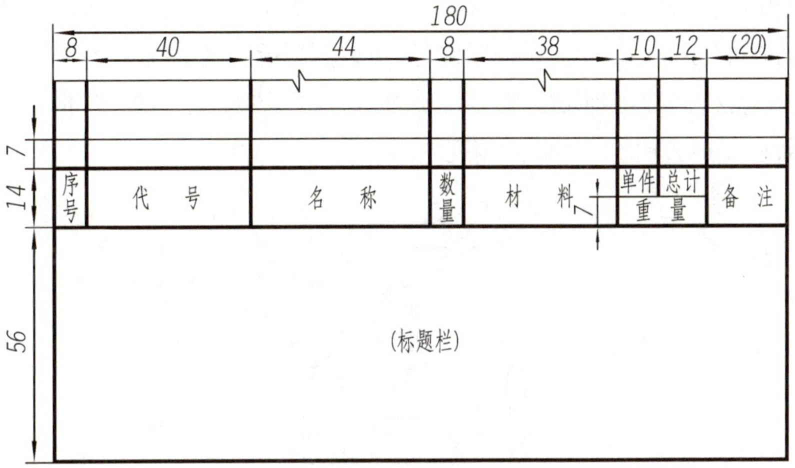

图 8-3　装配图中明细表的画法

第二节　装配图的绘制

一、装配图的一般表达方法

机件常用的各种表达方法，如视图、剖视图、断面图及局部放大图等，均适用于装配图。为了更加清楚、明确地表达出零件之间的装配关系，在画装配图时还要遵守一些规定画法和特殊画法。

（一）规定画法

绘制装配图时，首先要遵循以下几点规定画法，如图 8-4 所示。

1. 两个零件的配合或接触表面只画一条轮廓线，如图 8-4（a）处；两个零件不接触的表面，画两条线，如图 8-4（b）处。两个零件不接触的表面，即使间隙很小，也必须画出两条线。

2. 相邻两金属零件画剖面符号时，其剖面线的方向应相反，如图 8-4（c）处；如两个以上的零件接触在一起时，其中两个剖面线的方向相同时，还可取间隔不同的剖面线加以区分，同一装配图中同一个零件的剖面线方向和间隔要一致。

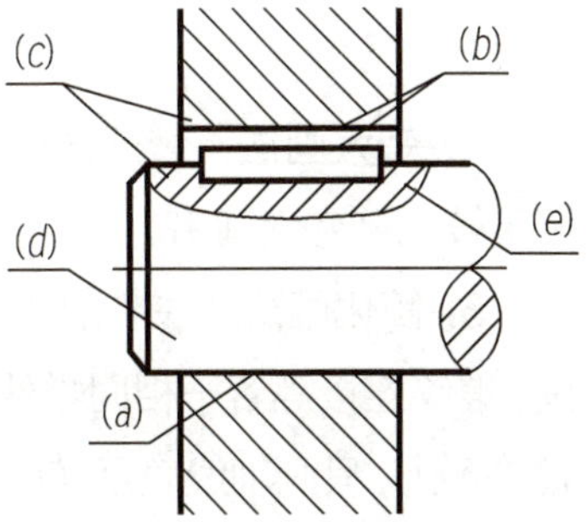

图 8-4　规定画法

3. 当剖切平面通过螺纹紧固件、实心轴、球、键、销的轴线纵向剖切时，这些零件按不剖绘制，如图 8-4(d)处；需要表达的局部结构可用局部剖视图来表明，如图 8-4(e)处，就是采用局部剖视的画法来表达平键连接。

（二）特殊画法

设备或部件的结构是复杂多样的，装配图中还规定了一些特殊画法，来更加清楚地表达设备或部件的结构特点，下面分别介绍这些画法。

1. 拆卸画法 在装配图的某一个视图上，对于已经在其他视图中表达清楚的一个或几个零件，若他们遮住了其他装配关系或零件时，可以假想拆去这个或几个零件，对其余部分再进行投影，这种画法称为拆卸画法。需要说明时，可在相应视图上方加注“拆去某某零件”等，如图 8-5 所示，就是拆去轴承盖后画的俯视图。

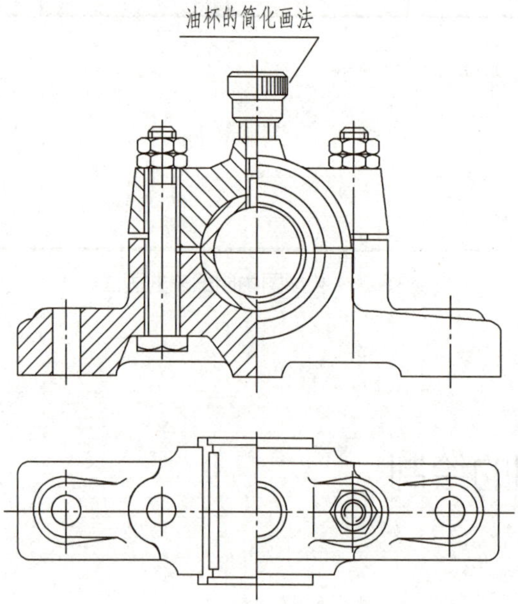

图 8-5 拆卸画法及简化画法

2. 单独表示某个零件的画法 在装配图中可以单独画出某一零件的视图，但必须在所画视图上方注出该零件的视图名称，在相应的视图附近用箭头指明投射方向，并注写相同的字母。

3. 假想画法 为了表达运动件的极限位置或相邻零部件的位置和相互关系时，可用双点画线来绘制其极限位置或相邻件的轮廓，可见第一章图 1-6 中的双点画线的两处画法所示。

4. 夸大画法 装配图中小间隙和小的斜度、锥度等，无法按其实际尺寸清楚地画出，则可不按比例夸大画出。

5. 简化画法 在装配图中，零件的一些细小工艺结构，如倒角、小圆角、退刀槽等允许不画；螺纹连接等若干相同零件组，在不影响看图理解的情况下，可详细地画一处，其他几组可省略不画，只画轴线表示其中心位置即可；当剖切平面通过某些部件的对称中心线时，该部件可按不剖画，如图 8-5 中的油杯是标准组合件，所以俯视图中未按剖视画出。

二、画装配图

画装配图时要认真、细致地对设备或部件进行分析，得出合理的设计方案，才能绘制出正确、完整和清晰的装配图。画设备或部件的装配图通常包括以下几种方法和步骤。

（一）分析和了解所画的设备或部件

画装配图前都要对设备或部件有一个全面分析，了解其工作原理、每个零件的装配关系、主要零件的形状结构。例如要绘制图 8-1 中的齿轮油泵装配图，先了解其工作原理是：通过一对外啮合的齿轮，主动轮带动从动轮转动，齿轮分开的一侧压力减小吸入油，另一侧压力增大排出油，从而实现输送。因此该设备主要零件是一对互相啮合的齿轮，以其为中心构思各装配关系以及每个零件的结构形状等。

（二）确定视图的设计方案

通过对装配图要表达内容的分析和了解，选择最佳的设计方案，确定一组视图及合理的表达方法，绘制装配图。

1. 确定主视图 装配图上要表达的内容确定之后，应首先确定主视图，主视图的选择要符合以下原则：符合装配体的安装位置或工作位置，并尽可能多地反映出装配体的主要工作原理、装配关系及主要零件的结构等，选择合理的表达方式，更加清晰、明确地表达出需要表达的主要内容。如图 8-1 中主视图采用全剖视图，更能清楚地表达出齿轮油泵的装配关系和主要零件的结构等。

2. 确定其他视图 主视图确定之后，对部件还没有表达清楚的部分，要选择其他视图和合理的表达方式来加以补充表达。如图 8-1 中选择左视图并采用半剖视图，表达出齿轮油泵泵盖部分的内外结构、装配关系等。

（三）着手绘制装配图

1. 合理布图 按选定的设计方案，合理选择绘图比例，图幅大小，合理布置各视图的位置。注意：视图与图框线以及各视图之间要留有足够的空间来标注尺寸。

2. 画装配图底稿 画底稿的步骤如下：

（1）先画出图框线、标题栏、明细表。

（2）再画设备或部件的主要轮廓：从主要零件画起，再根据零件的装配关系画相邻零件，几个视图同时进行，完成主要轮廓，再画细部结构。

（3）最后画尺寸界线、尺寸线和编写零件序号。

3. 检查全图后，进行加深。

4. 最后标注尺寸数字、填写明细表和标题栏，注写技术说明。

第三节 装配图的阅读

在设计、检验、安装、操作、维修及技术交流中，都会遇到读装配图的问题，通过读图可以了解该设备或部件的工作原理、装配连接关系等。看装配图通常按以下几个步骤进行。

1. 概括了解 读装配图首先由标题栏和明细表入手，再结合技术说明等文字来了解设备或部件的名称、用途及零件的名称及数目等。

2. 分析视图 进行装配图的分析时，一般先从主视图入手，了解主视图表达出的零件间装配关系、主要零件的结构和设备的大体形状结构等，再结合其他视图全面分析。

（1）分析视图的表达方式，了解各视图的表达重点。

（2）在前面看图分析的基础上，了解设备或部件的工作原理。

（3）以主干线为中心，按照每一条装配干线来弄清楚设备或部件的装配关系，结合尺寸的分析，更好地理解装配关系。

（4）对主要零件及其他零件进行分析，了解其外形结构及原理，为拆画零件图做准备。

（苏　燕　李方娟）

0804

第八章　目标测试

第九章　化工设备图

第九章　化工设备图（课件）

第一节　化工设备及常用标准件

一、化工设备及其分类

化工设备是指用于化工生产过程中的合成（synthesis）、分离（separation）、干燥（desiccate）、结晶（crystallization）、过滤（filtration）、吸收（absorption）、澄清（clarification）等生产单元的装置与设备。常用的化工设备可根据其功用与结构特点分为下列4类。

1. 存储类设备　存储类设备通常也称为贮槽（store trough）或贮罐（storage tank），主要用于贮存物料，其结构特征中通常以圆柱形为主，也有球形和矩形等形式，有立式与卧式之分。

2. 反应类设备　反应类设备主要用于化工反应过程，也可用于沉淀（precipitation）、混合（mixing）、浸取（leaching）与间歇式分级萃取（extraction）等单元操作。反应类设备中塔式、釜式（kettle）和管式均有，以釜式居多。其外形通常为圆柱形，并带有搅拌和加热装置。

3. 换热类设备　换热类设备主要用于两种不同温度的物料进行热量交换，以达到加热或冷却物料的目的。按其结构特征，换热类设备有列管式、套管式、板式、螺旋板式等多种型式，其结构形状通常以圆柱形为主，有立式、卧式之分。

4. 塔器　塔器是一种立式的圆柱形设备，塔高和直径差距较大。主要用于精馏（rectification）、吸收、萃取和干燥等化工分离类单元操作，也可用于反应过程。

二、化工设备常用标准件

各类化工设备结构形状各有差异，但基本上均由一些结构相同的零部件组成，如筒体、封头、支座、法兰、人孔与手孔、视镜、液面计及补强圈等。这些零部件均已标准化、系列化，在各种化工设备上广泛应用。

（一）筒体

筒体（cylinder）为化工设备的主体结构，一般为圆柱形。主要结构尺寸是直径、高度（或长度）和壁厚。壁厚由强度计算决定，直径和高度（或长度）由工艺要求确定。筒体直径应符合《压力容器公称直径》（GB/T 9019—2015）中的尺寸系列。

例9-1　公称直径1 000、壁厚10、高度（长度）2 000的筒体，标注为：

筒体，DN1 000，δ=10，$H(L)$=2 000

在标注中，一般立式设备用 H，卧式设备用 L 表示。

（二）封头

封头（head）与筒体一起构成设备的壳体。封头与筒体可直接焊接形成不可拆连接；也可通过法兰连接的方式形成可拆连接。常见的封头形式有球形、椭球形、碟形、锥形及平底形等。其结构型式见表 9-1。

表 9-1　封头的结构型式和类型代号

名称		断面形状	类型代号	形式参数关系
半球形封头		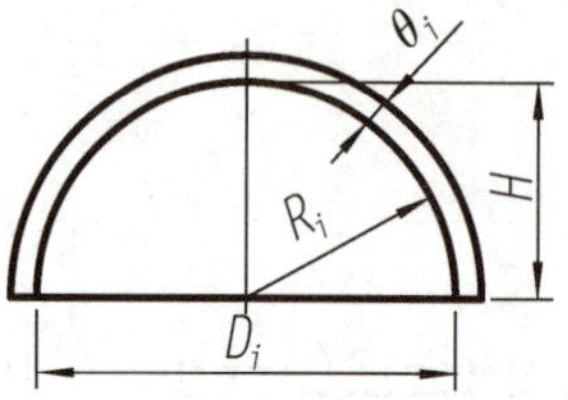	HHA	$D_i=2R_i$ DN=D_i
椭圆形封头	以内径为基准	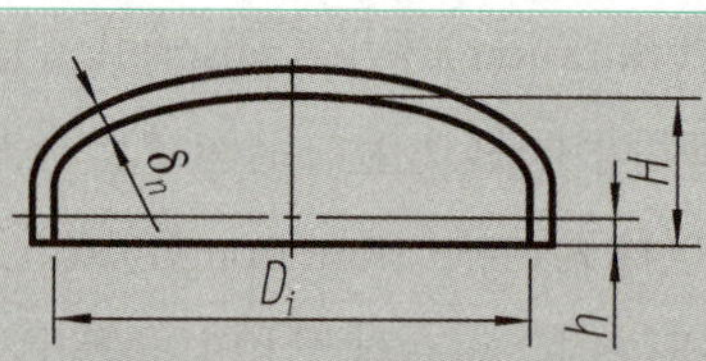	EHA	$\frac{D_i}{2(H-h)}=2$ DN=D_i
	以外径为基准	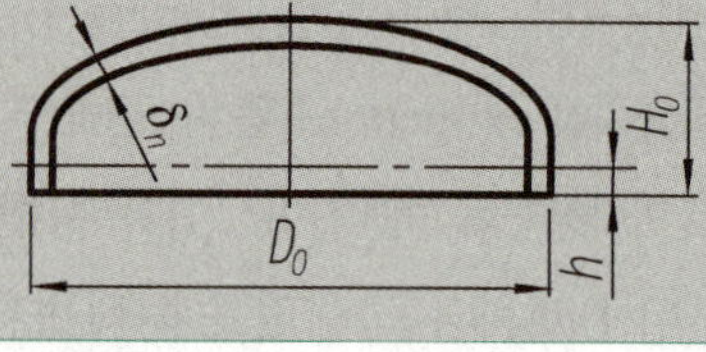	EHB	$\frac{D_o}{2(H_o-h)}=2$ DN=D_o
碟形封头	以内径为基准	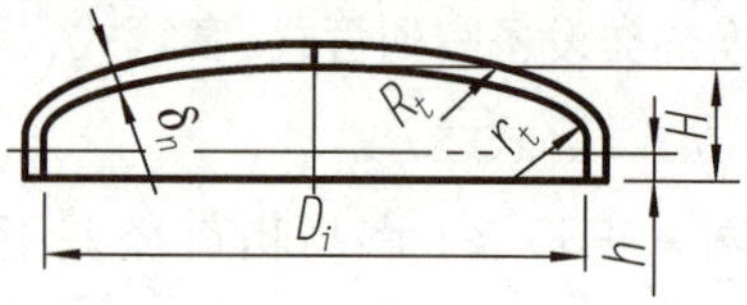	THA	$R_i=1.0D_i$ $r_i=0.1D_i$ DN=D_i
	以外径为基准	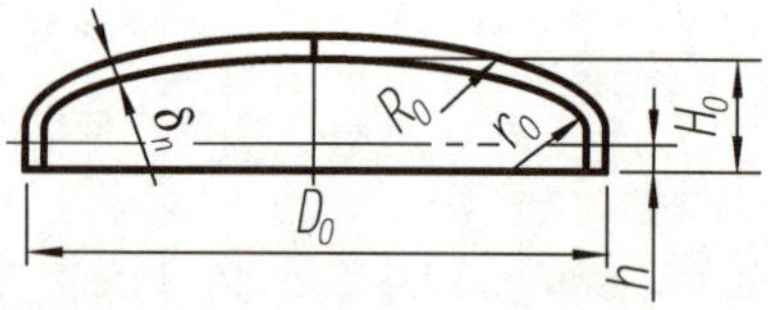	THB	$R_o=1.0D_o$ $r_o=0.10D_o$ DN=D_o
球冠形封头		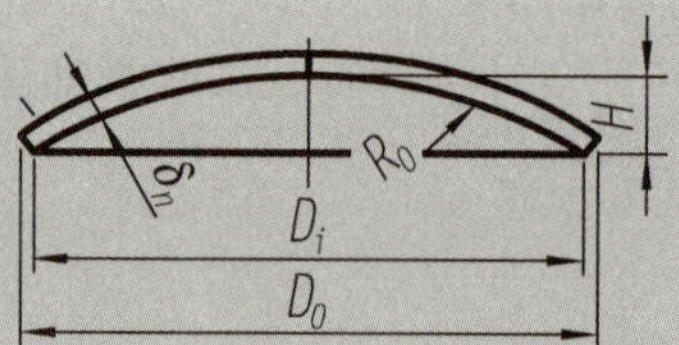	SDH	$R_i=1.0D_i$ DN=D_o
平底形封头		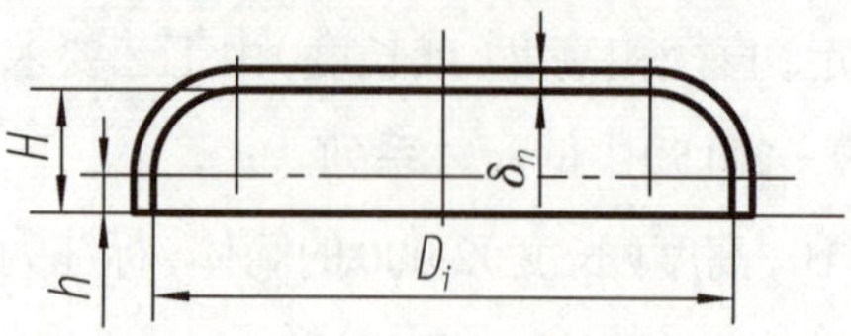	FHA	$r_i\geqslant3\delta_n$ $H=r_i+h$ DN=D_i

续表

名称	断面形状	类型代号	形式参数关系
锥形封头	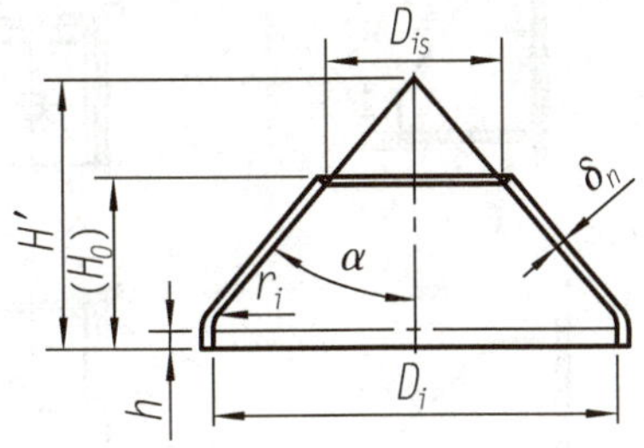	CHA(30)	$r_i \geq 0.10D_i$ 且 $r_i \geq 3\delta_n$ α=30° DN 以 D_i/D_{is} 表示
		CHA(45)	$r_i \geq 0.10D_i$ 且 $r_i \geq 3\delta_n$ α=45° DN 以 D_i/D_{is} 表示
	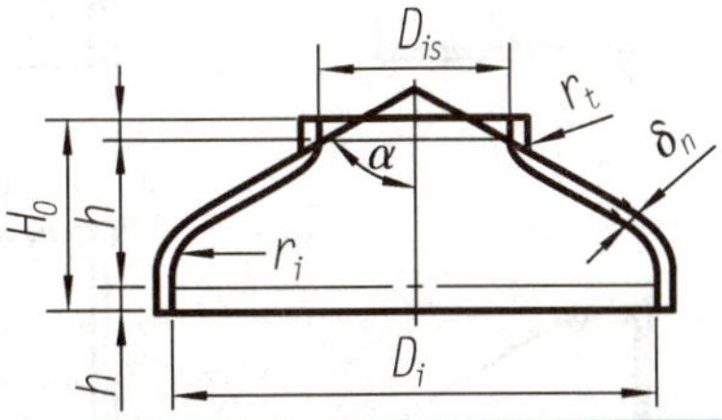	CHA(60)	$r_i \geq 0.10D_i$ 且 $r_i \geq 3\delta_n$ $r_i \geq 0.05D_{is}$ 且 $r_i \geq 3\delta_n$ α=60° DN 以 D_i/D_{is} 表示

封头标记形式为：①②×③(④)-⑤⑥

其中：①封头类型代号；②数字，封头公称直径，mm；③数字，封头名义厚度 δ，mm；④数字，为设计图样上标注的封头最小成形厚度 δ_{min}，mm；⑤封头材料牌号；⑥标准号 GB/T 25198—2023《压力容器用封头》。

例 9-2 公称直径 600、名义厚度 6、最小成形厚度 5、材料 16MnR 的椭圆形封头，标记为：EHA 600×6(5)-16MnR GB/T 25198—2010。

（三）支座

支座(support)用来支撑设备重量和固定设备位置，一般分立式设备支座、卧式设备支座和球形容器支座三大类。每类支座中又有多种结构型式以适应于不同设备的各种结构形状、安放位置、材料和载荷等情况。下面介绍两种典型支座。

1. 耳式支座 又称悬挂式支座，广泛应用于立式设备中。其结构型式如图 9-1 所示，它由两块肋板、一块底板、一块垫板和一块盖板组成。垫板焊在设备的筒体壁上，底板搁在楼板或钢梁等基础上，通过地脚螺栓将设备固定在基础上。

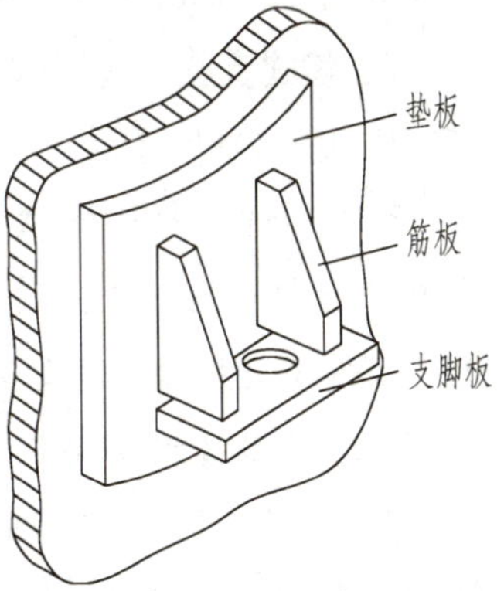

图 9-1 耳式支座

耳式支座有 A 型(短臂)、B 型(长臂)和 C 型(加长臂)3 种类型，见 NB/T 47065.3—2008《容器支座 第 3 部分：耳式支座》，其中 A 型和 B 型各自又有带盖板和不带盖板两种不同形式。根据支座的许可荷载，将每种耳式支座分为 8 种规格，分别称为 1-8 号支座，如图 9-2 所示。

耳式支座垫板的材料一般应与容器材料相同。肋板和底板的材料通常是 Q235A、16MnR、0Cr18Ni9，支座及垫板的材料应在设备图样的材料栏内标注。

耳式支座标记规定如下：

NB/T 47065.3—2008，耳式支座 ①②—③

其中：①型号(A、B、C)；②支座号(1-8)；③材料。

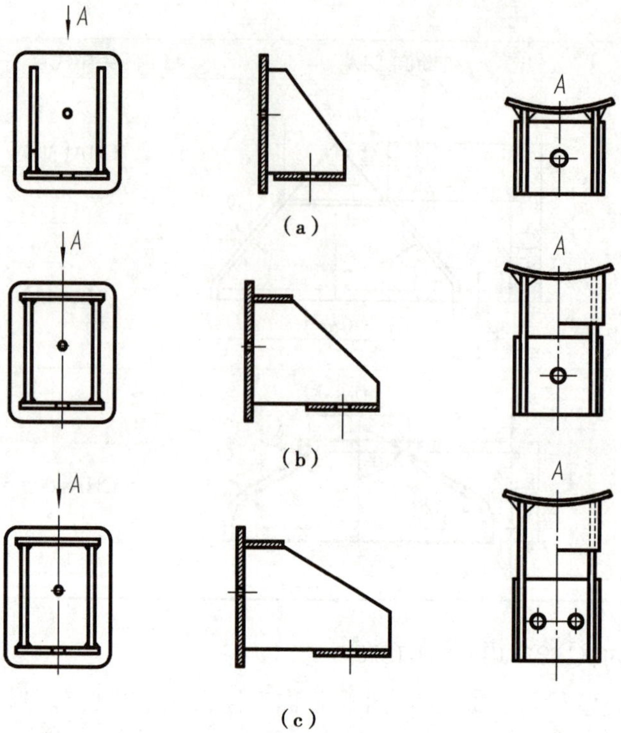

图 9-2　耳式支座类型编号

(a)A 型(支座号 1-5);(b)B 型(支座号 6-8);(c)C 型(支座号 4-8)

若垫板厚度 δ_3 与标准尺寸不同，则在设备图样中零件名称或备注栏注明。

例 9-3　A 型 3 号耳式支座，支座材料为 Q235A，垫板材料为 Q235A，标注为：NB/T 47065.3—2018，耳式支座 A3。材料栏内注：Q235A。

例 9-4　B 型 3 号耳式支座，支座材料为 16MnR，垫板材料为 0Cr18Ni9，垫板厚 δ_3=12，标注为：NB/T 47065.3—2018，耳式支座 B3，δ_3=12。材料栏内注：16MnR/0Cr18Ni9。

2. 鞍式支座　是卧式设备中应用最广的一种支座，由鞍形板、竖板、肋板、底板等组成，其结构如图 9-3 所示。

鞍式支座分为轻型(A 型)和重型(B 型)两大类，每种类型又分为 F 型(固定式)和 S 型(滑动式)，并配对使用。鞍式支座的重要性能参数为公称直径 DN、座高和结构型式，NB/T 47042—2014《卧式容器》规定了适用于 DN159-DN4000 的 18 种不同直径鞍式支座的材料一般为 Q235A，垫板的材料应与容器筒体材料相同。支座材料应在设备图样的材料栏内标注，表示方法为：支座材料 / 垫板材料，无垫板时只注支座材料。

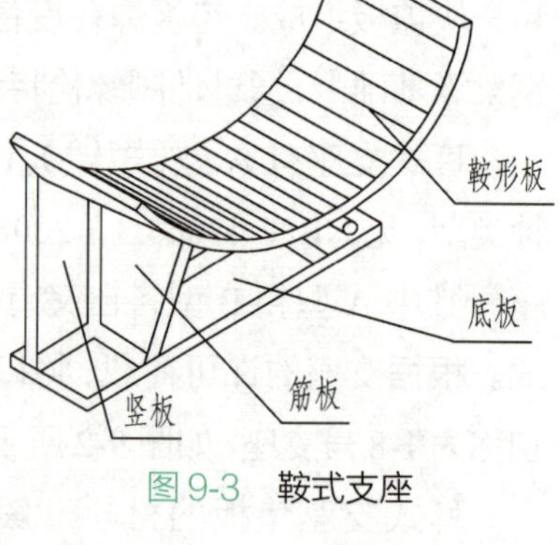

图 9-3　鞍式支座

鞍式支座标记规定为：NB/T 47042—2014，鞍座①②—③

其中：①型号(A、B)；②公称直径，mm；③固定鞍座 F，滑动鞍座 S。

例 9-5　*DN*1600、150° 包角，重型滑动鞍座，支座材料 Q235A，垫板材料 0Cr18Ni9，鞍座高度 400，垫板厚度 12，滑动长孔长度 60，标注为：

NB/T 47042—2014，鞍座 B1600—S，h=400，δ_4=12，l=60

材料栏内注：Q235A/0Cr18Ni9。

（四）补强圈

补强圈（reinforcing ring）是用来弥补设备壳体因开孔过大而造成的强度损失，其结构如图 9-4 所示，补强结构如图 9-5 所示。

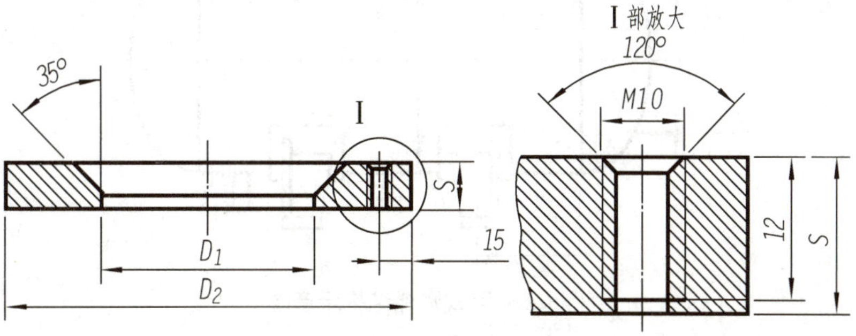

图 9-4　补强圈

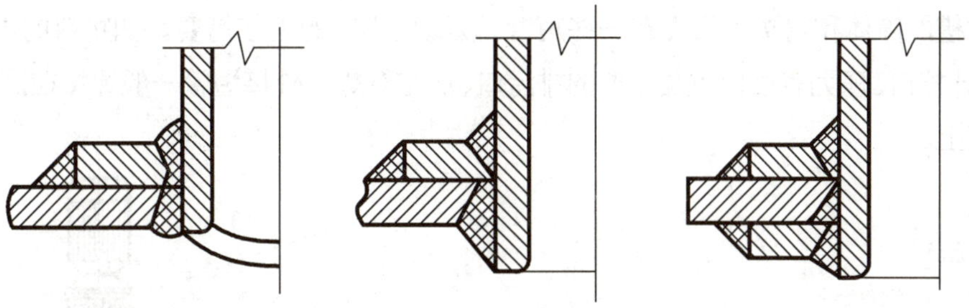

图 9-5　补强结构

补强圈的标准是《补强圈》（JB/T 4736—2002）。其主要性能参数是公称直径、厚度和坡口型式，坡口型式为 A、B、C、D、E、F 六种。

补强圈的标记示例：公称直径 DN150，厚度为 10mm，坡口型式为 C 型，材质为 16MnR 的补强圈，在明细表的标准号和图号栏中标注“JB/T 4736—2002”，在名称栏中标注“补强圈 DN150×10–C”，在材料栏中标注“16MnR”。

第二节　典型化工设备的结构

在化工设备中，除了上述通用零部件外，还有一些典型设备常用的零部件。

一、容器

容器是用于贮存物料的设备，分立式、卧式与球形 3 类。卧式贮槽一般是由封头、筒体、人孔、支座、液位计及各种接管构成。卧式贮槽结构简单，零部件基本上由标准件组成，相关尺寸也已规范化。图 9-6 是卧式贮槽结构示意图。

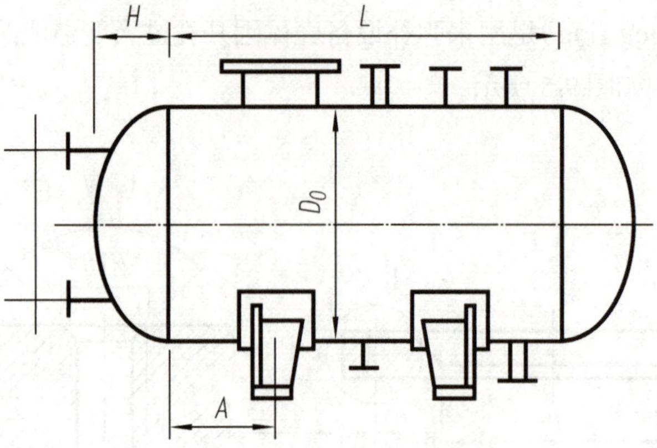

图 9-6　卧式贮槽结构示意图

其中：L，两封头切线间的距离；H，封头曲面高度；D_O，筒体外径；A，筒体端面至支座中心的距离；$A= D_O/4$，$A \leqslant 0.2L$。

在贮槽的筒体和封头上常设有一些短管，以满足不同的工艺需要。如物料的进出口、人孔、液面计接口、压力表接口以及必要的排污口、放空管等。外接短管一般焊接在筒体和封头的外壁面上。

二、反应釜

反应釜（reactor）是化学、医药及食品等工业中常用的反应设备。基本组成包括釜体、传热装置、搅拌装置等。搅拌装置的安装型式大致可分为立式、卧式、倾斜式和底搅拌式等。常用的传热装置是在釜体外部设置夹套或在釜体内部设置蛇管。下面以带夹套立式搅拌反应釜为例，说明其结构组成。

（一）釜体

釜体是物料进行反应的空间，由筒体、上下封头组成，通过支座安装在基础上。上封头一般设有人孔、视镜及各类接管，出料口位于下封头底部。多数釜体是密闭的，在常压、无毒和反应允许的条件下，也可采用敞开式釜体。图 9-7 是反应釜的结构示意图。

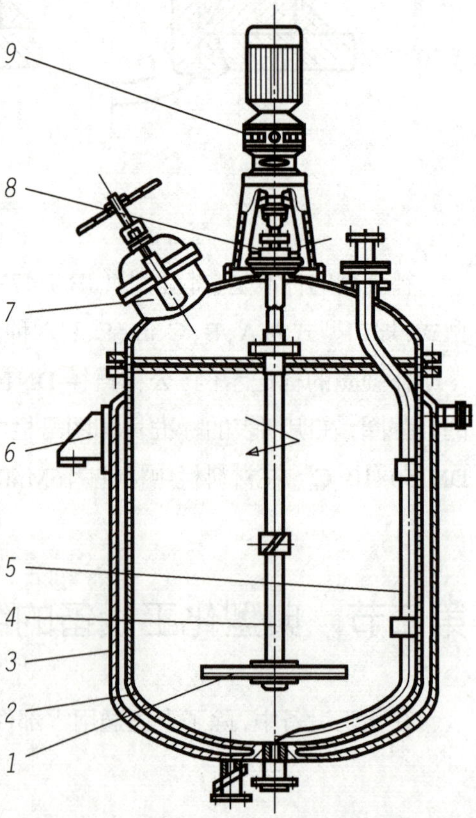

1. 搅拌叶；2. 筒体；3. 夹套；4. 搅拌轴；5. 下料管；6. 耳座；7. 人孔；8. 联轴节；9. 变速器。

图 9-7　反应釜的结构示意图

（二）传热装置

常见的夹套（jacket）传热形式为整体夹套。

夹套上部与筒体连接的最常见形式如图 9-8 所示。为了改善传热效果，可考虑采用带螺旋导流板的夹套。

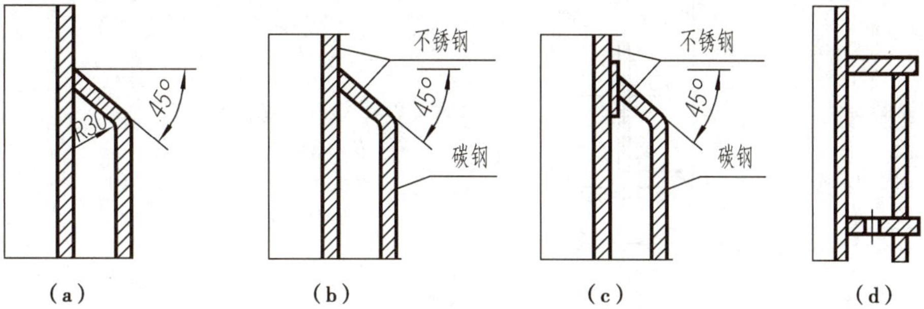

图 9-8 整体式夹套结构

（三）搅拌装置

搅拌装置包括搅拌器、传动装置及搅拌轴。搅拌器常用的有桨式、涡轮式、推进式、框式与锚式、螺带式等，其主要性能参数有搅拌装置直径和轴径。上述几种搅拌器大部分已标准化。其结构型式见表 9-2。

表 9-2 各种搅拌器结构

序号	搅拌器型式		搅拌器简图	基本参数		
				结构参数	叶端线速度 V	适用黏度 μ
1	桨式	平直叶	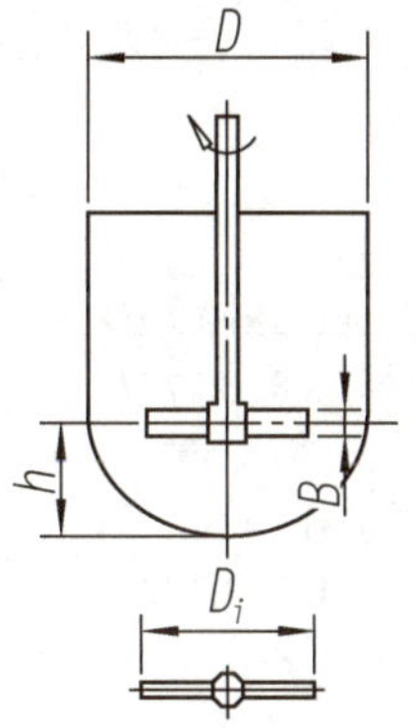	D_i=(0.25–0.8)D B=(0.1–0.25)D_i h=(0.2–1)D_i Z=2	1～5	<20
2	开启涡轮式	平直叶	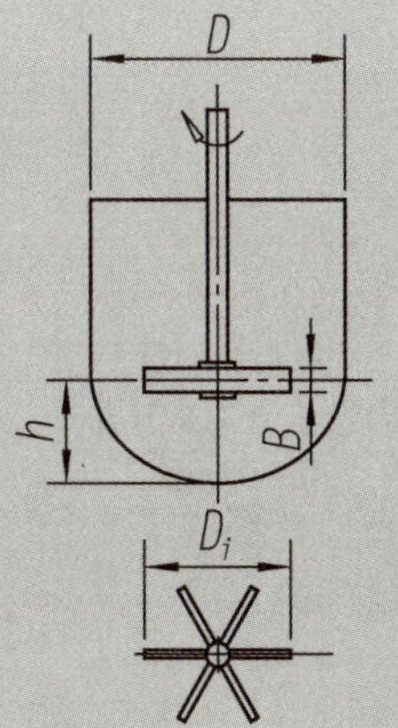	D_i=(0.2–0.5)D B=(0.125–0.25)D_i h=(0.5–1)D_i Z≥3	4～10	<50

续表

序号	搅拌器型式		搅拌器简图	基本参数		
				结构参数	叶端线速度 V	适用黏度 μ
3	圆盘涡轮式	平直叶	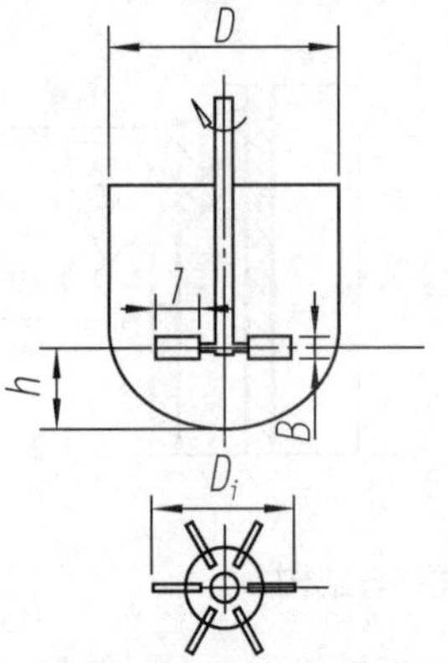	$D=(0.2-0.5)D$ $B=0.2D_i$ $t=0.25D_i$ $h=D_i$ $Z\geqslant 3$	4～10	<50
4	锯齿圆盘涡轮式		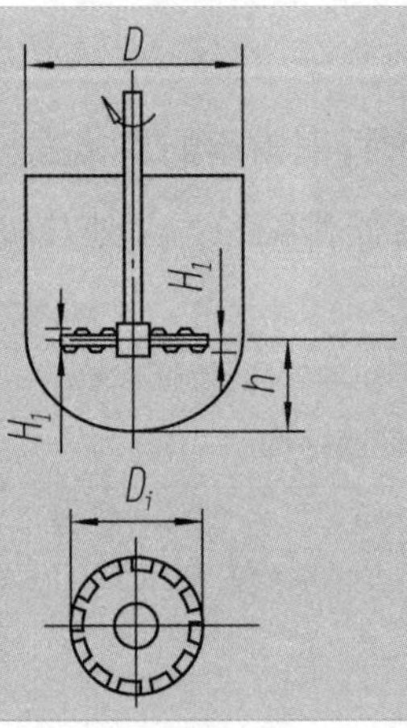	$D_i=(0.15-0.5)D$ $H_i=(0.04-0.1)D_i$ $h=(0.5-1.5)D_i$	5～25	<10
5	三叶后弯式		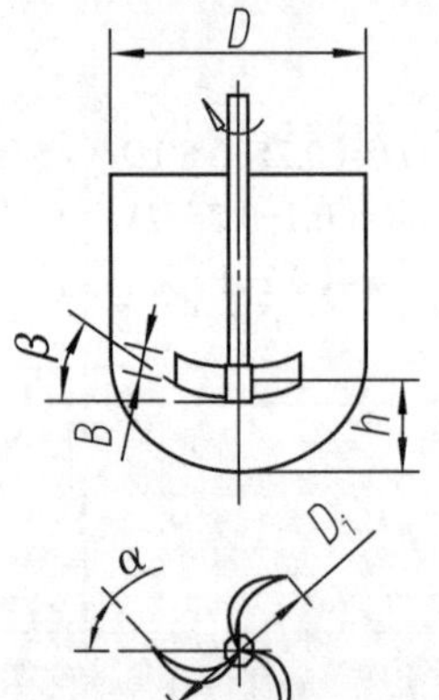	$D_i=(0.35-0.7)D$ $B=(0.08-0.17)D_i$ $\alpha=30°、50°$ $\beta=15°-35°$ $h=(0.1-0.3)D_i$ $Z=3$	3～10	<10
6	推进式		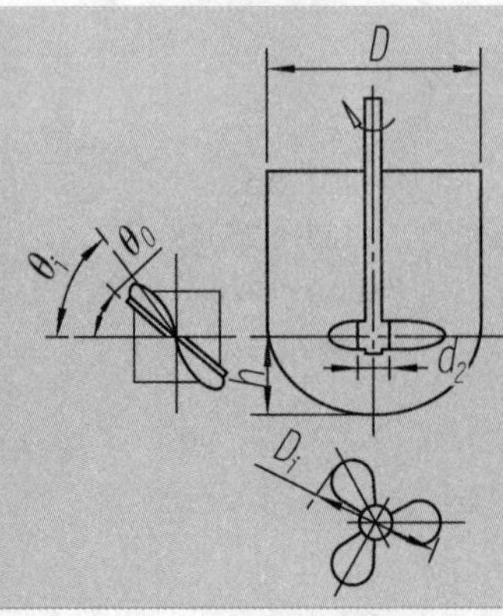	$D_i=(0.15-0.5)D$ $h=(j-1.5)D_i$ $\theta=\tan^{-1}0.318D_i/d_2$ $\theta=17°40'$ $Z\geqslant 2$	3～15	3(在500r/min以上时适用 $\mu<2$)

续表

序号	搅拌器型式	搅拌器简图	基本参数		
			结构参数	叶端线速度 V	适用黏度 μ
7	板式螺旋桨 窄叶	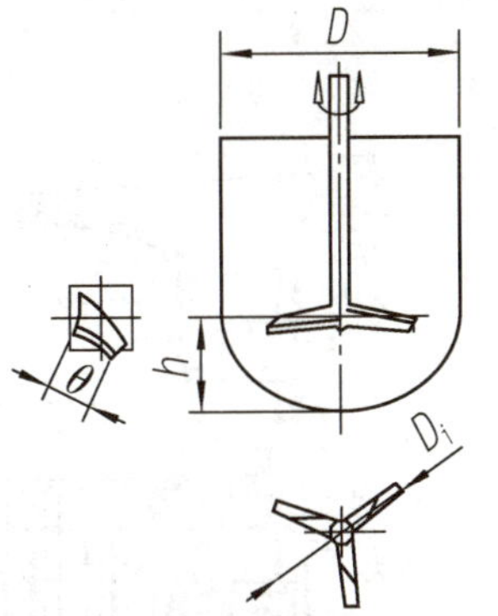	$D_i=(0.25-0.75)D$ $B=(0.1-0.25)D_i$ $h=(0.2-1)D_i$ $Z\geqslant3$	3～10	<20
8	锚框式	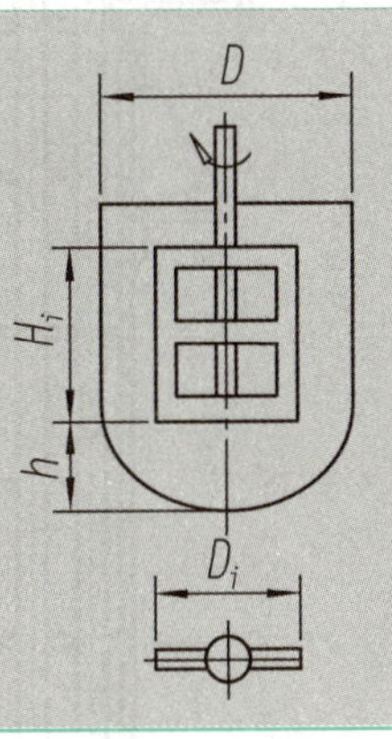	$D_i=(0.5-0.98)D$ $H_i=(0.48-1.5)D_i$ $B=(0.06-0.1)D_i$ $h=(0.05-0.2)D_i$	1～3	<100

（四）轴封装置

反应釜搅拌轴穿越上封头的密封称为轴封（shaft seal），主要型式有填料密封和机械密封两种。填料密封由壳体、填料、压盖、双头螺栓、螺母等零件组成，其典型结构如图 9-9 所示。

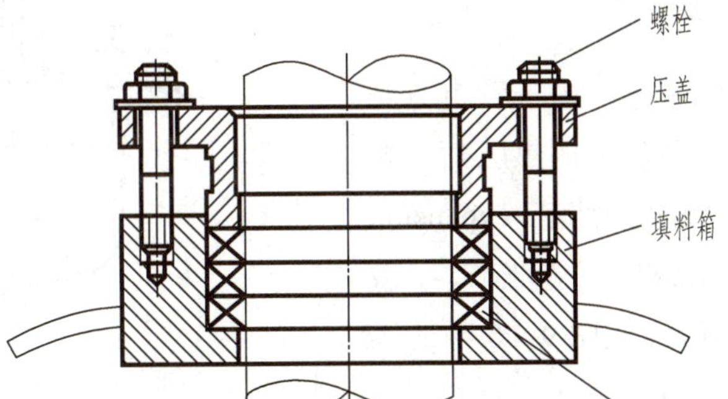

图 9-9 填料密封

三、换热器

换热器（heat exchanger）是用来完成各种不同换热过程的设备，目前应用最广的是列管式换热器。列管式换热器是把管子与管板连接，再用壳体固定，主要有固定管板式、浮头式、U 形管式、填料函式等几种。图 9-10 为固定管板式换热器的结构图。

0902

换热器

（一）管板

管板是列管换热器的主要零件，为圆形平板，板上开很多管孔，每个孔固定连接换热管，如图 9-10 中的零件 5、13，板的周边与壳体的管箱相连。换热管与管板的连接可采用焊接、胀接或胀焊结合等方法。管板与壳体的连接有可拆式和不可拆式两类。

（二）折流板

折流板可以起到改变壳程流体的流向，强化传热效果的作用。其结构型式有弓形和圆盘 - 圆环形两种。如图 9-10 中的零件 9。在卧式换热器中，折流板下部有小缺口，是为了能完全排出壳体内的剩余流体，立式换热器不开此口。

（三）拉杆与定距管

拉杆（draw bar）的作用是通过螺纹的紧固作用将折流板、定距管与管板连接在一起。拉杆的两端均有螺纹，一端固定在管板上，另一端用螺母锁紧在最后一块折流板上。定距管的作用是为折流板定位，如图 9-10 中的零件 8 为定距管。

（四）膨胀节

固定管板换热器工作时，由于管束与壳体之间存在温差，易产生较大的热应力。为消除热应力的影响，可设置膨胀节（expansion joint）。其形式有 U 形（波形）膨胀节、平板膨胀节和 Ω 形膨胀节等，如图 9-10 中的零件 22。

（五）防冲挡板

为了避免壳程流体在其进口处冲击列管，可在此处设置防冲挡板。防冲挡板的结构型式如图 9-11 所示。

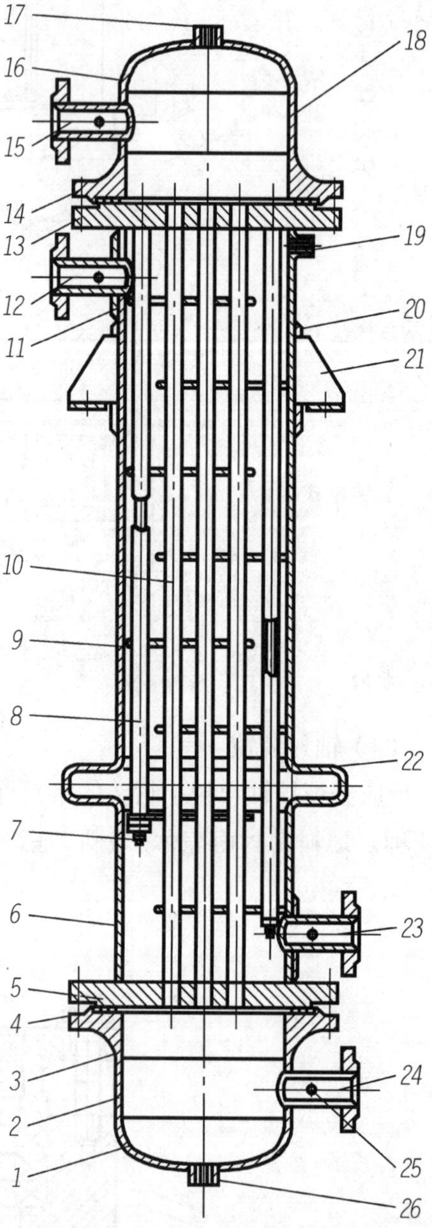

1. 封头；2. 筒节；3. 法兰；4. 螺栓套件；5. 管板；6. 筒体；7. 螺母；8. 定距管；9. 折流板；10. 换热管；11. 补强圈；12. 法兰接口；13. 管板；14. 螺栓套件；15. 法兰接口；16. 封头；17. 法兰接管；18. 筒节；19. 接口；20. 垫板；21. 耳座；22. 膨胀节；23. 法兰接口；24. 法兰接口；25. 排污孔；26. 法兰接管。

图 9-10　固定管板式换热器

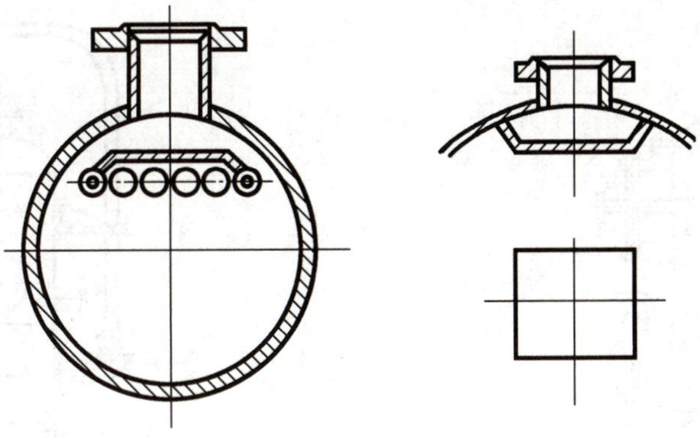

(a)　　(b)

图 9-11　防冲挡板的结构

四、塔设备

塔设备是化工设备生产中的重要设备之一，广泛用于精馏、吸收、解吸、萃取、增湿和减湿等单元操作中。塔设备的基本组成有壳体和内件两部分。以填料塔（packed column）和板式塔（tray column）最为典型。

（一）填料塔

填料塔的典型结构如图 9-12 所示，主要组成部分包括塔体、填料、液体分布及再分布装置、填料支撑装置、除沫装置及气（汽）、液的进、出口组成。

1. 液体分布装置　液体分布器的作用是将进入填料塔的液体均匀分布在填料层表面。按其操作原理大致可分为：喷洒型、溢流型及冲击型等，如图 9-12 中的莲蓬头。

2. 液体再分布装置　为了防止在填料层中发生“干锥”和“壁流”现象，需分段安装填料，并在两层填料之间安装液体再分布器，如图 9-12 中的分配锥。

3. 填料的支撑装置　支撑装置的主要作用是承受填料及填料层内液体的重量，一般用栅板。塔径较小时采用整块式栅板，塔径较大时可采用分块式栅板。如图 9-12 中的栅板。

4. 除沫装置　为了减少填料塔进出口气体的雾沫夹带，在填料塔气体出口管的下方需安装除沫装置。常用的除沫装置有折板除沫器和丝网除沫器两种。

5. 裙式支座　塔设备的支座一般采用裙式支座。裙式支座由裙座筒体、基础环、螺栓座、人孔、引出管通道和排气孔、排液孔及地脚螺栓等组成。裙座筒体与封头的连接采用焊接方式，有搭接和对接两种。如图 9-12 中的圆柱形裙式支座。

（二）板式塔

1. 总体结构及分类　板式塔效率高、处理量大、重量轻、便于检修，但结构较复杂，阻力降较大。常用的板式塔通常由塔体、塔盘、除沫器、物料进出口接管、裙座、人孔、塔顶吊柱、保温层及附设的扶梯、平台等组成。板式塔的总体结构见图 9-13。

2. 塔盘　塔盘（tower tray）主要由气、液接触元件，塔板，溢流装置，塔板支撑件及紧固件等元件组成。按照液接触元件结构的不同，板式塔又可分为泡罩塔、筛板塔、浮阀塔、舌形塔等。塔盘的结构型式按塔径大小又可分为整块式塔盘和组装式塔盘。

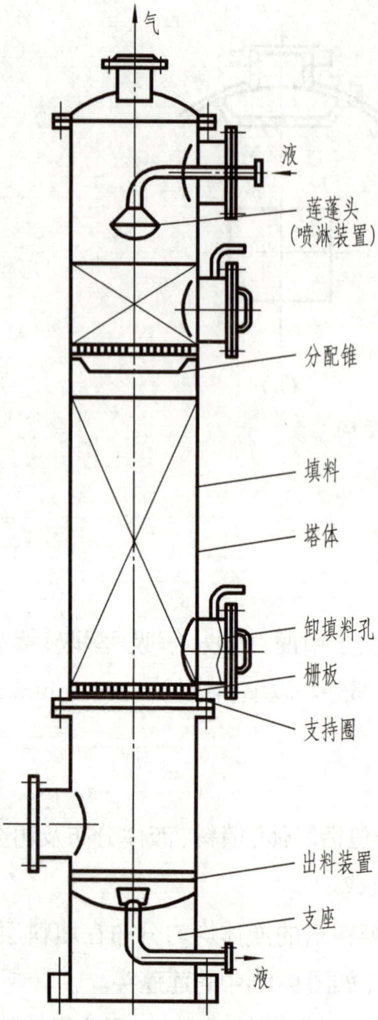

图 9-12　填料塔的结构

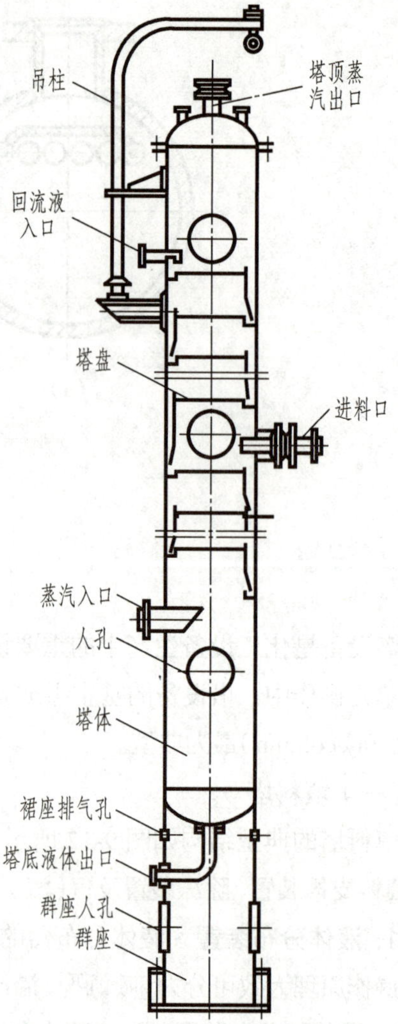

图 9-13　板式塔的总体结构

第三节　化工设备的结构和图示

化工设备在工作原理、结构特征、使用环境和加工制造的技术要求等方面与一般机械设备虽有相似之处，但也有较为明显的差异，因此在图示方法与要求上亦有所不同。化工设备的图示特点，主要反映了化工设备的结构特点。

一、化工设备的结构特点

各类设备虽然结构形状、尺寸大小以及安装方式各有不同，但构成设备的基本形体，以及所采用的许多通用零部件有许多共同的特点。化工设备的基本结构特征有以下几点。

基本均由壳体和内件组成；壳体通常是由筒体、封头、支座、接管等几部分构成；基本形体以回转体为主，其主体结构如筒体、封头等，以及一些零部件（人孔、手孔、接管等）多由圆柱、圆锥、圆球、椭球等构成。

根据工艺的需要，壳体上有众多开孔和接管，如进（出）料口、放空口、排污口、人（手）孔及各类检查口；零部件间的连接，如筒体和封头、筒体、封头与支座、人（手）孔、接管等大都采用焊接结构。

化工设备中较多的通用零部件都已标准化、系列化，如封头、支座、法兰、人（手）孔、视镜、液位计、补强圈等。

化工设备的选材除考虑强度、刚度外，还应考虑耐腐蚀、耐高温、耐低温、耐高压、高真空等特殊要求；对于处理有毒、易燃、易爆介质的设备，要求密封结构好，安全装置可靠。

二、化工设备的图示特点

由于化工设备具有上述结构特点，便形成了与之相对应的图示特点。

（一）视图的配置

由于主体结构多为回转体，通常采用两个基本视图。由于基本均由壳体和内件组成，故在主视图上常采用全剖或部分全剖的剖切方法以表达其内部结构。

（二）细部结构的表达

由于化工设备各部分结构尺寸悬殊，按总体尺寸选定的绘图比例，在基本视图中很难将细部结构表达清楚。为此，可采用局部放大图（节点详图）和夸大画法来表达这类结构。

（三）断开画法、分层画法及整体图

对于过高或过长且本身又有部分的形状与结构完全相同或部分结构按一定规律变化与重复的设备，如塔、换热器以及贮罐等，可采用双点画线将设备中重复出现的结构或相同结构断开，使图形缩短，简化作图。

对于较高的塔设备，如使用了断开画法仍无法表述清楚其内部结构时，可将某塔层（节）用局部放大的方法分层表示。如果由于断开和分层画法造成设备总体形象表达不完整，可用缩小比例、单线画出设备的整体外形图或剖视图。

在整体图上，应标注总高尺寸、各主要零部件的定位尺寸及各管口的标高尺寸。塔盘应按顺序从下至上编号，且应注明塔盘间距尺寸。

（四）多次旋转的表达方法

化工设备壳体上接管众多，并分布其他附件，为了在主视图上表述它们的结构及轴向位置，可使用多次旋转的方法，将设备周向分布接管及附件，按规定的旋转法，分别按不同方向旋转到与正投影面平行的位置，得到反映它们实形的视图，不需要标注“旋转视图”和旋转剖的标注符号。

（五）管口方位的表达方法

设备接管及附件的周向方位可用管口方位图进行表达。在管口方位图中，只需以接管的轴线表达接管，并标注相关尺寸，一般由俯视图（立式设备）或左视图（卧式设备）兼作管口方位图。

（六）简化画法

在不影响视图表达又不产生误解的前提下，可采用经统一规定之后的各种简化画法。在化工设备图中常采用如下几种简化画法。

1. 标准化零部件的简化画法 标准件已有标准图，在设备图中可按比例画出反映其结构外形的简图，如人（手）孔、接管、视镜、液位计等，在明细表中注写其名称、规格、标准号等。

2. 外购零部件的简化画法 外购零部件可只画出其外形轮廓简图，但要求在明细表中注写名称、规格、主要性能参数，并在明细表的备注中注写“外购”字样。

3. 重复结构的简化画法

（1）法兰及螺栓连接的简化，可采用细点画线表述其位置，在点画线两端外靠近法兰3～5mm处各画一个“X”，以示螺母。法兰上的螺栓孔，可只画出中心线和轴线。

（2）按一定规律排列且孔径相同的孔板，只需画出开孔范围、孔数，标注孔径、孔数及孔的定位尺寸。若对孔数不做要求，则不必画出和标注孔数。按一定规律排列的管束，可只画一根，其余用点画线表示其安装位置。

（3）填料塔中的填料，可在堆放范围内用交叉细实线示意表达，标注相关尺寸，并引出标注填料的规格和填放要求。

（七）镀涂层、衬里剖面的画法

1. 薄镀涂层 喷镀耐腐蚀金属材料或塑料、涂漆、搪瓷等薄镀层的表达，可在需镀涂层表面绘制表面平行的粗点画线，并标注镀层内容，图标中不编件号，详细要求可以写入技术要求。

2. 薄衬层 金属薄板、衬橡胶板、衬聚氯乙烯薄膜、衬石棉板等薄衬层的表达，可在所需衬板表面绘制与表面平行的细实线。衬里是多层且同材质，只编一个件号，在明细表的备注栏内标明厚度和层数。衬里是多层但材质不同，应分别编号，用局部放大图表达其层次，在明细表的备注栏内注明每种衬里的厚度和层数。

3. 厚涂层 诸如各种胶泥、混凝土等厚涂层的表达，可在明细表中注明材料和涂层厚度。可用局部放大图表达细部结构和尺寸。

4. 厚衬层 塑料板、耐火砖等厚衬层的表达，一般需用局部放大图详细表示其结构尺寸。规格不同的砖、板应分别编号。

第四节　化工设备图

一、化工设备图样

常用化工设备图样分以下几种。

1. 总图 表示化工设备以及附属装置的全貌、组成和特性的图样。总图表达设备各主要部分的结构特征、装配连接关系、主要特征尺寸和外形尺寸，并写明技术要求、技术特性等技术资料。

2. 装配图 表示化工设备的结构、尺寸、各零件间的装配连接关系，并写明技术要求和技术特性等技术资料的图样。对于不绘制总图的设备，装配图必须包括总图应表达的内容。

3. 部件图 表示可拆式或不可拆部件的结构形状、尺寸大小、技术要求和技术特性等技术资料的图样。

4. 零件图 表示化工设备零件的结构形状、尺寸大小及加工、热处理、检验等技术资料的图样。

5. 管口方位图 表示化工设备管口方向位置，并注明管口与支座、地脚螺栓的相对位置的简图。管口一般采用单线条示意画法，其管口符号、大小、数量均应与装配图上管口表中的表达一致，且须写明设备名称、设备图号及该设备在工艺流程中的位号。

6. 表格图 对于那些结构形状相同但尺寸大小不同的化工设备、部件、零件，用综合列表的方式表述各自尺寸大小的图样。

7. 标准图 经国家有关主管部门批准的标准化系列化设备、部件或零件的图样。

8. 通用图 经过生产考验，或结构成熟，能重复使用的系列化设备、部件和零件的图样。

二、化工设备装配图的内容

化工设备装配图通常包含以下内容：一组视图；尺寸、焊接、管口符号、零部件序号的标注；各种表格，包括明细表、关口表、技术特性表、选用表、图纸目录；技术要求；注；标题栏及描校签字栏。

（一）视图的选择

化工设备装配图的绘制原则上与普通机械装配图相同，但更注重主体特征。

1. 基本视图的选择 主视图一般应按设备的工作位置选择，并使主视图能充分表达其工作原理、主要装配关系及主要零部件的结构形状。一般采用全剖或局剖表达设备的内部结构。通常采用多次旋转表达设备管口及零件的轴向位置。选用俯（左）视图表达设备各管口及零件的周向位置、装配关系及连接方法。

2. 辅助视图的选择 对于设备各零部件的详细结构、管口与法兰的连接、接管与筒体的连接、焊缝结构，以及其他因尺寸过小而无法在基本视图中表达清楚的各种装配关系和特殊结构形状，可采用局部放大图、*X*向视图、局部视图、断面图等各种辅助视图加以表达。

（二）尺寸标注

化工设备图的尺寸标注要求与一般机械装配图基本相同。尺寸精度要求较低时，允许注成封闭尺寸链。在进行尺寸标注时，应符合机械制图的国家标准和相关规定，并应结合化工设备的特点，尽量做到完整、清晰、合理。

1. 设备尺寸的分类 化工设备上需要标注的尺寸有如下几类。

（1）规格性能尺寸：反映化工设备的规格、性能、特征及生产能力的尺寸。如贮罐、反应釜的容积尺寸（筒体的内径、高或长度尺寸），换热器传热面积尺寸（列管长度、直径及数量）等。

（2）装配尺寸：反映零部件相对位置的尺寸。如设备图中接管的定位尺寸、塔设备中塔板之间的间距、换热器中折流板的定位尺寸等。

（3）外形尺寸：表达设备的总长、总高、总宽（或外径）尺寸。

（4）安装尺寸：设备安装在基础或其他构件上所需要的尺寸，如支座、裙座上地脚螺栓的孔径及孔间的定位尺寸等。

（5）其他尺寸：零部件的规格尺寸，如接管尺寸、瓷环尺寸等；不另行绘制图样的零部件的结构尺寸；设计计算确定的尺寸，如筒体壁厚、搅拌轴的直径等；焊缝的结构型式尺寸。

2. 尺寸标注 在进行化工设备图的尺寸标注时，应正确选择尺寸基准，并从尺寸基准出发，完整、清晰、合理地标注各类尺寸。化工设备图上常用的尺寸基准一般为：设备筒体、封头的轴线；设备筒体与封头间的环焊缝；设备法兰的连接面；设备支座、裙座的底面；设备轴线与设备表面交点。

（三）焊接及其结构的表达

焊接（welding）是广泛采用的不可拆连接方式，其中使用最多的是融化焊，如电弧焊、氩弧焊、电渣焊、接触焊、等离子焊、超声波焊、激光焊、电子束焊和气焊等，电弧焊应用最广。焊接方法及焊接结构在图纸中的表达方式应遵守相应的国家标准和相关规定，即采用规定画法和标注，并加上文字说明的综合表达方式。

1. 常见焊缝的规定画法 常见焊缝（weld joint）形式有对接焊缝和角接焊缝，焊缝接头型式有对接接头、搭接接头、T 字接头和角接接头几种。焊缝可见面用波纹线表示，不可见的用粗实线表示，断面一般仅作涂黑或画成一条粗实线，必要时可画成局部放大图。

焊缝断面的形状（即焊接结构）也称焊接接头的坡口形状。常见的坡口形状有 I 形、V 形、单边 V 形、U 形、Y 形和双面 K 形、X 形等，如表 9-3 所示。

表 9-3 焊缝坡口的基本形式

名称	坡口形式	名称	坡口形式	名称	坡口形式
I 形坡口	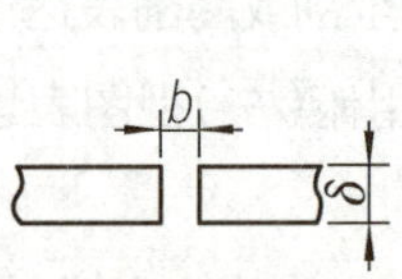	带钝边 U 形坡口	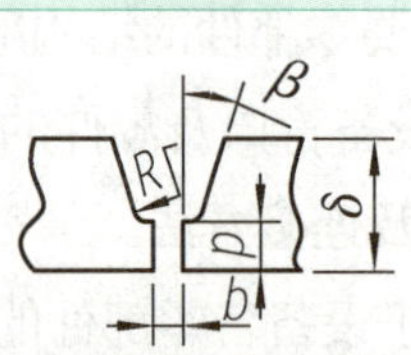	角接接头 I 形坡口	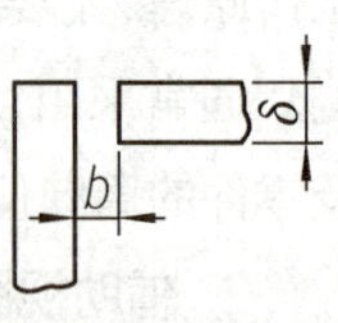
Y 形坡口	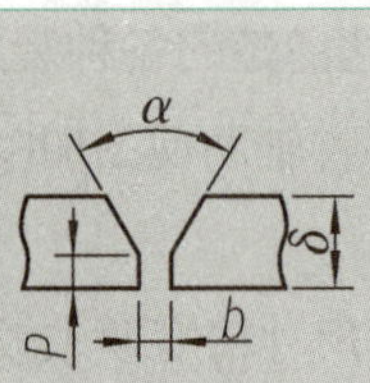	双 Y 形坡口	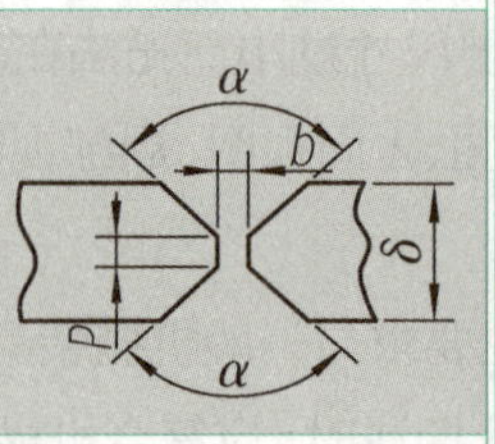	带钝边单边 V 形坡口	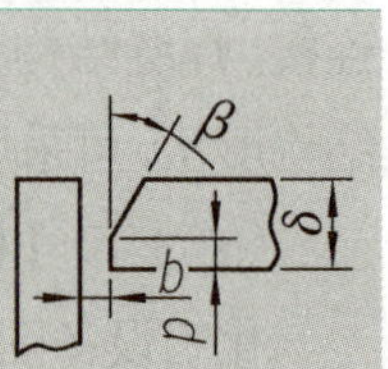
Y 形带垫板坡口	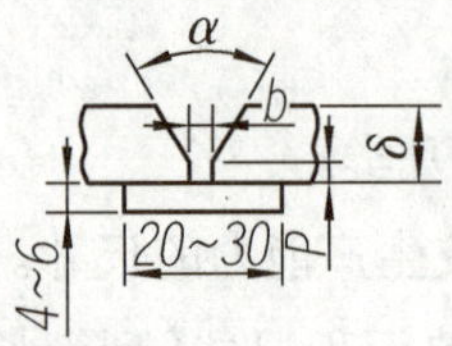	搭接接头 I 形坡口	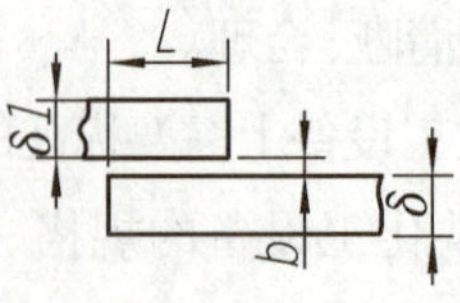	丁字接头 I 形坡口	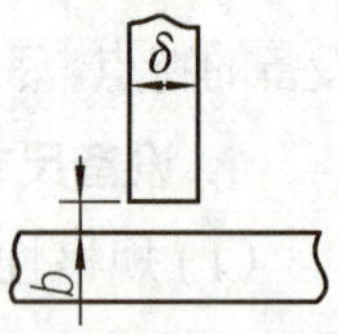

2. 焊缝的标注 采用节点放大图表达焊缝时，所采用的焊接方法需在技术要求中用文字加以描述。焊接方法和焊接结构也可采用在图纸上进行标注的方式来表达。

焊缝的标注一般由焊缝符号与指引线组成，焊缝符号包括基本符号、焊接接头的形式、焊接方法、焊缝的尺寸符号以及辅助符号、补充符号等。

3. 焊缝指引线(index line) 焊缝指引线由箭头线和两条基准线(一条为细实线，另一条为细虚线)组成，必要时可在实基准线的一端画出尾部，基准线应与主标题栏平行。箭头线的一端与实基准线的左(或右)端相连，另一端画有箭头，箭头指向被标注的焊缝。

4. 焊缝的基本符号 焊缝的基本符号是表达焊缝横截面形状特征的符号，用粗实线绘制，常用的焊缝基本符号见表 9-4。

表 9-4 焊缝的基本符号

序号	名称	示意图	符号	序号	名称	示意图	符号
1	卷边焊缝(卷边完全熔化)			9	封底焊缝		
2	I 形焊缝			10	角焊缝	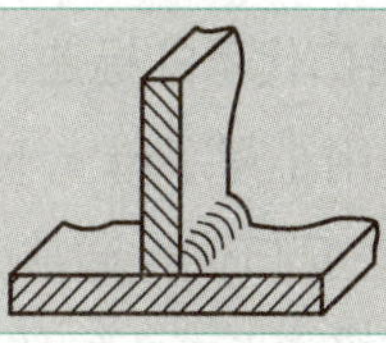	
3	V 形焊缝			11	塞焊缝	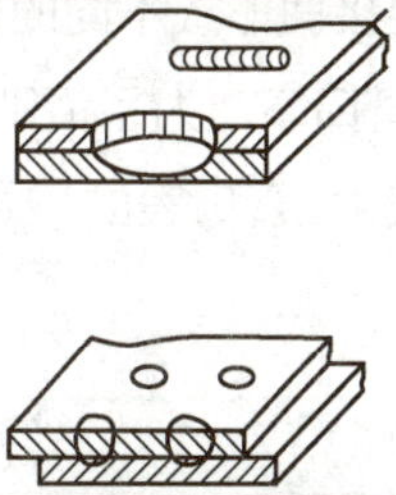	
4	单边 V 形焊缝						
5	带钝边 V 形焊缝			12	点焊缝	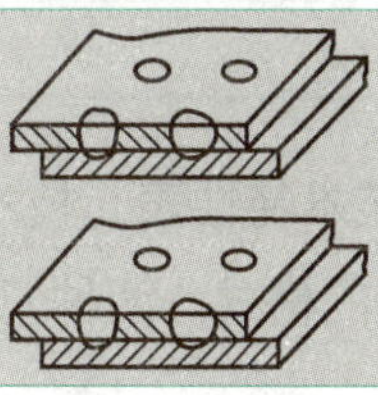	
6	带钝边单边 V 形焊缝						
7	带钝边 U 形焊缝			13	缝焊缝	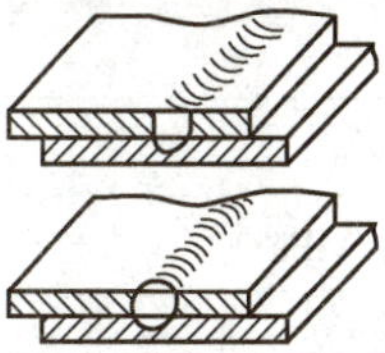	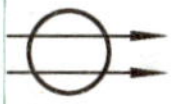
8	带钝边 J 形焊缝						

5. 焊接方法的标注 焊接方法在图样上用数字符号表示并标注在基准的尾部。下面是几个焊接完整标注的例子，如图 9-14 所示。

间隙为 1 的双面对接焊缝，焊缝型式为工形，焊接方法为电弧焊，标注见图 9-14(a)。V 形焊缝、坡口 70°、间隙为 1、钝边 1、背面底部有垫板，标注见图 9-14(b)。焊角高度为 6 的双面角焊缝、现场手工电弧焊，标注见图 9-14(c)。角焊缝、焊角高度 5、沿工件周围焊接，标注见图 9-14(d)。角焊缝、焊缝呈双面断续交错分布、焊缝 20 段、焊缝长度 50、间距为 30 的双面焊，标注见图 9-14(e)。

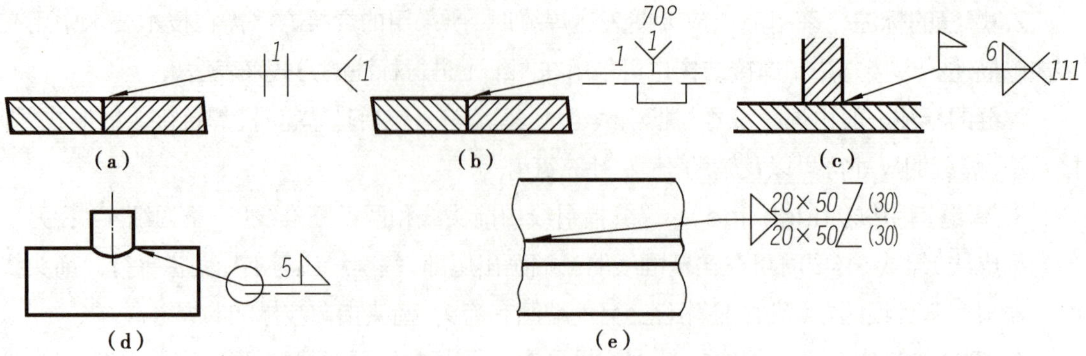

图 9-14　焊接标注的例子

（四）化工设备图中管口的表达及管口表

化工设备上的各类接管（adapter）及管口（pipe orifice），除了通过多次旋转的方法在主视图上表达其轴向位置、在俯（左）视图（或管口方位图）上表达其周向位置外，还应进行管口代号的标注并填写管口表。

1. 管口代号的标注　化工设备图上各类管口应编写顺序代号，并遵循以下规定：管口代号一律采用小写字母 a，b，c... 按序编写；管口代号应从主视图的左下方开始，按顺时针方向依次编写；管口代号通常注写在相应管口的视图外轮廓线与尺寸线之间靠近轮廓线处；规格、用途或连接面形式不同的管口，必须单独编写管口代号。

2. 管口表　为了清晰、准确地表达各管口的规格、尺寸、用途等，应将管口的相关资料列入管口表中，管口表的格式如表 9-5 所示。

表 9-5　管口表

符号	公称尺寸	规格与标准	连接面形式	用途或名称

3. 技术特性表　技术特性表是表述图示设备的重要技术特性和设计依据的一览表。技术特性表的格式分两种，见表 9-6 和表 9-7，其中表 9-6 主要用于带换热管的设备。

表 9-6　技术特性表（1）

	管程	壳程
工作压力 /MPa		
工作温度 /℃		
设计压力 /MPa		
设计温度 /℃		
物料名称		
换热面积 /m^2		
焊缝系数 Φ		
腐蚀裕量 /mm		
容器类别		

表 9-7　技术特性表（2）

工作压力/MPa		工作温度/℃	
设计压力/MPa		设计温度/℃	
物料名称		介质特性	
焊缝系数 Φ		腐蚀裕量/mm	
容器类别			

（五）技术要求

化工设备图中的技术要求，一般包括以下几方面。

1. 通用技术条件规范　同类化工设备在加工、制造、焊接、装配、检验、包装、防腐、运输等各方面已形成技术规范，可直接使用。常用的有：GB 150—2011《压力容器》；GB 151—2014《热交换器》；NB/T 47041—2014《塔式容器》；NB/T 47003.1—2022《常压容器　第 1 部分：钢制焊接常压容器》；NB/T 47003.2—2022《常压容器　第 2 部分：固体料仓》；GB 12337—2014《钢制球形储罐》；GB/T 17261—2011《钢制球形储罐型式与基本参数》；CB 1220—2005《921A 等钢焊接坡口基本形式及焊缝外形尺寸》；NB/T 47013.1～13—2015《承压设备无损检测》。

2. 焊接要求　对焊接接头型式、焊接方法、焊条（焊丝）、焊剂等提出的要求。

3. 设备的检验　一般对设备主体需进行水压和气密性试验，对焊缝进行无损探伤。在技术要求中应给出所采用的检验方法及要求。

4. 其他要求　包括机械加工和装配方面的要求，以及设备的防腐、保温（冷）、运输和安装等方面的要求。

（六）零部件序号和明细表

零部件序号的编写同机械制图的规定，明细表的填写则略有不同。化工设备图中明细表的格式如表 9-8 所示。

表 9-8　明细表

<table>
<tr><td></td><td></td><td></td><td></td><td></td><td></td><td></td><td></td></tr>
<tr><td rowspan="2">序号</td><td rowspan="2">图号或标准</td><td rowspan="2">名称</td><td rowspan="2">数量</td><td rowspan="2">材料</td><td>单体</td><td>总计</td><td rowspan="2">备注</td></tr>
<tr><td colspan="2">质量/kg</td></tr>
</table>

（七）标题栏

标题栏分为大主标题栏、小主标题栏、简单标题栏、标准图及通用图标题栏等 4 种。大主标题栏用于 A0、A1、A2 三种幅面的图样上，小主标题栏用于 A3、A4 幅面的图样上，简单标题栏用于零部件图样上，标准图及通用图标题栏分别用于标准件和通用件图样上。

1. 标题栏的格式　各类标题栏的格式和尺寸如表 9-9 至表 9-12 所示。

表 9-9　大主标题栏

<table>
<tr><td colspan="5">①</td><td colspan="2">④</td></tr>
<tr><td>制图</td><td></td><td></td><td colspan="2" rowspan="4">②</td><td colspan="2">⑤</td></tr>
<tr><td>设计</td><td></td><td></td><td>专业</td><td>⑥</td></tr>
<tr><td>校核</td><td></td><td></td><td rowspan="2">③</td><td rowspan="2">⑦</td></tr>
<tr><td>审核</td><td></td><td></td></tr>
<tr><td colspan="3">20　　年</td><td>比例</td><td></td><td colspan="2"></td></tr>
</table>

表 9-10　小主标题栏

<table>
<tr><td colspan="6" rowspan="2">①</td><td colspan="2">④</td></tr>
<tr><td colspan="2">⑤</td></tr>
<tr><td>制图</td><td></td><td></td><td colspan="3" rowspan="3">②</td><td>专业</td><td>⑥</td></tr>
<tr><td>设计</td><td></td><td></td><td rowspan="2">③</td><td rowspan="2">⑦</td></tr>
<tr><td>校核</td><td></td><td></td></tr>
<tr><td>审核</td><td></td><td></td><td>20　年</td><td>比例</td><td></td><td colspan="2"></td></tr>
</table>

表 9-11　简单标题栏

件号	名称	材料	重量 /kg	比例	所在图号	装配图号

表 9-12　标准图及通用图标题栏

<table>
<tr><td colspan="2" rowspan="2">①</td><td colspan="2" rowspan="2">④</td><td colspan="2">标准图（或通用图）</td></tr>
<tr><td>图号</td><td></td></tr>
<tr><td>主编</td><td></td><td>比例</td><td></td><td rowspan="2">标准号</td><td rowspan="2"></td></tr>
<tr><td>批准</td><td></td><td>实施日期</td><td></td></tr>
</table>

2. 大、小主标题栏的填写　主要包括以下一些项目。

（1）设计单位名称。

（2）图样的名称：设备名称分三行填写，依次为设备名称、设备规格、图样或技术文件名称（装配图或部件图）。

（3）设备图号：通常将化工设备分为 0～9 共 10 类，每类又分为 0～9 共 10 种。例如：列管式换热器代号为 20；筛板、泡沫和膜式塔代号为 32。

（4）工程名称：一般不填写，仅在初步设计总图上填写。

（5）设备所在车间名称或代号：一般不填写，仅在初步设计总图上填写。

（6）设计阶段：如初步设计图、施工图。

（7）修改标记：第一次修改填 a，第二次修改划去 a 后填 b，依此类推。

3. 简单标题栏的填写　填写内容与装配图或部件图中明细表的内容基本一致，填写要求也大致相同，但有两点不同之处：增加"比例"一栏，若不按比例绘制零件图时，在此栏中画一细斜线；如果直属零件和部件中的零件，或不同的部件中都用同一个零件图时，在"件号"栏内应分别填写各零件的件号。

4. 标准图及通用图标题栏　通用图的标题栏格式和内容与标准图大致相同，只是将"标准图"三字改为"通用图"。具体填写项包括：标准的代号，如 GB；标准的主编部门；标准的批准部门；名称栏；标准实施日期；图号；标准号。

（八）修改表

修改表位于图纸内框的右上角或内框上边空白处。格式如表 9-13 所示。

表 9-13　修改表

修改标记	修改说明	修改人	校核	审核	日期

用小写英文字母 a，b，c... 代表修改符号，分别表示第一、二、三……次修改。修改的内容用细实线划掉，在紧接被修改部分的空白处注明修改后的内容。修改标记用修改符号外加 $\Phi5$ 的细实线圆圈表示，并用细实线指向被修改部分。

修改标记栏，填写修改标记次数符号；修改说明栏，填写修改的原因及内容；签字栏，分别由修改人、校核人、审核人签字。

（九）选用表

选用表位于图样内框左下角，格式如表 9-14 所示。

表 9-14　选用表

选用表	工程代号		
	主项代号 / 位号		
	管口方位图图号		
	选用及日期		

（十）设备的净重

设备的净重注写在明细表的上方。若有特殊或贵重金属材料，则须分别列出。

（十一）图纸目录

图纸目录是设备的设计文件清单。应编入图纸目录的技术文件包括：图纸（包括管口方位图、焊接图等）、通用图、单独编号的技术文件以及说明书、计算书等。图纸目录中序号少于 10 项时，图纸目录可列入图样，其位置在主标题栏左方；若图纸目录中序号大于 10，应单独编写图纸目录。

（十二）注

“注”主要用作补充说明。一些技术要求范围之外，但又必须做出交代的问题，可在“注”中加以说明。“注”一般写在技术要求的下方。

三、绘制规则与步骤

（一）基本规定

1. 图幅格式

（1）幅面遵守 GB/T 14689—2008《技术制图 图纸幅面和格式》的规定。

（2）零部件图一般应单独画出，但对于只有较少零部件的简单设备，允许将零部件图和装配图画在同一张图纸上，见图 9-15。

（3）一个装配图的视图也可分画在数张图纸上。主要视图及所属的技术要求、技术特性表、管口表、明细表、选用表及图纸目录等项均应安排在第一张图纸上，并应在每一张图的“注”中注明这些图的相关关系。

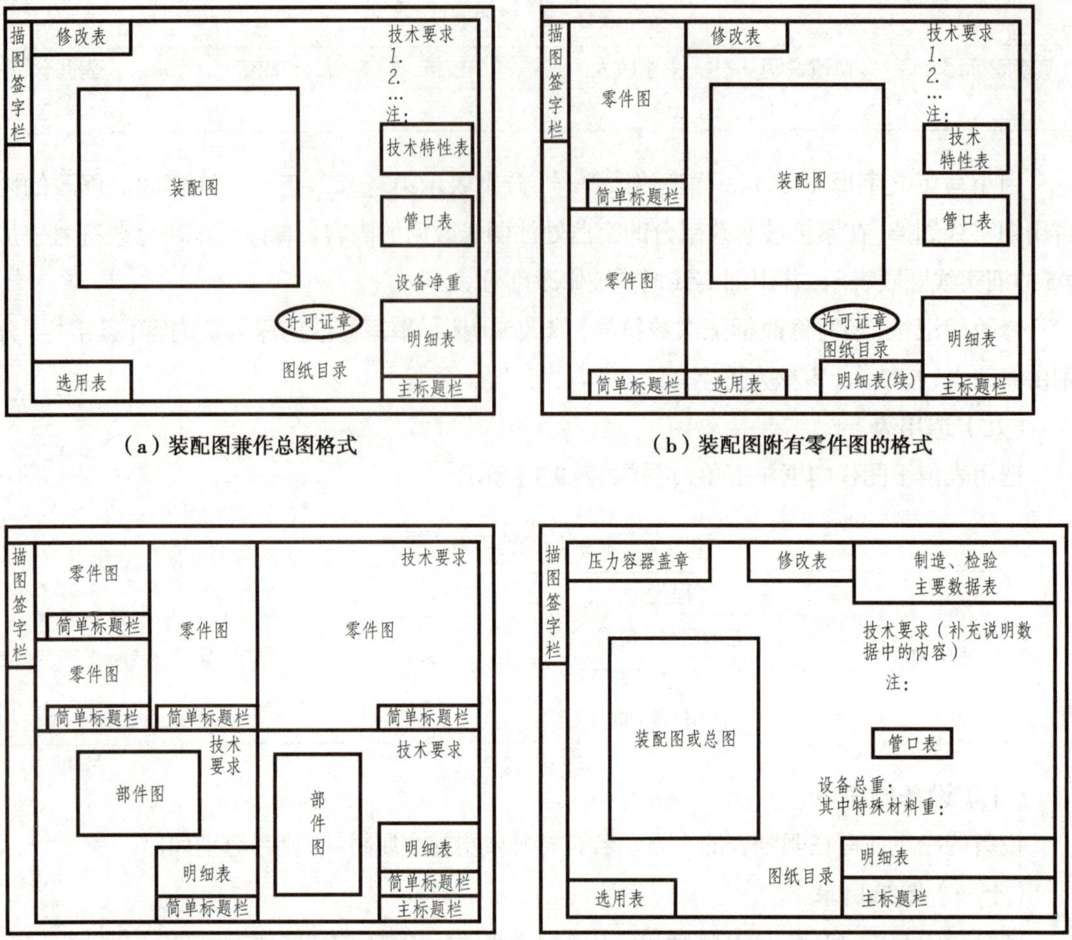

(a)装配图兼作总图格式　(b)装配图附有零件图的格式

(c)部件装配图附有零件图的格式　(d)带有数据表装配图格式

图 9-15　化工设备图用的格式

2. 比例　比例一般按 GB/T 14690—1993《技术制图 比例》的规定选取，必要时也可选用1∶6、1∶300。

3. 图样中的文字、符号及代号　图样中的汉字、字母、数字的书写应符合 GB/T 14691—1993《技术制图 字体》的规定。计量单位及名称应符合《中华人民共和国法定计量单位》的规定。公差配合、形位公差、表面粗糙度、镀层涂层、热处理、焊接等代号及标准均应符合有关国家标准、部颁标准或专业标准的规定。

（二）绘制步骤

设备设计之后，就可以着手进行设备图的绘制。绘制方法及步骤如下：

1. 确定视图表达方案。除基本视图外，还要注意选择适当的辅助视图和各表达方法。

2. 确定绘图比例、选择图幅，并进行布图。布图时要注意留出标题栏、明细表、管口表、技术特性表以及书写技术要求等内容的位置。

3. 画图。画图的顺序为先基本视图，后辅助视图；从主视图画起，左(俯)视图配合一起画；先主体，后部件；先外体，后内件；先定位，后形状。

4. 标准尺寸和焊缝代号。

5. 编写零部件序号和管口代号。

6. 编写明细表和接管表。

7. 填写技术特性表、编写技术要求、标题栏。

第五节　化工设备图的阅读

一、阅读的目的和基本要求

阅读化工设备图的目的是全面正确地认识和理解图样所表达的设备结构形状、尺寸和技术要求，保证设备设计、制造、安装、使用、维修等工作顺利进行。

阅读应达到以下基本要求：了解设备的类型和基本结构；了解设备的作用、工作原理和性能；了解零部件间的装配关系；了解设备上接管的方位与用途；了解设备在设计、制造、检验和安装等方面的技术要求。

二、阅读的方法和步骤

首先做概括性了解，然后进行详细的视图分析和零部件及设备的结构分析，最后进行总结归纳。

1. 概括了解　通过标题栏了解设备名称、规格、重量、绘图比例及图纸的张数；进行视图表达方案分析，确定基本视图、辅助视图的数量及所采用的表达式；对照管口表了解管口的数量、符号、用途等；通过明细表和零部件序号，了解各零部件的名称、数量及零部件的图号；通过技术特性表，了解设备的工艺参数和设计参数；通过技术要求，了解设备在设计、施工等方面的要求。

2. 详细分析

（1）视图分析：从主视图、基本视图入手，确定设备的大致结构；结合管口表和技术特性表，弄清设备的工作原理；结合辅助视图，弄清设备各局部结构。

（2）零部件的结构分析：结合视图和明细表，弄清零部件的基本类型、作用及其结构；弄清零件与主体或其他零件间的装配关系；了解零件的主要规格、材料、数量和标准型号。

（3）通过管口符号，以及各管口的位置，结合管口表，详细了解各管口的用途、规格、数量、连接面形式、密封要求以及安装方位。

（4）尺寸分析：通过尺寸分析，弄清设备的主要尺寸、总体尺寸；不另行绘制零件图的零件的结构尺寸；零部件间的装配尺寸及尺寸基准；所有管口的规格尺寸、周向方位及轴向位置的定位尺寸；设备的安装尺寸及安装时的定位基准。

（5）其他相关内容的阅读：对图纸上其他一些内容，如“注”、图纸目录、修改表等，也要加以阅读。

3. 总结归纳　通过对图样的详细分析之后，还需对所获取的信息进行总结和归纳，进一步明确：设备的用途、工作原理和设计原理；设备的结构特征和装配关系；主要零部件的结构形状及在设备中的作用；设备管口的布置及物料的流向；设备制造、检验、安装、使用、维修等方面的要求等。

三、化工设备图阅读示例

图 9-16 是引发剂配制罐装配图，现以此例来说明装配图的阅读方法。

（一）概括了解

1. 主标题栏标明设备容积为 14.8m³，绘图比例为 1∶20。

2. 视图以主、俯两个基本视图为主，主视图基本上采用全剖视，管口采用了多次旋转画法，另外还有 8 个局部视图。

3. 图纸的右边有技术要求、技术特性表、管口表、明细表等内容。

4. 从明细表可知，该设备共编了 39 个零部件件号，除装配图外还有 1 张零部件图，图号为 R11-001-01。

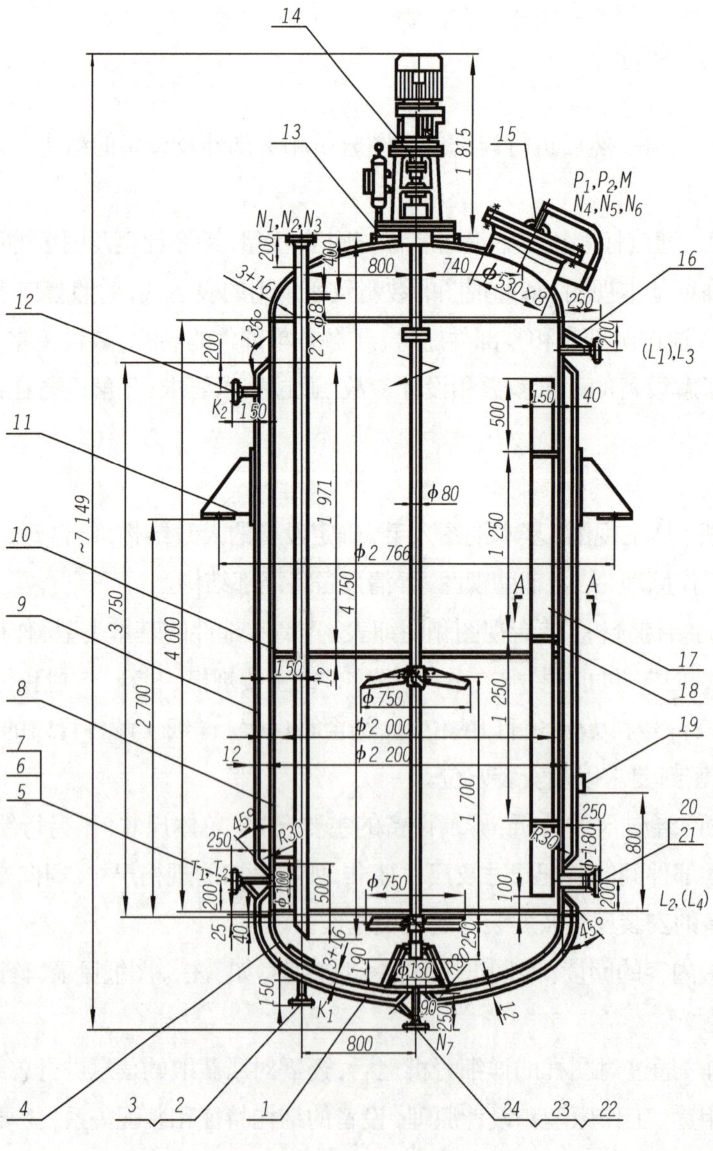

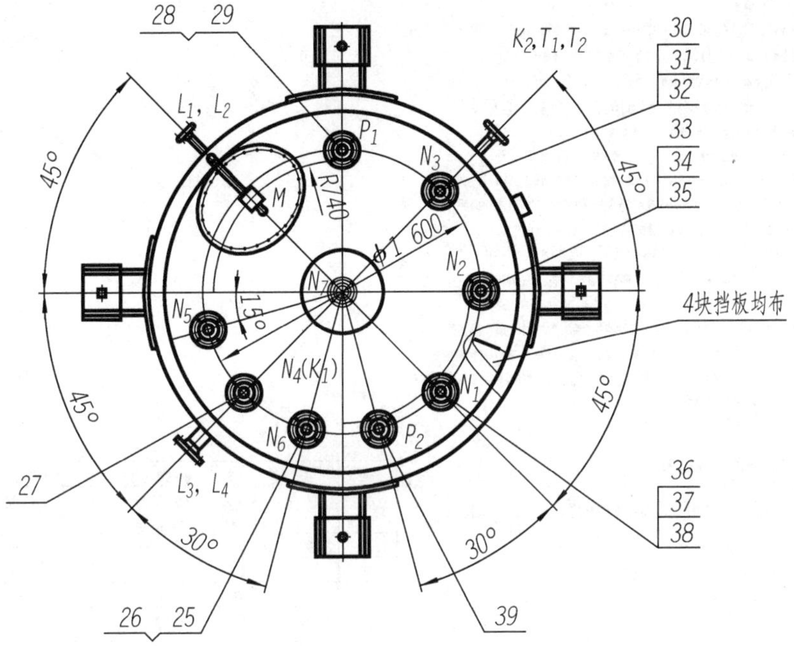

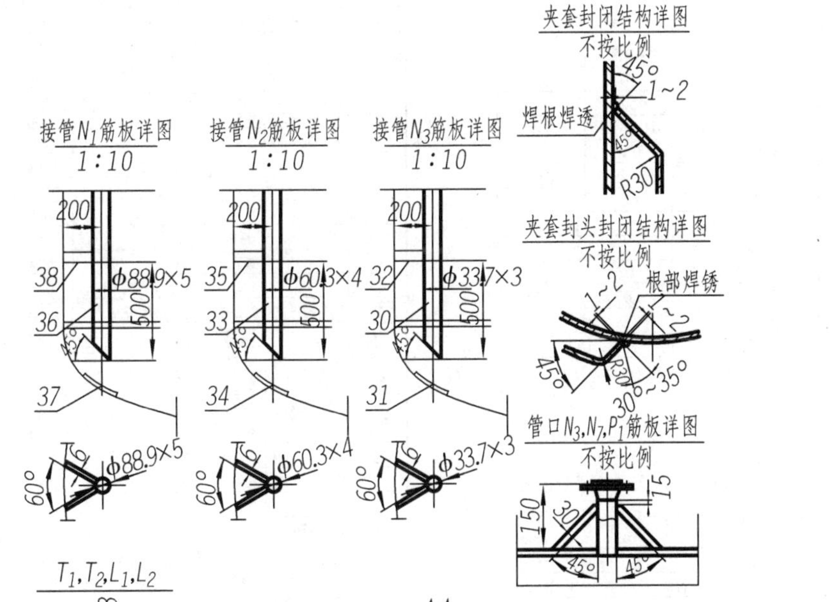

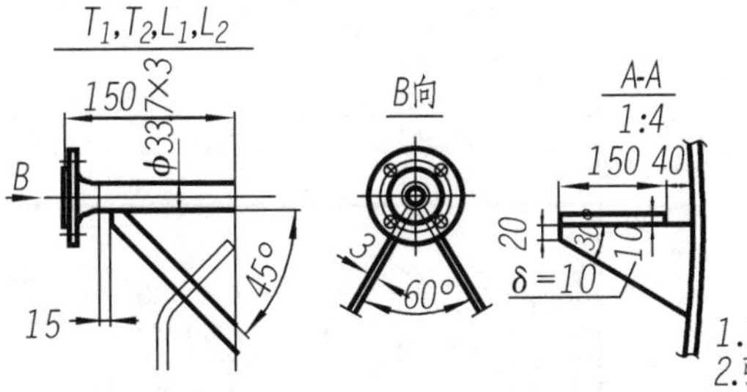

图纸目录

1.引发剂配制罐装配图 R11-001 1张

2.引发剂配制罐零件图 R11-001-01 1张

3.引发剂配制罐配对法兰材料表 R11-001-02 1张

技术要求

1.本设备按GB150—2021《钢制压力容器》进行制造、试验和验收，并接受TSG R0004—2019《固定式压力容器安全技术监察规程》的监督。

2.本设备所用不锈钢复合钢板应符合NB/T 47002.1—2019《压力容器用复合板 第1部分：不锈钢-钢复合板》的规定，复合钢板复合界面的结合剪切强度不小于210MPa，基层材料按基层材料标准进行冲击试验。

3.焊接按JB/T 4709—2007《钢制压力容器焊接规程》和SH/T 3527—2009《石油化工不锈钢复合钢焊接规程》的要求进行，复合钢板对接焊接接头基层焊条牌号为J427，过渡层焊条为A302，覆层焊条牌号为A102；基层埋弧焊的焊丝钢号基层之间为H08A，焊剂牌号为HJ431。
手弧焊焊条牌号：碳素钢之间采用J427；埋弧焊的焊丝钢号为H08A，焊剂牌号为HJ431。

4.焊接接头型式及尺寸除图中注明外按HG 20583—2018中规定，对接接头手弧焊为DU3或DU18；自动焊按DU28，接管与壳体间焊接接头按G2（全焊透），角焊焊接接头的焊角高度等于两相焊接件的较薄件的厚度；法兰的焊接按相应的法兰标准中的规定。堆焊层、复层焊缝的焊接应采用过渡层＋面层两遍堆焊成型。

5.设备上A.B类焊接接头应进行射线检测，检测长度不小于每条焊接接头长度的20%，且不小于250mm；并符合JB/T 4730.2—2016《承压设备无损检测2 射线检测》中Ⅲ级为合格，射线检测技术等级不低于AB级。夹套与筒体间的焊接接头应进行渗透检测，以并符合JB/T 4730.5—2005中的Ⅰ级为合格。

6.设备制造完毕后，内筒以0.875MPa表压进行水压试验，合格后再装焊夹套，夹套以0.75MPa进行水压试验。

7.储罐外壁碳钢部分应除锈，达到GB/T 8923.1—2011《涂覆涂料前钢材表面处理 表面清洁度的目视评定 第1部分：未涂覆过的钢材表面和全面清除原有涂层后的钢材》中Sa2级的要求，涂环氧树脂底漆两层（涂层总厚度不小于200μm）。不锈钢部分清除污垢后，进行酸洗钝化。
对所形成的钝化膜应进行蓝点检查，无蓝点为合格。

8.搅拌轴旋转方向应按图所示，不得反转。

9.搅拌轴摆动量和串动量以及试运转要求按搅拌供应商提供的搅拌机要求。

10.保温层厚度60mm，保温材料防水泡沫石棉板。

11.设备的涂敷与运输包装按JB/T 4711—2003《压力容器涂敷与运输包装》。

12.管口及支座方位按工艺管口方位图。

注：1.仪表口的配对法兰及垫片、紧固件由仪表专业提供。
2.安全阀规格、型号及整定压力由工艺确定，具体见工艺安全阀规格书。
3.设备检修时可在常压下采用100℃蒸汽吹扫。
4.加强圈与挡板重叠处，将挡板进行适当割除。

技术特性表

序号	名称	指标 设备内	指标 夹套
1	工作温度 ℃	20	−10/−5
2	设计温度 ℃	50	−10
3	工作压力 MPa	0.01~0.2	0.5
4	设计压力 MPa	0.7	0.6
5	介质	丁基锂、环己烷	冷冻水
6	介质特性	易爆	非易爆
7	全容积 m^3	14.8	
8	装量系数	0.8	
9	腐蚀裕量 mm	0	1.0
10	焊接接头系数	0.85	0.85
11	容器类别	Ⅱ	
12	使用年限 年	15	

管口表

符号	公称尺寸	连接尺寸标准	连接面形式	用途或名称
N1	80	Class150 HG/T 20615—2009	RF	溶剂进口
N2	50	Class150 HG/T 20615—2009	RF	引发剂进口
N3	25	Class150 HG/T 20615—2009	RF	循环料进口
N4	50	Class150 HG/T 20615—2009	RF	放空口
N5	80	Class150 HG/T 20615—2009	RF	安全阀口
N6	40	Class150 HG/T 20615—2009	RF	备用口
N7	50	Class150 HG/T 20615—2009	RF	出料口
K1~2	40	PN16 HG/T 20592—2009	RF	冷冻水口
P1	25	Class150 HG/T 20615—2009	RF	就地压力计口
P2	80	Class150 HG/T 20615—2009	RF	远传压力计口
L1~2	25	Class150 HG/T 20615—2009	RF	就地液位计口
L3~4	80	Class150 HG/T 20615—2009	RF	远传液位计口
T1	25	Class150 HG/T 20615—2009	RF	远传温度计口
T2	25	Class150 HG/T 20615—2009	RF	就地温度计口
M	500			人孔

设备净质量：9025kg
其中：不锈钢 1337.91kg
（含配对法兰、螺栓、螺母）

件号	图号或标准号	名称		数量	材料	单质量(Kg)	总质量(Kg)	备注
39	GB/T 14976—2012	接管	ø88.9X5 L=186	2	S30408	1.94	3.88	
38		筋板	30X6 L=180	2	S30408	0.26	0.52	
37		防冲板	ø180 δ=10	1	S30408		2.02	
36	GB/T 14976—2012	接管	ø88.9X5 L=4683	1	S30408		48.9	
35		筋板	30X6 L=195	2	S30408	0.28	0.56	
34		防冲板	ø120 δ=10	1	S30408		0.9	
33	GB/T 14976—2012	接管	ø60.3X4 L=4689	1	S30408		26.31	
32		筋板	30X6 L=210	2	S30408	0.3	0.6	
31		防冲板	ø80 δ=10	1	S30408		0.4	
30	GB/T 14976—2012	接管	ø33.7X3 L=4697	1	S30408		10.8	
29		筋板	30X3 L=150	6	S30408	0.11	0.66	尺寸现场确定
28	GB/T 14976—2012	接管	ø33.7X3 L=115	1	S30408		0.26	
27	GB/T 14976—2012	接管	ø60.3X4 L=131	1	S30408		0.73	
26	GB/T 14976—2012	接管	ø48.3X3.5 L=128	1	S30408		0.5	
25	HG/T 20615—2018	法兰	WN 40-150 RF Sch40	1	S30408Ⅱ		1.81	
24		筋板	30X3 L=170	3	Q235A	0.12	0.36	尺寸现场确定
23	GB/T 14976—2012	接管	ø60.3X4 L=207	1	S30408		1.15	
22	HG/T 20615—2018	法兰	WN 50-150 RF Sch40	1	S30408Ⅱ		2.72	
21	GB/T 14976—2012	接管	ø88.9X5 L=202	2	S30408	2.09	4.18	
20	HG/T 20615—2018	法兰	WN 80-150 RF Sch40	5	S30408Ⅱ	5.22	26.1	
19		铭牌		1				尺寸制造厂确定
18		加强筋	δ=10	12	S30408	1.1	13.2	
17		挡板	3500X150X10	4	S30408	41.6	166.4	
16		筋板	30X3 L=300	2	Q235A	0.21	0.42	尺寸现场确定
15	HG/T 21523—2014	人孔	RFⅡS-8.8(NM-NY400) 500-1.6	1	组合件		226	其中不锈钢197kg
14		搅拌装置	V-3101AB	1	组合件			外购
13	R11-001-01	凸缘底盖		1	组合件		44.17	
12	GB/T 8163—2018	接管	ø45X3.5 L=117	1	20		0.42	
11	JB/T 4712.3—2007	耳式支座	B6	4	Q235A/Q245R	53.9	215.6	
10		加强圈	150X12	1	S30408		91.93	
9	GB 713—2014	夹套筒体	ø2224X12 H=3750	1	Q245R		2455	
8	NB/T 47002.1—2009	筒体	ø2038X(3+16) H=4000	1	S30408+Q245R		3790	
7		筋板	30X3 L=190	6	Q235A	0.13	1.04	尺寸现场确定
6	GB/T 14976—2012	接管	ø33.7X3 L=215	4	S30408	0.49	1.96	
5	HG/T 20615—2018	法兰	WN 25-150 RF Sch40	6	S30408Ⅱ	1.14	6.84	
4	GB/T 25198—2010	椭圆形封头	EHA 2000X(3+16)(13.6)	2	S30408+Q245R	663.6	1327	(13.6[illegible])
3	GB/T 8163—2018	接管	ø45X3.5 L=130	1	20		0.47	
2	HG/T 20592—2009	法兰	WN 40(B)-16 RF S=3.5	2	20Ⅱ	2.0	4.0	
1	GB/T 25198—2010	夹套封头	EHA 2200X12(10.1)	1	Q245R		510.2	

职责	签名	日期		设计项目	[illegible]
制图			引发剂配制罐	设计阶段	施工图
设计			(V-3101AB)		
校核			VN=14.8m^3	R11-001	
审核			装配图		
审定				第 1 张	
批准			比例 1:20　专业 设备	共 1 张	

图9-16　引发剂配制罐装配图

5. 从管口表可知，该设备有 18 个管口，在主、俯视图上可以分别找出各自的位置。从技术特性表可以了解该设备的操作压力、操作温度、操作物料及特性，设备规格及装料系数等技术特性数据。

（二）详细分析

1. 零部件结构形状

（1）筒体和上、下两个椭圆形封头组成了设备的整个罐体。筒体周围焊有耳式支座 4 只，大部分管口开在上封头上。

（2）搅拌装置采用了外购的组合件，详细结构情况应参阅相关图纸。

（3）传热装置采用了水冷夹套，水由管口 K_1 进入，由管口 K_2 引出。夹套封闭结构见辅助视图“夹套封闭结构详图”和“夹套封头封闭结构详图”。

（4）人孔采用水平吊盖带颈对焊法兰人孔。

（5）进料口 N_1、N_2、N_3 全部位于上封头上，而进料管通至釜底，另设有肋板、防冲板，详细结构见辅助视图“接管 N_1 肋板详图”“接管 N_2 肋板详图”“接管 N_3 肋板详图”。另外，管口 N_3、N_7、P_1、T_1、T_2、L_1、L_2 在釜体之外的部分也设有加强筋板，详细结构见各自的局部放大图。

（6）为了保证搅拌质量，在釜体内壁设有 4 块挡板。

2. 尺寸的阅读

（1）装配图上表示了各主要零部件的定形尺寸，如筒体的直径 ϕ2 000，高度 4 000 和壁厚 3+16 等。

（2）图上标注了各零件间的装配连接尺寸，如桨叶的装置位置，最低一组桨叶的水平中心线离釜底 250+190，两组桨叶之间水平中心线间的间隔 1 700；出料管连接法兰的密封面和釜底间距 250 等。

（3）设备上 4 个耳式支座的螺栓孔中心距为 ϕ2 766，这是安装该设备需要预埋地脚螺栓所必需的安装尺寸。

（4）该设备的总高约为 7 149。

3. 管口的阅读　该设备共有管口 18 个，其规格、连接形式、用途等均由管口表给出。管口的方位以工艺管口方位图为准。俯视图兼作了管口方位图，辅之以主视图，可以确定各管口的周向方位和轴向位置。

4. 技术特性表和技术要求的阅读　技术特性表提供了该设备的技术特性数据，技术要求提供了多项标准、要求、方法等技术依据。

（三）总结归纳

1. 该设备应用于物料的反应过程，该反应过程需要增加搅拌，反应温度为 20℃，所以该设备为一台带有搅拌装置，使用夹套结构进行冷却的反应釜。

2. 该设备的主要结构分筒体、夹套、搅拌装置几大部分。

3. 筒体及夹套以及各接管的结构可通过主视图、俯视图和辅助视图加以表达，而搅拌装置（包括搅拌轴、搅拌器、轴封装置、联轴器、减速箱以及电机）为一外购的组合件。

4. 通过对该设备进行结构分析，结合管口表、技术特性表，可进一步了解该设备的工作原理。

5. 通过对技术要求进行分析，可了解该设备的制造要求。

第六节　药厂常见设备

化学合成原料药、生物原料药、中药提取等工艺需要的设备不尽相同，注射剂、固体制剂等典型剂型的生产也需要不同设备的支持，药品共性需求的包装过程则需要比较特殊的包装设备。下面从这六方面对常用设备做简单介绍。

一、化学合成原料药生产设备

（一）合成反应釜

反应釜主要由釜体、搅拌装置、轴封和换热装置四大部分组成。反应釜是生产中广泛采用的反应器，适用于液相均相反应、气液反应、液液反应、液固反应、气液固三相反应等。设备实物图和结构如图 9-17 所示。

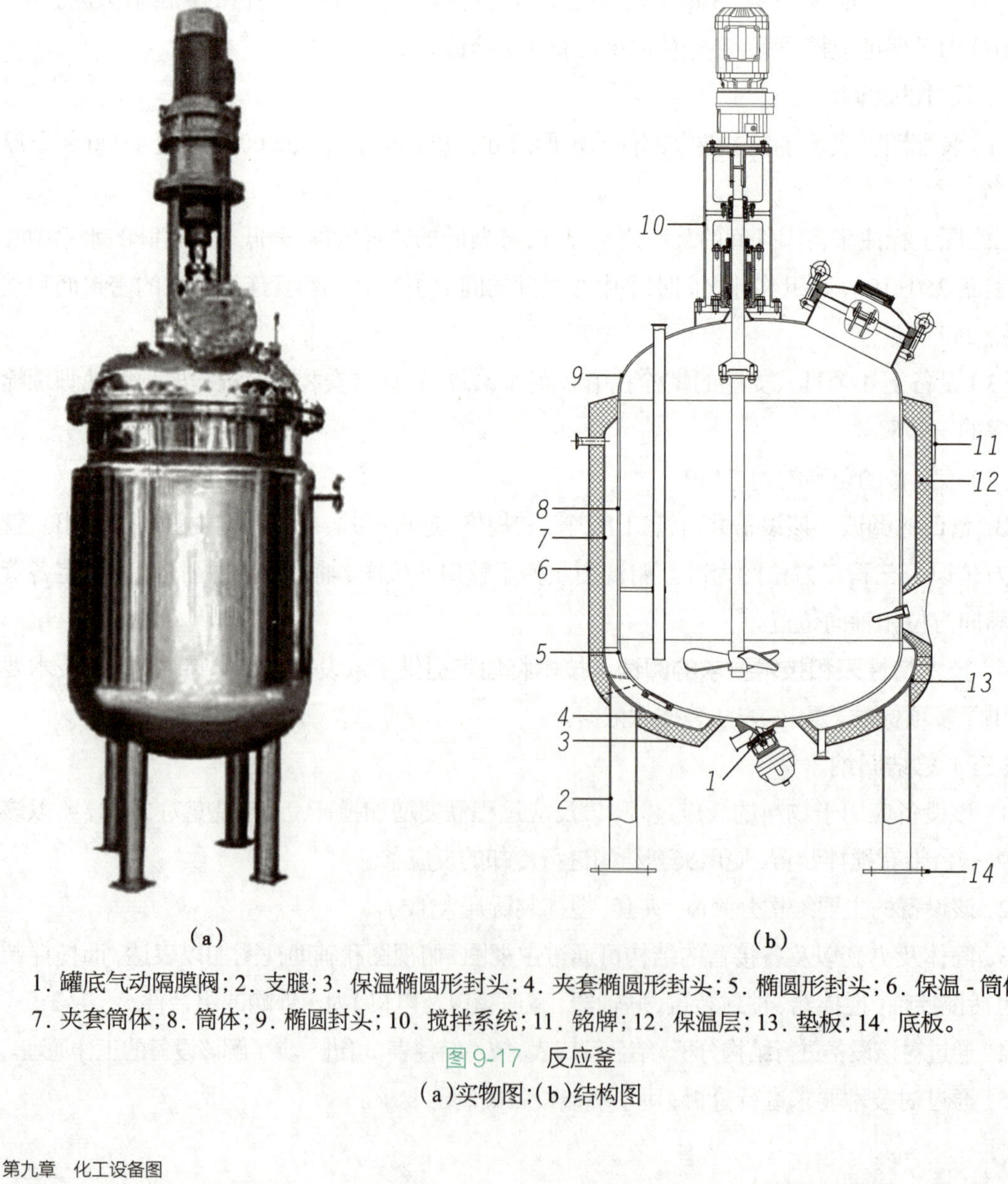

（a）　　（b）

1. 罐底气动隔膜阀；2. 支腿；3. 保温椭圆形封头；4. 夹套椭圆形封头；5. 椭圆形封头；6. 保温 - 筒体；7. 夹套筒体；8. 筒体；9. 椭圆封头；10. 搅拌系统；11. 铭牌；12. 保温层；13. 垫板；14. 底板。

图 9-17　反应釜

（a）实物图；（b）结构图

（二）单锥干燥器

单锥干燥器为单锥的回转罐体，罐内在真空状态下，向夹套内通入蒸汽或热水进行加热，热量通过罐体内壁与湿物料接触。湿物料吸热后，蒸发的水汽通过真空泵经真空排气管被抽走。由于罐体内处于真空状态，且罐体的回转使物料不断地上下、内外翻动，故加快了物料的干燥速度，提高干燥效率，达到均匀干燥的目的。设备实物图和结构如图 9-18 所示。

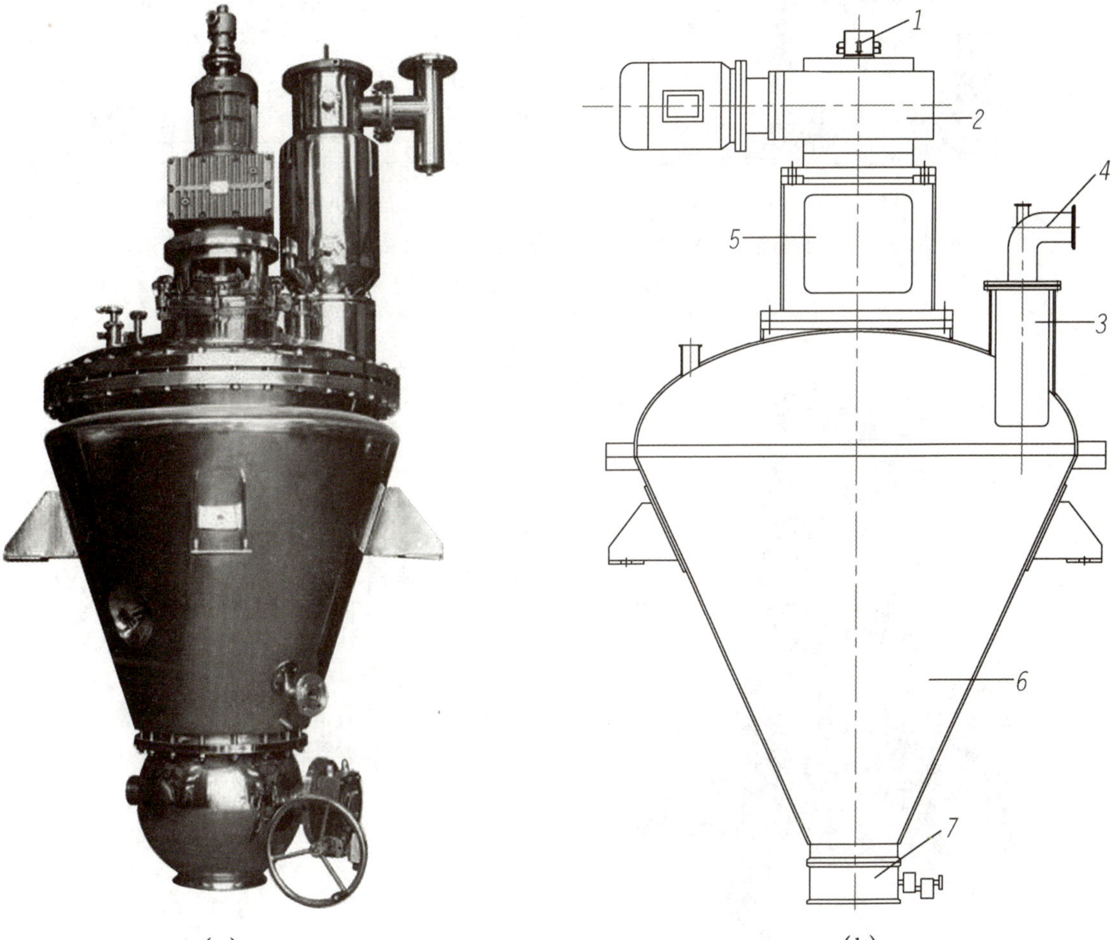

（a）　　　　（b）

1. 旋转接头；2. 减速机；3. 捕集器；4. 冷凝水收集井；5. 机架；6. 罐体；7. 出料阀。

图 9-18　单锥干燥器

（a）实物图；（b）结构图

（三）双锥干燥器

双锥回转真空干燥器主要适用于制药、精细化工等行业，适用于各种抗生素、晶状或其他粒状物料的干燥。设备实物图和结构示意图见图 9-19。

（四）三合一干燥器

三合一干燥器是在密闭的反应容器内先后完成过滤、洗涤、脱液、干燥、出料等工艺过程。其具有简化工艺流程、提高生产效率、防止物料污染、可在线清洗（CIP）、在线蒸汽灭菌（SIP）、物料更换方便、机电一体化等特点。设备实物图和结构如图 9-20 所示。

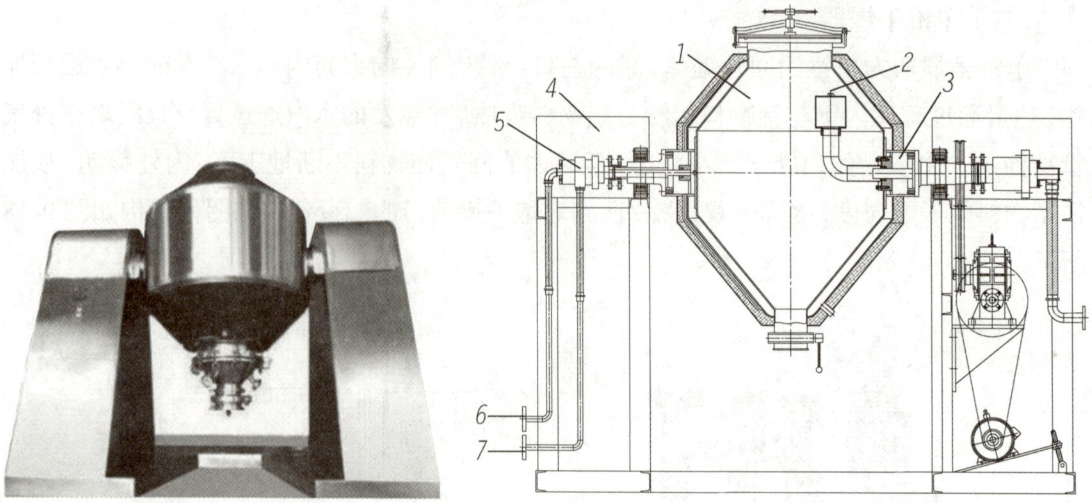

（a）　　　　　　　　　　　　　　　　（b）

1. 罐体；2. 真空过滤器；3. 密封座；4. 机架；5. 旋转接头；6. 冷凝水进；7. 冷凝水出。

图 9-19　双锥干燥器

（a）实物图；（b）结构图

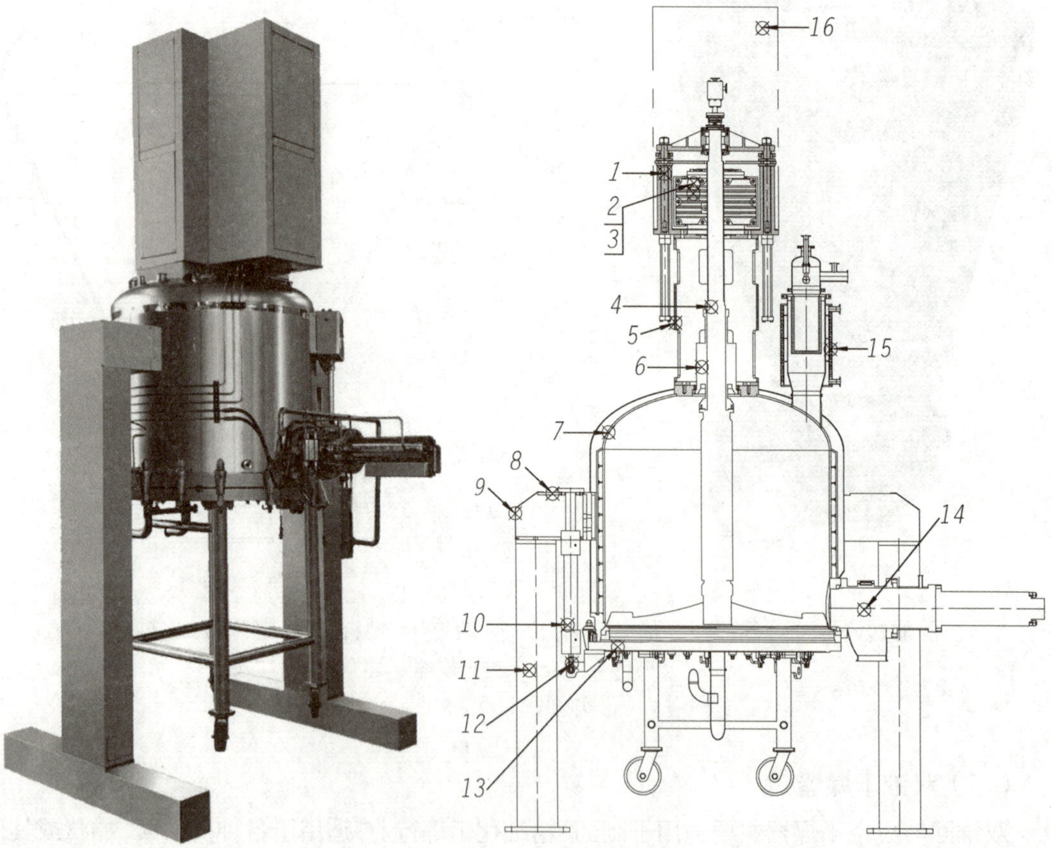

（a）　　　　　　　　　　　　　　　　（b）

1. 搅拌提升组件；2. 减速机；3. 防爆电机；4. 搅拌组件；5. 电机支撑组；6. 机械密封；7. 罐体组件；8. 罐体支座；9. 罐体支座盖；10. 底盘提升油缸；11. 罐体支撑柱；12. 活接内螺栓；13. 底盘；14. 出料阀；15. 捕尘器；16. 电机罩壳。

图 9-20　三合一干燥器

（a）实物图；（b）结构图

二、生物原料药生产设备

（一）生物反应器

生物反应器是指任何用于提供维持生物活性环境的装置或系统。生物反应器通常由以下部分组成：搅拌系统，用于混合反应器中的培养基，使“生物（微生物、细胞）”处于尽可能均一的环境中，以便更好地将营养物质和氧气输送给生物体。挡板，用于防止反应器内涡流的形成，反应器内需要尽可能避免涡流，涡流改变了系统的重心并消耗额外的能量。气体分布器，在有氧培养过程中，分布器的作用是提高所通入系统在设备内部的分散度，为生长细胞提供足够的氧气。夹套，通过恒温水循环系统，使生物反应器的温度保持恒定值。设备实物图和结构如图 9-21 所示。

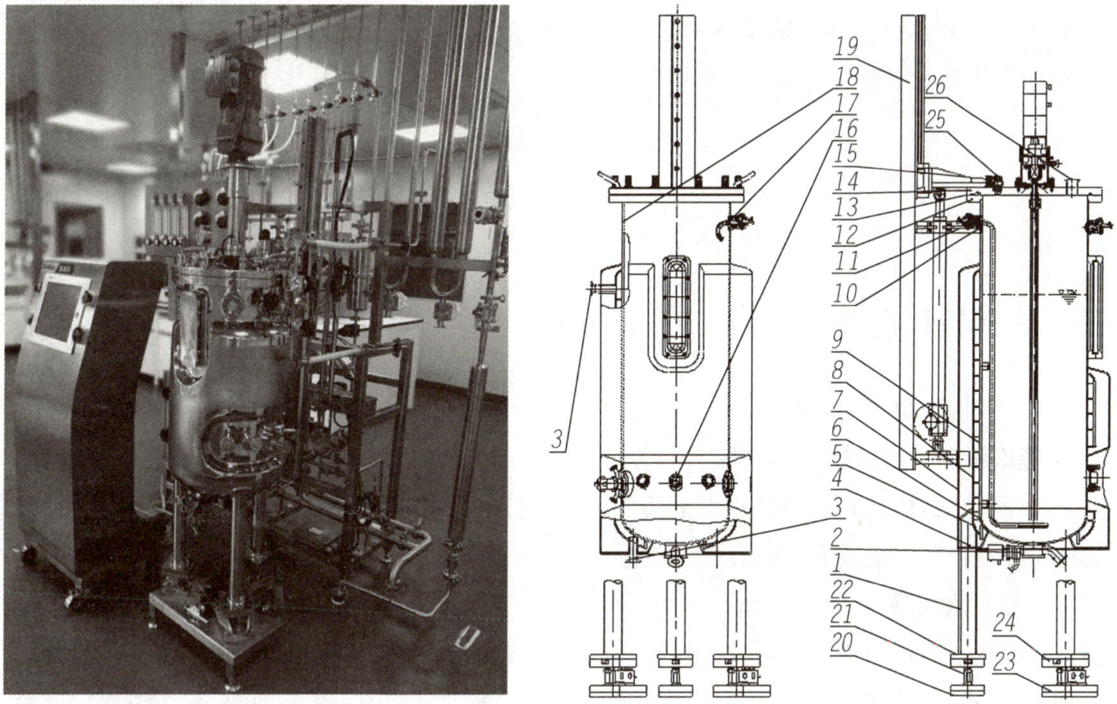

（a）　　　　（b）

1. 底脚；2. 罐底阀；3. 夹套进出水接口；4. 保温夹套椭圆封头；5. 控温夹套椭圆封头；6. 筒体下椭圆封头；7. 保温夹套筒体；8. 控温夹套筒体；9. 罐体筒体；10. 补料接头；11. 深层通气组管件；12. 罐体法兰；13. O 型圈；14. 顶盖；15. 顶盖螺栓；16. 贴壁补料管组件；17. 侧视镜；18. 灯镜座；19. 液位消泡电极；20. NA 接头；21. pH、DO 电极装置；22. 补料堵头；23. 压紧法兰；24. 浅层通气管组件；25. 双杆提升；26. 上磁力搅拌。

图 9-21　生物反应器

（a）实物图；（b）结构图

（二）层析系统

系统将常规层析过程所需的泵、管路、阀门、气泡阱、紫外检测器等结合在一起，具有完善管路系统，保证了工艺的稳定性和重复性，同时还可根据需求，选配气泡检测器、电导检测器、流量计及增减物料入口和出口等配件。设备实物图如图 9-22 所示。

(a)

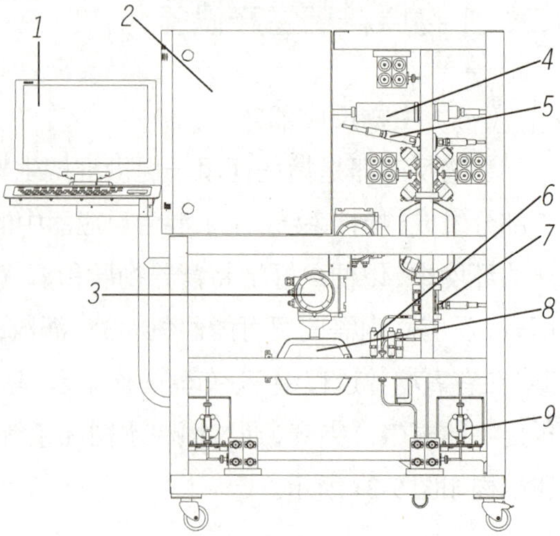

(b)

1. 操作屏；2. 电气柜；3. 气泡阱；4. 紫外检测器；5. pH 检测电极；6. 压力变送器；7. 四元隔膜泵；8. 质量流量计；9. 液位传感器。

图 9-22　层析系统

(a)实物图；(b)结构图

三、中药提取设备

（一）提取罐

提取设备由提取罐、过滤器、药液泵、加热器、蒸发器、冷凝器、冷却器、气液分离器、油水分离器、除沫器、水泵、管道过滤器及内部连接管路等组成；包含冷凝冷却系统、搅拌系统、加料出料系统、过滤系统、清洗系统、电控系统等，实物图和结构如图 9-23 所示。

（二）浓缩器

浓缩器适用于中药、西药、淀粉糖、食乳品等物料浓缩与工业有机溶剂（如酒精）的回收，适用于批量小、品种多的热敏性物料的低温真空浓缩。装置由立管式加热器、浓缩器、冷凝器及管道阀门等组成，真空系统可与其他设备配用水力喷射器或真空泵。双效浓缩器主要由一二效加热器、一二效蒸发器、冷凝器、汽液分离器、冷却器、受液罐等构成。设备实物图和结构如图 9-24 所示。

（三）酒精回收塔

酒精回收塔适用于制药、食品、轻工、化工等行业的稀酒精回收，也适用于甲醇等其他溶媒产品的蒸馏。酒精回收塔是利用酒精沸点低于其他溶液的原理，用稍高于酒精沸点的温度，将需回收的稀酒精溶液进行加热挥发，经塔体精馏后，析出纯酒精气体，提高酒精溶液的浓度，达到回收酒精的目的。

酒精回收塔由塔釜、塔身、冷凝器、冷却器、缓冲罐、高位贮罐六部分组成，设备与物料接触部分均采用不锈钢 SUS304 或 SUS316L 制造，具有良好的耐腐蚀性能，且具有节能环保、低生产成本、高效率的优点。设备实物和结构如图 9-25 所示。

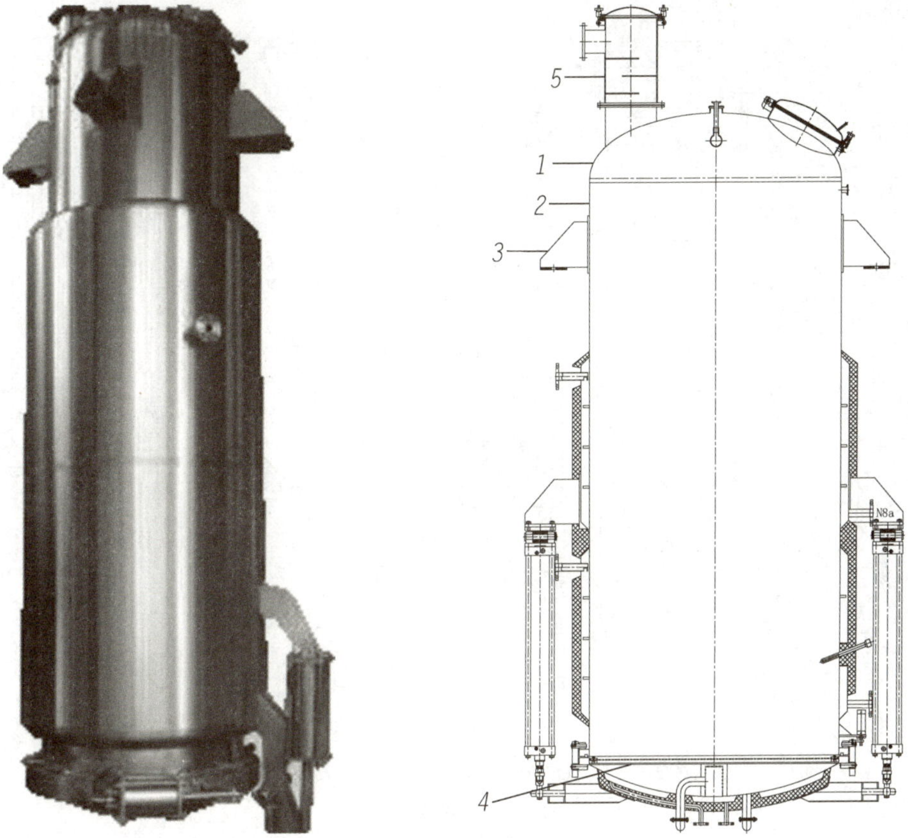

（a）　　　　　　　　　　　　　　　　　（b）

1. 内胆上封头；2. 内胆筒体；3. 支座；4. 出渣门；5. 除沫器。

图 9-23　提取罐

（a）实物图；（b）结构图

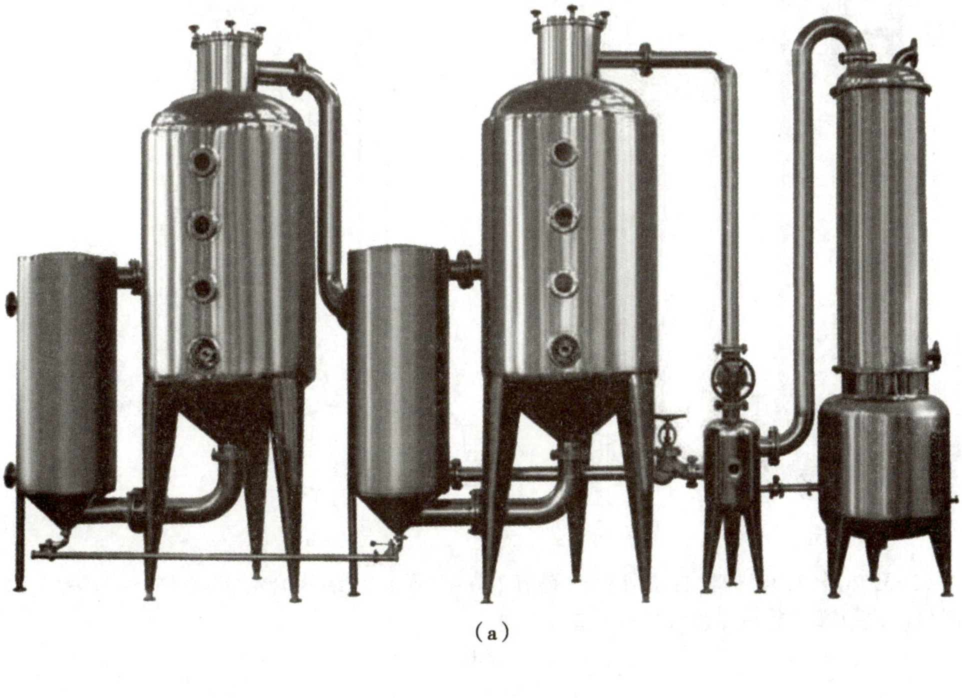

（a）

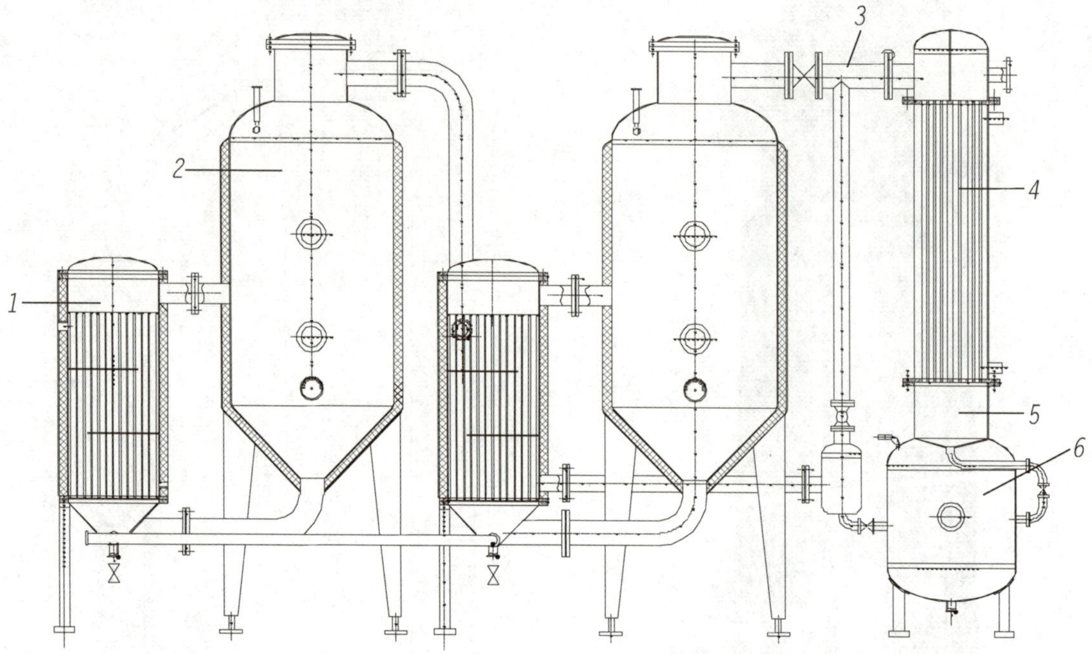

（b）

1. 加热室；2. 蒸发室；3. 气液分离；4. 冷凝器；5. 冷却器；6. 冷却液收集器。

图 9-24　双效浓缩器

（a）实物图；（b）结构图

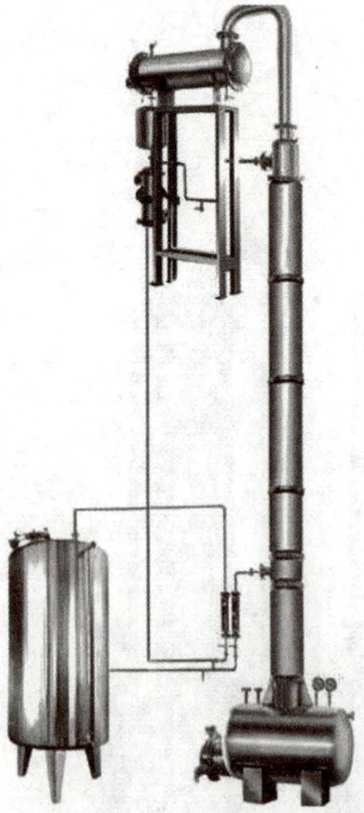

（a）

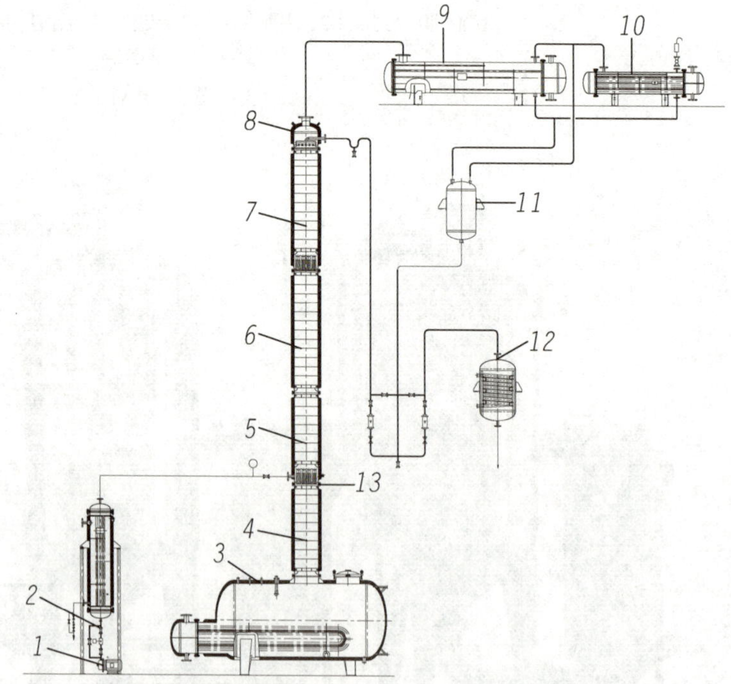

（b）

1. 离心泵；2. 预热器；3. 再沸器；4. 塔节 1；5. 塔节 2；6. 塔节 3；7. 塔节 4；8. 回流塔节；9. 冷凝器；10. 尾气冷凝器；11. 高位罐；12. 冷却器；13. 塔节垫片。

图 9-25　酒精回收塔

（a）实物图；（b）结构图

（四）喷雾干燥器

喷雾干燥是把原料液放入雾化器内分离为雾滴，以热空气或者别的气体和雾滴直接接触的办法来获取粉粒形状产品的干燥过程，广泛应用于生物农药、医药、食品微生物的生产。其工作原理是，空气经过滤和加热，进入干燥器顶部空气分配器，热空气呈螺旋状均匀地进入干燥室，料液经塔体顶部的高速离心雾化器，（旋转）喷雾成极细微的雾状液珠，与热空气并流接触，在极短的时间内可干燥为成品。成品连续地由干燥塔底部和旋风分离器中输出，废气由风机排出。设备实物和结构如图 9-26 所示。

（a）

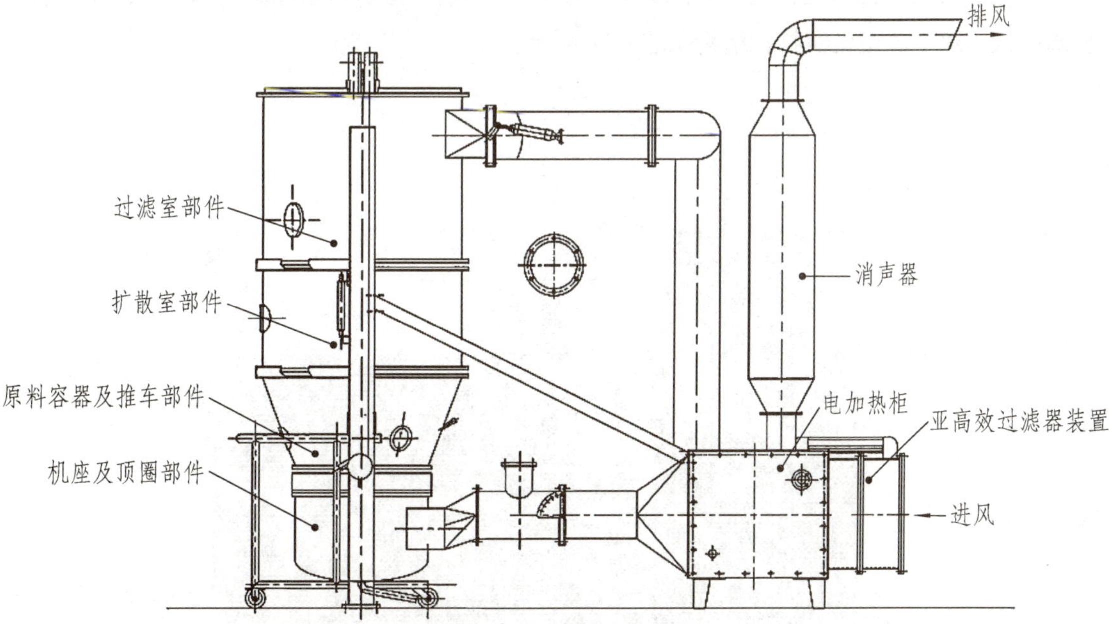

（b）

图 9-26　喷雾干燥器
（a）实物图；（b）结构图

四、注射剂生产设备

（一）配液系统

配液系统就是把原料药加入注射用水等溶剂中，经过搅拌、加热或冷藏、除菌过滤等，配制成符合要求的注射剂所需浓度，是注射剂生产过程中核心且复杂的环节。药液配液系统主要包括药液配制、除菌过滤或超滤、动态缓存、药液输送和工艺控制等主要模块。设备实物如图9-27所示。

图9-27 配液系统

（二）洗瓶机

洗瓶机由不锈钢水泵、高压喷头、电器箱等组成，是适用于玻璃瓶、塑料瓶等毛刷式清洗和水冲式清洗的单独或配合使用清洗的专用设备。采用高压反冲喷洗，使瓶壁的杂物能及时脱离掉入水箱中。设备实物和结构如图9-28所示。

（a）

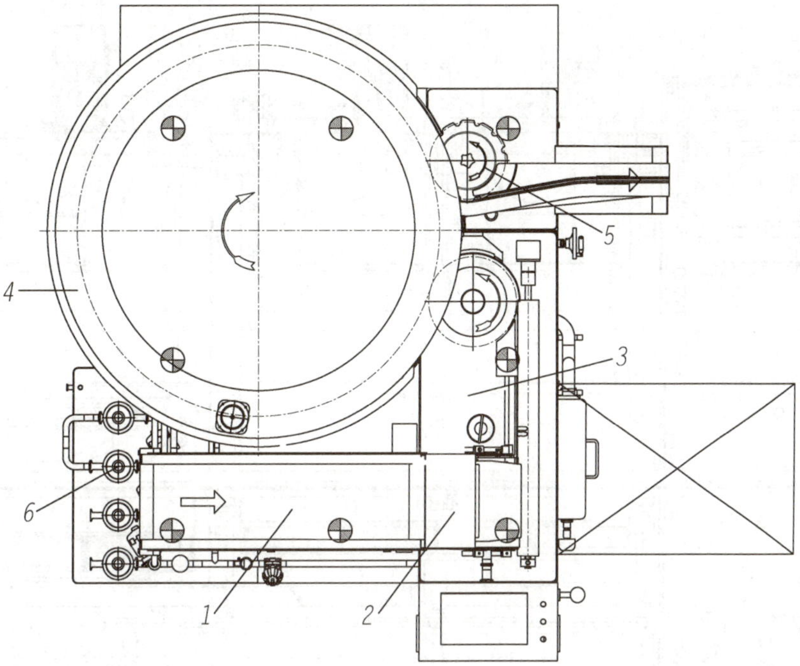

(b)

1. 进瓶组件；2. 超声波水箱组件；3. 提升凸轮机构；4. 主清洗组件；5. 出瓶组件；6. 管路组件。

图 9-28　洗瓶机

(a)实物图；(b)结构图

（三）隧道烘箱

在计算机系统的监控下，瓶子随输送带的输送依次进入隧道灭菌烘箱的预热区、高温灭菌区和低温冷却区。输送带速度无级可调，温度监控系统设置无纸或有纸记录。整个过程始终处于百级层流保护之下。

隧道烘箱是连续式烘干设备，可持续不间断地烘烤，提高产品生产效率。双边配有链条传动，解决运输过程中跑偏的现象。烘箱分段式加热，独立电箱控制、操作方便。结构主要由输送机系统与烘干炉两大部分组成。多段独立 PID 温度控制，炉内温度均匀。输送速度变频调速，调节自如，运行平稳，生产效率高。设备实物和结构如图 9-29 所示。

(a)

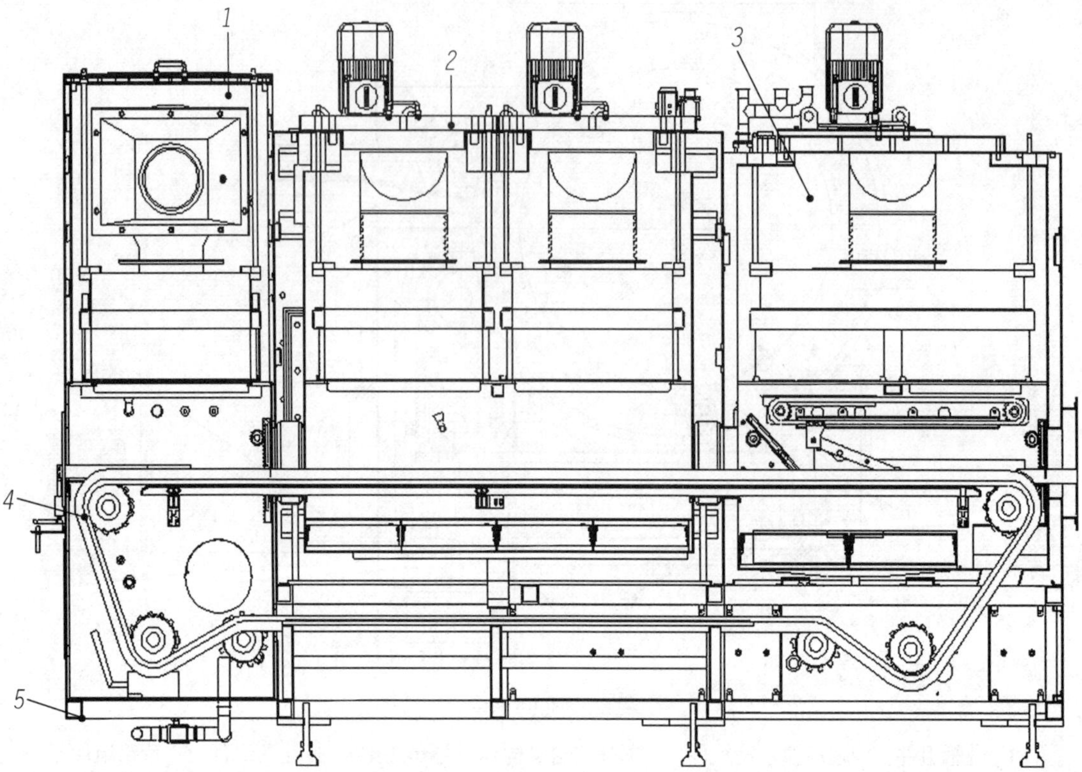

（b）

1. 预热段；2. 加热段；3. 冷却段；4. 传动系统；5. 机架。

图 9-29　隧道烘箱

（a）实物图；（b）结构图

（四）灌装机

灌装机适用于注射剂药品生产灌装，根据产量不同选择不同的灌装速度。设备实物和结构如图 9-30 所示。

（a）

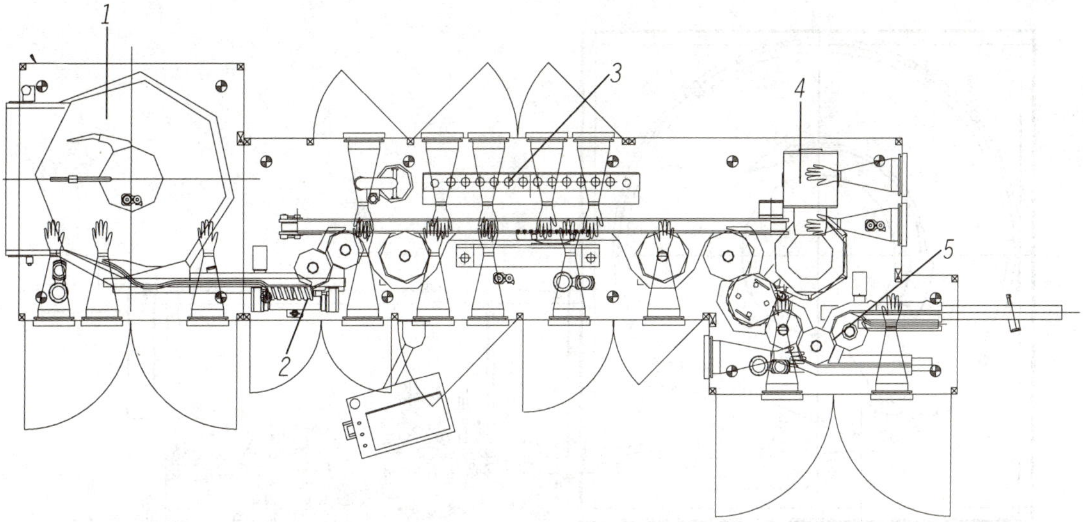

（b）

1. 进瓶系统；2. 运瓶系统；3. 灌装系统；4. 加塞系统；5. 取样/剔废系统。

图 9-30 灌装机

（a）实物图；（b）结构图

（五）轧盖机

轧盖机由进瓶转盘将玻璃瓶送入拨瓶工位，拨瓶工位连续运转，由顶瓶凸轮将玻璃瓶顶起，上升至凸轮高点位置时，轧盖头卡牢待轧玻璃瓶，边顶起边旋转，固定在工作中心的圆盘扎刀由浅入深地逐渐挤压铝盖，使铝盖紧紧地包住瓶口。当旋转工作移动到凸轮低点位置时，玻璃瓶逐渐脱离，由拨瓶盘拨出，进入出瓶轨道，经传动链带走。设备实物和结构如图 9-31 所示。

（六）灯检机

灯检机是一种为了保证人民的用药安全，杜绝发生用药事故而检测药物的制药机械。它是玻璃瓶液体灌装后的检验设备，由灯检箱、灯检台、灯检仪、计算机显示屏组成。

（a）

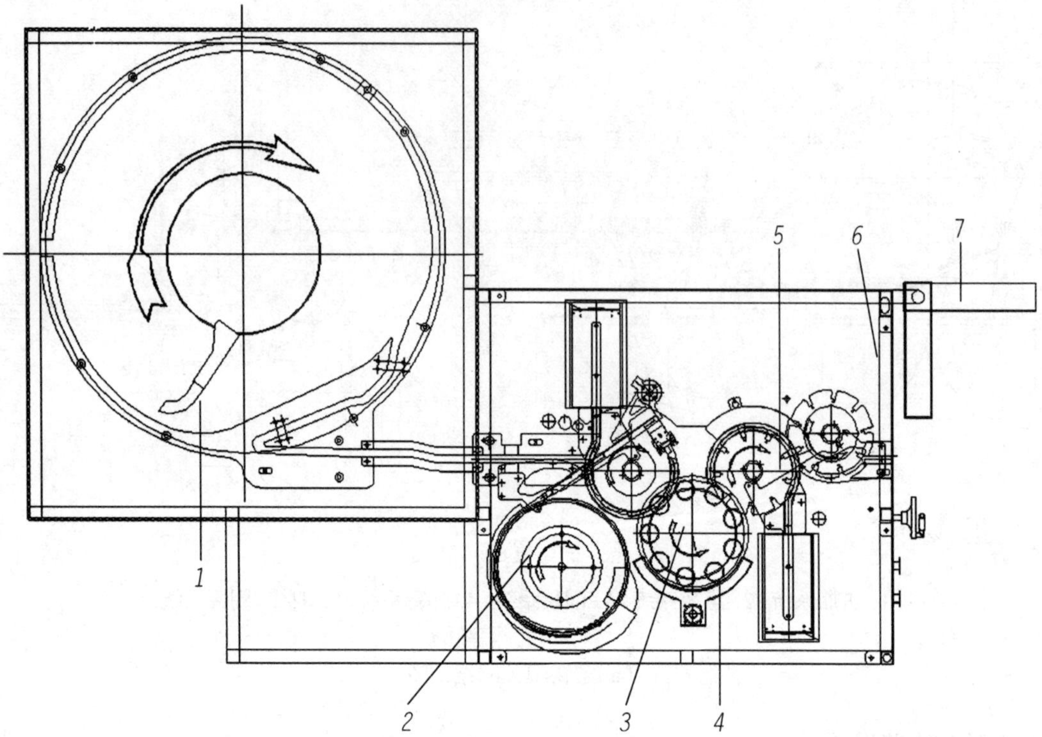

（b）

1. 进瓶系统；2. 振动料斗系统；3. 轧盖系统；4. 抽铝屑系统；5. 出瓶剔废系统；6. 机架系统；7. 控制系统。

图 9-31　轧盖机

（a）实物图；（b）结构图

根据机器视觉原理，采用摄像机拍摄生产线上药品的序列图像，把图像传入计算机后，计算机通过软件算法判断该药液中是否含有可见异物杂质，若有，则发出指令，通过可编程序控制器（PLC）把次品分拣出传送带，若为合格品则进入下一步工序。设备实物和结构图如图 9-32 所示。

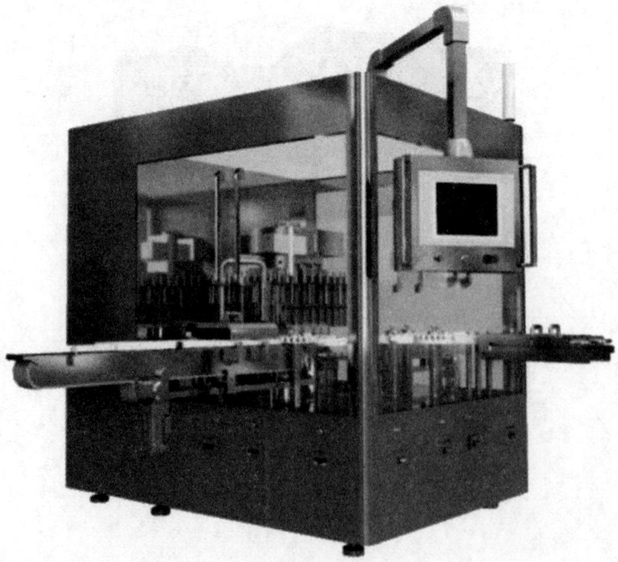

（a）

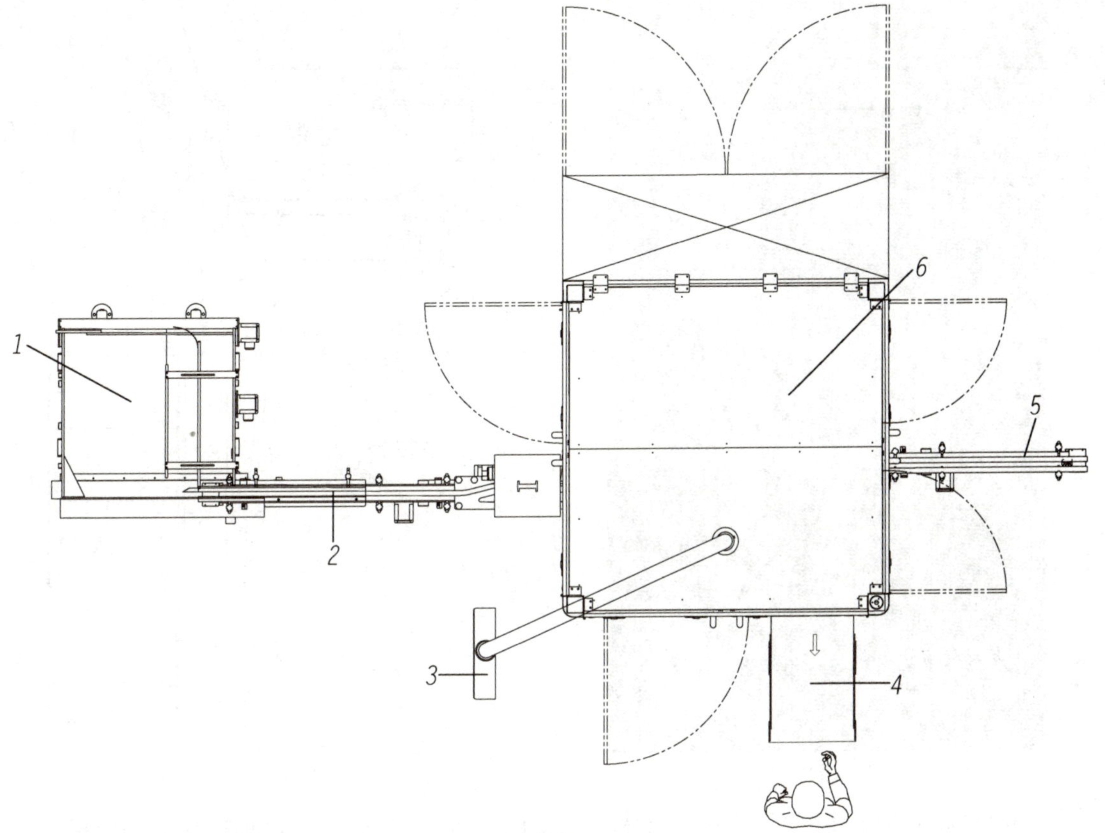

(b)

1. 进瓶系统；2. 进瓶网带；3. 操作屏；4. 出瓶剔废平台；5. 出瓶网带；6. 灯检系统。

图 9-32　西林瓶灯检机

(a)实物图；(b)结构图

五、固体制剂生产设备

(一) 湿法制粒机

湿法制粒机将需要制粒的主料和辅料按合适的比例和配方加入搅拌器中，粉体物料和结合剂在圆筒形容器中由底部混合桨经过高速充分混合后，成湿润软材，然后由侧置的高速粉碎桨切割成均匀的湿颗粒，从而实现了制粒的目的。也可以选配真空干燥和辅助系统设备，实现一步到位，直接获得成品。设备实物和结构图如图 9-33 所示。

(二) 干法制粒机

物料进入水平送料器后，在旋转螺杆的带动下，使物料在前移过程中逐渐脱气，并将提高密度后的物料强制送入压片机。压片机将水平送料器输送的高密度物料，通过一对液压油缸(压力可调)推动的压辊，把物料轧制成 2～4mm 的薄片，并再次完成脱气工作。轧好的薄片经过剪切式破碎机的刀齿，切成易于整粒的碎片后落入整粒机。碎片在整粒刀的挤压下，被强制挤出筛板。挤出的颗粒经筛分后，即可获得客户所需粒度的产品。至此，完成了制粒的全部过程。设备实物和结构图如图 9-34 所示。

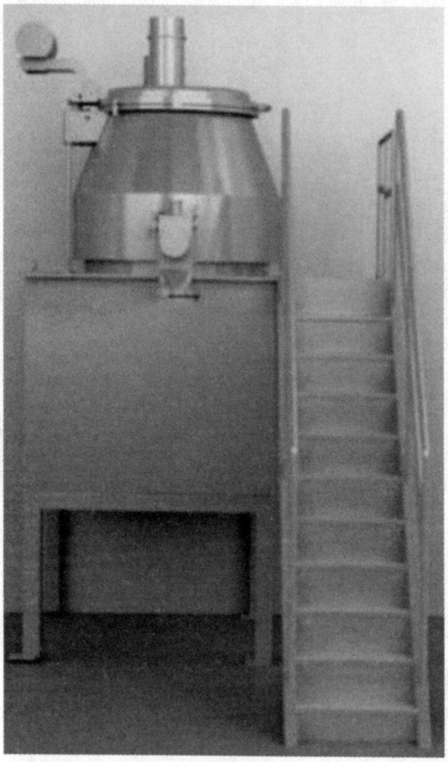

(a)

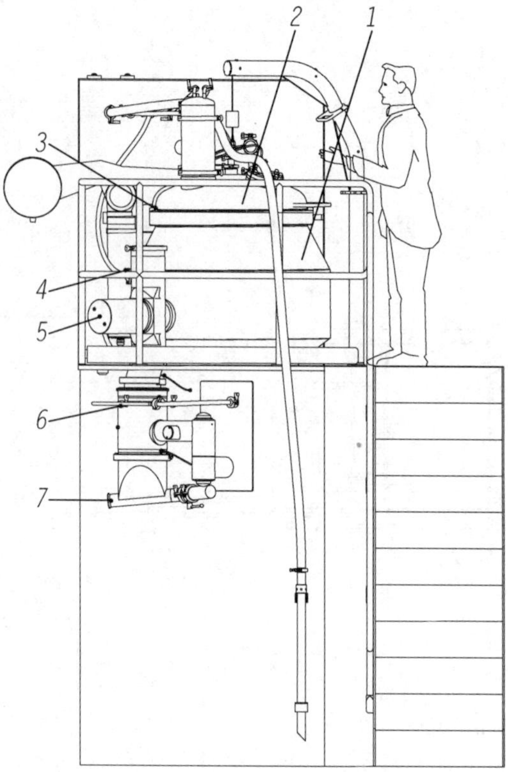

(b)

1. 锅体；2. 锅盖；3. 锅盖充气密封；4. 出料口清洗杆；5. 出料口气缸；6. 整粒机清洗管；7. 出料斗。

图 9-33　湿法制粒机

(a)实物图；(b)结构图

(a)

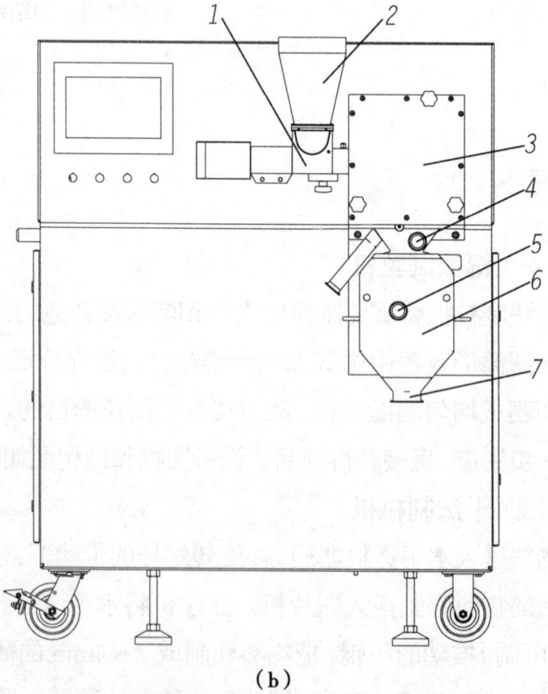

(b)

1. 螺杆进料系统；2. 进料斗；3. 压制单元；4. 压辊；5. 取样口；6. 两级分筛制粒系统；7. 颗粒出口。

图 9-34　干法制粒机

(a)实物图；(b)结构图

（三）**流化床干燥机**

流化床干燥技术是近年来发展起来的一种新型干燥技术，其过程是散状物料被置于孔板上，并由其下部输送气体，引起物料颗粒在气体分布板上运动，在气流中呈悬浮状态，产生物料颗粒与气体的混合底层，犹如液体沸腾一样。在流化床干燥机中，物料颗粒在此混合底层中与气体充分接触，进行物料与气体之间的热传递与水分传递。目前被广泛用于化工、食品、陶瓷、药物、聚合物等行业。设备结构图如图 9-35 所示。

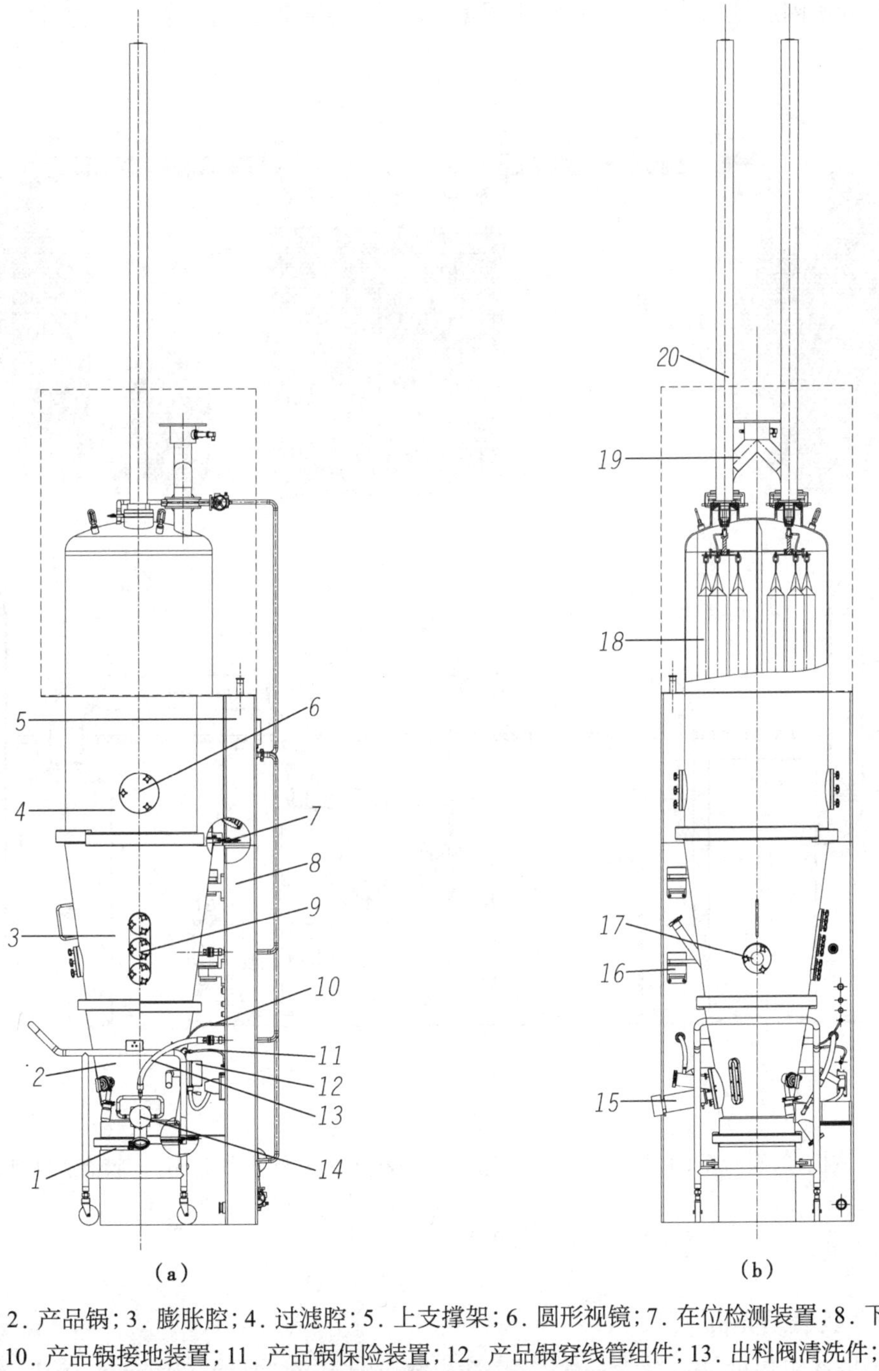

1. 进气腔；2. 产品锅；3. 膨胀腔；4. 过滤腔；5. 上支撑架；6. 圆形视镜；7. 在位检测装置；8. 下支撑架；9. 制粒口；10. 产品锅接地装置；11. 产品锅保险装置；12. 产品锅穿线管组件；13. 出料阀清洗件；14. 出料阀；15. 进料阀；16. 膨胀腔铰接；17. 视镜；18. 滤袋；19. Y 形出风管；20. 抖袋气缸。

图 9-35　流化床干燥机

(a)主视图；(b)左视图

（四）包衣机

高效包衣机是一种可以对片剂、丸剂、糖果等进行有机薄膜包衣、水溶薄膜衣、缓控释性包衣的高效、节能、安全、洁净的机电一体化设备。包衣机适用于制药、化工、食品等行业。

通过锅体顺时针旋转，使糖衣片在锅内翻滚、滑移、摩擦、研磨，通过人手泼入糖衣粉末，使糖衣粉末在全部素片上均匀分布，随机附带的电热式鼓风机，出风管伸入球内可作加热，同时鼓风机向锅内层通以热风除去片剂表层水分，从而得到糖包衣药片。设备实物和结构图如图 9-36 所示。

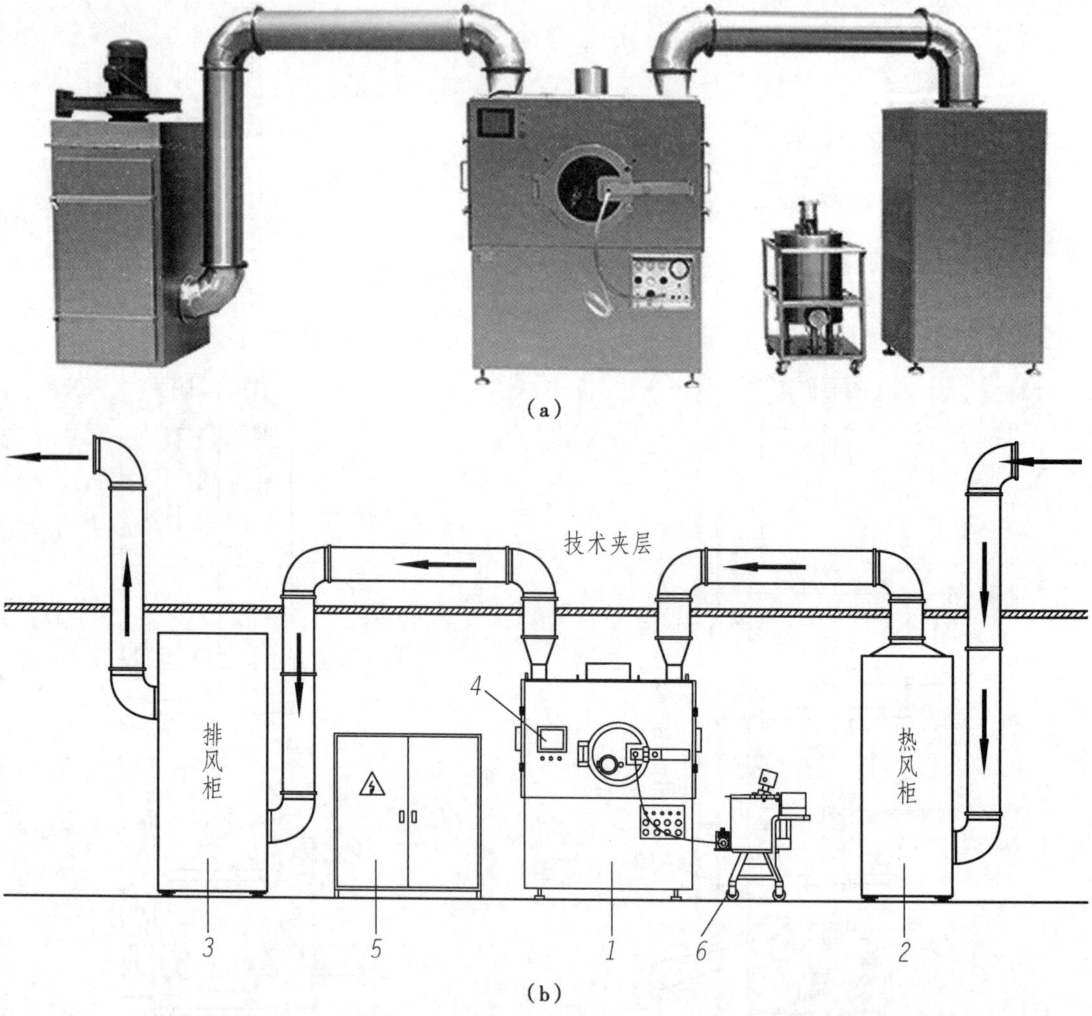

1. 主机；2. 热风柜；3. 排风柜；4. 可编程序控制器（PLC）；5. 电气柜；6. 薄膜溶液供液桶。

图 9-36 包衣机

（a）实物图；（b）结构图

（五）胶囊填充机

胶囊填充机集机、电、气为一体，采用微电脑可编程序控制器，触摸面板操作，变频调速，配备电子自动计数装置，能分别自动完成胶囊的就位、分离、充填、锁紧等动作。一般采用自动间歇回转运动形式，安装在工作台中央的回转台，每转有 8 次短暂停留时间，回转台将胶囊输送到回转台周围的各工作站，在各站短暂停留的时间里，播囊、分囊、充填、废囊剔除、锁囊、出囊、清洁模具等各种作业同时自动进行。设备实物和结构图如图 9-37 所示。

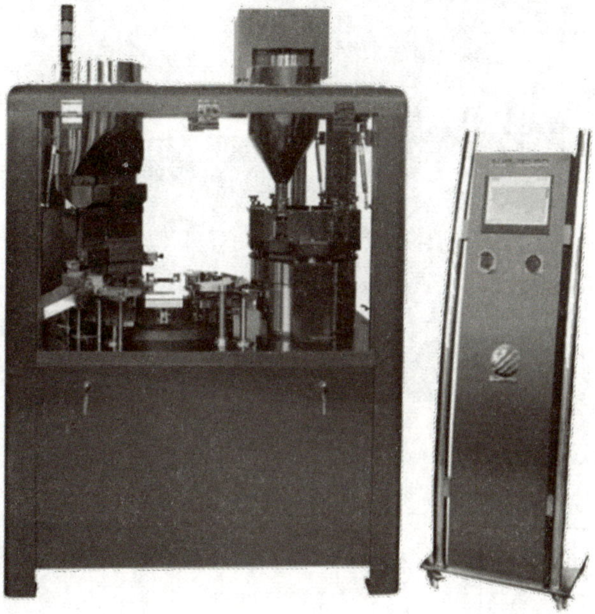

（a）

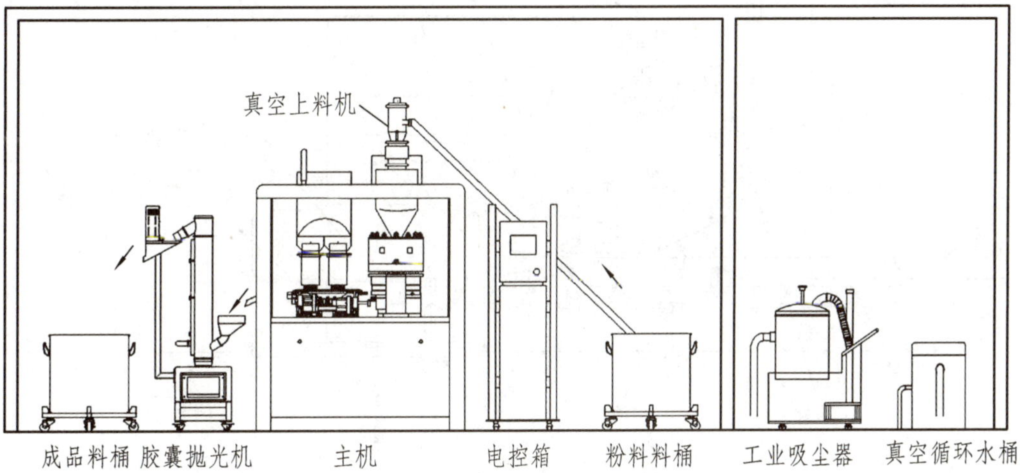

（b）

图 9-37　胶囊填充机
（a）实物图；（b）结构图

六、包装设备

（一）贴标机

贴标机是将成卷的不干胶纸标签（纸质或金属箔）粘贴在 PCB、产品或规定包装上的设备，贴标机是现代包装不可缺少的组成部分。设备实物和结构图如图 9-38 所示。

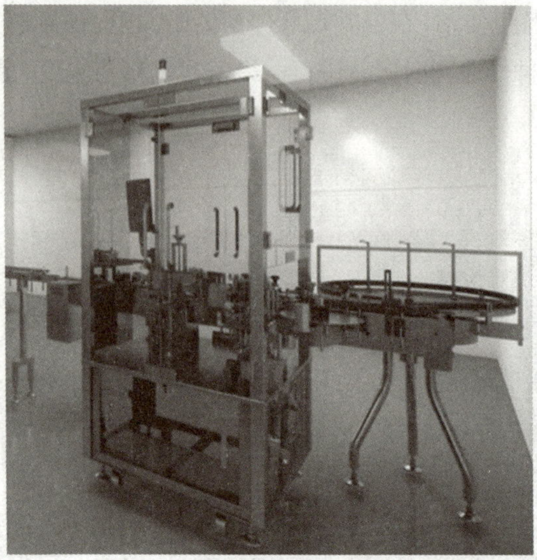

(a)

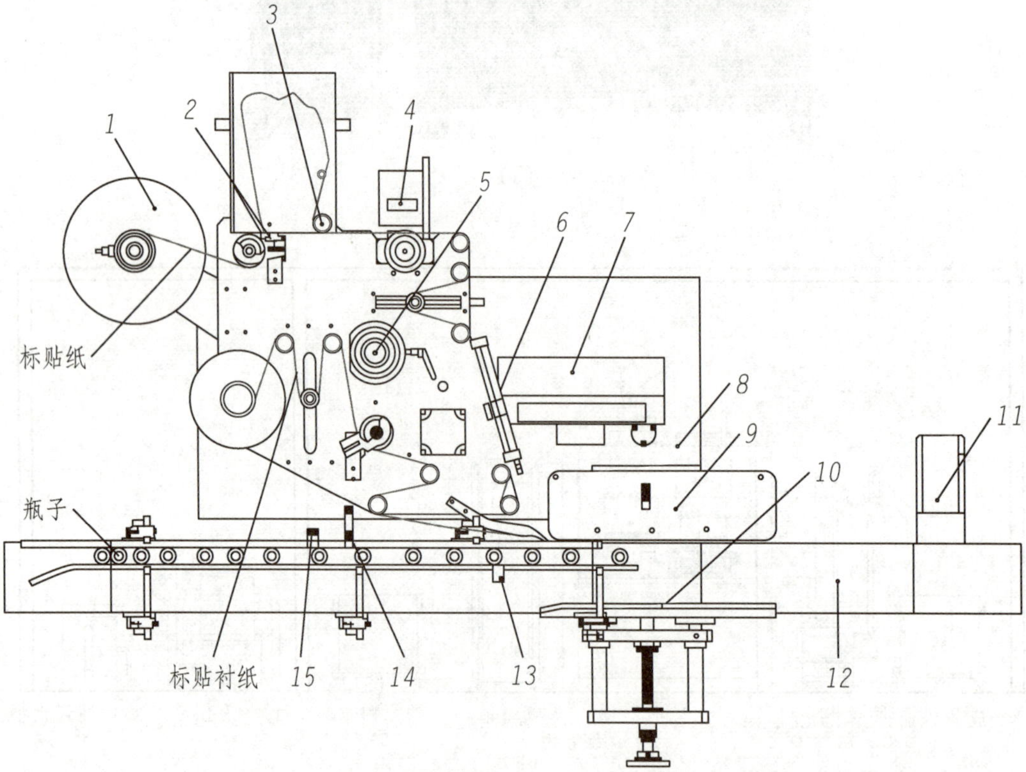

(b)

1. 标纸盘；2. 张紧机构；3. 行标机构；4. 打码机；5. 主板升降机构；6. 标纸定位光电传感器；7. 电气控制屏；8. 机箱；9. 滚标同步带；10. 滚标压板；11. 履带电机；12. 走瓶轨道；13. 贴标光电眼；14. 瓶距气缸；15. 瓶距光电眼。

图 9-38　贴标机

(a)实物图；(b)结构图

（二）自动装盒机

自动装盒机是将药瓶、药板、药膏等和说明书自动装入折叠纸盒中，并完成盖盒动作，部分功能较全的自动装盒机还带有贴封口标签或进行热收缩裹包等附加功能。其设备实物和结构图如图 9-39 所示。

(a)

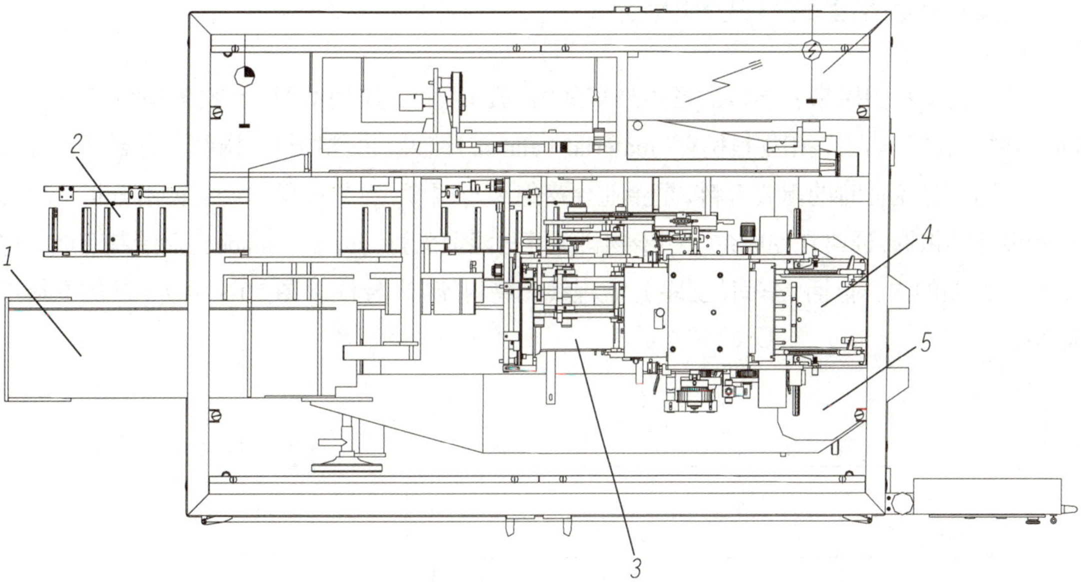

(b)

1. 产品输送系统;2. 说明书折叠及输送系统;3. 开盒系统;4. 封盒输送系统;5. 剔除系统。

图 9-39　自动装盒机

(a)实物图;(b)结构图

（郑金旺　韩　静　赵宇明）

第十章　工艺流程图
（课件）

第十章　工艺流程图

化工工艺流程图(process flow diagram)是用来表达化工生产过程中的物料流动程序和生产操作顺序的图样。由于技术要求不同，应用的阶段不同，所需的工艺流程所表述的内容重点和深度、广度也不相同。所以工艺流程图的种类也很多，较为常用的有总工艺流程图、方案流程图和施工流程图。

第一节　总工艺流程图

一、总工艺流程图的作用和内容

总工艺流程图用来表述全厂各生产车间(工段)之间的流程情况，反映各车间(工段)之间主要物料的流动路线和物料衡算(material balance)结果，也称物料平衡图。它是项目开发或进行可行性论证时的重要资料，是企业生产组织与调度、工艺过程的经济技术分析及项目初步设计的依据，通常在完成系统初步物料衡算与能量衡算(energy balance)后绘制而成。总工艺流程图的内容包括：车间(工段)、流程线和物料流向、标注。图 10-1 为 ×× 厂的物料平衡图。

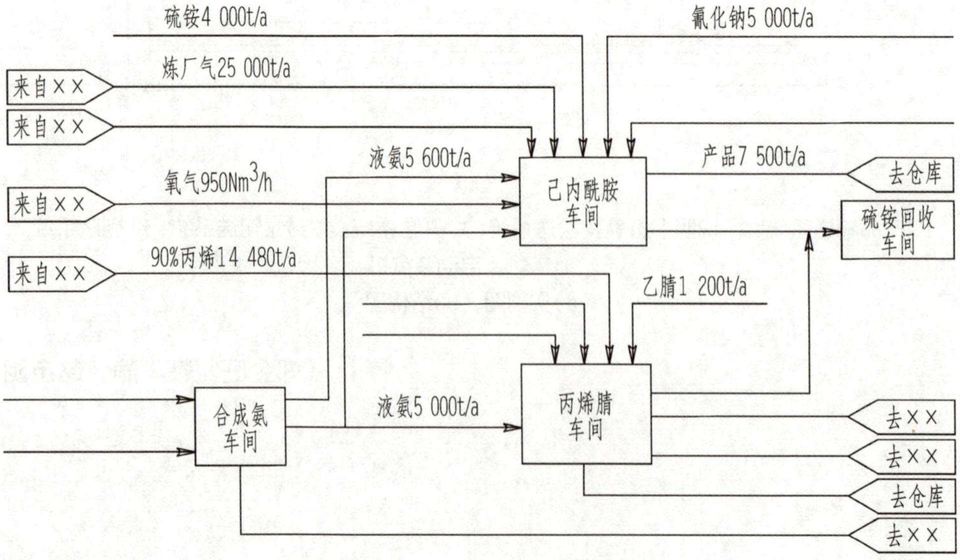

图 10-1　×× 厂物料平衡图

二、总工艺流程图的画法和标注

车间(工段)用细实线方框表示，在方框内注写车间的名称。物料的流程线用粗实线画出，流程线上画出箭头表示物料的流向。流程线上需注明原料、半成品、成品的名称和衡算数据，以及物料的来源和去向。

第二节　方案流程图

一、方案流程图的作用和内容

方案流程图又称流程示意图或流程简图(process diagram)，主要用来表述工厂或车间(工段)的生产流程和工艺路线。它通常是在物料平衡图的基础上绘制而成的，常用于初步设计时工艺方案的讨论，又是进一步施工流程图设计的基础。方案流程图包括设备简图、流程线及物料的流动方向、标注等内容，其表达的内容比物料平衡图详细，主要用来表达各车间(工段)内部的工艺流程，所以表达的界区范围较小。图 10-2 是合成氨生产的工艺流程图。

方案流程图

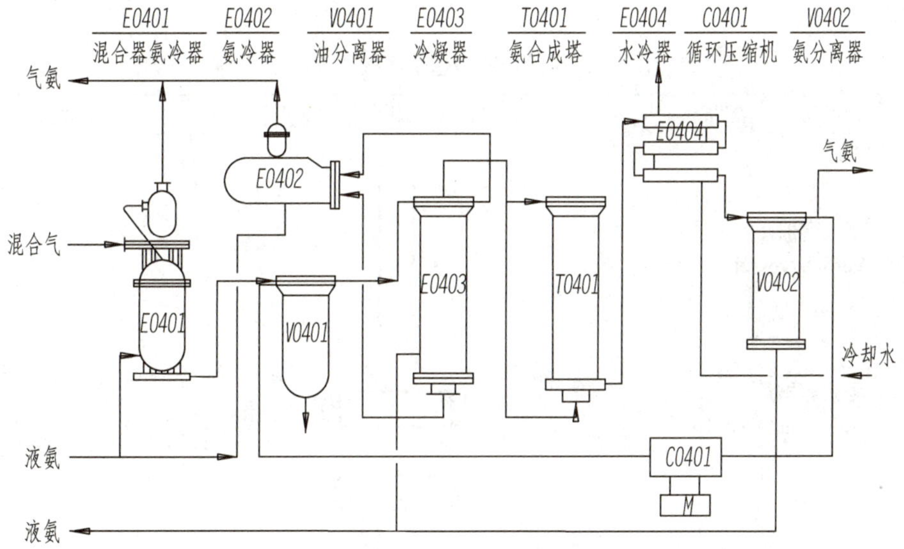

图 10-2　合成氨生产的工艺流程图

二、方案流程图的画法和标注

方案流程图是一种示意性的展开图，即按工艺流程顺序自左而右画出该流程中的设备和流程线，并加以标注，图幅一般不作规定，图框和标题栏也可不画。

1. 设备的画法

(1)按标准图例，用细实线画出设备的示意图，一般不按比例，但应保持它们的相对大小。若为非标设备，可用细实线画出其大致外形轮廓和内部结构特征。对于过于复杂的机器设备，可用细实线方框表示。表 10-1 为常用的标准设备图例（摘自 SH/T 3101—2017《石油化工流程图图例》）。

表 10-1　常用的标准设备图例 - 包装设备

序号	名称	图例	说明
1	集装袋包装机 Bag packager	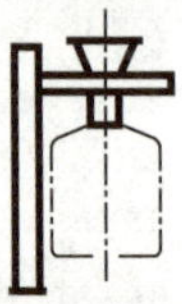	
2	单称包装机 Single scale packager	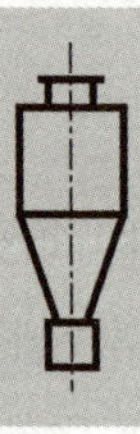	
3	双称包装机 Double scale packager		

表 10-1　常用的标准设备图例续 1- 容器和储罐

序号	名称	图例	说明
1	立式容器 Verticle vessel		
2	卧式容器 Horizontal vessel	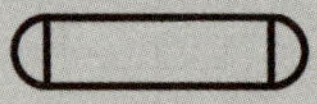	
3	带水包容器 Horizontal vessel with boot	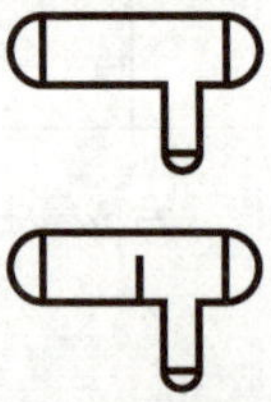	根据有无挡板选择
4	锥顶罐 Conical roof tank	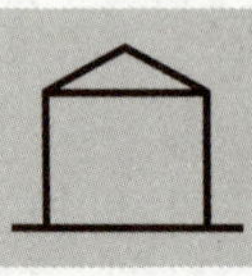	
5	拱顶罐 Dome roof tank		

续表

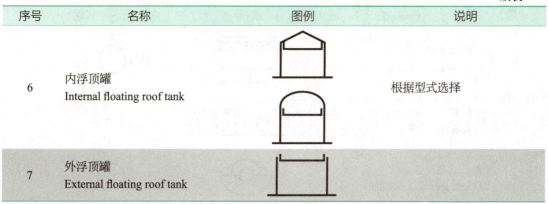

序号	名称	图例	说明
6	内浮顶罐 Internal floating roof tank	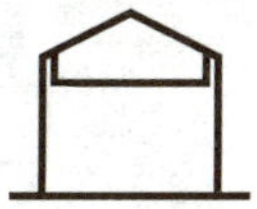 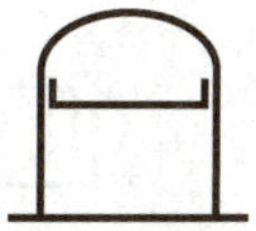	根据型式选择
7	外浮顶罐 External floating roof tank	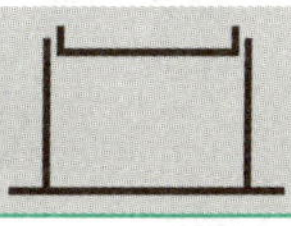	

表 10-1　常用的标准设备图例续 2- 泵

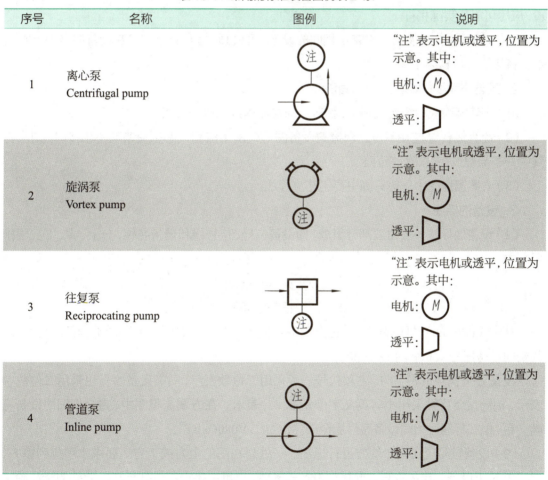

序号	名称	图例	说明
1	离心泵 Centrifugal pump	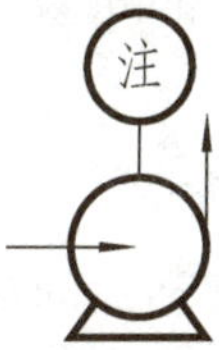	“注”表示电机或透平，位置为示意。其中： 电机： 透平：
2	旋涡泵 Vortex pump	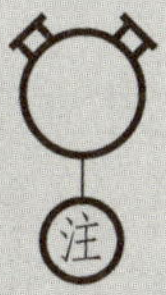	“注”表示电机或透平，位置为示意。其中： 电机： 透平：
3	往复泵 Reciprocating pump	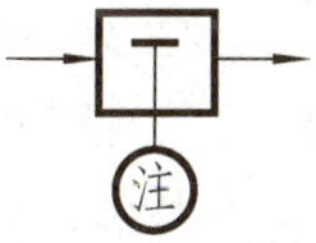	“注”表示电机或透平，位置为示意。其中： 电机： 透平：
4	管道泵 Inline pump	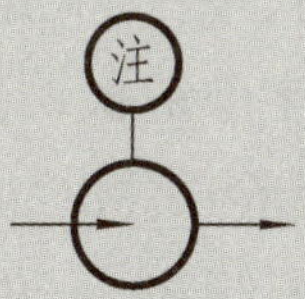	“注”表示电机或透平，位置为示意。其中： 电机： 透平：

表 10-1　常用的标准设备图例续 3- 分离设备

序号	名称	图例	说明
1	板框式过滤机 Plate and frame filter		

续表

序号	名称	图例	说明
2	叶氏过滤机 Yip's filter	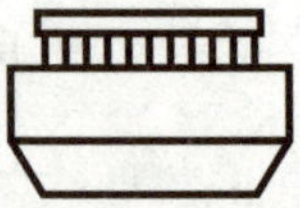	电机: 
3	圆盘式过滤机 Disk filter	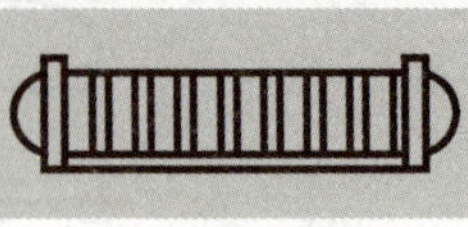	
4	敞开式真空过滤机 Open type vacuum filter	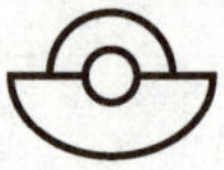	电机: 

（2）设备的位置虽不按实际布置位置画，但设备之间的高低位置及设备上重要管口的位置，应尽可能与实际相符。

（3）对于型式、功能和作用完全相同的设备，可只画一套，其个数可在设备编号中反映出来。备用设备可省略不画。

2. 工艺流程线（flow line）的画法

（1）工艺流程线用粗实线画出，物料流向在流程线上以箭头表示。

（2）流程线若穿过并不与之相接的设备图形或两条流程线必须交错而不相接时，则应将其中一条流程线在交错处断开。

（3）方案流程图中一般只画主要工艺流程线。

3. 设备的标注

（1）设备的标注一般由三部分组成，即设备位号、位号线和设备名称，分上、中、下三层排列。如

V0806a.b.c

精制中间槽

其中 V0806a.b.c 是设备位号，它由设备分类代号 V、主项代号 08 和同类设备序号 06 以及相同设备序号 a、b、c 四部分构成。

设备分类代号见表 10-1，主项代号一般采用二位数表示，同类设备序号也采用二位数字表示，相同设备序号采用小写英文字母 a、b、c... 表示。在方案流程图中，完全相同的设备可画一台，但在标注时相同设备序号应全部注出，如“V0806a.b.c”。

（2）设备位号应在两个地方进行标注。一处是在图的上方或下方。要求水平排列整齐，尽可能对正设备。若在垂直方向排列设备较多时，也可按序上下排列标注。此处的标注除了标注设备位号外，还应标注位号线和设备名称。另一处标注的地方是在设备内或其近旁，此处仅标注设备位号，无位号线，不标注设备名称，如图 10-2 所示。

4. 流程线的标注

（1）在流程线上应注明物料的名称、流量。

（2）在流程线的起始位置和终了位置，应注明物料的名称、来源和去向。

第三节　施工流程图

一、施工流程图的作用和内容

施工流程图（construction process diagram）又称工艺管道及仪表流程图、带控制点管道安装流程图、生产控制流程图。它是在方案流程图的基础上绘制，包含生产流程中所有的生产设备和全部管道（包括辅助管道）并含有各种控制点及阀门、管件，内容更为详尽的工艺流程图，是工艺设计的最终结果。设备布置图和管道布置图均以此为设计依据，并且是指导施工安装、生产操作、检修维修的重要技术文件。图 10-3 为合成工段管道及仪表流程图。

施工流程图的内容包括以下几方面：①设备简图；②流程线及物料流向；③阀门和管件简图；④仪表控制点符号；⑤设备、管道的标注；⑥图例，即对阀门、管件和仪表控制点符号的说明。

二、施工流程图的画法和标注

施工流程图也是一种示意性的展开图，但它的内容更为详尽。一般均采用 A1 图幅。特别简单的施工流程图也可采用 A2 图幅。图幅不宜加宽或加长，应有边框线和标题栏。

（一）设备的画法及标注

1. 设备示意图的画法同方案流程图，但应按一定比例画出。对于外形过大或过小的设备，可采用适当的比例进行缩小或放大，但应保持它们的相对大小。

2. 设备简图的排列仍采用按流程自左而右的方式，但应注意设备之间的位置应方便连接管线和进行管道的标注；对于有位差要求的设备，它们之间的相对高度应与设备的实际布置相似，必要时还应标注限位尺寸。

3. 每个设备都应标注设备位号和设备名称。标注的内容和标注方法与方案流程图相同，并且施工流程图和方案流程图上的设备位号应一致。

（二）流程线的画法及标注

1. 流程线的画法

（1）工艺管道流程线均用粗实线画出。物料流向以箭头表示。

（2）辅助管道、公用系统管道只画出与设备或工艺管道相连接的部分段，并注明物料代号以及辅助管道和公用系统管道所在图纸的图号。

（3）各流程图之间的衔接管道，应在衔接处注明与之连接的流程图图号，或设备的位号，或管道的管道号。

（4）伴热管线要全部绘出。夹套管可在两端只画出一小段，隔热管则应在适当的位置画出隔热图例。

管道及其附件的画法见表 10-2。

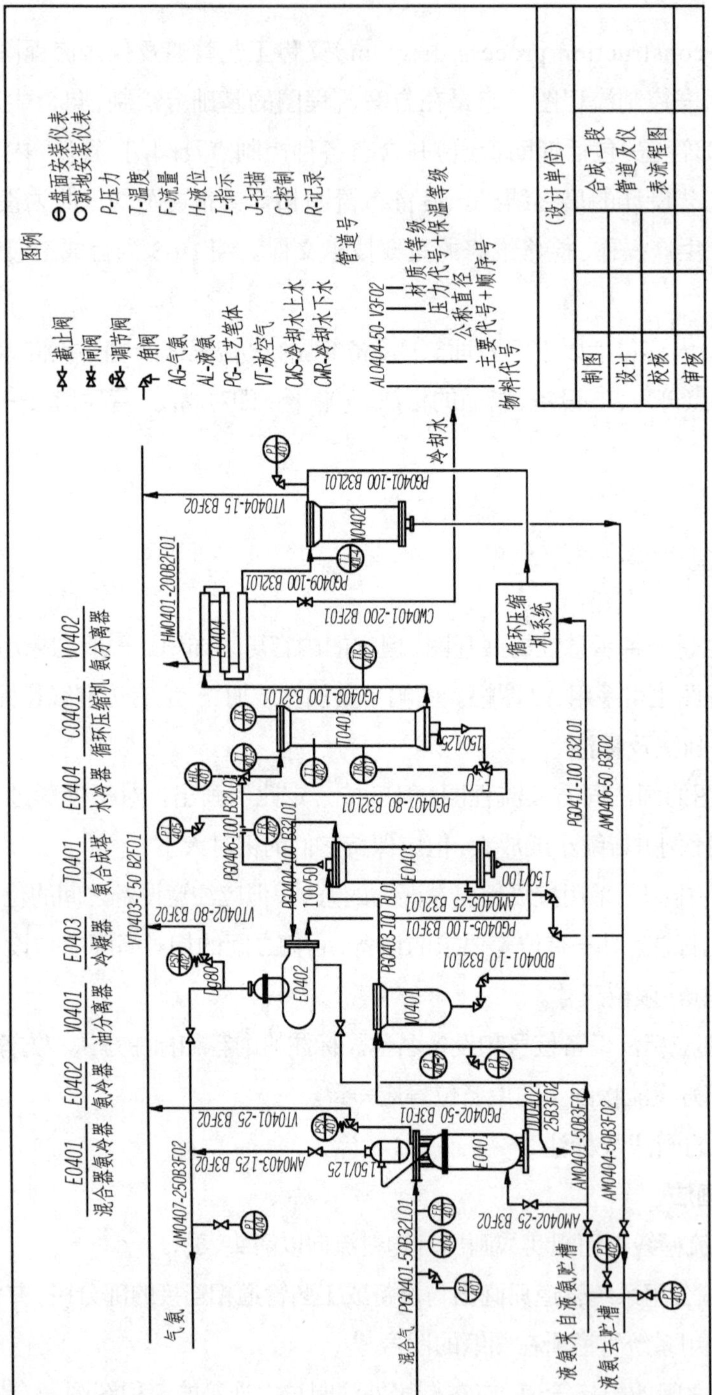

图10-3 合成工段管道及仪表流程图

表 10-2　管道及其附件的画法

序号	代号	图例	说明
1	主要管道	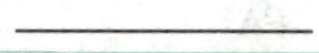	宽为 3b，b 为一个绘图单位
2	次要管道		线宽为 b
3	软管		
4	仪表引线		线宽为 b
5	催化剂输送管道		线宽为 6b
6	管道交叉	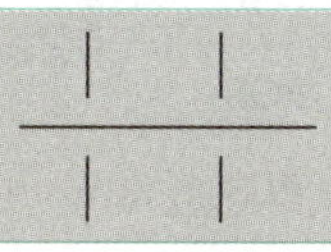	管道交叉竖断横不断，管道和仪表信号线交叉，仪表信号线断
7	带伴热管道		
8	管内介质流向		
9	进出装置或单元的介质流向	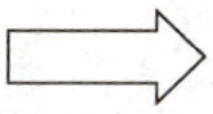	
10	装置内图纸连接方向	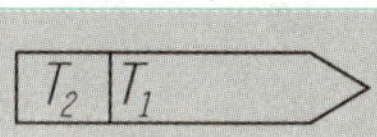	T_1 为图纸号，T_2 为坐标；T_2 可为管道编号或属性
11	坡度	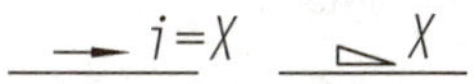	X 为坡道值，如坡度为 0.25%，则 X 为 0.25% 或 i=0.25%
12	成套供货设备范围界线	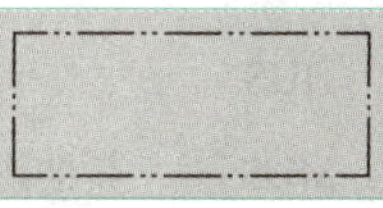	
13	管道等级分界符	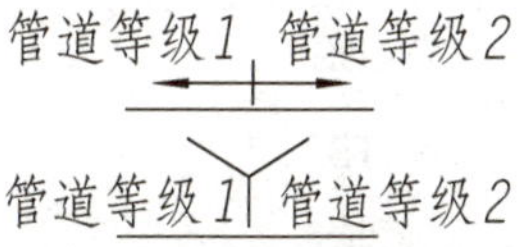	
14	异径管　同心	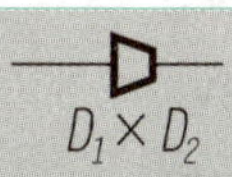	
	异径管　偏心	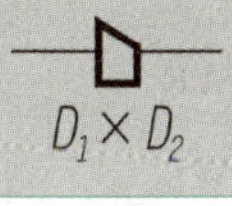	
15	波纹膨胀节	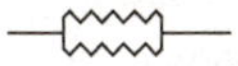	
16	相界面标示符		
17	管帽		

2. 管道的标注　管道标注采用管道组合号。

（1）管道组合号：包括管道号、管径和管道等级代号三部分。管道号由物料代号、主项代号和管道分段号组成。物料代号由大写字母组成，见表 10-3；主项代号以两位数字表示；管道分段号按物料流向依次编号，以两位数字表示。

管径应标注公称直径。公制管公称直径的单位为毫米，只注数字，不注单位。英制管公称直径的单位为英寸，标注时数字、单位均需注写。

管道等级代号由管道公称压力等级代号（表 10-4）、同类管道顺序号、管道材质代号（表 10-5）以及隔热或隔声代号（表 10-6）组成。

表 10-3 物料代号

类别	物料名称	代号	类别	物料名称	代号
工艺物料代号	工艺空气	PA	制冷剂	氮气	N
	工艺气体	PG		液氮	LM
	工艺液体	PL		气体乙烯或乙烷	ERG
	工艺固体	PS		液体乙烯或乙烷	ERL
	工艺物料(气液两相流)	PGL		氟利昂气体	FRG
	工艺物料(气固两相流)	PGS		氟利昂液体	FRL
	工艺物料(液固两相流	PLS		气体丙烯或丙烷	PRG
	工艺水	PW		液体丙烯或丙烷	PRL
空气	空气	AR		冷冻盐水回水	RWR
	压缩空气	CA		冷冻盐水上水	RWS
	仪表用空气	IA	其他物料	排液	DR
蒸汽及冷凝水	高压蒸汽(饱和或微过热)	HS		熔盐	FSL
	中压蒸汽(饱和或微过热)	MS		火炬排放气	FV
	低压蒸汽(饱和或微过热)	LS		氢	H
	高压过热蒸汽	HUS		加热油	HO
	中压过热蒸汽	MUS		惰性气	IG
	低压过热蒸汽	LUS		氮	N
	伴热蒸汽	TS		氧	O
	蒸汽冷凝水	SC		泥浆	SL
水	锅炉给水	BW		真空排放气	VE
	化学污水	CSW		放空	VT
	循环冷却水回水	CWR	油料	污油	DO
	循环冷却水上水	CWS		燃料油	FO
	脱盐水	DNW		填料油	GO
	饮用水生活用水	DW		润滑油	LO
	消防水	FW		原油	RO
	热水回水	HWR		密封油	SO
	热水上水	HWS	增补代号	气氨	AG
	原水、新鲜水	RW		液氨	AL
	软水	SW		氨水	AW
	生产废水	WW		转化气	CG
燃料	燃料气	FG		合成气	SG
	液体燃料	FL		尾气	TG
	固体燃料	FS			
	天然气	NG			

表 10-4　压力等级代号

压力范围 /MPa	代号	压力范围 /MPa	代号
$P \leqslant 1.0$	L	$10.0<P \leqslant 16.0$	S
$1.0<P \leqslant 1.6$	M	$16.0<P \leqslant 20.0$	T
$1.6<P \leqslant 2.5$	N	$20.0<P \leqslant 22.0$	U
$2.5<P \leqslant 4.0$	P	$22.0<P \leqslant 25.0$	V
$4.0<P \leqslant 6.4$	Q	$25.0<P \leqslant 32.0$	W
$6.4<P \leqslant 10.0$	R		

表 10-5　管道材质代号

材质类别	代号	材质类别	代号
铸铁	A	不锈钢	E
碳钢	B	有色金属	F
普通低合金钢	C	非金属	G
合金钢	D	衬里及内防腐	H

表 10-6　隔热与隔声代号

功能类型	备注	代号	功能类型	备注	代号
保温	采用保温材料	H	蒸汽电热	采用蒸汽伴管和保温材料	S
保冷	采用保冷材料	C	热水伴热	采用热水伴管和保温材料	W
人身防护	采用保温材料	P	热油伴热	采用热油伴管和保温材料	O
防结露	采用保冷材料	D	夹套伴热	采用夹套管和保温材料	J
电伴热	采用电热带和保温材料	E	隔声	采用隔声材料	N

（2）管道标注的位置：管道组合号一般标注在管道线的上方，必要时也可分成前后两组分别标注在管道线的上方和下方。标注方法如图 10-4 所示。

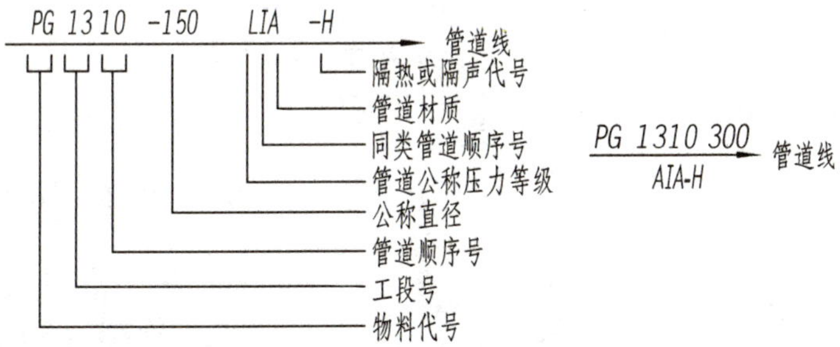

图 10-4　管道的标注

（3）同一管道号管径不同时，变径后的管道可只注管径，在异径管道处应标注大端管径 × 小端管径，同一管道号管道等级不同时，应标注等级分界线，并标注管道等级。如图 10-5 所示。

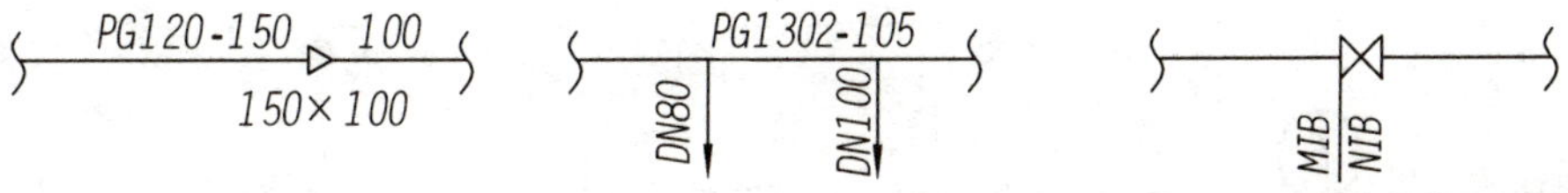

（a）同轴异径管标注　（b）同管道号不同管径的标注　（c）同管道号不同管道等级的标注

图 10-5　同一管道号不同管径、等级时的标注

（三）阀门、管件、管道附件的画法与标注

1. 阀门、管件、管道附件的画法 在施工流程图上，应按标准图例用细实线画出管道线上相应的阀门、主要管件和管道附件。常用管件图例见表10-7。其他一般的连接管件，如法兰、三通、弯头、管接头、活接头等，无特殊要求时可不予画出。

2. 阀门、管件、管道附件的标注 管道上的阀门、管件、管道附件的公称直径与管道相同时可不标注，若公称直径与管道不同，则应标注其尺寸，必要时还应标注型号、分类编号或文字。

表10-7 常用管件图例

名称	图例	名称	图例	名称	图例
盲板	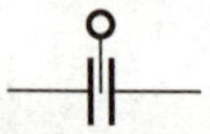	漏斗		玻璃管视镜（看窗）	
8字盲板	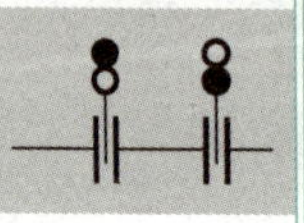	吸气罩		阻火器	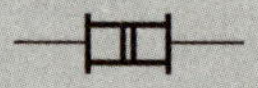
限流孔板（调压板）	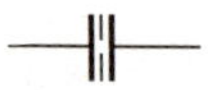	消音器		锥型过滤器	

（四）检测仪表、调节控制系统的画法与标注

在施工流程图中，应按标准图例画出并标注全部与工艺流程有关的检测仪表、调节控制系统、取样点及取样阀（组）。

1. 检测仪表、调节控制系统的画法 通常仪表控制点的图形符号是一个细实线的圆圈，直径约为10mm。圆圈内不同的标识可表达测量仪表不同的安装位置要求（表10-8）。必要时，检测仪表或检出元件也可用象形或图形符号表示（表10-9）。仪表符号用细实连接线连接到被测管道（设备）的测量点处，一般与管道（设备）垂直，必要时可转折一次，如图10-6所示。

表10-8 仪表安装位置的图形符号

序号	安装位置	图形符号	序号	安装位置	图形符号
1	就地安装仪表		4	盘后或台内安装仪表	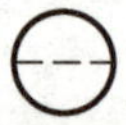
2	管道安装仪表	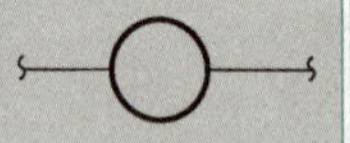	5	辅助控制室盘面或就地盘面安装仪表	
3	盘面或台面安装仪表		6	辅助控制室盘内或就地盘内安装仪表	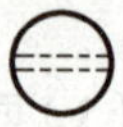

表10-9 流量检测仪表和检测元件的图形符号

名称	图例	名称	图例	名称	图例
孔板流量计	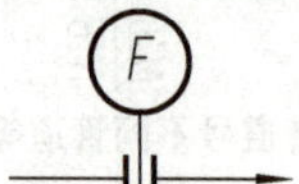	文氏流量计		靶式流量计	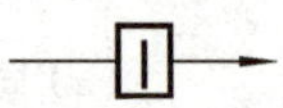

续表

名称	图例	名称	图例	名称	图例
转子流量计	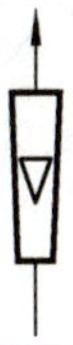	电磁流量计	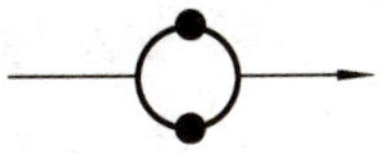	液位计	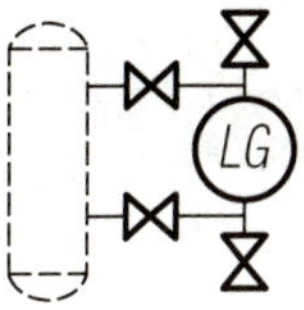

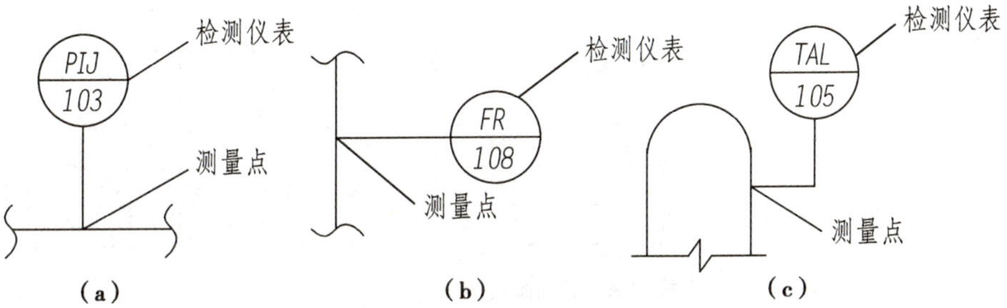

图 10-6 仪表控制点的画法与标注

(a)水平管道;(b)垂直管道;(c)设备

调节与控制系统一般由检测仪表、调节阀、执行机构和信号线组成。调节阀是常用的调节机构，其图形符号见表 10-10。执行机构的图形符号见表 10-11。控制系统常见的连接信号线有 3 种，如图 10-7 所示。

表 10-10 调节阀的图形符号

序号	名称	图例
1	气动	
2	活塞驱动	
3	电动	
4	电磁驱动	
5	电液驱动	

表 10-11 执行机构的图形符号

序号	名称	图例
1	仪表引线	
2	电信号线	
3	气压信号线	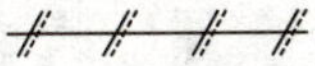
4	液压信号线	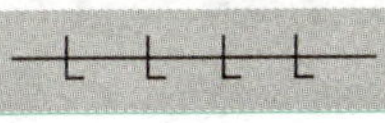

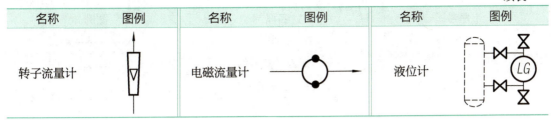

续表

序号	名称	图例
5	毛细管	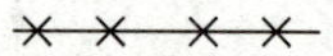
6	电磁或声信号线	
7	DCS 内部软连接线	

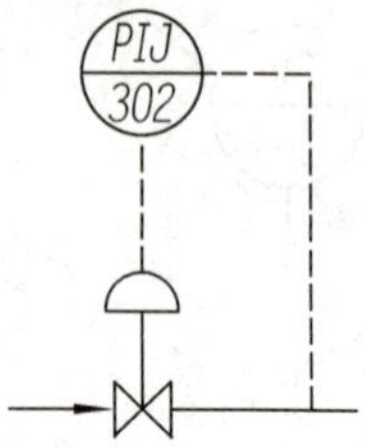

控制阀表

仪表号	管段号	各阀尺寸						备注
		A			B	C	D	
		DN	PN	法兰面				
T301	PG-3003	25	40	凹面	50	50	50	
P302	MS-3002	125	40	凹面	250	250	250	

有控制阀表时的画法

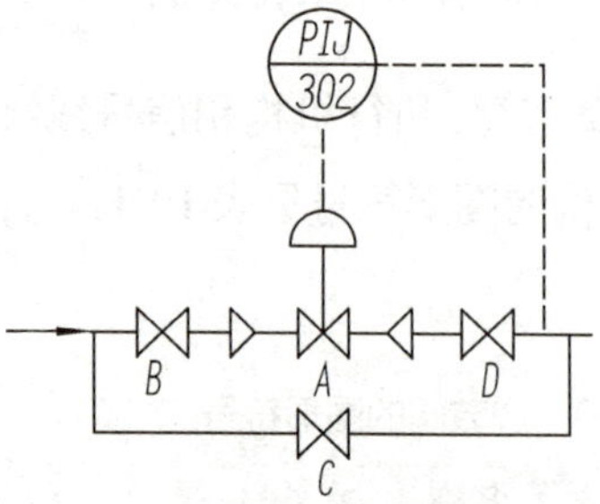

无控制阀表时的画法

图 10-7　控制系统常见的连接信号线

2. 检测仪表的标注　检测仪表的标注内容包括检测参数代号、仪表功能代号和仪表位号三部分。检测参数代号用大写字母表示（表 10-12），仪表功能代号也用大写字母表示（表 10-13）。仪表位号由前、后两部分构成，第一部分为工段号，一般由两位数字组成；第二部分为仪表分类号，通常也是两位数字。

表 10-12　检测参数代号

检测参数	代号	检测参数	代号	检测参数	代号	检测参数	代号
物料组成	A	压力或真空	P	长度	G	放射性	R
流量	F	温度	T	电导率	C	转速	N
液位	L	数量或件数	Q	电流	I	重力或力	W
水分或湿度	M	密度	D	速度或频率	S	未分类参数	X

表 10-13　仪表功能代号

功能	代号	功能	代号	功能	代号	功能	代号	功能	代号
指示	I	开关	S	连锁	S	变送	T	多功能	U
记录	R	控制	C	积算	Q	指示灯	L	未分类	X
扫描	J	报警	A	检出	E	手动	K		

检测仪表标注的位置在代表仪表的小圆圈内，分上、下两层，上层前面是大写字母的检测参数代号，后面是大写字母的仪表功能代号，仪表功能代号可标注多个；下层是仪表位号。检测仪表标注如图 10-6 所示。

（李瑞海）

1003

第十章　目标测试

第十一章　设备及管道布置图

第十一章　设备及管道布置图（课件）

第一节　房屋建筑图简介

房屋建筑图（architectural drawing）是用于指导建筑施工的成套图纸，它将拟建房屋建筑的内外形状、大小及各部分结构、构造、装饰、设备等，按照国家标准《建筑制图标准》（GB 50104—2010）的规定，用正投影的方法详细、准确地表示出来。

一整套房屋建筑图一般可以按照专业分为3类。

（1）建筑施工图（architecture drawing，简称建施），包括总平面图（general layout plan）、局部平面图（local plan）、立面图（elevation）、剖视图（sectional view）。

（2）结构施工图（structure shop drawing，简称结施），包括结构布置平面图（structure layout）和各结构件的节点详图（node detail）。

（3）设备施工图（equipment construction drawing，简称设施），包括给排水、采暖通风、电器、动力等的施工图。

下面仅就建筑施工图进行简要介绍。

一、一般规定

（一）图线

图线宽度 b 应根据图样的复杂程度和比例，按现行国家标准《房屋建筑制图统一标准》（GB/T 50001—2017）中的有关规定选用。绘制较简单的图样时，可采用两种线宽的线宽组，其线宽比宜为 b∶$0.25b$。

图线及画法

建筑专业、室内设计专业制图采用的各种图线，应符合表11-1的规定。

表11-1　图线

名称		线型	线宽	用途
实线（active line）	粗	——	b	1. 平、剖面图中被剖切主要建筑构造（含构配件）的轮廓线。 2. 建筑立面图或室内立面图的外轮廓线。 3. 建筑构造详图中被剖切的主要部分的轮廓线。 4. 建筑构配件详图中的外轮廓线。 5. 平、立、剖面的剖切符号

续表

名称		线型	线宽	用途
实线 （active line）	中粗		0.7b	1. 平、剖面图中被剖切次要建筑构造（含构配件）的轮廓线。 2. 建筑平、立、剖面图中建筑构配件的轮廓线。 3. 建筑构造详图及建筑构配件详图中的一般轮廓线
	中		0.5b	小于 0.7b 的图形线、尺寸线、尺寸界线、索引符号、标高符号、详图材料做法引出线、粉刷线、保温层线、地面、墙面的高差分界线等
	细		0.25b	图例填充线、家具线、纹样线等
虚线 （dashed thin line）	中粗		0.7b	1. 建筑构造详图及建筑构配件不可见的轮廓线。 2. 平面图中的梁式起重机（吊车）轮廓线。 3. 拟建、扩建建筑物轮廓线
	中		0.5b	投影线、小于 0.7b 的不可见轮廓线
	细		0.25b	图例填充线、家具线等
单点画线（dash dot）	粗		b	起重机（吊车）轨道线
单点长画线 （long dash dot）	细		0.25b	中心线、对称线、定位轴线
折断线 （wreckage line）	细		0.25b	部分省略表示时的断开界线
波浪线 （continuous thin irregular line）	细		0.25b	部分省略表示时的断开界线，曲线形构件断开界线。 构造层次的断开界线

（二）比例

建筑专业、室内设计专业制图采用的比例，应该按表 11-2 的国家标准要求选用。

表 11-2　比例

图名	比例
建、构筑物的平面图、立面图、剖面图	1∶50　1∶100　1∶150　1∶200　1∶300
建、构筑物的局部放大图	1∶10　1∶20　1∶25　1∶30　1∶50
配件及构造详图	1∶1　1∶2　1∶5　1∶10　1∶15　1∶20　1∶25　1∶30　1∶50

二、构造及配件

房屋建筑图的构造及配件，应该符合《建筑制图标准》（GB 50104—2010）中的规定，因篇幅原因，此处图例略。具体包括墙体、隔断、玻璃幕墙、栏杆、楼梯、坡道、台阶、平面高差、检查口、孔洞、坑槽、墙预留洞、槽、地沟、烟道、风道、新建改建的墙和窗、拆除的墙、各种在墙或楼板上开的洞、各种门窗等。

水平及垂直运输装置图例也应符合 GB 50104—2010 中的规定。具体包括：铁路、起重机轨道、手电动葫芦、梁式悬挂起重机、多支点悬挂起重机、梁式起重机、桥式起重机、龙门式起重机、壁柱式起重机、壁行起重机、定柱式起重机、传送带、电梯、杂物梯、食梯、自动扶梯、自动人行道、自动人行坡道等。

三、图样画法

由于房屋的构件（component）、配件（parts）和材料（material）种类较多，为作图方便，国家工程建设标准规定了一系列图形符号来代表建筑物的构件、配件和材料，常见的建筑图例如表 11-3 所示。

表 11-3　常用建筑图例

名称	图例	名称	图例	名称	图例
自然土		柱		楼板开口	
夯实土壤		围堰	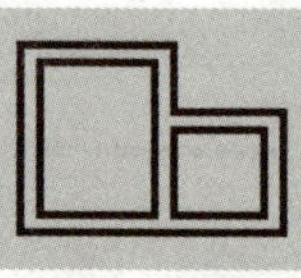	地漏	
普通砖		明沟	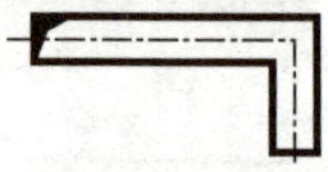	钢平台	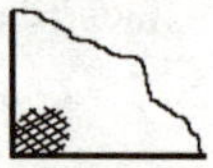
钢筋混凝土	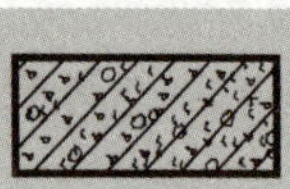	管沟	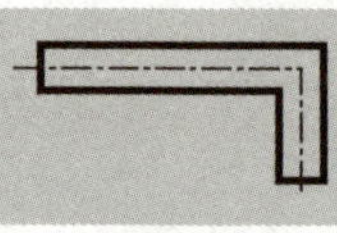	栏杆	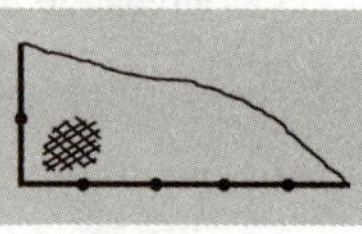
污水池		阀井		梯凳	
盥洗槽	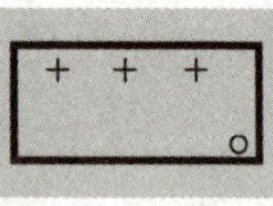	烟囱		门	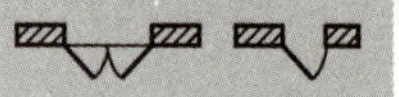
梁	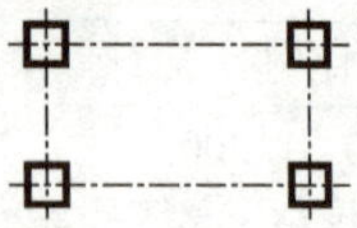	地面		窗	

四、车间布置概述

车间布置设计的目的是对厂房的配置和设备的排列作出合理的安排，并决定车间（工段）的长度、宽度、高度和建筑结构型式，以及各车间之间与工段之间的相互关系。车间布置的最终成果是车间设备布置图（workshop equipment layout），包括各楼层的平面图（floor plan）、立面图和剖面图。

（一）车间布置设计的依据

车间布置图的设计依据主要有以下几点：

（1）生产工艺流程图（the production process flow chart）。

（2）物料衡算数据及物料性质，包括原料、半成品、成品、副产品的数量及性质；“三废”（废水、废渣、废气）的数量及处理方法。

（3）设备资料，包括设备外形尺寸、重量、支撑形式、保温情况及其操作条件，设备一览表等。

（4）公用系统耗用量，包括供排水、供电、供热、冷冻、压缩空气、外管资料等。

（5）土建资料和劳动安全、防火、防爆资料。

（6）车间组织及定员资料。

（7）厂区总平面布置，包括本车间与其他生产车间、辅助车间、生活设施的相互联系，厂内人流、物流的情况及数量。

（8）有关布置方面的一些规范资料。

（二）车间布置设计的原则

车间布置设计的原则主要遵循以下几点：

（1）车间布置应符合生产工艺的要求。

（2）车间布置应符合生产操作的要求：考虑设备占位要求，同类设备尽可能集中布置，设备尽量对称、紧凑。

（3）车间布置应符合设备安装、检修的要求：根据设备大小及结构，考虑设备安装、检修及拆卸所需的面积；满足设备顺利进出车间的要求；通过楼层的设备，楼面上要设置吊装孔；必须考虑设备的检修和拆卸以及运送物料所需要的起重设备。

（4）车间布置应符合厂房建筑的要求：凡是笨重或运转时会产生很大振动的设备，如压缩机、粉碎机、大型通风机、离心机等，应尽量布置在厂房的底层，以减少厂房楼面的荷载和振动；会产生剧烈振动的设备，其操作台和基础不得与建筑物的柱、墙连在一起，以免影响建筑物的安全；设备布置时，要避开建筑的柱子及主梁；设备不应该布置在建筑物的沉降缝或伸缩缝处。

（5）车间布置应符合节约投资的要求：凡可露天或半露天布置的设备，应尽量布置在室外，如无菌空气设备等；厂房非高层化设计；工艺管道应集中布置，尽可能缩短设备间管线，供汽、供无菌空气、供电的设备位置应尽量靠近负荷中心，使管线最短；尽量采用一般的土建结构，尽可能少用或不用特殊的土建结构。

（6）车间布置应符合安全、卫生和防腐蚀的要求。

（7）车间布置应符合生产发展的要求。

（三）车间布置设计的内容

车间布置设计的内容主要包括以下几点：

（1）厂房的整体布置和轮廓设计：厂房边墙的轮廓、车间建筑的轮廓、跨度、柱距和编号、楼层层高；门、窗、楼梯的位置；吊装孔、预留孔、地坑等位置尺寸；标高。

（2）设备的排列和布置：设备外形的几何轮廓、顺序编号（流程号）；设备的定位尺寸，设备离墙纵横间距，定出设备中心位置；操作台位置及标高。

（3）车间附属工程设计：车间附属工程设计是指分布在车间总体建筑内的非生产性或非直接工艺生产性用房。包括：辅助生产房间的配置，如车间变电室、配气室、空气压缩机室、通风机室、除尘室等；工艺辅助房间的配置，如质量检查室、分析化验室、保全及检修室、车间贮藏室等；生活用房配置，如设在车间内的办公室、会议室、更衣室、休息室、卫生间等。

（4）车间布置设计说明：说明车间设备布置的特点和优点。

（5）车间布置设计的图纸：包括各层平面布置图、立面图、各部分剖面图。

（四）车间布置设计图纸

1. 平面图 平面图是在建、构筑物的门窗、洞口处水平剖切形成的俯视图。平面图一般包括以下内容：建、构筑物的形状，内部位置及朝向；建、构筑物尺寸；结构型式和主要建筑材料；各层地面标高；门窗及其过梁编号、门的开启方向；剖视图、详图和标准配件的位置及编号；各工种对土建的要求。图 11-1 是某冻干粉针车间的平面图。

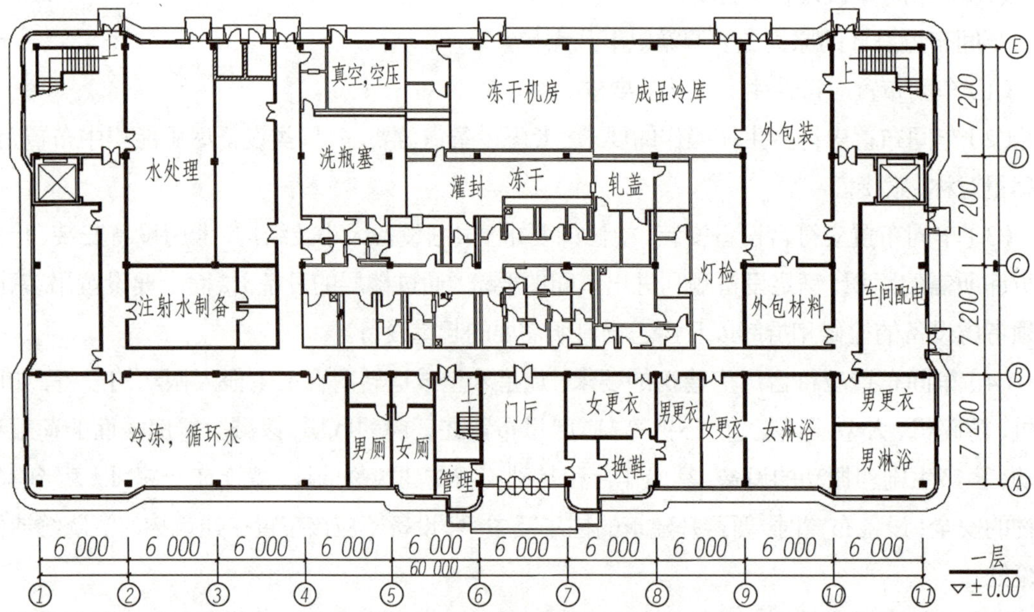

图 11-1 冻干粉针车间平面图

2. 立面图 房屋建筑的立面图就是一栋房子的正立投影图和侧立投影图。立面图一般包括以下内容：投影方向可见的建筑物外轮廓线和墙面线脚、构配件、墙面做法及必要的尺寸和标高等；投影方向可见的室内轮廓线和装修构造、门窗、构配件、墙面做法、固定家具、灯具、必要的尺寸和标高及需要表达的非固定家具、灯具、装饰物件等。图 11-2 是某中药前处理提取车间立面图。

3. 剖面图 房屋建筑的剖面图就是用假想平面把建筑物沿垂直方向分开后部分的正立投影图。剖面图的剖切部位，应根据图纸的用途或设计深度，在平面图上选择能反映全貌、构造特征以及有代表性的部位剖切。剖面图一般包括以下内容：剖切面和投影方向可见的建筑构造、构配件以及必要的尺寸、标高等；画室内立面时，相应部位的墙体、楼地面的剖切面也宜绘出。必要时，占空间较大的设备管线、灯具等的剖切面亦应绘出。图 11-3 是某中药前处理提取车间剖面图。

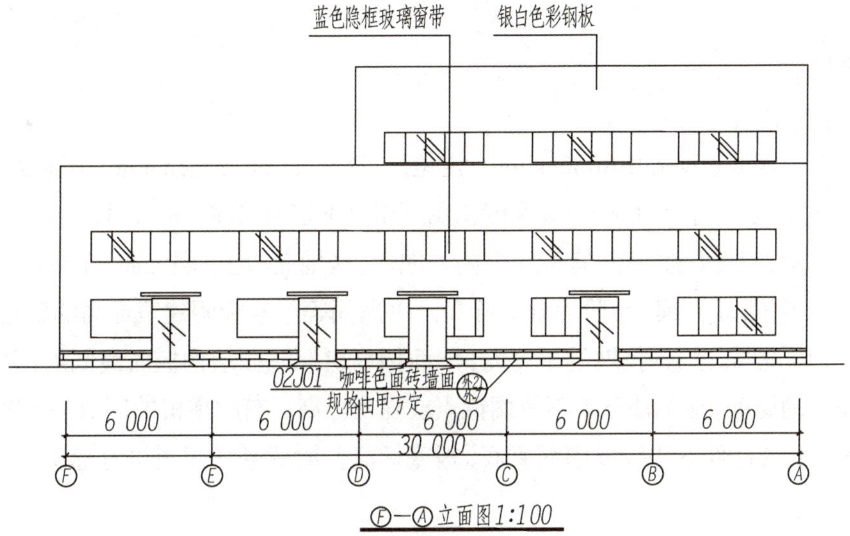

图 11-2　某中药前处理提取车间立面图

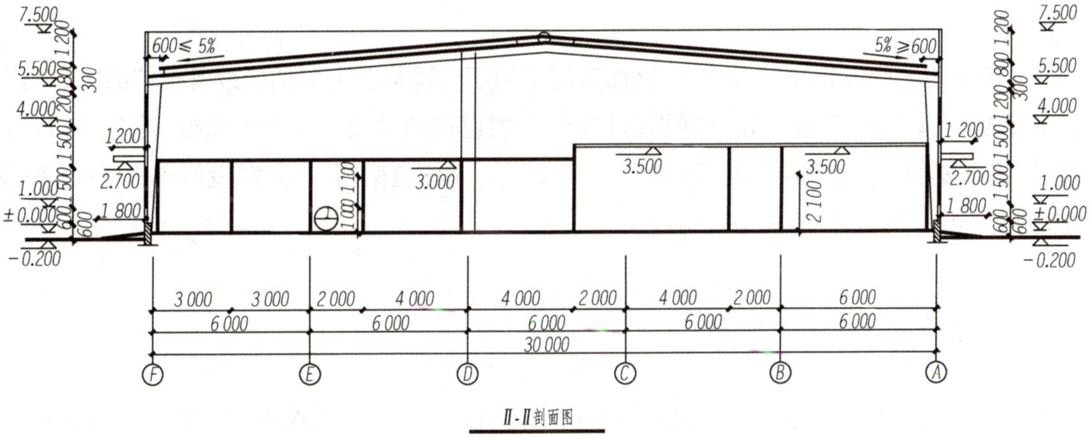

图 11-3　某中药前处理提取车间剖面图（局部）

五、其他规定

1．指北针应绘制在建筑物 ±0.000 标高的平面图上，并放在明显位置，所指的方向应与总图一致。

2．零配件详图与构造详图宜按直接正投影法绘制。

3．零配件外形或局部构造的立体图，宜按《房屋建筑制图统一标准》（GB/T 50001—2017）的有关规定绘制。

4．不同比例的平面图、剖面图，其抹灰层、楼地面、材料图例的省略画法，应符合标准中的相应规定。

5. 相邻的立面图或剖面图，宜绘制在同一水平线上，图内相互有关的尺寸及标高，宜标注在同一竖线上。

六、尺寸标注

尺寸分为总尺寸(overall dimension)、定位尺寸(location dimension)和细部尺寸(part-dimension)3种。绘图时，应根据设计深度和图纸用途确定所需注写的尺寸。

建筑物平面、立面、剖面图，宜标注室内外地坪、楼地面、地下层地面、阳台、平台、檐口、屋脊、女儿墙、雨棚、门、窗、台阶等处的标高。平屋面等不易标明建筑标高的部位可标注结构标高，并予以说明。结构找坡的平屋面，屋面标高可标注在结构板面最低点，并注明找坡坡度。有屋架的屋面，应标注屋架下弦搁置点或柱顶标高。有起重机的厂房剖面图应标注轨顶标高、屋架下弦杆件下边缘或屋面梁底、板底标高。梁式悬挂起重机宜标出轨距尺寸(以米计)。

第二节　设备布置图

设备布置图(equipment layout)是在简化了的厂房建筑图上增加了设备布置的内容，以表示设备与建筑物、设备与设备间相对位置，并能直接指导设备安装的图纸，是化工设计、施工、设备安装、绘制管路布置图的重要技术文件。应该遵循《化工装置设备布置设计规定》(HG/T 20546—2009)的要求进行绘制。

一、设计成品文件的组成

设备布置专业设计成品文件由设备布置专业目录和设备布置图两部分组成。设备布置专业目录应列出设备布置专业设计成品文件，设备布置图则分成4种。

二、设备布置图分类

工程设计共分两个阶段：基础工程设计阶段和详细工程设计阶段。

(一)基础工程设计阶段

1. 初版设备布置图　简称“初版”，是根据符合规定所引用的标准、规范及工艺包中设备布置建议图、设备表、设备数据表和全厂总平面图等有关资料绘制的初步设备布置图。本版图仅表示装置内设备布置的概貌，供各有关专业开展基础工程设计。

主要内容包括：装置的界区范围及其区内建、构筑物的型式，主要尺寸和结构；管道进出初步走向和进出界区的管道方位、物流的方向；埋地冷却水管道进出界区的初步方位和走向；

电气、仪表电缆进出界区的方位（埋地或架空）；大型设备安装的预留场地和空间；主要设备的检修空间、换热器抽芯的预留空间；主要道路、通道的走向；辅助间占地面积；设备按比例表示出它们的初步位置和高度，并标上设备位号。

2. 确认版设备布置图 简称“确认版”，是在“初版”基础上，根据相应版次工艺和公用工程系统的管道及仪表流程图、全厂总平面图、设计规定、设备询价图以及配管、管道机械人员对重要管道（主要会影响设备布置和建、构筑物尺寸的某些管道）的走向和有关方的审查意见等绘制的。本版图为基础工程设计阶段成品文件，并作为详细工程设计阶段“设计版”的设计依据。

主要内容包括：建、构筑物楼层标高；关键或大型设备的支撑方式和初步的支撑点标高；管廊的位置、宽度、层数和标高，并考虑仪表、电气电缆桥架的位置；关键设备的定位尺寸；控制室、配电室、生活间及辅助间，应表示出各自的位置和尺寸，并注明其组成和名称；铺砌地面的范围和类型；行车位置及轨顶标高。

（二）详细工程设计阶段

1. 设计版设备布置图 简称“设计版”，是在“确认版”的基础上，根据相应管道及仪表流程图，设备的询价图，建、构筑物布置和初步断面尺寸图，主要管道研究草图等有关资料，综合各有关专业和用户所提的意见，对设备布置进行深化研究。本版图作为各有关专业进行详细工程设计的重要依据，如果工程设计规定要进行模型设计时，也作为模型制作和设备定位的依据。

主要内容包括：楼面（平台）上设备的支撑标高及其支座位置尺寸；标注卧式换热器、容器的固定支座（F、P）；立式设备支耳或支腿；隔声范围；地面铺砌范围、地沟位置。

2. 施工版设备布置图 简称“施工版”，是在“设计版”设备布置图的基础上，根据相应版次的管道仪表流程图、管道平面布置图（设计版）、设备最终确认图纸等有关资料，并经过各专业图纸会签，只对“设计版”作很小的调整，如“设计版”无修改时，将版次“设计版”改为“施工版”。

主要内容包括：修正并补齐所有定位尺寸和标高；根据管道平面布置图（设计版）修正补加操作维修平台和梯子；补充其他未表示完全的小设备，如洗眼器、软管站等设施的位置。

三、设备布置图的绘制

设备布置图一般只绘平面图，对于较复杂的装置或多层建、构筑物的装置，当平面图表示不清楚时，可绘制剖视图。一般以联合布置的装置或独立的主项单元绘制，界区用粗双点画线表示，在界区外侧标注坐标，以界区左下角为基准点，注出其相当于在总图上的坐标 X、Y 数值。对于设备较多、分区较多的主项，此主项的设备布置图，应在标题栏的正上方列出设备表，便于识别。

多层建筑或构筑物，应依次绘制各层的设备布置平面图。一般情况下每层只画一个平面图，当有局部操作台时，在该平面图上可以只画操作台下的设备，局部操作台及其上面的设备另画局部平面图。如不影响画面清晰，也可用一个平面图表示，操作台下的设备画虚线。一个设备穿越多层建、构筑物时，在每层平面上均需画出设备的平面位置，并标注设备位号。各层平面图是以上一层的楼板底面水平剖切的俯视图。在所绘平面图的右上角，应画一个指示工厂北向的方向标。

（一）图幅

尽量用 A1 图幅，不加长加宽，特殊情况下也可以采用其他图幅。在长边等分区域标题栏依次写 A、B、C、D...；在短边等分区域，标题栏侧起依次写 1、2、3...。A1 图长边 8 等分，短边 6 等分；A2 图长边 6 等分，短边 4 等分。

（二）比例

常用 1∶100，也可用 1∶200 或 1∶500，视装置的设备布置具体情况而定。

（三）尺寸单位

设备布置图中标注的标高、坐标以米为单位，小数点后取 3 位，至毫米为止。其余尺寸一律以毫米为单位，只注数字，不注单位。

采用其他单位标注尺寸时，应注明单位。

（四）图名

标题栏中的图名一般分成两行，上行写“XXXX 设备布置图”，下行写“EL±XXX.XXX 平面”或“*X-X* 剖视”等。

（五）编号

每张设备布置图均应单独编号。同一主项的设备布置图不应采用一个号，不应采用“第几张”或“共几张”的编号方法。

（六）图线

所有图线应清晰、均匀，平行线间距至少应大于 1.5mm。图线宽度分为如下 3 种：粗线 0.5～0.9mm；中粗线 0.3～0.5mm；细线 0.15～0.25mm。

设备布置图中的图线用法见表 11-4。

表 11-4　图线用法的一般规定

线型	图例	图线宽度		
		粗线 0.5～0.9mm	中粗线 0.3～0.5mm	细线 0.15～0.25mm
实线	————	1. 可见设备轮廓线。 2. 动设备的基础（当不绘制动设备外形时）		1. 可见设备的轮廓线。 2. 设备管口。 3. 土建的柱、梁、门窗、楼梯、墙、楼板、开孔等
虚线	— — — — -	1. 不可见设备的轮廓线。 2. 不可见动设备的基础（当不绘制动设备外形时）	设备基础	
点画线	—— - ——		设备基础	1. 设备中心线。 2. 设备管口中心线。 3. 建筑轴线
双点画线	—— - - ——	界区线、区域分界线、接续分界线		预留设备

四、基本设备画法

在设备布置图中，设备都是以按比例绘出的简单图形来表示的，一些常用设备的简单画法如表 11-5 所示。

表 11-5　常用设备简单画法

分类	名称	俯视	侧视
容器	塔式容器	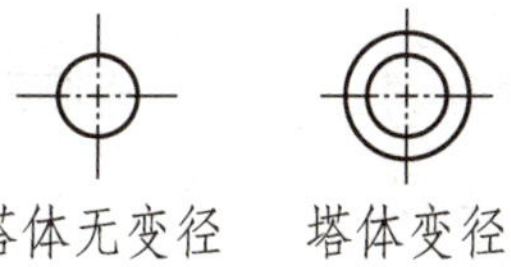	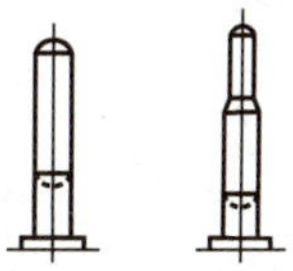
	立式容器		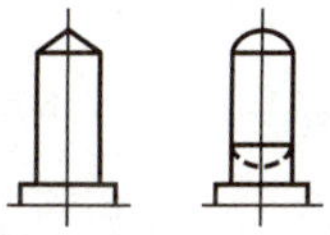
	悬挂式容器		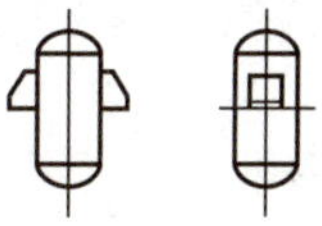
	卧式容器	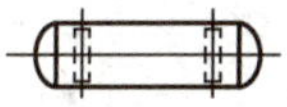	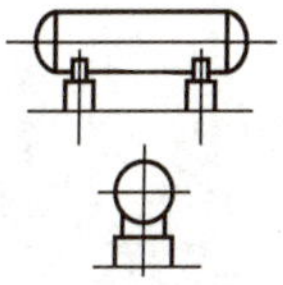
	厢式容器	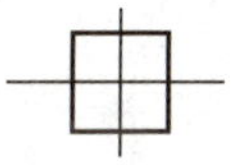	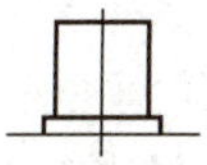
	球形容器	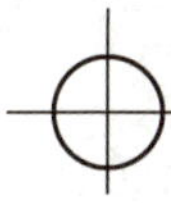	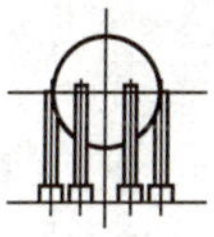
	旋风分离器		
加热炉	圆筒炉	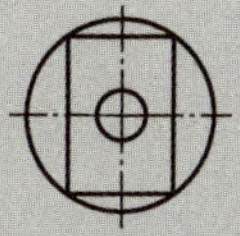	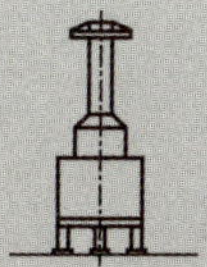
	卧式炉	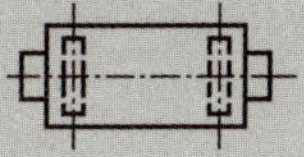	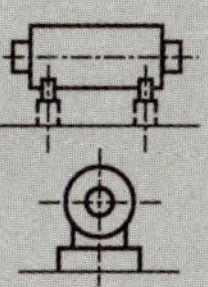

续表

分类	名称	俯视	侧视
换热器	浮头式换热器	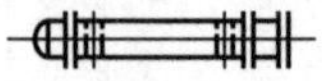	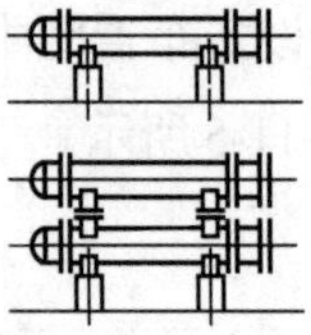
	固定管板式换热器	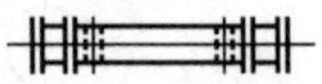	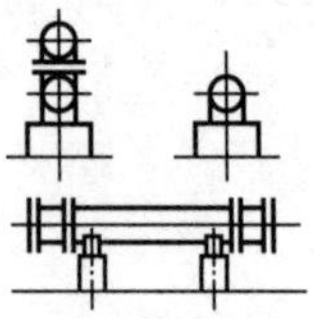
	重沸器	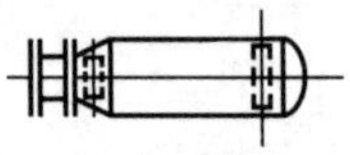	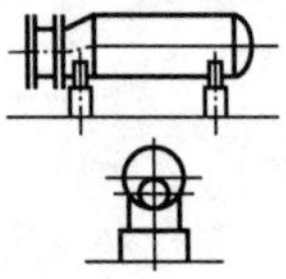
	空冷器	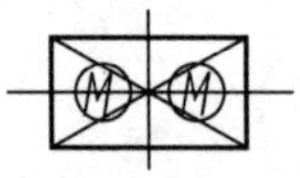	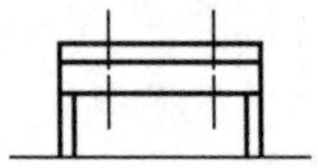
	浸没式换热器	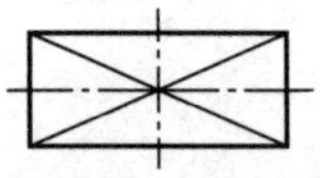	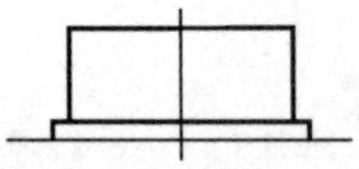
转动机械	泵	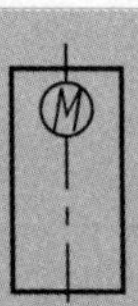	
	压缩机（往复式）	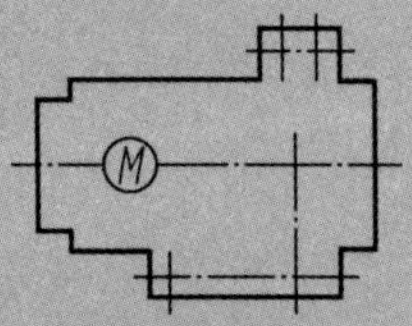	
	桥式吊车	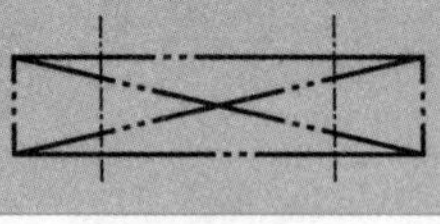	
附件	人孔	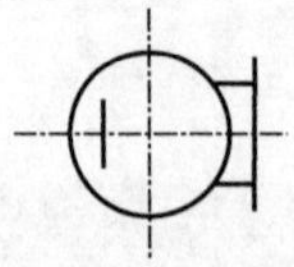	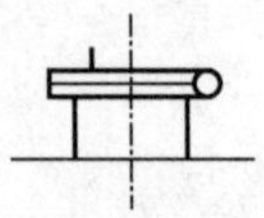
	手孔	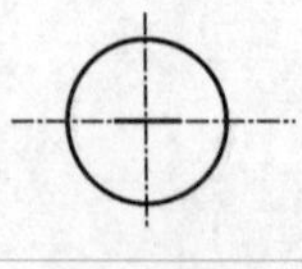	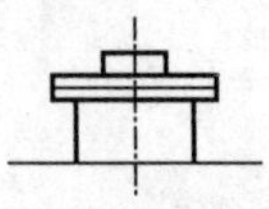
	视镜		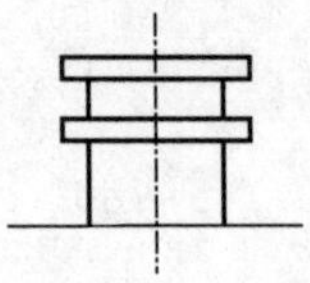

五、设备布置图示例

图 11-4 是玻璃瓶大输液车间设备布置图(局部)，表 11-6 是相应车间设备布置图的设备一览表。

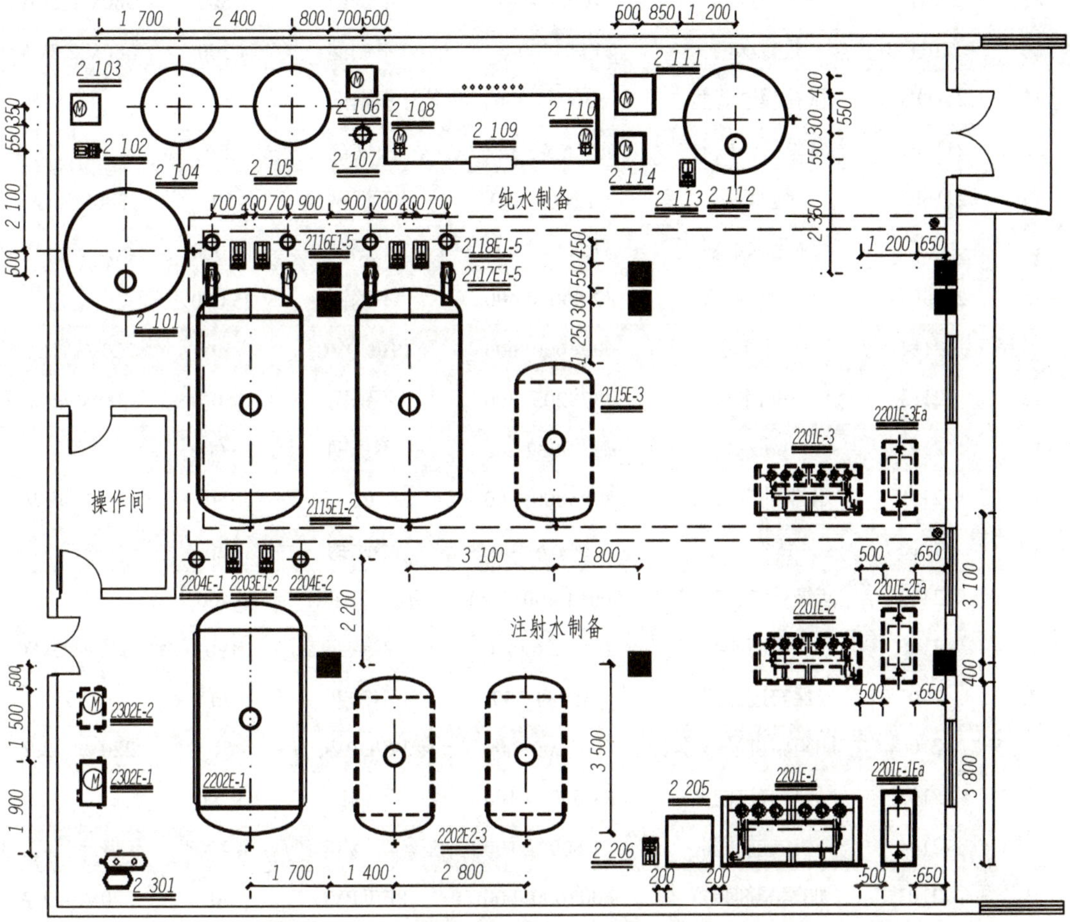

图 11-4　玻璃瓶大输液车间设备布置图(局部)

表 11-6　玻璃瓶大输液车间局部设备一览表

序号	设备位号	设备名称	主要规格	材料	单重 /kg	备注
33	3102	缓冲罐	ϕ800×2 502	钢	352	
32	3101	空压机	2 000×1 250×1 600	钢	1 200	55kW/380V
31	2302E-2	纯蒸汽发生器	LCZ100	不锈钢	250	380V/0.75kW
30	2302E-1	纯蒸汽发生器	LCZ200	不锈钢	300	380V/0.75kW
29	2301	凝结水回收器	SZP-2	不锈钢	320	
28	2206	热纯水泵	CH18-30	不锈钢	51	380V/2.2kW
27	2205	热纯水罐	1 000×1 000×1 000	不锈钢	600	
26	2204E1-2	终端过滤器	VTL-9/30″	316L	15	
25	2203E1-2	蒸馏水泵	CRN16-30/2	316L	51	380V/2.2kW
24	2202E2-3	蒸馏水贮罐	ϕ1 800×2 400	316L	1 500	

续表

序号	设备位号	设备名称	主要规格	材料	单重 /kg	备注
23	2202E-1	蒸馏水贮罐	ϕ2 200×4 400	316L	2 420	
22	2201E-3	蒸馏水机	LD1000-4D	不锈钢	1 500	380V/4.5kW
21	2201E-2	蒸馏水机	1000-0-1-5	不锈钢	1 500	380V/2.2kW
20	2201E-1	蒸馏水机	LDN300-6	不锈钢	4 300	380V/2.2kW
19	2118E1-4	微孔膜过滤器	ϕ300×1 350	不锈钢	20	
18	2117E1-4	紫外线杀菌器	S-45	不锈钢	150	
17	2116E1-4	纯水泵	CRN16-30/2	不锈钢	50	380V/4kW
16	2115E-3	纯化水贮罐	ϕ1 600×2 400	不锈钢	15 000	
15	2115E1-2	纯化水贮罐	ϕ2 000×4 400	不锈钢	25 000	
14	2114	pH 调节装置	600×600×600	PE/UPVC	50	220V/0.2kW
13	2113	中间水泵	437×205×300	不锈钢	50	380V/4kW
12	2112	中间水箱	ϕ2 200×2 200	不锈钢	25 000	
11	2111	化学清洗装置	800×800×800	PE	750	380V/4kW
10	2110	二级高压泵	CRN16-100	不锈钢	120	380V/18.5kW
9	2109	两级反渗透装置	4 500×1 400×1 600	不锈钢 /FRP	6 400	
8	2108	一级高压泵	298×226×300	不锈钢	120	380V/22kW
7	2107	保安过滤器	ϕ350×1 350	不锈钢	20	
6	2106	加阻垢过滤装置	600×600×600	PE/UPVC	51	220V/0.2kW
5	2105	活性炭过滤器	ϕ1 600×3 100	不锈钢	3 200	
4	2104	机械过滤器	ϕ1 600×3 100	不锈钢	4 200	
3	2103	加絮凝剂装置	600×600×600	PE/UPVC	50	220V/0.2kW
2	2102	原水泵	CRN32-2	不锈钢	120	380V/4kW
1	2101	原水箱	ϕ2 600×3 000	PE	25 000	

第三节　管道布置图

管道是由管道组成件、管道支吊架、隔热层和防腐层组成，用于输送、分配、混合、分离、排放、计量或控制流体流动的特种设备。管道布置图（piping arrangement drawing）又称管道安装图（piping erection drawing）或配管图，是车间内部管道安装施工的依据。管道布置图包括一组平、立面剖视图，有关尺寸、方位等内容。一般管道布置图是在平面图上画出全部管道、设备、建筑物的简单轮廓、管件阀门、仪表控制点及有关定位尺寸，只有在平面图上不能清晰表达管道布置情况时，才会酌情绘制部分立面图或剖视图。绘制管道布置图时，要严格遵循《化工装置管道布置设计规定》（HG/T 20549—1998）的要求。

一、管道及附件画法

（一）基本符号画法

在管道布置图中有一些基本符号，其画法如表 11-7 所示。

表 11-7　基本符号画法

名称	建北	剖视范围	向示符号	坐标	介质流向
画法	φ25　4			X:XXX y:XXX　X:XXX y:XXX	2mm 6mm　5mm
名称	修改范围	加热盘管	管道坡向	详图	电机
画法			i=0.0XX	X详图　X详图	M　M

（二）管道、管件和法兰

管道布置图中的主要物料管道一般用粗实线单线画出，其他管道用中粗实线画出。对于一些大直径或重要的管道，可以用中粗实线双线画出。管道的连接方式很难全部画出，只是在管道布置图的适当地方或文件中统一说明。表 11-8 是部分管道（pipeline）、管件（pipe fitting）和法兰（flange）画法示例。

表 11-8　管道、管件和法兰画法示例

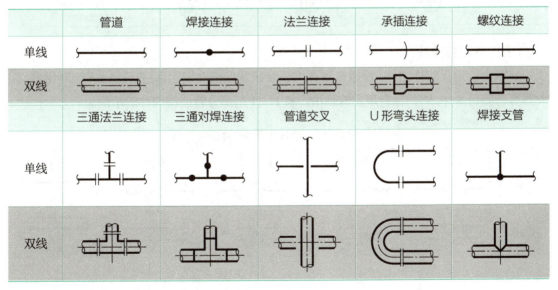

	管道	焊接连接	法兰连接	承插连接	螺纹连接
单线					
双线					
	三通法兰连接	三通对焊连接	管道交叉	U 形弯头连接	焊接支管
单线					
双线					

（三）阀门

管道上的阀门（valve）一般以简单符号表示，与工艺流程图一致。表 11-9 是部分阀门示例。

（四）传动结构

传动结构型式适用于各类阀门，应按照实物的尺寸比例画出，以免与管道或其他附件碰撞。一般用点画线来表示传动结构的可变部分。表 11-10 是部分传动结构的示例。

表 11-9　阀门示例

	闸阀	节流阀	球阀	减压阀
各视图		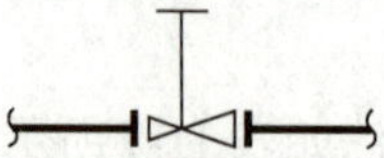		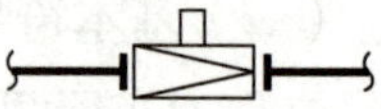
			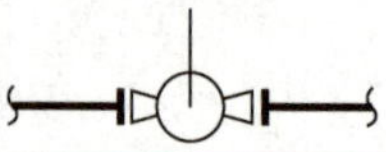	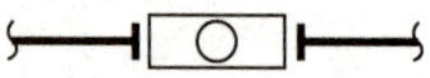

表 11-10　部分传动结构示例

	电动式	气动式	液压或气压缸式	链轮阀
各视图				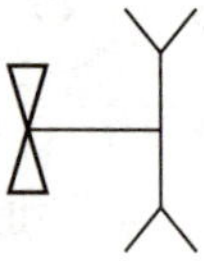
	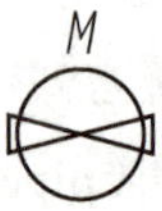			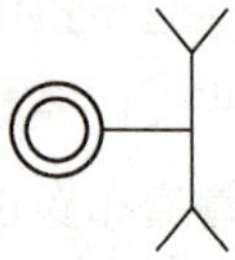
	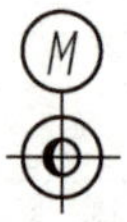		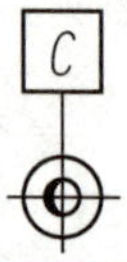	

（五）管道特殊件

除以上管道及部件之外，管道布置图中还会出现如漏斗、视镜、波纹膨胀节、补偿器、阻火器等一些特殊件，它们也有规定的画法。表 11-11 是部分管道特殊件的示例。

表 11-11　部分管道特殊件示例

	视镜	爆破片	阻火器	软管	喷头
单线		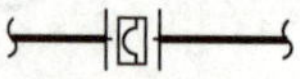			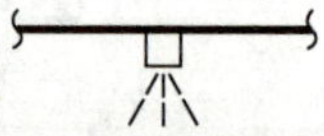
双线		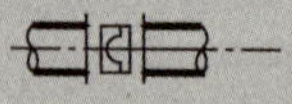	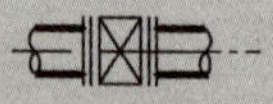	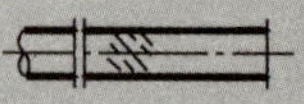	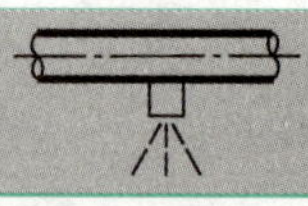

二、管道布置的一般要求

管道布置的一般要求有：符合 PID（proportional，integral，differential）的要求（燃气、热力的系统图）；做到安全可靠、经济合理，满足施工、操作、检修等要求；管道系统具有必要的柔性，推力、力矩在允许范围；按步步高或步步低布置，避免形成气袋或液袋；振动管道采用 1.5 倍 DN 的弯头或煨弯；易燃易爆、有毒介质管道避免布置在人行通道上方。

三、管道平面布置图画法

1. 用细实线画出厂房平面图，标注柱网轴线编号和柱距尺寸。

2. 用细实线画出所有设备简单外形和所有管口，加注设备位号和名称。

3. 用粗单实线画出所有工艺物料管道和辅助物料管道平面图，在管道上方或左方标注管段编号、规格、物料代号及其流向箭头。

4. 用规定的符号或代号在要求的部位画出管件、管架、阀门和仪表控制点。

5. 标注厂房定位轴线的分尺寸和总尺寸、设备定位尺寸、管道定位尺寸和标高。

四、管道立面剖视图画法

1. 画出地平线或室内地面、各楼面和设备基础，标注其标高尺寸。

2. 用细实线按比例画出设备简单外形及所有管口，并标注设备名称和位号。

3. 用粗单实线画出所有主物料和辅助物料管道，并标注管段编号、规格、物料代号及其流向箭头和标高。

4. 用规定符号画出管道上的阀门和仪表控制点，标注阀门的公称直径、型式、编号和标高。

五、管道布置图示例

图 11-5 是某车间浓配罐和药液过滤组合设备的管道布置图示例。

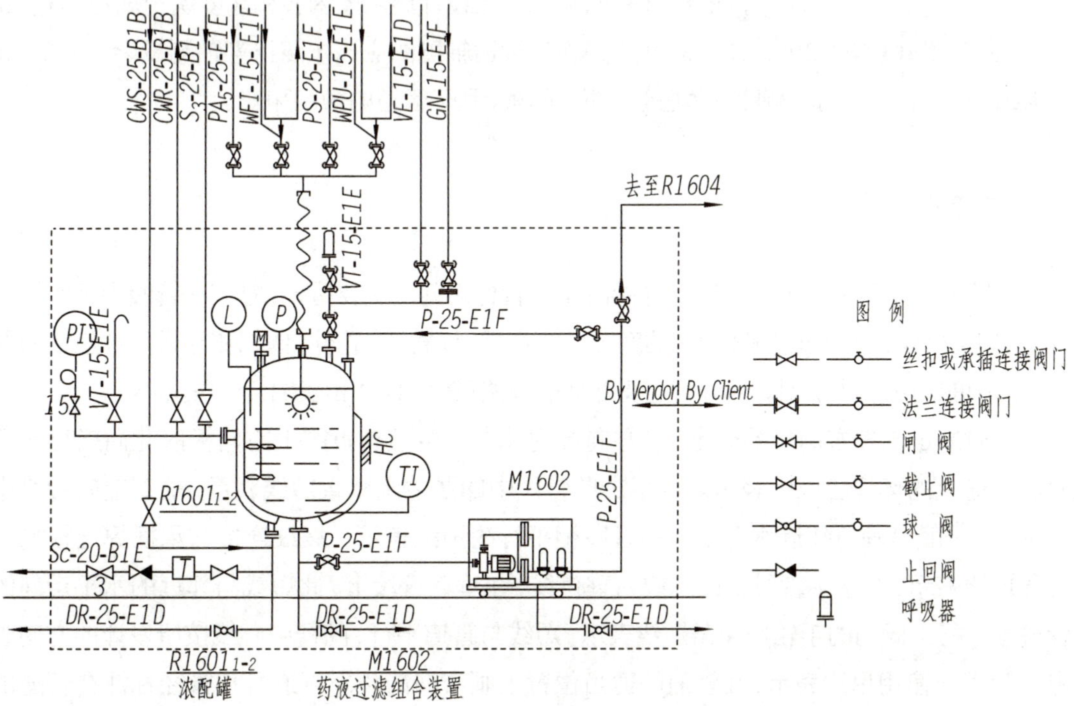

图 11-5 管道布置图示例

图 11-5 中的流体名称见表 11-12，自控代号见表 11-13。图中的材料代号为：E1F，不锈钢薄壁管道；E1E，不锈钢薄壁管道；B1A，镀锌焊接钢管；B1E，无缝钢管道；B1B，无缝钢管道。

表 11-12　流体名称表

流体代号	流体名称	流体代号	流体名称
P	工艺物料	VT	排空
PA	回风	VE	真空
PS	洁净蒸汽	CWR	低温回水
DR	排液排水	CWS	低温供水
GN	洁净氮气	WFI	注射用水
Sc	蒸汽凝水	WPU	纯水

表 11-13　自控代号表

符号	T	P	I	L
参数	温度	压力	指示	液位

第四节　管道轴测图

管道轴测图（piping isometric drawing）又称管段图，是表达一段管道及其附属管件、阀门、控制点等布置情况的立体图样。根据《化工工艺设计施工图内容和深度统一规定　第 4 部分：管道布置》（HG/T 20519.4—2009）的规定，管道轴测图应该按照正等轴测投影（isometric projection）绘制。管道轴测图立体感强，便于阅读，利于管道的预制和安装。

一、基本画法要求

管道轴测图不必按比例绘制，但各种阀门、管件之间比例要协调，它们在管段中位置的相对比例也要协调。管道轴测图图线的宽度应符合规定，管道、管件、阀门和管道附件应按照国家标准中的图例画法绘制。部分管道及部件的画法见表 11-14 和表 11-15。

管道的走向按方向标的规定，且方向标的北向与管道布置图上方向标的北向应是一致的。管道上的环焊缝以圆表示。水平走向管段中的法兰画垂直短线表示，垂直走向管段中的法兰，一般是画与邻近水平走向的管段相平行的短线表示。螺纹连接与承插焊连接均用一条短线表示，在水平管段上此短线为垂直线，在垂直管段上，此短线与邻近的水平走向的管段相平行。阀门的手轮用一条短线表示，短线与管道平行，阀杆中心线按所设计的方向画出。管道一律用单线表示，在管道的适当位置上画流向箭头。管道号和管径标注在管道的上方。

表 11-14　管道和阀门的轴测画法

名称	画法	名称	画法	名称	画法
90°弯头	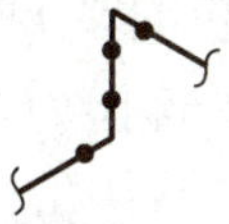	闸阀		直通调节阀	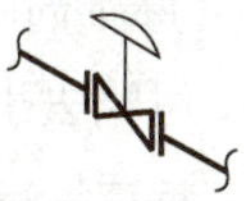
45°弯头	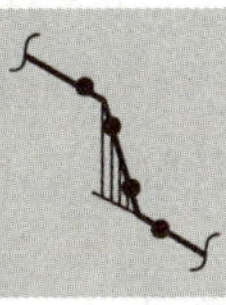	截止阀		三通调节阀	
同心异径管	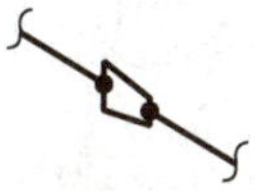	止回阀		蝶形调节阀	
管道交叉	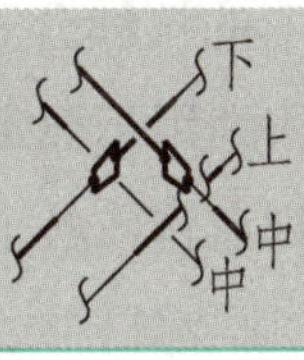	角阀		角形调节阀	

表 11-15　特殊管件及设备的轴测画法

名称	画法	名称	画法	名称	画法
波纹补偿器	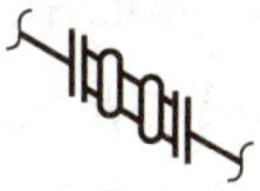	转子流量计		直通视镜	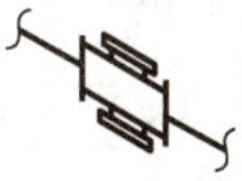
球形补偿器	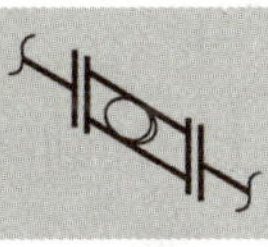	文丘里管	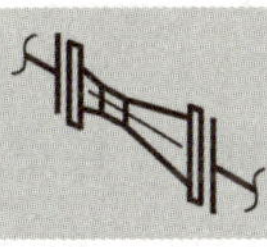	阻火器	
桶式过滤器		玻璃板液面计		限流孔板	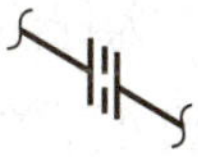
Y 形过滤器	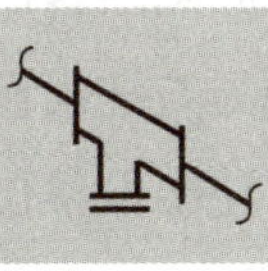	浮筒式液面计	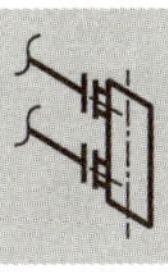	8 字盲板	
T 形侧流式过滤器		金属软管		盲板	
T 形直通式过滤器	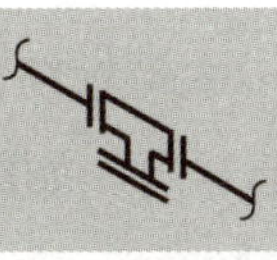	软管接头		消声器	
流量计	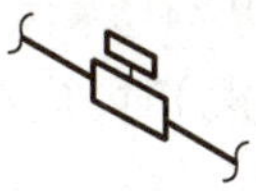	角型视镜		爆破片（膜）	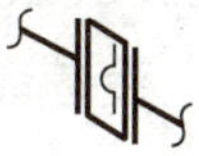

二、尺寸标注

除标高以米计外，其余所有尺寸均以毫米为单位(其他单位的要注明)，只注数字，不注单位，可略去小数。但几个高压管件直接相接时，其总尺寸应注至小数点后1位。除特殊规定外，垂直管道不注长度尺寸，而以水平管道的标高“EL”表示。

标注水平管道有关尺寸的尺寸线应与管道相平行，尺寸界线为垂直线，要标注的尺寸有：从所定基准点到等径直管、管道改变走向处，图形的接续分界线的尺寸。基准点尽可能与管道布置图上的一致，以便于校对。要标注的尺寸还有：从最邻近的主要基准点到各个独立的管道元件如孔板法兰、异径管、拆卸用的法兰，仪表接口、不等径支管的尺寸，这些尺寸不应注封闭尺寸。

管廊上的管道要标注的尺寸有：从主项的边界线、图形的接续分界线、管道改变走向处，管帽或其他形式的管端点到管道各端的管廊支柱轴线和到用于确定支管线或管道元件位置的管廊其他支柱轴线的尺寸，从最近的管廊支柱轴线到盘管或各个独立管道元件的尺寸，这些尺寸也不应注封闭尺寸。与标注上述尺寸无关的管廊支柱轴线及其编号，图中不必表示。

管道上带法兰的阀门和管道元件的尺寸注法：注出从主要基准点到阀门或管道元件一个法兰面的距离；对调节阀和某些特殊管道元件如分离器和过滤器等，需注出它们法兰面至法兰面的尺寸(对标准阀门和管件可不注)；管道上用法兰、对焊、承插焊、螺纹连接的阀门或其他独立的管道元件的位置是由管件与管件直接相接(FTF)的尺寸所决定时，不要注出它们的定位尺寸；定型的管件与管件直接相接时，其长度尺寸一般可不必标注，但如涉及管道或支管的位置时，也应注出。

螺纹连接和承插焊连接的阀门，其定位尺寸在水平管道上应注到阀门中心线，在垂直管道上应注阀门中心线的标高“EL”。

为标注管道尺寸的需要，应画出容器或设备的中心线(不需画外形)，注出其位号，若与标注尺寸无关时，可不画设备中心线。

为标注与容器或设备管口相接的管道尺寸，对水平管口应画出管口和它的中心线，在管口近旁注出管口符号(按管道布置图上的管口表)，在中心线上方注出设备的位号，同时注出中心线的标高“EL”；对垂直管口应画出管口和它的中心线，注出设备位号和管口符号，再注出管口的法兰面或端面的标高“EL”。

要表示出管道穿过的墙、楼板、屋顶、平台，对墙应注出它与管道的关系尺寸；对楼板、屋顶、平台则注出它们各自的标高。

当不是管件与管件直连时，异径管和锻制异径短管一律以大端标注位置尺寸。

所有用法兰、螺纹承插焊连接的阀门的阀杆应明确表示方向。如阀杆不是在N(北)、S(南)、E(东)、W(西)、UP(上)、DOWN(下)方位上，应注出角度。

设备管口法兰螺栓孔的方位有特殊要求(如不是跨中布置)时，应在轴测图上表示清楚，并核对设备条件。

三、轴测图的划分

当管道从异径管(pipe reducer)处分为两张轴测图绘制时，异径管要画在大管的轴测图中，在小管的轴测图中则以虚线表示该异径管。

安全阀的进、出口管道分为两张轴测图绘制尺寸时：在入口管道的轴测图中用实线表示安全阀，标注入口法兰面到出口中心线的垂直尺寸，以出口中心线作为管道等级分界线，并在其两侧注出管道等级。出口管道画一段虚线并标注管道号、管径、标高和它所在的轴测图图号；在出口管道的轴测图中用虚线表示安全阀，注出进口中心线到出口法兰面的水平尺寸。出口管道则注出管道号(piping number)、管径(pipe diameter)、等级(grade)、标高(elevation)。

当一根管道的具有存气高点的管段被区域分界线划分为两张或更多的轴测图时，应考虑整根管道，保证提供试压的放空口。当一根管道的具有积液低点的管段被区域分界线划分为两张或更多的轴测图时，应考虑整根管道，保证提供低点的排液口。简单的、短的支管，可绘制在总管的轴测图中。对于长的并多次改变走向的支管，应单独绘制轴测图。

管廊上的公用系统管道(如蒸汽、水、空气等)，随着工程设计的进展，可能增加支管(branch pipe，如蒸汽伴热取汽、疏水阀回水等)。对它们的轴测图要考虑留有添加支管的余地。

四、工厂或现场制造

只有在工程负责人有要求时，才注明工厂制造或现场制造的分界。

属于工厂制造的管道上如有现场加工的附件，并将以某一角度与该管道相连接时，则所注尺寸应使施工者可确定位置。要求现场焊(welding on site)的焊缝(weld joint)，应在焊缝近旁注明“F. W”。

五、绝热分界

在管道的不同类型的绝热分界处和绝热与不绝热的分界处应标注绝热分界，在分界点两侧注出各自的绝热类型或是否绝热。如果分界处是与某些容易识别的部位(如法兰或管件端部)一致时，则可只表示绝热分界，不表示定位尺寸。

输送气体的不绝热管道与绝热管道连接，以最靠近绝热管道的阀门或设备(管道附件)处定为分界。输送液体的不绝热管道与绝热管道连接，以距离热管道 1 000mm 或第一个阀门处为分界，取两者中较近者。对于人身保护的绝热的分界点，不在轴测图中表示。这种类型绝热的形式和要求，由设计与生产单位在现场决定。

六、表格

在轴测图中还有一些表格需要填写，大致有以下几种。

（一）材料表

轴测图上的材料表（list of materials）有两种格式：用于手工统计材料，螺柱栏内写螺柱的具体数量；用于计算机统计材料，螺柱、螺母栏内填写法兰的连接套数。

垫片应按法兰的公称压力 PN 和公称直径 DN 填写相应的代号及密封代号。代号栏依垫片采用的材料及型式填写，其表示方法应符合 HG/T 20592—2018《钢制管法兰》、HG/T 20635—2017《钢制管法兰、垫片、紧固件选配规定》的规定，密封代号即密封面型式，不需要填写垫片的具体规格和尺寸。

特殊长度的螺柱，将其长度填在特殊长度栏内。填写螺柱、螺母数量时，应优先选择按法兰的连接套数计。

非标准的螺栓、螺母、垫片，填在特殊件栏内。

（二）管道轴测图索引表

管道轴测图索引表（indexed list）应采用电子计算机编制，便于修改。管道轴测图索引表应以分区为单元编制，不得混编。

（三）管段材料表索引

对于按合同要求不提供轴测图（或 DN≤1.5 英寸的管子，1 英寸 =25.4mm）而仅提供管段表的工程项目，应编制管段表索引。同种介质的管道号应编在一起，不同介质的管道号之间宜空开 1～2 格，便于补充及避免混乱。以分区为单元编制管段表索引。

（四）管架表

管架表（pipe rack list）用 A4 图幅。不出图的简单管架，可在备注栏内注明或以简图表示。简单管架也应有编号。管架表按管道布置图分区编制。

标准管架应填写型号，特殊管架应填写图号。标准管架中可变尺寸应在型号的后续部分示出。被支撑的管道应包括：管段号、管径及管道等级号。

管道布置图未采用坐标注法时，应改填管架所在管道布置图中的网格号，如 B4、G3 等。编制管架表应与管道布置图中标注管架编号同时进行。一个管架号支撑多根管道时，每根管道号应填一行，主管架应写在第一行。在管廊或外管上的滑动管托，管架编号只写“RS”及序号。同时只填写管中心所在的坐标。

填写管架表时，应按管架类别及生根部位的结构组成的字头分若干张进行，以免管架序号混乱。如果管架不多，每张管架表允许划分上下两半部或数段，分别填写几种字头的管架。

七、管道轴测图示例

图 11-6 是某冻干粉针车间注射水管道轴测图，表 11-16 是对应的管道一览表。

阅读管道轴测图时按照一定的步骤，会使阅读效率大为提高，一般按照下列顺序来阅读。

（1）概括了解：首先了解视图关系，了解平面图的分区情况，了解各视图的数量及配置情况，在此基础上才可以更好地进一步了解管道轴测图。注意管道分布的类型、数量、管件及管架等的关系。

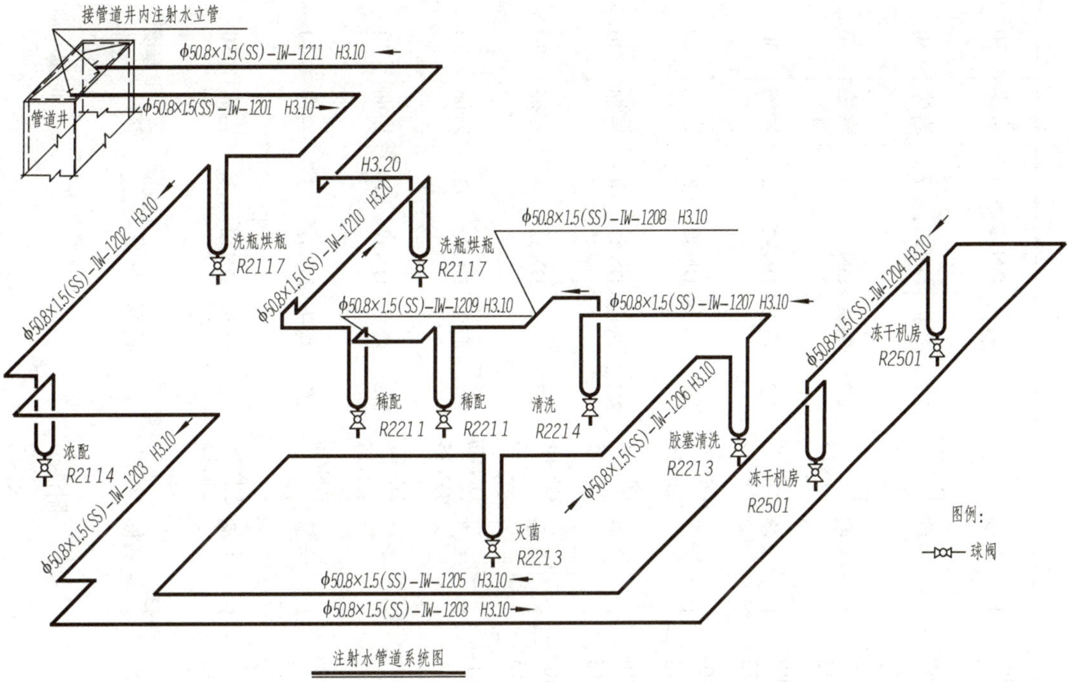

图 11-6 冻干粉针车间注射水管道轴测图

（2）详细分析：从起点开始，找出这些设备所在的位置，根据管道表达方法，逐一理清管道的来龙去脉、转弯、分支等情况，以及其具体的安装位置、管件、阀门、仪表控制点及管架等的布置情况。

（3）明晰脉络：分析视图中的各种尺寸和标高，结合前两部的分析所得，明确从起点设备到终点设备的管口之间的管道顺序是如何连贯起来的，是如何形成一个完整的管道体系布局的。

第五节 药品生产质量管理规范

一、概述

药品生产质量管理规范（Good Manufacturing Practice，GMP）最初由美国坦普尔大学 6 名教授编写制订，20 世纪 60—70 年代的欧美一些国家以法令形式加以颁布，要求制药企业广泛采用。中国自 1988 年起正式推广 GMP 标准，现行《药品生产质量管理规范》于 2010 年 10 月 19 日经卫生部部务会议审议通过，自 2011 年 3 月 1 日起施行。

在 GMP 规定的内容中，对药厂的厂房与设施、设备等都有一定的要求，所以这里对 GMP 的有关内容加以简单介绍。

GMP 作为质量管理体系的一部分，是药品生产管理和质量控制的基本要求。药厂在机构、人员、厂房、设施设备、卫生、验证、文件、生产管理、质量管理、产品销售与回收、投诉与不良反应报告、自检等方面，都需要按照 GMP 的规定制订系统的、规范化的规程。GMP 旨在

表 11-16　管道一览表

11	1211	R2117		Ⅳ	0.4	40	316L	ϕ50.8×1.5	18	卡箍式球阀	DN15	1	U 型变径三通	DN40×40×15	1	卡箍	DN40/DN15	2/2	弯头	DN32	4	岩棉	30
10	1210	R2211	R2117	Ⅳ	0.4	40	316L	ϕ50.8×1.5	9	卡箍式球阀	DN15	1	U 型变径三通	DN40×40×15	1	卡箍	DN40/DN15	2/2	弯头	DN32	7	岩棉	30
9	1209	R2211	R2211	Ⅳ	0.4	40	316L	ϕ50.8×1.5	6	卡箍式球阀	DN15	1	U 型变径三通	DN40×40×15	1	卡箍	DN40/DN15	2/2	弯头	DN32	4	岩棉	30
8	1208	R2214	R2211	Ⅳ	0.4	40	316L	ϕ50.8×1.5	10	卡箍式球阀	DN15	1	U 型变径三通	DN40×40×15	1	卡箍	DN40/DN15	2/2	弯头	DN32	5	岩棉	30
7	1207	R2213	R2214	Ⅳ	0.4	40	316L	ϕ50.8×1.5	8	卡箍式球阀	DN15	1	U 型变径三通	DN40×40×15	1	卡箍	DN40/DN15	2/2	弯头	DN32	3	岩棉	30
6	1206	R2213	R2213	Ⅳ	0.4	40	316L	ϕ50.8×1.5	8	卡箍式球阀	DN15	1	U 型变径三通	DN40×40×15	1	卡箍	DN40/DN15	2/2	弯头	DN32	4	岩棉	30
5	1205	R2501	R2213	Ⅳ	0.4	40	316L	ϕ50.8×1.5	34	卡箍式球阀	DN15	1	U 型变径三通	DN40×40×15	1	卡箍	DN40/DN15	2/2	弯头	DN32	4	岩棉	30
4	1204	R2501	R2501	Ⅳ	0.4	40	316L	ϕ50.8×1.5	5	卡箍式球阀	DN15	1	U 型变径三通	DN40×40×15	1	卡箍	DN40/DN15	2/2	弯头	DN32	2	岩棉	30
3	1203	R2114	R2501	Ⅳ	0.4	40	316L	ϕ50.8×1.5	48	卡箍式球阀	DN15	1	U 型变径三通	DN40×40×15	1	卡箍	DN40/DN15	2/2	弯头	DN32	10	岩棉	30
2	1202	R2117	R2114	Ⅳ	0.4	40	316L	ϕ50.8×1.5	9	卡箍式球阀	DN15	1	U 型变径三通	DN40×40×15	1	卡箍	DN40/DN15	2/2	弯头	DN32	3	岩棉	30
1	1201		R2117	Ⅳ	0.4	40	316L	ϕ50.8×1.5	17	卡箍式球阀	DN15	1	U 型变径三通	DN40×40×15	1	卡箍	DN40/DN15	2/2	弯头	DN32	3	岩棉	30
序号	管道编号	起	止	流体名称	试压/MPa	温度/℃	材料	规格	管件长度/m	名称	规格	数量/个	名称	规格	数量/个	名称	规格	数量/个	名称	规格	数量/个	材料	厚度/mm
		位置			操作条件		管材			阀门			附件									保温	
1	2	3		4	5		6			7			8									9	

最大限度地降低药品生产过程中污染、交叉污染以及混淆、差错等风险，尽最大可能防止计量传递和信息传递失真、遗漏任何检验步骤、任意操作、不执行标准与低限投料等违章违法事故发生，确保持续稳定地生产出符合预定用途和注册要求的药品。

“中国药品认证委员会”由药品监督、管理、检验、生产、经营、科研和使用等部门的专家组成，代表国家实施 GMP 认证。我国目前实施的 GMP 认证制度分为 3 种：企业认证、车间认证和产品认证。未投产的企业一般是进行企业认证，正式投产后再进行产品认证和车间认证。产品认证一般与车间认证同时进行，但互不交叉，车间认证需要认证生产管理和质量管理系统。

二、内容简介

新版 GMP 总体上分为：总则、质量管理、机构与人员、厂房与设施、设备、物料与产品、确认与验证、文件管理、生产管理、质量控制与质量保证、委托生产与委托检验、产品发运与召回、自检、附则等十四章。

质量管理中，对质量保证、质量控制、质量风险管理等作出了具体细则规定。规定原则是：企业应当建立符合药品质量管理要求的质量目标，将药品注册的有关安全、有效和质量可控的所有要求，系统地贯彻到药品生产、控制及产品放行、贮存、发运的全过程中。企业高层管理人员应当确保实现既定的质量目标，不同层次的人员以及供应商、经销商应当共同参与并承担各自的责任。企业应当配备足够的、符合要求的人员、厂房、设施和设备，为实现质量目标提供必要的条件。

机构与人员中，对关键人员、培训、人员卫生作出了具体细则规定。规定原则是：企业应当建立与药品生产相适应的管理机构，并有组织机构图。应当设立独立的质量管理部门，质量管理部门应当参与所有与质量有关的活动，负责审核所有与本规范有关的文件。质量管理部门人员不得将职责委托给其他部门的人员，每个人所承担的职责不应当过多。所有人员应当明确并理解自己的职责，熟悉与其职责相关的要求，并接受必要的培训，包括上岗前培训和继续培训。职责通常不得委托给他人。确需委托的，其职责可委托给具有相当资质的指定人员。

厂房与设施中，对生产区、仓储区、质量控制区、辅助区作出了具体细则规定。规定原则是：厂房的选址、设计、布局、建造、改造和维护必须符合药品生产要求，便于清洁、操作和维护。应当保存厂房、公用设施、固定管道建造或改造后的竣工图纸。设备的设计、选型、安装、改造和维护必须符合预定用途，便于操作、清洁、维护，以及必要时进行的消毒或灭菌。

设备中，对设计和安装、维护和维修、使用和清洁、校准、制药用水等作出了具体细则规定。规定原则是：设备的设计、选型、安装、改造和维护必须符合预定用途，应当尽可能降低产生污染、交叉污染、混淆和差错的风险，便于操作、清洁、维护，以及必要时进行的消毒或灭菌。应当建立设备使用、清洁、维护和维修的操作规程，并保存相应的操作记录。应当建立并保存设备采购、安装、确认的文件和记录。

物料与产品中，对于原辅料、中间产品和待包装产品、包装材料、成品、特殊管理的物料和产品、其他产品等作出了具体细则规定。规定原则是：药品生产所用的原辅料、与药品直接接触的包装材料应当符合相应的质量标准。应当建立物料和产品的操作规程，物料和产品的处理应当按照操作规程或工艺规程执行，并有记录。物料供应商的确定及变更应当进行质量评估，并经质量管理部门批准后方可采购。物料和产品应当根据其性质有序分批贮存和周转，发放及发运应当符合先进先出和近效期先出的原则。使用计算机化仓储管理的，应当有相应的操作规程。

确认与验证中规定：确认或验证的范围和程度应当经过风险评估来确定。企业的厂房、设施、设备和检验仪器应当经过确认，应当建立确认与验证的文件和记录，并能以文件和记录证明。清洁方法应当经过验证，并综合考虑各种因素。首次确认或验证后，应当根据产品质量回顾分析情况进行再确认或再验证，关键的生产工艺和操作规程应当定期进行再验证。企业应当制订验证总计划，以文件形式说明确认与验证工作的关键信息。应当根据确认或验证的对象制定确认或验证方案，并经审核、批准。确认或验证工作完成后，应当写出报告，并经审核、批准。确认或验证的结果和结论（包括评价和建议）应当有记录并存档。

文件管理中，对于质量标准、工艺规程、批生产记录、批包装记录、操作规程和记录等作出了具体细则规定。规定原则是：企业必须有内容正确的书面质量标准、生产处方和工艺规程、操作规程以及记录等文件。企业应当建立文件管理的操作规程，系统地设计、制定、审核、批准和发放文件，文件的内容应当与药品生产许可、药品注册等相关要求一致，并有助于追溯每批产品的历史情况。文件的起草、修订、审核、批准、替换或撤销、复制、保管和销毁等应当按照操作规程管理，并有相应记录。每批药品应当有批记录，并由质量管理部门负责管理。质量标准、工艺规程、操作规程、稳定性考察、确认、验证、变更等其他重要文件应当长期保存。如使用电子数据处理系统、照相技术或其他可靠方式记录数据资料，应当有所用系统的操作规程；记录的准确性应当经过核对。用电子方法保存的批记录，应当采用磁带、缩微胶卷、纸质副本或其他方法进行备份，且便于查阅。

生产管理中，对于防止生产过程中的污染和交叉污染、生产操作、包装操作等作出了具体细则规定。规定原则是：所有药品的生产和包装均应当按照批准的工艺规程和操作规程进行操作并有相关记录。应当建立划分产品生产批次的操作规程，建立编制药品批号和确定生产日期的操作规程。在生产的每一阶段，应当保护产品和物料免受微生物和其他污染。生产期间使用的所有物料、中间产品或待包装产品的容器及主要设备、必要的操作室应当贴签标识或以其他方式标明生产中的产品或物料名称、规格和批号。应当检查产品从一个区域输送至另一个区域的管道和其他设备连接，每次生产结束后应当进行清场，下次生产开始前，应当对前次清场情况进行确认。生产厂房应当仅限于经批准的人员出入。

质量控制与质量保证中，对于质量控制实验室管理、物料和产品放行、持续稳定性考察、变更控制、偏差处理、纠正措施和预防措施、供应商的评估和批准、产品质量回顾分析、投诉与不良反应报告等作出了具体细则规定。

委托生产与委托检验中，对于委托方、受托方、合同等作出了具体细则规定。规定的原则是：为确保委托生产产品的质量和委托检验的准确性和可靠性，委托方和受托方必须签订书面合同，明确规定各方责任、委托生产或委托检验的内容及相关的技术事项。委托生产或委托检验的所有活动，包括在技术或其他方面拟采取的任何变更，均应当符合药品生产许可和注册的有关要求。

产品发运与召回中，对发运和召回作出了具体细则规定。规定原则是：企业应当建立产品召回系统，必要时可迅速、有效地从市场召回任何一批存在安全隐患的产品。因质量原因退货和召回的产品，均应当按照规定监督销毁，有证据证明退货产品质量未受影响的除外。

自检中规定：质量管理部门应当定期组织对企业进行自检，监控本规范的实施情况，评估企业是否符合本规范要求，并提出必要的纠正和预防措施。

附则中规定：对无菌药品、生物制品、血液制品等药品或生产质量管理活动的特殊要求，由国家食品药品监督管理局以附录方式另行制定。企业可以采用经过验证的替代方法，达到本规范的要求。在附则中还对术语的含义做了具体描述。

（张功臣　韩　静　赵宇明）

第十二章 计算机绘图软件简介

1201

第十二章 计算机绘图软件简介（课件）

现在流行的计算机绘图软件比较多，各有其特点和适用范围。在所有这些软件中，因为AutoCAD软件的历史比较悠久，而且在厂家、科研院所的应用比较广泛，本章将重点加以介绍。其他软件在操作界面上与AutoCAD都比较接近，所以不再一一赘述，只是就其相对特点进行介绍。如果掌握了其中一种软件的具体应用，很多其他软件的学习就会变得相对简单了。

第一节 AutoCAD

一、概述

AutoCAD（auto computer aided design）是一个交互式绘图软件，是用于二维及三维设计、绘图的系统工具。AutoCAD具有如下特点：完善的图形绘制功能；强大的图形编辑功能；可以采用多种方式进行二次开发或用户定制；可以进行多种图形格式的转换，具有较强的数据交换能力；支持多种硬件设备；支持多种操作平台；具有通用性、易用性，适用于各类用户。

用户可进行计算机绘图作业的独立硬件环境称为计算机绘图的硬件系统。如图12-1所示，硬件系统主要由主机、输入设备（键盘、鼠标、扫描仪等）、输出设备（显示器、绘图仪、打印机等）、信息存储设备（主要指外存，如硬盘、软盘、光盘等）及网络、多媒体设备等组成。

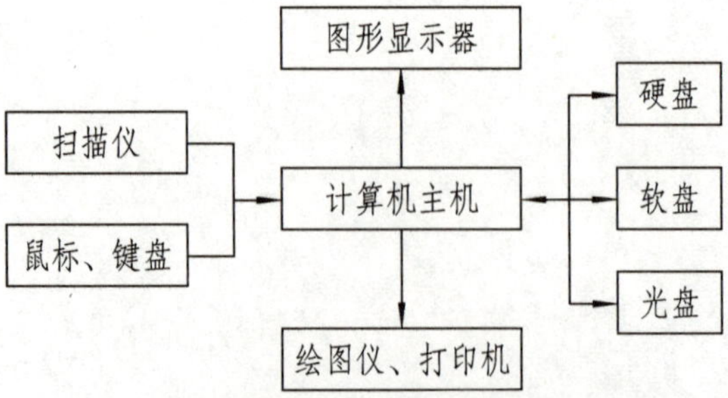

图12-1 计算机绘图系统的基本硬件组成

二、AutoCAD 的界面组成

启动 AutoCAD 系统后，其典型的界面如图 12-2 所示，主要由标题栏（title block）、菜单栏（menu bar）、工具栏（tool bar）、状态栏（status bar）、绘图窗口（drawing window）及文本窗口（text window）等几部分组成。

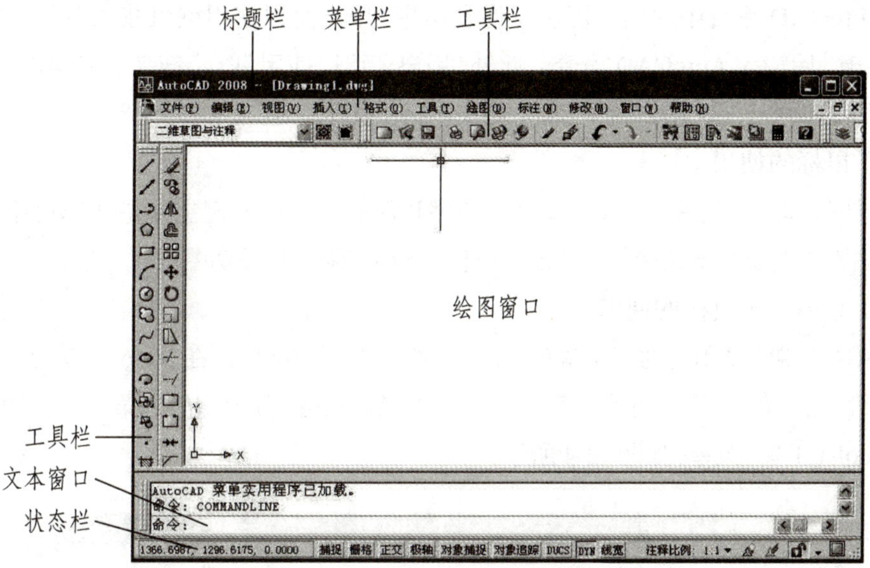

图 12-2　Auto CAD 界面

（1）标题栏：同其他标准的 Windows 应用程序界面一样，标题栏包括控制图标以及窗口的最大化、最小化和关闭按钮，并显示应用程序名和当前图形的名称。

（2）菜单栏：是调用命令的一种方式。菜单栏以级联的层次结构来组织各菜单项，并以下拉的形式逐级显示。

（3）工具栏：是调用命令的另一种方式，通过工具栏可以直观、快捷地访问一些常用的命令。包括：标准工具栏、属性工具栏、编辑工具栏、绘图工具栏等。

（4）状态栏：状态栏位于绘图屏幕的底部，用于显示坐标、提示信息等，同时还提供了一系列的控制按钮。

（5）绘图窗口：是 AutoCAD 中显示、绘制图形的主要场所，在 AutoCAD 中可以有多个图形窗口。

（6）文本窗口：文本窗口提供了调用命令的第三种方式，即用键盘直接输入命令。文本窗口的底部为命令行，用户可在提示下输入各种命令，然后按回车键执行该命令。文本窗口还显示 AutoCAD 命令的提示及有关信息，并可查阅和复制命令的历史记录。

三、AutoCAD 的基本操作

（一）键盘的使用

AutoCAD 提供了图形窗口和文字窗口。通常在图形窗口和状态栏之间显示其部分文本窗口和命令行，如图 12-3 所示。

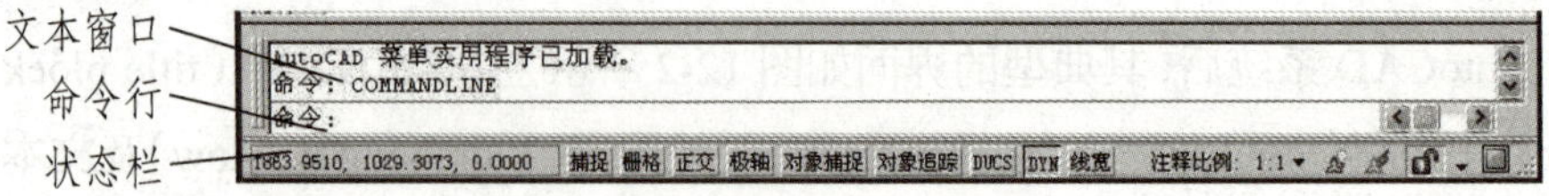

图 12-3　文本窗口和命令行

在 AutoCAD 系统中为用户提供了许多命令，用户可以使用键盘在命令行中的提示符“Command：”后输入 AutoCAD 命令。此外，用户还可以使用“Esc”键来取消操作，用向上或向下的箭头使命令行显示上一个命令行或下一个命令行。

（二）鼠标的使用

鼠标最基本的功能是使用其左、右两个键和滚轮。鼠标左键主要是选择对象和定位功能，鼠标右键主要是弹出快捷菜单功能，滚轮主要用来缩放和移动图样。

（三）菜单与工具栏的使用

AutoCAD 中的菜单栏为下拉菜单，是一种级联的层次结构。在 AutoCAD 窗口的菜单栏中所显示的为主菜单，用户可在主菜单项上单击鼠标左键，弹出相应的菜单项。如单击菜单栏中的 Tools（工具）菜单，如图 12-4 所示。

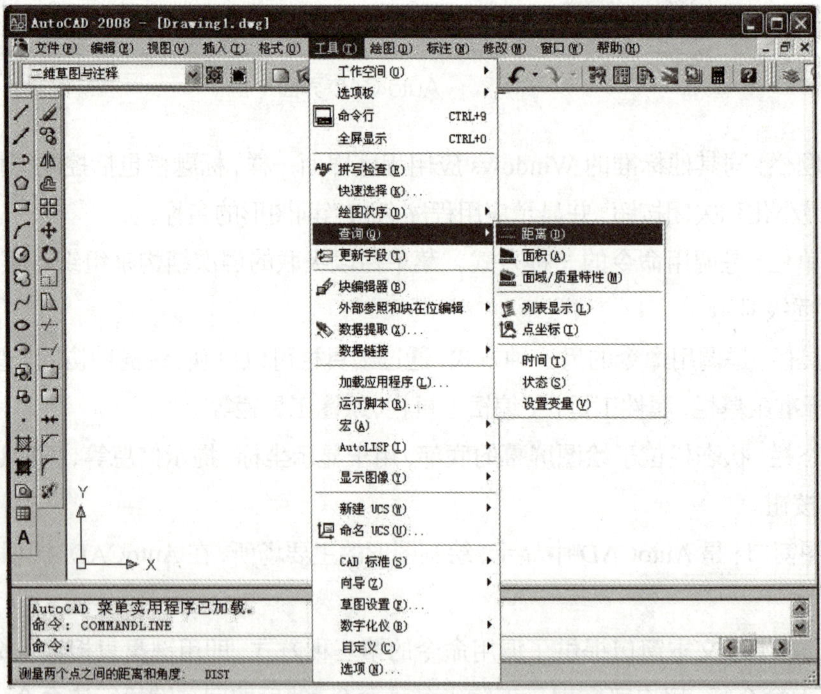

图 12-4　AutoCAD 中的菜单层次结构

用户单击鼠标右键后，在光标处将弹出快捷菜单，其内容取决于光标的位置或系统状态。比如在选择对象后单击右键，则快捷菜单将显示常用的编辑命令；在执行命令过程中单击右键，则快捷菜单中将给出该命令的选项等。

工具栏提供了快捷、方便地执行命令的一种方式。工具栏由若干图标按钮组成，分别代表了一些常用的命令，直接单击可以调用相应的命令。

四、AutoCAD 的基本命令

AutoCAD 的绘图命令、编辑修改命令、尺寸标注命令及显示控制命令很多，这里主要介绍最常用的一些命令。其他命令的使用方法类似，可按提示操作，输入相关信息即可。

（一）绘图命令

所有绘图命令都在菜单栏中“绘图(D)”项下，如表 12-1 所示。也可从键盘在命令行中输入或从工具栏中选取。

表 12-1　绘图命令一览表

图标	命令	名称	功能
	Line	线段	可单独绘制或连续绘制直线段
	Xline	构造线	可生成无限长的直线
	Pline	多段线	可单独绘制或连续绘制不同线宽的直线和弧线
	Polygon	正多边形	绘制 3 条以上直线所围成的正多边形
	Rectang	矩形	绘制矩形
	Arc	圆弧	绘制圆弧
	Circle	圆	绘制圆
	Revcloud	修订云线	绘制云样曲线
	Spline	样条曲线	绘制连续不同的曲线
	Ellipse	椭圆	绘制椭圆
	Ellipse	椭圆弧	绘制椭圆部分弧线
	Insert	插入块	在图形中插入已知图形
	Block	创建块	创建可插入的图形
	Point	点	绘制点
	Mtext	文字	输入文字
	Bhatch	填充	在封闭图形中填充图案

下面以绘制圆弧命令为例讲解，其他命令可以参照相关书籍或自己实际应用软件来熟悉。

1. 输入命令的方法有 3 种。

下拉菜单：单击 Draw|Arc|3 Points（3 点）。

工具栏：单击 Draw 工具栏的工具按钮。

命令行：输入 ARC 并回车。

2. 命令行提示

Command：ARC ↙

起点、圆心方式画弧见图 12-5，起点、终点方式画弧见图 12-6。

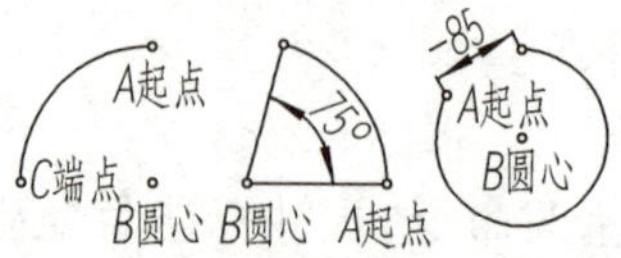

图 12-5　起点、圆心方式画弧

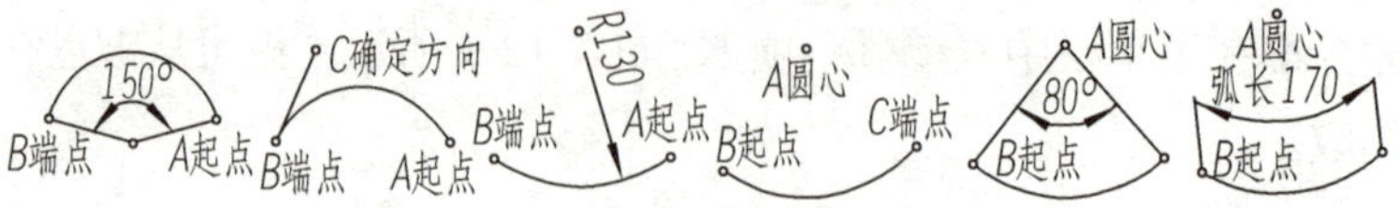

图 12-6　起点、终点方式画弧

（二）编辑修改命令

大部分命令通常可使用两种编辑方法：一种是先启动命令，后选择要编辑的对象；另一种则是先选择对象，然后再调用命令进行编辑。这里使用第一种方法进行修改，编辑修改命令如表 12-2 所示。

表 12-2　编辑修改命令一览表

图标	命令	名称	功能
	Erase	删除	删除选中图形中的实体
	Copy	复制	可单次或多次复制图形中的实体到新的位置
	Mirror	镜像	绘制对称图形或实体
	Offset	偏移	绘制与原实体相似的实体图形
	Array	阵列	将实体组成矩形实体或圆形实体
	Move	移动	完成实体（包括文字）的移动
	Rotate	旋转	将实体按角度旋转
	Scale	缩放	将实体按比例放大或缩小
	Stretch	拉伸	在某个方向上按尺寸拉伸图形
	Trim	修剪	在一个或多个对象定义的边上精确地修剪对象，将实体多出的部分剪去
	Extend	延伸	延长或拉伸直线或弧与实体相接
	Break	断点	把实体在某点处断开，将实体分成两部分
	Break	断点	把实体在两点处断开，并将两点间部分擦去
	Fillet	倒圆	使用一个指定半径的圆弧与两个对象相切
	Chamfer	倒角	用于在两条直线间绘制一个斜角
	Explode	分解	分解实体，使之成为多个部分

下面以镜像命令为例讲解，其他命令可以参照相关书籍或自己实际应用软件来熟悉。该命令调用方式为：

工具栏："Modify（修改）"→

菜单：Modify（修改）→ Mirror（镜像）

命令行：mirror（或 mi）

调用该命令后，系统首先提示用户选择进行镜像操作的对象：*Select objects:*。然后系统提示用户指定两点来定义的镜像轴线：

Specify first point of mirror line:

Specify second point of mirror line:

最后用户可选择是否删除源对象：*Delete source objects? [Yes/No] <N>:*

（三）尺寸标注

AutoCAD 提供了多种标注样式和多种设置标注格式的方法，可以满足建筑、机械、电子等大多数应用领域的要求。常用的标注命令如表 12-3 所示。

表 12-3　常用的标注命令

图标	命令	名称	功能
	Dimlinear	线性标注	标记两点之间连线在指定方向上的距离
	Dimaligned	对齐标注	测量和标记两点间的实际距离，两点之间连线可以为任意方向
	Dimordinate	坐标标注	用于测量并标记当前 UCS 中的坐标点
	Dimradius	半径标注	用于测量和标记圆或圆弧的半径
	Dimdiameter	直径标注	用于测量和标记圆或圆弧的直径
	Dimangular	角度标注	用于测量和标记角度值
	Qdim	快速标注	用于同时标注多个对象
	Dimbaseline	基线标注	以第一个标注的第一条界线为基准，连续标注多个线性尺寸
	Dimcontinue	连续标注	以前一个标注的第二条界线为基准，连续标注多个线性尺寸
	Qleader	快速引线	用于通过引线将注释与对象连接
	Tolerance	公差标注	用于创建形位公差标注
	Dimcenter	圆心标记	用于标记圆或椭圆的中心点
	Dimedit	编辑标注	改变多个标注对象的文字和尺寸界线
	Dimtedit	编辑标注文字	用于移动和旋转标注文字
	Dimstyle	标注更新	标注样式的更新
	Dimstyle	标注样式	标注样式更改与设置

下面选取线性标注命令简单加以说明。该命令的调用方式为：

工具栏："Dimension（标注）"→

菜单：Dimension（标注）→ Linear（线性）

命令：dimlinear（或 dli、dimlin）

调用该命令后，系统提示用户指定两点，或选择某个对象：*Specify first extension line origin* *or<select object>:*。然后给出如下选项：

Specify dimension line location or

[Mtext/Text/Angle/Horizontal/Vertical/Rotated]:

此时，用户可直接在指定标注的位置，或使用其他选项进一步设置：

（1）“Mtext（多行文字）”：利用多行文本编辑器（multiline text editor）来改变尺寸标注文字的字体、高度等。缺省文字为“<>”码，表示度量的关联尺寸标注文字。

（2）“Text（文字）”：直接在命令行中指定标注文字。

（3）“Angle（角度）”：改变尺寸标注文字的角度。

（4）“Horizontal（水平）”：创建水平尺寸标注。

（5）“Vertical（垂直）”：创建垂直尺寸标注。

（6）“Rotated（旋转）”：建立指定角度方向上的尺寸标注。

（四）显示控制

为解决对局部细节进行查看和操作的问题，AutoCAD 提供了 Zoom（缩放）、Pan（平移）、View（视图）、Aerial View（鸟瞰视图）和 Viewports（视口）命令等一系列图形显示控制命令，还提供了 Redraw（重画）和 Regen（重新生成）命令来刷新屏幕、重新生成图形。以鸟瞰视图为例，其调用方法为：

菜单：View（视图）→ Aerial View（鸟瞰视图）

命令行：dsviewer（或 av）

在鸟瞰视图窗口中有 3 个下拉菜单，其含义为：

1. View（视图）下拉菜单用于控制鸟瞰视图窗口中的显示范围：

Zoom In（放大）：以当前视图框为中心，放大 2 倍。

Zoom Out（缩小）：以当前视图框为中心，缩小到原来的 1/4。

Global（全局）：在“鸟瞰视图”窗口显示整个图形和当前视图。

2. Options（选项）

Auto Viewport（自动视口）：控制是否自动显示活动视口的模型空间视图。

Dynamic Update（动态更新）：控制在 AutoCAD 窗口中编辑图形时是否更新。

Realtime Zoom（实时缩放）：控制使用“鸟瞰视图”缩放时，窗口是否实时更新。

五、辅助工具

AutoCAD 提供了很多辅助绘图工具，常用的有正交、对象捕捉等，还有些功能在绘图前进行设置图层、线型等，使得无论在绘制图形或图形输出的过程中都能方便地得到所需图形。下面仅以图层工具为例加以说明。

AutoCAD 中的图层就像重合在一起的透明纸，用户可以任意选择一个图层绘制图形，而不受其他层上图形的影响。图层用名称（name）来标识，并具有各种特性和状态：图层可以具有颜色（color）、线型（linetype）和线宽（lineweight）等特性。如果某个图形对象的这几种特性均设为“ByLayer（随层）”，则各特性与其所在图层的特性保持一致，并且可以随着图层特性的改变而改变。图层可设置为“On”状态。如果某个图层被设置为“关闭”状态，则该图层上的图形对象不能被显示或打印，但可以重生成。图层可设置为“Freeze（冻结）”状态。如果某个图层被设置为“冻结”状态，则该图层上的图形对象不能被显示、打印或重新生成。图层可设置为“Lock（锁定）”状态。如果某个图层被设置为“锁定”状态，则该图层上的图形对象不能被编辑或选择，但可以查看。图层可设置为“Plot（打印）”状态。如果某个图层的“打印”状态被禁止，则该图层上的图形对象可以显示但不能打印。

创建图层命令的调用方式：

工具栏：“Object properties（对象特性）”→

菜单：Format（格式）→ Layer…（图层）

命令行：layer（或 la、ddlmodes）

调用后将弹出“Layer Properties Manager（图层特性管理器）”对话框，如图 12-7 所示。

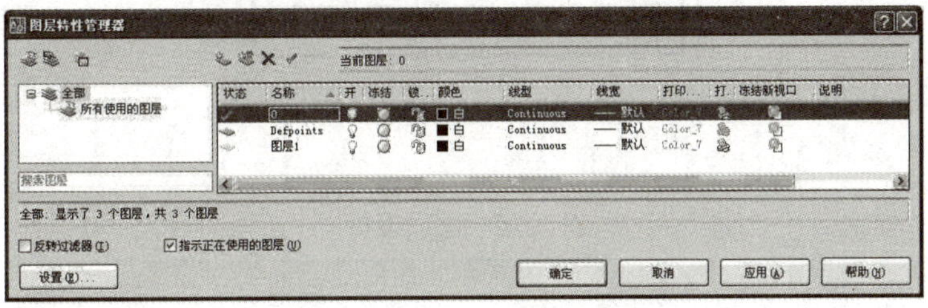

图 12-7　图层特性管理器

在此对话框中，可以完成对图层的建立与删除，颜色、线型、线宽、打印与否等的控制和管理。

六、应用范例

本节以零件泵盖为例，简要说明使用 AutoCAD 中文版来绘制图样的过程以及图样打印输出方法，并在 A4 图幅内绘制如图 12-8 所示的油泵盖零件图。

（一）制作样板文件步骤

绘制零件图的样板图注意事项：严格遵守国家标准的有关规定；使用标准线型；将 Limits 设置适当，以便能包含最大操作区；将 SNAP 和 GRID 设置为在操作区操作的尺寸；按标准的图纸尺寸打印图形。

设置单位：在 Format（格式）下拉菜单中 Units（单击）单位选项，AutoCAD 打开图形单位对话框，在其中设置 Length（长度）的类型为小数，Precision（精度）为 0；Angle（角度）的类型为十进制度数，精度为 0，系统默认逆时针方向为正。

设置图形边界：设置图形边界的过程如下：

命令：Limits

重新设置模型空间界限：

指定左下角点或 [开（ON）/ 关（OFF）]<0.0000，0.0000>：

指定右上角点 <420.0000，297.0000>: 210，297

设置图层：如表12-4所示，设置图层名、图层颜色、线型、线宽。

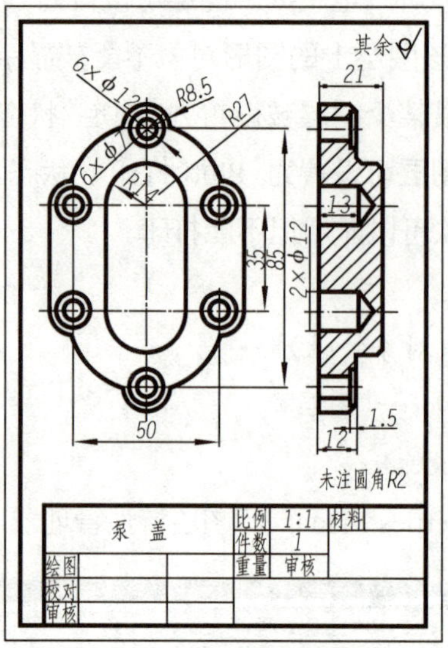

图 12-8　油泵盖零件图

表 12-4　图层设置

图层名	颜色	线型	线宽
图框	Black（黑色）	Continuous	0.3
点画线	Red（红色）	Center	0.09
尺寸标注	Blue（蓝色）	Continuous	0.09
剖面线	Yellow（黄色）	Continuous	0.09
轮廓线	Black（黑色）	Continuous	0.3
文字	Magenta（紫色）	Continuous	0.09
细实线	Black（黑色）	Continuous	0.09

绘制图框线：操作步骤如下：

Command: line ↙

Specify first point: 25，5 ↙

Specify next point or［Undo］: 205，5 ↙

Specify next point or［Undo］: 205，292 ↙

Specify next point or［Close/Undo］: 25，292 ↙

Specify next point or［Close/Undo］: c ↙

绘制标题栏：

标题栏的格式国家标准《技术制图　标题栏》（GB/T 10609.1—2008）已作了统一规定，绘图时应遵守。为简便起见，作图时可将标题栏的格式加以简化，参考第二章相关内容。

保存成样板文件：将图框和标题栏绘制完成后，进行保存，文件名为：A5。该图样为可装订的A5大小图幅，可作为以后绘制A5图纸的样本文件，直接打开后即可绘制图形。

（二）绘制图形

1. 打开已建立的样板文件"A5"，以其为基础绘制新图。直接双击样板文件或启动Auto CAD后，选择Files（文件）→Open（打开）→浏览选择样本文件。

2. 绘制中心线　中心线是作图的基准线，应考虑到最终完成的图形在图框内布置要匀称。中心线的线型为Center（点画线），通过对象特性工具栏将它设为当前层，然后用Line命令绘出主视图和左视图的中心线与轴线，如图12-9所示，确定了两个视图的位置。

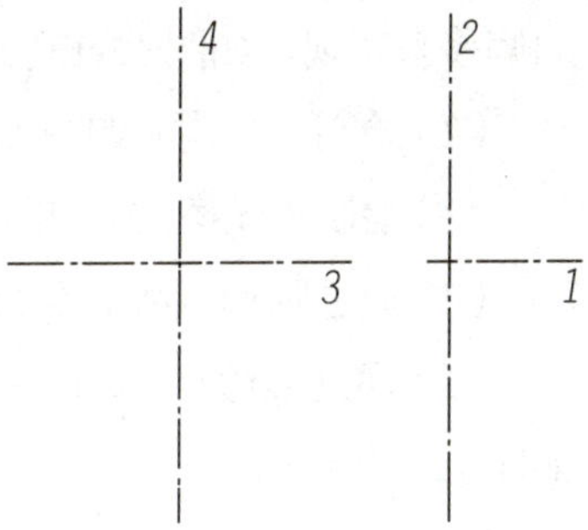

图12-9　绘制中心线

3. 绘制左视图上半部分的轮廓线　在绘制左视图时，我们可以通过Offset（偏移）和Trim（修剪）两个编辑命令完成大部分图形的操作。偏移后如图12-10所示。步骤如下：

（1）以中心线1为参照，偏移出直线a。

（2）以中心线1为参照，偏移出直线b。

（3）以中心线2为参照，偏移出直线c。

（4）以中心线2为参照，偏移出直线d。

（5）对其进行修剪。

（6）进行第一处圆角编辑。

（7）进行第二处圆角编辑。

（8）进行第三处圆角编辑。

（9）绘制出相对于中心线1的距离为42.5的螺孔轴线e。

（10）绘制出相对于中心线1的距离为17.5的螺孔轴线g。

（11）绘制螺孔轮廓线。

（12）再修剪掉多余的线段，如图12-11所示。

（13）利用镜像命令，完成泵盖下半部分。

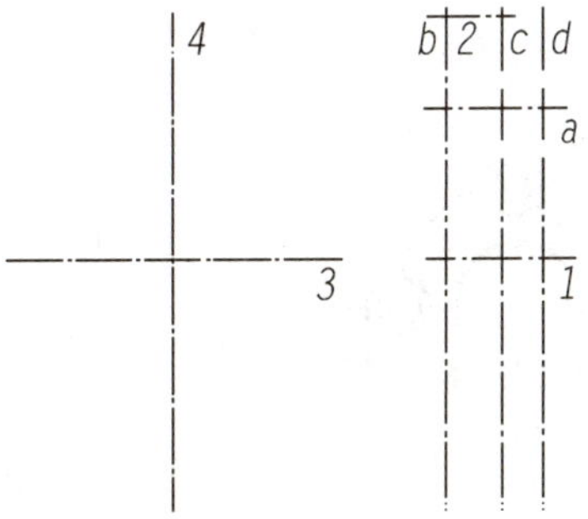

图12-10　偏移绘图

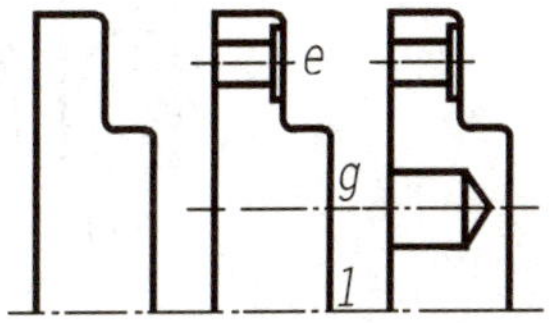

图12-11　绘制、修剪轮廓

4. 绘制剖面线　执行Hatch命令，在弹出的Boundary Hatch对话框中，设置好填充图案、角度、比例等选项后，选择需要填充的范围即可，填充结果如图12-12所示。

5. 绘制主视图

（1）定位水平点画线上方3个阶梯孔的中心，通过对主视图中心线的偏移来实现。如图12-13(a)所示。

（2）绘制3个孔。如图12-13(b)所示。

（3）绘制外轮廓线。如图12-13(c)所示。

（4）通过圆和直线命令绘制出内轮廓线。如图12-13(d)所示。

（5）通过镜像复制，将主视图的所有轮廓线绘制出来，显示线宽后，如图12-13(f)所示。

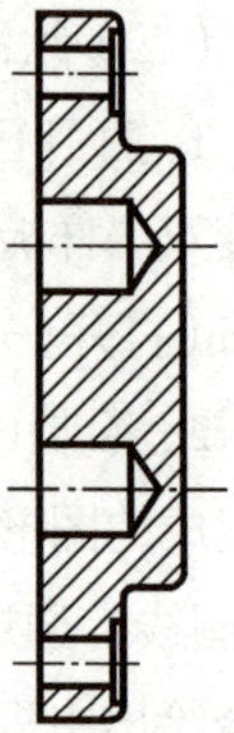

图12-12　填充结果

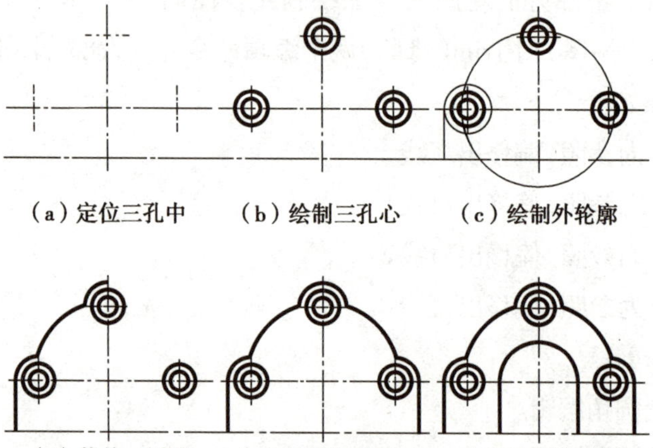

（a）定位三孔中　（b）绘制三孔心　（c）绘制外轮廓

（d）修剪、倒圆　（e）镜像外轮廓　（f）绘制内轮廓

图12-13　绘制主视图

（三）尺寸标注

1. 线性尺寸标注　标注左视图上长度为21的尺寸线，如图12-14(a)所示。其他线性尺寸标注略。

2. 半径标注　标注主视图上一个半径为14的尺寸，如图12-14(b)所示。

3. 直径标注　标注直径为12和直径为7的两个圆的尺寸，如图12-14(c)所示。

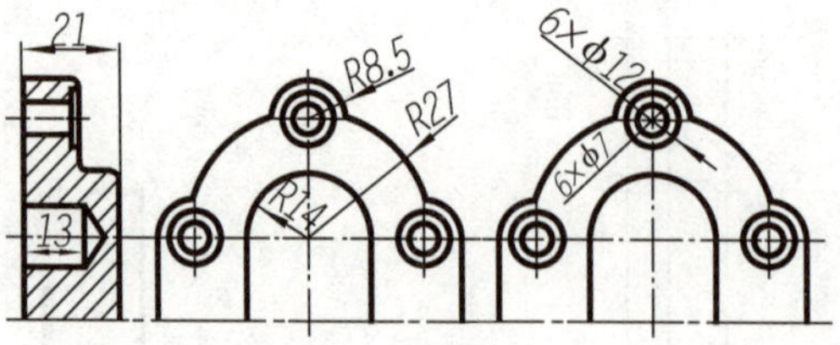

（a）　（b）　（c）

图12-14　标注尺寸

（四）文字注释

在工程绘图中，技术要求和其他的一些文字注释是必不可少的。在图形中插入文字注释可以用单行文字和多行文字两种方法。文字注释时，文字注释层设为当前层进行。

（五）图形打印输出

图形绘制好以后，通过打印机、页面、打印范围等的设置，即可将图形精确地输出到图纸上。打印输出命令调用方式如下：

选择菜单 Files（文件）→ Plot…（打印）

命令行：Plot ↙

命令执行后，出现打印对话框，如图 12-15 所示。

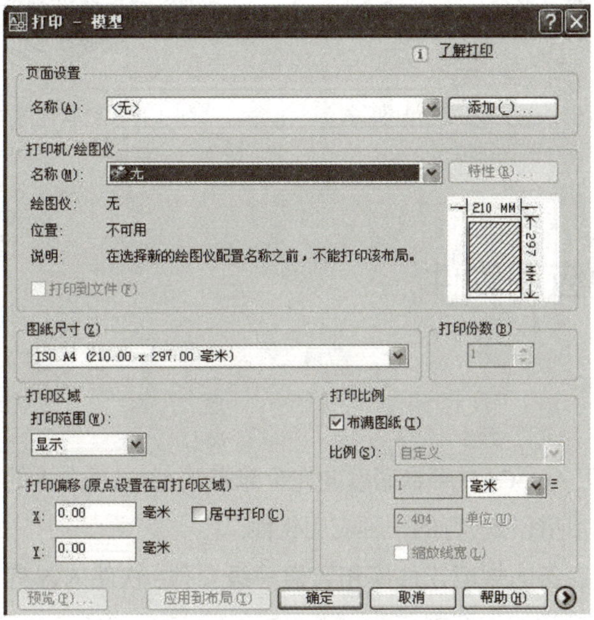

图 12-15　打印对话框

1. Plot scale（打印比例）　选择或定义打印单位（英寸或毫米）与图形单位之间的比例关系。如果选择了"Scale line weights（缩放线宽）"项，则线宽的缩放比例与打印比例成正比。

2. Plot offset（打印偏移）　指定相对于可打印区域左下角的偏移量。如选择"Center the plot（居中打印）"，则自动计算偏移值，以便居中打印。

完成以上设置后，用户可直接单击"确定"按钮来进行打印。

本综合应用示例在绘制过程中，各种命令只是利用 AutoCAD 提供的其中某种方式。同学们可以根据实际的熟练程度或习惯，选择适合自己的方法进行绘制，不用局限于一种方式。

七、三维示例

AutoCAD 也具备三维制图的能力，这里不多述，仅举几个实际图形例子供参考。图 12-16 和图 12-17 是 AutoCAD 三维设计图例。

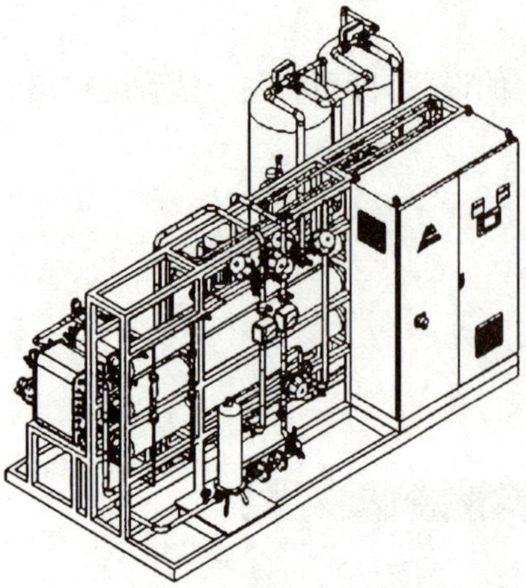

图 12-16　纯化水机 AutoCAD 三维图

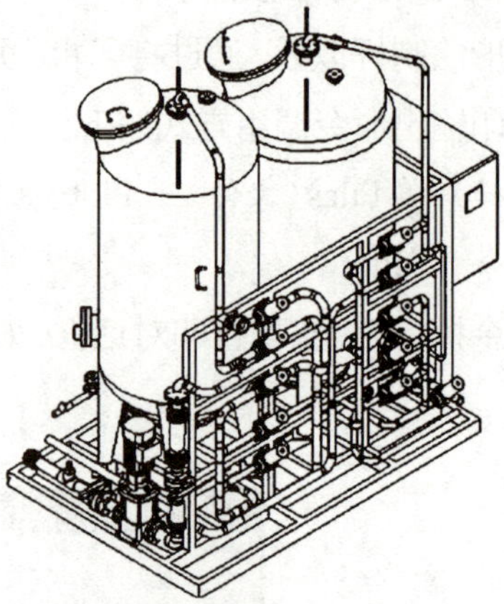

图 12-17　软化器 AutoCAD 三维图

第二节　其他应用软件

一、CADWorx

CADWorx 是基于 AutoCAD 平台研发的完全兼容 AutoCAD 命令的 3D 设计软件，是现在我国化工企业、科研院所比较流行的一种应用软件。

CADWorx 具有完备的规范元件库和管道等级文件：软件内置有 150#、300#、600# 和 900#、1500#、2500# 管件的详细规范，内置国内的 JB、HG、SY、GB 等系列规范，这些规范可以复制和修改，以适应不同工作的需要。3D 建模功能可以方便地建立结构模型、建立用户的管架和框架，也可以建立各种设备和容器以及暖通空调（heating, ventilation and air conditioning, HVAC）。3D 模型可以通过搭积木方式建立，也可以使用自动布管工具；可以用对焊、承插焊或螺纹、法兰管道，迅速建立管道模型。CADWorx 可以自动生成立面图、剖视图、轴测图（ISOGEN）和应力分析轴测图。

（一）CADWorx 的特点

1. 智能建模　用户可以采用智能拖拽、搭积木法、中心线法等多种方式进行管道建模。可以在空间两点或设备管口之间自动进行管道布置。

2. 更改尺寸和等级　可根据项目需求实现等级和尺寸的智能改变，允许选择单一元件或整条管线，自动进行尺寸的变更并允许客户作出适当的设置。

3. 配管规则　这些规则将控制配管过程中的各方面，如支管类型、连接型式、管道长度等。可以选择应用或者忽略哪些规则。

4. 新的等级、库文件　整合库和等级文件，界面人性化，便于管理。可以选择不同的管道等级，设计各种类型的管道。软件内置了美国标准、德国标准、国家标准、石化、化工的等级和库文件。

5. 组件功能　常用的阀组、泄放装置、配管布置可以做成组件，多次使用，减少重复的建模过程。

6. 最小和最大管道长度 这些长度将通过配管原则限制使用的管道长度。如果管道长度太短，程序不允许放置管道；如果长度大于最大管道长度，管道将自动会被截断。

7. 元件自感应 每个元件都会自感应与其连接的元件，当元件移动时这些连接将会自动保持。当移动元件和附加元件需要改变方向时，它们会自动改变。

8. 与压力容器强度设计软件 PV Elite 软件接口 CADWorx 与压力容器强度设计软件 PV Elite 有双向接口，设备模型可以导出到 PV Elite 中，也可将 PV Elite 建立的分析模型导入 CADWorx 中。

9. 与管道应力分析 CAESARⅡ软件接口 与管道应力分析软件 CAESARⅡ的双向接口，可实现管道模型的双向导入导出。设计人员可以直接将 3D 管道模型传输给管道应力分析软件 CAESARⅡ，自动建立管道分析模型，包含管道走向、尺寸、温度、压力、各点的约束形式等。

（二）CADWorx 模块

CADWorx 包含的模块很多，具体的有以下几种。

1. 三维管道模块（intelligent 3D piping design） 可以选择不同的管道等级，设计各种类型的管道，提供快捷、智能的配管功能，种类丰富的阀门库和法兰库。软件允许任意拖拽管道、三通、阀门、法兰等元件；允许修改管道模型的管径和等级，且会自动更新和在适当位置自动添加或修改大小头、三通等元件。保温模块可以对管道进行保温处理，定义保温厚度和保温材料等信息，并且可以统计保温材料数量（体积、重量），保温厚度可以参与管道碰撞检查，并且将其视为软碰撞。支、吊架建模模块可以建立各种支、吊架和弹簧架 3D 模型。

2. 管道等级和管道库（specification-driven design） 内置上百个国内国际公制、英制等级，通过等级可以驱动大约 60 个已经参数化的元件。国际数据库包括 ASME 标准、德国 DIN 标准，以及日本和南非等的标准数据库；国内数据库包括石化、化工、国家标准、机械、石油等标准数据库。具体包括管道与管件、法兰及紧固件、阀门、闸阀、截止阀、止回阀、安全阀、球阀、蝶阀等的相关标准。

3. 钢结构（梯子、平台）（CADWorx steel professional） 内置各国型钢库文件，可以通过模板定制不同的结构框架和管架，方便、快捷地生成 3D 钢结构、混凝土模型。可以建立直梯、斜梯、平台踏步、护栏、平台等。对结构梁、柱可以进行切割处理，以满足节点定义、精确材料统计的目的。结构模型可用 CIS 的标准数据格式导入钢结构详图软件，也可以将建立的结构模型输出到 STAAD 结构应力分析软件中，直接进行结构分析。

4. 设备模块（CADWorx equipment） 数据驱动图形，可搭建各种立、卧式设备和机泵等设备。内置丰富的管嘴库、管嘴定位调整工具，满足管嘴的不同定位要求。CADWorx Equipment 与 PV Elite 压力容器设计软件有双向接口，设备模型可以导出到 PV Elite 中，也可将 PV Elite 建立的分析模型导入 CADWorx 中。

5. 通风管道、电缆桥架（ducting/cable trays） 软件提供各种方、圆、椭圆风管和电缆桥架元件，建立 HVAC 通风管道、电缆桥架。电缆桥架作为路径，可以导入电缆敷设软件中，用于进行电缆敷设工作。

6. 碰撞检查（collision checking） 软件可自动进行碰撞检查，不仅可检查 CADWorx

创建的设备、钢结构、管道模型间的碰撞，还可检查与AutoCAD实体间的碰撞。并且在配管过程中只要发生碰撞，就会自动弹出碰撞警告。

7. 连续性检查（discontinuity view） 快速查看周期，更加快速和直观地复核设计。通过3D模型，用户能够有效减少采用打印或者其他非交互式的沟通方式带来的工作量。

8. 管段图生成（ISOGEN isometrics） 使用单线图生成器ISOGEN（自动生成单线图），生成的单线图符合国际通用图纸样式。软件对管道材料自动统计，生成各种材料报告。模型剖切功能可在3D模型中任意定义平、立面剖切范围和视图方向。在图纸空间定义好视图后，可选择软件命令标注尺寸、管号、标高、设备位号等信息。最后用软件的图纸生成功能生成平、立面图。

9. 实时数据库连接（live database links） 允许用常用的数据库（Access、Oracle、SQL Server）建立自定义的材料表，可实现模型与数据库同步更新。管道和钢结构3D模型可以从数据库中恢复。不同的用户建立同一项目的不同区域3D模型，可以共享一个外挂数据库。

10. 模型和P&ID同步检查（model/P&ID synchronization） CADWorx中创建的设备、管道模型，可直接导入SmartPlant 3D软件中，创建SmartPlant 3D的管道模型。CADWorx模型与SmartPlant 3D集成后，就可以统一检查、校核整厂设计，以确保整体设计安全有效。

11. 漫游检查（CADWorx design review） 可将CADWorx中创建的三维模型生成只有原模型文件1/8大小的漫游文件，方便传送。漫游软件包含三维模型中所有设备、钢结构、管道模型的信息，满足了快捷、直观地漫游检查三维工厂模型的要求，也可审阅校核三维设计模型和添加设计注释及红线标识等信息。

12. 管道应力、压力容器分析软件数据接口（links to stress analysis） 与管道应力分析软件CAESARⅡ有双向接口，可实现管道模型的双向导入导出；可直接将3D管道模型传给管道应力分析软件CAESARⅡ，自动建立管道分析模型，包含管道走向、尺寸、温度、压力、各点的约束形式等。如果应力分析需要对管道走向和支架作出调整和修改，修改后的内容还可以自动呈现到CADWorx中。

（三）CADWorx图例

图12-18是某药厂原料药车间CADWorx三维设计图。

图12-18 原料药车间CADWorx三维设计图

二、SolidWorks

SolidWorks 是世界上第一个基于 Windows 开发的三维 CAD 系统，是一种先进、智能化的参变量式 CAD 设计软件，在机械设计、消费品设计等领域已经成为 3D 主流软件。国内外多所高校也在应用 SolidWorks 进行教学。

（一）SolidWorks 软件的特点

1. 第一个在 Windows 操作系统下开发的 CAD 软件，与 Windows 系统全兼容，是 Windows 的对象链接与嵌入（object linking and embedding，OLE）产品。全 Windows 特性的特征管理器使设计过程的操作及管理条理清晰，操作简单，动态界面和鼠标动态控制对设计复杂零件非常实用。

2. 菜单少，使用直观、简单，界面友好。SolidWorks 只有六十几个命令，其余命令与 Windows 相同。下拉菜单一般只有二层（三层的不超过 5 个）；图形菜单设计简单明快、形象化。系统参数设置集中在一个选项（option）中，容易查找和设置。动态引导智能化，实体及光源均可在特征树中找到，操作方便。装配约束简单且容易理解。对实体的放大、缩小和旋转等全部是透明命令，可以在任何命令过程中使用。

3. 数据转换接口丰富，转换成功率高。支持 IGES、DXF、DWG、SAT（ACSI）、STEP、STL、ASC 或二进制的 VDAFS（VDA，汽车工业专用）、VRML、Parasolid 等标准，且与 CATIA、Pro/E、UG、MDT、Inventor 等设有专用接口。SolidWorks 与 I-DEAS、ANSYS、Pro/E、AutoCAD 等之间的数据转换均非常流畅。

4. 独特的配置功能。允许建立一个零件而有几个不同的配置（configuration），这对于通用件或形状相似零件的设计，可大大节约时间。

5. 自上而下（top-to-down）的装配体设计技术。它可使设计者在设计零件、毛坯件时于零件间捕捉设计关系，在装配体内设计新零件、编辑已有零件。

6. 曲面设计工具。设计者可以创造出非常复杂的曲面，如由两个或多个模具曲面混合成复杂的分型面。设计者亦可裁减曲面、延长曲面、倒圆角及缝合曲面。

7. 参数化设计、特征建模技术及设计过程的全相关性，使 SolidWorks 具有良好的设计柔性，使设计过程灵活、修改方便。

8. 面向装配体的零件设计，为大型装配体的建模提供了重要的技术方法，动画制作可实现动态模拟装配，同时可以进行运动分析，从而可利用计算机完成零件设计正确与否的检验。

9. SWIFT（SolidWorks intelligent feature technology）技术是 SolidWorks 提供的智能特征技术，由一系列的智能专家功能组成。这项技术帮助人们掌握 3D CAD 的细节、技术和解决方法，不受 CAD 系统规则的困扰。SWIFT 提供了一系列工具，用来管理特征顺序、配合、草图关系以及尺寸标注和公差规则。草图专家和尺寸专家允许直接在装配环境中进行零件尺寸的修改。

10. 智能零部件。将与某个零件有关的所有特性封装到该零件中，在调用零件进行装配时，零件可以自适应匹配目标并自动生成一系列相应的特征，根据其他零部件自动调整大小，加快设计速度。智能零部件不仅会自动提供诸如螺栓、垫圈和螺母的装配零件，而且也会在任何现有装配零件中自动创建所有装配特征，如孔阵列，可以减少错误数量，还可以节省时间。

11. SolidWorks 软件已进行了汉化，有国标零件库，兼容 AutoCAD，可在二维和三维之间进行转换。SolidWorks 的基本设计流程为“实体造型（零件）→虚拟装配体（装配体）→二维图纸（工程图）”或“装配体→零件→工程图”，三维实体建模使设计过程形象直观，虚拟装配可以实现设计过程的随时校验，从而避免可能发生的错误，二维图纸的自动绘制也提高了设计效率。

（二）SolidWorks 图例

图 12-19 是搅拌反应釜的 SolidWorks 三维设计图。

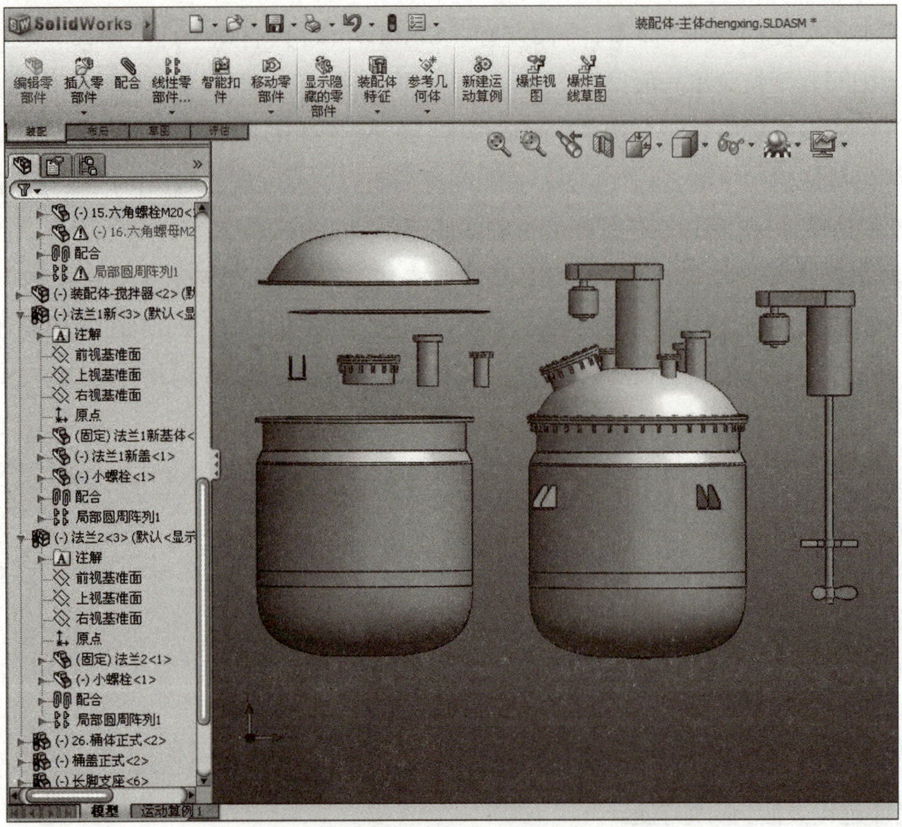

图 12-19　搅拌反应釜 SolidWorks 三维设计图

三、Pro/E

Pro/E 提供了全面、集成紧密的产品开发环境，是一套由设计至生产的机械自动化软件，是一个参数化、基于特征的实体造型系统。

（一）特点和优势

1. 参数化设计和特征功能　Pro/E 是采用参数化设计、基于特征的实体模型化系统，采用基于特征的功能去生成模型，如腔、壳、倒角及圆角，可以随意勾画草图，轻易改变模型。

2. 单一数据库 即工程中的资料全部来自一个库，使得每一个独立用户在为一件产品造型而工作。Pro/E 就是建立在统一基层的数据库上，即在整个设计过程的任何一处发生改动，都可以前后反映在整个设计过程的相关环节。

3. 模块全相关性 Pro/E 的所有模块都是全相关的，某一处进行的修改能够扩展到整个设计中，同时自动更新所有的工程文档，包括装配体、设计图纸及制造数据。全相关性使并行工程成为可能。

4. 基于特征的参数化造型 Pro/E 使用熟悉的特征作为产品几何模型的构造要素，易于使用。通过给这些特征设置参数（既包括几何尺寸，也包括非几何属性），然后修改参数进行多次设计迭代，实现产品开发。

5. 数据管理 数据管理模块的开发研制，是专门用于管理并行工程中同时进行的各项工作，由于使用了 Pro/E 独特的全相关性功能，因而使之成为可能。

6. 装配管理 Pro/E 的基本结构能够使设计人员利用一些直观的命令，例如“啮合”“插入”“对齐”等，从而很容易地把零件装配起来，同时保持设计意图。高级的功能支持大型复杂装配体的构造和管理，这些装配体中零件的数量不受限制。

7. 易于使用 菜单以直观的方式联级出现，提供了逻辑选项和预先选取的最普通选项，还提供了菜单描述和在线帮助。

（二）Pro/E 软件包

Pro/E 是软件包，而非模块，它是该系统的基本部分，其中功能包括参数化功能定义、实体零件及组装造型、三维上色、实体或线框造型、完整工程图产生及不同视图。Pro/E 是一个功能定义系统，造型通过不同的设计专用功能实现，包括：筋（rib）、槽（slot）、倒角（chamfer）和抽空（shell）等，无须采用复杂的几何设计方式。参数化功能可建立形体尺寸和功能之间的关系，一个参数如果改变，其他相关的特征也会自动修正。

Pro/E 可输出三维和二维图形给其他应用软件，如有限元分析及后置处理等。可配上 Pro/E 软件的其他模块或自行利用 C 语言编程。在单用户环境下具有大部分的设计能力、组装能力和工程制图能力。

Pro/E 软件包的主要功能如下：

1. 特征驱动 例如凸台、槽、倒角、腔、壳等。

2. 参数化 参数代表尺寸、图样中的特征、载荷、边界条件等。

3. 关联设计 通过零件的特征值之间、载荷 / 边界条件与特征参数之间（如表面积等）的关系来进行设计。

4. 支持大型、复杂组合件的设计 规则排列的系列组件、交替排列、Pro/PROGRAM 的各种能用零件设计的程序化方法等。

5. 贯穿所有应用的完全相关性 任何一个地方的变动都将引起与之有关的每个地方改动，辅助模块将进一步提高扩展 Pro/E 的基本功能。

（三）Pro/E 图例

图 12-20 是某化工厂车间纯化水机照片与 Pro/E 三维设计图的对照。

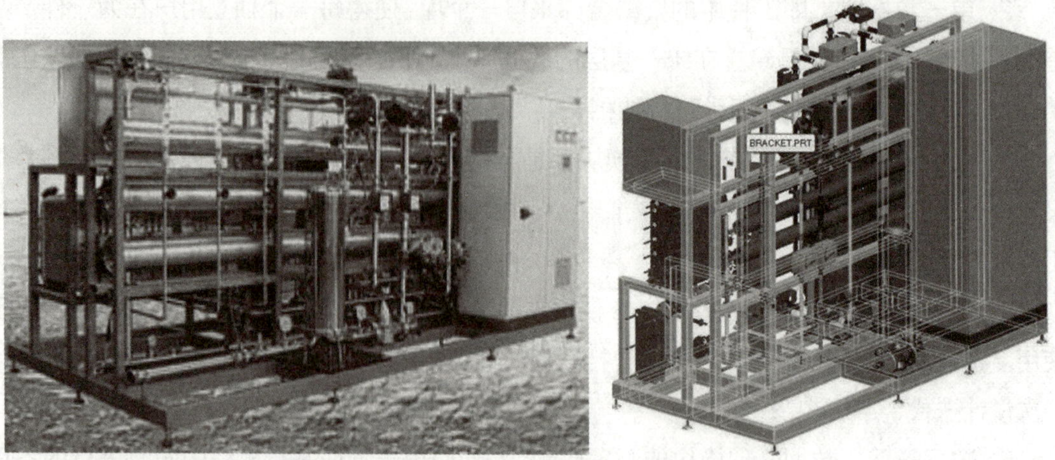

图 12-20　纯化水机照片与 Pro/E 三维设计图对照

四、UG NX

UG NX（Unigraphics NX）是产品工程解决方案，为产品设计及加工过程提供了数字化造型和验证手段。UG NX 针对虚拟产品设计和工艺设计的需求，提供了解决方案。

UG NX 技术优势：UG NX 使企业能够通过数字化产品开发系统，实现向产品全生命周期管理转型的目标，包含集成应用套件，用于产品设计、工程和制造全范围的开发过程。UG 可通过过程变更来驱动产品革新，具有独特的知识管理基础，可以管理生产和系统性能知识，根据已知准则来确认每一设计决策。

（一）UG NX 主要功能

1. 工业设计和风格造型　为创造性技术革新的工业设计和风格提供了解决方案。利用 NX 建模，能够迅速建立和改进复杂的产品形状，并使用渲染和可视化工具来满足设计概念的审美要求。

2. 产品设计　UG NX 包含设计应用模块，具有高性能的机械设计和制图功能，为制造设计提供了灵活性，以满足复杂产品的需要。UG NX 具有管路和线路设计系统、钣金模块、专用塑料件设计模块和其他行业设计所需的专业应用程序。

3. 仿真、确认和优化　UG NX 允许以数字化的方式仿真、确认和优化产品及其开发过程，可以改善产品质量、减少或消除对于物理样机昂贵耗时的设计、构建，以及对变更周期的依赖。

4. 数控加工　加工基础模块提供连接 UG NX 所有加工模块的基础框架，为加工模块提供一个相同的、界面友好的图形化窗口环境，可以在图形方式下观测刀具沿轨迹运动的情况，并可对其进行图形化修改。点位加工编程功能用于钻孔、攻丝和镗孔等加工编程。模块交互界面可进行用户化修改和剪裁，并可定义标准化刀具库、加工工艺参数样板库，使操作常用参数标准化。所有模块都可在实体模型上直接生成加工程序，并保持与实体模型全相关，适用于数控机床和加工中心。

5. 模具设计 模具设计的分模是最关键的。分模有两种：自动、手动。手动也要用到自动分模工具条命令，即模具导向。手动分模利用 MOLDWIZARD 分模，命令比较好用、工作效率高。

6. 开发解决方案 UG NX 产品开发解决方案完全支持各种工具，可用于管理过程，并与扩展的企业共享产品信息。UG NX 与 UGS PLM 的其他解决方案的完整套件无缝结合。这些对于 CAD、CAM 和 CAE 在可控环境下的协同、产品数据管理、数据转换、数字化实体模型和可视化都是一个补充。

（二）UG NX 图例

图 12-21 是用 UG NX 设计的螳螂音箱和鼠标的三维渲染图。

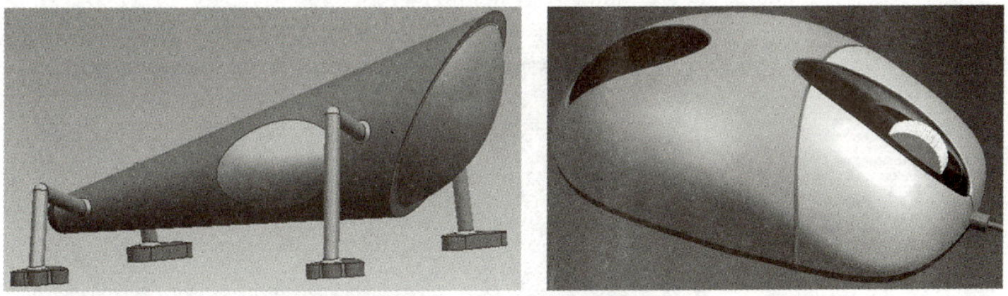

（a）　　（b）

图 12-21　UG NX 三维设计图
（a）螳螂音箱；（b）鼠标

五、其他绘图软件

（一）CAXA

CAXA（computer aided X alliance）是我国制造业信息化 CAD/CAM/PLM 领域的自主知识产权软件，主要针对计算机辅助技术和服务。

CAXA 的特点如下。

1. 设计、编程集成化 可以完成绘图设计、加工代码生成、联机通讯等功能，集图纸设计和代码编程于一体。

2. 完善的数据接口 可直接读取 EXB、DWG、DXF、IGES、DAT 等格式的文件，所有 CAD 软件生成的图形都能直接读入，均可完成加工编程，生成加工代码。

3. 图纸、代码的打印 位图矢量化功能能够接受 BMP、GIF、JPG、PNG 等格式的图形，矢量化后可与原图对比，对矢量化后的轮廓进行修正。

4. 齿轮、花键加工功能 解决任意参数的齿轮加工问题。输入任意的模数、齿数等齿轮相关参数，由软件自动生成齿轮、花键的加工代码。

5. 完善的通讯方式 可将计算机与机床联机，将加工代码发送到机床控制器。提供了电报头、光电头、串口等多种通讯方式，能与国产的所有机床连接。

6. 附送电子图板 相当于同时拥有了一套电子图板，可以用其设计零件和管理图纸。

图 12-22 是 CAXA 的二维和三维设计图例。

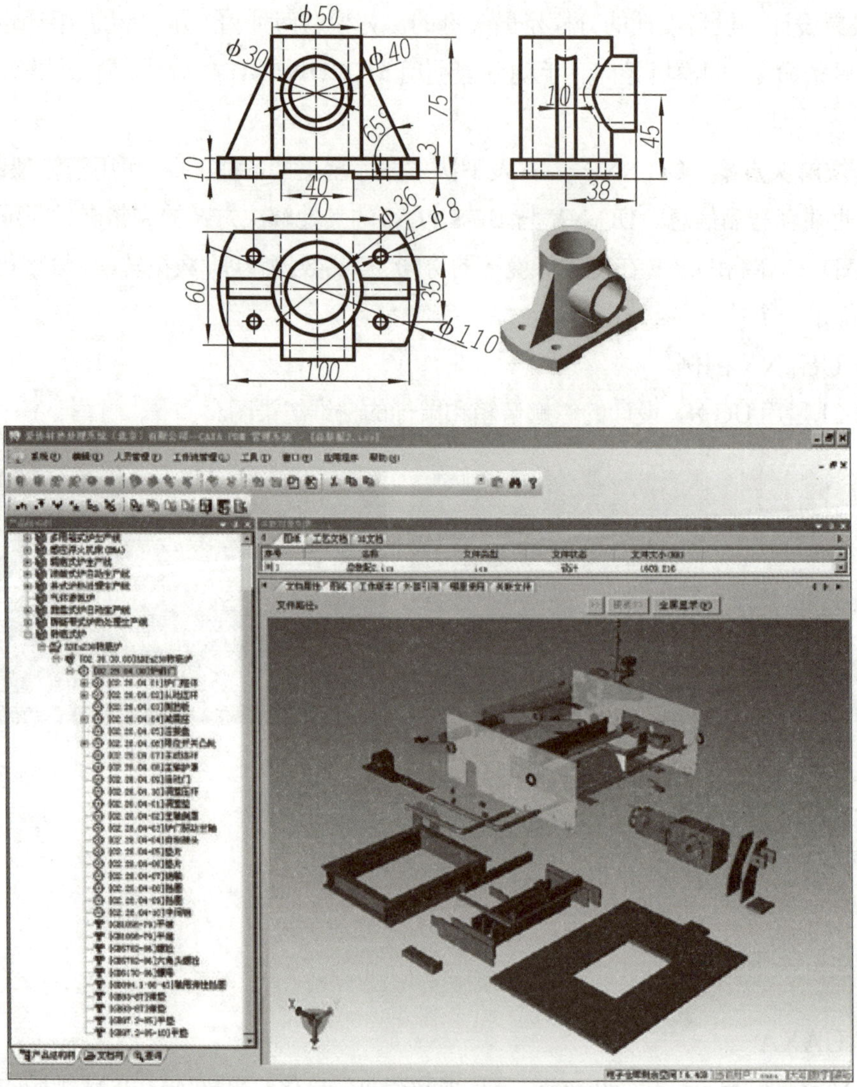

图 12-22　CAXA 设计图例

（二）Sketchup

Sketchup 是一套直接面向设计方案创作过程的设计工具，能够表达设计师的思想，而且可以满足即时交流的需要，可直接在计算机上进行直观的构思，是三维建筑设计方案创作的优秀工具。

产品特点：简洁的界面，易于掌握；适用范围广，可以应用在建筑、规划、园林、景观、室内以及工业设计等领域；方便的推拉功能，通过一个图形就可生成 3D 几何体，无须三维建模；快速生成剖面，便于了解内部结构，可以随意生成二维剖面图并快速导入 AutoCAD 进行处理；与 AutoCAD、Revit、3DMAX、PIRANESI 等软件结合使用，快速导入和导出 DWG、DXF、JPG、3DS 格式文件，同时提供 AutoCAD 和 ARCHICAD 等设计工具的插件；带大量组件库、材质库；可以制作方案演示视频动画；具有草稿、线稿、透视、渲染等不同显示模式；可以实时进行阴影和日照分析；可以进行空间尺寸和文字的标注。

Sketchup 包含一套工具集和一套智慧导引系统，对于喜欢手绘素描的设计者非常实用。Sketchup 提供的设计环境，能够动态地展现 3D 模型或材料、灯光的界面。Sketchup 还建立了

3D 模型库，集合了来自全球各个国家的模型资源，形成了一个很庞大的分享平台。图 12-23 是用 Sketchup 设计的某冷藏车间的三维俯视图和整体车间图。

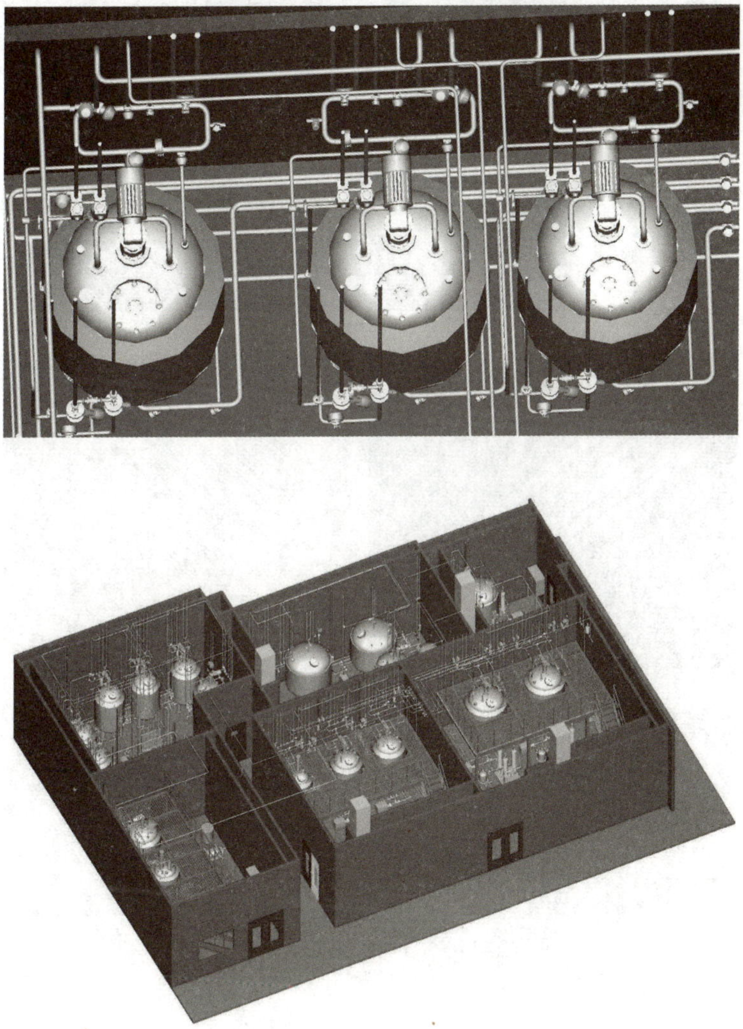

图 12-23　Sketchup 设计图例

（三）PressCAD

PressCAD 主要服务对象是模具业，主力产品为 PressCAD 模具专业设计软件、WPCAM 线割编程专业软件、PressCAD 精密铣床 NC 编程加工专业软件等。

PressCAD 冲模设计绘图软件，将设计作业标准化，采用参数式、图像化的操作界面，易学易用；全自动旋转测试，找出最省料的排料方式；模具图一经完成，即可产生详细的加工说明资料及零件、材料明细表；可自动产生整组模具的开模及闭模侧视组立图；自动计算整组模具的剪力中心及所需的冲剪力、冲床吨数、弹簧个数；自动检查冲头位置，可避免发生不当的设计；可检测零件位置，避免发生干涉现象；全自动模具尺度标注功能，智慧型的图组管理系统，可以建立所需的标准零件、模座资料。

图 12-24 是用 PressCAD 设计的图例。

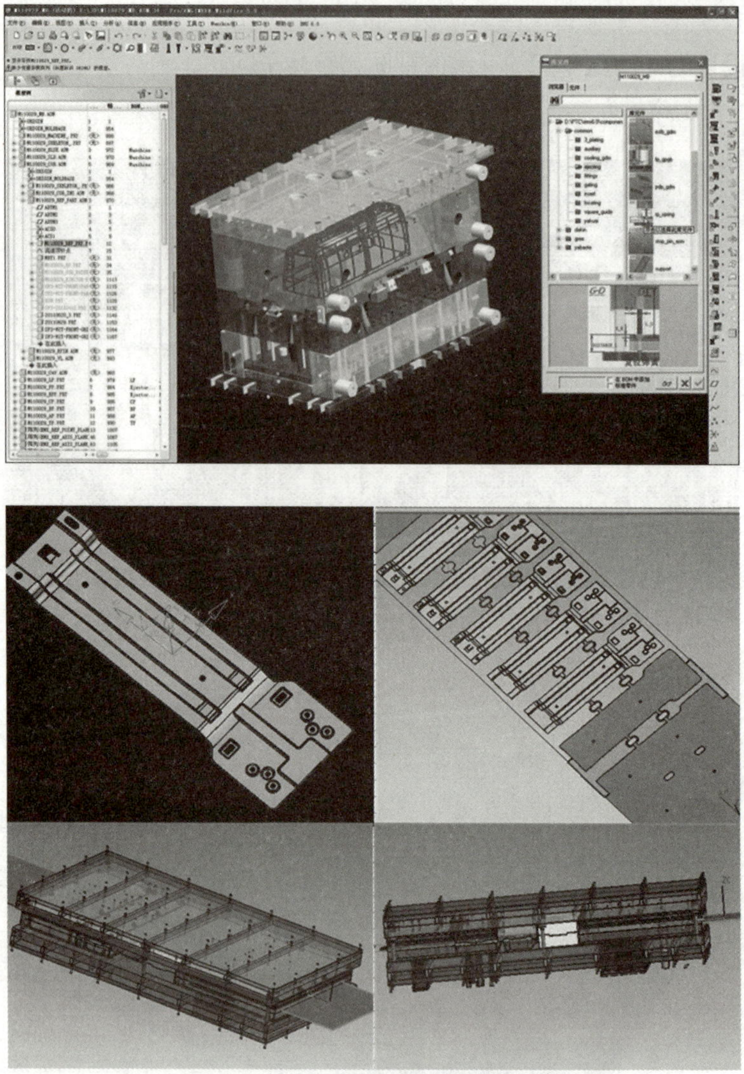

图 12-24　　PressCAD 设计图例

（四）CorelDraw

CorelDraw 是一款矢量图形编辑软件，广泛应用于商标设计、标志制作、模型绘制、插图描画、排版及分色输出等诸多领域。

CorelDraw 可以应对创意图形设计项目，界面设计友好、操作细致。它提供了一整套绘图工具，包括圆形、矩形、多边形、方格、螺旋线等，并配合塑形工具作出更多的变化，如圆角矩形、弧、扇形、星形等。同时也提供了特殊笔刷，如压力笔、书写笔、喷洒器等。

CorelDraw 提供了一整套图形定位和变形控制方案，实色填充提供了各种模式的调色方案以及专色的应用、渐变、图纹、材质、网格的填充，颜色变化与操作方式独树一帜。颜色管理方案使得显示、打印和印刷达到颜色的一致。

CorelDraw 的文字处理与图像的输出输入构成了排版功能，支持了绝大部分图像格式的输入与输出，可与其他软件交换共享文件，所以大部分用 PC 机作美术设计的都直接在 CorelDraw 中排版，然后分色输出。图 12-25 是 CorelDraw 的设计图例。

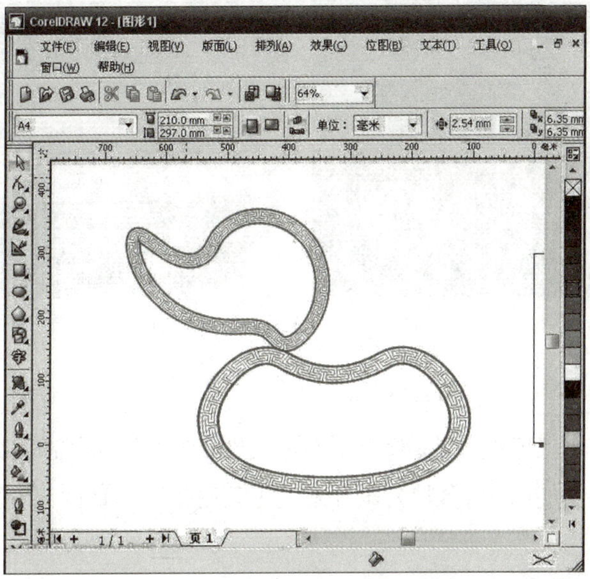

图 12-25　CorelDraw 设计图例

（五）CATIA

CATIA 是 PLM 协同解决方案的重要组成部分，它可以帮助厂商设计产品，并支持从项目前阶段、具体的设计、分析、模拟、组装到维护在内的全部工业设计流程。

CATIA 包括风格和外形设计、机械设计、设备与系统工程、管理数字样机、机械加工、分析和模拟。CATIA 在汽车、航空航天、船舶制造、厂房设计、电力与电子、消费品和通用机械制造等七大领域，已成为首要的 3D 设计和模拟解决方案。

混合建模技术是 CATIA 的核心技术。①设计对象的混合建模：在 CATIA 的设计环境中，无论是实体还是曲面，均做到了真正的互操作。②变量和参数化混合建模：CATIA 提供了变量驱动及后参数化能力，设计时不必考虑如何参数化设计目标。③几何和智能工程混合建模：可将企业多年的经验积累到 CATIA 知识库中，用于指导本企业新手；或指导新车型的开发，加速新型号推向市场的时间。

CATIA 提供了智能化的树结构，用户可方便、快捷地对产品进行重复修改。CATIA 的各模块基于统一的数据平台，有着真正的全相关性，三维模型的修改能完全体现在二维、有限元分析及数控加工的程序中。

CATIA 提供多模型链接的工作环境及混合建模方式，总体设计部门只要将基本的结构尺寸发放出去，各分系统的人员便可开始工作，既可协同工作，又不互相牵连；由于模型之间的互相联结性，使得上游对设计的修改能直接影响到下游工作的刷新，实现真正的并行工程设计环境。

CATIA 提供了完备的设计能力。从产品的概念设计到最终产品的形成，提供了完整的 2D、3D、参数化混合建模及数据管理手段；CATIA 将机械设计、工程分析及仿真、数控加工和 CAT web 网络应用解决方案有机结合在一起，提供严密的无纸工作环境，特别是 CATIA 中针对汽车、摩托车业的专用模块，使 CATIA 拥有了宽广的专业覆盖面。图 12-26 是 CATIA 设计图例。

图 12-26　CATIA 设计图例

（六）PIDCAD

PIDCAD 是用于化工工程设计、管道、仪表工艺物料流程图绘制的工具软件，已在我国多项大型石化工程设计中使用，结合其公司开发的工艺设备管理软件，可实现工厂工艺、设备信息化管理。

该软件可绘制各种与管道、阀门、设备、仪表有关的流程示意图；设计、绘制新建装置的工艺管道、仪表流程图；绘制、复原原有装置及其流程图（工艺物料平衡图和工艺管道、仪表流程图），建立永久的电子版流程图、电子工艺档案库；建立设备、仪表、工艺参数管理信息库，实现电子信息化管理；统计流程图中各种设备、仪表、阀门、管线的数量和型号，并显示仪表、阀门的具体位置、记忆用户输入数值；可以制作各种自定义图符，扩充预定义图库。

PIDCAD 具有管线数据扩展功能，在绘图中，阀门、管件、仪表移动或者删除后管线自动闭合；设备移动管线可自动跟踪连接。阀门、管件、仪表可以自动替换并连续插入，可批量自动替换。阀门、管件等自动标注，实现阀门、管件以及标准的对齐。

（七）RSGL-LC

RSGL-LC 是工艺流程设计软件，用于解决化工过程流程图的计算机输入问题。软件将化工常规设备中的 254 个“图形”模块化，划分为“管件、阀门、储罐、塔器、封头、仪表、换热器、搅拌器、除尘器、传动结构、管道特殊件、管道符号、几何图形”13 个组库，基本囊括了化学工艺流程绘制过程中所要的全部图形元件，可方便地按照化学原理对各种单元操作进行组合、拆分、放大、缩小，绘制出所需要的各种化工工艺流程图。在绘制过程中只需选择需要的图形元件，通过鼠标的拖拉即可完成，操作简单，易学易用。

绘制的流程图可发送到 Word、PowerPoint 及劝学课件制作软件 ET Book 等办公平台上进行编辑。导入导出功能既可以将绘制的化学流程导出成独立的图形文件，也能将各种图形图像导入，为工艺流程添加背景。支持多种字体格式，并能自定义大小、粗细、色彩。光标自动定位功能解决了在文字书写过程中，文字横排竖排以及上下定位问题。自动生成的标题栏符合国家制图标准。

（赵宇明）

参考文献

[1] 韩静. 制药工程制图. 北京: 中国医药科技出版社, 2011.
[2] 何铭新, 钱可强, 徐祖茂. 机械制图. 6 版. 北京: 高等教育出版社, 2010.
[3] 李广慧, 李波. 机械制图简明手册. 上海: 上海科学技术出版社, 2010.
[4] 丁伯民, 黄正林. 化工容器. 北京: 化学工业出版社, 2003.
[5] 秦叔经, 叶文邦. 换热器. 北京: 化学工业出版社, 2003.
[6] 路秀林, 王者相. 塔设备. 北京: 化学工业出版社, 2004.
[7] 王凯, 虞军. 搅拌设备. 北京: 化学工业出版社, 2003.
[8] 周大军, 揭嘉, 张亚涛. 化工工艺制图. 2 版. 北京: 化学工业出版社, 2012.
[9] 魏崇光, 郑晓梅. 化工工程制图: 化工制图. 北京: 化学工业出版社, 2011.
[10] 董大勤, 高炳军, 董俊华. 化工设备机械基础. 4 版. 北京: 化学工业出版社, 2012.
[11] 韩静. 化工制图. 北京: 人民卫生出版社, 2014.
[12] 韩静. 制药工程制图. 2 版. 北京: 中国医药科技出版社, 2019.

目　录

第一章 制图基本知识

1-1 字体练习：汉字

工	程	制	图	设	计	绘	图	审	核	学	生	姓	名	日	期	比	例	件	数	质	量	共	张	第	药	物	剂
字	体	工	整	笔	画	清	楚	间	隔	均	匀	排	列	整	齐	横	平	竖	直	注	意	起	落	填	满	方	格
大	学	院	系	专	业	长	仿	宋	标	题	栏	明	细	表	技	术	要	求	公	差	配	合	表	面	粗	糙	度
投	影	法	点	线	基	本	棱	柱	锥	回	转	圆	球	环	简	单	相	贯	组	零	装	剖	视	断	全	半	局

1-2　字体练习：字母及数字

A B C D E F G H I J K L M N O P Q R S T U

V W X Y Z a b c d e f g h i j k l m n o p

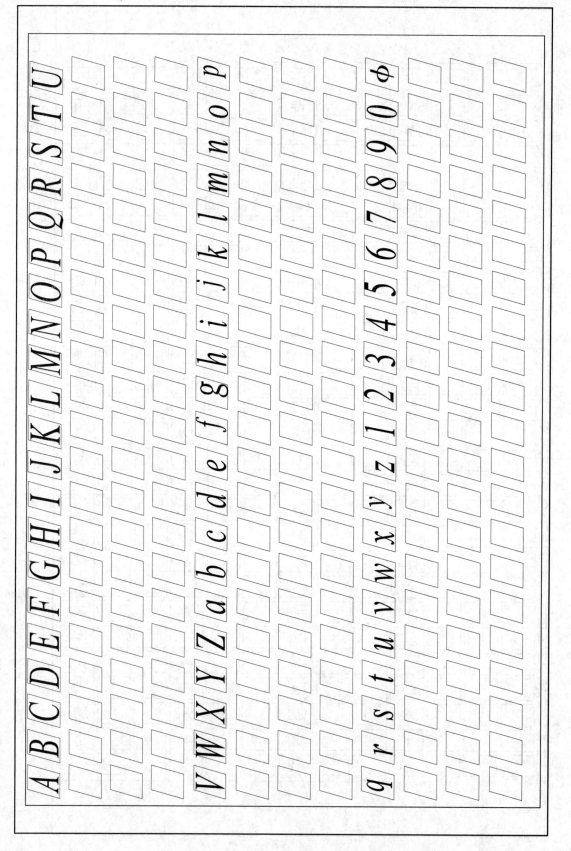

q r s t u v w x y z 1 2 3 4 5 6 7 8 9 0 Φ

1-3 线型练习

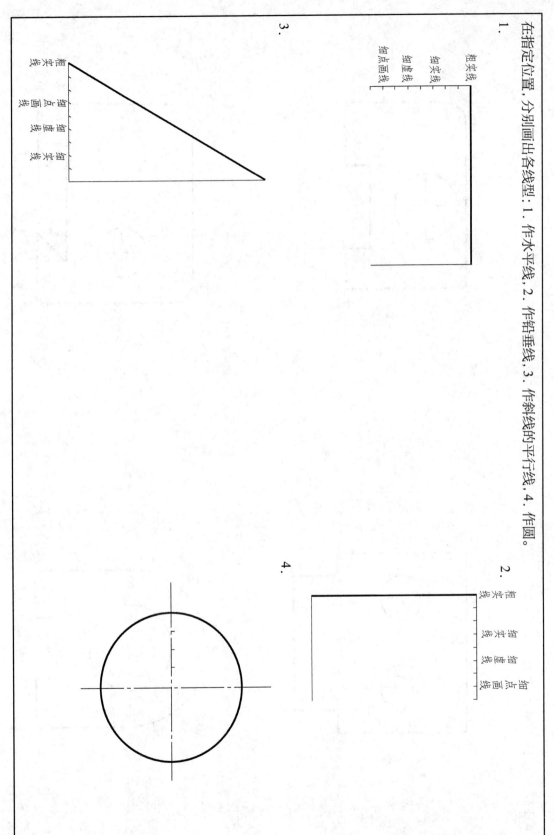

在指定位置，分别画出各线型：1. 作水平线，2. 作铅垂线，3. 作斜线的平行线，4. 作圆。

1.

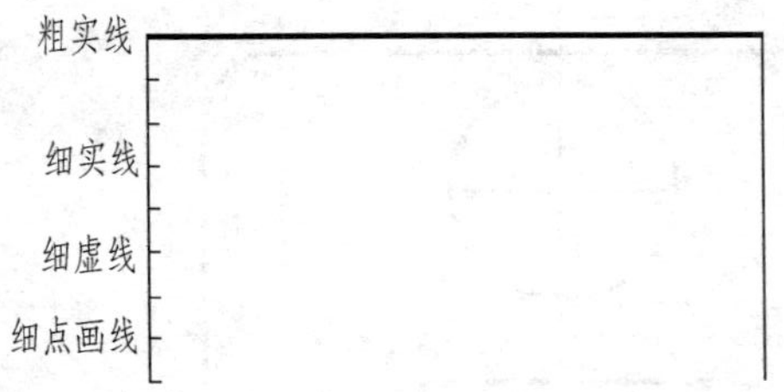

2.

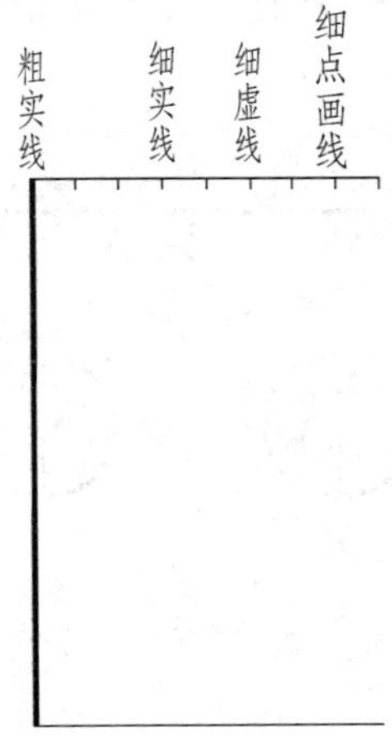

3.

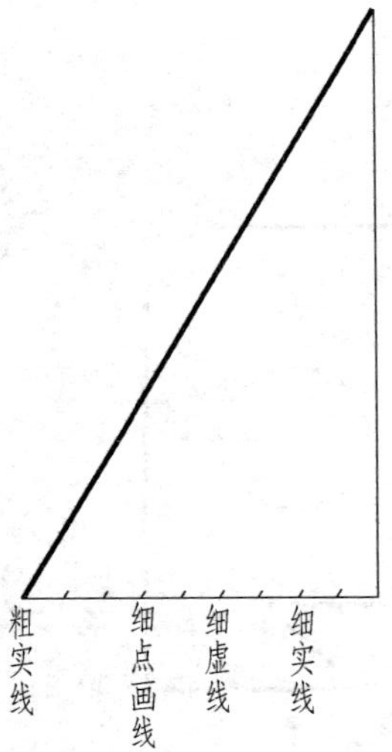

4.

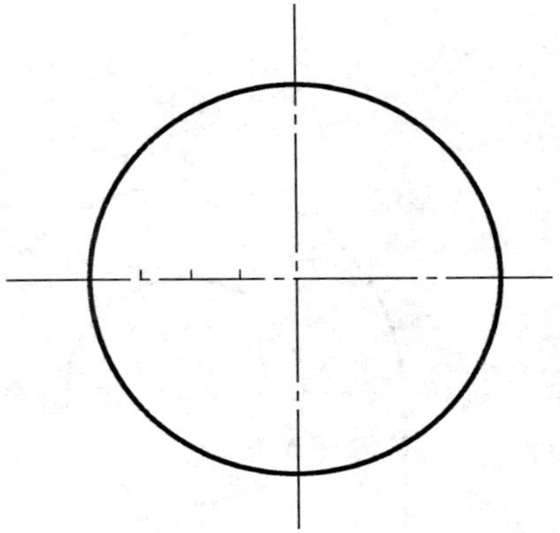

1-4　尺寸标注

对下列各图进行尺寸标注(在图中直接量取，并取整数)。

1.

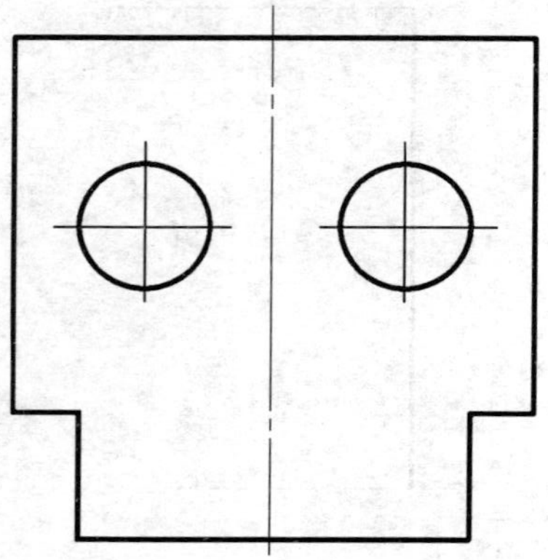

2.

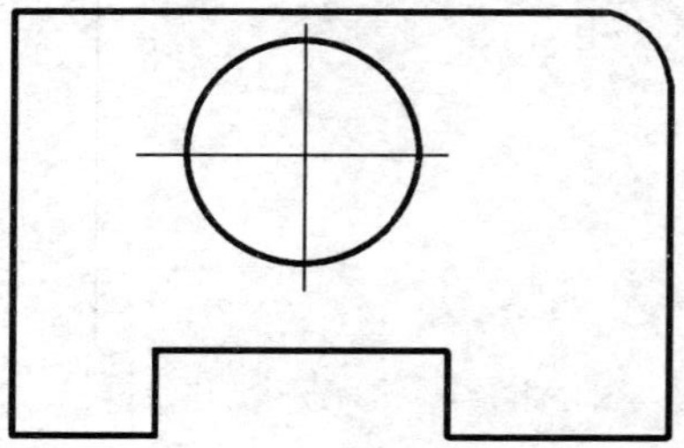

3.

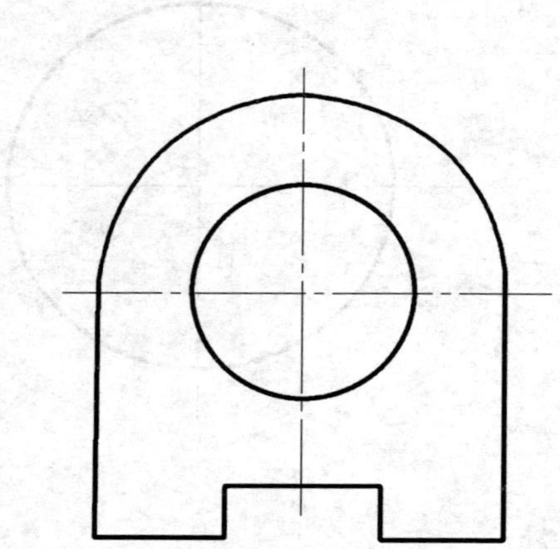

4.

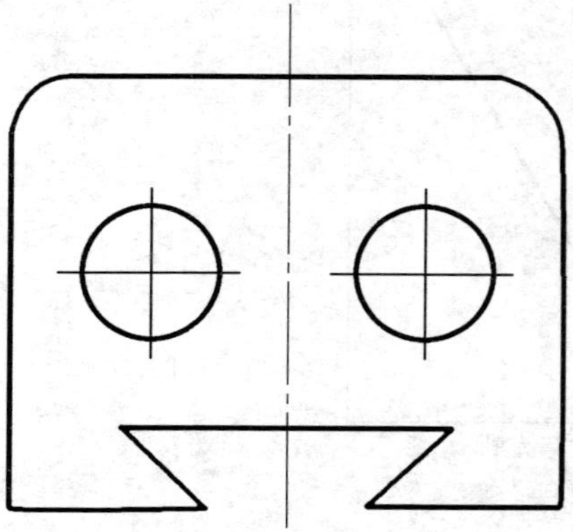

1-5　绘图训练：制图作业1（线型练习）

一、目的

1. 掌握主要线型的画法。

2. 学会使用绘图工具。

二、要求

1. 选择比例1:1，在A4纸上绘制图样。

2. 只按图上标注的尺寸绘制出图样，不用标注尺寸。

三、绘图步骤与注意事项

1. 绘图步骤　先按A4纸的幅面大小绘制边框线，再按不装订的图纸绘制图框线，然后绘制标题栏，最后绘图。

2. 线宽及线型　粗线线宽选择0.7或0.5，细线线宽为粗线的1/2，虚线短画4mm，空隙1mm；点画线长画15mm，空隙及点3mm，中间的点，要画成约1mm短画。

3. 箭头　箭头宽度为粗线线宽，长度约为宽度的6倍。

4. 合理布图　先打底稿，检查无误再进行加深，最后写字和画箭头。

5. 打底稿　用H或2H铅笔，加深细直线用H，加深粗实线用B或2B，写字和画箭头用HB，加深圆弧要用比同类线型软一级的铅笔。

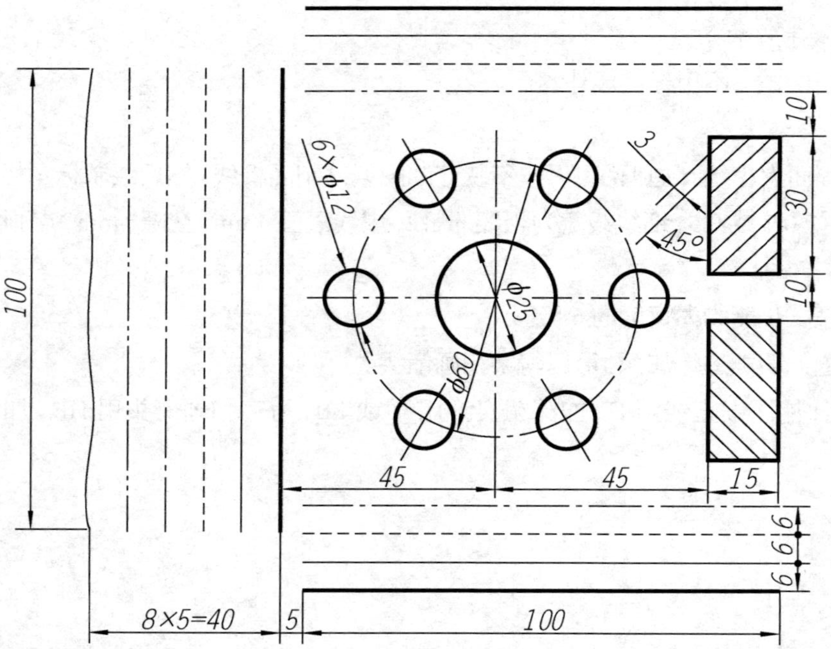

6×ϕ12
3
45°
ϕ25
ϕ60
10
30
10
45
45
15
100
6
6
6
8×5=40
5
100

1-6 圆弧连接绘图：制图作业2（吊钩）

一、目的

1. 掌握圆弧连接的画法。

2. 熟悉平面图形的尺寸标注。

二、要求

1. 选择比例1∶1，在A4纸上绘制图样。

2. 按国家标准GB/T 4458. 4—2003《机械制图 尺寸注法》和GB/T 19096—2003《技术制图 图样画法 未定义形状边的术语和注法》的规定合理标注尺寸。

三、注意事项

1. 参照线型练习的注意事项。

2. 圆弧连接的画法　先做连接弧的圆心，再做切点，最后连接线段。

3. 连接弧切点和圆心的作图方法

（1）已知半径为R的圆弧与一条直线相切时的圆心O的轨迹为与直线距离为R的直线，过圆心O做直线的垂线，垂足即为切点。

（2）已知半径为R的圆弧与圆心为O_1，半径为R_1的圆弧相外切，圆心轨迹为以O_1为圆心，$R+R_1$为半径的圆弧，圆心连线OO_1与圆弧的交点，即为切点。

（3）已知半径为R的圆弧与圆心为O_2，半径为R_2的圆弧相内切，圆心轨迹为以O_2为圆心，$|R-R_2|$为半径的圆弧，圆心连线OO_2的延长线与圆弧的交点，即为切点。

4. 尺寸标注　按国家标准规定标注尺寸，要做到认真细致，不要错误标注和漏标尺寸，标注尺寸为机件真实大小，与绘图的大小无关。

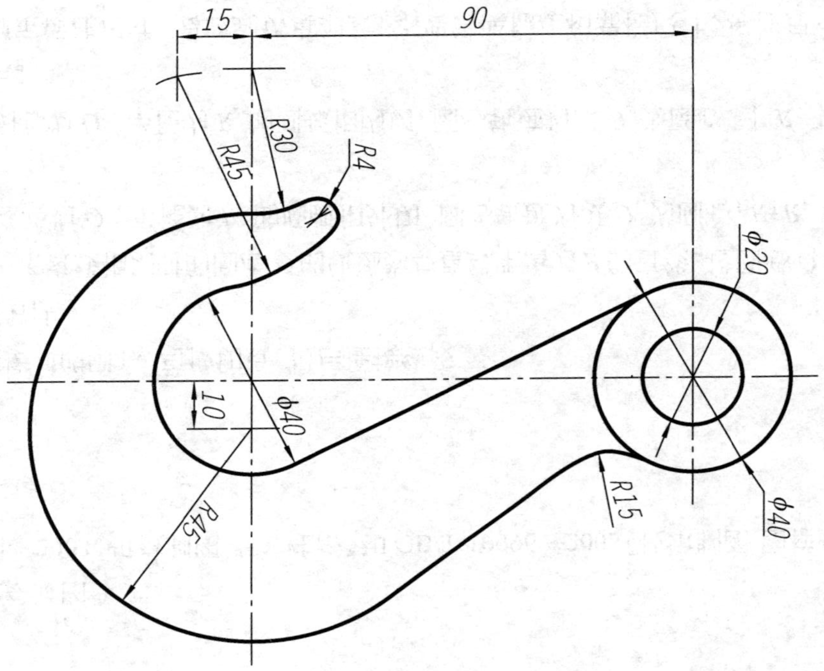
15
90
R45
R30
R4
φ20
10
φ40
R45
R15
φ40

第二章　几 何 投 影

习题答案

2-1　点的投影

1. 依照立体图中点的位置，作各点的三面投影。

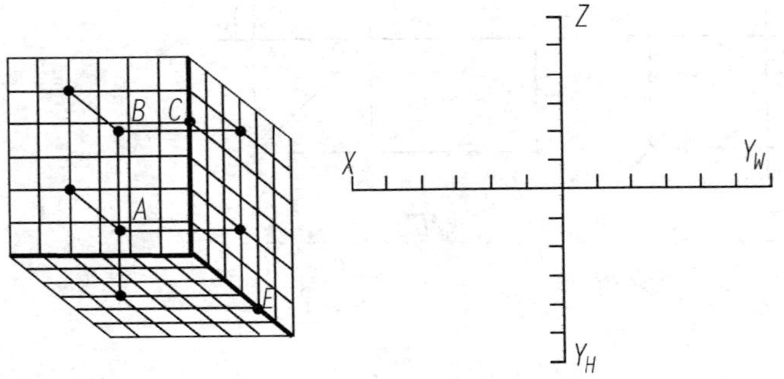

2. 已知点 A 在 V 面之前 20，点 B 在 H 面之上 15，点 C 在 H 面上，点 D 在 V 面上，点 E 在投影轴上，补全各点的投影。

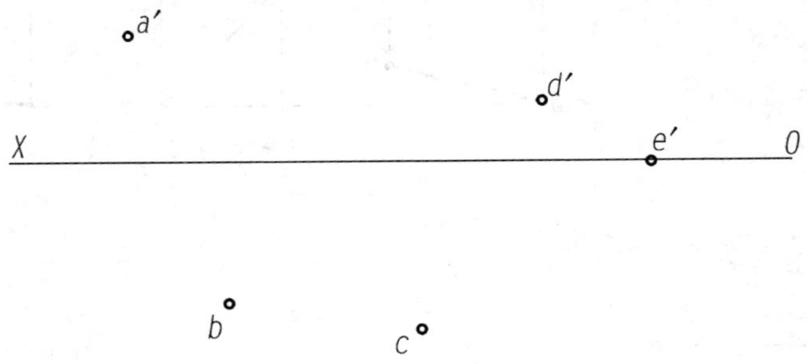

3. 补全各点的三面投影。

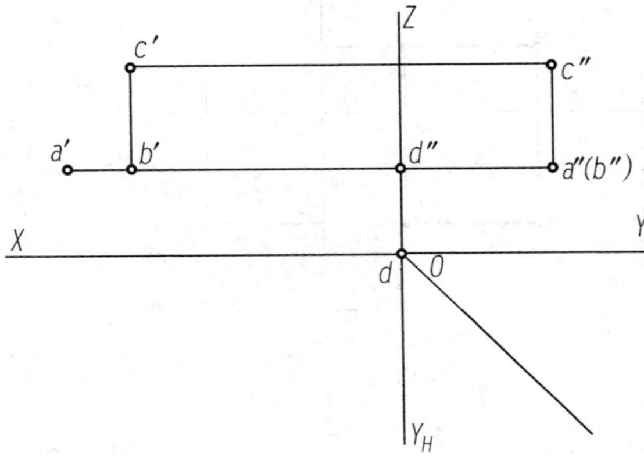

4. 已知点 A 的三面投影，且点 B 在点 A 之后 5、之右 15、之上 10，求作点 B 的三面投影。

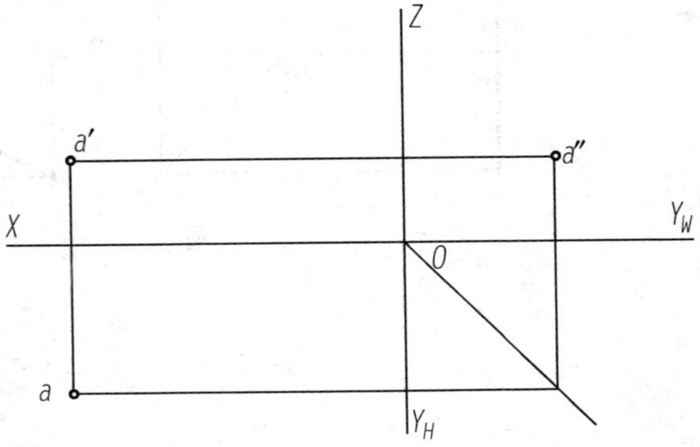

2-2 直线的投影：补全直线的三面投影，并判断直线的类型

1.

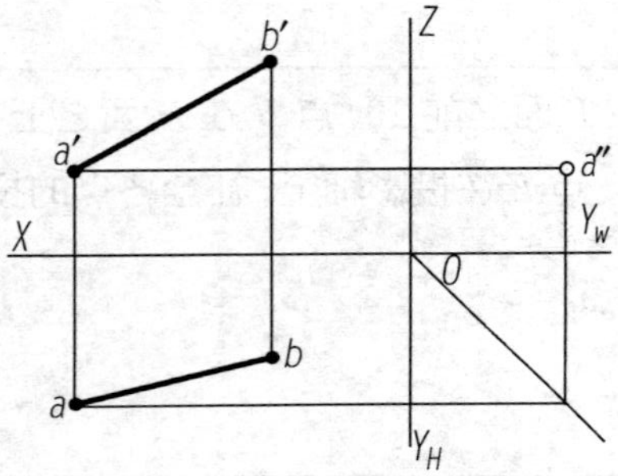

直线AB是__________线

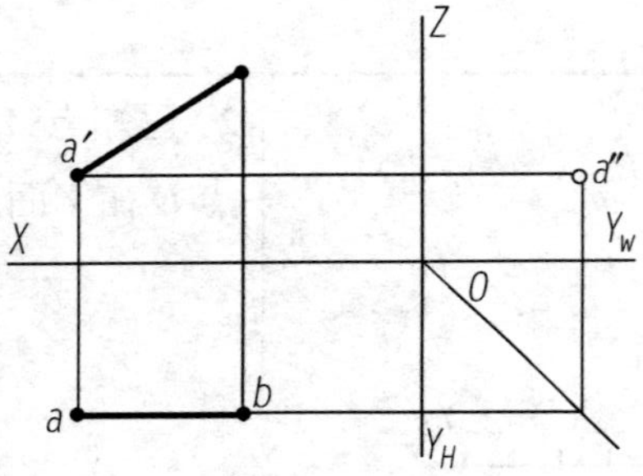

直线AB是__________线

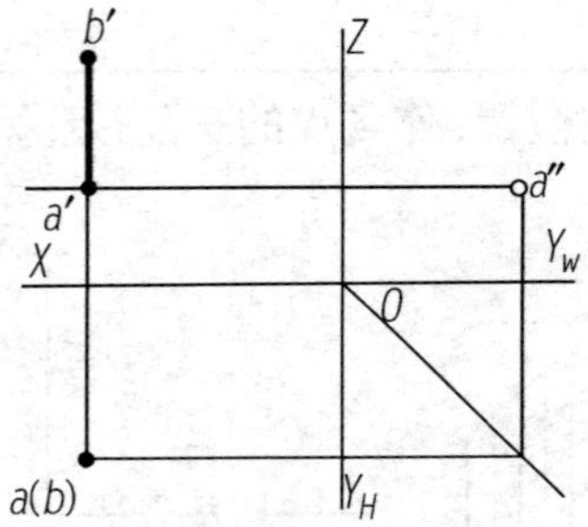

直线AB是__________线

2.

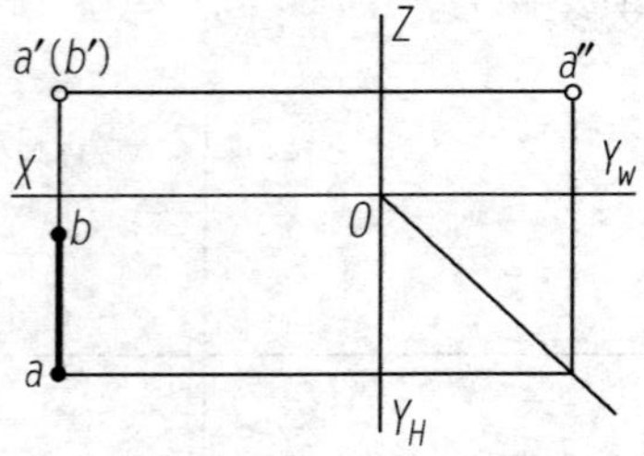

直线AB是__________线

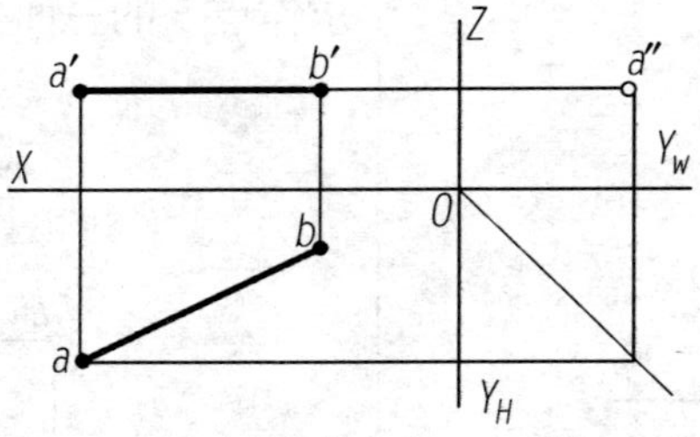

直线AB是__________线

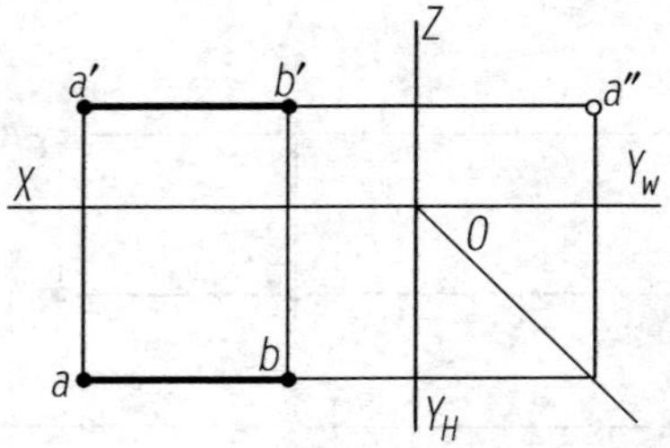

直线AB是__________线

2-3 直线的投影：直线及直线上的点

1. 正垂线 CD，D 在 C 点后，CD=12，作其三面投影。

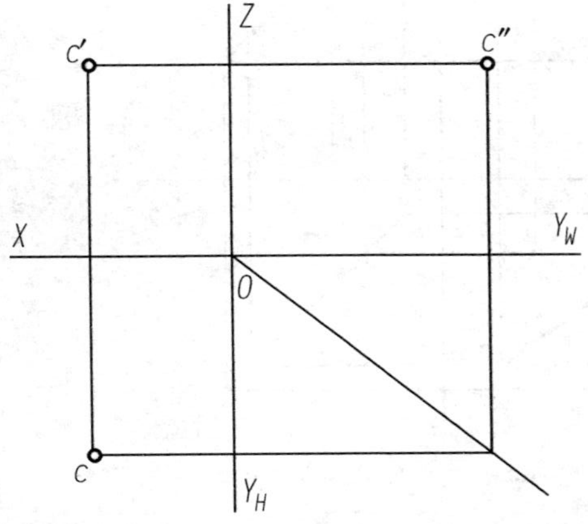

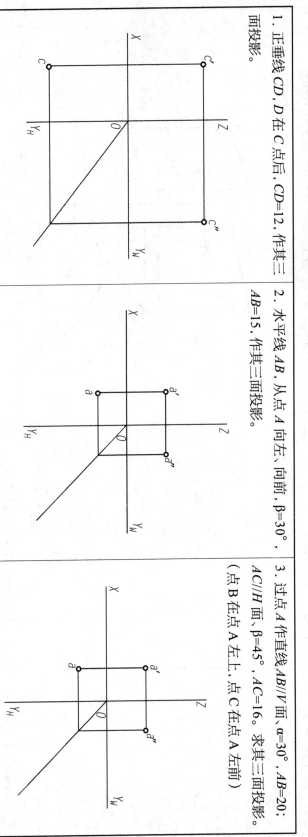

2. 水平线 AB，从点 A 向左、向前，β=30°，AB=15，作其三面投影。

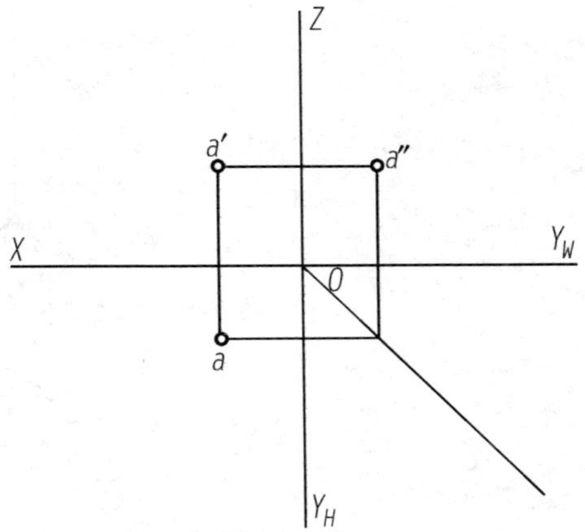

3. 过点 A 作直线 AB//V 面、α=30°，AB=20；AC//H 面、β=45°，AC=16。求其三面投影。（点 B 在点 A 左上，点 C 在点 A 左前）

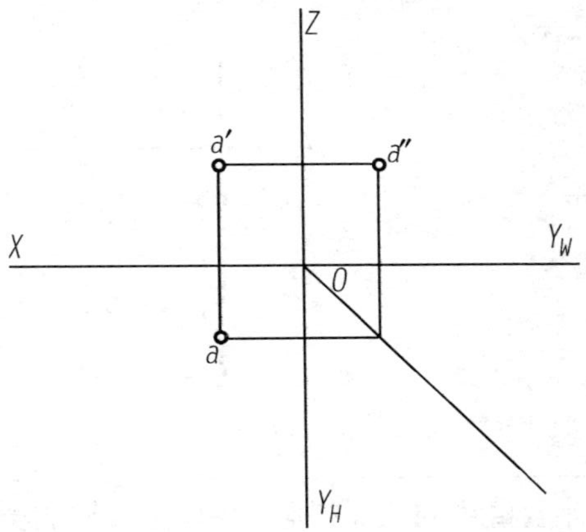

4. 已知直线上点 C 的一个投影，求其另外两面投影。

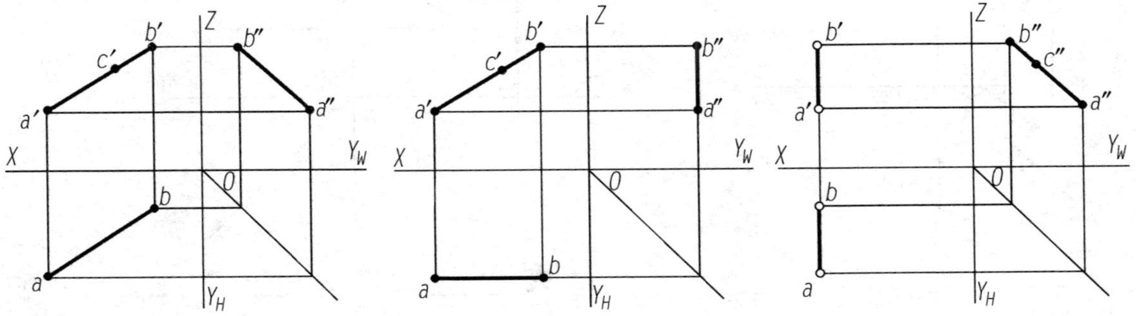

5. 在直线的两面投影上，求出点的另一面投影。

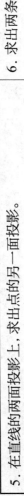

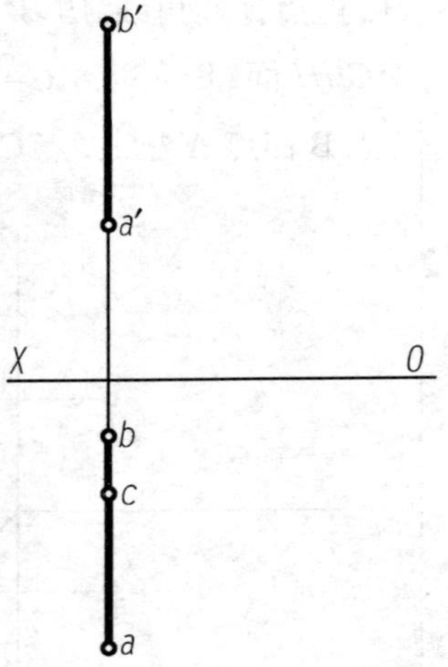

6. 求出两条相交直线的重影点(一共有3对)的三面投影。

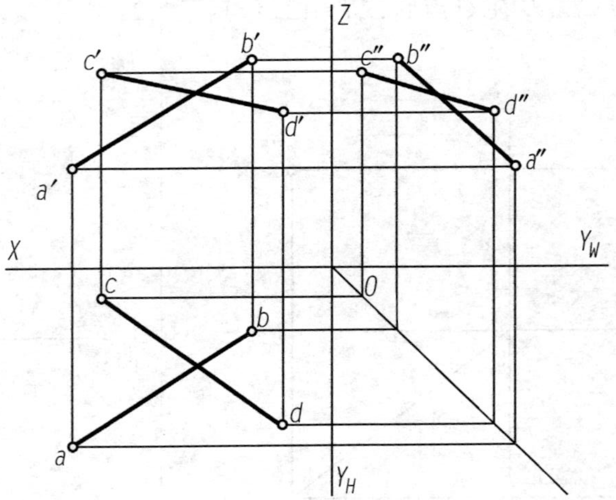

7. 补全直线的三面投影，并写出直线的类型和两直线的关系。

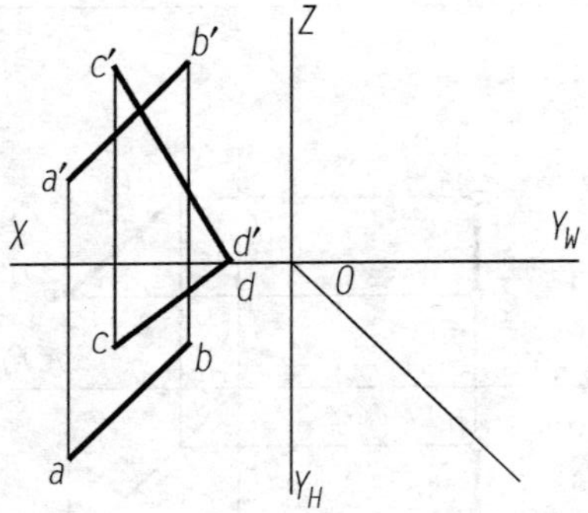

直线AB是________线，CD是________线，AB和CD是________。

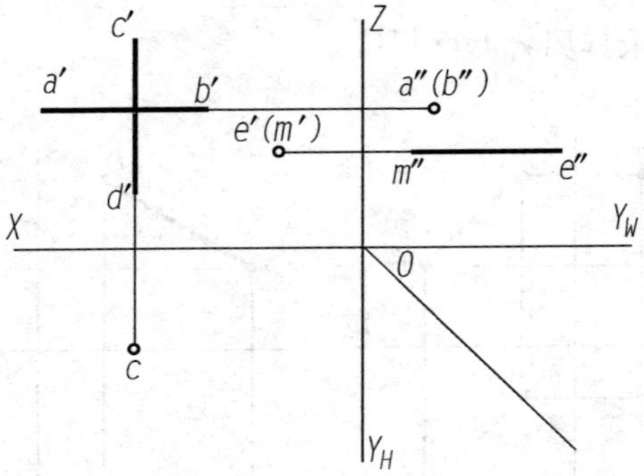

直线AB是________线，CD是________线，EM是________线，AB和EM是________。

2-4　平面的投影(一)

1．判断空间平面的相对位置。

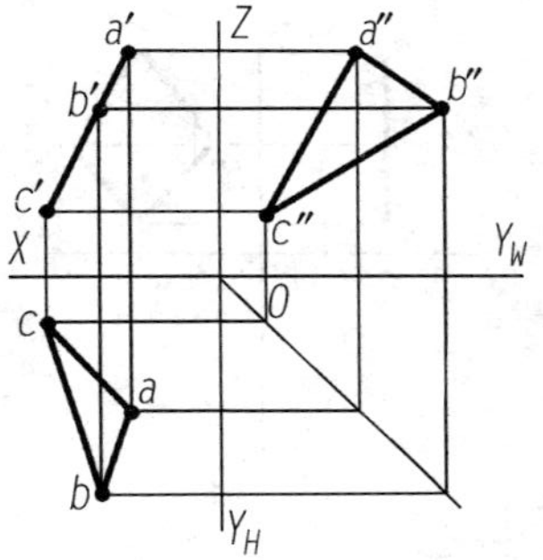

该平面是________平面

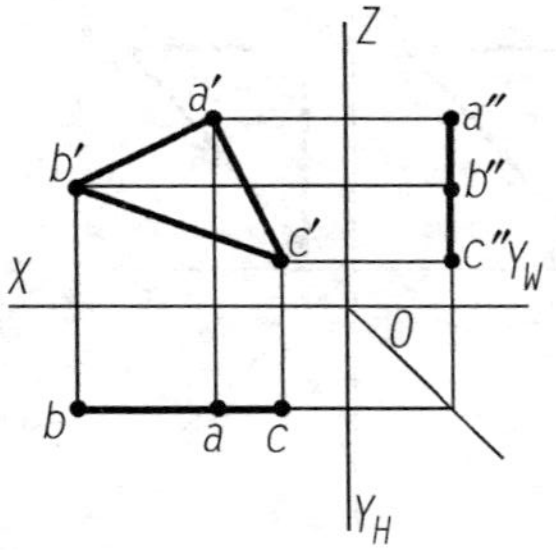

该平面是________平面

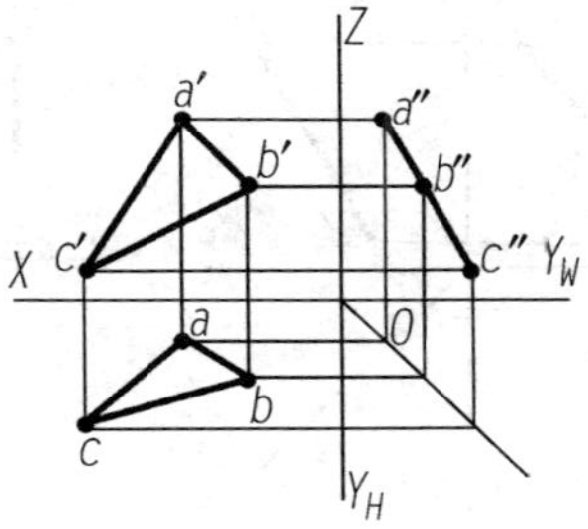

该平面是________平面

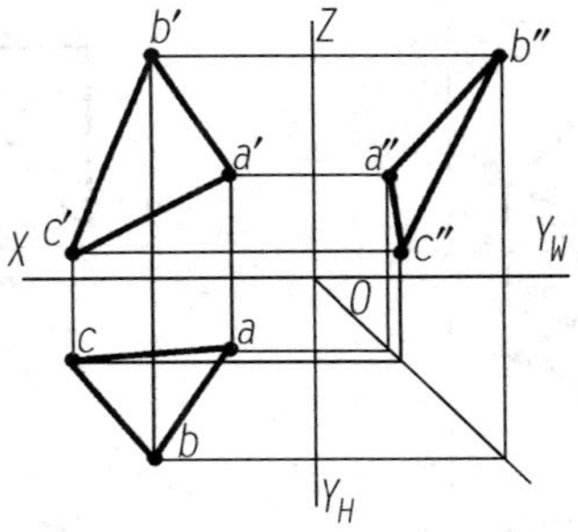

该平面是________平面

2．完成平行四边形 *ABCD* 的三面投影。

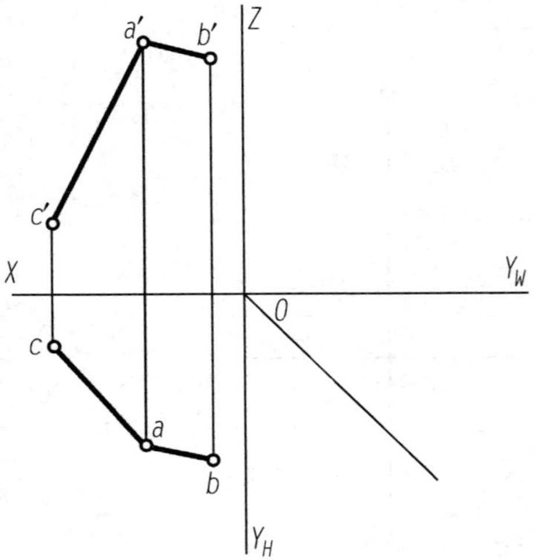

3．完成平面五边形 *ABCDE* 的三面投影。

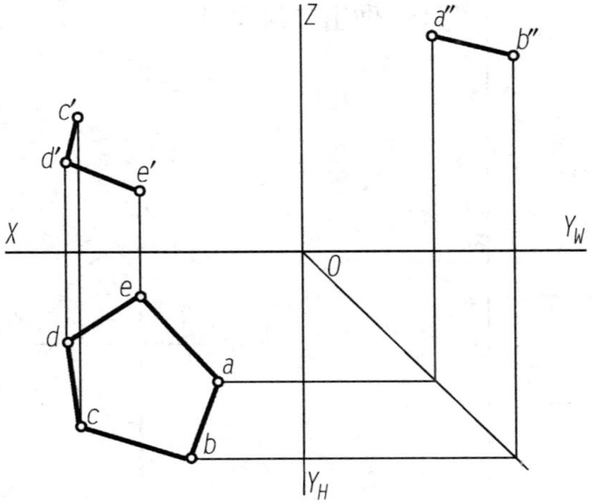

4．已知圆面的侧面投影和圆心的三面投影，补全圆面三面投影。

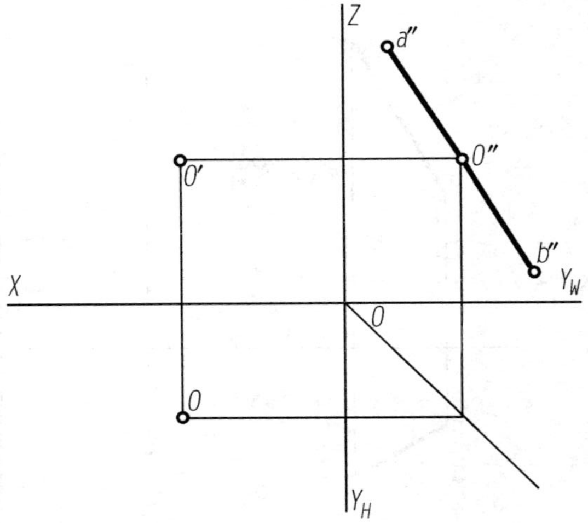

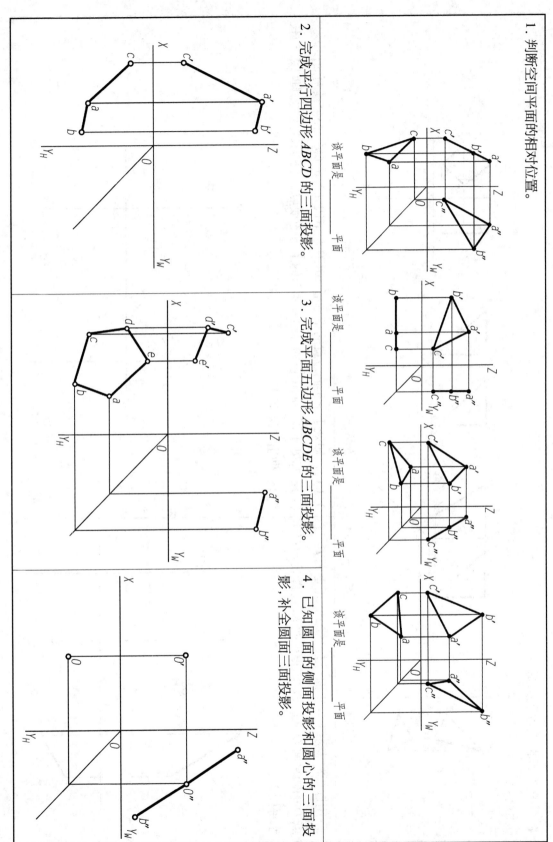

2-4　平面的投影(二)

1. 补全平面的三面投影，并填空。

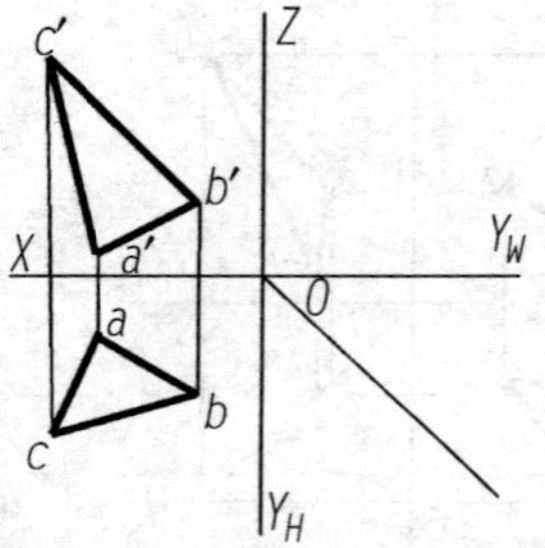

△ABC是___面。

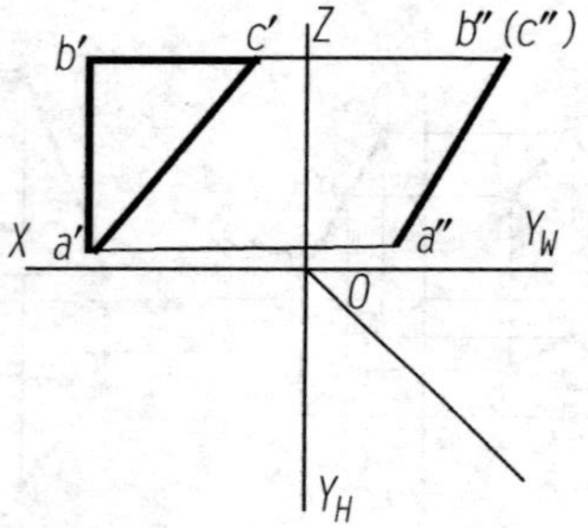

△ABC是___面，α =___，β =___，γ =___。

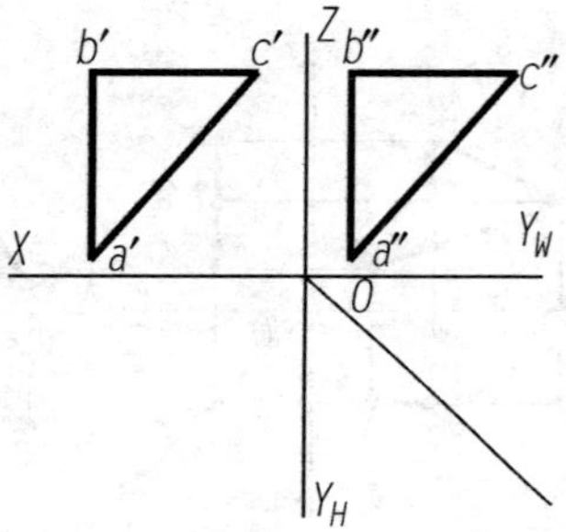

△ABC是___面，α =___，β =___，γ =___。

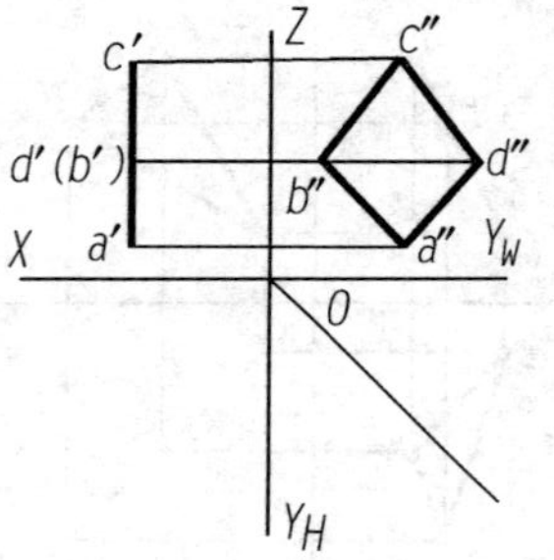

□ABC是___面，α =___，β =___，γ =___。

2. 用迹线法表示下列平面：过直线 *BC* 正垂面 *P*，过点 *D* 的侧平面 *Q*，过点 *E* 的正平面 *R*，过直线 *FG* 的水平面 *M*。

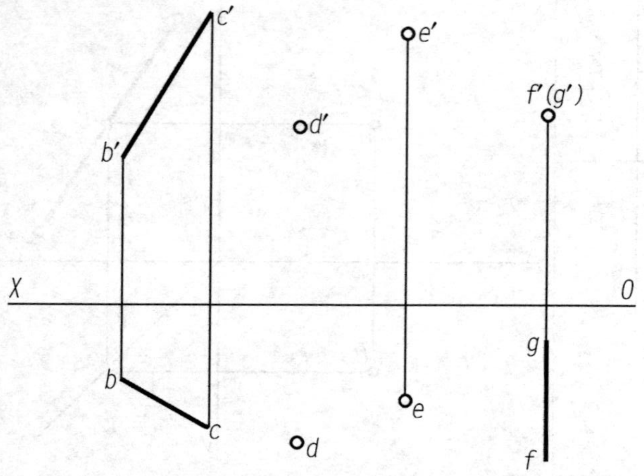

3.（1）已知处于正垂面位置的正方形 *ABCD* 左下边 *AB*，α=60°，补全其两面投影。

（2）已知处于正平面位置的等边三角形的上方的顶点 *E*，下方的边为侧垂线，边长为 18，做出其两面投影。

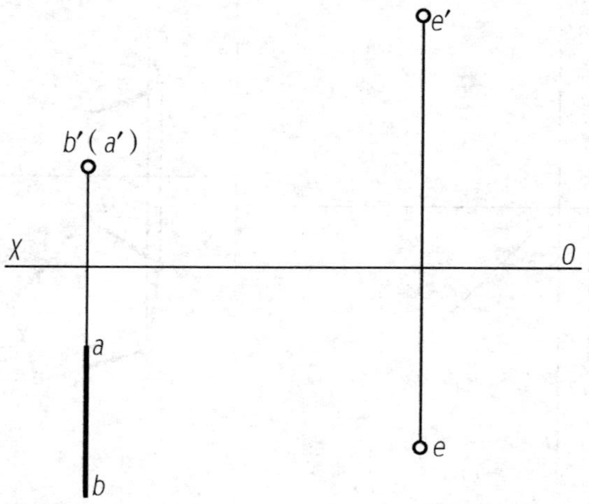

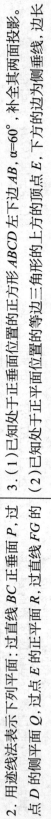

2-5 面及面上的点

1. 判断点 *E* 是否在平面 *ABCD* 上。

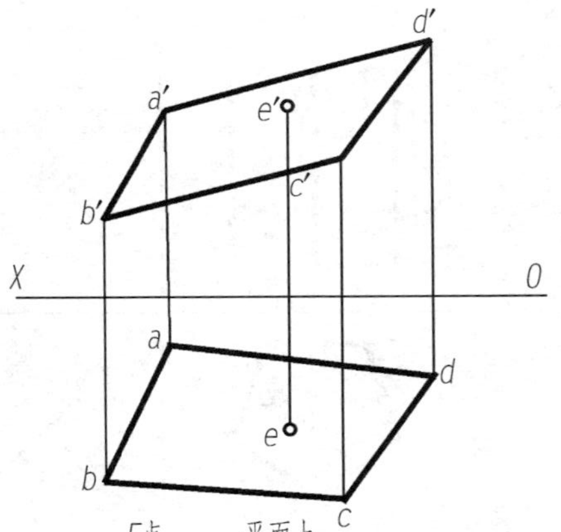

E点______平面上。

2. 判断点 *A*、*B*、*C*、*D* 是否同面。

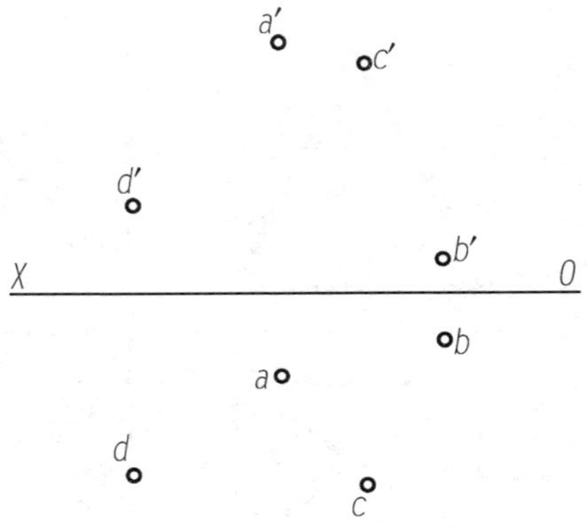

该四点是______一个平面上。

3. 补全平面 *ABC* 及其上的三角形 *EFG* 的三面投影。

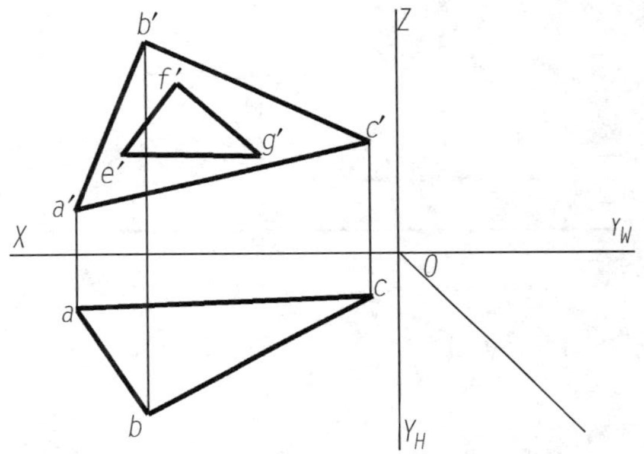

4. 判断直线 *DE* 是否平行于平面 *ABC*。

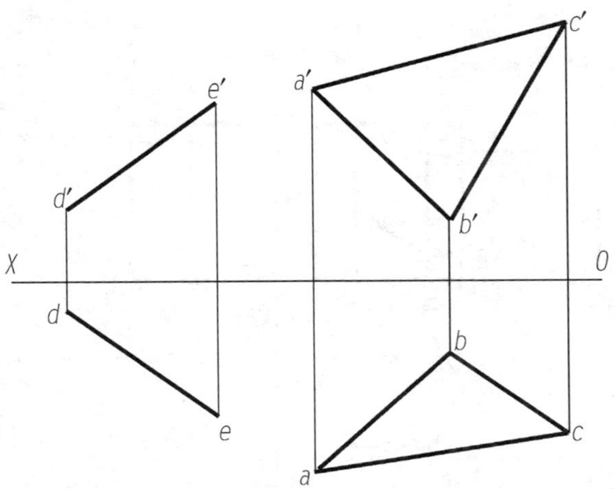

直线DE______于平面ABC。

5. 补全平面图形的第三面投影。

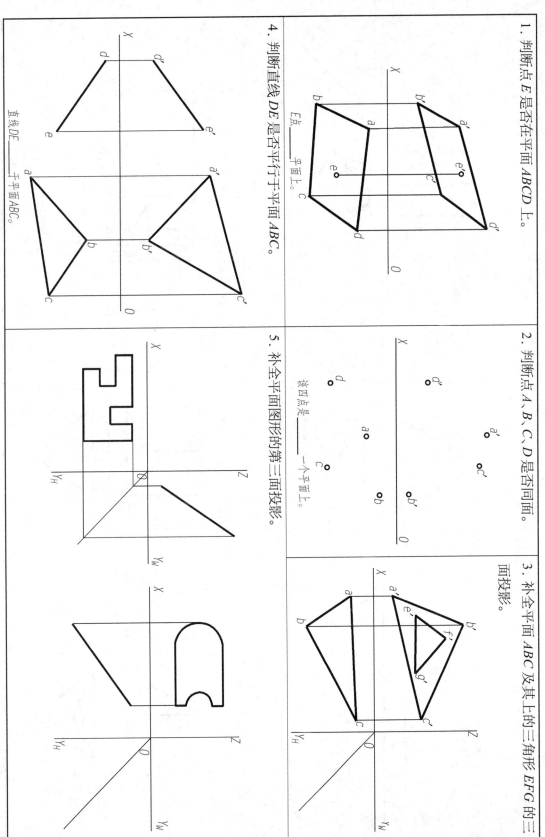

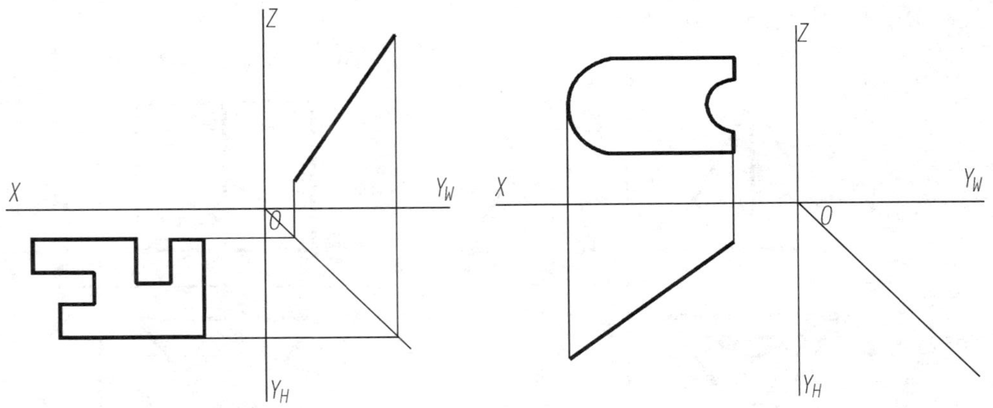

2-6　平面立体的投影

1. 补画平面立体的第三面投影，并补全表面点的三面投影。

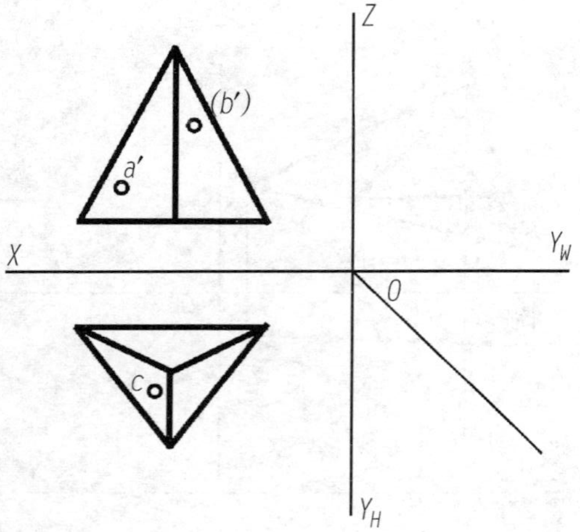

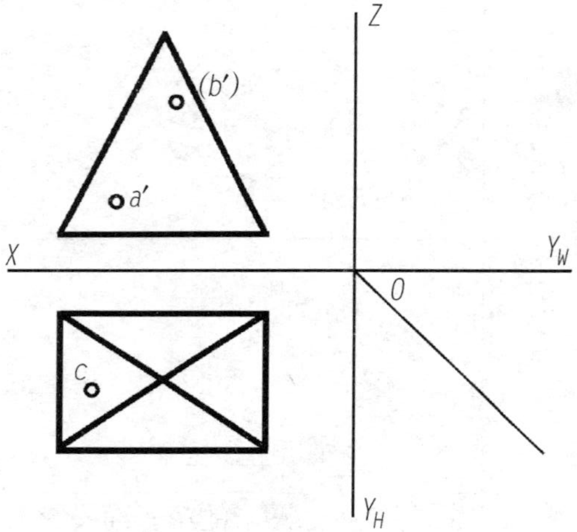

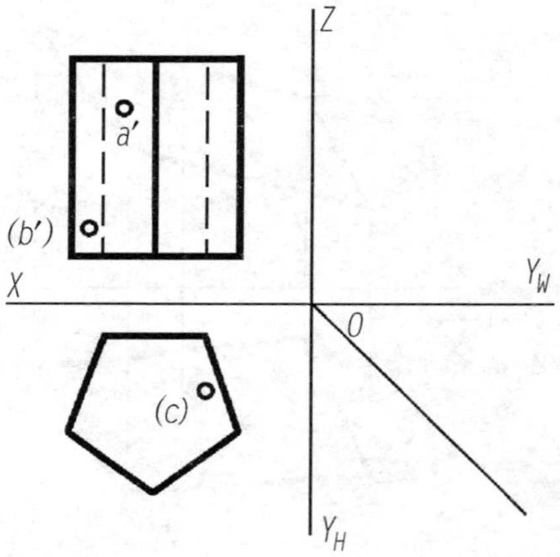

2. 补全平面立体表面上折线的三面投影。

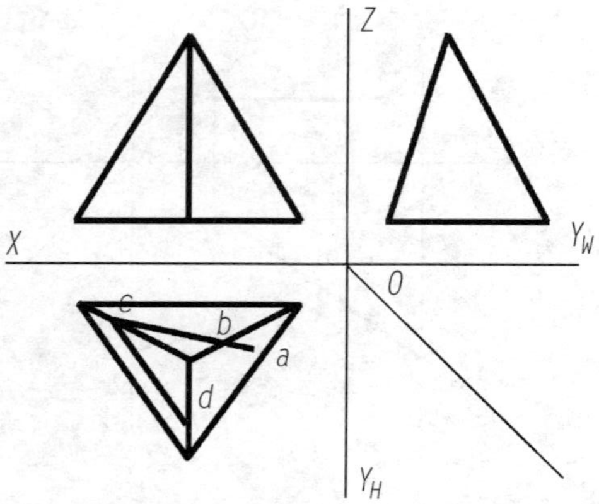

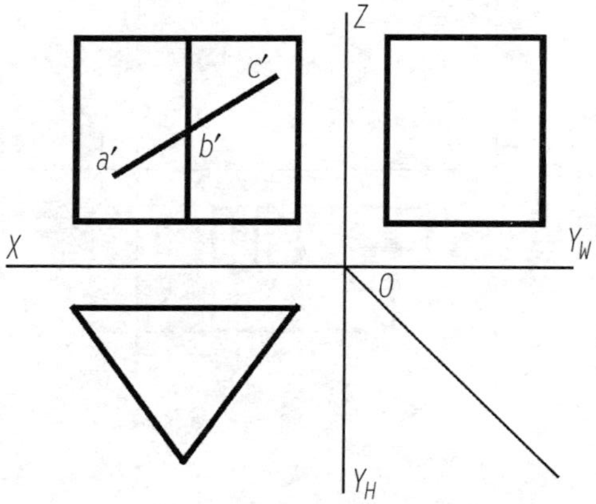

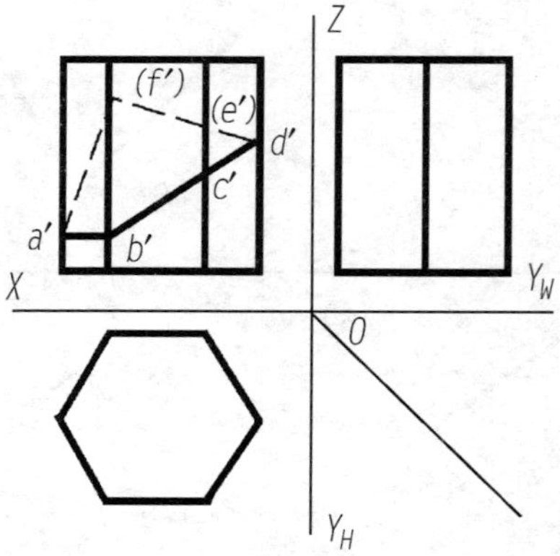

2-7　回转体的投影：补全回转体表面上点的三面投影

1.

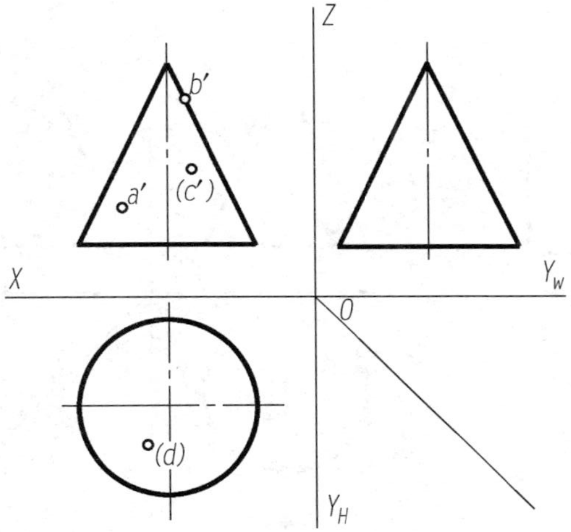

2.

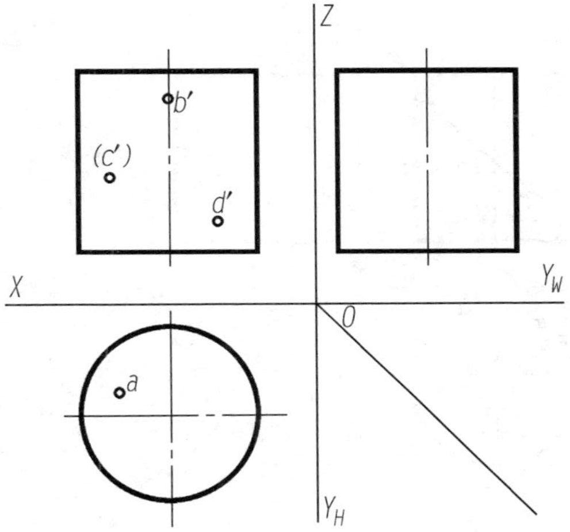

3.

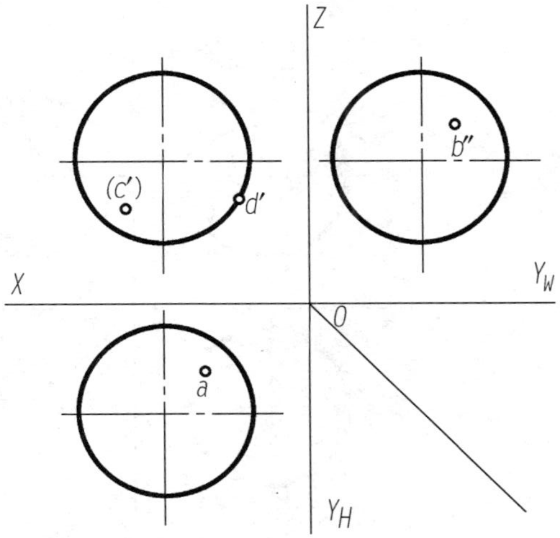

4.

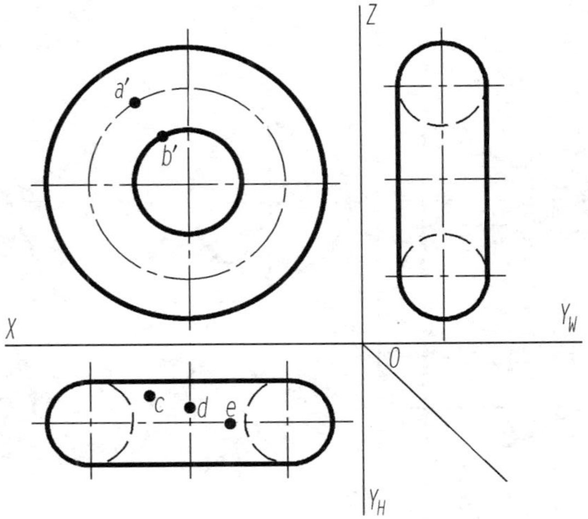

2-8　回转体的投影：补全回转体表面上直线或曲线的三面投影

1.

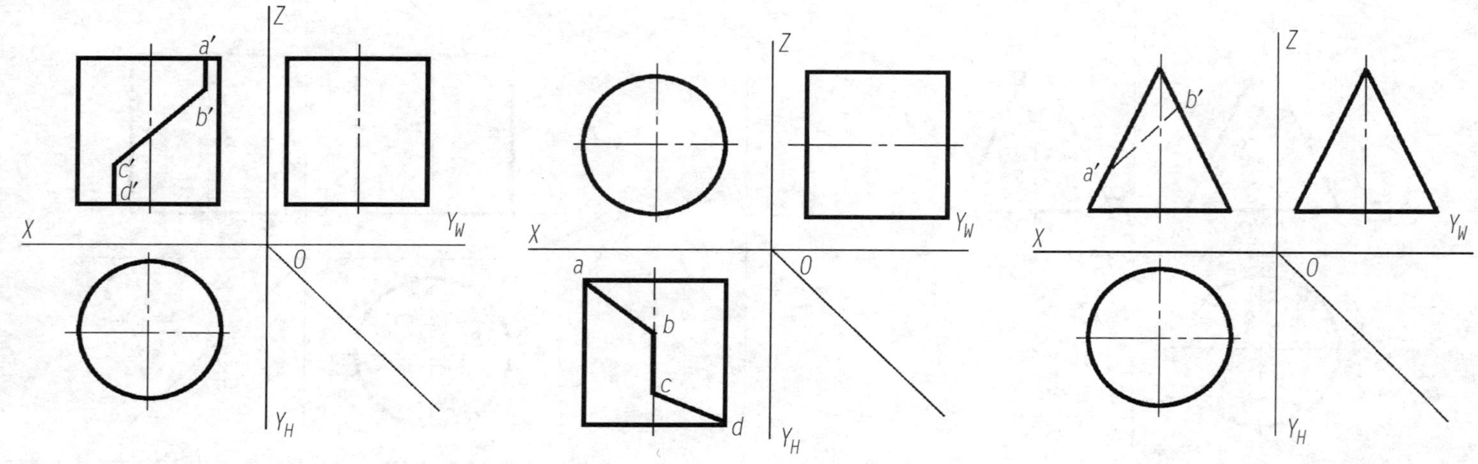

2.

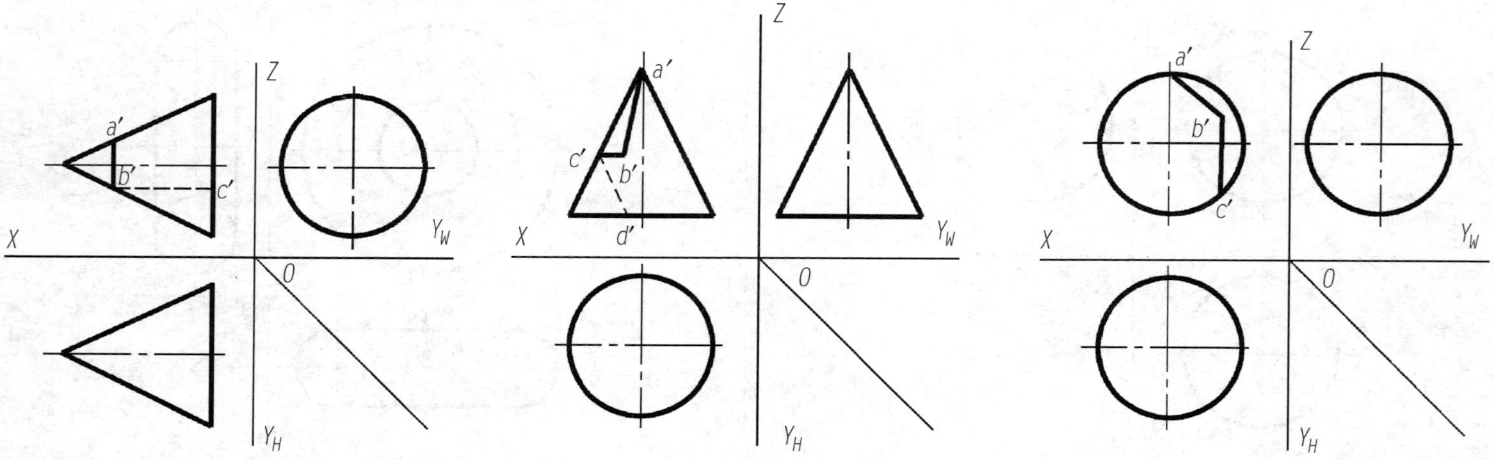

2-9 平面切平面立体：补全平面立体被切割后的三面投影

1.

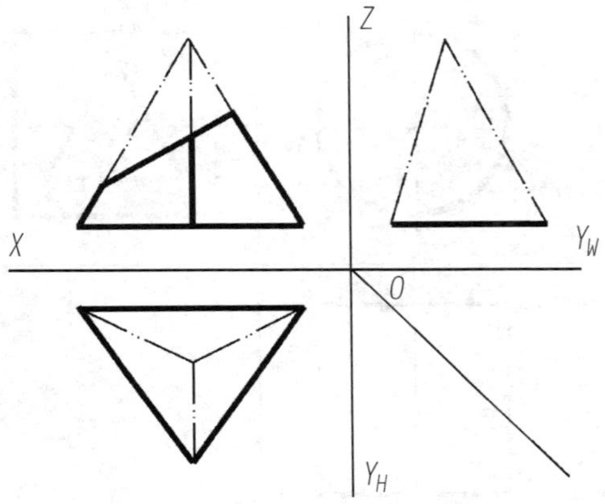

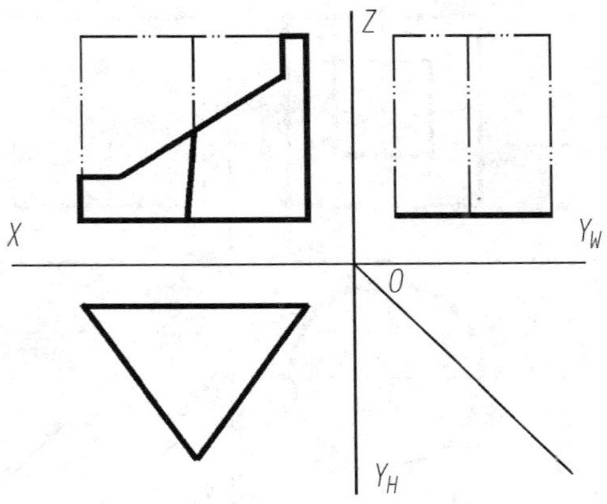

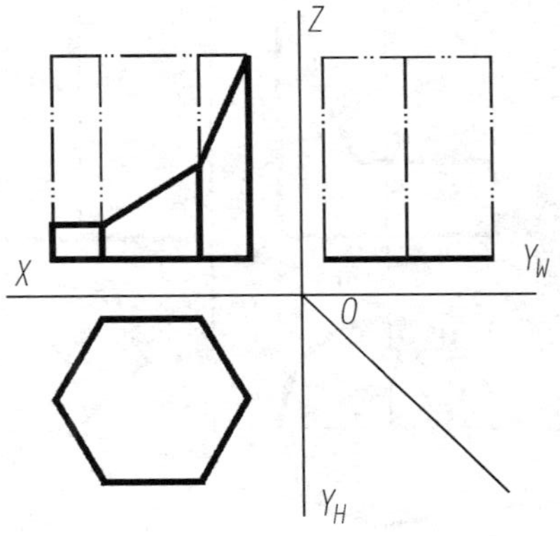

2.

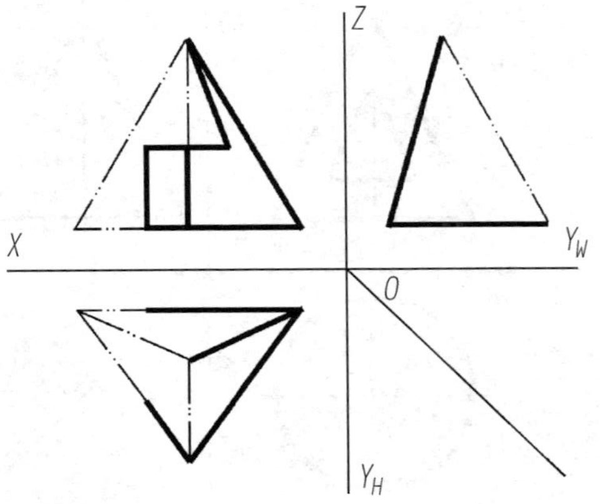

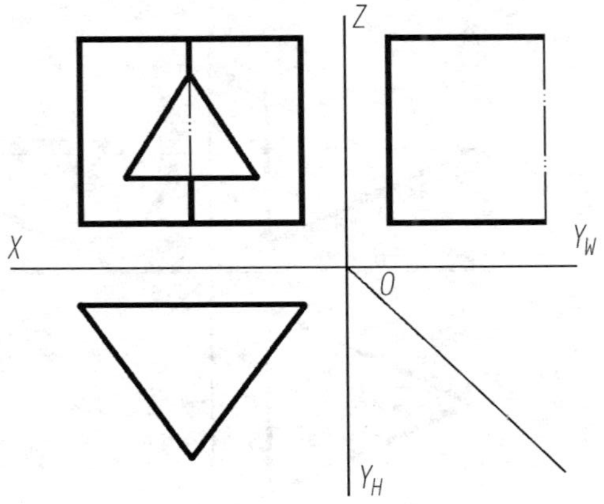

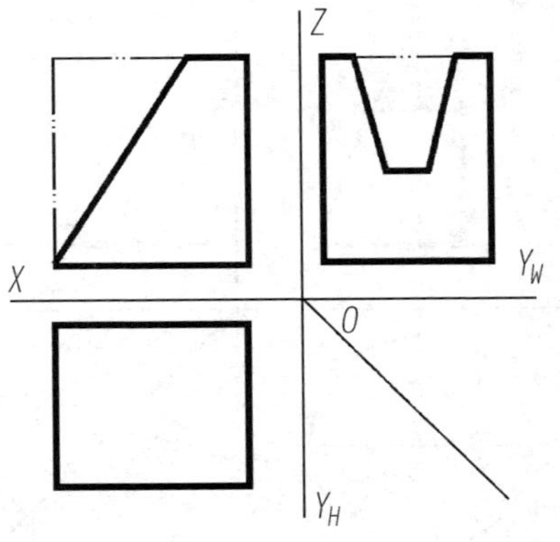

2-10 平面切曲面立体：补全曲面立体被切割后的三面投影

1.

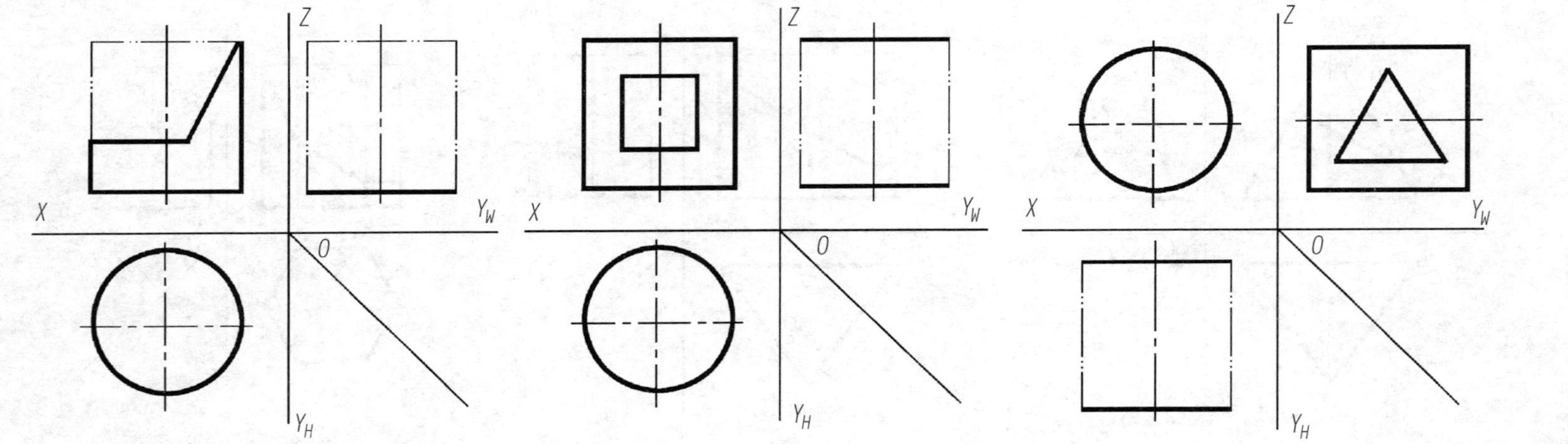

2.

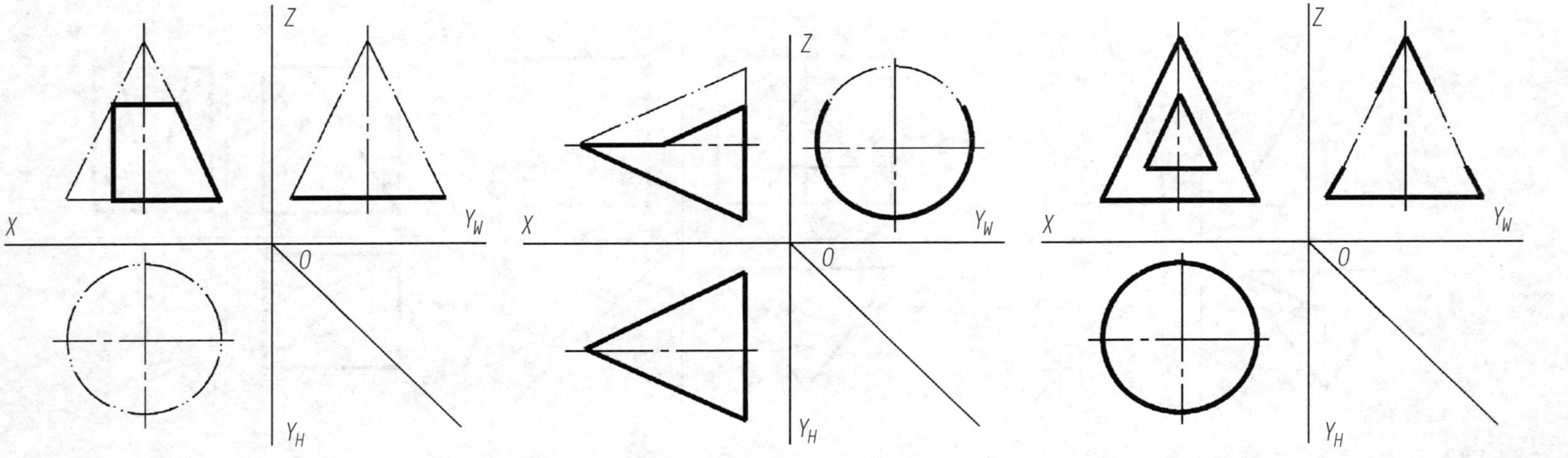

3.

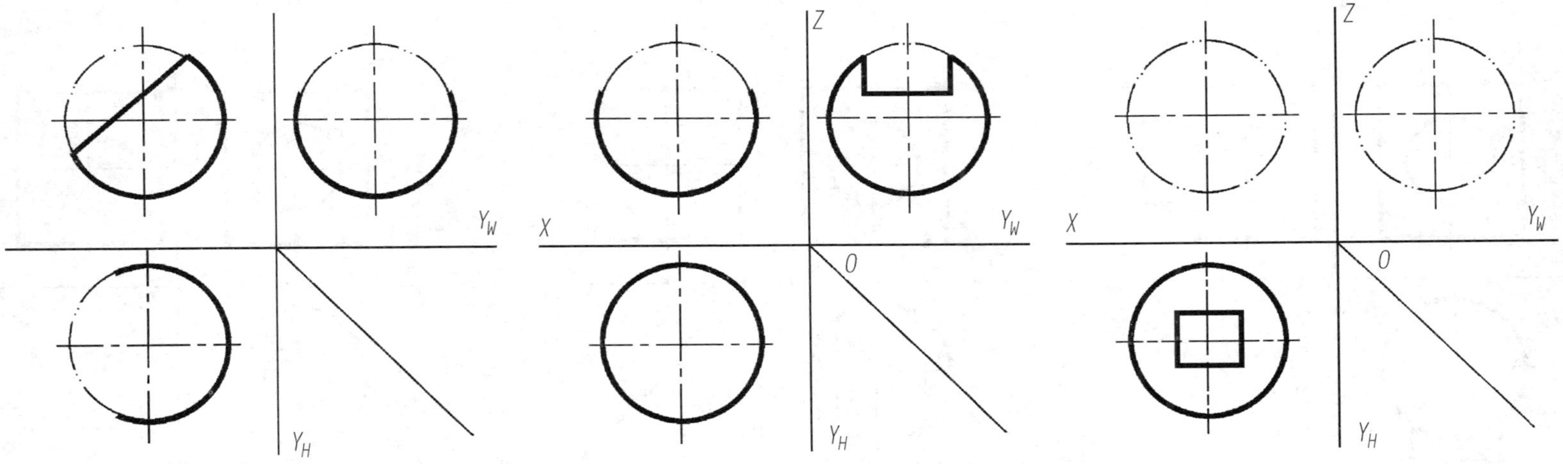

4.

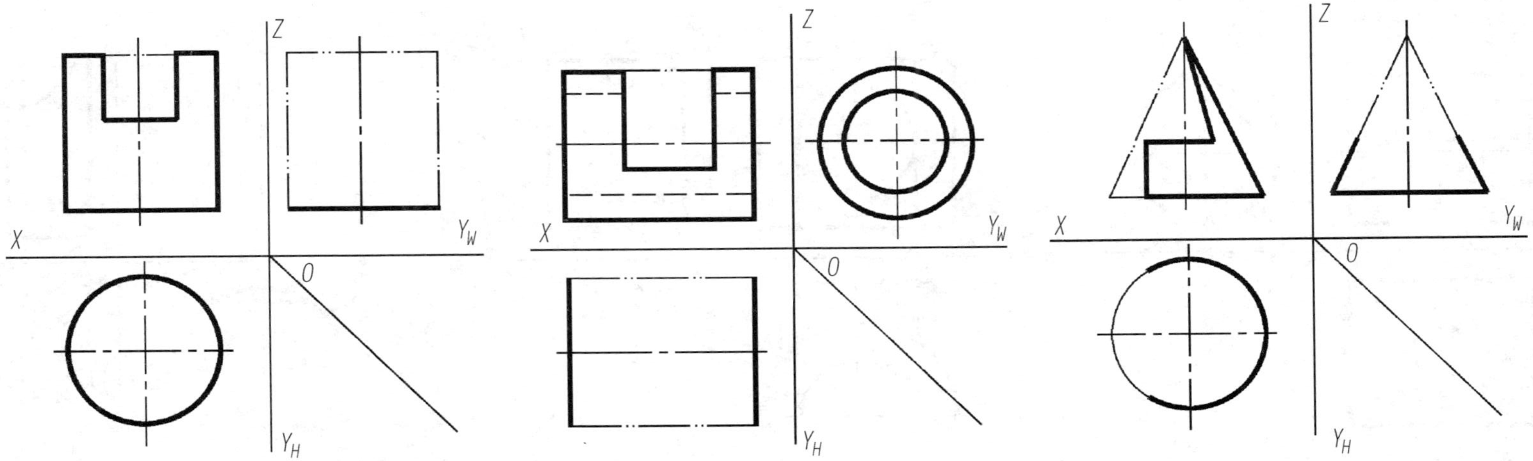

2-11 回转体相贯：补全圆柱与圆柱相贯后的立体的三面投影

1.

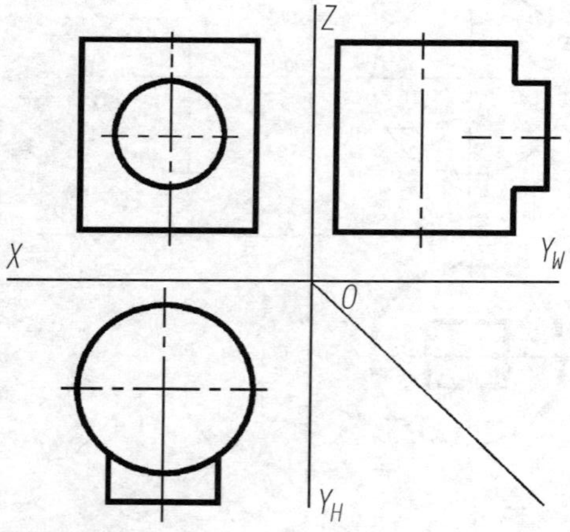

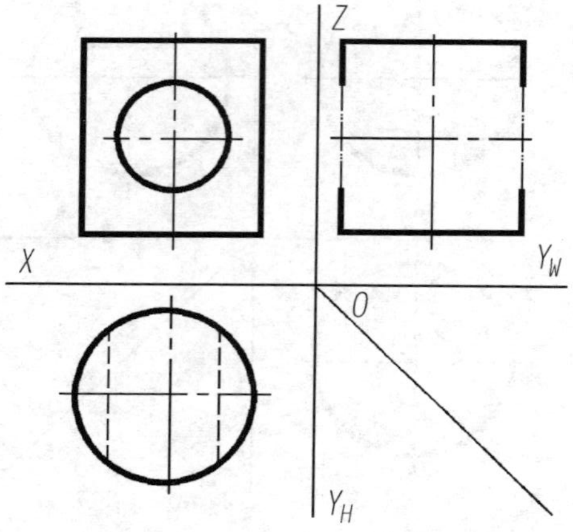

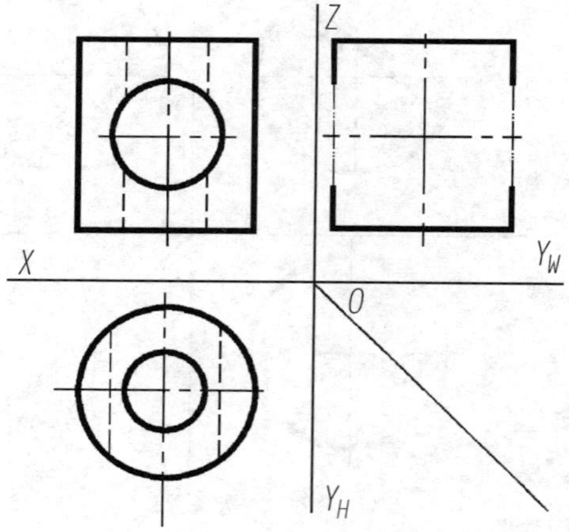

2.

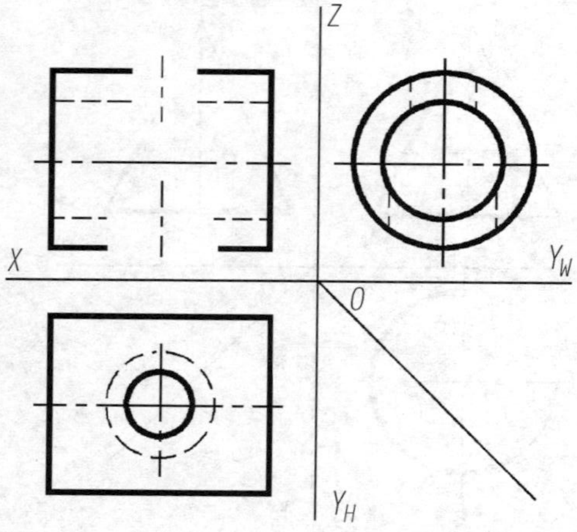

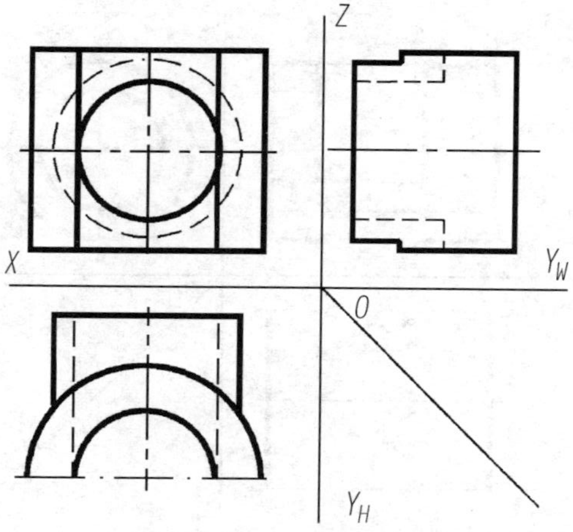

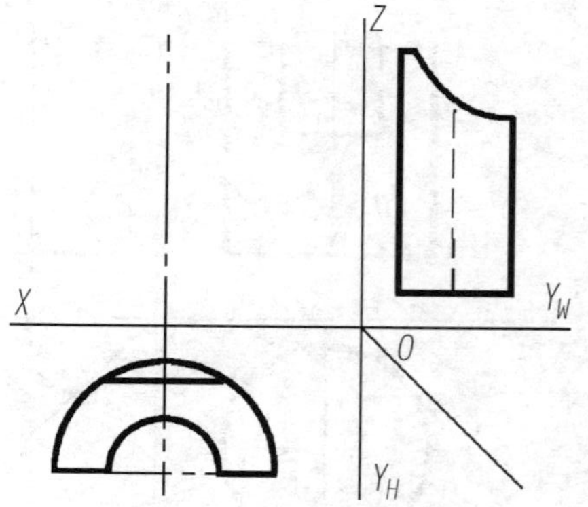

2-12 回转体相贯：补全回转体相贯后的立体的三面投影

1.

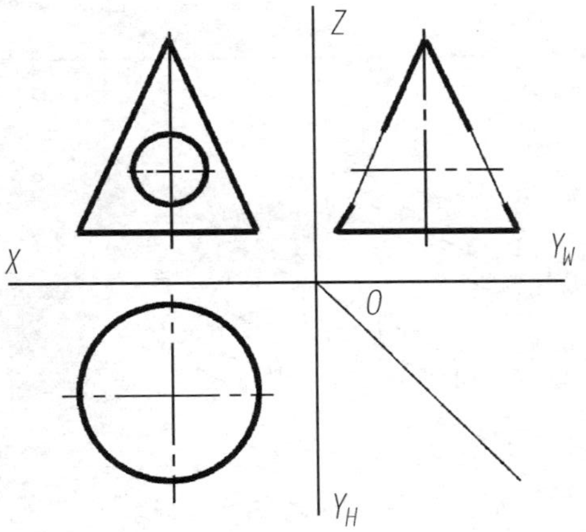

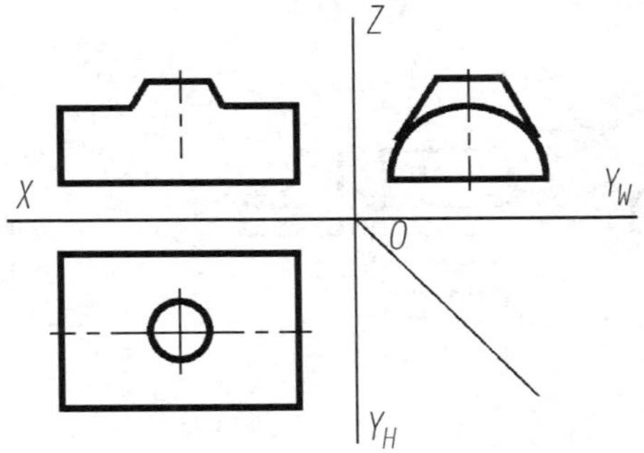

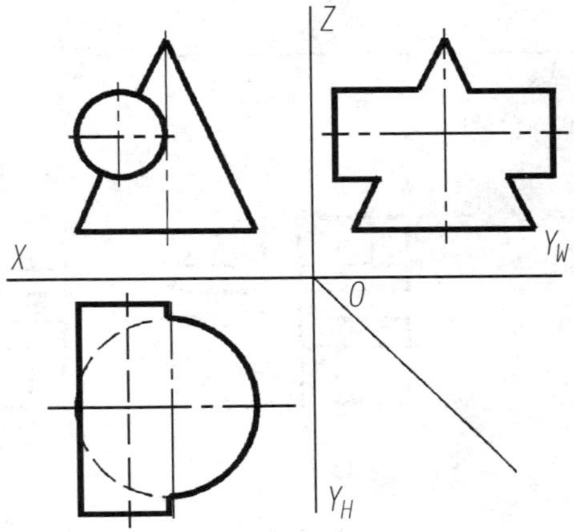

2.

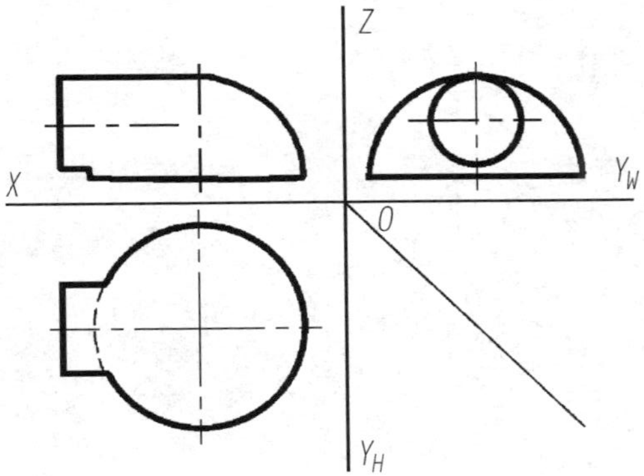

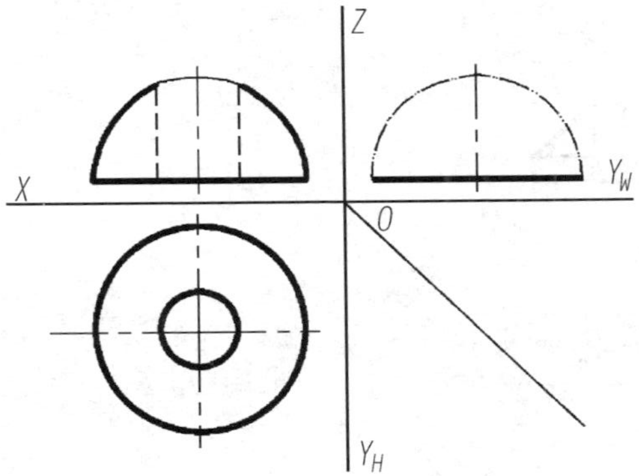

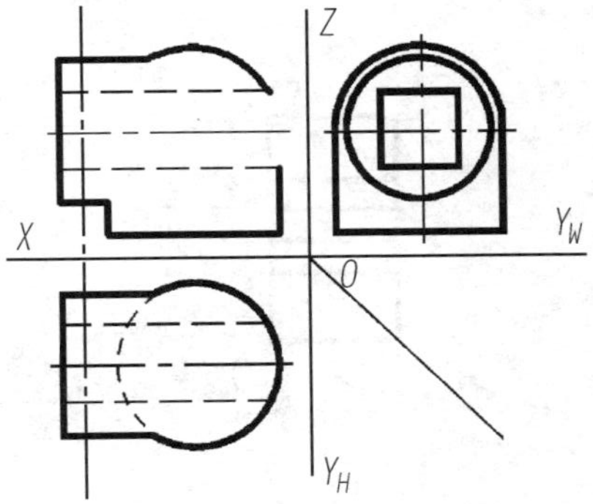

第三章　组合体的三视图

习题答案

3-1　形体分析：读懂三视图，选择对应的立体图

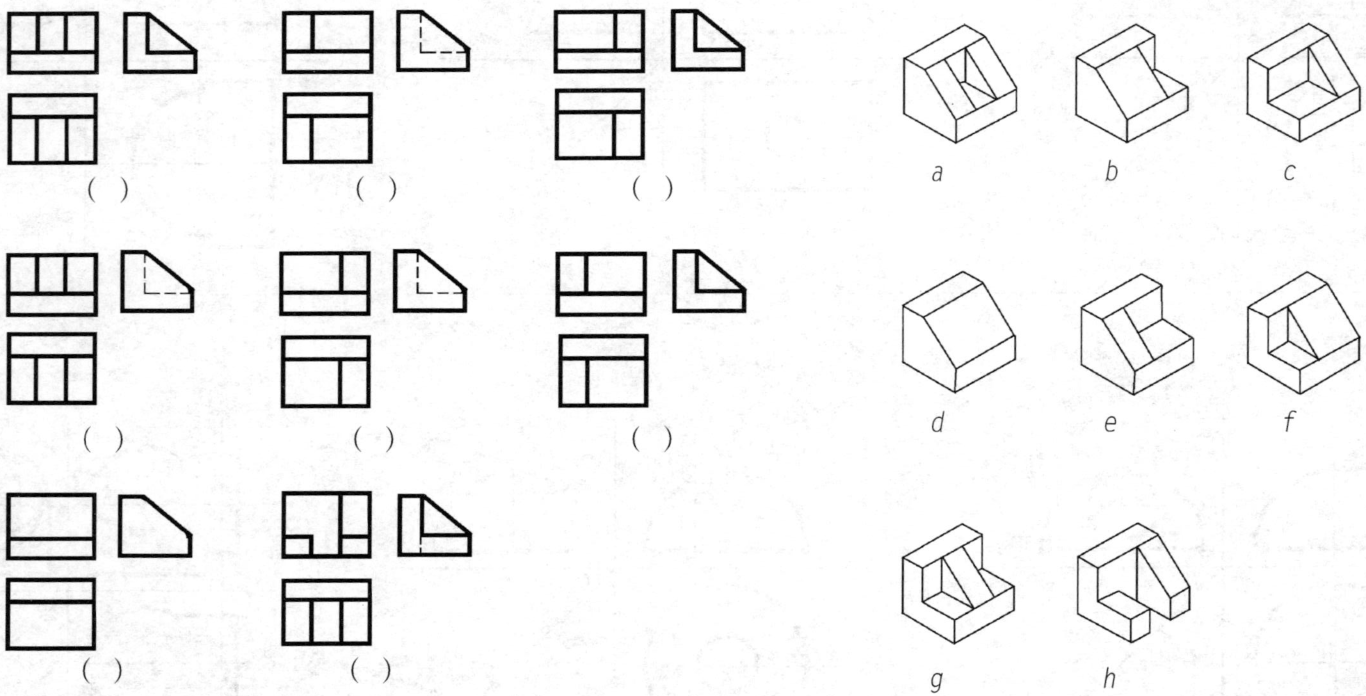

3-2 画组合体：根据立体图，补全三视图中缺漏的线

1.

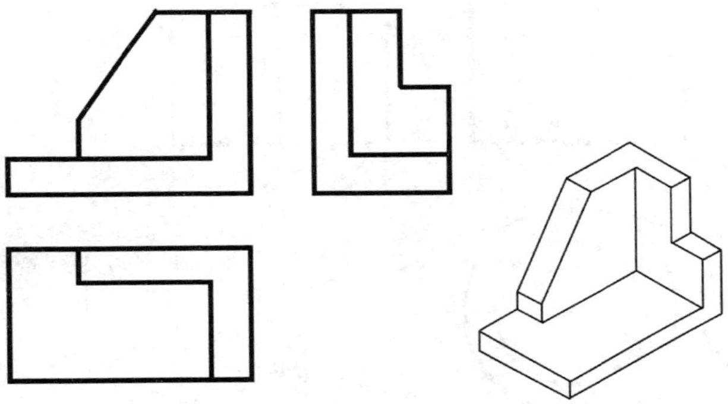

2.

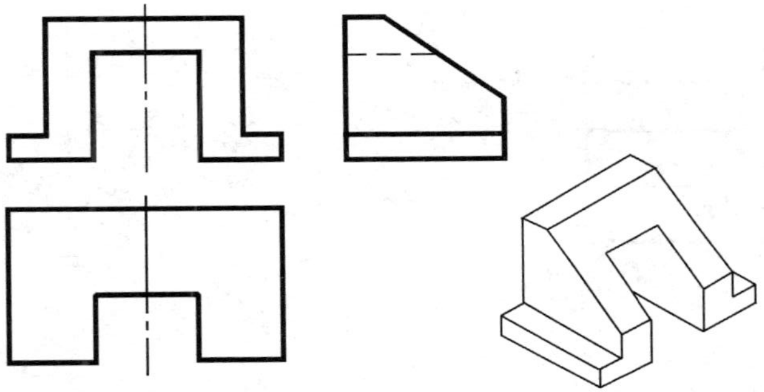

3.

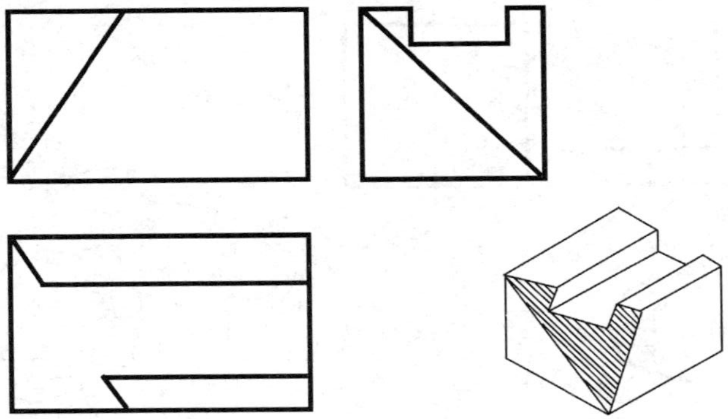

4.

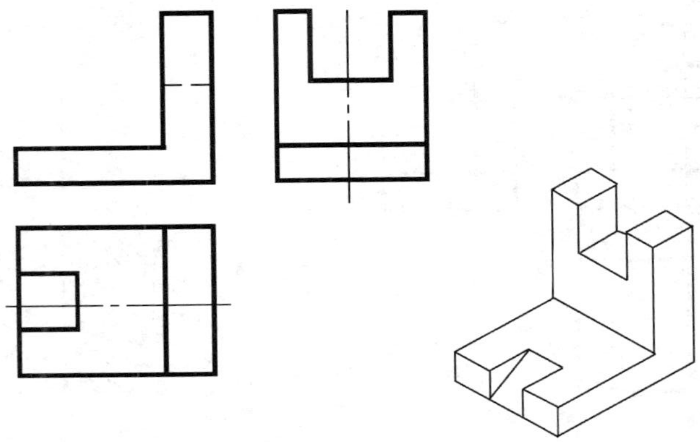

5.

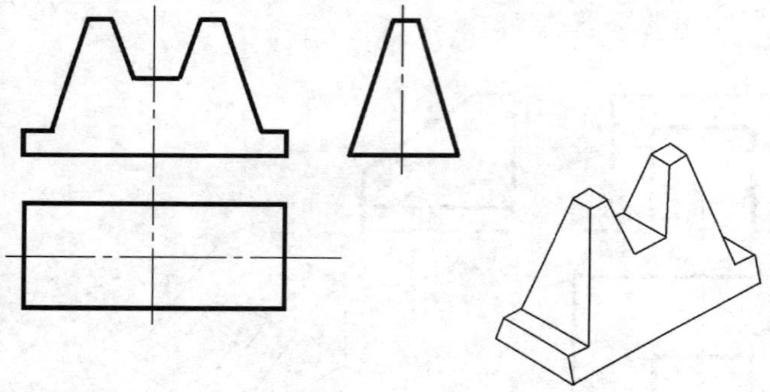

6.

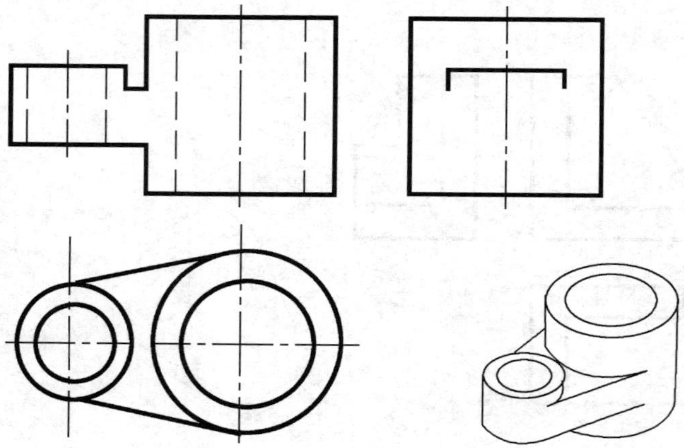

7.

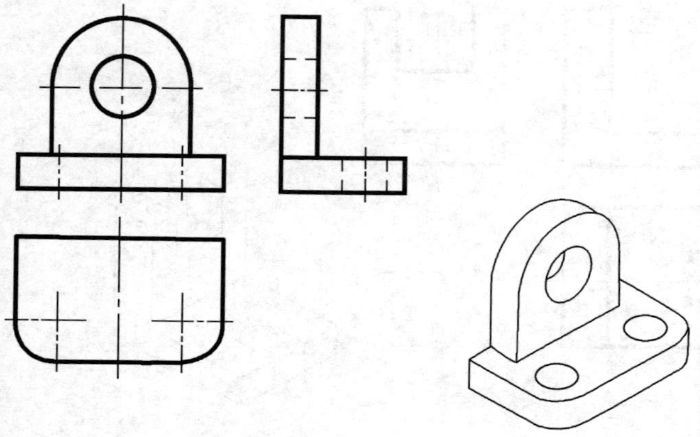

8.

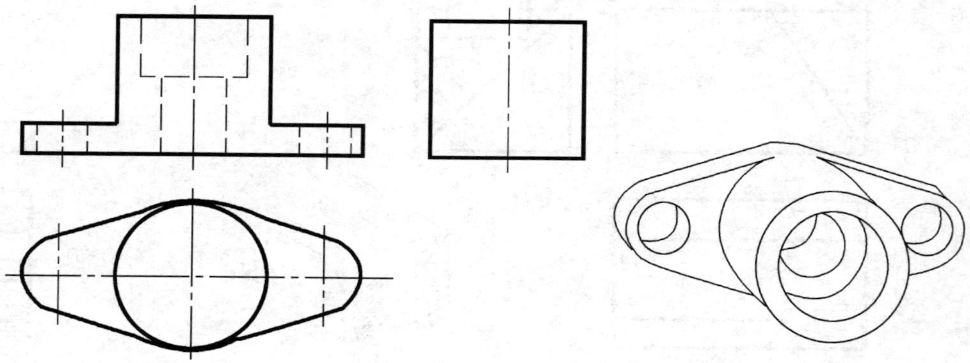

3-3 读组合体：根据立体图读懂三视图，补画第三视图

1.

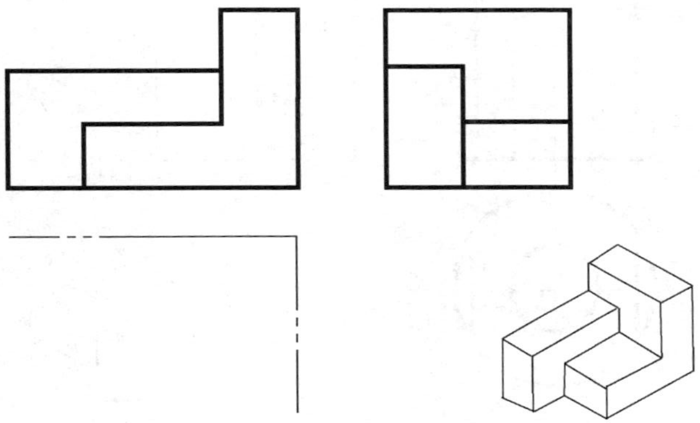

2.

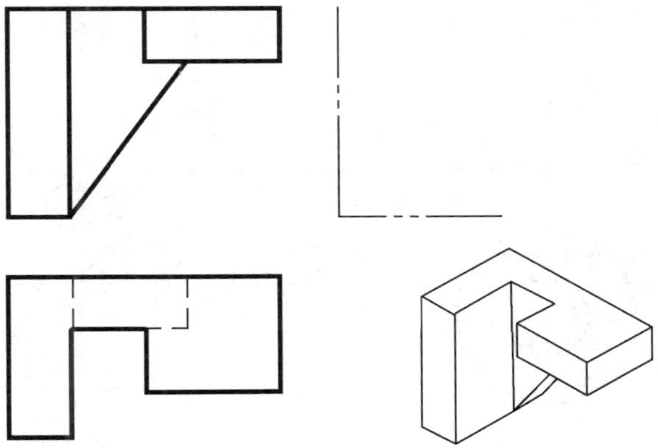

3.

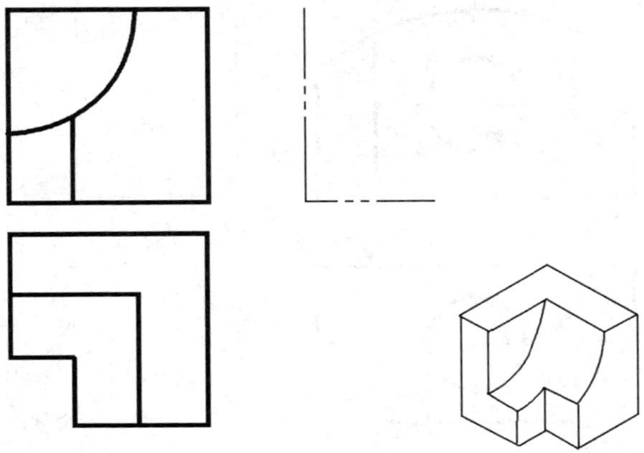

4.

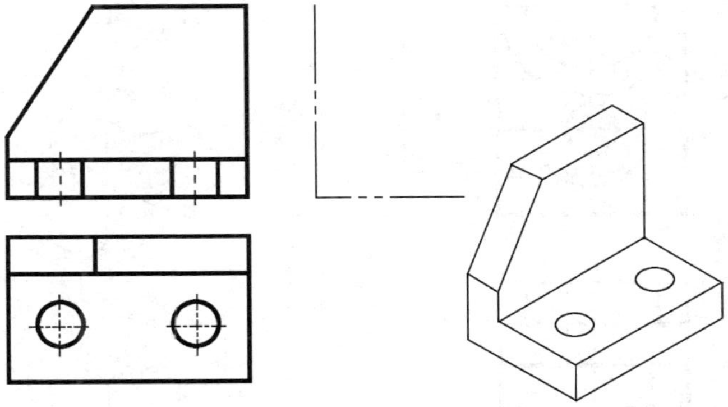

5.

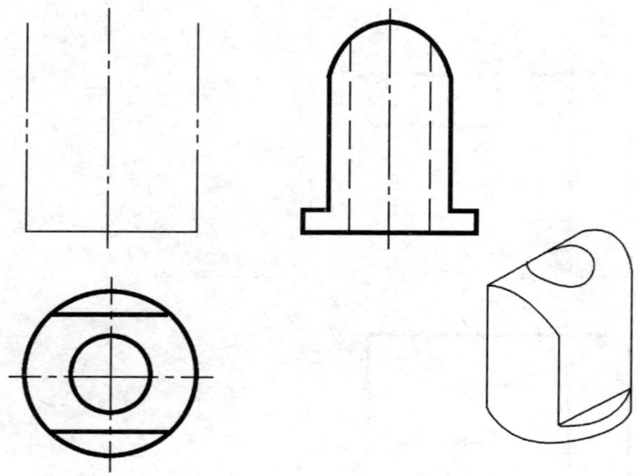

6.

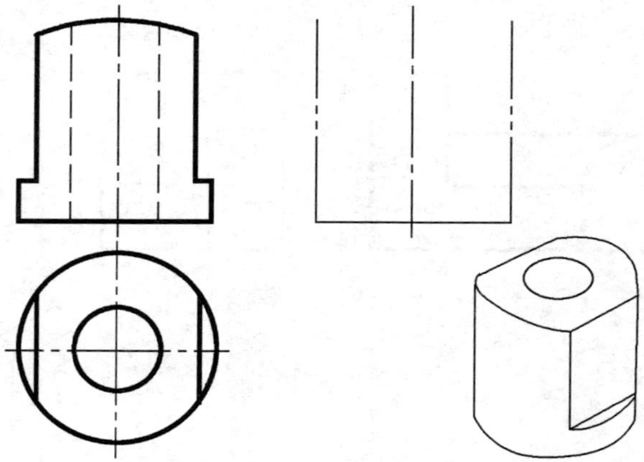

7.

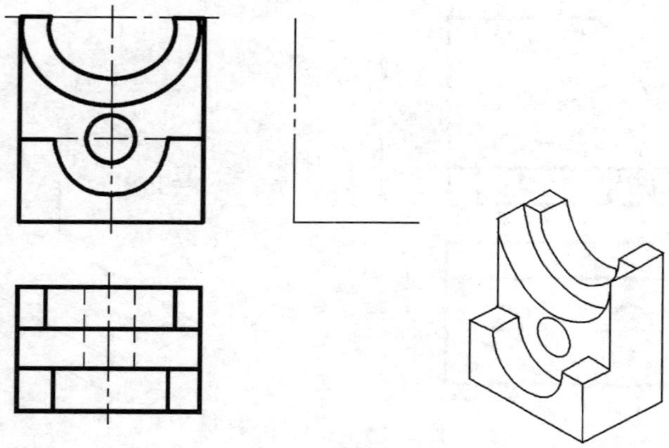

8.

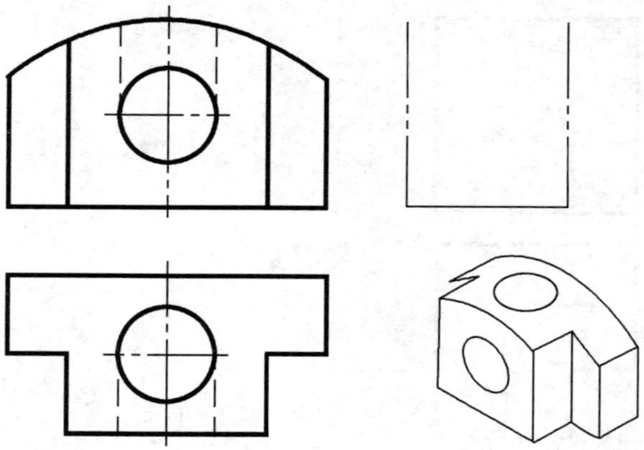

3-4 读组合体：补全三视图中缺漏的线

1.

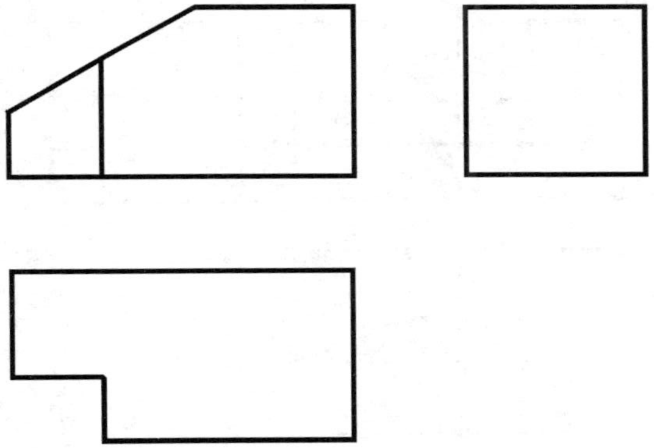

2.

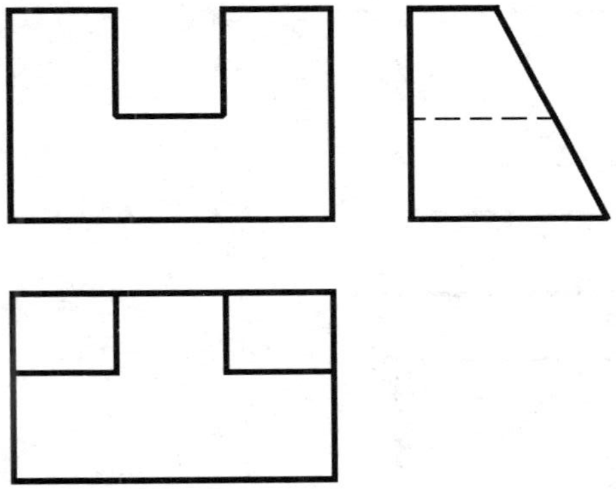

3.

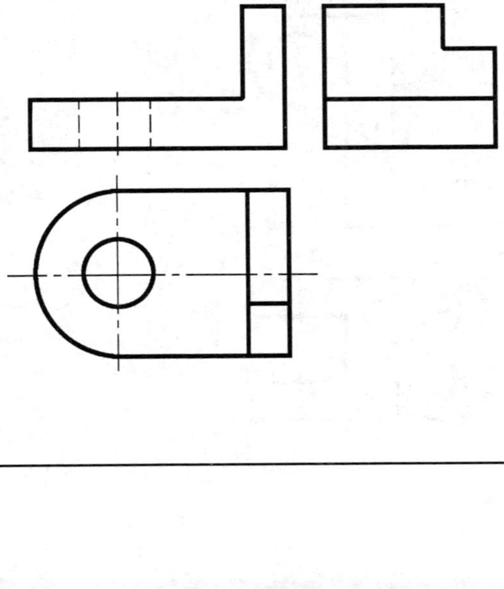

4.

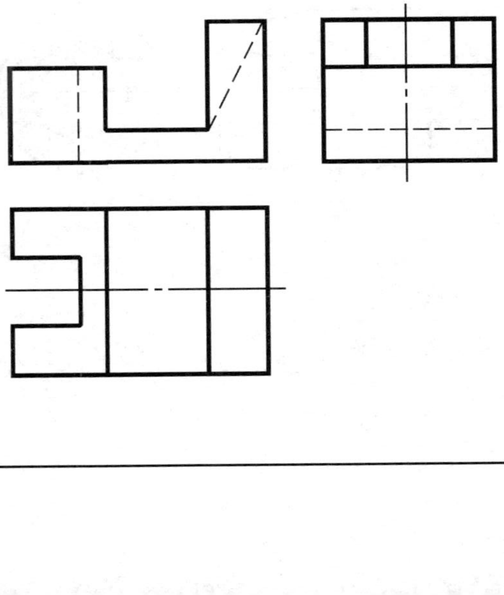

3-5　读组合体：补画第三视图

1.

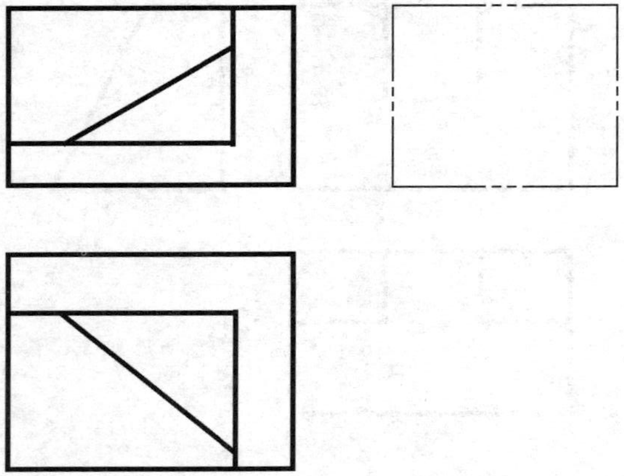

2.

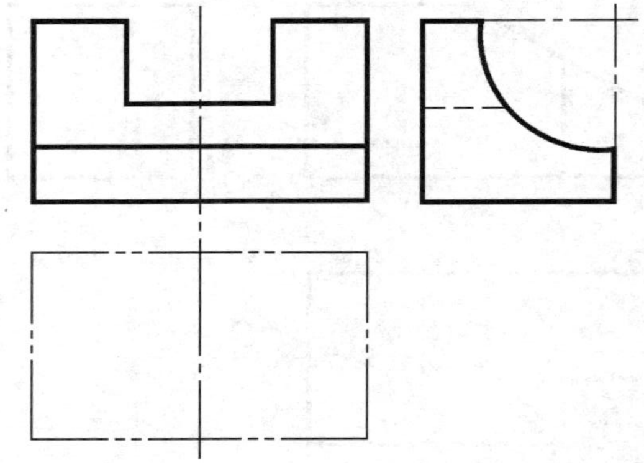

3.

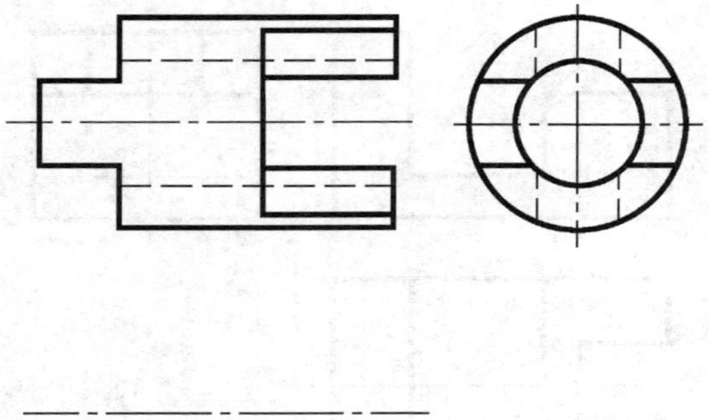

4.

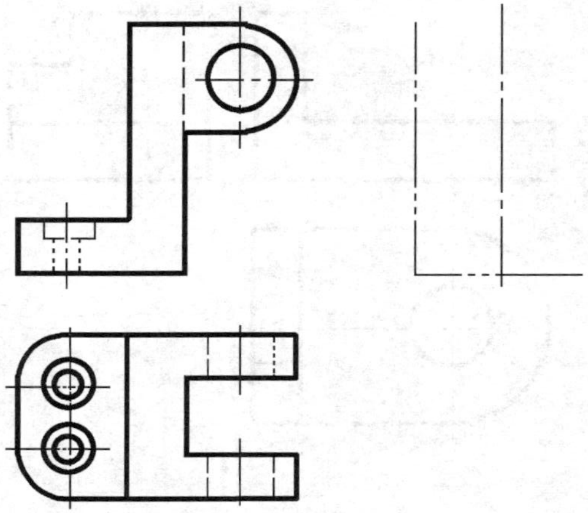

3-6　尺寸标注：读懂视图后标注尺寸

1.

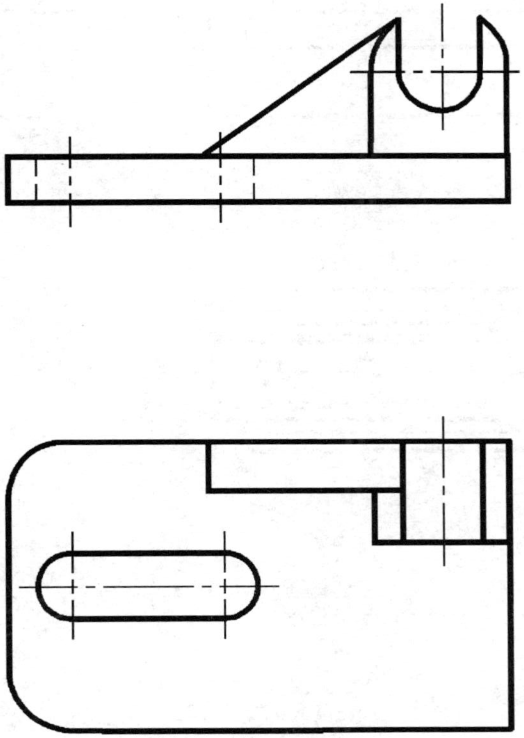

2.

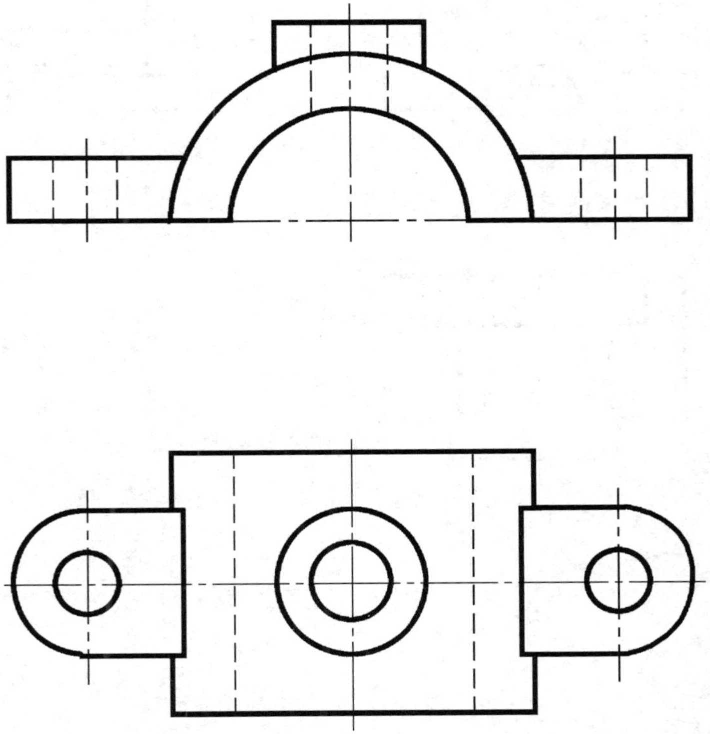

注：尺寸数值按 1∶1 从视图中量取并取整。

3.

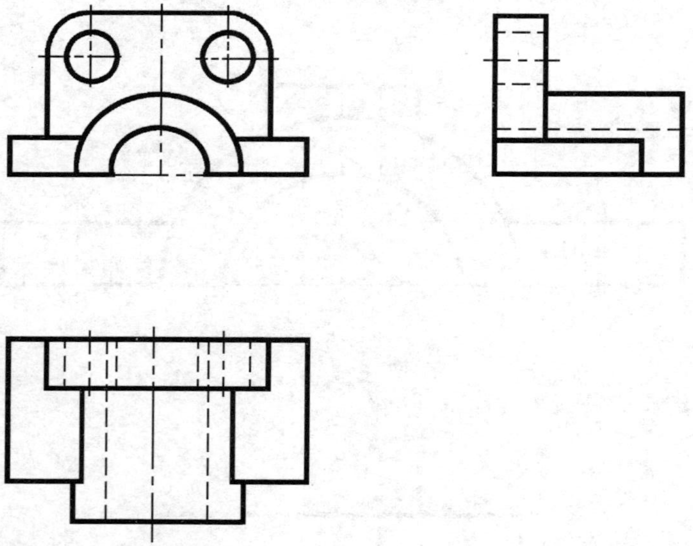

4.

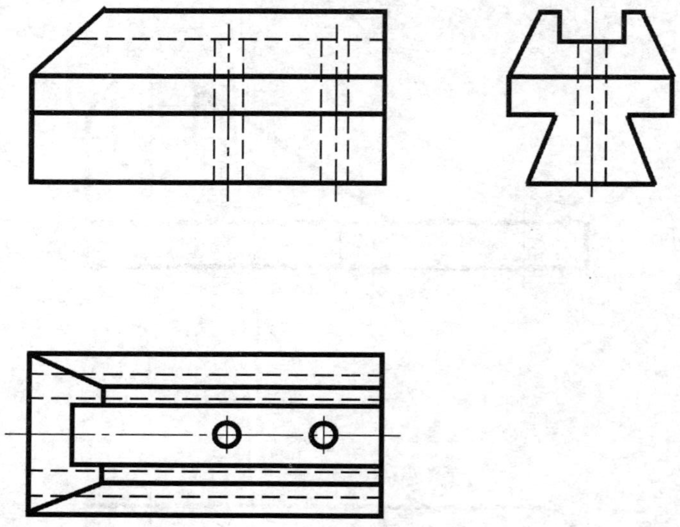

3-7 综合训练：根据轴测图上所注尺寸，用 1∶1 画出组合体的三视图

1.

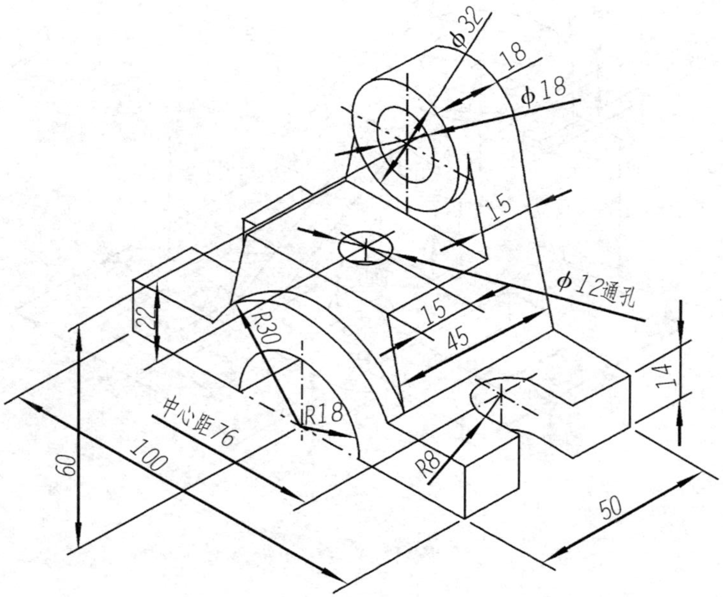

2.

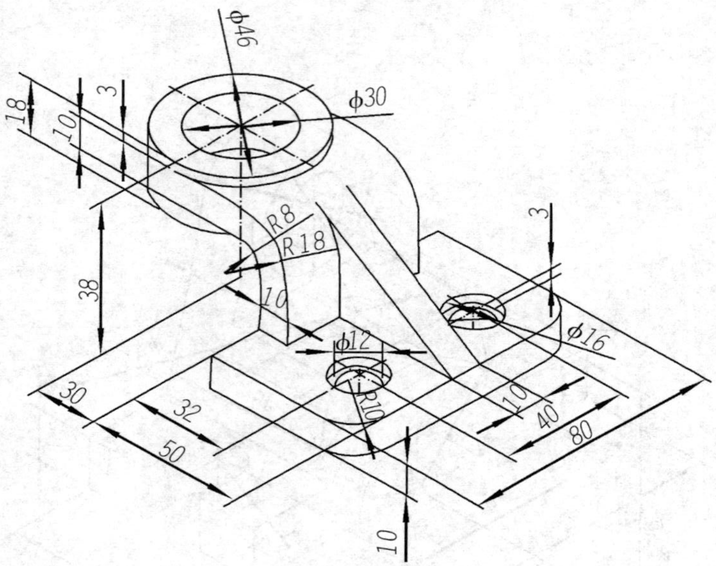

3-8 绘图训练：制图作业 3（组合体）

一、目的与要求

1. 目的 进一步理解和巩固“物”与“图”之间的对应关系，运用形体分析的方法，根据轴测图（或模型）绘制组合体的三视图，并标注尺寸。

2. 要求 完整地表达组合体的内、外形状。标注尺寸要完整、清晰，并符合国家标准。

二、图名、图幅、比例

1. 图名 组合体。

2. 图幅 A3 图纸。

3. 比例 1∶2。

三、绘图步骤与注意事项

1. 对所绘组合体进行形体分析，选择主视图，按轴测图所注尺寸（或模型实际大小）布置三个视图位置（注意视图之间预留标注尺寸的位置），画出各视图的中心轴线和底面（顶面）位置线。

2. 逐步画出组合体各部分的三视图（注意表面相切或相贯时的画法）。

3. 标注尺寸时应注意不要照搬轴测图上的尺寸注法，应重新考虑视图上尺寸的配置。以尺寸完整、注法符合标准、配置适当为原则。

4. 完成底稿，经仔细校核后用铅笔加深。

5. 图面质量与标题栏填写的要求，同第一次制图作业。

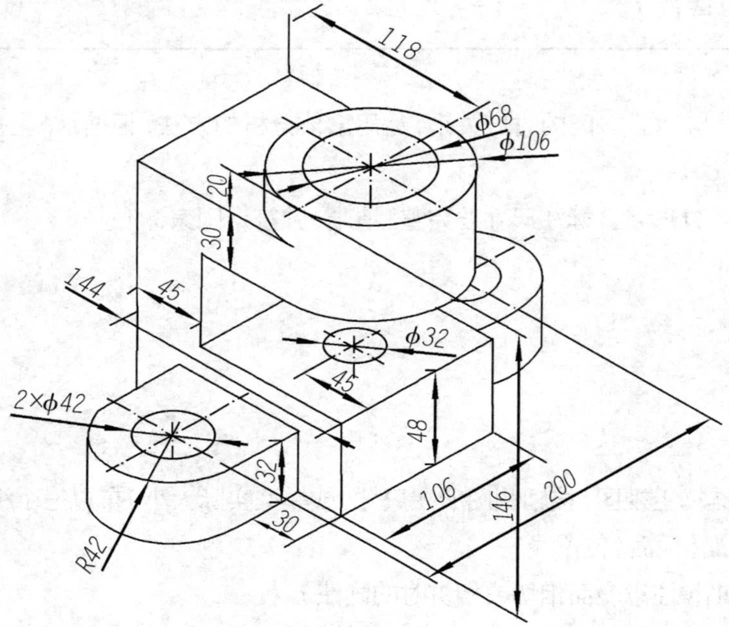
118
ϕ68
ϕ106
20
30
144
45
ϕ32
45
2×ϕ42
48
32
106
146
200
30
R42

第四章　轴　测　图

4-1　正等轴测图：利用已知视图，绘制正等轴测图

1.

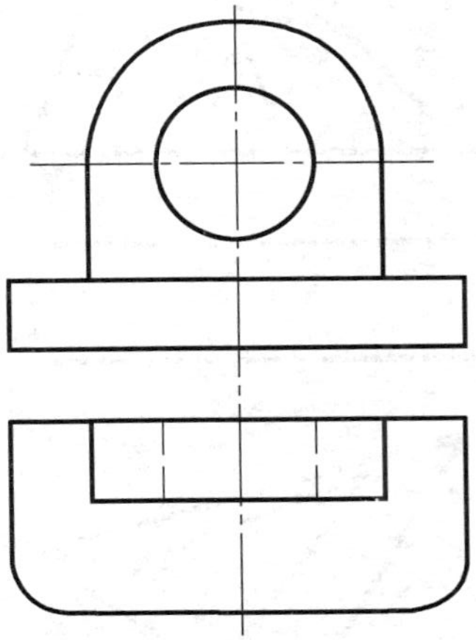

2.

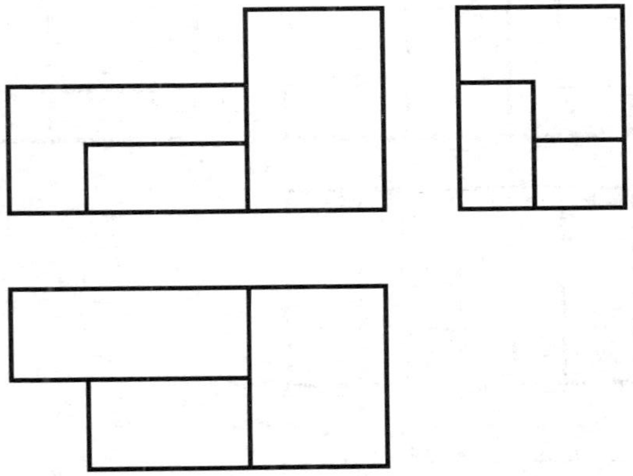

3.

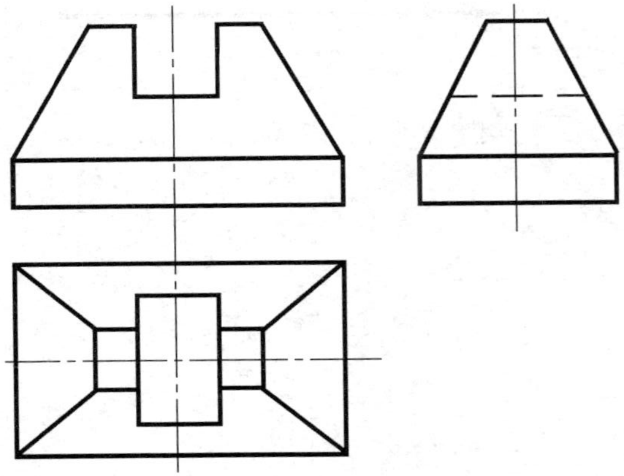

4.

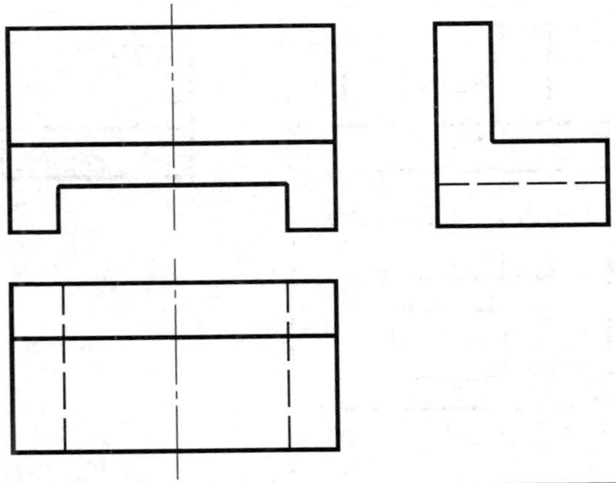

5.

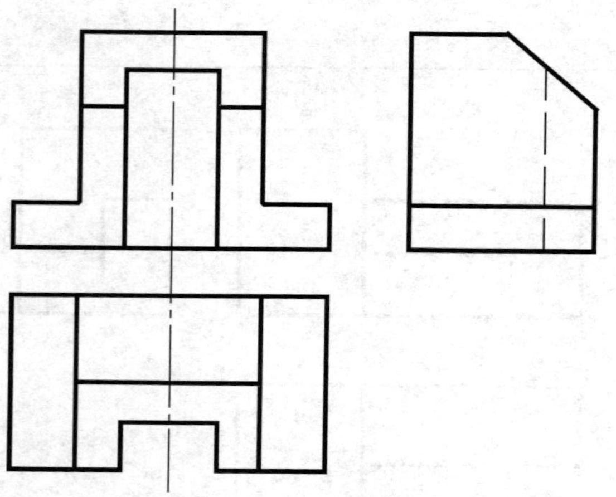

6.

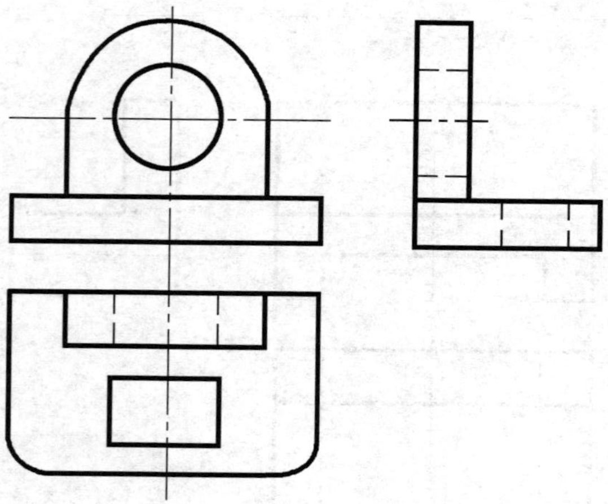

7.

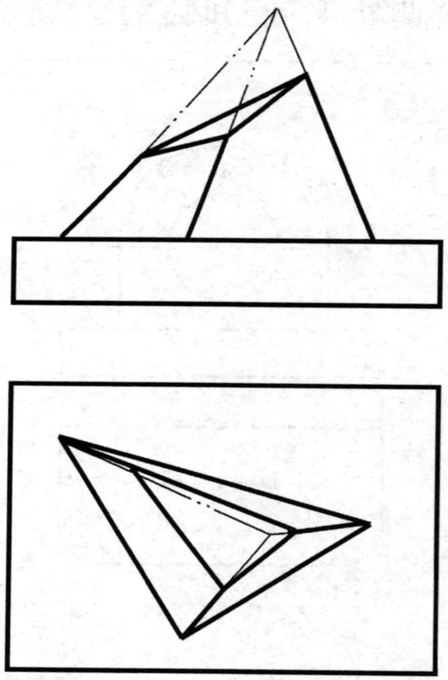

4-2 斜二测图：利用已知视图，绘制斜二测图

1.

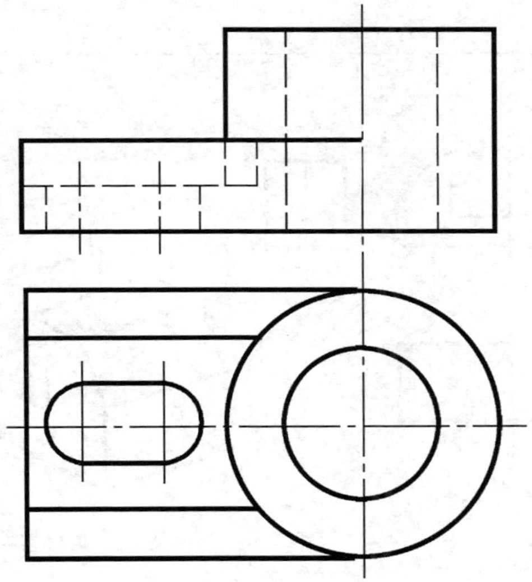

2.

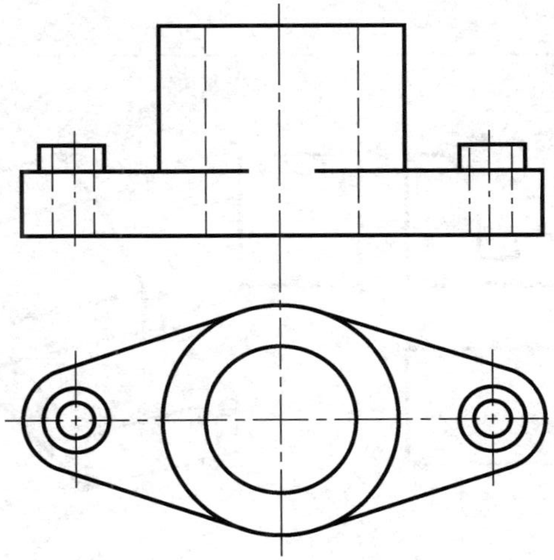

第五章　机件常用的表达方法

习题答案

5-1　视图：补全下列图形中缺漏的线

1.

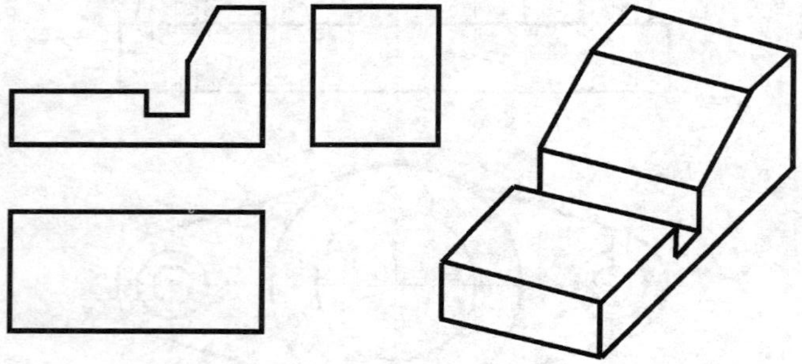

2.

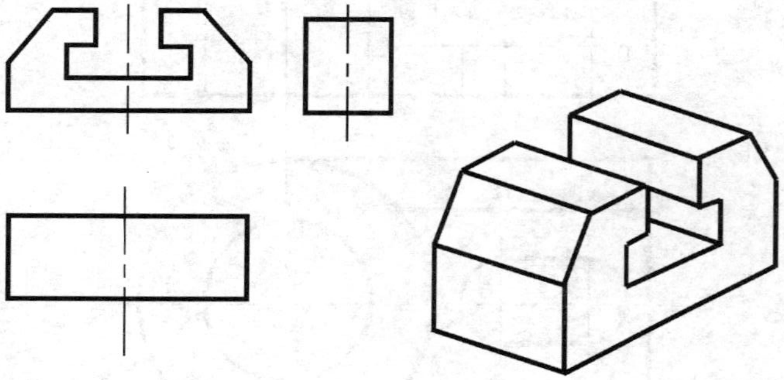

3.

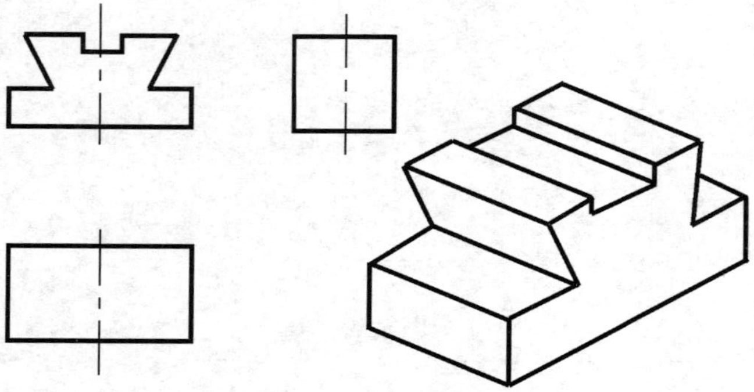

4.

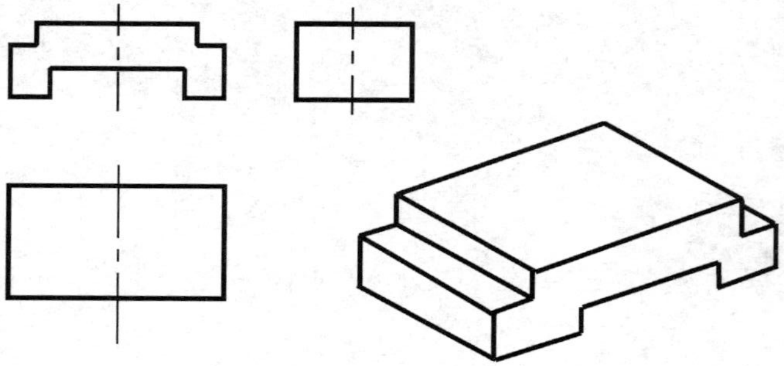

5-2　剖视图：在指定位置把主视图画成全剖视图

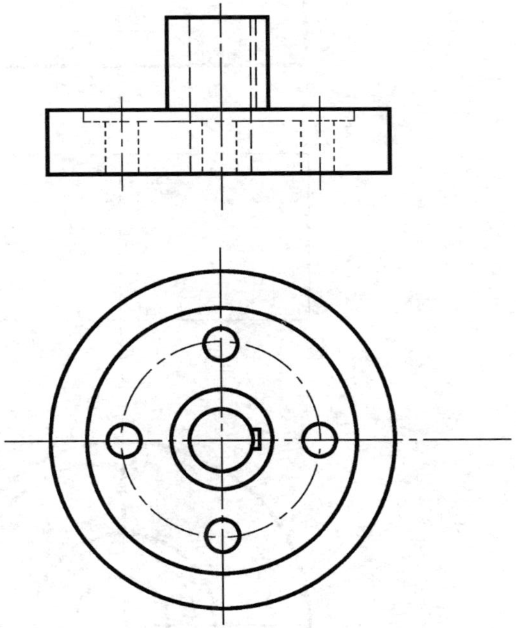

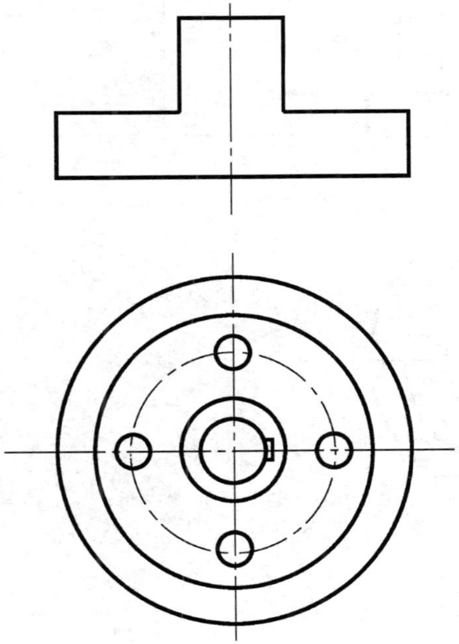

5-3 全剖视图

1. 画作 $A\text{-}A$ 剖视图。

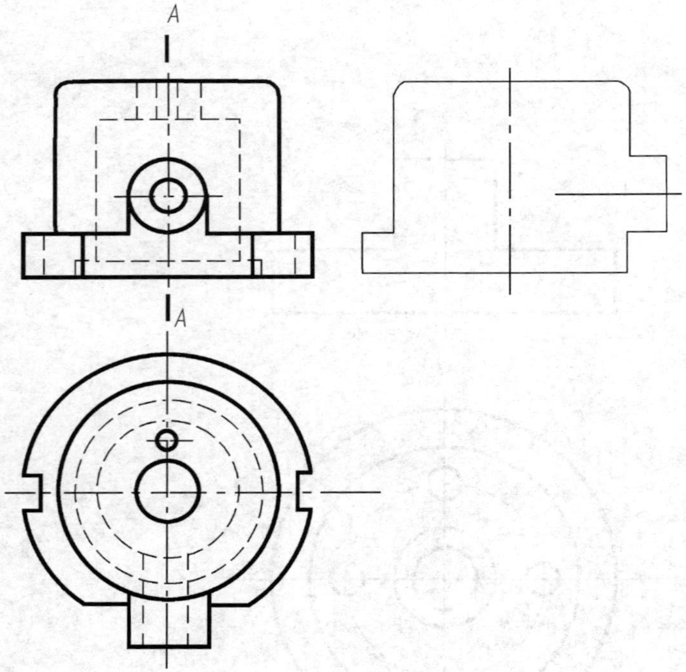

2. 把主视图画成全剖视图。

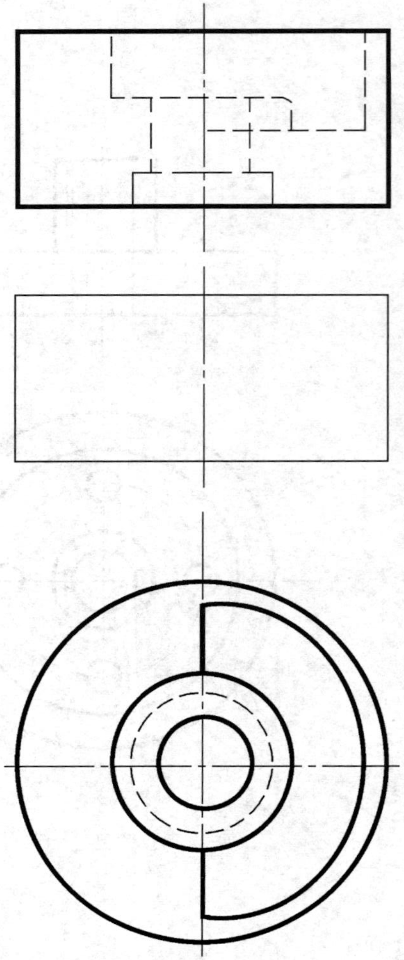

5-4 半剖视图

1. 把主视图画成半剖视图。

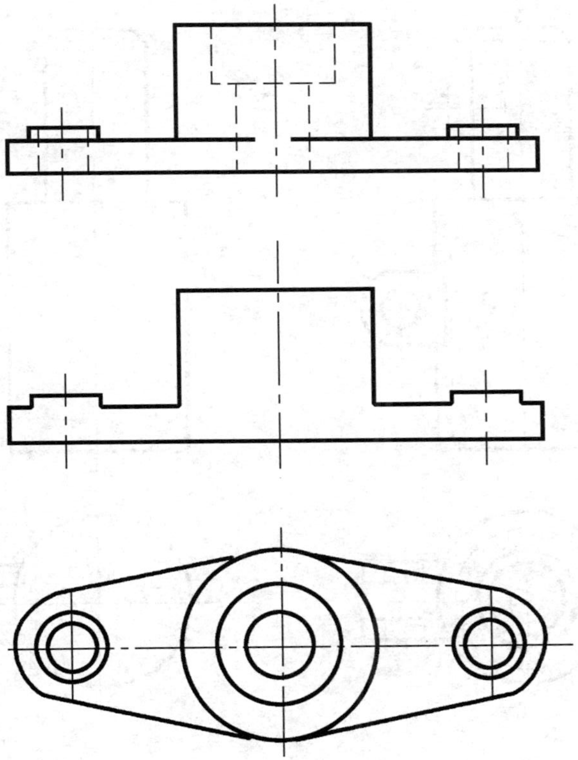

2. 把主、俯视图画成半剖视图。

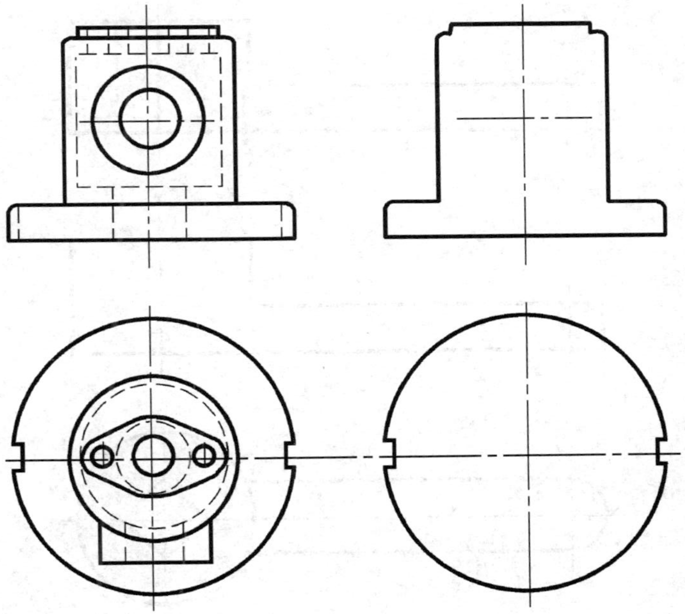

5-5 局部剖视图

1. 把主视图画成局部剖视图。

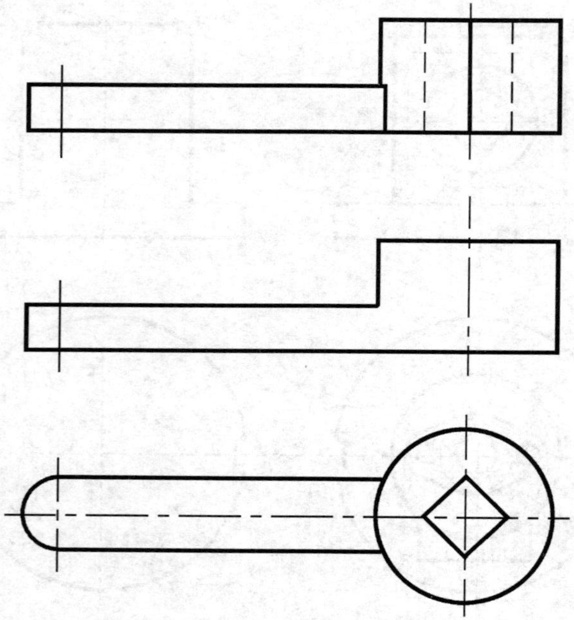

2. 把主、俯视图画成局部剖视图。

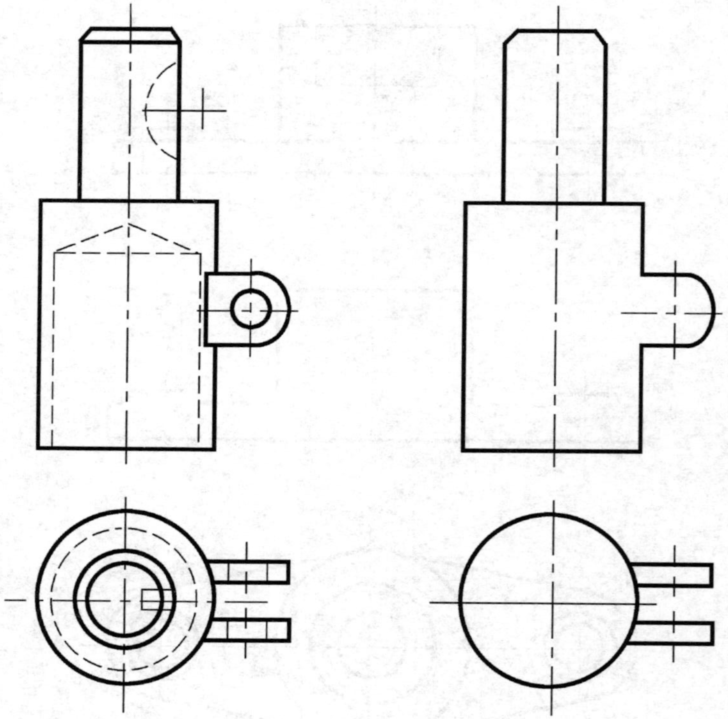

5-6　组合剖切

1. 把主视图画成用相交平面剖切的视图。

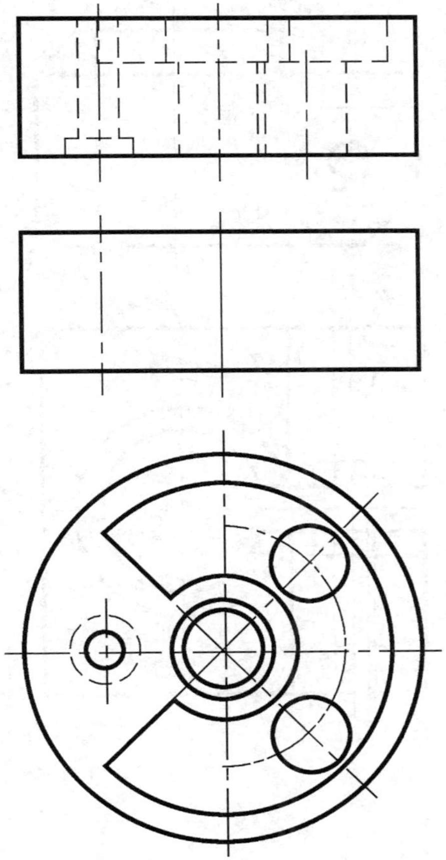

2. 把主视图画成平行剖面剖切的视图。

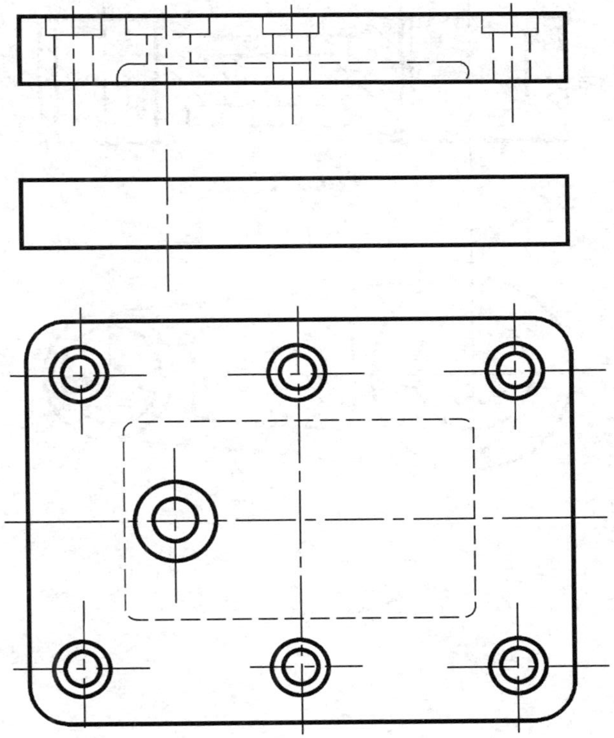

5-7 断面图

1. 把主视图画成用相交平面剖切的视图。

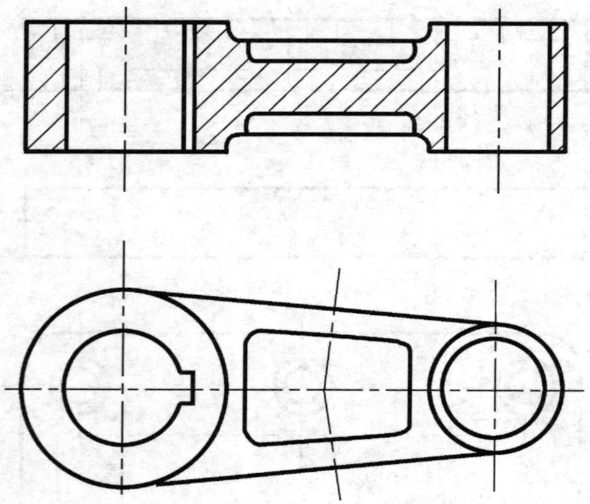

2. 把主视图画成平行剖面剖切的视图。

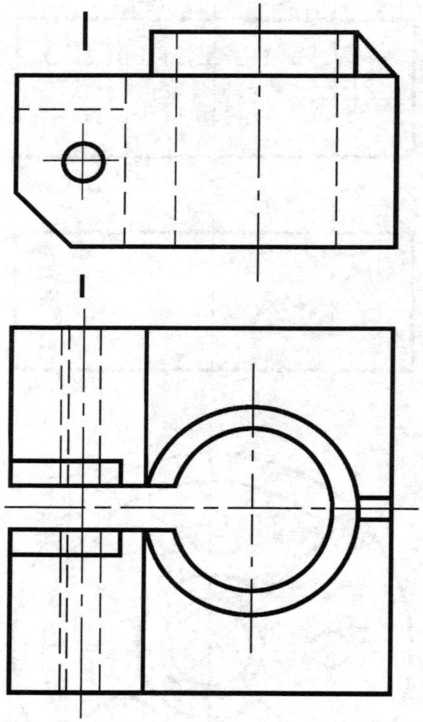

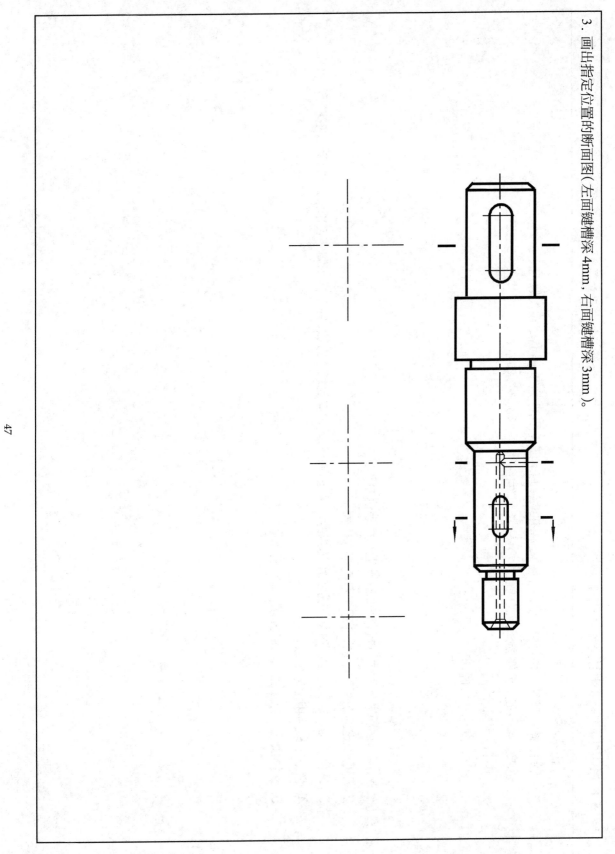

3．画出指定位置的断面图（左面键槽深 4mm，右面键槽深 3mm）。

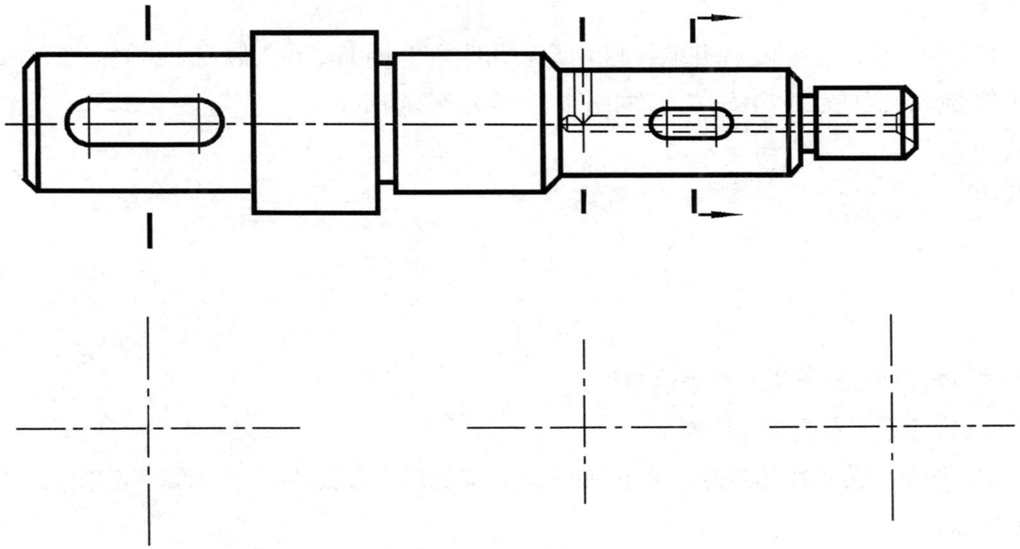

5-8　绘图训练：制图作业4（阀体）

一、目的与要求

1. 目的　根据所绘机件（阀体）的三视图选择并熟练画出所需的剖视图、断面图和其他视图，并标注尺寸。

2. 要求　对指定的机件选择恰当的表达方案，将机件的内、外形状表达清楚。

二、图名、图幅、比例

1. 图名　球面柱缸阀体。

2. 图幅　A3图纸。

3. 比例　1∶1。

三、绘图步骤与注意事项

1. 对所给视图进行形体分析，在此基础上选择表达方案。

2. 根据规定的图幅和比例，合理布置视图的位置。

3. 逐步画出各视图。画图时要注意利用适当的剖视图、断面图和其他表达方法，并配置和调整各部分尺寸，完成底稿。

4. 仔细校核后用铅笔加深。

5. 图画质量与标题栏填写的要求，同前面作业。

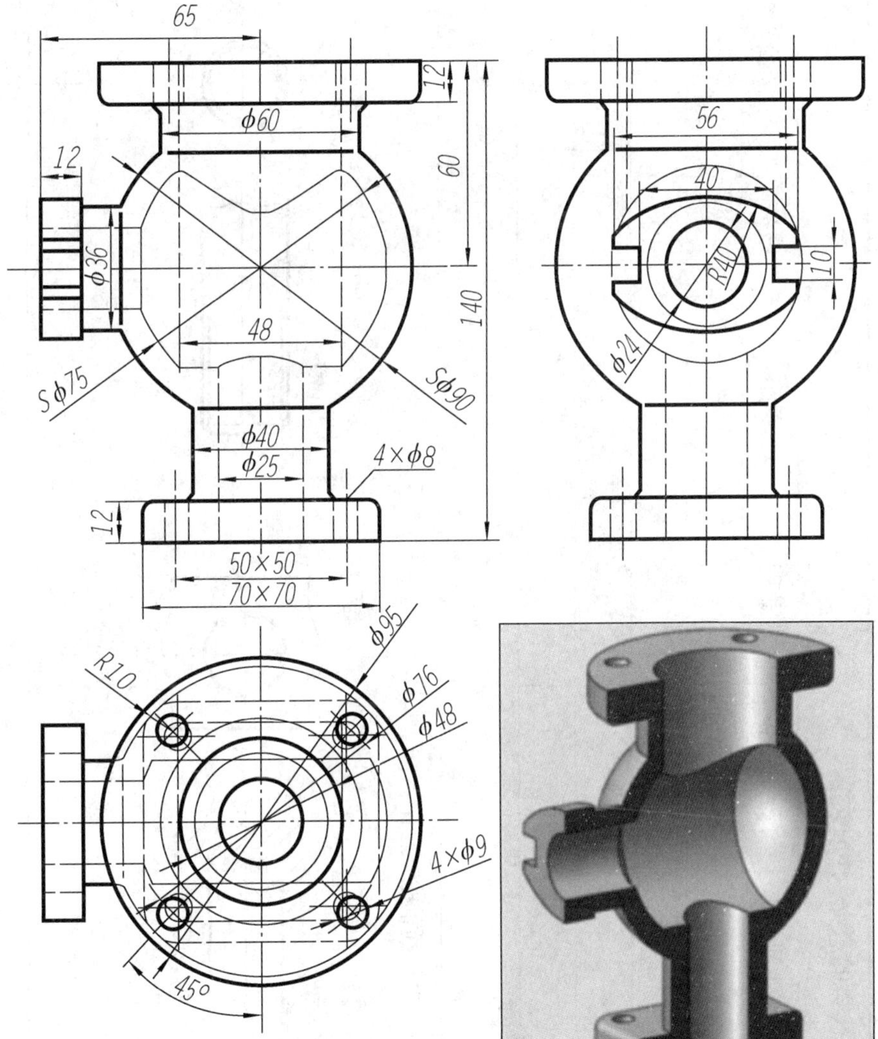
65
12
ϕ60
60
140
12
ϕ36
48
Sϕ75
Sϕ90
ϕ40
ϕ25
4×ϕ8
12
50×50
70×70
56
40
R40
10
ϕ24
ϕ95
R10
ϕ76
ϕ48
4×ϕ9
45°

第六章　标准件与常用件

6-1　螺纹画法

1. 识别下列螺纹标记中各代号的意义，并填表。

螺纹标记	螺纹种类	螺纹大径	导程	螺距	线数	中径公差代号	旋向
M20LH—6H							
M20×1.5—6g7g							
Tr40×14（P7）—8e							
G3/8							

2. 检查螺纹画法中的错误，按照正确画法画在下面。

（1）

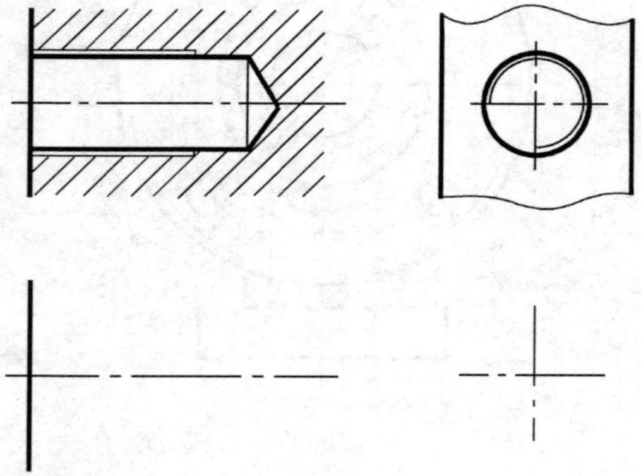

（2）

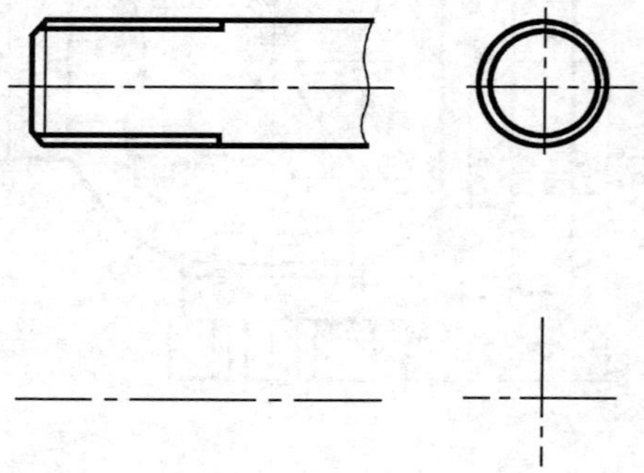

3．标注下列螺纹。

（1）M20—5g

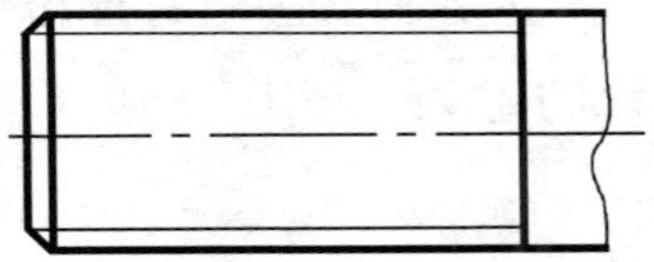

（2）G1/2

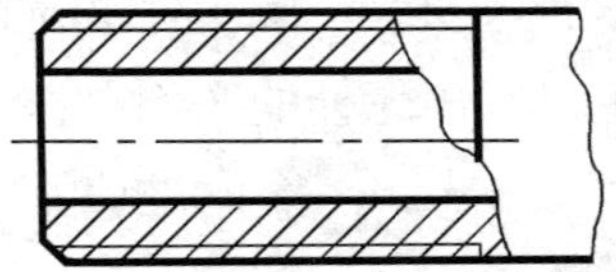

（3）M20—7H

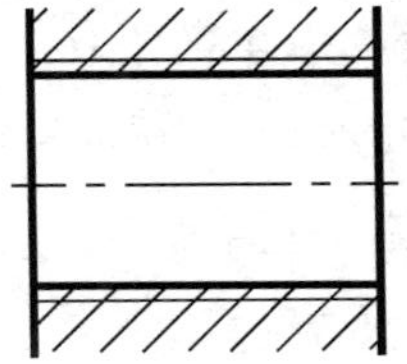

4．检查图中画法的错误，按照正确画法画在下面。

（1）内、外螺纹联接

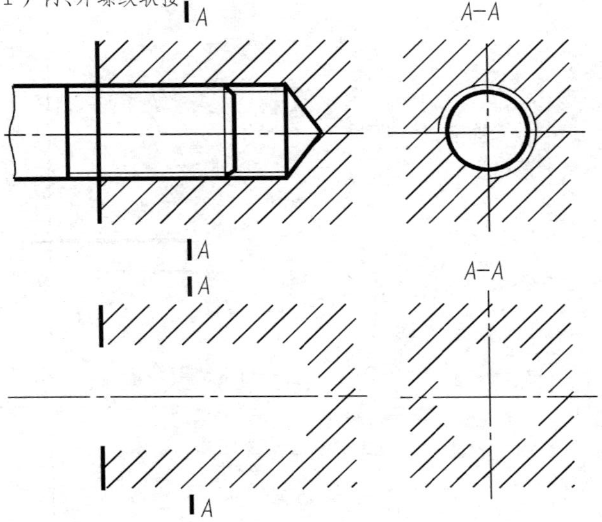

（2）螺钉联接

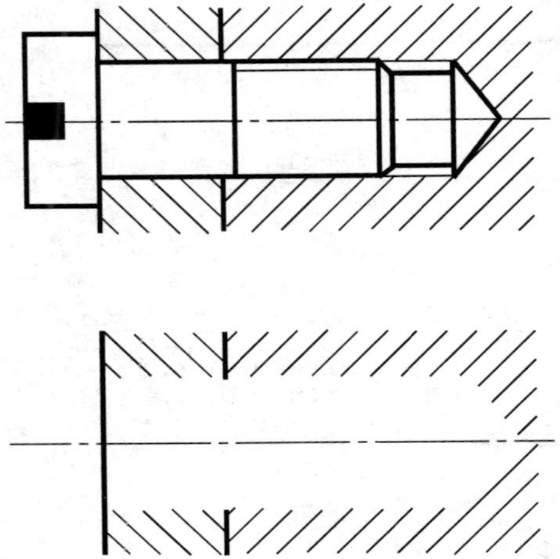

6-2 螺纹标记

1. 螺栓 GB/T 5780 M16×l 连接两块钢板，板厚 $t_1=t_2=16$mm，螺母 GB/T 6170 M16，垫圈 GB/T 97.1 16，用比例画法画螺栓连接装配图（比例 1∶1）。主视图取全剖，俯视图和左视图画外形。写出螺栓的正确标记（l 计算后取标准值）。

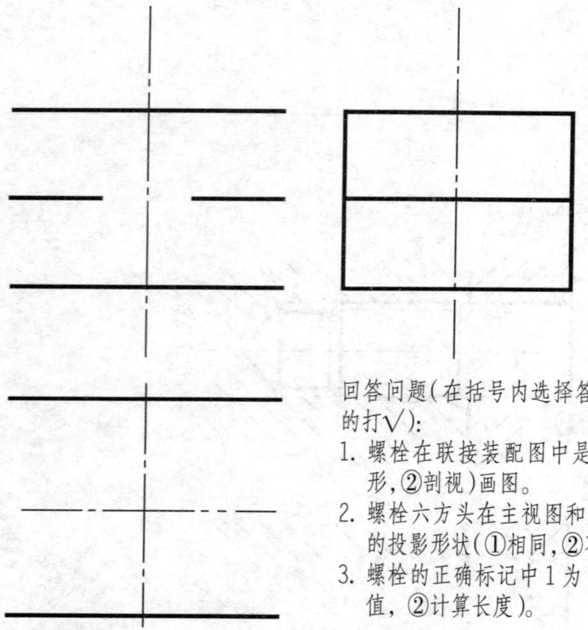

螺栓的标记：

回答问题（在括号内选择答案，正确的打√）：

1. 螺栓在联接装配图中是按（①外形，②剖视）画图。
2. 螺栓六方头在主视图和左视图上的投影形状（①相同，②不同）。
3. 螺栓的正确标记中 1 为：（①标准值，②计算长度）。

2. 用开槽沉头螺钉 GB/T 68 M8×l 连接零件 1（板厚 $t=12$）和零件 2（材料为铸铁），用比例画法画螺钉连接装配图，主视图取全剖，俯视图画外形（比例 2∶1）。写出螺钉的正确标记（l 计算后取标准值）。

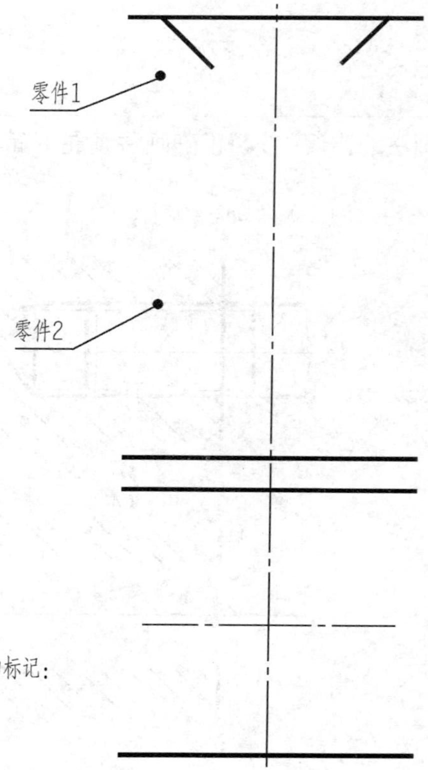

螺钉的标记：

6-3　键、销连接

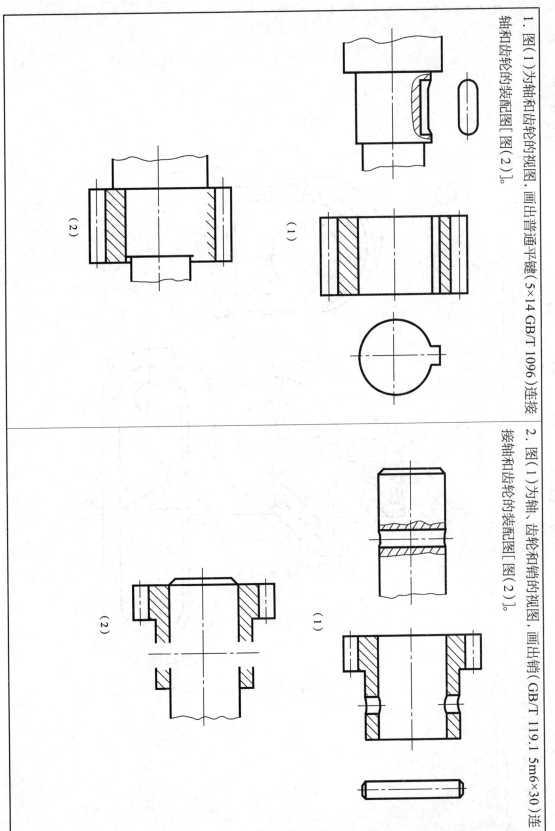

1. 图(1)为轴和齿轮的视图，画出普通平键(5×14 GB/T 1096)连接轴和齿轮的装配图[图(2)]。

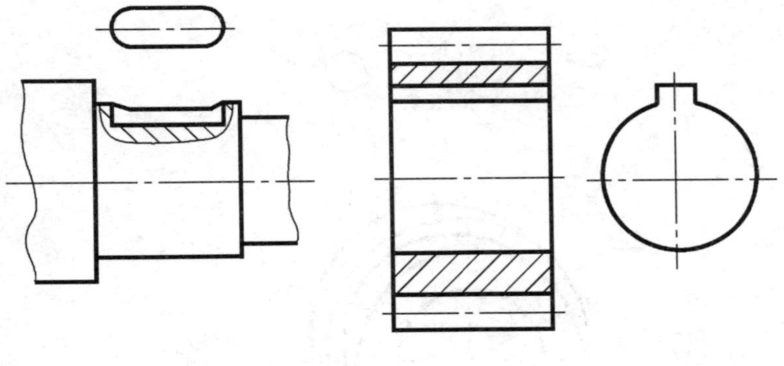

(1)

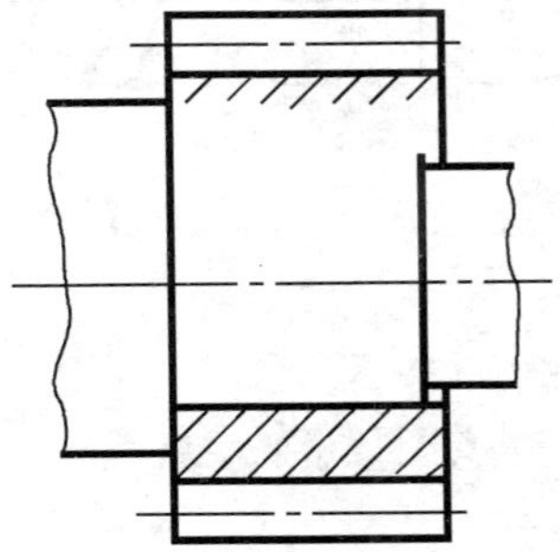

(2)

2. 图(1)为轴、齿轮和销的视图，画出销(GB/T 119.1 5m6×30)连接轴和齿轮的装配图[图(2)]。

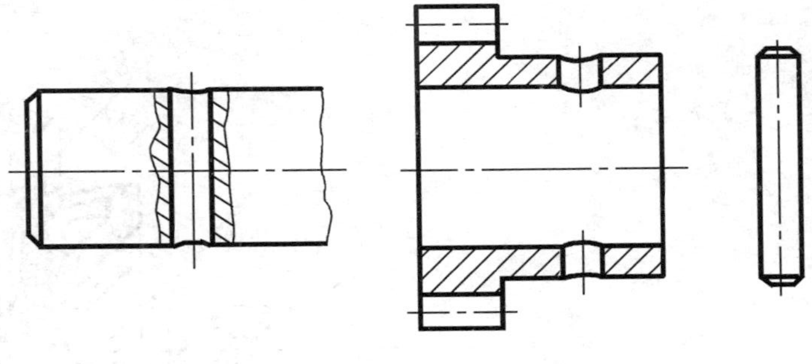

(1)

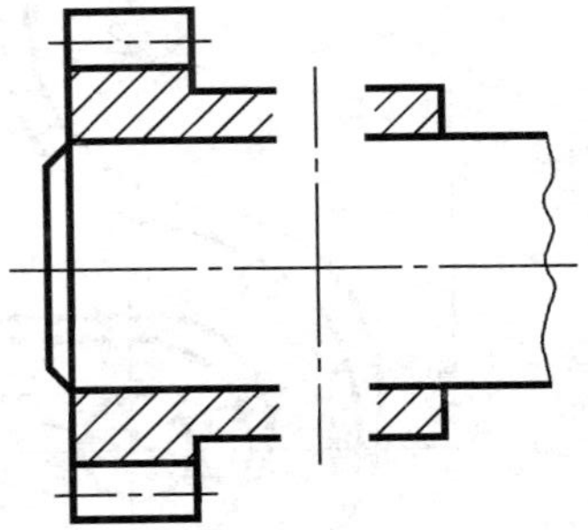

(2)

第七章　零　件　图

7-1　支座零件图

画支座的零件图（A3 图幅，比例 1∶1，材料 HT150）。

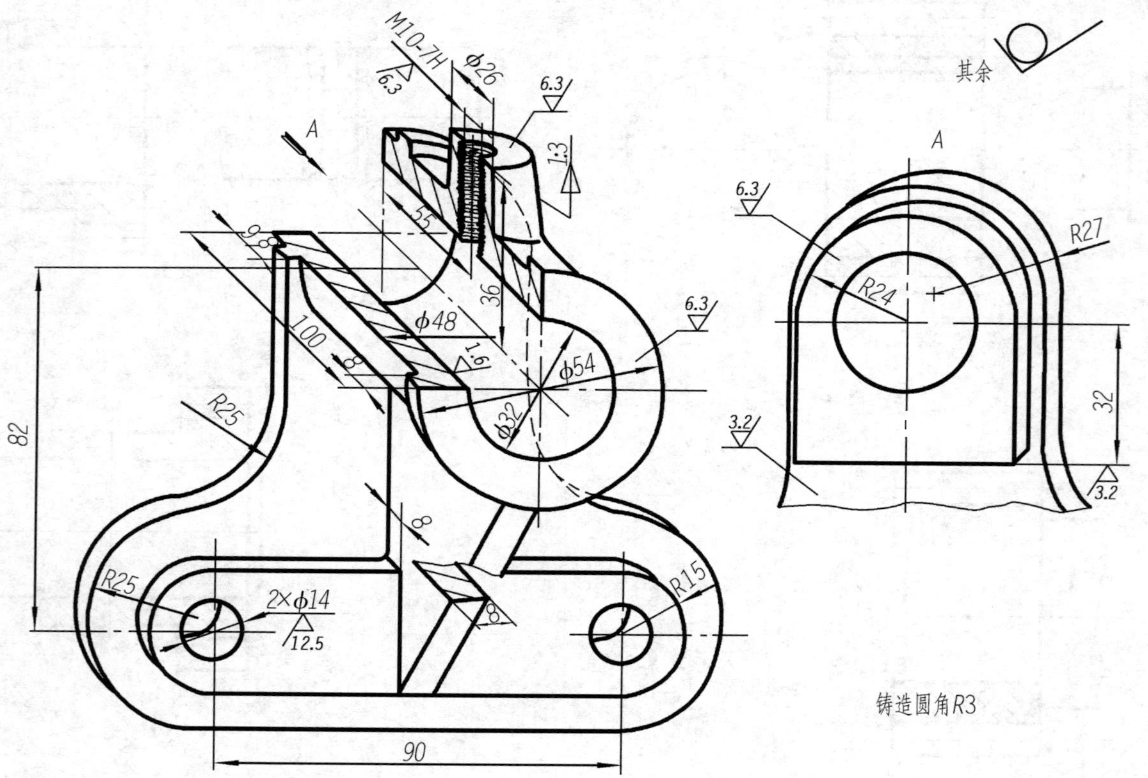

7-2　座盖零件图

画座盖的零件图(A3 图幅,比例 1∶1)。

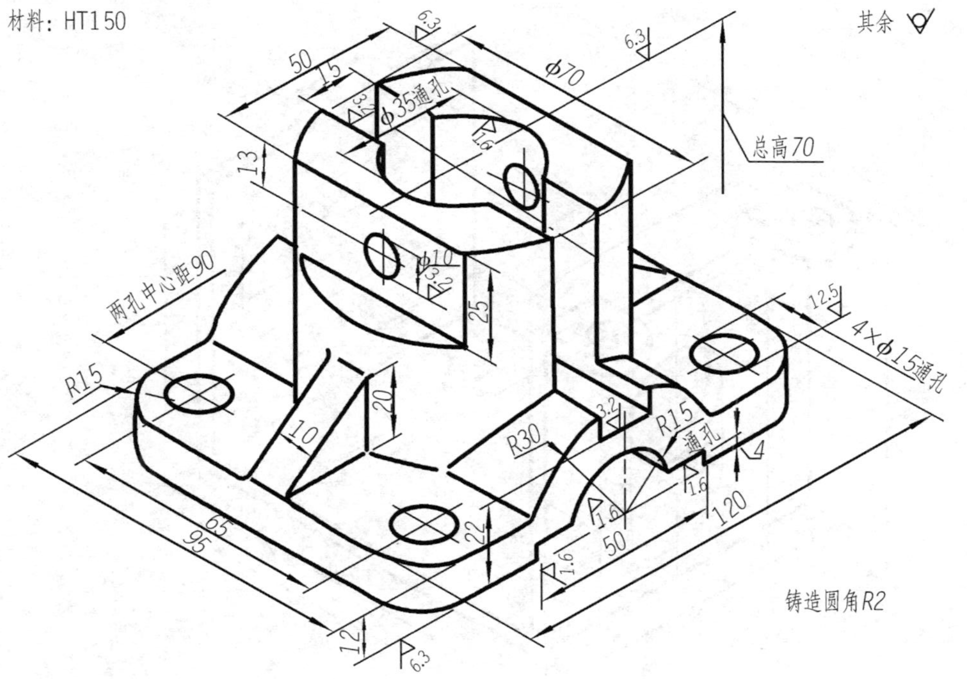

7-3 托架零件图

根据托架的轴测图绘制其零件图(材料 08F 钢板)。

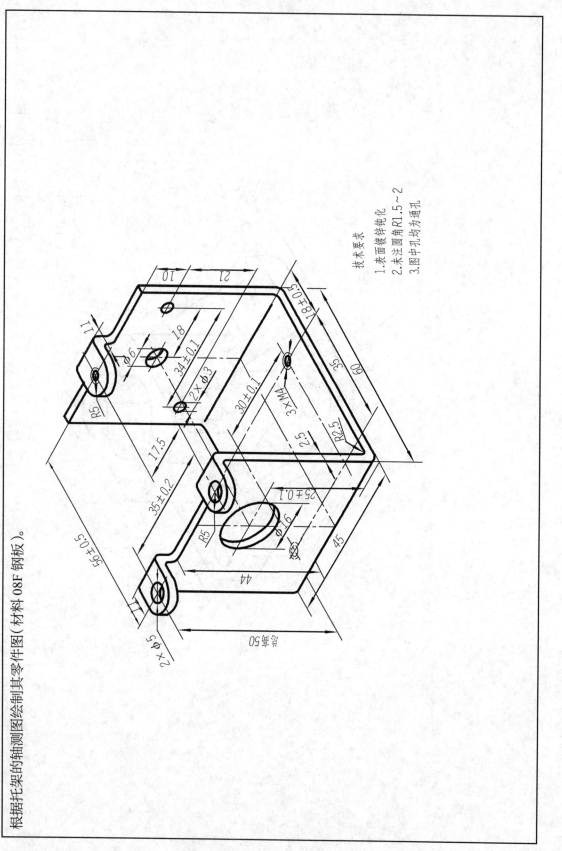

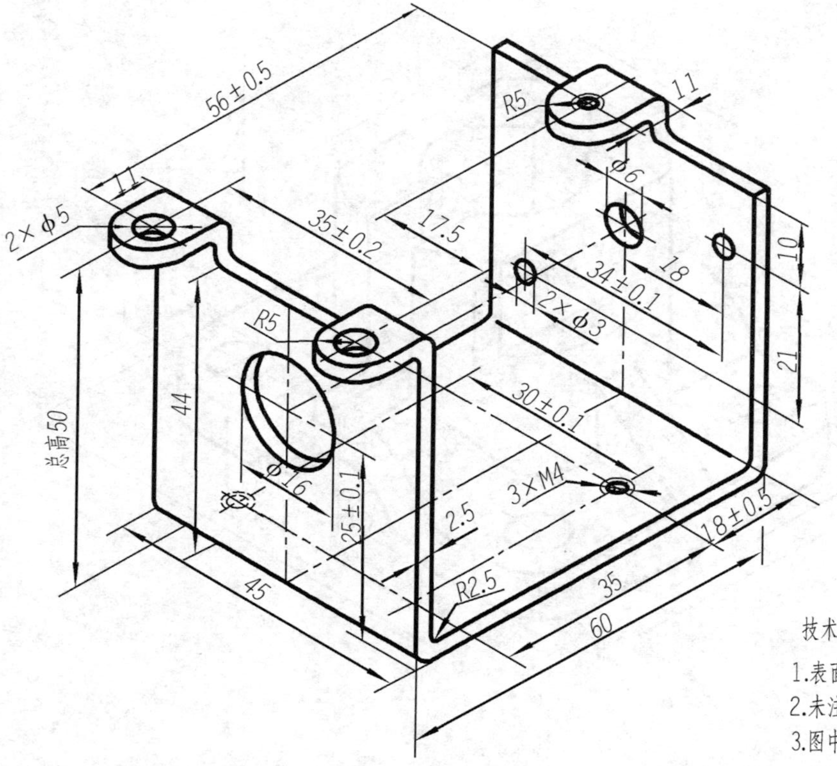

技术要求

1.表面镀锌钝化

2.未注圆角R1.5~2

3.图中孔均为通孔

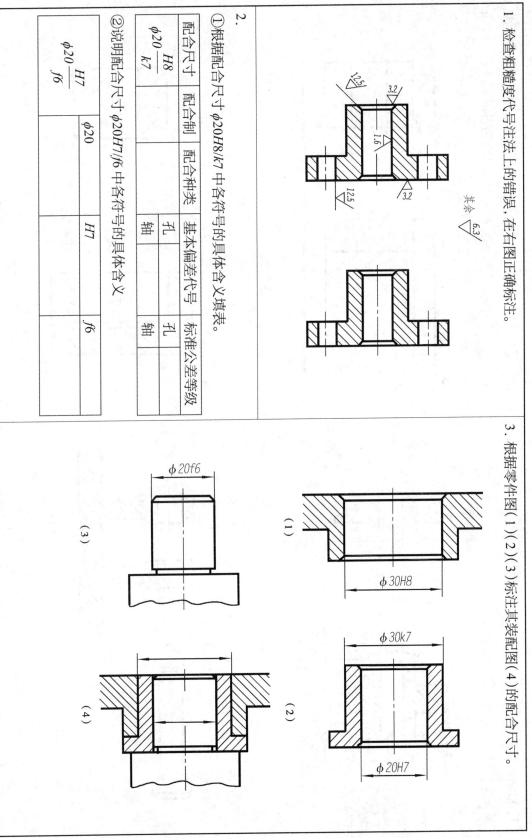

7-4　表面粗糙度与配合公差(一)

1. 检查粗糙度代号注法上的错误，在右图正确标注。

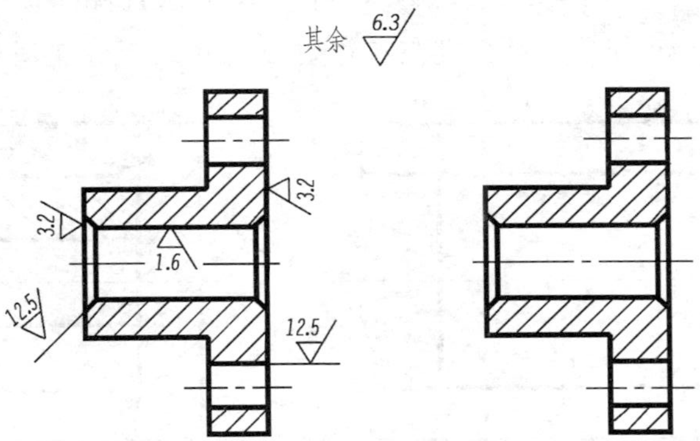

2.

①根据配合尺寸 $\phi20H8/k7$ 中各符号的具体含义填表。

配合尺寸	配合制	配合种类	基本偏差代号		标准公差等级	
$\phi20\frac{H8}{k7}$			孔		孔	
			轴		轴	

②说明配合尺寸 $\phi20H7/f6$ 中各符号的具体含义

$\phi20\frac{H7}{f6}$	$\phi20$	$H7$	$f6$

3. 根据零件图(1)(2)(3)标注其装配图(4)的配合尺寸。

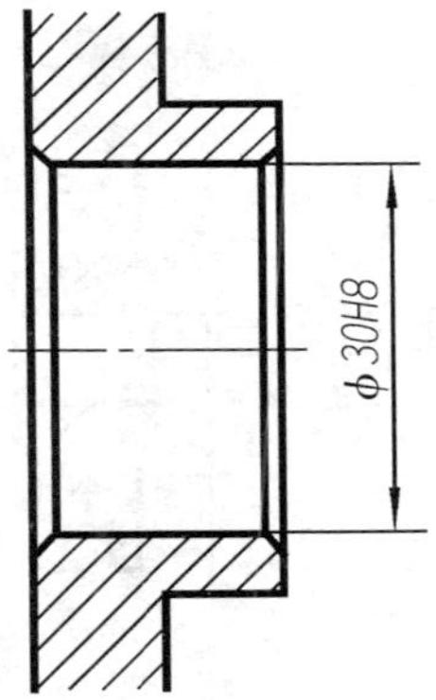

(1)

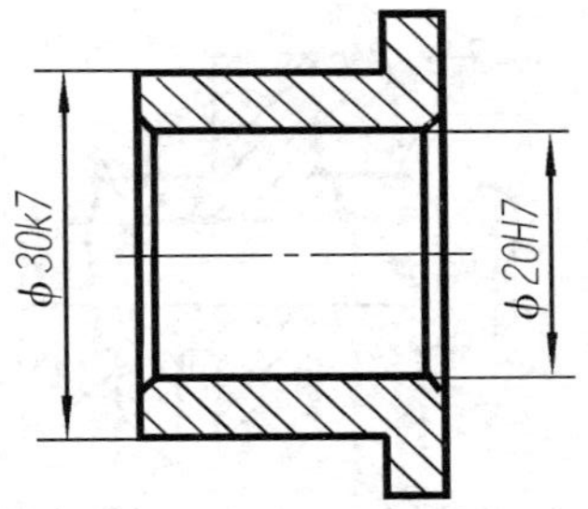

(2)

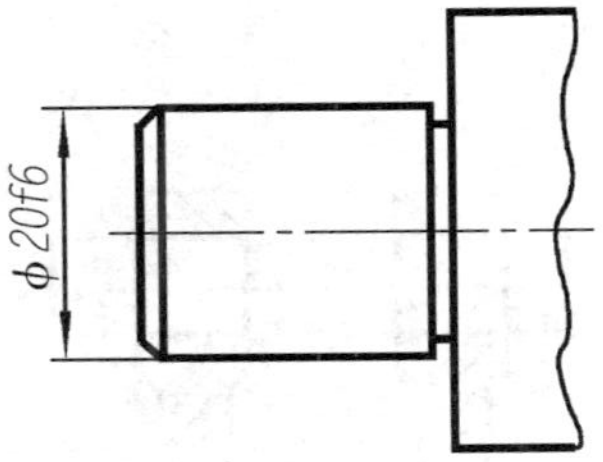

(3)

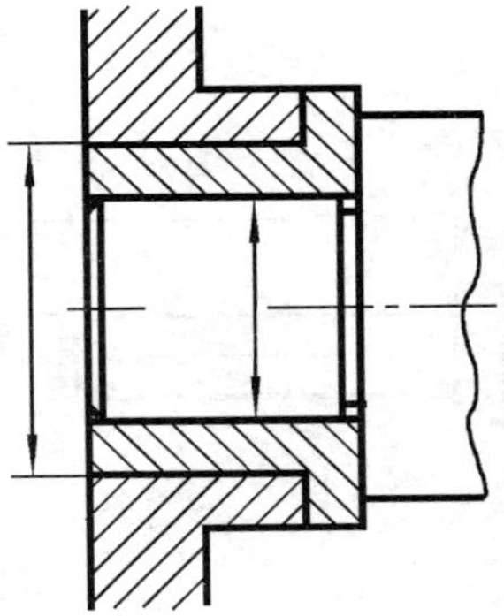

(4)

7-4 表面粗糙度与配合公差(二)

1. 根据装配图(1)中的配合尺寸，分别在零件图(2)(3)(4)上标注其基本尺寸、公差带代号及极限偏差数值。

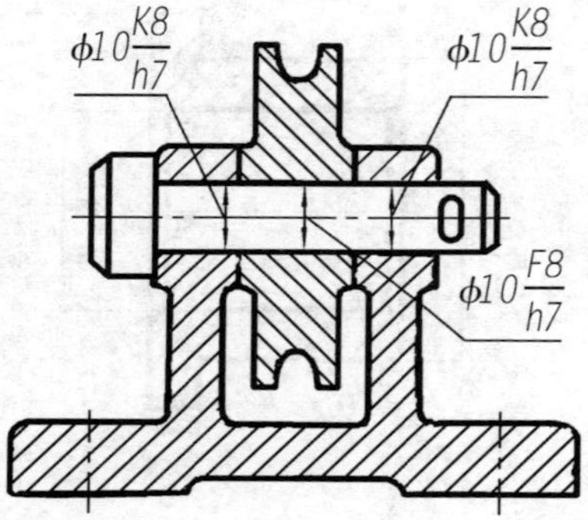

(1)

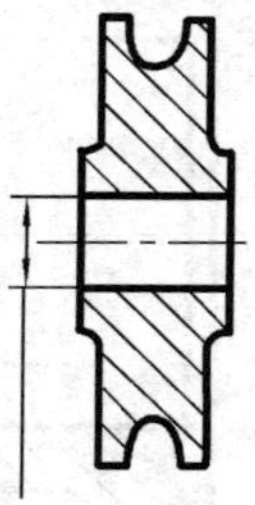

(2)

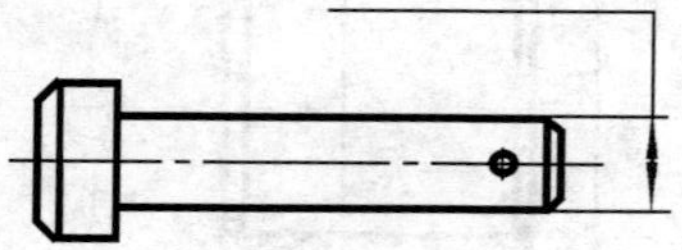

(3)

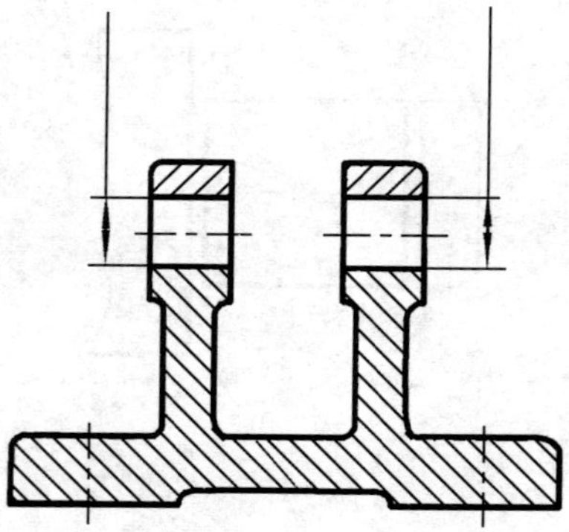

(4)

2. 滑块与导轨的基本尺寸是24，采用基孔制间隙配合，标准公差等级均为IT8，滑块的基本偏差代号为e。在装配图(1)中标注滑块与导轨的配合尺寸，并分别在零件图(2)和(3)上标注基本尺寸。

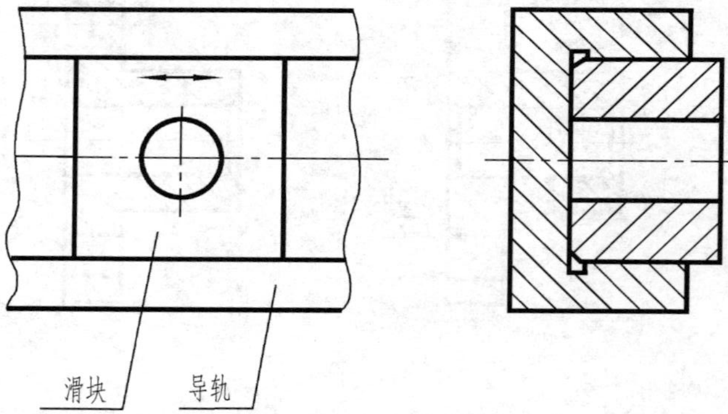

(1)

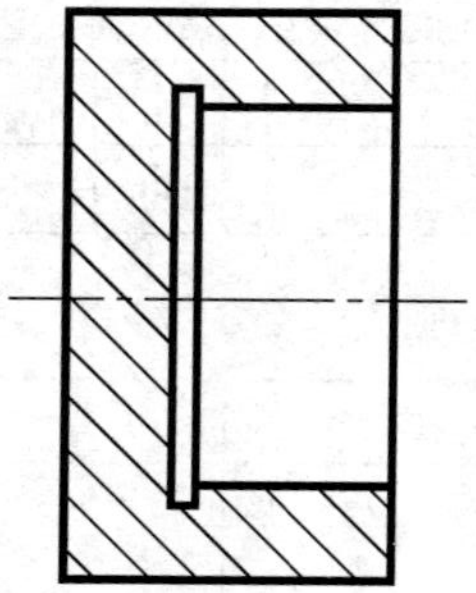

(2)

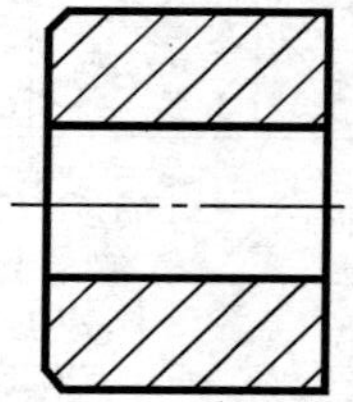

(3)

7-5 零件图

看端盖零件图，做下列各题。

1. 画 $A-A$ 剖视（对称机件剖视图画一半）。
2. 表面 I 的粗糙度代号为________，表面 II 粗糙度代号为________，表面 III 粗糙度代号为________。
3. 尺寸 $\phi70d11$，其基本尺寸为________，基本偏差代号为________，标准公差等级为________。

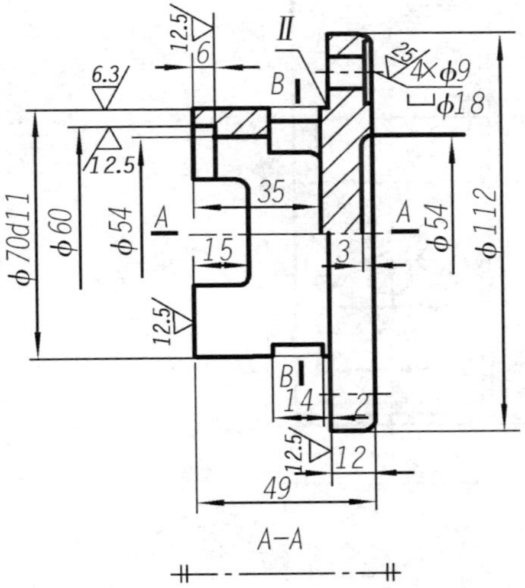

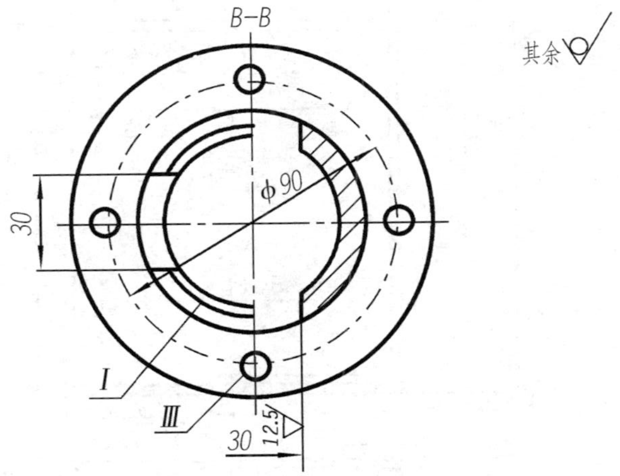

制图			端　盖		图号
校核					
（校名）	班		材料HT200	数量1	比例1:2

看懂支架零件图，想出支架的形状画出其右视图，并用硬纸板做出实际模型，其上圆柱孔的位置用点画线表示即可。

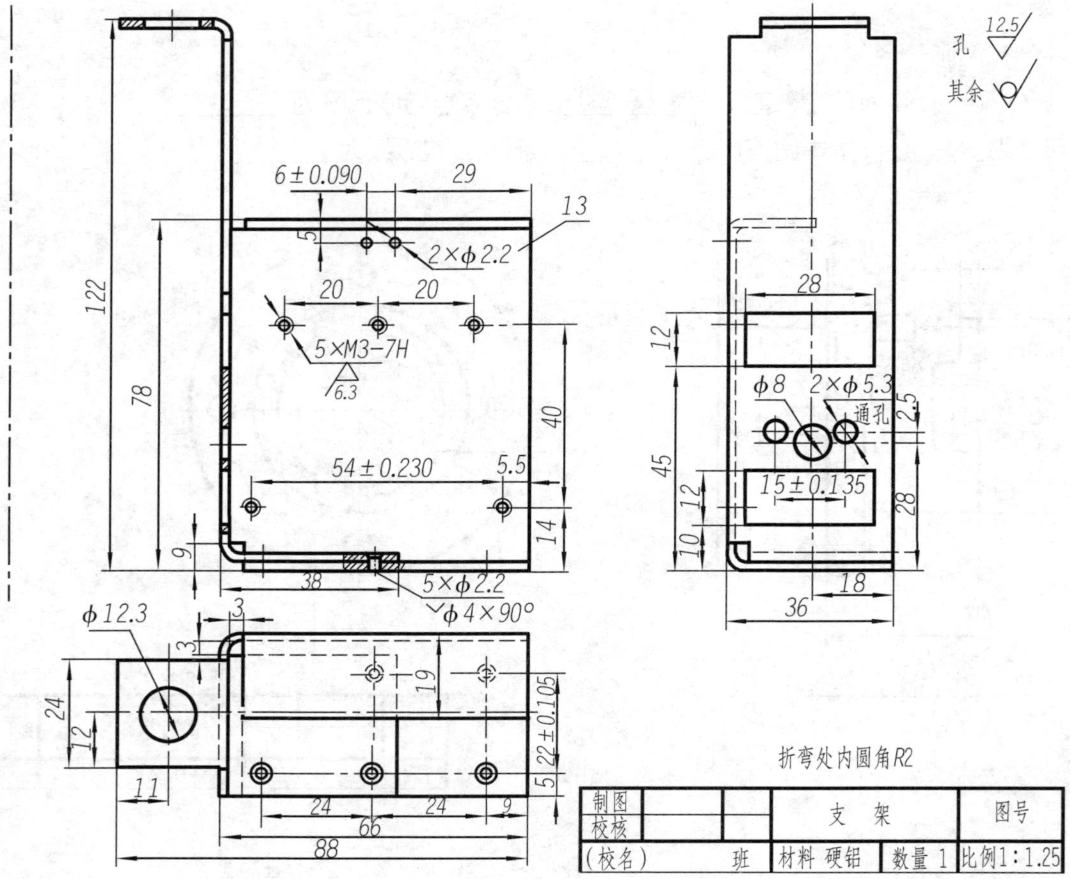

读底座零件图，在指定位置画出左视图外形图。

其余 ▽

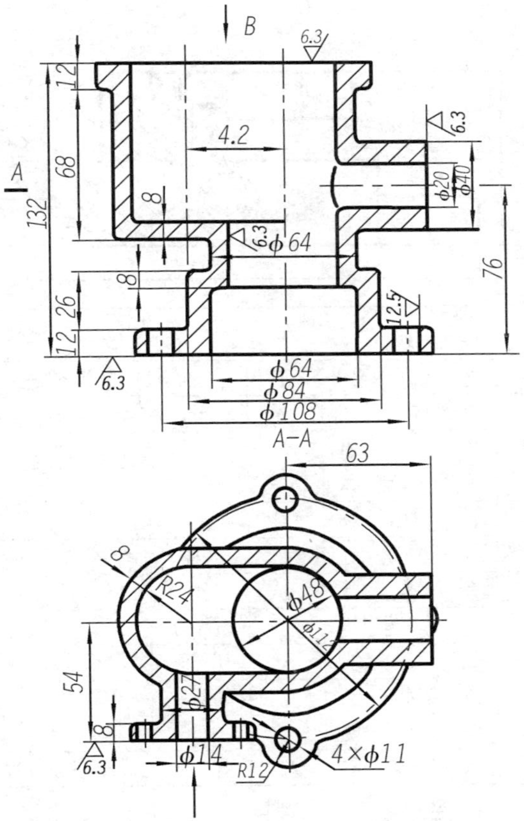

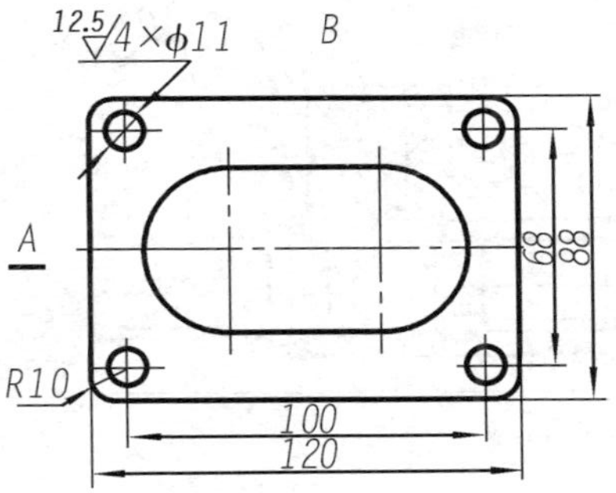

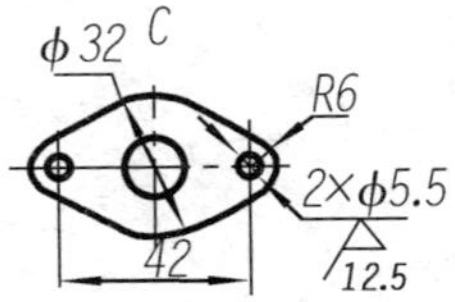

左视图外形图

技术要求

1.未注圆角R3。

2.铸件不能有气孔、裂纹等缺陷。

制图 校核		底　　座		图号
（校名）	班	材料 HT150	数量1	比例1∶2.5

7-6　拆画零件图

读平口钳装配图，并拆画零件图。

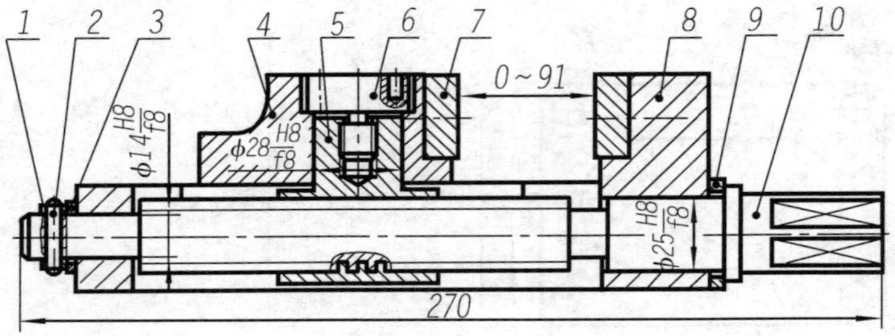

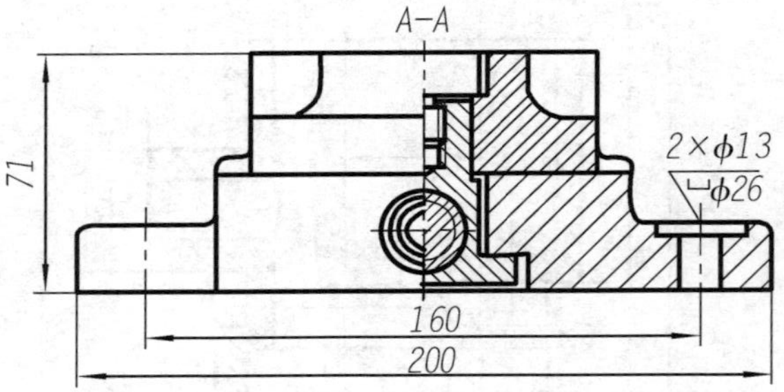

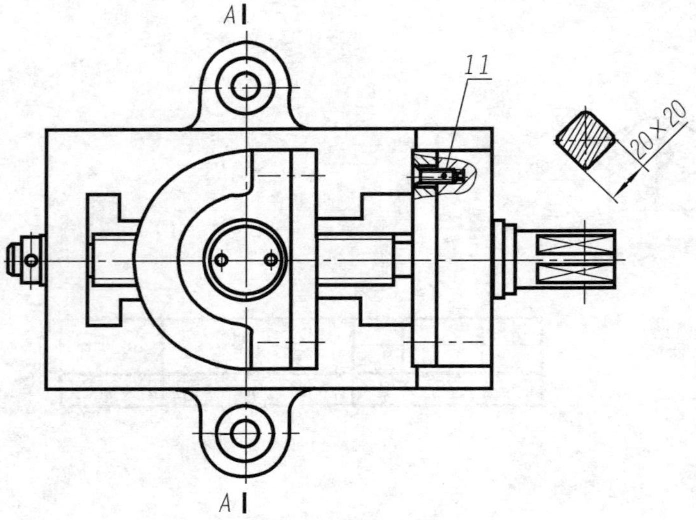

11	螺钉 M6×20	4	35	GB/T 68—2000
10	丝杠	1	45	
9	垫圈	1	Q235	
8	固定钳体	1	HT150	
7	钳口板	2	45	
6	紧固螺钉	1	20	
5	套螺母	1	20	
4	活动钳体	1	HT150	
3	垫圈	1	Q235	
2	圆柱销 4h8×26	1	35	GB/T 119.1—2000
1	挡圈	1	Q235	
序号	零件名称	数量	材料	附注及标准
平口钳			比例	1:2.5
			共　张	第　张
制图			（校名）	图号
审核				

一、工作原理

平口钳用于装卡被加工的零件，使用时将固定钳体 8 安装在工作台上，旋转丝杠 10 推动套螺母 5 及活动钳体 4 做直线往复运动，从而使钳口板开合，以松开或夹紧工件。紧固螺钉 6 用来在加工时锁紧套螺母 5。

二、读懂平口钳装配图，做下列各题。

1．回答问题

（1）从丝杆右端面看顺时针转动丝杠 10，活动钳体 4 向何方移动？

（2）紧固螺钉 6 上面的两个小孔有什么作用？

（3）活动钳体 4 在装配图中的左右位置是怎么确定的，为什么？

（4）垫圈 3 和 9 的作用是什么？

（5）下列尺寸各属于装配图中的何种尺寸？

0～91 属于________尺寸，ϕ28H8/f8 属于________尺寸，160 属于________尺寸，270 属于__________尺寸。

（6）说明 ϕ25H8/f8 的含义：轴孔配合属于________制，______配合，ϕ25 是________尺寸，H8 是________代号，f 是________代号。

2．根据平口钳装配图拆画零件图。

（1）用 1∶1 比例在 A3 方格纸上拆画固定钳体 8 的零件图。

各表面粗糙度 R_a 值（μm）可按以下要求标注：

两端轴孔表面（ϕ25、ϕ14）可选 1.6；

上表面及方槽中的接触表面可选 3.2；

安装钳口板处两表面可选 6.3；

其余切削加工面可选 25；

铸造表面为 $\sqrt{}$（带圆圈）。

（2）用 1∶1 比例在 A3 方格纸上拆画活动钳体 4 的零件图（只画视图，不标注尺寸及表面粗糙度等）。

第八章 装 配 图

读装配图做习题

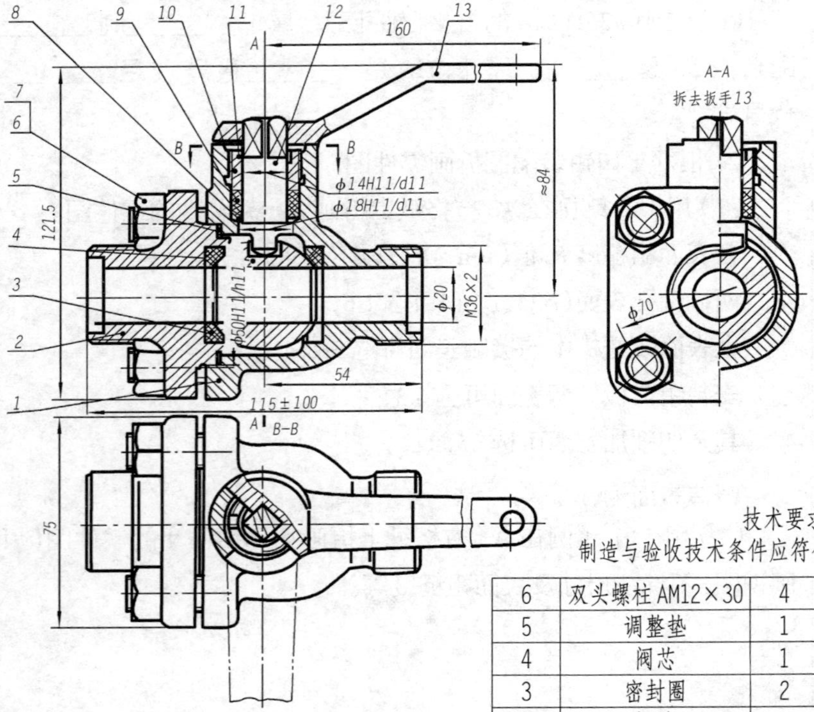

技术要求

制造与验收技术条件应符合国家标准的规定。

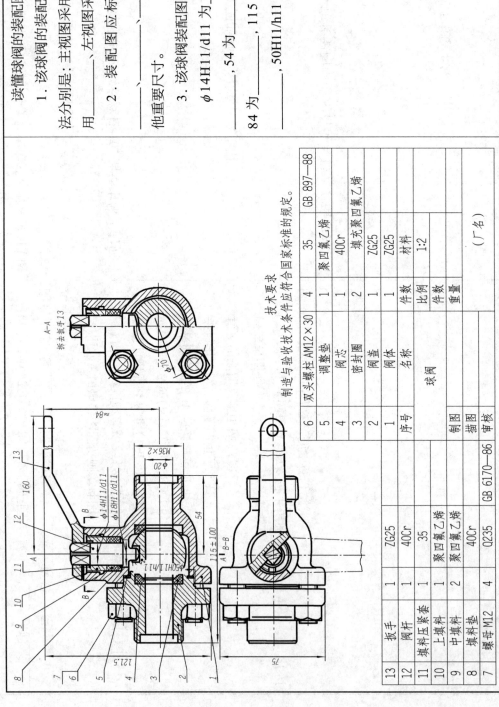

					6	双头螺柱 AM12×30	4	35	GB 897—88
					5	调整垫	1	聚四氟乙烯	
					4	阀芯	1	40Cr	
					3	密封圈	2	填充聚四氟乙烯	
					2	阀盖	1	ZG25	
13	扳手	1	ZG25		1	阀体	1	ZG25	
12	阀杆	1	40Cr		序号	名称	件数	材料	
11	填料压紧套	1	35		球阀		比例	1:2	
10	上填料	1	聚四氟乙烯				件数		
9	中填料	2	聚四氟乙烯		制图		重量		
8	填料垫		40Cr		描图		（厂名）		
7	螺母 M12	4	Q235	GB 6170—86	审核				

读懂球阀的装配图，完成下列习题：

1．该球阀的装配图采用的几种表达方法分别是：主视图采用________、俯视图采用________、左视图采用________。

2．装配图应标注以下几类尺寸：______、________、________、________及其他重要尺寸。

3．该球阀装配图中 $\phi20$ 为________，$\phi14H11/d11$ 为________，M36×2 为________，54 为________，75 为________，84 为________，115 为________，121 为________，50H11/h11 为________。

第九章　化工设备图

绘制化工设备图

1. 根据设备条件单查阅相关资料，绘制相应设备图。

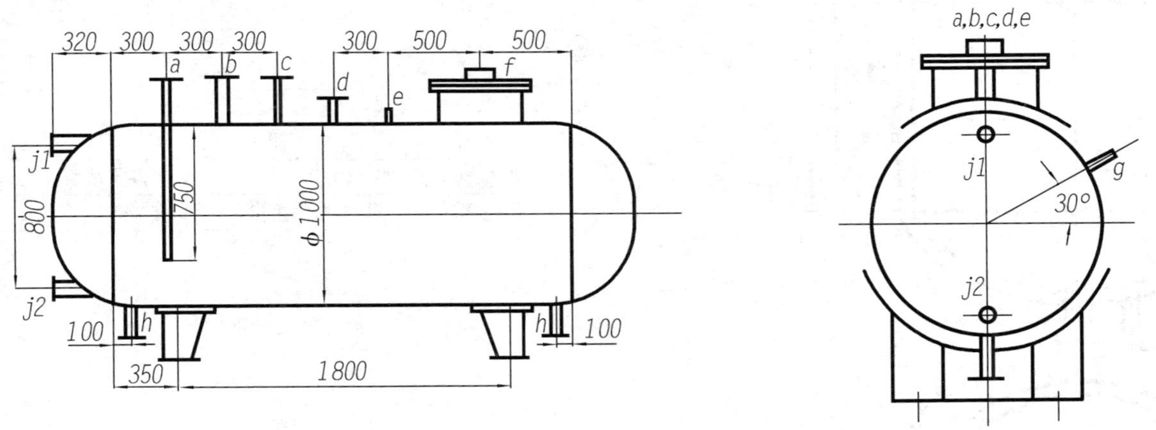

技术特性表

操作压力	常压
操作温度	≤100℃
介质	
容积	2.2m^3
材料	Q235A
其他	

接管表

符号	公称尺寸	连接尺寸及标准	连接面形式	用途或名称
a	50	PN0.25, DN50, GB/T 79124—2019	RF	进料口
b	65	PN0.25, DN65, GB/T 79124—2019	RF	备用口
c	25	PN0.25, DN25, GB/T 79124—2019	RF	温度计
d	40	PN0.25, DN40, GB/T 79124—2019	RF	排气口
e	25	PN0.25, DN25, GB/T 79124—2019	螺纹	压力表
f	450	DN450, NB/T 47021—2012	RF	人孔
g	40	PN0.25, DN40, GB/T 79124—2019	RF	排污口
h	50	PN0.25, DN50, GB/T 79124—2019	RF	放料口
j1-2	75	PN1.6, DN75, GB/T 79124—2019	RF	液面计接口

2. 根据设备条件单查阅相关资料，绘制相应设备图。

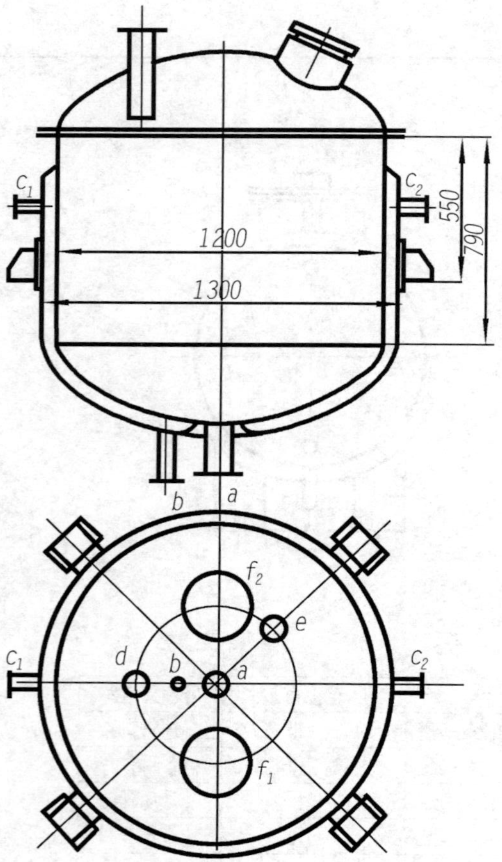

技术特性表

参数	釜内	夹套内	
操作压力	0.3MPa	0.5MPa	
操作温度	80~120℃	143℃	
介质	物料	水或蒸汽	
容积	3m		
材料	Q235-A		
传热面积	$10.0m^2$	保温层厚度	50mm
安装要求	支撑于操作台	搅拌速度	85r/min

接管表

符号	公称尺寸	连接尺寸及标准	连接面形式	用途或名称
a	DN50	GB/T 79124—2019	RF	出料口
b	DN25	GB/T 79124—2019	RF	冷凝液出口
c_1, c_2	DN25	GB/T 79124—2019	RF	蒸汽进口
d	DN50	GB/T 79124—2019	RF	进料口
e	DN40	GB/T 79124—2019	RF	温度计接口
f_1, f_2	DN125	NT/T47017—2011		

3. 根据设备条件单查阅相关资料，绘制相应设备图。

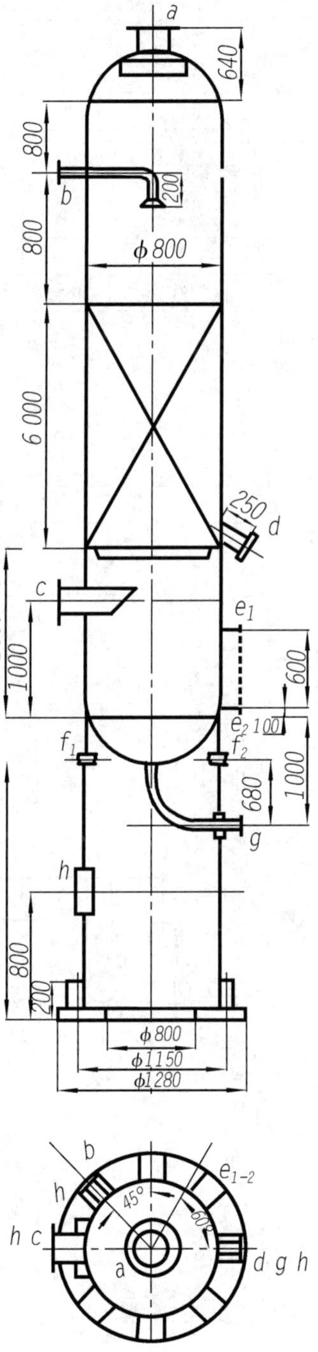

技术特性表

操作温度	常温
操作压力	常压
介质	丙酮
填料类型	聚丙烯阶梯环
吸收剂	流水
其他	

a	PN0.6, DN100, GB/T 79124—2019	RF	气相出口
b	PN0.6, DN25, GB/T 79124—2019	RF	液相入口
c	PN0.6, DN100, GB/T 79124—2019	RF	气相入口
d	PN0.6, DN100, GB/T 79124—2019	RF	填料手孔
e_{1-2}	PN0.6, DN15, GB/T 79124—2019	RF	液位计接口
f_{1-2}	DN15, GB/T 79124—2019		通气口
g	PN0.6, DN25, GB/T 79124—2019	RF	液相出口
h	DN400, NB/T 47021—2010		人孔

第十章　工艺流程图

读工艺流程图

参考各种表格，读懂工艺流程图。

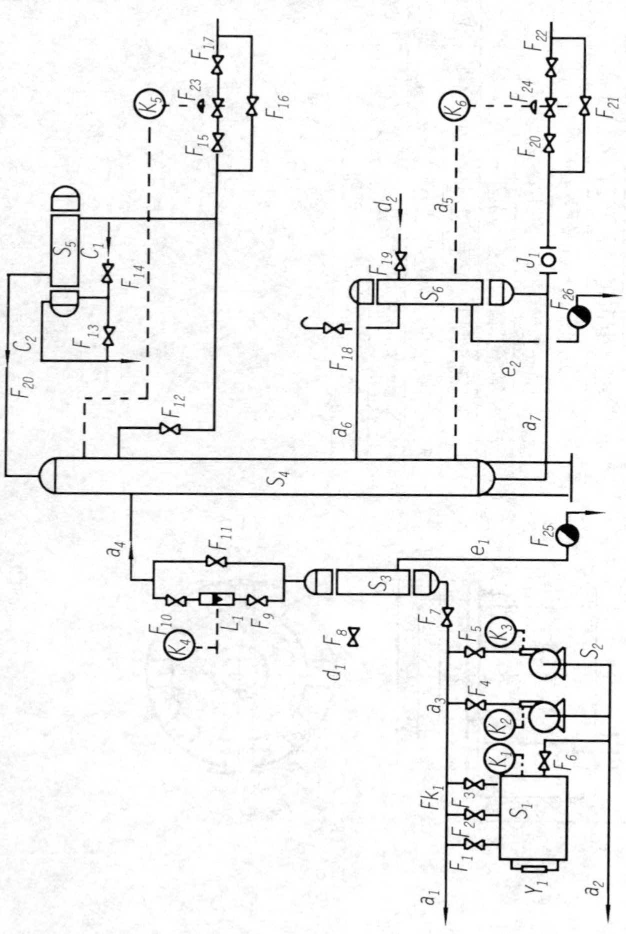

设备一览表

编号	名称	数量
S_1	混合液贮槽	1
S_2	混合液泵	2
S_3	换热器	1
S_4	精馏塔	1
S_5	冷凝器	1
S_6	再沸器	1

阀门、管件、仪表一览表

编号	名称
F_1～F_{22}	截止阀
F_{23}～F_{24}	调节阀
F_{25}～F_{26}	疏水阀
Y_1	液位计
L_1	转子流量计
J_1	视镜
FK_1	放空管

设备一览表

编号	控制变量	仪表功能	安装方式
K_1	混合液贮槽	指示	集中盘安装
K_2	压力	指示记录	就地安装
K_3	压力	指示记录	就地安装
K_4	流量	指示	就地安装
K_5	温度	记录控制	集中盘安装
K_6	液位	记录控制	集中盘安装

管道一览表

编号	输送物料	公称直径	管道材质	压力等级	保温、保冷
a_1	工艺液体	50	不锈钢	1.6<P≤2.5	——
a_2	工艺液体	50	不锈钢	1.6<P≤2.5	——
a_3	工艺液体	40	不锈钢	1.6<P≤2.5	保温
a_4	工艺液体	40	不锈钢	1.6<P≤2.5	——
a_5	工艺液体	100	不锈钢	1.6<P≤2.5	——
a_6	工艺液体	65	不锈钢	1.6<P≤2.5	保温
a_7	工艺液体	100	不锈钢	1.6<P≤2.5	——
C_1	循环上水	50	不锈钢	1.6<P≤2.5	——
C_2	循环下水	50	不锈钢	1.6<P≤2.5	——
d_1 d_2	蒸汽	65	不锈钢	1.6<P≤2.5	——
e_1 e_2	凝结水	25	不锈钢	1.6<P≤2.5	——

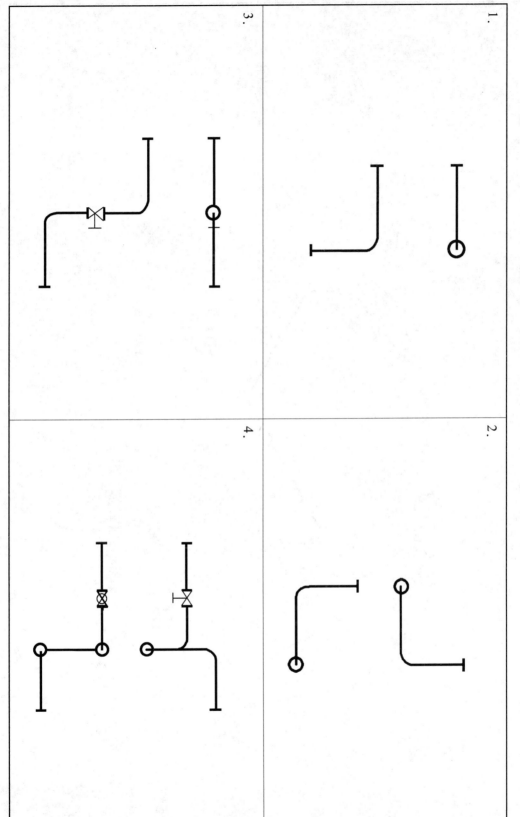

第十一章　设备及管道布置图

11-1　补画视图 1：已知管道的主视图和俯视图，画出左视图和右视图

1.

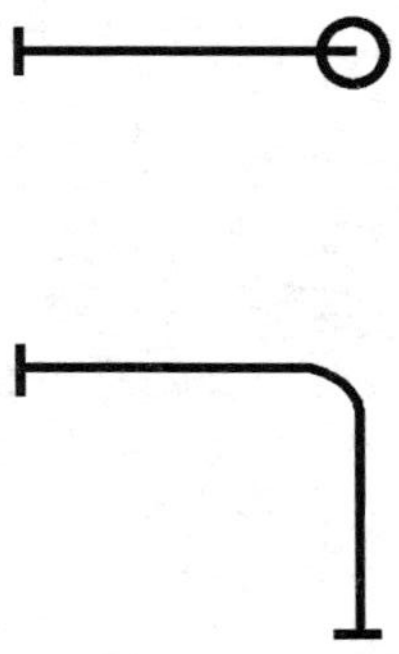

2.

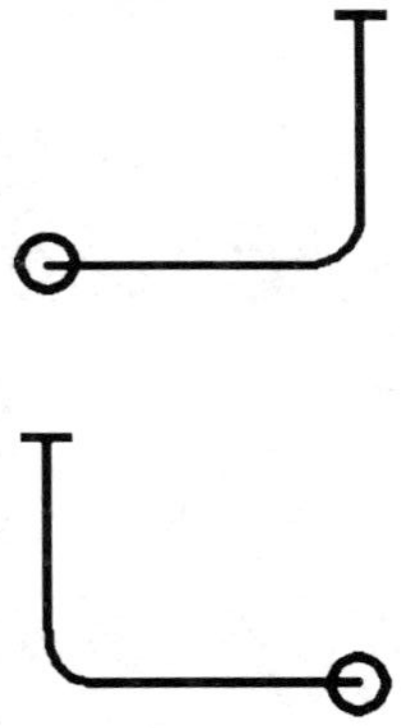

3.

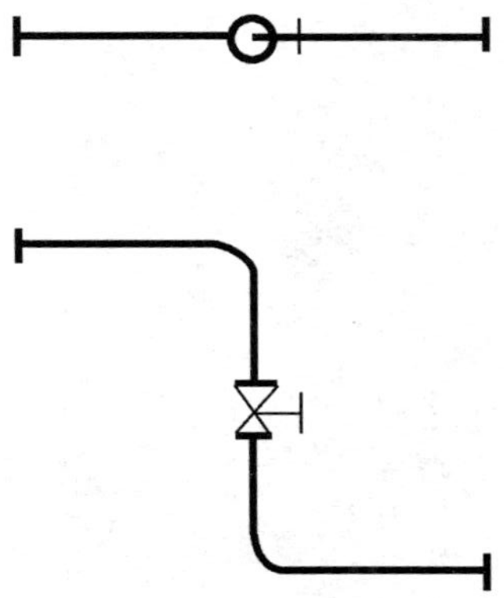

4.

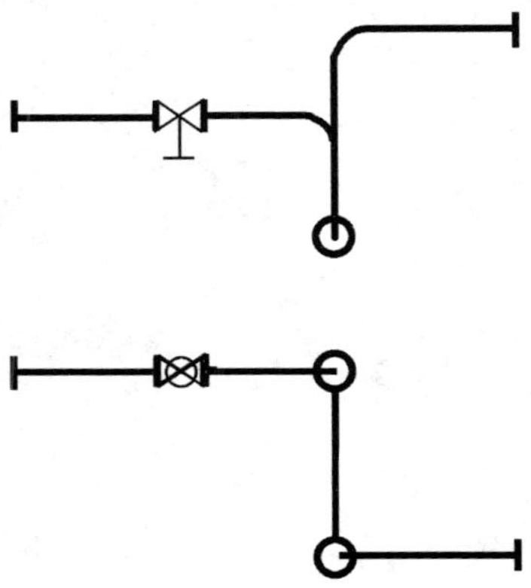

11-2　补画视图 2：已知管道的轴测图，画出主视图和俯视图

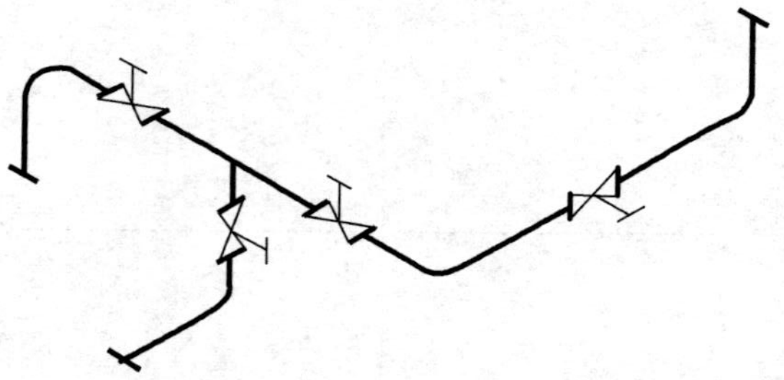

11-3 补画视图 3：已知管道的主视图和俯视图，画出轴测图

1.

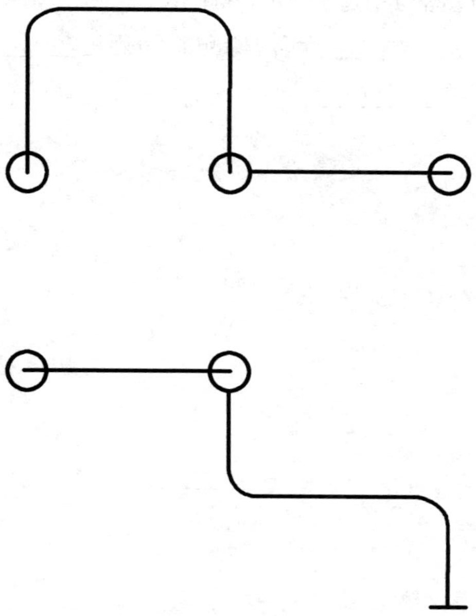

2.

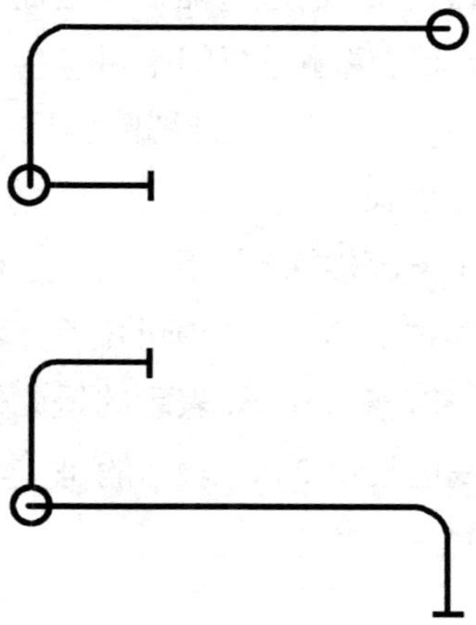

11-4　问答题

1. 该图所示车间中，共布置了________台设备，依次为：________、________、________、________、________、________。

2. 图左下角两台设备，预过滤器与精过滤器的间距是________，图中间的预过滤器与精过滤器的间距是________，两台粗过滤器间距是________，两台稀配罐输送泵间距是________，粗过滤器与稀配罐输送泵间距是________，两台稀配罐间距是________，稀配罐距离左侧墙内侧是________，距离上部墙内侧是________，粗过滤器与稀配罐竖向间距是________。

3. 车间内部尺寸是长________、宽________。

4. 车间中布置了一部楼梯，并用________标出了上楼梯的方向。

5. 图中高位槽的右上角有一个圆形标记，是表示此处有________。

6. 图右上角有一网格状标记，表示的是此处有________。

7. 图中有一个高度标记 2.00，表示的是________高度。

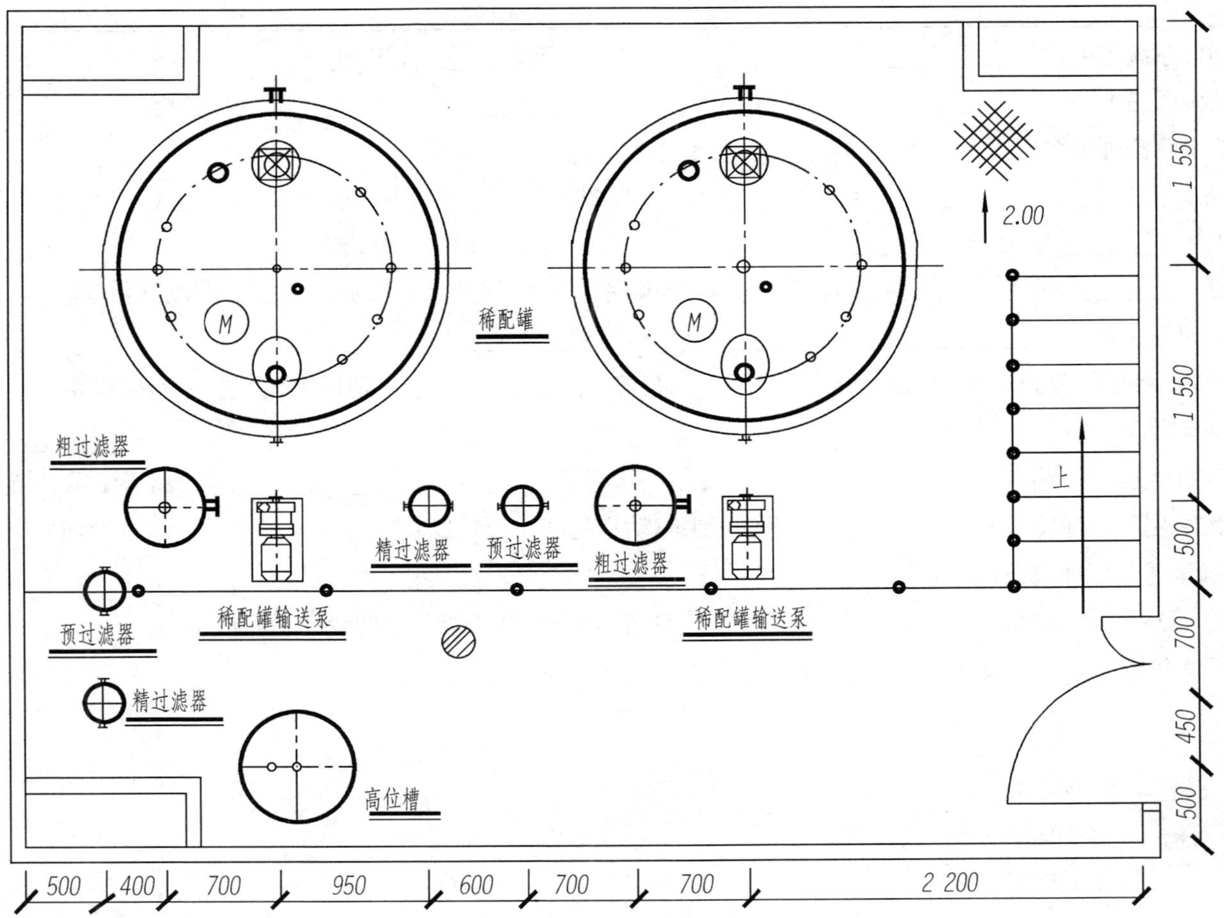
稀配罐
粗过滤器
稀配罐输送泵
精过滤器
预过滤器
粗过滤器
稀配罐输送泵
预过滤器
精过滤器
高位槽
2.00
上
1 550
1 550
500
700
450
500
500
400
700
950
600
700
700
2 200

第十二章　计算机绘图软件简介

填空题

1. AutoCAD 的硬件系统主要由________、________、________、________及________等组成。

2. AutoCAD 典型界面主要由________、________、________、________、________以及________等几部分组成。

3. AutoCAD 中的绘制圆弧命令输入方法有三种:________、________、________。

4. AutoCAD 提供了________(缩放)、________(平移)、________(视图)、________(鸟瞰视图)和________(视口)命令等一系列图形显示控制命令,还提供了________(重画)和________(重新生成)命令来刷新屏幕、重新生成图形。

5. AutoCAD 中的“________”对话框,可以完成对图层的建立与删除,颜色、线型、线宽、打印与否等的控制和管理。

6. CADWorx 可以自动生成________、________、________(ISOGEN)和________。

7. SolidWorks 软件已经进行完整的汉化,而且含有________,兼容________,________使设计过程形象而且直观,________的自动绘制也大大提高了设计效率。

8. Pro/E 具有:参数化设计和特征功能、________、________、基于特征的________、________、________、易于使用等特点和优势。

9. UG 是新一代数字化产品开发系统,它可以通过过程变更来驱动产品革新,其独特之处是其________,可以管理生产和系统性能知识,根据已知准则来确认每一设计决策。

10. Sketchup 包含一套精简而实用的________和一套________系统,对于喜欢手绘素描的设计者非常实用。

11. CATIA 系列产品包括________设计、________设计、________、________、________、________。